Algebra

T0255231

SN Flashcards Microlearning

Schnelles und effizientes Lernen mit digitalen Karteikarten – für Arbeit oder Schule!

Diese Möglichkeiten bieten Ihnen die SN Flashcards:

- Jederzeit und überall auf Ihrem Smartphone, Tablet oder Computer **lernen**
- Den Inhalt des Buches lernen und Ihr Wissen **testen**
- Sich durch verschiedene, mit multimedialen Komponenten angereicherte Fragetypen **motivieren lassen** und zwischen drei Lernalgorithmen (Langzeitgedächtnis-, Kurzzeitgedächtnis- oder Prüfungs-Modus) **wählen**
- Ihre eigenen Fragen-Sets **erstellen**, um Ihre Lernerfahrung zu **personalisieren**

So greifen Sie auf Ihre SN Flashcards zu:

1. Gehen Sie auf die **1. Seite des 1. Kapitels** dieses Buches und folgen Sie den Anweisungen in der Box, um sich für einen SN Flashcards-Account anzumelden und auf die Flashcards-Inhalte für dieses Buch zuzugreifen.
2. Laden Sie die SN Flashcards Mobile App aus dem Apple App Store oder Google Play Store herunter, öffnen Sie die App und folgen Sie den Anweisungen in der App.
3. Wählen Sie in der mobilen App oder der Web-App die Lernkarten für dieses Buch aus und beginnen Sie zu lernen!

Sollten Sie Schwierigkeiten haben, auf die SN Flashcards zuzugreifen, schreiben Sie bitte eine E-Mail an **customerservice@springernature.com** und geben Sie in der Betreffzeile **SN Flashcards** und den Buchtitel an.

Christian Karpfinger

Algebra

Gruppen – Ringe – Körper

6. Auflage

Christian Karpfinger
Zentrum Mathematik – M12
TU München
München, Deutschland

ISBN 978-3-662-68655-3   ISBN 978-3-662-68656-0 (eBook)
https://doi.org/10.1007/978-3-662-68656-0

Die Deutsche Nationalbibliothek verzeichnet diese Publikation in der Deutschen Nationalbibliografie; detaillierte bibliografische Daten sind im Internet über https://portal.dnb.de abrufbar.

© Der/die Herausgeber bzw. der/die Autor(en), exklusiv lizenziert an Springer-Verlag GmbH, DE, ein Teil von Springer Nature 2009, 2010, 2013, 2017, 2021, 2024
Das Werk einschließlich aller seiner Teile ist urheberrechtlich geschützt. Jede Verwertung, die nicht ausdrücklich vom Urheberrechtsgesetz zugelassen ist, bedarf der vorherigen Zustimmung des Verlags. Das gilt insbesondere für Vervielfältigungen, Bearbeitungen, Übersetzungen, Mikroverfilmungen und die Einspeicherung und Verarbeitung in elektronischen Systemen.
Die Wiedergabe von allgemein beschreibenden Bezeichnungen, Marken, Unternehmensnamen etc. in diesem Werk bedeutet nicht, dass diese frei durch jedermann benutzt werden dürfen. Die Berechtigung zur Benutzung unterliegt, auch ohne gesonderten Hinweis hierzu, den Regeln des Markenrechts. Die Rechte des jeweiligen Zeicheninhabers sind zu beachten.
Der Verlag, die Autoren und die Herausgeber gehen davon aus, dass die Angaben und Informationen in diesem Werk zum Zeitpunkt der Veröffentlichung vollständig und korrekt sind. Weder der Verlag noch die Autoren oder die Herausgeber übernehmen, ausdrücklich oder implizit, Gewähr für den Inhalt des Werkes, etwaige Fehler oder Äußerungen. Der Verlag bleibt im Hinblick auf geografische Zuordnungen und Gebietsbezeichnungen in veröffentlichten Karten und Institutionsadressen neutral.

Planung/Lektorat: Andreas Ruedinger
Springer Spektrum ist ein Imprint der eingetragenen Gesellschaft Springer-Verlag GmbH, DE und ist ein Teil von Springer Nature.
Die Anschrift der Gesellschaft ist: Heidelberger Platz 3, 14197 Berlin, Germany

Wenn Sie dieses Produkt entsorgen, geben Sie das Papier bitte zum Recycling.

Vorwort zur sechsten Auflage

Mit digitalen Karteikarten, den sogennanten *Flashcards*, bieten wir den Leserinnen und Lesern eine weitere Möglichkeit, die Inhalte der Algebra zu erlernen und zu vertiefen. Wir nutzen die Flashcards vorrangig um das Verständnis der Inhalte anhand unterschiedlich schwerer Aufgaben abzufragen. Dabei spielen manchmal auch rechnerische Aspekte eine Rolle, sodass man beim Behandeln der Flashcards auch Zettel und Stift bereit haben sollte.

Als Käufer dieses Buches können Sie kostenlos unsere Flashcard-App „SN Flashcards" mit Fragen zur Wissensüberprüfung und zum Lernen von Buchinhalten nutzen. Für die Nutzung folgen Sie bitte den folgenden Anweisungen:

1. Gehen Sie auf https://flashcards.springernature.com/login
2. Erstellen Sie ein Benutzerkonto, indem Sie Ihre Mailadresse angeben und ein Passwort vergeben.
3. Verwenden Sie den folgenden Link, um Zugang zu Ihrem SN Flashcards Set zu erhalten: https://sn.pub/QINojm
4. Sollte der Link fehlen oder nicht funktionieren, senden Sie uns bitte eine E-Mail mit dem Betreff „SN Flashcards" und dem Buchtitel an customerservice@springernature.com.

Wir hoffen, dass wir Ihnen damit ein weiteres nützliches und modernes Instrument bieten können, um die Inhalte der Algebra erkunden zu können.

Neben den Flashcards bieten wir auch ein neues Kapitel zum Quadratischen Reziprozitätsgesetz in dieser Neuauflage und bauen damit wesentlich die Inhalte zur Zahlentheorie aus. Der Übergang von der Algebra zur (elementaren) Zahlentheorie ist fließend; das Quadratische Reziprozitätsgesetz ist ein hervorragendes Beispiel dafür. Wir liefern zwei Beweise für dieses Gesetz, einen elementaren Beweis in Kap. 20, der nur wenige Grundlagen aus der Algebra benutzt, und einen weiteren Beweis in Kap. 30, der deutlich mehr Algebra, etwa Kenntnisse zu Kreisteilungskörpern benutzt. Wir bilden damit eine Brücke für alle Interessierten zur weiterführenden Zahlentheorie.

Außerdem haben wir einige Aufgaben aller Schwierigkeitsgrade ergänzt. Und natürlich haben wir auch alle uns bekannt gewordenen Fehler ausgebessert und danken hiermit sehr allen aufmerksamen Leserinnen und Lesern für diese Hinweise.

Beim Erstellen der Neuauflage hat Anastasiia Struß wesentlich mitgewirkt. Für Ihre wertvollen Beiträge bedanken wir uns ganz besonders.

München, Deutschland   Christian Karpfinger
November, 2023

Vorwort zur fünften Auflage

In dieser Neuauflage ergänzen wir nicht nur einen ausführlichen Abschnitt zu semidirekten Produkten von Gruppen, es finden sich auch weitere Ergänzungen und Hilfestellungen, die Leser*innen hilfreich beim Lösen von typischen Aufgabenstellungen sein werden: In einem neuen Abschnitt führen wir weitere Beispiele von euklidischen und nichtfaktoriellen Ringen ein und betrachten ausführlich die Unterschiede von Primelementen und irreduziblen Elementen. Weiter geben wir eine übersichtliche Auflistung der am häufigsten benutzten Kriterien zur Reduzibiliät bzw. Irreduzibilität von Polynomen. Außerdem haben wir zahlreiche Aufgaben aller Schwierigkeitsgrade ergänzt, anhand deren man das Gelernte überprüfen und vertiefen kann. Natürlich haben wir auch alle uns bekannt gewordenen Fehler ausgebessert und danken hiermit sehr allen aufmerksamen Leser*innen für diese Hinweise.

München, Deutschland   Christian Karpfinger
München, Deutschland   Kurt Meyberg
September, 2020

Vorwort zur vierten Auflage

In dieser vierten Auflage kommen wir dem mehrfach geäußerten Wunsch nach, neben Gruppen, Ringen und Körpern auch Moduln zu besprechen. In einem neuen Kapitel zu Moduln betrachten wir neben den Grundlagen einige Aspekte zu freien und projektiven Moduln und leiten den Hauptsatz zu endlich erzeugten Moduln über Hauptidealringen her. Mit den Moduln stellen wir den Lesern ein wichtiges Hilfsmittel für weiterführende Vorlesungen zur Algebra (etwa kommutative Algebra, Darstellungstheorie, Ringtheorie, Zahlentheorie) zur Verfügung.

Eine weitere nützliche Ergänzung findet man im Kap. 8 zu dem Themenkreis *einfache* bzw. *auflösbare* Gruppen: Wir stellen zu den damit verbundenen Aufgabenstellungen übersichtlich oftmals gut funktionierende Lösungsmethoden vor und zeigen an Beispielen die Wirksamkeit der Methoden.

Natürlich haben wir auch alle uns bekannt gewordenen Fehler ausgebessert und danken hiermit sehr allen aufmerksamen Lesern für diese Hinweise.

München, Deutschland
München, Deutschland
März, 2017

Christian Karpfinger
Kurt Meyberg

Vorwort zur dritten Auflage

Das wesentliche neue Merkmal dieser dritten Auflage ist das Kapitel über freie Gruppen mit der Charakterisierung von Gruppen durch Erzeugende und Relationen. Damit wollen wir weitere wichtige algebraische Hilfsmittel bereitstellen, die von anderen Bereichen der Mathematik (etwa Analysis, Topologie, Geometrie, Kombinatorik) benötigt werden. Auch soll damit in dieser einführenden Lektüre zur Algebra bereits eines der einfachsten *universellen Objekte*, mit denen es die höhere Algebra laufend zu tun hat, vorgestellt werden. Ferner haben wir die in diesem Buch behandelten Arten von Körpererweiterungen neu in einem Diagramm übersichtlich dargestellt und jeweils einen typischen Vertreter angegeben (siehe Abb. 28.2).

Wir sind dankbar für alle Anregungen und Hinweise von Lesern; so konnten einige Details verständlicher gemacht werden und ein paar Tippfehler ausgebessert werden.

München, Deutschland Christian Karpfinger
München, Deutschland Kurt Meyberg
Mai, 2012

Vorwort zur zweiten Auflage

Da die zahlreichen Beispiele und ausführlichen Erläuterungen in unserem Algebrabuch zu so vielen positiven Reaktionen in der Leserschaft führten, haben wir in der zweiten Auflage gerade diese beiden Aspekte noch verstärkt. Außerdem haben wir die Fehler, die uns bekannt geworden sind, ausgebessert und Anregungen zu Verbesserungen aufgegriffen. Für die Hinweise, die wir dafür von Lesern erhalten haben, bedanken wir uns sehr.

München, Deutschland   Christian Karpfinger
München, Deutschland   Kurt Meyberg
Mai, 2010

Vorwort zur ersten Auflage

Dieses Lehrbuch zur Algebra lehnt sich an das in zwei Teilen erschienene Lehrbuch *Algebra Teil 1* und *Algebra Teil 2* des älteren der beiden Autoren an.

Im Allgemeinen werden im Rahmen einer Algebravorlesung die grundlegenden Eigenschaften von Gruppen, Ringen und Körpern besprochen. Mit diesen Themen setzen wir uns in diesem einführenden Lehrbuch auseinander. Dabei haben wir eine Auswahl getroffen, die in einer zweisemestrigen vierstündigen Vorlesung behandelt werden kann. Wir haben den Stoff in 30 Kapitel unterteilt, wobei jedes Kapitel in etwa zwei Vorlesungs-Doppelstunden behandelt werden kann.

Bei der Darstellung haben wir uns bemüht, einen zu abstrakten Standpunkt zu vermeiden. Auf die Behandlung vieler Beispiele und auf eine ausführliche und nachvollziehbare Beweisführung wird großer Wert gelegt. Daher ist dieses Buch, das als Textbuch zum Gebrauch neben der Vorlesung gedacht ist, auch zum Selbststudium gut geeignet.

Für den Anfänger ist es besonders wichtig, dass er am Ende eines jeden Kapitels noch einmal überlegt, was die wichtigsten Ergebnisse der jeweiligen Abschnitte sind und mit welchen Methoden sie bewiesen werden. Das Zurückverfolgen einiger wesentlicher Sätze bis zu den Axiomen gibt erst die richtige Einsicht und vermittelt ein Gefühl für die Zusammenhänge. Am Ende der Kapitel sind einige Aufgaben angegeben, deren Bearbeitung unerlässlich ist. An diesen Aufgaben kann das Verständnis der behandelten Sätze und Methoden geprüft werden. Auf der Internetseite zum Buch auf

http://www.spektrum-verlag.de/

haben wir ausführliche Lösungsvorschläge zu allen Aufgaben bereitgestellt.

Durch die Einführung des Bachelor-Studiengangs wurde an verschiedenen Universitäten die Algebra auf eine einsemestrige Veranstaltung gekürzt. Auch dies haben wir berücksichtigt. Lässt man die mit einem Stern* versehenen Abschnitte (und die dazugehörigen Unterabschnitte) weg, so bleibt ein Themenkreis erhalten, der als Grundlage für eine einsemestrige vierstündige Vorlesung zur Algebra dienen kann.

In einem Anhang haben wir wesentliche Hilfsmittel aus der Mengentheorie zusammengestellt, wie z. B. Äquivalenzrelationen und das Lemma von Zorn. Weiter findet man im Anhang eine Übersicht über die Axiome der im vorliegenden Buch behandelten algebraischen Strukturen.

Für das Durchlesen von Teilen des Skriptes, für die zahlreichen Hinweise, Anregungen, Verbesserungsvorschläge, Aufgaben und Skizzen danken wir Detlef Gröger, Frank Himstedt, Frank Hofmaier, Thomas Honold, Hubert Kiechle, Martin Kohls und Friedrich Roesler. Der jüngere Autor dankt besonders seinem Lehrer Heinz Wähling; auf dessen Vorlesungen zur Algebra fußen viele Kapitel dieses Buches.

München, Deutschland   Christian Karpfinger
München, Deutschland   Kurt Meyberg
August, 2008

Einleitung

Womit befasst sich die Algebra?

Die *klassische Algebra* (bis etwa 1850) ist die Lehre von der Auflösung algebraischer Gleichungen der Art

$$t^n + a_{n-1}\, t^{n-1} + \cdots + a_1\, t + a_0 = 0 \quad \text{mit} \quad a_0, \ldots, a_{n-1} \in \mathbb{Q}.$$

Dabei ist t die unbekannte Größe, und n ist der *Grad* der algebraischen Gleichung. Für die Fälle $n = 1$, 2, 3 und 4 sind Formeln bekannt, mithilfe derer aus den Koeffizienten $a_0, \ldots, a_{n-1}$ die Lösungen dieser algebraischer Gleichung explizit angegeben werden können, für $n = 1$ gilt etwa $t_1 = -a_0$ und für $n = 2$:

$$t_1 = \frac{1}{2}\left(-a_1 + \sqrt{a_1^2 - 4\,a_0}\right), \quad t_2 = \frac{1}{2}\left(-a_1 - \sqrt{a_1^2 - 4\,a_0}\right).$$

Im Fall $n = 3$ konnten Tartaglia und Del Ferro im 16. Jahrhundert zeigen, dass die Lösungen von $t^3 + p\,t + q = 0$ die Form

$$\sqrt[3]{-\frac{q}{2} + \sqrt{\left(\frac{q}{2}\right)^2 + \left(\frac{p}{3}\right)^3}} + \sqrt[3]{-\frac{q}{2} - \sqrt{\left(\frac{q}{2}\right)^2 + \left(\frac{p}{3}\right)^3}},$$

bei geeigneter Interpretation der auftretenden Kubikwurzeln, haben.

Die Frage, ob solche Auflösungsformeln für Polynome beliebigen Grades existieren, wurde von N. H. Abel 1826 negativ entschieden. Die Methoden, die zu dieser Feststellung führten, sind tiefgreifend. Sie begründeten eine neue Betrachtungsweise der Algebra. Im Rahmen dieser neuen Auffassung werden Konzepte wie Gruppen und Ringe vorgestellt. Mit ihrer Hilfe gelingt es dann, die Ergebnisse von Abel und weitere Resultate in einem allgemeineren Zusammenhang und größerer Allgemeinheit zu präsentieren.

Diese *moderne (abstrakte) Algebra* ist die Theorie der *algebraischen Strukturen*. Als einige ihrer Begründer erwähnen wir R. Dedekind, D. Hilbert, E. Steinitz, E. Noether, E. Artin.

Wir schildern kurz, was wir unter einer *algebraischen Struktur* verstehen: Eine (**innere**) **Verknüpfung** auf einer Menge X ist eine Abbildung von $X \times X$ in X, bezeichnet mit $\cdot$ (multiplikative Schreibweise) bzw. $+$ (additive Schreibweise) bzw. $\circ \dots$

Das Bild von (a, b) wird $a \cdot b$ bzw. $a + b$ bzw. $a \circ b \dots$ geschrieben:

$$\cdot : \begin{cases} X \times X \to & X \\ (a, b) \mapsto a \cdot b \end{cases}$$

$$\text{bzw.} \quad + : \begin{cases} X \times X \to & X \\ (a, b) \mapsto a + b \end{cases}$$

$$\text{bzw.} \quad \circ : \begin{cases} X \times X \to & X \\ (a, b) \mapsto a \circ b \end{cases} \dots$$

Eine (**äußere**) **Operation** auf X mit **Operatorenbereich** Ω ist eine Abbildung von $\Omega \times X$ in X, $(\lambda, a) \mapsto \lambda \cdot a$ geschrieben. Ein vertrautes Beispiel ist der aus der linearen Algebra bekannte K-Vektorraum V mit Operatorenbereich K.

Eine **algebraische Struktur** ist eine Menge X mit einer oder mehreren Verknüpfungen und eventuell gewissen äußeren Operationen sowie einem System von Axiomen, die diese betreffen.

Wir befassen uns vor allem mit **Gruppen** (eine nichtleere Menge, eine Verknüpfung, drei Axiome), **Ringen** (eine nichtleere Menge, zwei Verknüpfungen, sechs Axiome) und **Körpern** (eine nichtleere Menge, zwei Verknüpfungen, neun Axiome) – die Axiome haben wir im Anhang dieses Buches zusammengestellt, siehe Abschn. A.4. Wir wollen aber darauf hinweisen, dass es neben Gruppen, Ringen und Körpern viele weitere algebraische Strukturen gibt, etwa Moduln, Algebren, Vektorräume, Quasigruppen, Fastkörper, KT-Felder, Ternärkörper, Hall-Systeme, Alternativkörper, Loops, …

Gruppen, Ringe, Körper

Wir schildern kurz grundlegende und historische Tatsachen zu den hier behandelten algebraischen Strukturen.

Gruppentheorie

Das Konzept der Gruppe ist eines der fundamentalsten in der modernen Mathematik. Der Gruppenbegriff nahm mit dem Beginn des 19. Jahrhunderts Gestalt an. Dabei nennt man eine nichtleere Menge G mit einer inneren Verknüpfung $\cdot$ eine **Gruppe**, wenn für alle $a, b, c \in G$ gilt:

(1) $(a \cdot b) \cdot c = a \cdot (b \cdot c)$,   d. h., die Verknüpfung $\cdot$ ist assoziativ,

(2) $\exists\, e \in G : e \cdot a = a = a \cdot e$,   d. h., es gibt ein neutrales Element,

(3) $\forall\, a \in G \ \exists\, a' \in G : a' \cdot a = e = a \cdot a'$,   d. h., jedes Element ist invertierbar.

Die Gruppentheorie versucht alle möglichen Gruppen zu charakterisieren. Einfache Fragestellungen der Gruppentheorie, die wir in den folgenden Kapiteln klären wollen, sind also etwa: *Wie viele verschiedene Gruppen mit 9 Elementen gibt es? Ist jede Gruppe mit 95 Elementen kommutativ?*

Wir bieten im ersten Teil dieses Lehrbuches, d. h. in den Kap. 1 bis 12, einen Einblick in diese Gruppentheorie. Dabei wird es uns unter anderem gelingen, sehr starke Aussagen über endliche Gruppen zu gewinnen: Zum Beispiel werden wir zu jeder natürlichen Zahl n genau angeben können, wie viele wesentlich verschiedene kommutative Gruppen mit n Elementen existieren – wir können diese Gruppen explizit angeben.

Die *Gruppentheorie* ist eine sehr umfangreiche mathematische Theorie. Es gibt einen Satz innerhalb der Gruppentheorie, dessen Beweis schätzungsweise 5000 Seiten umfasst – *Der große Satz*. Dieser große Satz liefert eine Klassifikation aller endlichen *einfachen* Gruppen.

Der Weg zur Klassifikation *aller* Gruppen ist noch weit. Wir beschränken uns im Folgenden auf einige wenige Typen von Gruppen, über die wir Aussagen machen werden. Dabei beginnen wir behutsam mit den *Halbgruppen* und erzielen dann etwa eine vollständige Klassifikation aller kommutativen endlichen Gruppen. Wir werden sehr starke Aussagen über Existenz und Anzahl gewisser Untergruppen endlicher Gruppen machen (*Sätze von Sylow*), und wir werden auch etwas allgemeinere Gruppen als die kommutativen Gruppen kennenlernen, wenngleich auch nicht vollständig charakterisieren – die *auflösbaren* Gruppen.

Ringtheorie

Nach den enormen Erfolgen, die man in der Gruppentheorie nach einer richtigen Axiomatisierung erzielte, begann man sehr bald, auch nach Axiomensystemen für andere mathematische Strukturen zu suchen. Denn die axiomatische Methode zeigte nicht nur den Vorteil einer präzisen und durchsichtigen Darstellung einer Theorie, mit ihr wurden auch Untersuchungen aus verschiedenen Bereichen unter einen Hut gebracht.

Es ist klar, dass man sehr bald versuchte, auch die ganzen, rationalen, reellen, komplexen Zahlen und andere häufig vorkommende *Zahlbereiche* axiomatisch in den Griff zu bekommen. Die angegebenen Strukturen unterscheiden sich von den Gruppen grundsätzlich dadurch, dass in ihnen zwei Verknüpfungen $+$ und $\cdot$ gegeben sind, die einer Verträglichkeitsbedingung gehorchen, den *Distributivgesetzen*. Um die angegebenen Strukturen gemeinsam zu erfassen, definieren wir: Ein Tripel $(R, +, \cdot)$ heißt **Ring**, wenn $(R, +)$ eine kommutative Gruppe ist und $(R, \cdot)$ eine Halbgruppe ist sowie für alle a, b, $c \in R$ gilt:

$$a \cdot (b + c) = a \cdot b + a \cdot c \quad \text{und} \quad (a + b) \cdot c = a \cdot c + b \cdot c\,.$$

Damit sind dann $\mathbb{Z}$, $\mathbb{Q}$, $\mathbb{R}$, $\mathbb{C}$ und weitere bekannte Strukturen wie etwa die Menge aller quadratischen Matrizen mit der aus der linearen Algebra bekannten Matrizenaddition und Matrizenmultiplikation Ringe.

Wie in der Gruppentheorie werden wir nach einer Untersuchung grundlegender Eigenschaften allgemeiner Ringe spezielle Ringe genauer betrachten. Wir untersuchen *Polynomringe*, *Hauptidealringe*, *euklidische* Ringe, *faktorielle* Ringe und *noethersche* Ringe. Ein besonderes Augenmerk liegt auf den Ringen, die *Körper* sind. Diese Einführung in die Ringtheorie bieten wir in den Kap. 13 bis 19.

Körpertheorie

Ein kommutativer Ring $R \neq \{0\}$ mit einem Einselement 1 heißt **Körper**, wenn jedes von null verschiedene Element $a \in R$ ein multiplikatives *Inverses* a^{-1} besitzt, d. h. $a\,a^{-1} = 1$. Aus der linearen Algebra sind die Körper $\mathbb{Q}$, $\mathbb{R}$ und $\mathbb{C}$ bekannt.

Der Begriff des Körpers wurde 1857 von R. Dedekind eingeführt, allerdings nur als Teilkörper von $\mathbb{C}$ – *Zahlkörper*. Der erste Entwurf einer axiomatischen Körpertheorie stammt von H. Weber 1893. Um diese Zeit treten zu den bekannten Körperklassen (Zahlkörper, Körper komplexer Funktionen, endliche Körper) die Potenzreihenkörper von Veronese 1891 und die p-adischen Körper von K. Hensel 1897 hinzu. Dies veranlasste E. Steinitz 1910 in der grundlegenden Arbeit *Algebraische Theorie der Körper*, die abstrakten Begriffe der Körpertheorie aufzudecken, die sämtlichen speziellen Theorien gemeinsam sind.

In der Körpertheorie untersucht man im Allgemeinen nicht die Körper selbst, man versucht vielmehr, Informationen über einen Körper zu erhalten, indem man sich das Verhältnis des Körpers zu den ihn umfassenden Körpern (die *Erweiterungskörper*) betrachtet. Man unterscheidet verschiedene Arten von Körpererweiterungen. Dies spiegelt sich auch in unserer Unterteilung der Körpertheorie wider: Wir unterscheiden in *algebraische Körpererweiterung* (Kap. 21 bis 27 ohne Kap. 24), *transzendente Körpererweiterung* (Kap. 24) und *Galoistheorie* (Kap. 28 bis 32).

Hauptziel der heutigen Galoistheorie ist das Studium der endlichen, separablen, normalen Körpererweiterungen L/K mithilfe der Galoisgruppe $\Gamma(L/K)$ aller K-Automorphismen von L. Die Umwandlung der ursprünglichen Auflösungstheorie algebraischer Gleichungen von E. Galois in die moderne Theorie begann mit R. Dedekind (ab 1857) und führte unter anderen mit P. Bachmann 1881, H. Weber 1895/96, W.

Krull und E. Artin zur heutigen Gestalt. Ihr besonderes Kennzeichen ist eine umkehrbar eindeutige Zuordnung der Zwischenkörper von L/K zu den Untergruppen von $\Gamma(L/K)$, die sogenannte **Galoiskorrespondenz**. Sie ermöglicht es, Probleme, die L/K betreffen, in solche über $\Gamma(L/K)$ zu transformieren. Die alte Theorie von Galois ist nur noch eine – allerdings wichtige – Anwendung der modernen Theorie.

Inhaltsverzeichnis

Teil IV   Moduln

Teil I

Gruppen

Halbgruppen

1

Übersicht

Auch wenn das Thema des ersten Teils dieses Buches die Gruppen $(G, \cdot)$ sind, beschäftigen wir uns vorab mit *Halbgruppen* $(H, \cdot)$. Das hat Vorteile, die wir in der Ringtheorie nutzen können. Ein weiterer Vorteil liegt darin, dass die Halbgruppen einen leichten Einstieg in die Gruppen liefern.

1.1 Definitionen

In diesem ersten Abschnitt führen wir einige Begriffe ein. Vorab wenden wir uns einem Beispiel zu.

1.1.1 Ein Beispiel einer Halbgruppe

Es sei X eine nichtleere Menge. Wir bezeichnen mit T_X die Menge aller Abbildungen σ von X in sich:

$$T_X = \{\sigma \mid \sigma : X \to X\}.$$

© Der/die Autor(en), exklusiv lizenziert an Springer-Verlag GmbH, DE,
ein Teil von Springer Nature 2024
C. Karpfinger, *Algebra*, https://doi.org/10.1007/978-3-662-68656-0_1

Wir erklären auf T_X eine Verknüpfung, wir schreiben diese multiplikativ. Für σ, $\tau \in T_X$ setzen wir

$$(\sigma \cdot \tau)(x) := \sigma(\tau(x)) \quad \text{für alle} \quad x \in X\,.$$

Nach dieser Definition ist diese *Komposition* (bzw. *Hintereinanderausführung* bzw. *Produkt*) $\sigma \cdot \tau$ der Abbildungen σ und τ wieder ein Element in T_X, d. h.

$$\sigma,\ \tau \in T_X \ \Rightarrow\ \sigma \cdot \tau \in T_X\,.$$

Dieses Produkt $\cdot$ ist *assoziativ*, d. h., es gilt

$$\rho \cdot (\sigma \cdot \tau) = (\rho \cdot \sigma) \cdot \tau \quad \text{für alle} \quad \rho,\ \sigma,\ \tau \in T_X\,.$$

Für jedes $x \in X$ gilt nämlich:

$$\rho \cdot (\sigma \cdot \tau)(x) = \rho(\sigma(\tau(x))) = (\rho \cdot \sigma) \cdot \tau(x)\,.$$

Weiterhin gibt es ein *neutrales Element* $\mathrm{Id}_X : x \mapsto x$, d. h.

$$\mathrm{Id}_X \cdot \sigma = \sigma = \sigma \cdot \mathrm{Id}_X \quad \text{für alle} \quad \sigma \in T_X\,.$$

Für jedes $x \in X$ gilt nämlich:

$$\mathrm{Id}_X \cdot \sigma(x) = \mathrm{Id}_X(\sigma(x)) = \sigma(x) = \sigma(\mathrm{Id}_X(x)) = \sigma \cdot \mathrm{Id}_X(x)\,.$$

Damit ist $(T_X, \cdot)$ im Sinne der folgenden Definition eine *Halbgruppe mit neutralem Element* Id_X.

Bemerkung Mit Id_X wird stets die Identität (oder identische Abbildung) einer Menge X bezeichnet: $\mathrm{Id}_X : X \to X$, $\mathrm{Id}_X(x) = x$ für alle $x \in X$. Wenn keine Verwechslungen zu befürchten sind, schreiben wir auch kürzer Id anstelle von Id_X.

1.1.2 Eine Halbgruppe ist eine Menge mit einer assoziativen Verknüpfung

Ist $\cdot$ eine **Verknüpfung** auf einer Menge H, d. h. für alle a, $b \in H$ liegt auch $a \cdot b$ in H, kurz

$$a,\ b \in H \ \Rightarrow\ a \cdot b \in H\,,$$

so nennt man das Paar $(H, \cdot)$ eine **Halbgruppe**, falls die Verknüpfung **assoziativ** ist, d. h.

$$a \cdot (b \cdot c) = (a \cdot b) \cdot c \quad \text{für alle } a, b, c \in H \,.$$

Anstelle von $(H, \cdot)$ schreibt auch kurz H, wenn klar ist, welche Verknüpfung vorliegt.
   Es folgen weitere wichtige Begriffe für Halbgruppen:

- Unter der **Ordnung** der Halbgruppe H versteht man die Kardinalzahl $|H|$; im Fall $|H| \in \mathbb{N}$ ist das die Anzahl der Elemente in H.
- Eine Halbgruppe $(H, \cdot)$ heißt **abelsch** oder **kommutativ**, falls

$$a \cdot b = b \cdot a \quad \text{für alle } a, b \in H \,.$$

- Man nennt ein Element $e \in H$ **neutrales Element** einer Halbgruppe $(H, \cdot)$, falls

$$e \cdot a = a = a \cdot e \quad \text{für alle} \quad a \in H \,.$$

Eine *Halbgruppe mit neutralem Element* nennt man oft auch kürzer **Monoid**.

Bei multiplikativer Schreibweise nennt man ein neutrales Element auch oft **Einselement** ($e = 1$), bei additiver Schreibweise auch **Nullelement** ($e = 0$).

Lemma 1.1 *Eine Halbgruppe $(H, \cdot)$ hat höchstens ein neutrales Element.*

Beweis Sind e und e' zwei neutrale Elemente, so gilt

$$\begin{aligned}
e &= e \cdot e' \quad (\text{da } e' \text{ neutral ist}) \\
  &= e' \quad\quad (\text{da } e \text{ neutral ist}) \,.
\end{aligned}$$

$\square$

1.1.3 Verknüpfungstafel

Eine Verknüpfung $\circ$ auf einer endlichen Menge $H = \{a_1, \ldots, a_n\}$ kann man zweckmäßigerweise in Form einer **Verknüpfungstafel** explizit angeben. Den oberen und den linken Rand bilden die Elemente von $H = \{a_1, \ldots, a_n\}$, im Schnittpunkt der i-ten Zeile und j-ten Spalte, $1 \le i, j \le n$, steht dann das Element $a_i \circ a_j$:

$\circ$	a_1	a_2	$\cdots$	a_j	$\cdots$	a_n
a_1	$a_1 \circ a_1$	$a_1 \circ a_2$	$\cdots$	$a_1 \circ a_j$	$\cdots$	$a_1 \circ a_n$
a_2	$a_2 \circ a_1$	$a_2 \circ a_2$	$\cdots$	$a_2 \circ a_j$	$\cdots$	$a_2 \circ a_n$
$\vdots$	$\vdots$	$\vdots$		$\vdots$		$\vdots$
a_i	$a_i \circ a_1$	$a_i \circ a_2$	$\cdots$	$a_i \circ a_j$	$\cdots$	$a_i \circ a_n$
$\vdots$	$\vdots$	$\vdots$		$\vdots$		$\vdots$
a_n	$a_n \circ a_1$	$a_n \circ a_2$	$\cdots$	$a_n \circ a_j$	$\cdots$	$a_n \circ a_n$

$(H, \circ)$ ist offenbar genau dann abelsch, wenn die Verknüpfungstafel symmetrisch ist.

1.1.4 Beispiele von Halbgruppen

Wir führen nun einige Beispiele von endlichen, unendlichen, abelschen, nichtabelschen Halbgruppen mit und ohne neutralem Element an.

Beispiel 1.1

*   Halbgruppen sind $(H, +)$ und $(H, \cdot)$ für $H := \mathbb{N}$ bzw. $H := \mathbb{N}_0 := \mathbb{N} \cup \{0\}$ bzw. $H := \mathbb{Z}$ bzw. $H := \mathbb{Q}$ bzw. $H := \mathbb{R}$ bzw. $H := \mathbb{C}$ mit den gewöhnlichen Additionen und Multiplikationen. Hierbei besitzt nur $(\mathbb{N}, +)$ kein neutrales Element, in allen anderen Fällen sind 0 (im additiven Fall) und 1 (im multiplikativen Fall) neutrale Elemente.
*   Es sei X eine Menge. Mit $\mathcal{P}(X)$ bezeichnen wir die Potenzmenge $\{A \mid A \subseteq X\}$ von X. Dann ist $(\mathcal{P}(X), \cup)$ bzw. $(\mathcal{P}(X), \cap)$ eine Halbgruppe mit neutralem Element $\emptyset$ bzw. X. Es gilt $|\mathcal{P}(X)| = 2^{|X|}$ – vgl. auch Abschn. A.3.
*   Für jeden Körper K und jede natürliche Zahl ist die Menge $K^{n \times n}$ aller $n \times n$-Matrizen über K mit der bekannten Matrizenmultiplikation eine Halbgruppe. Die $n \times n$-Einheitsmatrix ist das neutrale Element. Ist etwa $K = \mathbb{F}_2$ der Körper bestehend aus zwei Elementen 0 und 1, so gilt $|K^{n \times n}| = 2^{n^2}$.
*   Die Menge $\mathbb{R}$ bildet mit der (inneren) Verknüpfung

$$a \circ b := e^{a+b} \quad \text{für alle } a, b \in \mathbb{R},$$

wobei e die Euler'sche Zahl bezeichne, keine Halbgruppe. Wegen

$$(0 \circ 0) \circ 1 = e^0 \circ 1 = e^2 \neq e^e = 0 \circ e = 0 \circ (0 \circ 1)$$

ist die Verknüpfung $\circ$ nicht assoziativ.   ∎

Man beachte, dass die Halbgruppen in den ersten beiden Beispielen abelsch sind, die Halbgruppen des dritten Beispiels im Fall $n > 1$ dagegen nicht. Die Verknüpfung im 4. Beispiel ist zwar abelsch, aber dennoch liegt keine Halbgruppe vor.

Bemerkung Bei der multiplikativen Schreibweise von Halbgruppen, also im Fall $H = (H, \cdot)$, schreiben wir von nun an kürzer $a\,b$ anstelle $a \cdot b$.

1.2 Unterhalbgruppen

Eine Teilmenge $U \subseteq H$ einer Halbgruppe $(H, \cdot)$ heißt **Unterhalbgruppe** von H, wenn U mit der Verknüpfung $\cdot$ von H eine Halbgruppe bildet, d. h. wenn die Restriktion $\cdot|_{U \times U}$ eine assoziative Verknüpfung auf U ist. Dies ist bereits dann erfüllt, wenn gilt:

$$a, b \in U \;\Rightarrow\; a\,b \in U \quad (\textit{Abgeschlossenheit von } U \textit{ bzgl. } \cdot).$$

Das Assoziativgesetz gilt nämlich für alle Elemente aus H, insbesondere also für die Elemente aus U.

Jede Halbgruppe $(H, \cdot)$ hat die Unterhalbgruppen $\emptyset$ und H. Es folgen weitere Beispiele:

Beispiel 1.2

- $\mathbb{N}, \mathbb{N}_0, \mathbb{Z}, \mathbb{Q}$ sind Unterhalbgruppen von $(\mathbb{R}, +), (\mathbb{R}, \cdot), (\mathbb{C}, +), (\mathbb{C}, \cdot)$.
- Für jede Teilmenge Y einer Menge X ist $\mathcal{P}(Y)$ eine Unterhalbgruppe von $(\mathcal{P}(X), \cap)$ und $(\mathcal{P}(X), \cup)$.
- Jeder Durchschnitt von Unterhalbgruppen einer Halbgruppe H ist eine Unterhalbgruppe von H. ∎

Jede Halbgruppe H mit neutralem Element besitzt eine besondere und wichtige nichtleere Unterhalbgruppe: die Menge $H^\times$ der *invertierbaren Elemente*.

1.3 Invertierbare Elemente

Ein Element a einer Halbgruppe $H = (H, \cdot)$ mit neutralem Element e heißt **invertierbar** oder eine **Einheit**, wenn es ein $b \in H$ gibt mit

$$a\,b = e = b\,a.$$

Das Element $b \in H$ ist hierdurch eindeutig bestimmt. Ist nämlich $b' \in H$ ein weiteres Element mit dieser Eigenschaft, d. h., gilt auch $a\,b' = e = b'\,a$, so erhält man

$$b = b\,e = b\,(a\,b') = (b\,a)\,b' = e\,b' = b'\,.$$

Daher ist es sinnvoll, b das **Inverse** von a zu nennen und dieses Inverse mit a^{-1} zu bezeichnen. Das Inverse a^{-1} eines Elements $a \in H$ ist also durch die Gleichungen

$$a\,a^{-1} = e = a^{-1}\,a$$

eindeutig bestimmt. Bei additiver Schreibweise spricht man auch vom **Negativen** $-a$ von a (hier gilt $(-a) + a = 0 = a + (-a)$).

Vorsicht Aus der Tatsache, dass es zu einem Element a einer Halbgruppe mit neutralem Element e ein *rechtsinverses* Element, also ein $b \in H$ mit $a\,b = e$ gibt, folgt nicht, dass b ein zu a inverses Element ist, also auch *linksinvers* ist. Man beachte das folgende Beispiel.

Beispiel 1.3 Es sei T_X die Halbgruppe aller Abbildungen einer nichtleeren Menge X in sich. Zu jeder surjektiven Abbildung f gibt es bekanntlich eine Abbildung g mit $f\,g = \mathrm{Id}$ (f hat das *rechtsinverse* Element g). Jedoch kann $g\,f = \mathrm{Id}$ nicht gelten, falls f nicht injektiv ist. So gilt etwa im Fall $X = \mathbb{N}$ für die Abbildungen

$$f : \begin{cases} \mathbb{N} \to \qquad\quad \mathbb{N} \\ k \mapsto \begin{cases} \frac{k}{2}, \text{ falls } k \quad \text{gerade} \\ 1, \text{ falls } k \quad \text{ungerade} \end{cases} \end{cases} \quad \text{und} \quad g : \begin{cases} \mathbb{N} \to \mathbb{N} \\ k \mapsto 2\,k \end{cases}$$

offenbar $f\,g = \mathrm{Id}$ und $g\,f \neq \mathrm{Id}$. Man beachte: f ist surjektiv und nicht injektiv, g ist injektiv und nicht surjektiv. ∎

1.3.1 Eigenschaften der Menge der invertierbaren Elemente

Ist H eine Halbgruppe mit neutralem Element, so bezeichnen wir die Menge der invertierbaren Elemente von H mit $H^\times$:

$$H^\times := \{a \in H \mid a \text{ ist invertierbar}\}\,.$$

Wir geben die wichtigsten Eigenschaften von $H^\times$ an:

Lemma 1.2 *Für jede Halbgruppe $(H, \cdot)$ mit neutralem Element e gilt:*

(a) $e \in H^\times$, und $e^{-1} = e$.
(b) $a \in H^\times \Rightarrow a^{-1} \in H^\times$, und $(a^{-1})^{-1} = a$.
(c) $a, b \in H^\times \Rightarrow a\,b \in H^\times$, und $(a\,b)^{-1} = b^{-1}\,a^{-1}$.

Beweis

(a) folgt aus $e\,e = e$.

(b) Wegen $a\,a^{-1} = e = a^{-1}\,a$ ist a das Inverse von a^{-1}.

(c) Wegen $(b^{-1}\,a^{-1})\,(a\,b) = [(b^{-1}\,a^{-1})\,a]\,b = [(b^{-1}\,(a^{-1}\,a)]\,b = (b^{-1}\,e)\,b = b^{-1}\,b = e$ und $(a\,b)\,(b^{-1}\,a^{-1}) = e$ (begründet man analog) ist $b^{-1}\,a^{-1}$ das Inverse von $a\,b$. □

Insbesondere ist für jede Halbgruppe H mit neutralem Element die Menge $H^{\times}$ eine nichtleere Unterhalbgruppe von H.

Beispiel 1.4

- Für die multiplikative Halbgruppe $(\mathbb{Z}, \cdot)$ gilt $\mathbb{Z}^{\times} = \{1, -1\}$, für die additive Halbgruppe $(\mathbb{Z}, +)$ hingegen $\mathbb{Z}^{\times} = \mathbb{Z}$.
- Für jeden Körper K gilt bezüglich der Multiplikation $K^{\times} = K \setminus \{0\}$.
- Die Menge T_X aller Abbildungen einer nichtleeren Menge in sich ist eine Halbgruppe; es gilt $T_X^{\times} = S_X$ – wobei S_X die Menge aller Permutationen, d. h. aller bijektiven Abbildungen von X in sich, bezeichnet.
- Für einen Körper K und ein $n \in \mathbb{N}$ bezeichne $K^{n \times n}$ die Menge aller $n \times n$-Matrizen über K (aus der linearen Algebra ist bekannt, dass diese Menge mit der Addition und Multiplikation von Matrizen einen *Ring* bildet). Die Menge der bezüglich der Matrizenmultiplikation invertierbaren $n \times n$-Matrizen $(K^{n \times n})^{\times}$ wird auch mit $\mathrm{GL}(n, K)$ bezeichnet und **allgemeine lineare Gruppe** vom Grad n über K genannt.
- Die Halbgruppe $(2\,\mathbb{Z}, \cdot)$ hat kein neutrales Element, es macht also keinen Sinn, nach invertierbaren Elementen zu suchen. ∎

1.4   Allgemeines Assoziativ- und Kommutativgesetz

Das Assoziativgesetz (also die Unabhängigkeit eines Produkts dreier Elemente von der Klammerung) überträgt sich auf endlich viele Faktoren:

Lemma 1.3 (Allgemeines Assoziativgesetz)   *Die Produkte von $n \geq 3$ Elementen $a_1, \ldots, a_n$ einer Halbgruppe hängen nicht von der Wahl der Klammerung ab.*

Den Beweis haben wir als Übungsaufgabe gestellt. Es gilt also z. B. für $a, b, c, d \in H$:

$$((a\,b)\,c)\,d = (a\,b)\,(c\,d) = (a\,(b\,c))\,d = a\,((b\,c)\,d) = a\,(b\,(c\,d));$$

und man schreibt $a\,b\,c\,d$ für dieses Element.

Bei der Bildung von Produkten in Halbgruppen sind also Klammern überflüssig. Bei multiplikativer bzw. additiver Schreibweise führen wir noch die folgenden Abkürzungen für Elemente $a_1, \ldots, a_n$ einer Halbgruppe H ein:

$$\prod_{i=1}^{n} a_i := a_1 \cdots a_n \quad \text{bzw.} \quad \sum_{i=1}^{n} a_i := a_1 + \cdots + a_n .$$

Man nennt zwei Elemente a, b einer Halbgruppe $(H, \cdot)$ **vertauschbar**, wenn $a\,b = b\,a$.

Lemma 1.4 (Allgemeines Kommutativgesetz) *Sind die Elemente $a_1, \ldots, a_n$ einer Halbgruppe $(H, \cdot)$ paarweise vertauschbar, so gilt*

$$a_1 \, a_2 \cdots a_n = a_{\tau(1)} \, a_{\tau(2)} \cdots a_{\tau(n)}$$

für jede Permutation $\tau \in S_n := S_{\{1, \ldots, n\}}$.

Die Begründung dieser Aussage haben wir als Übungsaufgabe formuliert.

1.5   Potenzen und Vielfache

Es sei $(H, \cdot)$ bzw. $(H, +)$ eine Halbgruppe. Für $a \in H$ und $n \in \mathbb{N}$ definiert man die **Potenz** a^n bzw. das **Vielfache** $n \cdot a$ durch

$$a^n := \underbrace{a\,a \cdots a}_{n \text{ Faktoren}} \quad \text{bzw.} \quad n \cdot a := \underbrace{a + a + \cdots + a}_{n \text{ Summanden}} .$$

Wenn H ein neutrales Element e bzw. 0 besitzt, setzen wir außerdem

$$a^0 := e \quad \text{bzw.} \quad 0 \cdot a := 0 .$$

Vorsicht In $0 \cdot a = 0$ tauchen zwei im Allgemeinen verschiedene Nullen auf. Die erste Null ist aus $\mathbb{N}_0$, die zweite aus H.
Im Fall $a \in H^\times$ erklärt man für $n \in \mathbb{N}$

$$a^{-n} := (a^{-1})^n \quad \text{bzw.} \quad (-n) \cdot a := n \cdot (-a) .$$

Mit den Lemmata 1.3 und 1.4 erhält man unmittelbar:

Lemma 1.5 (Potenzregeln bzw. Vielfachenregeln) *Es sei $(H, \cdot)$ bzw. $(H, +)$ eine Halbgruppe.*

(a) Für $a \in H$ und $r, s \in \mathbb{N}$ gelten

$$a^r \, a^s = a^{r+s} \quad \text{und} \quad (a^r)^s = a^{r\,s} \quad \text{bzw.} \quad r \cdot a + s \cdot a = (r+s) \cdot a$$

$$\text{und} \quad r \cdot (s \cdot a) = (r\,s) \cdot a \,.$$

(b) Sind $a, b \in H$ vertauschbar, so gilt für jedes $r \in \mathbb{N}$:

$$a^r \, b^r = (a\,b)^r \quad \text{bzw.} \quad r \cdot a + r \cdot b = r \cdot (a+b) \,.$$

(c) Wenn H ein neutrales Element besitzt, gelten die Regeln in (a) und (b) für alle $r, s \in \mathbb{N}_0$ und im Fall $a, b \in H^\times$ für alle $r, s \in \mathbb{Z}$.

Vorsicht In (b) kann man auf die Vertauschbarkeit nicht verzichten: Im Allgemeinen gilt nämlich $(a\,b)^2 = (a\,b)\,(a\,b) \neq a^2 \, b^2$. Man beachte das folgende Beispiel.

Beispiel 1.5 In der multiplikativen Halbgruppe der reellen 2×2-Matrizen gilt mit den Matrizen $a = \begin{pmatrix} 0 & 1 \\ 0 & 0 \end{pmatrix}$ und $b = \begin{pmatrix} 0 & 0 \\ 1 & 0 \end{pmatrix}$: $(a\,b)^2 = \begin{pmatrix} 1 & 0 \\ 0 & 0 \end{pmatrix} \neq \begin{pmatrix} 0 & 0 \\ 0 & 0 \end{pmatrix} = a^2 \, b^2$. ∎

1.6 Homomorphismen, Isomorphismen

Es folgen Begriffe, die aus der linearen Algebra für Vektorräume bekannt sind.

1.6.1 Definitionen und Beispiele

Es seien $(G, \cdot)$ und $(H, \circ)$ Halbgruppen. Eine Abbildung $\tau : G \to H$ wird ein **Homomorphismus** von $(G, \cdot)$ in $(H, \circ)$ genannt, wenn gilt:

$$\tau(x \cdot y) = \tau(x) \circ \tau(y) \quad \text{für alle} \quad x, y \in G \,.$$

Injektive bzw. surjektive bzw. bijektive Homomorphismen heißen **Monomorphismen** bzw. **Epimorphismen** bzw. **Isomorphismen**.

Homomorphismen bzw. Isomorphismen von $(G, \cdot)$ in $(G, \cdot)$ heißen auch **Endomorphismen** bzw. **Automorphismen** von $(G, \cdot)$. Monomorphismen nennt man gelegentlich auch **Einbettungen**.

In der folgenden Tabelle kürzen wir *Definitionsbereich* mit *Db* und *Bildbereich* mit *Bb* ab, weiter sind – von der multiplikativen Halbgruppe $\mathbb{R}_{>0} := \{x \in \mathbb{R} \mid x > 0\}$ abgesehen – alle weiteren Beispiele von Halbgruppen additiv mit den üblichen Additionen.

	injektiv	*surjektiv*	$Db = Bb$	*Beispiel*
Monomorphismus	ja	n. notw.	n. notw.	$\begin{cases} \mathbb{R} \to \mathbb{R}^2 \\ x \mapsto \left(\begin{smallmatrix} x \\ 0 \end{smallmatrix}\right) \end{cases}$
Epimorphismus	n. notw.	ja	n. notw.	$\begin{cases} \mathbb{R}^2 \to \mathbb{R} \\ \left(\begin{smallmatrix} x \\ y \end{smallmatrix}\right) \mapsto x \end{cases}$
Isomorphismus	ja	ja	n. notw.	$\begin{cases} \mathbb{R} \to \mathbb{R}_{>0} \\ x \mapsto e^x \end{cases}$
Endomorphismus	n. notw.	n. notw.	ja	$\begin{cases} \mathbb{R}^2 \to \mathbb{R}^2 \\ \left(\begin{smallmatrix} x \\ y \end{smallmatrix}\right) \mapsto \left(\begin{smallmatrix} x-y \\ 0 \end{smallmatrix}\right) \end{cases}$
Automorphismus	ja	ja	ja	$\begin{cases} \mathbb{R}^2 \to \mathbb{R}^2 \\ \left(\begin{smallmatrix} x \\ y \end{smallmatrix}\right) \mapsto \left(\begin{smallmatrix} y \\ x \end{smallmatrix}\right) \end{cases}$

Wenn ein Isomorphismus von G auf H existiert, nennt man G und H **isomorph** und schreibt $G \cong H$. Man sagt dann, G und H haben *dieselbe Struktur* oder sind *vom gleichen Isomorphietyp*. Der Isomorphismus φ benennt die Elemente um: $\varphi : a \mapsto \varphi(a)$. Zwei isomorphe Halbgruppen sind also von der Bezeichnung der Elemente abgesehen gleich. *Isomorphie* ist also fast dasselbe wie *Gleichheit* – ob nun die Elemente a, b, c, ... oder α, β, γ ... heißen, soll uns im Allgemeinen nicht weiter kümmern.

Beispiel 1.6 Es seien $G = (G, \cdot)$ und $H = (H, \cdot)$ Halbgruppen.

- Wenn H ein neutrales Element e hat, ist die Abbildung

$$\mathbf{1} : \begin{cases} G \to H \\ x \mapsto e \end{cases}$$

  ein Homomorphismus.
- Wenn H abelsch ist, ist die Abbildung

$$p : \begin{cases} H \to H \\ x \mapsto x^r \end{cases}$$

  für jedes $r \in \mathbb{N}$ ein Endomorphismus (vgl. Lemma 1.5 (b)).
- Es ist Id_H ein Automorphismus von H.
- Wenn H ein neutrales Element e hat, ist die Abbildung

$$\iota_a : \begin{cases} H \to H \\ x \mapsto a\,x\,a^{-1} \end{cases}$$

für jedes $a \in H^{\times}$ ein Automorphismus von H. Ist nämlich $a \in H^{\times}$, so gilt für alle $x, y \in H$:

$$\iota_a(x\,y) = a\,x\,y\,a^{-1} = (a\,x\,a^{-1})\,(a\,y\,a^{-1}) = \iota_a(x)\,\iota_a(y)\,.$$

Somit ist ι_a ein Homomorphismus. Wegen $\iota_a\,\iota_{a^{-1}} = \mathrm{Id}_H = \iota_{a^{-1}}\,\iota_a$ ist ι_a bijektiv. Man nennt ι_a den von a erzeugten **inneren Automorphismus** von H. Ist H kommutativ oder $a = e$, so gilt $\iota_a = \mathrm{Id}_H$. ∎

1.6.2 Produkte und Inverse von (bijektiven) Homomorphismen

Ist $\sigma : G \to H$ eine bijektive Abbildung, so existiert bekanntlich eine (ebenfalls bijektive) Umkehrabbildung $\sigma^{-1} : H \to G$, d. h. $\sigma^{-1}\,\sigma = \mathrm{Id}_G$ und $\sigma\,\sigma^{-1} = \mathrm{Id}_H$. Wir zeigen nun: Sind G und H Halbgruppen und σ ein bijektiver Homomorphismus, d. h. ein Isomorphismus, so ist die Umkehrabbildung auch ein Homomorphismus, also ebenfalls ein Isomorphismus.

Lemma 1.6 *Es seien G, H und K Halbgruppen.*

(a) Sind $\sigma : G \to H$ und $\tau : H \to K$ Homomorphismen, so ist auch $\tau\,\sigma : G \to K$ ein Homomorphismus.
(b) Ist $\sigma : G \to H$ ein Isomorphismus, so ist auch $\sigma^{-1} : H \to G$ ein Isomorphismus.

Beweis

(a) Es seien $a, b \in G$. Dann gilt wegen der Homomorphie von σ und τ:

$$\tau\,\sigma(a\,b) = \tau(\sigma(a)\,\sigma(b)) = \tau\,\sigma(a)\,\tau\,\sigma(b)\,.$$

Somit ist $\tau\,\sigma$ ein Homomorphismus.
(b) Zu $a', b' \in H$ existieren wegen der Bijektivität von σ Elemente $a, b \in G$ mit $\sigma(a) = a'$ und $\sigma(b) = b'$. Es folgt

$$\sigma^{-1}(a'\,b') = \sigma^{-1}(\sigma(a)\,\sigma(b)) = \sigma^{-1}(\sigma(a\,b)) = a\,b = \sigma^{-1}(a')\,\sigma^{-1}(b')\,.$$

Folglich ist die bijektive Abbildung σ^{-1} ein Homomorphismus und damit ein Isomorphismus. □

1. **Folgerung:** Sind G, H und K Halbgruppen, so gelten

$$G \cong G \, ; \quad G \cong H \, \Rightarrow \, H \cong G \, ; \quad G \cong H \, , \, H \cong K \, \Rightarrow \, G \cong K \, .$$

D. h., die Relation $\cong$ ist eine Äquivalenzrelation auf der Klasse aller Halbgruppen.

2. **Folgerung:** Die Menge $\operatorname{Aut} H$ aller Automorphismen der Halbgruppe H ist eine Unterhalbgruppe der Halbgruppe S_H aller Permutationen von H.

1.7   Direkte Produkte

Es seien $H_i = (H_i, \cdot)$ für $i = 1, \ldots, n$ Halbgruppen. Wir bilden das kartesische Produkt H dieser Halbgruppen,

$$H := H_1 \times \cdots \times H_n := \{(a_1, \ldots, a_n) \mid a_1 \in H_1, \ldots, a_n \in H_n\} \, ,$$

und erklären auf H eine Verknüpfung $\cdot$ komponentenweise:

Für $(a_1, \ldots, a_n)$, $(b_1, \ldots, b_n) \in H$ sei

$$(a_1, \ldots, a_n) \cdot (b_1, \ldots, b_n) := (a_1 \, b_1, \ldots, a_n \, b_n) \, ,$$

wobei das Produkt $a_i \, b_i$ in der i-ten Komponente in H_i zu bilden ist. Offenbar ist dies eine innere Verknüpfung auf $H = H_1 \times \cdots \times H_n$.

Weiter gilt für alle $(a_1, \ldots, a_n)$, $(b_1, \ldots, b_n)$, $(c_1, \ldots, c_n) \in H$:

$$[(a_1, \ldots, a_n) \cdot (b_1, \ldots, b_n)] \cdot (c_1, \ldots, c_n) = (a_1 \, b_1 \, c_1, \ldots, a_n \, b_n \, c_n)$$
$$= (a_1, \ldots, a_n) \cdot [(b_1, \ldots, b_n) \cdot (c_1, \ldots, c_n)] \, .$$

Damit ist begründet:

Lemma 1.7 *Sind $H_1, \ldots, H_n$ Halbgruppen, so auch das kartesische Produkt $H = H_1 \times \cdots \times H_n$ mit komponentenweiser Verknüpfung.*

Man nennt diese Halbgruppe $(H, \cdot)$ das **(äußere) direkte Produkt** der Halbgruppen $H_1, \ldots, H_n$.

Beispiel 1.7 Gegeben seien die Halbgruppen $(\mathbb{R}^{2 \times 2}, \cdot)$, $(2 \, \mathbb{Z}, \cdot)$ und $(\mathbb{N}_0, +)$. Dann ist

$$\mathbb{R}^{2 \times 2} \times 2 \, \mathbb{Z} \times \mathbb{N}_0$$

mit komponentenweiser Verknüpfung eine Halbgruppe, und es gilt z. B.

$$\left(\begin{pmatrix} 1 & 1 \\ 2 & 2 \end{pmatrix},\ 14\,,\ 14\right) \cdot \left(\begin{pmatrix} 0 & 1 \\ 2 & 3 \end{pmatrix},\ -2\,,\ 2\right) = \left(\begin{pmatrix} 2 & 4 \\ 4 & 8 \end{pmatrix},\ -28\,,\ 16\right).$$

■

Offenbar enthält ein äußeres direktes Produkt H von Halbgruppen $H_1, \ldots, H_n$ genau dann ein neutrales Element, wenn jede Halbgruppe H_i ein neutrales Element e_i enthält. Es ist dann $(e_1, \ldots, e_n) \in H$ das neutrale Element von H. In diesem Fall ist ein Element $a = (a_1, \ldots, a_n) \in H$ genau dann invertierbar, wenn $a_i \in H_i^\times$ für jedes $i = 1, \ldots, n$ gilt, und zwar gilt $a^{-1} = (a_1^{-1}, \ldots, a_n^{-1})$.

Aufgaben

1.1 • Untersuchen Sie die folgenden inneren Verknüpfungen $\mathbb{N} \times \mathbb{N} \to \mathbb{N}$ auf Assoziativität, Kommutativität und Existenz von neutralen Elementen.

(a) $(m, n) \mapsto m^n$.   (c) $(m, n) \mapsto \mathrm{ggT}(m, n)$.

(b) $(m, n) \mapsto \mathrm{kgV}(m, n)$.   (d) $(m, n) \mapsto m + n + m\,n$.

1.2 • Untersuchen Sie die folgenden inneren Verknüpfungen $\mathbb{R} \times \mathbb{R} \to \mathbb{R}$ auf Assoziativität, Kommutativität und Existenz von neutralen Elementen.

(a) $(x, y) \mapsto \sqrt[3]{x^3 + y^3}$.   (b) $(x, y) \mapsto x + y - x\,y$.   (c) $(x, y) \mapsto x - y$.

1.3 • Mit welcher der folgenden inneren Verknüpfungen $\circ : \mathbb{Z} \times \mathbb{Z} \to \mathbb{Z}$ ist $(\mathbb{Z}, \circ)$ eine Halbgruppe?

(a) $x \circ y = x$.   (c) $x \circ y = (x + y)^2$.

(b) $x \circ y = 0$.   (d) $x \circ y = x - y - x\,y$.

1.4 •• Wie viele verschiedene innere Verknüpfungen gibt es auf einer Menge mit drei Elementen?

1.5 ••• Man begründe das allgemeine Assoziativgesetz (siehe Lemma 1.3).

1.6 ••• Man begründe das allgemeine Kommutativgesetz (siehe Lemma 1.4).

1.7 •• Man zeige, dass die Teilmenge $\mathbb{Z} + \mathbb{Z}\,\mathrm{i} = \{a + b\,\mathrm{i} \mid a, b \in \mathbb{Z}\}$ von $\mathbb{C}$, versehen mit der gewöhnlichen Multiplikation komplexer Zahlen, eine abelsche Halbgruppe mit neutralem Element ist. Ermitteln Sie die Einheiten von $\mathbb{Z} + \mathbb{Z}\,\mathrm{i}$.

1.8 •• Es seien die Abbildungen $f_1, \ldots, f_6 : \mathbb{R} \setminus \{0, 1\} \to \mathbb{R} \setminus \{0, 1\}$ definiert durch:

$$f_1(x) = x, \quad f_2(x) = \frac{1}{1-x}, \quad f_3(x) = \frac{x-1}{x},$$

$$f_4(x) = \frac{1}{x}, \quad f_5(x) = \frac{x}{x-1}, \quad f_6(x) = 1 - x.$$

Zeigen Sie, dass die Menge $F = \{f_1, f_2, f_3, f_4, f_5, f_6\}$ mit der inneren Verknüpfung $\circ : (f_i, f_j) \mapsto f_i \circ f_j$, wobei $f_i \circ f_j(x) := f_i(f_j(x))$, eine Halbgruppe mit neutralem Element ist. Welche Elemente aus F sind invertierbar? Stellen Sie eine Verknüpfungstafel für $(F, \circ)$ auf.

1.9 •• Bestimmen Sie alle Homomorphismen von $(\mathbb{Z}, +)$ in $(\mathbb{Q}, +)$. Gibt es darunter Isomorphismen?

1.10 • Zeigen Sie, dass die Menge $H = \mathbb{R} \times \mathbb{R}$ mit der Verknüpfung

$$(a, b) * (c, d) = (a\,c, b\,d)$$

eine abelsche Halbgruppe mit neutralem Element $(1, 1)$ ist.

Gruppen

2

Übersicht

Eine Halbgruppe G mit neutralem Element heißt **Gruppe**, wenn $G^{\times} = G$ gilt, d. h. wenn jedes Element von G invertierbar ist. Dieser *abstrakte* Gruppenbegriff geht auf A. Cayley 1854 (für endliche Gruppen), auf L. Kronecker 1870 (für abelsche Gruppen) und in endgültiger Form auf H. Weber 1892 zurück. Vorher wurden nur endliche Permutationsgruppen und Gruppen geometrischer Transformationen betrachtet.

Wir geben viele Beispiele von Gruppen an und untersuchen einfachste Eigenschaften. Insbesondere interessieren uns die sogenannten *Untergruppen* einer Gruppe G, das sind Teilmengen G, die mit der Verknüpfung aus G wieder Gruppen bilden. Der *Satz von Cayley* besagt, dass jede Gruppe eine Untergruppe einer symmetrischen Gruppe ist.

2.1 Eigenschaften und Beispiele von Gruppen

Wir wiederholen ausführlich, was wir unter einer Gruppe verstehen.

© Der/die Autor(en), exklusiv lizenziert an Springer-Verlag GmbH, DE,
ein Teil von Springer Nature 2024
C. Karpfinger, *Algebra*, https://doi.org/10.1007/978-3-662-68656-0_2

2.1.1 Definition einer Gruppe

Es sei G eine (nichtleere) Menge mit einer inneren Verknüpfung $\cdot$. Es heißt $(G, \cdot)$ eine
Gruppe, wenn:

- *Assoziativgesetz:* Für alle a, b, $c \in G$ gilt

$$(a \cdot b) \cdot c = a \cdot (b \cdot c).$$

- *Existenz eines neutralen Elements:* Es existiert ein $e \in G$ mit

$$e \cdot a = a = a \cdot e \quad \text{für alle } a \in G.$$

- *Jedes Element ist invertierbar:* Zu jedem $a \in G$ existiert ein $a' \in G$ mit

$$a' \cdot a = e = a \cdot a'.$$

Anstelle von a' schreiben wir a^{-1} und nennen a^{-1} das Inverse von a; es ist eindeutig
bestimmt (vgl. Abschn. 1.3). Im Folgenden lassen wir den Multiplikationspunkt bei der
multiplikativen Schreibweise weg, schreiben also kurz $a\,b$ anstelle von $a \cdot b$.

Eine Gruppe $(G, \cdot)$ nennt man **abelsch** oder **kommutativ**, wenn $a\,b = b\,a$ für alle
$a, b \in G$ erfüllt ist.

2.1.2 Einfache Eigenschaften

Wir ziehen einfache Folgerungen aus den Gruppenaxiomen. In Gruppen gelten die
Kürzregeln, und es sind *lineare* Gleichungen eindeutig lösbar:

Lemma 2.1 *Es sei $G = (G, \cdot)$ eine Gruppe.*

(a) *Für a, b, $c \in G$ folgt aus $a\,c = b\,c$ stets $a = b$, und aus $c\,a = c\,b$ folgt ebenfalls
    $a = b$ (Kürzregeln).*
(b) *Zu je zwei Elementen a, $b \in G$ gibt es genau ein $x \in G$ mit $a\,x = b$, nämlich
    $x = a^{-1}\,b$, und genau ein $y \in G$ mit $y\,a = b$, nämlich $y = b\,a^{-1}$.*

Beweis

(a) Wir multiplizieren $a\,c = b\,c$ von rechts mit c^{-1} und erhalten $a = (a\,c)\,c^{-1} =
    (b\,c)\,c^{-1} = b$. Die zweite Kürzregel zeigt man analog.

(b) *Existenz* einer Lösung: Mit $x = a^{-1} b \in G$ gilt $a \, x = a \, (a^{-1} b) = b$.
Eindeutigkeit der Lösung: Aus $a \, x = b$ und $a \, x' = b$ folgt $a \, x = a \, x'$, also $x = x'$ nach der Kürzregel. Analog behandelt man die Gleichung $y \, a = b$. □

Bemerkung Lemma 2.1 (b) besagt, dass die Abbildungen

$$\lambda_a : \begin{cases} G \to G \\ x \mapsto a \, x \end{cases} \quad \text{und} \quad \rho_a : \begin{cases} G \to G \\ y \mapsto y \, a \end{cases}$$

für jedes $a \in G$ Permutationen von G (d. h. bijektive Abbildungen von G auf G) sind.

Aus der Kürzregel folgt durch *Kürzen* von a:

Korollar 2.2 *Ist a ein Element einer Gruppe $G = (G, \cdot)$ mit $a^2 = a$, so gilt $a = e$.* □

2.1.3 Schwaches Axiomensystem

Wir haben eigentlich ein zu *starkes* Axiomensystem für Gruppen gewählt. Wir kommen auch mit weniger Axiomen aus; dies sollte man vor allem für Gruppennachweise nutzen:

Lemma 2.3 (Schwache Gruppenaxiome) *Es sei $G = (G, \cdot)$ eine Halbgruppe mit den Eigenschaften:*

(i) *Es gibt ein $e \in G$ mit $e \, a = a$ für alle $a \in G$ (e ist linksneutral).*
(ii) *Zu jedem $a \in G$ existiert ein $a' \in G$ mit $a' \, a = e$ (a' ist linksinvers zu a).*

Dann ist G eine Gruppe.

Beweis Zu $a \in G$ existiert ein $a' \in G$ mit $a' \, a = e$. Zu diesem a' existiert ein $a'' \in G$ mit $a'' \, a' = e$. Es folgt $a \, a' = e \, a \, a' = (a'' \, a') \, a \, a' = a'' \, (a' \, a) \, a' = a'' \, a' = e$ und $a \, e = a \, a' \, a = e \, a = a$. Somit ist jedes Element $a \in G$ invertierbar, und e ist ein neutrales Element. Damit sind alle Gruppenaxiome erfüllt. □

Bemerkung Man beachte die Möglichkeit, die Seiten zu vertauschen: Existiert in einer Halbgruppe G ein *rechtsneutrales* Element und zu jedem Element ein *rechtsinverses* Element, so ist G bereits eine Gruppe. Aber *rechtsneutral* und *linksinvers* bzw. *rechtsinvers* und *linksneutral* reicht nicht aus.

2.1.4 Beispiele

Viele Beispiele von Gruppen erhält man mit der folgenden allgemeinen Aussage, die aus Lemma 1.2 folgt:

Lemma 2.4 *Ist H eine Halbgruppe mit neutralem Element, so bildet $H^\times$ (mit der aus H übernommenen Verknüpfung) eine Gruppe – die* **Einheitengruppe** *oder die* **Gruppe der invertierbaren Elemente** *von H.*

Für die folgenden Beispiele vgl. man auch Beispiel 1.4.

Beispiel 2.1

* Für jeden Körper $K = (K, +, \cdot)$ sind $(K, +)$ und $(K \setminus \{0\}, \cdot)$ abelsche Gruppen.
* **Die Klein'sche Vierergruppe.**
  Durch die rechtsstehende Verknüpfungstafel wird eine abelsche Gruppe $V = \{e, a, b, c\}$ gegeben. Es ist e das neutrale Element, und für jedes $x \in V$ ist $x^2 = e$ erfüllt, d. h., jedes Element ist sein eigenes Inverses. Der Nachweis des Assoziativgesetzes ist etwas umständlich, wir ersparen uns das.

$\cdot$	e	a	b	c
e	e	a	b	c
a	a	e	c	b
b	b	c	e	a
c	c	b	a	e

* Für jede nichtleere Menge X ist $S_X = T_X^\times = \{\sigma \mid \sigma : X \to X \text{ bijektiv}\}$ eine Gruppe, die **symmetrische Gruppe** von X. Im Fall $X := \{1, \ldots, n\}$ schreibt man S_n für S_X. Die Elemente von S_X sind die Permutationen von X. Bekanntlich gilt $|S_n| = n!$ für $n \in \mathbb{N}$. Für $\sigma \in S_n$ verwenden wir vorläufig noch (vgl. Abschn. 9.1) die übliche Schreibweise als 2-reihige Matrix, bei der das Bild $\sigma(i)$ von $i \in \{1, \ldots, n\}$ unter i steht:

$$\sigma = \begin{pmatrix} 1 & 2 & \cdots & n \\ \sigma(1) & \sigma(2) & \cdots & \sigma(n) \end{pmatrix}.$$

Es ist S_3 die kleinste nichtabelsche Gruppe: Es gilt etwa

$$\begin{pmatrix} 1\,2\,3 \\ 2\,3\,1 \end{pmatrix} \begin{pmatrix} 1\,2\,3 \\ 2\,1\,3 \end{pmatrix} = \begin{pmatrix} 1\,2\,3 \\ 3\,2\,1 \end{pmatrix} \neq \begin{pmatrix} 1\,2\,3 \\ 1\,3\,2 \end{pmatrix} = \begin{pmatrix} 1\,2\,3 \\ 2\,1\,3 \end{pmatrix} \begin{pmatrix} 1\,2\,3 \\ 2\,3\,1 \end{pmatrix}.$$

Wir werden demnächst begründen, dass Gruppen mit 2, 3, 4 oder 5 Elementen zwangsläufig abelsch sind ($|S_3| = 6$). Bei Gruppen mit 2 Elementen ist dies klar, für 4 Elemente kann man das leicht elementar begründen, siehe das folgende Beispiel.

- Jede Gruppe mit 4 Elementen ist abelsch: Sind nämlich e, a, b, c die vier verschiedenen Elemente einer Gruppe G mit neutralem Element e, so gilt $a\,b = e$ oder $a\,b = c$, weil $a\,b = a$ bzw. $a\,b = b$ wegen der Kürzregeln ausgeschlossen ist.

  Im Fall $a\,b = e$ gilt $b\,a = e$, da b in diesem Fall das Inverse zu a ist. Im Fall $a\,b = c$ gilt aber auch $b\,a = c$, da sonst a das Inverse zu b wäre. Folglich ist G abelsch.

- Die **allgemeine lineare Gruppe** $\mathrm{GL}(n, K)$ der invertierbaren $n \times n$-Matrizen über dem Körper K ist die Einheitengruppe der Halbgruppe $(K^{n \times n}, \cdot)$ und als solche eine Gruppe:

$$\mathrm{GL}(n, K) = \{M \in K^{n \times n} \mid \det M \neq 0\}.$$

- **Quaternionengruppe.** Die achtelementige Menge $Q := \{\pm E, \pm I, \pm J, \pm K\}$ mit den komplexen 2×2-Matrizen

$$E = \begin{pmatrix} 1 & 0 \\ 0 & 1 \end{pmatrix}, \ I = \begin{pmatrix} 0 & 1 \\ -1 & 0 \end{pmatrix}, \ J = \begin{pmatrix} 0 & i \\ i & 0 \end{pmatrix}, \ K = \begin{pmatrix} i & 0 \\ 0 & -i \end{pmatrix}$$

bildet bezüglich der gewöhnlichen Matrizenmultiplikation $\cdot$ eine nichtabelsche Gruppe – die sogenannte **Quaternionengruppe**. Offenbar ist E das neutrale Element. Und es gilt:

$$A^2 = -E \quad \text{für alle} \quad A \in Q \setminus \{\pm E\}.$$

Daraus folgt $A^{-1} = -A$ für alle $A \in Q \setminus \{\pm E\}$. Ferner gilt $K = I\,J = -J\,I$, somit ist die Gruppe Q nicht abelsch.

- Die Isometrien der euklidischen Ebene bzw. des euklidischen Raumes, die ein geometrisches Objekt O auf sich selbst abbilden, bilden mit der Komposition von Abbildungen eine Gruppe – die **Symmetriegruppe** von O. Die identische Abbildung ist hierbei das neutrale Element. Im Abschn. 3.1.5 werden wir die Symmetriegruppe eines regulären n-Ecks behandeln, die *Diedergruppe* D_n.

- Die Symmetriegruppen periodischer Muster im Raum nennt man **kristallografische Gruppen**. Die Elemente dieser Gruppen sind die Isometrien, die das periodische Muster erhalten, die Komposition von Abbildungen ist die Verknüpfung.

- Unter einer **Möbiustransformation** versteht man bekanntlich eine Abbildung $\mu : z \mapsto \frac{a\,z+b}{c\,z+d}$ mit komplexen Zahlen a, b, c, d, $a\,d - b\,c \neq 0$, der erweiterten komplexen Zahlenebene $\mathbb{C} \cup \{\infty\}$ in sich. Die Menge aller Möbiustransformationen bildet mit der Komposition von Abbildungen eine Gruppe – die **Gruppe der Möbiustransformationen**. Die identische Abbildung ist das neutrale Element, die Komposition von Abbildungen ist assoziativ, und Produkt und Inverse von Möbiustransformationen sind wieder solche.

- *Lie-Gruppen* sind ein wichtiges Werkzeug der theoretischen Physik. Die Elemente einer Liegruppe sind die Elemente einer differenzierbaren Mannigfaltigkeit, die Gruppenmultiplikation und die Inversion $x \mapsto x^{-1}$ sind differenzierbare Abbildungen. Wir werden im Rahmen dieses Buches auf diese Gruppen nicht näher eingehen können. ∎

2.1.5 Nützliche Kriterien

Nützlich sind die folgenden Aussagen, die Kriterien dafür liefern, wann eine Halbgruppe bzw. eine endliche Halbgruppe eine Gruppe ist.

Lemma 2.5 *Eine nichtleere Halbgruppe G ist genau dann eine Gruppe, wenn es zu je zwei Elementen $a, b \in G$ Elemente $x, y \in G$ gibt mit $a\,x = b$ und $y\,a = b$.*

Beweis Wegen Lemma 2.1 ist nur $\Leftarrow$ zu begründen. Sind die Gleichungen $a\,x = b$ und $y\,a = b$ in der Halbgruppe G lösbar, so existiert zu $b \in G$ ein Element $e \in G$ mit $e\,b = b$; und zu einem beliebigen Element $a \in G$ gibt es ein $c \in G$ mit $b\,c = a$. Es folgt $e\,a = e\,(b\,c) = (e\,b)\,c = b\,c = a$; also ist e linksneutral. Zu jedem $a \in G$ liefert die Lösung y der Gleichung $y\,a = e$ sodann ein linksinverses Element. Nach Lemma 2.3 zu den schwachen Gruppenaxiomen ist somit G eine Gruppe.   □

Lemma 2.6 *Eine nichtleere endliche Halbgruppe G ist genau dann eine Gruppe, wenn in ihr die Kürzregeln gelten.*

Beweis Wegen Lemma 2.1 ist nur $\Leftarrow$ zu begründen. Die Kürzregeln besagen in anderen Worten, dass die Abbildungen $\lambda_a : x \mapsto a\,x$ und $\rho_a : x \mapsto x\,a$ von G in sich injektiv sind. Nun sind injektive Abbildungen einer endlichen Menge in sich zudem surjektiv. Damit gibt es zu beliebigen $a, b \in G$ stets $x, y \in G$ mit $a\,x = b$ und $y\,a = b$. Nach Lemma 2.5 ist G daher eine Gruppe.   □

2.2 Untergruppen

Bei den bisherigen Beispielen von Gruppen fällt auf, dass viele der angegebenen Gruppen Teilmengen von größeren (bekannten) Gruppen sind und die jeweilige Verknüpfung diejenige der größeren Gruppe war. Dahinter steckt das Konzept der *Untergruppe*:

Eine **Untergruppe** der Gruppe G ist eine Unterhalbgruppe U von G, die (mit der von G induzierten Verknüpfung) eine Gruppe bildet. Wenn U eine Untergruppe von G ist, schreiben wir dafür auch $U \leq G$. Einfachste Beispiele sind die sogenannten **trivialen** Untergruppen G und $\{e\}$. Die Untergruppen $U \neq G$ von G heißen **echt**.

2.2.1 Untergruppennachweise

In den meisten Fällen ist es sehr einfach, von einer nichtleeren Teilmenge einer Gruppe nachzuweisen, dass sie eine Gruppe ist. Nützlich ist dazu das folgende Lemma:

Lemma 2.7 (Untergruppenkriterien) *Für eine nichtleere Teilmenge U einer Gruppe G sind gleichwertig:*

(1) $U \leq G$.
(2) $a, b \in U \implies a b \in U$ und $a^{-1} \in U$.
(3) $a, b \in U \implies a b^{-1} \in U$.

Die neutralen Elemente von U und G stimmen dann überein.

Beweis Es sei e das neutrale Element von G.
(1) $\Rightarrow$ (2): Wegen der Voraussetzung folgt aus $a, b \in U$ natürlich $a b \in U$. Weil U eine Gruppe ist, hat U ein neutrales Element e'. Wegen $e' e' = e'$ folgt mit Korollar 2.2 nun $e = e'$. Weiter existiert zu jedem $a \in U$ ein $a' \in U$ mit $a' a = e' = e$, sodass $a^{-1} = a' \in U$.
(2) $\Rightarrow$ (3): Sind $a, b \in U$, so gilt nach Voraussetzung $a, b^{-1} \in U$ und weiter $a b^{-1} \in U$.
(3) $\Rightarrow$ (1): Sind $a, b \in U$, so ist nach Voraussetzung $e = b b^{-1} \in U$. Damit ist aber für jedes $b \in U$ nach Voraussetzung auch $b^{-1} = e b^{-1} \in U$. Es folgt $a b = a (b^{-1})^{-1} \in U$; das begründet (1). $\square$

Wir führen nützliche Bezeichnungen ein: Für Teilmengen A, B einer Gruppe sei

$$A \cdot B := A B := \{a b \mid a \in A, b \in B\}$$

das sogenannte **Komplexprodukt** von A und B. Ferner sei $A^{-1} := \{a^{-1} \mid a \in A\}$. Weiter schreiben wir kürzer

$$a B := \{a\} B, \quad A b := A \{b\}.$$

Das Ergebnis in Lemma 2.7 lautet mit diesen Abkürzungen: *Für eine nichtleere Teilmenge U einer Gruppe G sind gleichwertig:*

(1) $U \leq G$.
(2) $U U \subseteq U$, $U^{-1} \subseteq U$.
(3) $U U^{-1} \subseteq U$.

Bemerkung

(1) Wir halten fest: Ist $U \leq G$ Untergruppe einer Gruppe G, so haben U und G dasselbe neutrale Element e. Und die Inversen aus U sind die in G gebildeten Inversen der Elemente aus U.

(2) Eine Bemerkung zum Beweis von Lemma 2.7: Die zyklische Beweisführung für die Gleichwertigkeit mehrerer Aussagen wird meist angestrebt. Man mache sich klar, dass man nach einer *zyklischen* Beweisführung der Form $A_1 \Rightarrow A_2 \Rightarrow \cdots \Rightarrow A_k \Rightarrow A_1$ für die Aussagen $A_1, \ldots, A_k$ von jeder Aussage A_i zu jeder anderen A_j in Pfeilrichtung gelangt: Die Aussagen $A_1, \ldots, A_k$ sind also tatsächlich äquivalent.

2.2.2 Endliche Untergruppen

Für *endliche* Teilmengen ist der Untergruppennachweis einfacher:

Lemma 2.8 *Jede nichtleere endliche Unterhalbgruppe U einer Gruppe ist eine Unter-gruppe.*

Beweis Da G eine Gruppe ist, gelten in G die Kürzregeln. Da U eine Teilmenge von G ist, gelten diese Regeln auch in der Halbgruppe U; nun beachte Lemma 2.6.   □

Wir geben einen weiteren Beweis dieser Aussage, da dieser ebenfalls sehr einfache, aber wichtige Schlüsse benutzt und daher von Interesse ist: Wir begründen (2) aus Lemma 2.7. Dazu reicht es, $a \in U \Rightarrow a^{-1} \in U$ nachzuweisen. Es sei also $a \in U$ gegeben. Da U eine Halbgruppe ist, gilt $a^n \in U$ für jedes $n \in \mathbb{N}$. Da U endlich ist, müssen in der Folge $a^1, a^2, \ldots, a^k, \ldots$ Wiederholungen auftreten, d. h., es existieren $i, j \in \mathbb{N}$, o. E. $j > i$, mit $a^i = a^j$ und folglich $a^{j-i} = e$. Also gilt $e \in U$, und wegen $a^{j-i} = a\, a^{j-i-1} = e$ liegt auch $a^{-1} = a^{j-i-1}$ in U.

Vorsicht Die (unendliche) Menge $\mathbb{N}$ der natürlichen Zahlen bildet eine Unterhalbgruppe, aber keine Untergruppe von $(\mathbb{Z}, +)$.

2.2.3 Beispiele von Untergruppen

Es folgen weitere zahlreiche Beispiele von Gruppen – Untergruppen sind nämlich insbesondere Gruppen.

Beispiel 2.2

- Für jede nichtleere Menge X werden die Untergruppen von S_X **Permutationsgruppen** genannt. Für jedes nichtleere $A \subseteq X$ sind

$$U := \{\sigma \in S_X \mid \sigma(A) = A\} \quad \text{und} \quad V := \{\sigma \in S_X \mid \sigma(a) = a \quad \text{für jedes } a \in A\}$$

Untergruppen von S_X, und V ist eine Untergruppe von U, d. h. $V \leq U \leq S_X$.
- Für jeden Körper K und jedes $n \in \mathbb{N}$ ist

$$\mathrm{SL}(n, K) := \{A \in \mathrm{GL}(n, K) \mid \det A = 1\}$$

eine Untergruppe von $\mathrm{GL}(n, K)$. Denn für $A, B \in \mathrm{SL}(n, K)$ gilt $\det(A\,B^{-1}) = \det A\,(\det B)^{-1} = 1$, d. h $A\,B^{-1} \in \mathrm{SL}(n, K)$ (beachte Lemma 2.7). Die Gruppe $\mathrm{SL}(n, K)$ nennt man die **spezielle lineare Gruppe** vom Grad n über K.
- Es sei $n \in \mathbb{N}$. Wir bezeichnen mit E_n die Menge der n-ten **Einheitswurzeln** aus $\mathbb{C}$, d. h. $E_n = \{z \in \mathbb{C} \mid z^n = 1\}$. Für $a, b \in E_n$ gilt nach den Potenzregeln in $\mathbb{C}$:

$$(a\,b^{-1})^n = a^n\,(b^{-1})^n = a^n\,(b^n)^{-1} = 1\,,$$

sodass $(E_n, \cdot) \leq (\mathbb{C} \setminus \{0\}, \cdot)$ nach Lemma 2.7. Nun gilt für $a \in \mathbb{C} \setminus \{0\}$ in der Polardarstellung $a = r\,\mathrm{e}^{\mathrm{i}\varphi}$ mit $r > 0$ und $0 \leq \varphi < 2\,\pi$:

$$a = r\,\mathrm{e}^{\mathrm{i}\varphi} \in E_n \iff 1 = a^n = r^n\,\mathrm{e}^{\mathrm{i}n\varphi} \iff r^n = 1,\ \mathrm{e}^{\mathrm{i}n\varphi} = 1$$

$$\iff r = 1,\ \varphi \in \left\{0,\ \frac{2\,\pi}{n},\ \frac{2 \cdot 2\,\pi}{n},\ \ldots,\ \frac{2\,(n-1)\,\pi}{n}\right\}\,.$$

Mit der Abkürzung $\varepsilon_n := \mathrm{e}^{\frac{2\pi\mathrm{i}}{n}}$ gilt demnach $E_n = \left\{1,\ \varepsilon_n,\ \varepsilon_n^2,\ \ldots,\ \varepsilon_n^{n-1}\right\}$. Somit ist E_n die Menge der Ecken eines dem Einheitskreis einbeschriebenen regulären n-Ecks; und es gilt $|E_n| = n$. Wir haben E_3 und E_8 in der Abb. 2.1 skizziert.

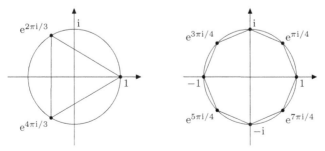

Abb. 2.1 Die 3-ten und die 8-ten Einheitswurzeln in $\mathbb{C}$

- Die Menge $V_4 := \{\text{Id}, \sigma_1, \sigma_2, \sigma_3\}$ mit den Permutationen

$$\text{Id}, \ \sigma_1 = \begin{pmatrix} 1 \ 2 \ 3 \ 4 \\ 2 \ 1 \ 4 \ 3 \end{pmatrix}, \ \sigma_2 = \begin{pmatrix} 1 \ 2 \ 3 \ 4 \\ 3 \ 4 \ 1 \ 2 \end{pmatrix}, \ \sigma_3 = \begin{pmatrix} 1 \ 2 \ 3 \ 4 \\ 4 \ 3 \ 2 \ 1 \end{pmatrix}$$

bildet eine Untergruppe von S_4. Es gilt $\sigma^2 = \text{Id}$ für alle $\sigma \in V_4$. ∎

Die Bestimmung aller Untergruppen einer Gruppe G ist im Allgemeinen recht schwierig, aber nicht bei $(\mathbb{Z}, +)$:

Satz 2.9 *Jede Untergruppe U von $(\mathbb{Z}, +)$ hat die Form $U = n\,\mathbb{Z}$ mit $n \in \mathbb{N}_0$. Dabei ist $n = 0$ oder die kleinste natürliche Zahl aus U.*

Beweis Im Fall $U = \{0\}$ gilt $n = 0$. Daher gelte $U \neq \{0\}$. Da mit jedem Element aus U auch das Negative (das *additive Inverse*) in U liegt, gibt es natürliche Zahlen in U. Es sei n die kleinste natürliche Zahl in U, und $m \in U$ sei beliebig. Division mit Rest liefert $q, r \in \mathbb{Z}$ mit $m = n\,q + r, 0 \leq r < n$. Mit m und n liegt auch $m - n\,q = r$ in U. Wegen $r < n$ und der Minimalität von n geht das nur für $r = 0$. Also gilt $m = n\,q$ und folglich $U = n\,\mathbb{Z}$. □

Dieser Satz wird später mehrfach gute Dienste leisten.

2.3   Homomorphismen

Man kann in eine gegebene Menge von Gruppen eine gewisse Ordnung bringen, wenn man die strukturverträglichen Abbildungen, die Homomorphismen, zwischen ihnen betrachtet. Dabei wird klar, welche Unterschiede lediglich durch die Art der Beschreibung der einzelnen Gruppen auftreten und welche Unterschiede strukturbedingt sind.

Es seien $(G, \cdot)$ und $(H, \circ)$ Gruppen. Eine Abbildung $\varphi : G \to H$ heißt ein **Gruppenhomomorphismus** oder kurz **Homomorphismus**, wenn für alle $a, b \in G$ gilt:

$$\varphi(a \cdot b) = \varphi(a) \circ \varphi(b).$$

Wir haben hier ausdrücklich die Multiplikationszeichen angegeben, um deutlich zu machen, wie Homomorphismen die möglicherweise sehr verschiedenen Verknüpfungen miteinander in Beziehung bringen. Wie üblich werden **Monomorphismus**, **Epimorphismus**, **Isomorphismus**, **Endomorphismus** und **Automorphismus** erklärt (vgl. Abschn. 1.6). Aus Lemma 1.6 erhält man direkt:

Lemma 2.10 *Für jede Gruppe G ist die Menge* Aut G *aller Automorphismen der Gruppe G eine Untergruppe von* S_G – *die sogenannte* **Automorphismengruppe** *von G.*

2.3.1 Kern und Bild eines Homomorphismus

Lemma 2.11 *Es seien G und H Gruppen mit den neutralen Elementen* e_G *und* e_H, $\varphi : G \to H$ *ein Homomorphismus sowie* $a \in G$, $U \leq G$ *und* $V \leq H$. *Dann gilt:*

(a) $\varphi(e_G) = e_H$ – *ein Homomorphismus bildet das neutrale Element auf das neutrale Element ab.*

(b) $\varphi(a^n) = \varphi(a)^n$ *für jedes* $n \in \mathbb{Z}$ – *Bilder von Potenzen sind Potenzen der Bilder.*

(c) $\varphi(U) \leq H$ – *Bilder von Untergruppen sind Untergruppen.*

(d) $\varphi^{-1}(V) \leq G$ – *Urbilder von Untergruppen sind Untergruppen.*

Beweis

(a) folgt aus $\varphi(e_G) = \varphi(e_G \, e_G) = \varphi(e_G) \, \varphi(e_G)$ nach Kürzen von $\varphi(e_G)$.

(b) Für $n \in \mathbb{N}_0$ ist die Behauptung klar. Mit (a) folgt für jedes $n \in \mathbb{N}$: $e_H = \varphi(e_G) = \varphi(a^n \, a^{-n}) = \varphi(a^n) \, \varphi(a^{-n})$, sodass $\varphi(a^{-n}) = \varphi(a^n)^{-1} = (\varphi(a)^n)^{-1} = \varphi(a)^{-n}$.

(c) Die Behauptung folgt wegen (b) und der Inklusion $U \, U^{-1} \subseteq U$ aus Lemma 2.7 mit

$$\varphi(U) \, \varphi(U)^{-1} = \varphi(U) \, \varphi(U^{-1}) = \varphi(U \, U^{-1}) \subseteq \varphi(U) \,.$$

(d) Wegen $e_G \in \varphi^{-1}(V)$ ist $\varphi^{-1}(V)$ nicht leer. Für $a, b \in \varphi^{-1}(V)$ gilt $\varphi(a \, b^{-1}) = \varphi(a) \, \varphi(b)^{-1} \in V$, also $a \, b^{-1} \in \varphi^{-1}(V)$. Nun beachte man Lemma 2.7. $\square$

Wegen Lemma 2.11 (d) ist der **Kern**

$$\mathrm{Kern}\, \varphi := \{a \in G \mid \varphi(a) = e_H\} = \varphi^{-1}(\{e_H\})$$

von $\varphi : G \to H$ eine Untergruppe von G.

Vorsicht Üblich ist auch die missverständliche Schreibweise $\mathrm{Kern}\, \varphi = \varphi^{-1}(e_H)$.

Es gibt ein nützliches Kriterium für die Injektivität eines Homomorphismus:

Lemma 2.12 (Monomorphiekriterium) *Ein Gruppenhomomorphismus* φ *ist genau dann injektiv, wenn* $\mathrm{Kern}\, \varphi = \{e_G\}$.

Beweis Für $a \in \operatorname{Kern} \varphi$ gilt $\varphi(a) = e_H = \varphi(e_G)$. Ist nun φ injektiv, so folgt $a = e_G$, d. h. $\operatorname{Kern} \varphi = \{e_G\}$. Andererseits liefert $\varphi(a) = \varphi(b)$ für $a, b \in G$ mit Lemma 2.11 (b)

$$e_H = \varphi(a)\,\varphi(b)^{-1} = \varphi(a)\,\varphi(b^{-1}) = \varphi(a\,b^{-1}),$$

d. h. $a\,b^{-1} \in \operatorname{Kern} \varphi$. Mit $\operatorname{Kern} \varphi = \{e_G\}$ folgt dann $a\,b^{-1} = e_G$, d. h. $a = b$. □

Beispiel 2.3

- Die Abbildung $\exp : \mathbb{R} \to \mathbb{R} \setminus \{0\}$, $x \mapsto e^x$ ist bekanntlich ein Homomorphismus von $(\mathbb{R}, +)$ in $(\mathbb{R} \setminus \{0\}, \cdot)$. Es gilt $\operatorname{Kern} \exp = \{0\}$, sodass $\exp$ injektiv ist.
- Die Abbildung $\varphi : V \to V$, $a \mapsto a^2$ ist ein Endomorphismus der Klein'schen Vierergruppe V mit $\operatorname{Kern} \varphi = V$; insbesondere ist φ nicht injektiv. ■

2.3.2 Symmetrische Gruppen gleichmächtiger Mengen

Die *äußeren* Unterschiede von Gruppen, d. h. Unterschiede, die nur von den Bezeichnungen der Elemente herrühren, verschwinden unter Isomorphie. So wird man erwarten, dass die symmetrische Gruppe S_n die gleiche Struktur hat wie die symmetrische Gruppe S_X, wenn X genau n Elemente enthält. Diese Vermutung wird durch das folgende Ergebnis bestätigt:

Lemma 2.13 *Sind X und Y nichtleere Mengen gleicher Mächtigkeit, dann sind die symmetrischen Gruppen S_X und S_Y isomorph.*

Beweis Weil X und Y gleichmächtig sind, gibt es eine Bijektion $f : X \to Y$. Zu diesem f betrachten wir die Abbildung $\varphi : S_X \to S_Y$, $\sigma \mapsto f \circ f^{-1}$, die einer Permutation von X eine solche von Y zuordnet; die Skizze zeigt die Situation.

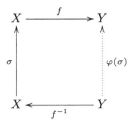

Nun zeigen wir, dass φ ein Isomorphismus ist. Die Abbildung φ ist bijektiv, denn $\psi : \sigma \mapsto f^{-1} \circ f$ ist die Umkehrabbildung, für alle σ aus S_x bzw. S_Y gilt nämlich:

$$\psi(\varphi(\sigma)) = f^{-1}(f \circ f^{-1})\,f = \sigma \quad \text{und} \quad \varphi(\psi(\sigma)) = f(f^{-1} \sigma f)\,f^{-1} = \sigma.$$

Und φ ist ein Homomorphismus, da für alle σ, $\tau \in S_X$ gilt:

$$\varphi(\sigma\,\tau) = f\,\sigma\,\tau\,f^{-1} = f\,\sigma\,f^{-1}\,f\,\tau\,f^{-1} = \varphi(\sigma)\,\varphi(\tau)\,.$$

$\square$

Korollar 2.14 *Für jede endliche Menge X mit $|X| = n$ gilt $S_X \cong S_n$.* $\square$

2.3.3 Der Satz von Cayley

Ursprünglich fasste man die Gruppentheorie auf als das Studium nichtleerer, multiplikativ abgeschlossener Teilmengen $U \subseteq S_n$ – das sind endliche Permutationsgruppen. Erst die abstrakte Axiomatisierung durch Cayley verhalf der Gruppentheorie zum entscheidenden Durchbruch. Der folgende Satz von Cayley zeigt, dass durch diese abstrakte Formulierung eigentlich gar nichts Neues gewonnen wurde: *Jede Gruppe ist zu einer Permutationsgruppe isomorph.*

Satz 2.15 (Satz von Cayley) *Für jede Gruppe G ist die Abbildung*

$$\lambda : \begin{cases} G \to S_G \\ a \mapsto \lambda_a \end{cases} \quad \text{mit} \quad \lambda_a : \begin{cases} G \to G \\ x \mapsto a\,x \end{cases}$$

ein Monomorphismus, sodass $G \cong \lambda(G) \le S_G$.

Beweis Wir haben nach Lemma 2.1 bemerkt, dass die Linksmultiplikationen λ_a bijektiv sind; d. h. $\lambda_a \in S_G$ für jedes $a \in G$. Ferner gilt

$$\lambda_a\,\lambda_b(x) = a\,(b\,x) = (a\,b)\,x = \lambda_{a\,b}(x) \quad \text{für alle } a,\, b,\, x \in G\,,$$

d. h. $\lambda_a\,\lambda_b = \lambda_{a\,b}$ für alle a, $b \in G$. Somit ist λ ein Homomorphismus von G in S_G.

Zu zeigen bleibt die Injektivität von λ. Es sei dazu $a \in G$ mit $\lambda_a = \text{Id}$ gegeben. Dann gilt $a = \lambda_a(e) = \text{Id}(e) = e$. Somit erhalten wir Kern $\lambda = \{e\}$. Nun beachte das Monomorphiekriterium 2.12. $\square$

In Abschn. 1.1.2 haben wir die Ordnung einer Halbgruppe definiert. Diese Definition gilt natürlich auch für Gruppen. Die Mächtigkeit $|G|$ einer Gruppe G wird deren **Ordnung** genannt. Besteht G aus genau $n \in \mathbb{N}$ Elementen, so bedeutet das $|G| = n$. Der Satz von Cayley liefert mit Korollar 2.14 somit:

Korollar 2.16 *Jede Gruppe der endlichen Ordnung n ist zu einer Untergruppe von S_n isomorph.* $\square$

Man könnte nun meinen, dass man sich aufgrund dieser Ergebnisse wieder auf das Studium von Permutationsgruppen zurückziehen kann. Das ist aber nicht der Fall. Gruppen treten in vielen Bereichen auf. Es wäre zu mühsam, zu ihrer Untersuchung die jeweiligen zu ihnen isomorphen Untergruppen in den üblicherweise riesigen symmetrischen Gruppen S_n aufzusuchen ($|S_n| = n$!).

Beispiel 2.4 Die Klein'sche Vierergruppe V kann also auch als Untergruppe von S_4 aufgefasst werden: Es gilt $V \cong V_4$ (vgl. Beispiel 2.2 und Aufgabe 2.6). ∎

Aufgaben

2.1 •• *Sudoku für Mathematiker.*
Es sei $G = \{a, b, c, x, y, z\}$ eine sechselementige Menge mit einer inneren Verknüpfung $\cdot : G \times G \to G$. Vervollständigen Sie die untenstehende Multiplikationstafel unter der Annahme, dass $(G, \cdot)$ eine Gruppe ist.

$\cdot$	a	b	c	x	y	z
a					c	b
b		x	z			
c		y				
x				x		
y						
z		a			x	

2.2 • Begründen Sie: $(\mathbb{Z}, +) \cong (n\,\mathbb{Z}, +)$ für jedes $n \in \mathbb{N}$.

2.3 •• Es sei G eine Gruppe. Man zeige:

(a) Ist $\operatorname{Aut} G = \{\operatorname{Id}\}$, so ist G abelsch.
(b) Ist $a \mapsto a^2$ ein Homomorphismus, so ist G abelsch.
(c) Ist $a \mapsto a^{-1}$ ein Automorphismus, so ist G abelsch.

2.4 •• Man bestimme alle Automorphismen der Klein'schen Vierergruppe V.

2.5 • Für $n \in \mathbb{N}$ sei $E_n = \{e^{2\pi k\,i/n} \mid k = 0, \dots, n - 1\}$ die Gruppe der n-ten Einheitswurzeln (mit dem üblichen Produkt der komplexen Zahlen). Begründen Sie, dass $\varphi : \mathbb{Z} \to E_n, k \mapsto \varepsilon_n^k$ für $\varepsilon_n = e^{2\pi\,i/n}$ ein Homomorphismus ist. Bestimmen Sie den Kern von φ.

2.6 • Bestimmen Sie explizit die Gruppe $\lambda(V)$ für die Klein'sche Vierergruppe $V = \{e, a, b, c\}$ und λ aus dem Satz 2.15 von Cayley.

2.7 ••• Es sei G eine endliche Gruppe, weiter sei $\varphi \in \operatorname{Aut} G$ fixpunktfrei, d. h., aus $\varphi(a) = a$ für ein $a \in G$ folgt $a = e$. Zeigen Sie: Zu jedem $a \in G$ existiert genau ein $b \in G$ mit $a = b^{-1}\varphi(b)$. *Hinweis:* Zeigen Sie zuerst $\psi : b \mapsto b^{-1}\varphi(b)$ ist injektiv.

2.8 ••• Zeigen Sie: Besitzt eine endliche Gruppe G einen fixpunktfreien Automorphismus φ mit $\varphi^2 = \operatorname{Id}$, so ist G abelsch. *Hinweis:* Benutzen Sie Aufgabe 2.7.

2.9 •• Im Folgenden sind vier multiplikative Gruppen gegeben, die wir jeweils mit G bezeichnen. Stellen Sie jeweils die Verknüpfungstafel für die Gruppe G auf; dabei sei jeweils e das neutrale Element von G:

(a) $G = \{e, a\}$,
(b) $G = \{e, a, b\}$,
(c) $G = \{e, a, b, c\}$ mit $a^2 = b$,
(d) $G = \{e, a, b, c\}$ mit $a^2 = b^2 = c^2 = e$.

2.10 •• Begründen Sie:

(a) Die Menge $\mathbb{R}^{\mathbb{N}_0}$ aller reellen Folgen bildet mit der komponentenweisen Addition $(a_n)_n + (b_n)_n := (a_n + b_n)_n$ eine Gruppe.

(b) Die Abbildungen

$$
r : \begin{cases} \mathbb{R}^{\mathbb{N}_0} & \to & \mathbb{R}^{\mathbb{N}_0}, \\ (a_0, a_1, \ldots) & \mapsto & (0, a_0, a_1, \ldots) \end{cases} \quad \text{bzw.} \quad l : \begin{cases} \mathbb{R}^{\mathbb{N}_0} & \to & \mathbb{R}^{\mathbb{N}_0}, \\ (a_0, a_1, \ldots) & \mapsto & (a_1, a_2, \ldots), \end{cases}
$$

bei der die Folgenglieder um eine Stelle *nach rechts verschoben* bzw. *nach links verschoben* werden, sind Homomorphismen.

(c) Die Abbildung r ist injektiv, aber nicht surjektiv, die Abbildung l ist surjektiv, aber nicht injektiv.

2.11 •• Es sei $\varphi : G \to H$ ein Isomorphismus von einer Gruppe $(G, \circ)$ auf eine algebraische Struktur $(H, *)$, d. h. $* : H \times H \to H$ ist eine Verknüpfung, und es gelte $\varphi(x \circ y) = \varphi(x) * \varphi(y)$ für alle $x, y \in G$. Zeigen Sie, dass auch $(H, *)$ eine Gruppe ist.

2.12 •• Es sei X eine beliebige Menge. Mit 2^X bezeichnen wir die Potenzmenge von X, $2^X = \{A \mid A \subseteq X\}$. Zeigen Sie, dass $(2^X, \triangle)$ mit der durch $A \triangle B := (A \cup B) \setminus (A \cap B)$ definierten Verknüpfung (*symmetrische Mengendifferenz*) eine abelsche Gruppe ist.

2.13 •• Zeigen Sie für $n \in \mathbb{N}$ und jeden Körper K:

(a) Die Menge $\mathrm{O}(n, K) = \{A \in K^{n \times n} \mid A\, A^\top = E_n\}$ der orthogonalen $n \times n$-Matrizen bildet eine Untergruppe von $\mathrm{GL}(n, K)$.

(b) Die Menge $\mathrm{SO}(n, K) = \{A \in \mathrm{O}(n, K) \mid \det(A) = 1\}$ der speziellen orthogonalen $n \times n$-Matrizen bildet eine Untergruppe von $\mathrm{O}(n, K)$.

Untergruppen

3

Übersicht

Der erste etwas tieferliegende Struktursatz der Theorie endlicher Gruppen ist der *Satz von Lagrange*. Er besagt, dass eine endliche Gruppe mit n Elementen höchstens Untergruppen U haben kann, deren Ordnungen Teiler von n sind. Der Weg zum Beweis dieses Satzes von Lagrange führt über sogenannte *Nebenklassen $a\,U$*. Mit Nebenklassen ist man eigentlich aus der linearen Algebra vertraut: Die Lösungsmengen von linearen Gleichungssystemen sind nämlich ebenfalls Nebenklassen $a + U$. Ebenfalls aus der linearen Algebra bekannt ist der Begriff eines *Erzeugendensystems*. Auch in der Gruppentheorie wird darunter eine Teilmenge einer Gruppe verstanden, mittels derer jedes Gruppenelement darstellbar ist.

3.1   Erzeugendensysteme. Elementordnungen

Der Durchschnitt von Untergruppen einer Gruppe G ist eine Untergruppe von G. Diese Tatsache werden wir benutzen, um *Erzeugendensysteme* von Gruppen einzuführen. Die Mächtigkeit der von einem Element $a \in G$ erzeugten Untergruppe einer Gruppe G ist die *Ordnung* von a. Wir zeigen die Zusammenhänge der Ordnungen von Elementen $a \in G$ zu der Ordnung der Gruppe G.

© Der/die Autor(en), exklusiv lizenziert an Springer-Verlag GmbH, DE,
ein Teil von Springer Nature 2024
C. Karpfinger, *Algebra*, https://doi.org/10.1007/978-3-662-68656-0_3

3.1.1   Durchschnitte von Untergruppen

Wir sind daran gewöhnt, dass man abzählbar viele Elemente gemäß ihrer Abzählung mit
den natürlichen Zahlen indiziert, z. B. $(x_i)_{i \in \mathbb{N}} = (x_1, x_2, x_3, \ldots) \subseteq X$. Weniger geläufig
ist eine Indizierung mit einer beliebigen Indexmenge I, z. B. $(x_i)_{i \in I} \subseteq X$. Das ist aber
sofort geklärt, wenn man beachtet, dass $(x_i)_{i \in \mathbb{N}}$ nichts anderes ist als die Abbildung von
$\mathbb{N}$ nach X, bei der $i \in \mathbb{N}$ auf $x_i \in X$ abgebildet wird. So bezeichnet auch $(x_i)_{i \in I}$ bei
beliebiger Indexmenge I die Abbildung von I nach X, bei der $i \in I$ auf $x_i \in X$ abgebildet
wird. Ist die Indexmenge $I = \mathbb{N}$, so nennt man $(x_i)_{i \in \mathbb{N}}$ eine Folge von Elementen aus X,
bei beliebiger Indexmenge I nennt man $(x_i)_{i \in I}$ häufig eine **Familie** von Elementen aus X.

Ist $(U_i)_{i \in I}$ eine nichtleere Familie von Untergruppen einer Gruppe $G = (G, \cdot)$ mit
neutralem Element e, so gilt

$$e \in \bigcap_{i \in I} U_i =: U ,$$

da $e \in U_i$ für jedes $i \in I$. Also ist $U \neq \emptyset$. Nun seien $a, b \in U$. Dann gilt $a, b \in U_i$ für
jedes $i \in I$. Somit ist auch $a\, b^{-1} \in U_i$ für jedes $i \in I$ erfüllt, da jedes U_i eine Untergruppe
ist. Das besagt aber $a\, b^{-1} \in U$. Nun folgt mit Lemma 2.7:

Lemma 3.1 *Der Durchschnitt jeder Familie von Untergruppen einer Gruppe G ist eine
Untergruppe von G.*

Beispiel 3.1 Für jedes $n \in \mathbb{N}$ ist $n\,\mathbb{Z}$ eine Untergruppe von $(\mathbb{Z}, +)$; und es bezeichne $\mathcal{P}$
die Menge aller Primzahlen. Dann gilt z. B.

$$2\,\mathbb{Z} \cap 3\,\mathbb{Z} = 6\,\mathbb{Z} \quad \text{und} \quad \bigcap_{p \in \mathcal{P}} p\,\mathbb{Z} = \{0\} .$$

3.1.2   Erzeugendensysteme

Für jede Teilmenge X einer Gruppe G ist der Durchschnitt aller Untergruppen von G, die
X enthalten,

$$\langle X \rangle := \bigcap_{X \subseteq U \leq G} U ,$$

nach Lemma 3.1 eine Untergruppe von G. Es gelten:

- $X \subseteq \langle X \rangle \leq G$.
- $\langle X \rangle \subseteq U$ für jede Untergruppe U von G, die X enthält.

In diesem Sinne ist $\langle X \rangle$ die *kleinste* Untergruppe von G, die X enthält. Man nennt $U :=$ $\langle X \rangle$ die **von X erzeugte Untergruppe** und X ein **Erzeugendensystem** von U. Und G heißt **endlich erzeugt** bzw. **zyklisch**, wenn G ein endliches Erzeugendensystem besitzt bzw. von einem Element erzeugt wird.

Statt $\langle \{a_1, \ldots, a_n\} \rangle$ schreiben wir kürzer $\langle a_1, \ldots, a_n \rangle$; dass eine Gruppe G zyklisch ist, heißt somit: Es gibt ein $a \in G$ mit

$$G = \langle a \rangle \, .$$

Beispiel 3.2

- Es gilt $\langle \emptyset \rangle = \{e\} = \langle e \rangle$ und $\langle U \rangle = U$ für jede Untergruppe U einer Gruppe mit neutralem Element e.
- Die Gruppe $(\mathbb{Z}, +)$ ist zyklisch, es gilt $\mathbb{Z} = \langle 1 \rangle = \langle -1 \rangle$.
- (Vgl. Beispiel 2.2.) Die Gruppe der n-ten Einheitswurzeln E_n ist für jedes $n \in \mathbb{N}$ eine zyklische Gruppe der Ordnung n. Sie wird etwa erzeugt von der Einheitswurzel $\varepsilon_n = e^{\frac{2\pi i}{n}}$, d. h. $E_n = \langle \varepsilon_n \rangle$. Es gibt aber im Allgemeinen auch andere erzeugende Elemente in E_n, im Fall $n = 3$ gilt etwa $\langle e^{\frac{2\pi i}{3}} \rangle = \langle e^{\frac{4\pi i}{3}} \rangle$.
- Für die Klein'sche Vierergruppe $V = \{e, a, b, c\}$ (vgl. Beispiel 2.1) gilt:

$$V = \langle a, b \rangle = \langle b, c \rangle = \langle a, c \rangle$$

Die Klein'sche Vierergruppe ist endlich erzeugt, aber nicht zyklisch. ∎

3.1.3 Darstellung von $\langle X \rangle$

Aus der Definition von $\langle X \rangle$ kann man einige Eigenschaften von $\langle X \rangle$ leicht ableiten. Sie ist allerdings zur Bestimmung der erzeugten Untergruppe nicht gut geeignet. Es ist im Allgemeinen recht mühsam, alle Untergruppen zu bestimmen, die eine vorgegebene Menge enthalten. Aber ein paar Überlegungen helfen da weiter:

Satz 3.2 (Darstellungssatz) *Für jede nichtleere Teilmenge X einer Gruppe G besteht $\langle X \rangle$ aus allen endlichen Produkten von Elementen aus $X \cup X^{-1}$:*

$$\langle X \rangle = \{x_1 \cdots x_n \mid x_1, \ldots, x_n \in X \cup X^{-1}, \, n \in \mathbb{N}\} \, .$$

Wenn G abelsch ist, gilt für $a_1, \ldots, a_r \in G$:

$$\langle a_1, \ldots, a_r \rangle = \{a_1^{\nu_1} \cdots a_r^{\nu_r} \mid \nu_1, \ldots, \nu_r \in \mathbb{Z}\} \, ,$$

speziell für die von $a \in G$ erzeugte zyklische Untergruppe:

$$\langle a \rangle = \{a^v \mid v \in \mathbb{Z}\}.$$

Beweis Die Menge $V = \{x_1 \cdots x_n \mid x_1, \ldots, x_n \in X \cup X^{-1}, \ n \in \mathbb{N}\}$ liegt offenbar in jeder Untergruppe, die X enthält, dann auch in deren Durchschnitt, d. h. $V \subseteq \langle X \rangle$. Andererseits ist V nach Lemma 2.7 bereits selbst eine Untergruppe, denn mit $u = x_1 \cdots x_r$, $v = y_1 \cdots y_s$ aus V liegt

$$u\, v^{-1} = (x_1 \cdots x_r)\, (y_1 \cdots y_s)^{-1} = x_1 \cdots x_r\, y_s^{-1} \cdots y_1^{-1} \quad \text{in } V.$$

Wegen $X \subseteq V$ gilt $\langle X \rangle \subseteq V$ und damit die Gleichheit $\langle X \rangle = V$. Die zweite Behauptung folgt aus der ersten, da man wegen der Vertauschbarkeit Potenzen gleicher Faktoren zusammenfassen kann, z. B. $a^{-1} b^{-1} a\, c\, a = a\, b^{-1} c$; die dritte Behauptung folgt aus der zweiten. $\qquad\square$

Beispiel 3.3 Gegeben seien die Permutationen σ, $\tau \in S_3$:

$$\sigma := \begin{pmatrix} 1\ 2\ 3 \\ 2\ 3\ 1 \end{pmatrix}, \ \tau := \begin{pmatrix} 1\ 2\ 3 \\ 1\ 3\ 2 \end{pmatrix}.$$

Nach Berechnen von σ^2, σ^3, τ^2, $\sigma\, \tau = \tau\, \sigma^2$, $\tau\, \sigma = \sigma^2\, \tau$ erkennt man

$$\langle \sigma, \tau \rangle = \left\{ \text{Id}, \begin{pmatrix} 1\ 2\ 3 \\ 2\ 3\ 1 \end{pmatrix}, \begin{pmatrix} 1\ 2\ 3 \\ 1\ 3\ 2 \end{pmatrix}, \begin{pmatrix} 1\ 2\ 3 \\ 3\ 1\ 2 \end{pmatrix}, \begin{pmatrix} 1\ 2\ 3 \\ 2\ 1\ 3 \end{pmatrix}, \begin{pmatrix} 1\ 2\ 3 \\ 3\ 2\ 1 \end{pmatrix} \right\} = S_3.$$

$\blacksquare$

Sind x, y vertauschbare Elemente eines Erzeugendensystems einer Gruppe, so erhalten wir aus dem Darstellungssatz 3.2 und der folgenden Implikation

$$x\, y = y\, x \ \Rightarrow\ y\, x^{-1} = x^{-1}\, y, \ x^{-1}\, y^{-1} = y^{-1}\, x^{-1} :$$

Korollar 3.3 *Sind die Elemente eines Erzeugendensystems einer Gruppe G paarweise vertauschbar, so ist G abelsch. Insbesondere ist jede zyklische Gruppe abelsch.* $\qquad\square$

Die Aussage im Darstellungssatz 3.2 liefert nicht nur eine einfache Methode, mit der man $\langle X \rangle$ bestimmen kann, sie zeigt auch, dass Homomorphismen bereits durch die Werte auf einem Erzeugendensystem eindeutig bestimmt sind.

Korollar 3.4 *Wird die Gruppe G von X erzeugt, so ist jeder Homomorphismus φ von G in eine zweite Gruppe durch die Bilder der Elemente aus X bereits eindeutig festgelegt.*

$\square$

Beweis Jedes $e \neq a \in G$ hat nach Satz 3.2 die Form $a = x_1^{\varepsilon_1} \cdots x_n^{\varepsilon_n}$ mit $x_i \in X$ und $\varepsilon_i \in \{1, -1\}$ für $i = 1, \ldots, n$ mit $n \in \mathbb{N}$. Es folgt $\varphi(a) = \varphi(x_1)^{\varepsilon_1} \cdots \varphi(x_n)^{\varepsilon_n}$. $\qquad \square$

Eine äquivalente Formulierung dieses Korollars lautet: *Sind φ, ψ Homomorphismen von $\langle X \rangle$ in eine zweite Gruppe mit $\varphi(x) = \psi(x)$ für alle $x \in X$, so gilt $\varphi = \psi$.*

3.1.4 Elementordnungen

Für jedes Element a einer Gruppe $(G, \cdot)$ heißt

$$o(a) := |\langle a \rangle|$$

die **Ordnung** von a in G, wobei $o(a) := \infty$ gesetzt wird, falls $\langle a \rangle$ unendlich ist.

Ist a ein Element einer Gruppe G, so sind in $\langle a \rangle = \{a^n \mid n \in \mathbb{Z}\}$ entweder alle Potenzen a^n verschieden (und damit $o(a) = \infty$) oder es existieren i, $j \in \mathbb{Z}$ mit $i < j$ und $a^i = a^j$, d. h. $a^{j-i} = e$ (e neutrales Element von G). In diesem zweiten Fall ist

$$U := \{k \in \mathbb{Z} \mid a^k = e\} \neq \{0\}.$$

Da mit k, $l \in U$ auch $a^{k-l} = a^k (a^l)^{-1} = e$ gilt, ist U eine von $\{0\}$ verschiedene Untergruppe von $(\mathbb{Z}, +)$. Sie hat nach Satz 2.9 die Form $U = n\mathbb{Z}$, wobei n die kleinste natürliche Zahl mit $a^n = e$ ist. Wir zeigen $n = o(a)$.

Satz 3.5 (über die Ordnung von Gruppenelementen) *Es sei G eine Gruppe mit neutralem Element e, und es sei $a \in G$.*

(a) Falls $o(a) = \infty$, dann folgt aus $i \neq j$ stets $a^i \neq a^j$.

(b) Falls $o(a) \in \mathbb{N}$, dann ist $o(a) = n$ mit der kleinsten natürlichen Zahl n, für die $a^n = e$ gilt. Ferner gilt in diesem Fall
   (i) $\langle a \rangle = \{e, a, a^2, \ldots, a^{n-1}\}$.
   (ii) Für $s \in \mathbb{Z}$ gilt $a^s = e$ genau dann, wenn n ein Teiler von s ist.

Beweis

(a) Falls es $i \neq j$ gibt mit $a^i = a^j$, so ist, wie wir gleich unter (b) zeigen werden, $\langle a \rangle$ endlich.

(b) Ist $o(a)$ endlich, d. h. $\langle a \rangle = \{a^k \mid k \in \mathbb{Z}\}$ eine endliche Menge, dann gibt es Exponenten $i \neq j$ mit $a^i = a^j$. Wie vorweg gezeigt, gibt es in diesem Fall eine kleinste natürliche Zahl n mit $a^n = e$ und $U = \{k \in \mathbb{Z} \mid a^k = e\} = n\mathbb{Z}$. Wir teilen ein beliebiges $m \in \mathbb{Z}$ durch n mit Rest, $m = qn + r$ mit $0 \leq r < n$ und sehen, dass jede beliebige Potenz $a^m = (a^n)^q a^r = e a^r = a^r$ bereits in $\{e, a, a^2, \ldots, a^{n-1}\}$ liegt. Somit gilt

$$\langle a \rangle = \{a^k \mid k \in \mathbb{Z}\} = \{e, a, a^2, \ldots, a^{n-1}\}\,.$$

Da diese ersten Potenzen a^i, $0 \le i \le n-1$, von a alle voneinander verschieden sind, gilt $o(a) = |\langle a \rangle| = n$. Damit gilt (i).

Zu (ii): Falls $s = q\,n$, so gilt $a^s = (a^n)^q = e$. Gilt andererseits $a^s = e$, dann liegt s in $\{k \in \mathbb{Z} \mid a^k = e\} = n\,\mathbb{Z}$, d. h. $s = n\,z$ für ein $z \in \mathbb{Z}$, sodass n ein Teiler von s ist. $\qquad \square$

Bemerkung

(1) Ist $a \in \mathbb{Z}$ ein Teiler von $b \in \mathbb{Z}$, so schreibt man dafür kurz $a \mid b$.
(2) Die Aussage in (ii) werden wir häufig benutzen, man merkt sich diese Beziehung am einfachsten in der Form: $a^s = e \Leftrightarrow o(a) \mid s$.

Lemma 3.6 *Es sei $\varphi : G \to H$ ein Gruppenhomomorphismus, und $a \in G$ habe endliche Ordnung.*

(a) Es gilt $o(\varphi(a)) \mid o(a)$.
(b) Wenn φ injektiv ist, gilt $o(\varphi(a)) = o(a)$.

Beweis

(a) folgt aus $\varphi(a)^{o(a)} = \varphi(a^{o(a)}) = \varphi(e_G) = e_H$ und (ii) in Satz 3.5.
(b) folgt aus (a) und:

$$e_H = \varphi(a)^{o(\varphi(a))} = \varphi(a^{o(\varphi(a))}) \Rightarrow a^{o(\varphi(a))} = e_G \Rightarrow o(a) \mid o(\varphi(a))\,.$$

$\qquad \square$

Bemerkung Die Aussage in (b) kann man oft benutzen, um zu entscheiden, dass zwei Gruppen *nicht* isomorph sind (vgl. Aufgabe 3.4).

3.1.5 Die Diedergruppen

Für $n \ge 3$ sei $\varepsilon_n = \mathrm{e}^{\frac{2\pi\,\mathrm{i}}{n}}$, und $E_n = \langle \varepsilon_n \rangle = \{1, \varepsilon_n, \ldots, \varepsilon_n^{n-1}\}$ sei die (multiplikative) Gruppe der n-ten Einheitswurzeln. Das sind die Ecken eines regulären n-Ecks in $\mathbb{C}$ (vgl. Beispiel 2.2). Ferner seien α und β die wie folgt gegebenen Permutationen von E_n:

$$\alpha(x) = x^{-1} = \overline{x} \quad \text{und} \quad \beta(x) = \varepsilon_n\,x \quad (x \in E_n)\,.$$

Es ist α die Spiegelung an der reellen Achse und β die Drehung um $\frac{2\pi}{n}$ um den Nullpunkt von $\mathbb{C}$, siehe Abb. 3.1.

Abb. 3.1 Die Spiegelung an der reellen Achse und die Drehung um den Winkel $\frac{2\pi}{n}$

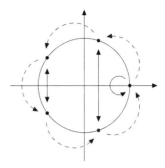

Die von α und β erzeugte Untergruppe D_n von S_{E_n} wird für jedes $n \geq 3$ **Diedergruppe** genannt. Es gilt offenbar:

$$o(\alpha) = 2 \quad \text{und} \quad o(\beta) = n \,.$$

Wegen $o(\alpha) = 2$ gilt somit $\alpha = \alpha^{-1}$. Weiterhin erhalten wir für jedes $x \in E_n$:

$$\alpha \, \beta \, \alpha^{-1}(x) = \alpha(\varepsilon_n \, x^{-1}) = (\varepsilon_n \, x^{-1})^{-1} = \varepsilon_n^{-1} \, x = \beta^{-1}(x) \,,$$

sodass für α und β die folgenden Relationen gelten:

$$\boxed{\alpha \, \beta \, \alpha^{-1} = \beta^{-1}, \quad \alpha \, \beta = \beta^{-1} \alpha \,, \quad \beta \, \alpha = \alpha \, \beta^{-1} \,.}$$

Wegen $\beta \neq \beta^{-1}$ ist D_n nicht abelsch. Und man erkennt mit dem Darstellungssatz 3.2:

$$D_n = \{\alpha^i \, \beta^j \mid i, \, j \in \mathbb{Z}\} \,.$$

Mit dem Satz 3.5 über die Ordnungen von Gruppenelementen folgt hieraus:

$$D_n = \{\alpha^i \, \beta^j \mid 0 \leq i \leq 1, \, 0 \leq j \leq n - 1\} \,.$$

Die angegebenen Elemente sind auch alle voneinander verschieden, denn aus $\alpha^i \, \beta^j = \alpha^r \, \beta^s$ mit $i, \, r \in \{0, 1\}$ und $j, \, s \in \{0, 1, \ldots, n - 1\}$ und o. E. $i = 0, \, r = 1$ würde $\alpha = \beta^{j-s}$ folgen, also $\overline{x} = \alpha(x) = \beta^{j-s}(x) = \varepsilon_n^{j-s} \, x$ für alle $x \in E_n$, insbesondere $\varepsilon_n^{j-s} = 1$ und dann $\overline{x} = \varepsilon_n^{j-s} \, x = x$ für alle $x \in E_n$. Also gilt $i = r$ und dann auch $j = s$. Wir erhalten für die Ordnung der Diedergruppe:

$$|D_n| = 2 \, n \,.$$

Zu jedem geraden $k \geq 6$ aus $\mathbb{N}$ gibt es somit eine nichtabelsche Gruppe der Ordnung k. Die Gruppen D_3 und S_3 sind isomorph. Man beachte das Korollar 3.4 und Beispiel 3.3: Der durch

$$\varphi : \alpha \mapsto \tau = \begin{pmatrix} 1 & 2 & 3 \\ 1 & 3 & 2 \end{pmatrix}, \quad \beta \mapsto \sigma = \begin{pmatrix} 1 & 2 & 3 \\ 2 & 3 & 1 \end{pmatrix}$$

eindeutig festgelegte Homomorphismus von D_3 in S_3 ist bijektiv. Für $n \geq 4$ können die Gruppen D_n und S_n nicht isomorph sein, da sie verschiedene Ordnungen haben.

3.2   Nebenklassen

Wir wollen eine Beziehung zwischen der Ordnung einer Gruppe und den Ordnungen ihrer Untergruppen ableiten. Dazu führen wir *Links-* und *Rechtsnebenklassen* ein.

3.2.1   Links- bzw. Rechtsnebenklassen liefern Partitionen

Für jede Untergruppe U und jedes Element a einer Gruppe G nennt man $aU = \{a\,u \mid u \in U\}$ bzw. $Ua = \{u\,a \mid u \in U\}$ eine **Links-** bzw. **Rechtsnebenklasse** von U.

Speziell ist $U = eU = Ue$ Links- und Rechtsnebenklasse – e bezeichnet natürlich das neutrale Element der Gruppe G. Nebenklassen aU, bU können gleich sein, ohne dass deren sogenannte Repräsentanten a, b übereinstimmen. Es gilt genauer:

Lemma 3.7 *Für jede Untergruppe U einer Gruppe G und Elemente a, $b \in G$ gilt:*

(a) $aU = U \Leftrightarrow a \in U$.
(b) $aU = bU \Leftrightarrow a^{-1}b \in U$.
(c) $aU \cap bU \neq \emptyset \Leftrightarrow aU = bU$.

Beweis

(a) Falls mit einem $u \in U$ auch $a\,u = u'$ in U liegt, so folgt $a = u'u^{-1} \in U$. Ist andererseits $a \in U$, dann gelten $aU \subseteq U$, $a^{-1}U \subseteq U$ und damit auch $U = a\,(a^{-1}U) \subseteq aU$.

(b) folgt aus (a), da $aU = bU \Leftrightarrow a^{-1}bU = U$.

(c) Sind die Nebenklassen gleich, dann ist deren Durchschnitt natürlich nicht leer. Ist umgekehrt $c \in aU \cap bU$, dann gibt es u, $u' \in U$ mit $c = a\,u = b\,u'$. Es folgt $a^{-1}b = u\,u'^{-1}{-}1 \in U$ und damit $aU = bU$ nach (b). $\square$

Die Linksnebenklassen $a\,U$, $a \in G$, liefern eine **Partition** von G, d. h. sie zerlegen G in disjunkte nichtleere Teilmengen:

Lemma 3.8 *Es sei U eine Untergruppe der Gruppe G. Dann gilt*

(a) $G = \bigcup_{a \in G} a\,U$, *wobei zwei Nebenklassen $a\,U$, $b\,U$ entweder disjunkt oder gleich sind.*

(b) $|a\,U| = |U| = |U\,a|$ *für jedes $a \in G$.*

(c) $\psi : a\,U \mapsto U\,a^{-1}$ *ist eine Bijektion von der Menge der Links- auf die der Rechtsnebenklassen von U in G.*

Beweis

(a) Wegen $a = a\,e \in a\,U$ (beachte $e \in U$) gilt $G = \bigcup_{a \in G} a\,U$. Somit ist G die Vereinigung seiner Linksnebenklassen. Nach Lemma 3.7 (c) sind zwei Nebenklassen entweder diskunkt oder gleich.

(b) Die Abbildungen

$$\begin{cases} U \to a\,U \\ x \mapsto a\,x \end{cases} \quad \text{und} \quad \begin{cases} U \to U\,a \\ x \mapsto x\,a \end{cases}$$

sind wegen der Kürzregeln (vgl. Lemma 2.1) Bijektionen, somit gilt $|a\,U| = |U| = |U\,a|$.

(c) Die Wohldefiniertheit und Injektivität von ψ folgen aus

$$a\,U = b\,U \;\Leftrightarrow\; U^{-1}\,a^{-1} = U^{-1}\,b^{-1} \;\Leftrightarrow\; U\,a^{-1} = U\,b^{-1}.$$

Wegen $\psi(a^{-1}\,U) = U\,a$ ist ψ auch surjektiv.

$\square$

Bemerkung Die *Wohldefiniertheit* ist die Umkehrung der *Injektivität*: Liest man die Äquivalenzen im obigen Beweis zu (c) von links nach rechts, also die Richtung $\Rightarrow$, so erhält man die Wohldefiniertheit der Abbildung ψ, liest man sie von rechts nach links, also die Richtung $\Leftarrow$, so ergibt das die Injektivität von ψ.

Vorsicht Laut Lemma 3.8 (c) stimmt die Anzahl der Linksnebenklassen nach einer Untergruppe U stets mit der Anzahl der Rechtsnebenklassen nach U überein. Aber Linksnebenklassen müssen im Allgemeinen keine Rechtsnebenklassen sein. Ein Beispiel folgt im Abschn. 3.3.4.

Beispiel 3.4

- Es ist $U = 6\mathbb{Z}$ eine Untergruppe von $(\mathbb{Z}, +)$, und es sind $6\mathbb{Z}$, $1 + 6\mathbb{Z}$, $2 + 6\mathbb{Z}$, $3 + 6\mathbb{Z}$, $4 + 6\mathbb{Z}$, $5 + 6\mathbb{Z}$ alle verschiedenen (gleichmächtigen) Linksnebenklassen, die wegen der Kommutativität von $(\mathbb{Z}, +)$ auch Rechtsnebenklassen sind.
- Es ist $U = \langle \alpha \rangle = \{\text{Id}, \alpha\}$ eine Untergruppe der Diedergruppe D_3 (siehe Abschn. 3.1.5). Wegen $\beta U = \{\beta, \beta\alpha = \alpha\beta^{-1}\}$ und $\beta^{-1} U = \{\beta^{-1}, \beta^{-1}\alpha = \alpha\beta\}$ bilden also die jeweils zweielementigen Linksnebenklassen U, βU, $\beta^{-1}U$ eine Partition von D_3. Ebenso bilden die beiden je dreielementigen Linksnebenklassen $\langle \beta \rangle$, $\alpha \langle \beta \rangle$ eine Partition von D_3. ∎

3.2.2 Der Index von U in G

Für jede Untergruppe U einer Gruppe G nennt man die Anzahl der verschiedenen Linksnebenklassen von U in G

$$[G : U] := |\{a\,U \mid a \in G\}| = |\{U\,a \mid a \in G\}|$$

den **Index** von U in G.

Beispiel 3.5

- Offenbar gilt: $[G : G] = 1$ und $[G : \{e\}] = |G|$ – etwas salopp: *Je größer U, desto kleiner $[G : U]$.*
- Für jedes $n \in \mathbb{N}$ gilt $[\mathbb{Z} : n\,\mathbb{Z}] = n$.
- Offenbar ist $U := \{\sigma \in S_4 \mid \sigma(4) = 4\}$ eine Untergruppe von S_4. Es gilt $|U| = 6$, und zwar enthält U neben der Identität noch die Elemente

$$\begin{pmatrix} 1\,2\,3\,4 \\ 1\,3\,2\,4 \end{pmatrix}, \begin{pmatrix} 1\,2\,3\,4 \\ 2\,1\,3\,4 \end{pmatrix}, \begin{pmatrix} 1\,2\,3\,4 \\ 3\,2\,1\,4 \end{pmatrix}, \begin{pmatrix} 1\,2\,3\,4 \\ 2\,3\,1\,4 \end{pmatrix}, \begin{pmatrix} 1\,2\,3\,4 \\ 3\,1\,2\,4 \end{pmatrix}.$$

Mit den Permutationen

$$\sigma_1 = \begin{pmatrix} 1\,2\,3\,4 \\ 4\,3\,2\,1 \end{pmatrix}, \ \sigma_2 = \begin{pmatrix} 1\,2\,3\,4 \\ 1\,3\,4\,2 \end{pmatrix}, \ \sigma_3 = \begin{pmatrix} 1\,2\,3\,4 \\ 1\,4\,2\,3 \end{pmatrix}$$

folgt $S_4 = U \cup \sigma_1 U \cup \sigma_2 U \cup \sigma_3 U$, sodass also U den Index 4 in S_4 hat: $[S_4 : U] = 4$. Man beachte $24 = |S_4| = [S_4 : U] \cdot |U|$ – das ist kein Zufall. ∎

3.3 Der Satz von Lagrange

Der Satz von Lagrange ist wesentlich für die Gruppentheorie. Für eine endliche Gruppe G besagt er, dass die Ordnung einer beliebigen Untergruppe von G Teiler der Gruppenordnung von G ist. Der Beweis wird durch Lemma 3.8 (a), (b) nahegelegt, wonach jede endliche Gruppe G Vereinigung von gleichmächtigen, disjunkten bzw. gleichen Linksnebenklassen ist, es folgt $|G| = r|U|$, dabei ist $r = [G : U]$ die Anzahl der verschiedenen Linksnebenklassen von U in G ist. Somit folgt $|U| \mid |G|$.

Um den Satz von Lagrange auch für beliebige Kardinalzahlen zu begründen, sind *Repräsentantensysteme* nützlich.

3.3.1 Repräsentantensysteme

Man nennt $R \subseteq G$ ein **Repräsentantensystem** der Linksnebenklassen von U in G, wenn R aus jeder Linksnebenklasse genau ein Element (den sogenannten **Repräsentanten** dieser Klasse) enthält, d. h.

$$|R \cap aU| = 1 \quad \text{für jedes} \quad a \in G.$$

Für $r \in R$, etwa $r \in aU$, $r = au$ mit einem $u \in U$ gilt $rU = auU = aU$. Somit gilt $G = \bigcup_{r \in R} rU$, und diese Vereinigung ist nun disjunkt.

Beispiel 3.6

- Es ist $\{0, 1, 8, 3, -2, 17\}$ ein Repräsentantensystem der (Links-)Nebenklassen $6\mathbb{Z}, 1 + 6\mathbb{Z}, 2 + 6\mathbb{Z}, 3 + 6\mathbb{Z}, 4 + 6\mathbb{Z}, 5 + 6\mathbb{Z}$ von $6\mathbb{Z}$ in $\mathbb{Z}$.
- Es ist $\{\alpha, \beta\alpha, \beta^{-1}\}$ ein Repräsentantensystem der Linksnebenklassen $U, \beta U, \beta^{-1}U$ von $U = \langle \alpha \rangle$ in D_3. ∎

Es gilt $|R| = [G : U]$; und jedes $a \in G$ ist wegen Lemma 3.8 auf genau eine Weise in der Form ru mit $r \in R$ und $u \in U$ schreibbar, d. h., die Abbildung

$$\begin{cases} R \times U \to G \\ (r, u) \mapsto ru \end{cases}$$

ist bijektiv. Damit gilt $|G| = |R \times U| = |R| \cdot |U| = [G : U] \cdot |U|$.

3.3.2 Der Satz von Lagrange

Die letzten Betrachtungen begründen:

Satz 3.9 (Satz von Lagrange) *Für jede Untergruppe U einer Gruppe G gilt*

$$|G| = [G : U] \cdot |U|.$$

Wenn G endlich ist, sind $|U|$ und $[G : U]$ Teiler von $|G|$.

Wegen der Bedeutung des Satzes von Lagrange scheint es angebracht, dass wir uns den Beweis für eine endliche Gruppe G dazu noch einmal verdeutlichen: Ausgehend von einer Untergruppe U von G wählen wir, sofern möglich, ein Element $a_1 \in G \setminus U$. Dann ist auch $U \cup a_1 U \subseteq G$. Darüber hinaus sind die Mengen U und $a_1 U$ disjunkt und haben die gleiche Mächtigkeit. Nun wähle man, sofern dies möglich ist, ein weiteres Element $a_2 \in G \setminus (U \cup a_1 U)$. Dann ist auch $U \cup a_1 U \cup a_2 U \subseteq G$ erfüllt etc. Dieses Verfahren bricht nach endlich vielen Schritten, etwa nach $k - 1$ Schritten ab, da G endlich ist: $G = U \cup a_1 U \cup \cdots \cup a_{k-1} U$. Somit hat U den Index k in G, und $\{e, a_1, \ldots, a_{k-1}\}$ ist ein Repräsentantensystem der Linksnebenklassen.

3.3.3 Der Untergruppenverband der S_3 *

Als Anwendung des Satzes von Lagrange bestimmen wir alle Untergruppen der symmetrischen Gruppe S_3.

Beispiel 3.7 Es sei $S_3 = \{\text{Id}, \sigma_1, \ldots, \sigma_5\}$, wobei $\sigma_1 = \begin{pmatrix} 1 & 2 & 3 \\ 2 & 3 & 1 \end{pmatrix}$, $\sigma_2 = \begin{pmatrix} 1 & 2 & 3 \\ 1 & 3 & 2 \end{pmatrix}$, $\sigma_3 = \begin{pmatrix} 1 & 2 & 3 \\ 3 & 1 & 2 \end{pmatrix}$, $\sigma_4 = \begin{pmatrix} 1 & 2 & 3 \\ 2 & 1 & 3 \end{pmatrix}$, $\sigma_5 = \begin{pmatrix} 1 & 2 & 3 \\ 3 & 2 & 1 \end{pmatrix}$. Wegen $|S_3| = 6$ kann die Gruppe S_3 höchstens Untergruppen der Ordnungen 1, 2, 3, 6 haben. Es sind $\{\text{Id}\}$ die einzige Untergruppe der Ordnung 1 und S_3 die einzige der Ordnung 6 – die trivialen Untergruppen. Die Elemente der Ordnung 2 erzeugen zweielementige Untergruppen: $U_1 := \langle \sigma_2 \rangle = \{\text{Id}, \sigma_2\}$, $U_2 := \langle \sigma_4 \rangle = \{\text{Id}, \sigma_4\}$, $U_3 := \langle \sigma_5 \rangle = \{\text{Id}, \sigma_5\}$. Weitere Untergruppen der Ordnung 2 gibt es nicht. Wegen $\sigma_1^{-1} = \sigma_3$ erzeugen σ_1 und σ_3 dieselbe dreielementige Untergruppe $V := \langle \sigma_1 \rangle = \{\text{Id}, \sigma_1, \sigma_3\}$.

Weitere Untergruppen der Ordnung 3 gibt es nicht. Jede andere Untergruppe $\neq V$ von S_3 mit drei Elementen enthält nämlich eine der Permutationen σ_2, σ_4, σ_5, damit eine Untergruppe der Ordnung 2. Sie hat dann nach dem Satz 3.9 von Lagrange nicht die Ordnung 3.

Wir erhalten den in Abb. 3.2 gezeigten Untergruppenverband für die S_3 – dabei gibt die Ziffer den Index der jeweiligen Untergruppe an.   ∎

Abb. 3.2 Der
Untergruppenverband der
symmetrischen Gruppe S_3

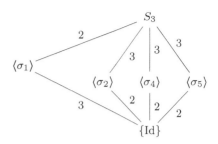

3.3.4 Linksnebenklassen sind nicht unbedingt auch Rechtsnebenklassen *

Das folgende Beispiel zeigt, dass die Linksnebenklassen im Allgemeinen nicht auch Rechtsnebenklassen sind.

Beispiel 3.8 In der Diedergruppe $D_n = \langle \alpha, \beta \rangle$, $n \geq 3$, gilt

$$o(\alpha) = 2, \ o(\beta) = n \quad \text{und} \quad \alpha \beta \alpha = \beta^{-1}.$$

Für $U := \langle \alpha \rangle$, $V := \langle \beta \rangle$ gilt wegen $|D_n| = 2n$ nach dem Satz 3.9 von Lagrange:

$$|U| = 2, \ [G : U] = n, \ |V| = n, \ [G : V] = 2,$$

sodass V, $G \setminus V$ die Links- und zugleich die Rechtsnebenklassen von V in G sind und $G \setminus V = \alpha V$. Wegen Lemma 3.8 ist

$$\mathcal{L} := \{\beta^i U \mid i = 0, \ldots, n-1\} \quad \text{bzw.} \quad \mathcal{R} := \{U \beta^i \mid i = 0, \ldots, n-1\}$$

die Menge der Links- bzw. Rechtsnebenklassen von U in D_n. Für $0 \leq i, \ j < n$ gilt wegen des Satzes 3.5 über die Ordnungen von Gruppenelementen:

$$\{\beta^i, \beta^i \alpha\} = \beta^i U = U \beta^j = \{\beta^j, \alpha \beta^j\} \Leftrightarrow \beta^i = \beta^j, \ \beta^i \alpha = \alpha \beta^j = \beta^{-j} \alpha$$

$$\Leftrightarrow i = j, \ \beta^i = \beta^{-i} \Leftrightarrow i = j, \ 2i = n.$$

Im Fall $2i \neq n$ ist also $\beta^i U$ bzw. $U \beta^i$ keine Rechts- bzw. Linksnebenklasse. ■

3.3.5 Wichtige Folgerungen aus dem Satz von Lagrange

Wir ziehen unmittelbare Folgerungen. Speziell für die zyklischen Untergruppen $\langle a \rangle$ einer endlichen Gruppe G gilt wegen $o(a) = |\langle a \rangle|$:

Korollar 3.10 *In einer endlichen Gruppe ist die Ordnung eines jeden Elements ein Teiler der Gruppenordnung.* □

In einer etwas anderen Formulierung bedeutet dies wegen Satz 3.5:

Satz 3.11 (Kleiner Satz von Fermat) *In einer endlichen Gruppe G gilt $a^{|G|} = e$ für jedes $a \in G$.*

Bemerkung

(1) P. de Fermat bewies Satz 3.11 nur für die prime Restklassengruppe modulo n für eine Primzahl n, L. Euler 1760 für jedes $n \in \mathbb{N}$.
(2) J. L. Lagrange bewies: Die Ordnung jeder Untergruppe von S_n teilt n !. Die endgültige Fassung des Satzes 3.9 von Lagrange stammt von C. Jordan.

Lemma 3.12 *Jede Gruppe von Primzahlordnung ist zyklisch.*

Beweis Die Gruppe G habe Primzahlordnung p. Für jedes Element $a \neq e$ aus G folgt mit Korollar 3.10: $o(a) = p$, also $G = \langle a \rangle$. □

Bemerkung Insbesondere sind alle Gruppen von Primzahlordnung abelsch (beachte Korollar 3.3).

3.3.6 Eine Verallgemeinerung des Satzes von Lagrange *

Wir begründen eine Verallgemeinerung des Satzes 3.9 von Lagrange für endliche Gruppen:

Satz 3.13 *Sind U und V Untergruppen der endlichen Gruppe G mit $U \subseteq V$, so gilt*

$$[G : U] = [G : V] \cdot [V : U] .$$

Beweis Wir wenden den Satz von Lagrange mehrfach an:

$$|G| = [G : U] \cdot |U| = [G : V] \cdot |V| = [G : V] \cdot [V : U] \cdot |U| .$$

Durch Kürzen von $|U|$ folgt die Behauptung. □

Die Wahl $U = \{e\}$ liefert den Satz 3.9 von Lagrange zurück.

Bemerkung Satz 3.13 gilt auch für unendliche Gruppen, die Begründung ist etwas aufwendiger, da man $|U|$ im Fall $|U| = \infty$ nicht *kürzen* kann (siehe Aufgabe 3.12).

Beispiel 3.9

- In der Quaternionengruppe $Q := \{\pm E, \pm I, \pm J, \pm K\}$ (vgl. Beispiel 2.1) ist

$$V := \langle I \rangle \quad \text{mit} \quad I = \begin{pmatrix} 0 & 1 \\ -1 & 0 \end{pmatrix}$$

eine Untergruppe von Q. Es gilt $V = \{E, -E, I, -I\}$, also $[Q : V] = 2$. Es ist außerdem

$$U := \langle -E \rangle \quad \text{mit} \quad E = \begin{pmatrix} 1 & 0 \\ 0 & 1 \end{pmatrix}$$

eine Untergruppe von V und als solche eine von Q. Es gilt $U = \{E, -E\}$, also $[V : U] = 2$. Und es gilt

$$[Q : U] = [Q : V] \cdot [V : U] = 2 \cdot 2 \,.$$

- Für alle natürlichen Zahlen k, m ist $m\mathbb{Z}$ eine Untergruppe von $\mathbb{Z}$ und $km\mathbb{Z}$ eine solche von $m\mathbb{Z}$, es gilt somit $km\mathbb{Z} \leq m\mathbb{Z} \leq \mathbb{Z}$. Ferner gilt $[\mathbb{Z} : km\mathbb{Z}] = km$ und $[\mathbb{Z} : m\mathbb{Z}] \cdot [m\mathbb{Z} : km\mathbb{Z}] = mk$. ∎

Aufgaben

3.1 ••• Es seien $U_1, \ldots, U_n$ Untergruppen einer Gruppe G. Zeigen Sie:

$$\left[G : \bigcap_{i=1}^{n} U_i \right] \leq \prod_{i=1}^{n} [G : U_i] \,.$$

3.2 •• Man gebe zu jeder Untergruppe U von S_3 die Partitionen von S_3 mit Links- bzw. Rechtsnebenklassen nach U an. Geben Sie Beispiele für $U a \neq a U$ an.

3.3 • Welche Ordnungen haben die Elemente $A = \begin{pmatrix} 0 & 1 \\ -1 & 0 \end{pmatrix}$, $B = \begin{pmatrix} 0 & 1 \\ -1 & -1 \end{pmatrix}$ und AB aus $\mathrm{GL}_2(\mathbb{R})$?

3.4 • Sind die Quaternionengruppe Q und die Diedergruppe D_4 isomorph?

3.5 • In S_5 bestimme man $\begin{pmatrix} 1 & 2 & 3 & 4 & 5 \\ 2 & 3 & 1 & 5 & 4 \end{pmatrix}^{1202}$.

3.6 •• Es sei G eine Gruppe der Ordnung $n \in \mathbb{N}$. Zeigen Sie: $|\operatorname{Aut} G|$ ist ein Teiler von $(n - 1)!$.

3.7 •• Es sei G eine Gruppe der Ordnung $n \in \mathbb{N}$. Weiter sei m eine zu n teilerfremde natürliche Zahl. Zeigen Sie: Zu jedem $a \in G$ existiert genau ein $b \in G$ mit $a = b^m$.

3.8 ••• Es sei G eine endliche abelsche Gruppe. Man zeige: Besitzt G genau ein Element u der Ordnung 2, so gilt $\prod_{a \in G} a = u$; andernfalls gilt $\prod_{a \in G} a = e_G$.

3.9 •• Es sei G eine Gruppe, deren Elemente sämtlich eine Ordnung ≤ 2 haben. Man zeige:

(a) G ist abelsch.
(b) Wenn G endlich ist, ist $|G|$ eine Potenz von 2.

3.10 •• Beweisen Sie den kleinen Satz von Fermat 3.11 erneut für endliche abelsche Gruppen G. Berechnen Sie dazu für ein beliebiges $a \in G$ zum einen $\prod_{x \in G} x$ und zum anderen $\prod_{x \in G} (a\,x)$.

3.11 ••• Es sei D die von $\begin{pmatrix} 1 & 2 & 3 & 4 \\ 2 & 1 & 4 & 3 \end{pmatrix}$ und $\begin{pmatrix} 1 & 2 & 3 & 4 \\ 3 & 2 & 1 & 4 \end{pmatrix}$ erzeugte *Diederuntergruppe* der symmetrischen Gruppe S_4.

(a) Bestimmen Sie alle Elemente und die Ordnung von D.
(b) Bestimmen Sie alle Untergruppen von D.

3.12 •• Zeigen Sie: Sind U und V Untergruppen der Gruppe G mit $U \subseteq V$, so gilt

$$[G : U] = [G : V] \cdot [V : U].$$

3.13 • Zeigen Sie: Für alle $m,\, n \in \mathbb{N}$ gilt (vgl. auch Beispiel 3.1):

$$m\,\mathbb{Z} \cap n\,\mathbb{Z} = \mathrm{kgV}(m, n)\,\mathbb{Z}.$$

3.14 •• Es sei K ein Körper mit drei Elementen, $K = \{0,\, 1,\, 2\}$. Wir bezeichnen mit G die Gruppe der invertierbaren oberen (2×2)-Matrizen über K. Es sei H die Untergruppe der invertierbaren Diagonalmatrizen von G.

(a) Welche Ordnungen haben die Gruppen G und H?
(b) Für jedes $b \in K$ sei $A_b := \begin{pmatrix} 1 & b \\ 0 & 1 \end{pmatrix} \in G$. Bestimmen Sie die Linksnebenklassen $A_b H$ für jedes $b \in K$.
(c) Bestimmen Sie die Menge aller Linksnebenklassen $\{A\,H \mid A \in G\}$. Verifizieren Sie den Satz 3.9 von Lagrange.
(d) Untersuchen Sie, für welche Ordnungen $1 \leq d \leq |G|$ eine Untergruppe U von G der Ordnung d existiert.

3.15 •• Es seien G eine endliche Gruppe und p eine Primzahl. Begründen Sie, dass die Anzahl der Elemente der Ordnung p in G durch $p - 1$ teilbar ist.

Normalteiler und Faktorgruppen

4

Übersicht

Ist U eine Untergruppe einer Gruppe G, so liefert die Menge der Linksnebenklassen $a\,U$ eine Partition von G. Wir wollen auf dieser Menge M der Linksnebenklassen eine Verknüpfung erklären, sodass M damit ebenfalls eine Gruppe ergibt. Das ist so einfach aber nicht möglich, die Untergruppe U muss dazu eine weitere Eigenschaft erfüllen – sie muss ein *Normalteiler* sein. Normalteiler sind jene Untergruppen, für die Links- und Rechtsnebenklassen übereinstimmen, d. h. für die $a\,U = U\,a$ für jedes $a \in G$ gilt. Ihre fundamentale Bedeutung erkannte bereits E. Galois.

4.1   Normalteiler

4.1.1   Definition und Beispiele

Eine Untergruppe N einer Gruppe G heißt ein **Normalteiler** von G oder **invariant** in G, wenn $a\,N = N\,a$ für jedes $a \in G$. Ist N ein Normalteiler einer Gruppe G, so schreibt man dafür $N \trianglelefteq G$.

© Der/die Autor(en), exklusiv lizenziert an Springer-Verlag GmbH, DE,
ein Teil von Springer Nature 2024
C. Karpfinger, *Algebra*, https://doi.org/10.1007/978-3-662-68656-0_4

Lemma 4.1 *Für eine Untergruppe N einer Gruppe G sind gleichwertig:*

(1) $N \trianglelefteq G$.
(2) $a\,N\,a^{-1} \subseteq N$ für alle $a \in G$.

Beweis (1) $\Rightarrow$ (2): Aus $a\,N = N\,a$ für $a \in G$ folgt $a\,N\,a^{-1} = N$. Also gilt (2).
(2) $\Rightarrow$ (1): Nach (2) gelten für jedes $a \in G$ die beiden Inklusionen:

$$a\,N\,a^{-1} \subseteq N \quad \text{und} \quad a^{-1}\,N\,a \subseteq N\,.$$

Sie sind gleichbedeutend mit $a\,N \subseteq N\,a$ und $N\,a \subseteq a\,N$, also mit $a\,N = N\,a$. $\square$

Bevor wir zu den Beispielen kommen, wollen wir nur kurz anmerken, dass man die Eigenschaft $a\,N\,a^{-1} \subseteq N$ für einen Normalteiler N einer Gruppe G nach bewährtem Rezept für alle $a \in G$ nachweist: Man nehme $x \in N$ (beliebig), $a \in G$ (beliebig) und zeige $a\,x\,a^{-1} \in N$.

Beispiel 4.1

- Die trivialen Untergruppen $\{e\}$ und G einer Gruppe G sind stets Normalteiler von G, da $a\,\{e\}\,a^{-1} = \{e\}$ und $a\,G\,a^{-1} \subseteq G$ für alle $a \in G$ erfüllt ist.
- In abelschen Gruppen ist jede Untergruppe U ein Normalteiler, da in solchen Gruppen stets $a\,U = U\,a$ erfüllt ist.
- Für jeden Körper K und jedes $n \in \mathbb{N}$ ist die spezielle lineare Gruppe $\mathrm{SL}(n, K)$ in der allgemeinen linearen Gruppe ein Normalteiler, d. h. $\mathrm{SL}(n, K) \trianglelefteq \mathrm{GL}(n, K)$.
  Um dies zu zeigen, wählen wir ein (beliebiges) $A \in \mathrm{SL}(n, K)$ und ein (beliebiges) $B \in \mathrm{GL}(n, K)$ und betrachten $B\,A\,B^{-1}$. Wegen

$$\det(B\,A\,B^{-1}) = \det(B)\,\det(A)\,\det(B)^{-1} = \det(A) = 1$$

  liegt $B\,A\,B^{-1}$ in $\mathrm{SL}(n, K)$.
- In der Diedergruppe D_n (mit den Bezeichnungen aus Abschn. 3.1.5) ist $N := \langle \beta \rangle$ ein Normalteiler, da $\beta^i\,\beta\,\beta^{-i} \in N$ für alle $i \in \mathbb{N}$ und $\alpha\,\beta\,\alpha^{-1} = \beta^{-1} \in N$ gilt.
- In D_3 ist die Untergruppe $\langle \alpha \rangle$ kein Normalteiler, da $\beta\,\alpha\,\beta^{-1} = \alpha\,\beta^{-2} \notin \langle \alpha \rangle$.   ∎

4.1.2   Weitere Beispielsklassen

Weitere Beispiele von Normalteilern bilden die Untergruppen vom Index 2:

Lemma 4.2 *Jede Untergruppe vom Index 2 ist ein Normalteiler.*

Beweis Es sei U eine Untergruppe der Gruppe G mit $[G : U] = 2$. Wegen $G = U \cup bU$ für alle $b \in G \setminus U$ gilt:

$$\begin{cases} a \in U \Rightarrow aU = U = Ua \\ a \notin U \Rightarrow aU = G \setminus U = Ua \,. \end{cases}$$

$\square$

Beispiel 4.2 In der Diedergruppe $D_n = \langle \alpha, \beta \rangle$ ist die Untergruppe $N := \langle \beta \rangle$ ein Normalteiler, da gilt $[D_n : N] = 2$. ∎

Es gibt weitere wichtige Klassen von Normalteilern: Urbilder von Normalteilern unter Homomorphismen sind Normalteiler. Insbesondere ist jeder Kern eines Homomorphismus ein Normalteiler. Und Bilder von Normalteilern unter surjektiven Homomorphismen sind Normalteiler. Das ist der Inhalt des folgenden Lemmas:

Lemma 4.3

(a) *Für jeden Gruppenhomomorphismus* $\varphi : G \to H$ *gilt:*

$$V \trianglelefteq H \Rightarrow \varphi^{-1}(V) = \{a \in G \mid \varphi(a) \in V\} \trianglelefteq G \,,$$

insbesondere

$$\mathrm{Kern}\, \varphi \trianglelefteq G \,.$$

(b) *Für jeden Gruppenepimorphismus* $\varphi : G \to H$ *gilt*

$$N \trianglelefteq G \Rightarrow \varphi(N) \trianglelefteq H \,.$$

Beweis

(a) Es gilt $\varphi^{-1}(V) \leq G$ nach Lemma 2.11. Für $x \in \varphi^{-1}(V)$, $a \in G$ ist $\varphi(x) \in V$ und $\varphi(a\, x\, a^{-1}) = \varphi(a)\, \varphi(x)\, \varphi(a)^{-1} \in V$; somit $a\, x\, a^{-1} \in \varphi^{-1}(V)$.

(b) Es gilt $\varphi(N) \leq H$ nach Lemma 2.11. Zu jedem $b \in H$ existiert wegen der Surjektivität von φ ein $a \in G$ mit $\varphi(a) = b$, sodass für jedes $x \in N$:

$$b\, \varphi(x)\, b^{-1} = \varphi(a\, x\, a^{-1}) \in \varphi(N) \,.$$

Folglich ist $\varphi(N)$ ein Normalteiler in H.

$\square$

4.1.3 Produkte von Untergruppen

Sind U und V Untergruppen einer Gruppe G, so ist das Komplexprodukt $U\,V$ im Allgemeinen keine Untergruppe:

Beispiel 4.3 Betrachte die beiden Untergruppen U und V von S_3:

$$U := \left\langle \begin{pmatrix} 1\ 2\ 3 \\ 1\ 3\ 2 \end{pmatrix} \right\rangle \quad \text{und} \quad V := \left\langle \begin{pmatrix} 1\ 2\ 3 \\ 2\ 1\ 3 \end{pmatrix} \right\rangle .$$

Es gilt dann

$$U\,V = \left\{ \mathrm{Id},\ \begin{pmatrix} 1\ 2\ 3 \\ 1\ 3\ 2 \end{pmatrix},\ \begin{pmatrix} 1\ 2\ 3 \\ 2\ 1\ 3 \end{pmatrix},\ \begin{pmatrix} 1\ 2\ 3 \\ 3\ 1\ 2 \end{pmatrix} \right\} .$$

Aber $U\,V$ ist nach dem Satz 3.9 von Lagrange sicher keine Untergruppe von S_3. ∎

Aber es gilt immerhin:

Lemma 4.4 *Sind U, V Untergruppen der Gruppe G mit $U\,V = V\,U$, so gilt $U\,V \leq G$. Dies trifft z. B. dann zu, wenn $V \trianglelefteq G$.*

Beweis Wegen

$$(U\,V)\,(U\,V)^{-1} = U\,V\,V^{-1}\,U^{-1} \subseteq U\,V\,U^{-1} = V\,U\,U^{-1} \subseteq V\,U = U\,V$$

gilt die Behauptung nach den Untergruppenkriterien in Lemma 2.7.   □

4.2 Normalisatoren

Für jede nichtleere Teilmenge X einer Gruppe G nennt man

$$N_G(X) := \{a \in G \mid a\,X = X\,a\}$$

den **Normalisator** von X in G. Er ermöglicht es, die **Konjugierten** $a\,X\,a^{-1}$, $a \in G$, von X in G zu zählen:

Lemma 4.5 *Für jede nichtleere Teilmenge X einer Gruppe G gilt:*

(a) $N_G(X) \leq G$.
(b) $|\{a\,X\,a^{-1} \mid a \in G\}| = [G : N_G(X)]$ – die Anzahl der Konjugierten von $X \subseteq G$ ist gleich der Anzahl der Nebenklassen von $N_G(X)$ in G.

Beweis

(a) folgt mit den Untergruppenkriterien in Lemma 2.7 aus $e \in N_G(X)$ und

$$a, b \in N_G(X) \Rightarrow a b X = a X b = X a b \qquad \Rightarrow a b \in N_G(X),$$
$$a \in N_G(X) \Rightarrow a X = X a \Rightarrow X a^{-1} = a^{-1} X \Rightarrow a^{-1} \in N_G(X).$$

(b) Es seien $a, b \in G$. Die Behauptung folgt dann mit Lemma 3.7 aus:

$$a X a^{-1} = b X b^{-1} \Leftrightarrow b^{-1} a X = X b^{-1} a \Leftrightarrow b^{-1} a \in N_G(X) \Leftrightarrow a N_G(X)$$
$$= b N_G(X).$$

Die Äquivalenz $a X a^{-1} = b X b^{-1} \Leftrightarrow a N_G(X) = b N_G(X)$ bedeutet, dass es genau so viele verschiedene Konjugierte von X gibt wie Nebenklassen nach $N_G(X)$. $\square$

Vorsicht Der Normalisator einer Teilmenge X von G ist nach Lemma 4.5 stets eine Untergruppe von G, aber nicht zwingend ein Normalteiler (vgl. das folgende Beispiel).

Beispiel 4.4 Wir benutzen die Bezeichnungen aus Beispiel 3.7. Wir bestimmen den Normalisator von $\{\sigma_2\}$ in S_3: Wegen Id, $\sigma_2 \in N_{S_3}(\{\sigma_2\})$ gilt $U_1 = \langle \sigma_2 \rangle \subseteq N_{S_3}(\{\sigma_2\})$. Wegen $\sigma_1 \sigma_2 \sigma_1^{-1} = \sigma_5$, $\sigma_3 \sigma_2 \sigma_3^{-1} = \sigma_4$, $\sigma_4 \sigma_2 \sigma_4^{-1} = \sigma_5$, $\sigma_5 \sigma_2 \sigma_5^{-1} = \sigma_4$ gilt $N_{S_3}(\{\sigma_2\}) = U_1$, und U_1 ist kein Normalteiler von S_3. Beachte auch Aufgabe 4.2. $\blacksquare$

Jedoch gilt:

Lemma 4.6 *Es sei U eine Untergruppe einer Gruppe G. Dann gilt:*

(a) $U \trianglelefteq G \Leftrightarrow N_G(U) = G$.
(b) $U \trianglelefteq N_G(U)$, und für jede Untergruppe V von G mit $U \trianglelefteq V$ gilt $V \subseteq N_G(U)$.

Beweis

(a) $N_G(U) = \{a \in G \mid a U = U a\} = G$ bedeutet ja gerade $a U = U a$ für alle $a \in G$.
(b) Für $a \in N_G(U)$ gilt $a U = U a$ und somit $U \trianglelefteq N_G(U)$. Nun sei eine Untergruppe V von G mit $U \trianglelefteq V$. Dann gilt $a U = U a$ für jedes $a \in V$, und $a \in N_G(U)$. $\square$

Bemerkung Der Teil (b) von Lemma 4.6 besagt, dass der Normalisator $N_G(U)$ einer Untergruppe U die größte Untergruppe von G ist, in der U ein Normalteiler ist.

4.3   Faktorgruppen

In der linearen Algebra bildet man zu jedem Untervektorraum U eines Vektorraums V den sogenannten *Faktorraum* $V/U = \{v + U \mid v \in V\}$. Wir führen diese Konstruktion nun für Gruppen durch. Die Rolle der Untervektorräume übernehmen dabei die Normalteiler – mit einer Untergruppe würde dies im allgemeinen Fall nicht funktionieren.

4.3.1 G modulo N

Für jeden Normalteiler N einer Gruppe G bezeichnet G/N die Menge aller Linksnebenklassen (= Rechtsnebenklassen) von N in G:

$$G/N := \{a\,N \mid a \in G\} \quad \text{(gesprochen: } G \text{ modulo } N \text{ oder } G \text{ nach } N\text{)}.$$

Wir werden nun auf dieser Menge G/N der Linksnebenklassen eine Verknüpfung erklären, mit der G/N zu einer Gruppe wird. Wir beginnen mit den folgenden Gleichheiten von Nebenklassen:

Für alle a, $b \in G$ und den Normalteiler N von G gelten $a\,N = N\,a$, $b\,N = N\,b$, und deshalb gilt für das Komplexprodukt

$$(a\,N)\,(b\,N) = a\,(N\,b)\,N = a\,(b\,N)\,N = a\,b\,N\,N = a\,b\,N$$

mit den Spezialfällen

$$N\,(a\,N) = a\,N \quad \text{und} \quad (a^{-1}\,N)\,(a\,N) = (a^{-1}\,a)\,N = N\,.$$

Das begründet bereits (vgl. Lemma 2.3 zu den schwachen Gruppenaxiomen) den Teil (a) aus:

Lemma 4.7 *Für jeden Normalteiler N einer Gruppe G gilt:*

(a) Die Menge $G/N = \{a\,N \mid a \in G\}$ bildet mit der Multiplikation

$$(a\,N,\, b\,N) \mapsto (a\,N)\,(b\,N) = a\,b\,N$$

eine Gruppe (mit neutralem Element N und zu $a\,N$ Inversem $a^{-1}\,N$).
(b) Es gilt: $|G/N| = [G : N]$.
(c) Die Abbildung $\pi : \begin{cases} G \to G/N \\ a \mapsto a\,N \end{cases}$ ist ein Epimorphismus mit Kern N.

Beweis

(b) gilt nach Definition, $[G : N]$ ist die Anzahl der verschiedenen Linksnebenklassen.

(c) Es ist π ein Homomorphismus, da für a, $b \in G$ gilt:

$$\pi(a\,b) = a\,b\,N = (a\,N)\,(b\,N) = \pi(a)\,\pi(b)\,.$$

Und π ist surjektiv: $\pi(a) = a\,N$ besagt insbesondere, dass jede Nebenklasse als Bild unter π vorkommt. Ferner gilt

$$a \in \operatorname{Kern} \pi \ \Leftrightarrow \ N = \pi(a) = a\,N \ \Leftrightarrow \ a \in N\,,$$

d. h. $\operatorname{Kern} \pi = N$.   □

Man nennt $G/N = (G/N, \cdot)$ die **Faktorgruppe** von G nach N und π den zugehörigen **kanonischen Epimorphismus**.

Beispiel 4.5 In der Diedergruppe D_3 ist $N = \langle \beta \rangle = \{\mathrm{Id},\ \beta,\ \beta^2\}$ ein Normalteiler. Die Faktorgruppe besteht aus den Elementen N, $\alpha\,N$, also $D_3/N = \{N,\ \alpha\,N\}$, und es gilt:

$$N\,N = N\,,\ N\,(\alpha\,N) = \alpha\,N = (\alpha\,N)\,N\,,\ (\alpha\,N)\,(\alpha\,N) = \alpha^2\,N = N\,.$$

Insbesondere ist D_3/N eine abelsche Gruppe.   ■

Die Ergebnisse Lemma 4.7 (c) und 4.3 (a) belegen:

Lemma 4.8 *Die Normalteiler einer Gruppe G sind genau die Kerne von Gruppenhomomorphismen $\varphi : G \to H$.*

4.3.2 Der Satz von Cauchy für abelsche Gruppen *

Wir knüpfen an den Abschn. 3.3.5 zu den Folgerungen aus dem Satz von Lagrange an. Nach Korollar 3.10 sind die Ordnungen von Elementen einer endlichen Gruppe G stets Teiler der Gruppenordnung $|G|$. Aber es ist keineswegs so, dass es zu jedem Teiler t der Gruppenordnung G auch stets ein Element $a \in G$ der Ordnung t gibt, z. B. gibt es in der symmetrischen Gruppe S_3 kein Element der Ordnung 6, obwohl die 6 ein Teiler der Gruppenordnung $|S_3| = 6$ ist. Aber es gibt in der S_3 sehr wohl zu den Primteilern 2 und 3 von $|S_3| = 6$ Elemente σ und τ aus S_3 mit $o(\sigma) = 2$ und $o(\tau) = 3$, siehe Beispiel 3.7. Dies ist kein Zufall, sondern Inhalt des sogenannten *Satzes von Cauchy*, der besagt, dass es zu jedem Primteiler p der Gruppenordnung einer endlichen Gruppe G stets auch (mindestens) ein Element a in G dieser Ordnung p gibt. Wir beweisen diesen Satz

in dieser Allgemeinheit erst in Korollar 8.2. Für abelsche Gruppen können wir diesen Satz
bereits jetzt mithilfe von Faktorgruppen beweisen:

Satz 4.9 (von Cauchy für abelsche Gruppen)   *Ist p ein Primteiler der Ordnung einer
endlichen abelschen Gruppe, so besitzt diese ein Element der Ordnung p.*

Beweis   Es sei p ein Primteiler der Gruppenordnung $|G|$ einer endlichen abelschen Gruppe
G. Wir beweisen die Behauptung per Induktion nach der Gruppenordnung $n = |G|$. Für
den Induktionsanfang sei $n = p$. Wähle ein Element $a \in G$ ungleich dem neutralen
Element e. Nach Korollar 3.10 gilt $o(a) = |\langle a \rangle| \mid p$. Da $o(a) \neq 1$, gilt $o(a) = p$, womit
der Induktionsanfang erledigt ist.

Für den Induktionsschritt sei nun $n = |G| > p$. Wähle ein Element $a \in G$ mit $a \neq e$.
Es gilt $o(a) > 1$ und $o(a) \mid n$. Wir unterscheiden die Fälle $p \mid o(a)$ und $p \nmid o(a)$ und
geben in jedem der beiden Fälle ein Element $b \in G$ an, dessen Ordnung p ist. Das schließt
den Induktionsbeweis dann ab.

1. *Fall: $p \mid o(a)$.* Es gilt $o(a) = p\,r$ mit einem $r \in \mathbb{N}$. Wir setzen $b := a^r$. Wegen
   $o(a) = p\,r$ gilt $b \neq e$ und $b^p = a^{rp} = a^{o(a)} = e$. Damit haben wir ein Element $b \in G$
   gefunden mit $o(b) = p$.
2. *Fall: $p \nmid o(a)$.* Es sei $N = \langle a \rangle$ die von a erzeugte Untergruppe von G. Da G
   abelsch ist, ist N ein Normalteiler von G und die Faktorgruppe $\overline{G} := G/N$ mit dem
   neutralen Element $e_{\overline{G}} = N$ hat eine Ordnung $|\overline{G}| = |G/N| = |G|/|N| < n$, da
   $|N| > 1$ gilt. Außerdem gilt wegen $p \mid |G|$ und $p \nmid |N|$ offenbar $p \mid |\overline{G}|$. Nach
   der Induktionsvoraussetzung existiert in $\overline{G}$ ein Element $\overline{g} = g\,N$ mit $o(\overline{g}) = p$,
   insbesondere gilt $\overline{g}^p = e_{\overline{G}}$. Der Repräsentant $g \in G$ dieser Nebenklasse $\overline{g} = g\,N$
   habe die Ordnung m in der Gruppe G, also $o(g) = m$. Dann gilt für $\overline{g} = gN$ (jetzt
   wieder die Nebenklasse): $\overline{g}^m = \overline{g^m} = \overline{e} = e_{\overline{G}}$. Damit ist gezeigt:

$$\overline{g}^m = e_{\overline{G}}, \quad \text{wobei } o(\overline{g}) = p \,.$$

Nach dem Satz 3.5 über die Ordnung von Gruppenelementen gilt somit $p \mid m$, etwa
$m = p\,r$ für ein $r \in \mathbb{N}$. Da $m = o(g)$ die Ordnung von g in G ist, gilt für das Element
$b := g^r$ offenbar $b \neq e$ und $b^p = g^{rp} = g^{o(g)} = e$. Damit haben wir auch in diesem
Fall ein Element $b \in G$ gefunden mit $o(b) = p$. $\square$

4.3.3 Zwischenbilanz: $(G, \cdot)$ und $(G, +)$

Bevor wir nun ein wichtiges Beispiel einer Faktorgruppe diskutieren, bringen wir einen
Überblick über die unterschiedlichen Bezeichnungen und Benennungen in Gruppen

$(G, \cdot)$ (multiplikative Schreibweise) und $(G, +)$ (additive Schreibweise). In der folgenden Tabelle ist N ein Normalteiler von G:

$(G, \cdot)$	$(G, +)$
$a\,b$ – Produkt mit Faktoren a, b	$a + b$ – Summe mit Summanden a, b
e – Einselement	0 – Nullelement
a^{-1} – Inverses	$-a$ – Negatives
$a^k, k \in \mathbb{Z}$ – Potenzen	$k \cdot a, k \in \mathbb{Z}$ – Vielfache
$o(a)$ – kleinstes $n \in \mathbb{N}$ mit $a^n = e$	$o(a)$ – kleinstes $n \in \mathbb{N}$ mit $n \cdot a = 0$
$U \leq G \Leftrightarrow (a, b \in U \Rightarrow a\,b^{-1} \in U)$	$U \leq G \Leftrightarrow (a, b \in U \Rightarrow a - b \in U)$
Nebenklassen $a\,U = \{a\,u \mid u \in U\}$	Nebenklassen $a + U = \{a + u \mid u \in U\}$
in G/N: $(a\,N)(b\,N) = (a\,b)\,N$	in G/N: $(a + N) + (b + N) = (a + b) + N$.

Bemerkung Die additive Schreibweise wird in der Regel nur für abelsche Gruppen genutzt.

4.3.4 Restklassen modulo n

Wir diskutieren ein wichtiges Beispiel einer Faktorgruppe.

Für jedes $n \in \mathbb{N}$ ist $n\,\mathbb{Z} = \{n\,k \mid k \in \mathbb{Z}\}$ eine Untergruppe von $(\mathbb{Z}, +)$ und als solche ein Normalteiler, weil $\mathbb{Z}$ abelsch ist. Die Nebenklassen

$$a + n\,\mathbb{Z} = \{a + n\,k \mid k \in \mathbb{Z}\}, \quad a \in \mathbb{Z},$$

heißen auch **Restklassen modulo** n.

Im Zahlbereich $\mathbb{Z}$ der ganzen Zahlen kennen wir die Division mit Rest. Darunter versteht man die Tatsache, dass es zu $a \in \mathbb{Z}, n \in \mathbb{N}$ ganze Zahlen q, r gibt mit $a = q\,n + r$ und $0 \leq r < n$ (r heißt der *Rest*). Wird a so zerlegt, dann gilt

$$a + n\,\mathbb{Z} = r + (q\,n + n\,\mathbb{Z}) = r + n\,\mathbb{Z}.$$

Das erklärt den Namen *Restklasse*. In $a + n\,\mathbb{Z} = r + n\,\mathbb{Z}$ liegen alle Zahlen aus $\mathbb{Z}$, die bei Division durch n den Rest r, $0 \leq r < n$, haben.

Seit Gauß nennt man zwei Zahlen a, $b \in \mathbb{Z}$ *kongruent modulo* n und schreibt dafür $a \equiv b \pmod{n}$, wenn a und b in derselben Restklasse liegen.

Es gibt mehrere andere oft benutzte Charakterisierungen für modulo n kongruente Zahlen, die sich aus der Übertragung bereits früher gemachter Beobachtungen in die additive Schreibweise ergeben. So gilt:

$$a \equiv b \pmod{n} \Leftrightarrow a + n\,\mathbb{Z} = b + n\,\mathbb{Z}$$

$$\Leftrightarrow a - b \in n\,\mathbb{Z} \ (a - b \text{ ist durch } n \text{ teilbar})$$

$$\Leftrightarrow a \text{ und } b \text{ haben bei Division durch } n \text{ denselben Rest.}$$

Es ist üblich, wenn eindeutig klar ist, mit welchem *Modul* $n \in \mathbb{N}$ gerechnet wird, die Restklassen mit $\overline{a}$, $a \in \mathbb{Z}$, zu bezeichnen, d. h.

$$\overline{a} = a + n\,\mathbb{Z} = \{a + n\,k \mid k \in \mathbb{Z}\}\,.$$

Die Menge $\mathbb{Z}/n\,\mathbb{Z}$ der Restklassen modulo n bezeichnen wir kürzer mit $\mathbb{Z}/n$:

$$\mathbb{Z}/n = \mathbb{Z}/n\,\mathbb{Z} = \{a + n\,\mathbb{Z} \mid a \in \mathbb{Z}\} = \{\overline{a} \mid a \in \mathbb{Z}\}\,.$$

Bemerkung Für die Menge $\mathbb{Z}/n\,\mathbb{Z}$ sind in der Literatur viele verschiedene Schreibweisen üblich. Neben der von uns genutzten Schreibweise $\mathbb{Z}/n$ findet man auch die Schreibweisen $\mathbb{Z}/(n)$, $\mathbb{Z}_n$, Z_n oder C_n.

Hat $a \in \mathbb{Z}$ bei Division durch n den Rest r, $0 \le r < n$, dann gilt $\overline{a} = \overline{r}$; es gibt somit genau n verschiedene Restklassen $\overline{r}$, $0 \le r < n$:

$$\mathbb{Z}/n = \{\overline{0},\, \overline{1},\, \overline{2}, \ldots, \overline{n-1}\}\,, \quad |\mathbb{Z}/n| = n\,.$$

Die additive Struktur von $\mathbb{Z}$ überträgt sich gemäß Abschn. 4.3.1 auf $\mathbb{Z}/n$ ($\mathbb{Z}$ modulo $n\,\mathbb{Z}$):

$$(a + n\,\mathbb{Z}) + (b + n\,\mathbb{Z}) = (a + b) + n\,\mathbb{Z}$$

mit dem Nullelement $\overline{0} = n\,\mathbb{Z}$ und dem zu $\overline{a} = a + n\,\mathbb{Z}$ negativen Element $-\overline{a} = \overline{-a} = -a + n\,\mathbb{Z}$.

Die so beschriebene Faktorgruppe $(\mathbb{Z}/n, +)$ heißt **Restklassengruppe modulo** n. Den Potenzen a^k in der multiplikativen Schreibweise entsprechen hier die Vielfachen $k \cdot (a + n\,\mathbb{Z}) = k\,a + n\,\mathbb{Z}$. Insbesondere lässt sich jede Nebenklasse $\overline{a} = a + n\,\mathbb{Z}$ darstellen in der Form $a \cdot \overline{1} = a \cdot (1 + n\,\mathbb{Z}) = a + n\,\mathbb{Z}$, d. h., die Gruppe $\mathbb{Z}/n$ ist zyklisch, sie wird erzeugt von $\overline{1}$:

$$\mathbb{Z}/n = \langle \overline{1} \rangle\,, \quad o\,(\overline{1}) = |\mathbb{Z}/n| = n\,.$$

Wir fassen zusammen:

Lemma 4.10 *Die Menge* $\mathbb{Z}/n = \{\overline{0},\, \overline{1}, \ldots, \overline{n-1}\}$ *der Restklassen modulo n ist bezüglich der Addition* $\overline{a} + \overline{b} = \overline{a + b}$ *eine zyklische, von $\overline{1}$ erzeugte Gruppe der Ordnung n.*

Bemerkung Um die Summe $\overline{a} + \overline{b} = \overline{a + b}$ wieder in der Form $\overline{r}$ mit $r \in \{0,\, 1, \ldots, n-1\}$ anzugeben, ist $a+b$ *modulo n zu reduzieren*, d. h. Division durch n mit Rest durchzuführen: $a + b = q\,n + r$, $0 \le r < n$.

Beispiel 4.6 Die Verknüpfungstafel für die Addition in $\mathbb{Z}/6$ lautet:

$+$	$\bar{0}$	$\bar{1}$	$\bar{2}$	$\bar{3}$	$\bar{4}$	$\bar{5}$
$\bar{0}$	$\bar{0}$	$\bar{1}$	$\bar{2}$	$\bar{3}$	$\bar{4}$	$\bar{5}$
$\bar{1}$	$\bar{1}$	$\bar{2}$	$\bar{3}$	$\bar{4}$	$\bar{5}$	$\bar{0}$
$\bar{2}$	$\bar{2}$	$\bar{3}$	$\bar{4}$	$\bar{5}$	$\bar{0}$	$\bar{1}$
$\bar{3}$	$\bar{3}$	$\bar{4}$	$\bar{5}$	$\bar{0}$	$\bar{1}$	$\bar{2}$
$\bar{4}$	$\bar{4}$	$\bar{5}$	$\bar{0}$	$\bar{1}$	$\bar{2}$	$\bar{3}$
$\bar{5}$	$\bar{5}$	$\bar{0}$	$\bar{1}$	$\bar{2}$	$\bar{3}$	$\bar{4}$

■

4.4 Der Homomorphiesatz

Jeder Gruppenhomomorphismus $\varphi : G \to H$ liefert einen Gruppenisomorphismus: Es ist $\varphi(G) \cong G/\operatorname{Kern}\varphi$, d. h. das Bild von φ ist isomorph zur Faktorgruppe G modulo $\operatorname{Kern}\varphi$. Das ist der Inhalt des wichtigen Homomorphiesatzes:

Satz 4.11 (Homomorphiesatz) *Es sei $\varphi : G \to H$ ein Gruppenhomomorphismus. Dann sind $\operatorname{Kern}\varphi$ ein Normalteiler von G, $\varphi(G)$ eine Untergruppe von H und die Abbildung*

$$\overline{\varphi} : \begin{cases} G/\operatorname{Kern}\varphi \to \varphi(G) \\ a\,\operatorname{Kern}\varphi \mapsto \varphi(a) \end{cases}$$

ein (wohldefinierter) Gruppenisomorphismus; somit gilt

$$G/\operatorname{Kern}\varphi \cong \varphi(G)\,.$$

Beweis Es seien $a, b \in G$. Die Wohldefiniertheit und Injektivität von $\overline{\varphi}$ folgen mit der Abkürzung $N := \operatorname{Kern}\varphi$ aus:

$$a\,N = b\,N \Leftrightarrow b^{-1}a \in N \Leftrightarrow \varphi(b^{-1}a) = e_H \Leftrightarrow \varphi(a) = \varphi(b)\,.$$

Offenbar gilt $\overline{\varphi}(G/N) = \varphi(G)$, sodass $\overline{\varphi}$ auch surjektiv ist. Schließlich folgt die Homomorphie aus:

$$\overline{\varphi}((a\,N)\,(b\,N)) = \overline{\varphi}(a\,b\,N) = \varphi(a\,b) = \varphi(a)\,\varphi(b) = \overline{\varphi}(a\,N)\,\overline{\varphi}(b\,N)\,.$$

□

Abb. 4.1 Das Diagramm ist kommutativ

Bemerkung Es seien $N = \text{Kern}\,\varphi$ und $\pi : G \to G/N$ der kanonische Epimorphismus $\pi(a) = a\,N$. Dann gilt wegen $\varphi(a) = \overline{\varphi}(a\,N) = \overline{\varphi}\,\pi(a)$ für alle $a \in G$ die Faktorisierung $\varphi = \overline{\varphi}\,\pi$. Das wird in der Abb. 4.1 verdeutlicht. Hierbei besagt der gerundete Pfeil $\circlearrowleft$, dass das Diagramm *kommutativ* ist, d. h., es ist egal, ob man gleich mit φ nach H geht oder mittels π den Umweg über G/N macht, es gilt $\varphi = \overline{\varphi}\,\pi$.

Beispiel 4.7

- Es seien m, n natürliche Zahlen. Die Abbildung

$$\psi : \begin{cases} m\,\mathbb{Z} \to & \mathbb{Z}/n \\ m\,k \mapsto & k + n\,\mathbb{Z} \end{cases}$$

  ist ein Epimorphismus mit Kern $m\,n\,\mathbb{Z}$. Der Homomorphiesatz 4.11 liefert nun

$$m\,\mathbb{Z}/n\,m\,\mathbb{Z} \cong \mathbb{Z}/n\,\mathbb{Z}\,.$$

- Es sei $\mathbb{R} = (\mathbb{R}, +)$ die additive Gruppe der reellen Zahlen. Weiter sei die multiplikative Untergruppe

$$\mathbb{S} := \{\mathrm{e}^{2\pi\,\mathrm{i}\,\alpha} \mid \alpha \in \mathbb{R}\}$$

  von $(\mathbb{C} \setminus \{0\}, \cdot)$ gegeben. Die Abbildung

$$\rho : \begin{cases} \mathbb{R} \to & \mathbb{S} \\ \alpha \mapsto & \mathrm{e}^{2\pi\,\mathrm{i}\,\alpha} \end{cases}$$

  ist offenbar ein Epimorphismus. Da $\mathrm{e}^{2\pi\,\mathrm{i}\,\alpha} = 1$ genau dann erfüllt ist, wenn $\alpha \in \mathbb{Z}$ gilt, ist $\mathbb{Z}$ der Kern von ρ. Daher gilt mit dem Homomorphiesatz 4.11:

$$\mathbb{R}/\mathbb{Z} \cong \mathbb{S}\,.$$

- Da für jede natürliche Zahl n und jeden Körper K die Abbildung

$$\det : \begin{cases} \mathrm{GL}(n,\,K) \to K \setminus \{0\} \\ \quad A \quad\; \mapsto \det(A) \end{cases}$$

ein Epimorphismus ist mit Kern $\mathrm{SL}(n,\,K)$, gilt

$$\mathrm{GL}(n,\,K)/\mathrm{SL}(n,\,K) \cong K \setminus \{0\}$$

nach dem Homomorphiesatz 4.11. ∎

4.5 Innere Automorphismen und das Zentrum einer Gruppe *

Es sei $\mathrm{Inn}\,G := \{\iota_a \mid a \in G\}$ die Menge der inneren Automorphismen der Gruppe G. Dabei ist für ein $a \in G$ der innere Automorphismus ι_a wie folgt erklärt:

$$\iota_a : \begin{cases} G \to \quad G \\ x \mapsto a\,x\,a^{-1} \end{cases} .$$

Für $a,\,b,\,x \in G$ gilt $\iota_a\,\iota_b(x) = a\,(b\,x\,b^{-1})\,a^{-1} = (a\,b)\,x\,(a\,b)^{-1} = \iota_{a\,b}(x)$, d. h. $\iota_a\,\iota_b = \iota_{a\,b}$. In anderen Worten: Die Abbildung

$$\iota : \begin{cases} G \to \mathrm{Aut}\,G \\ a \mapsto \quad \iota_a \end{cases}$$

ist ein Homomorphismus mit dem Bild $\mathrm{Inn}\,G$. Wegen des Homomorphiesatzes 4.11 gilt:

$$\mathrm{Inn}\,G \cong G/\mathrm{Kern}\,\iota \,.$$

Wir bestimmen den Kern von ι. Es gilt:

$$a \in \mathrm{Kern}\,\iota \;\Leftrightarrow\; \iota_a = \mathrm{Id}_G \;\Leftrightarrow\; a\,x\,a^{-1} = x \quad \text{für alle } x \in G \,,$$

d. h., $a\,x = x\,a$ für alle $x \in G$. Damit ist der Kern von ι das **Zentrum** $Z(G)$ von G:

$$Z(G) := \{a \in G \mid a\,x = x\,a \quad \text{für alle } x \in G\} \,.$$

Da $Z(G)$ der Kern eines Homomorphismus ist, gilt $Z(G) \trianglelefteq G$ (vgl. Lemma 4.3).

Für $a,\,x \in G$ und $\tau \in \mathrm{Aut}\,G$ gilt

$$\tau\,\iota_a\,\tau^{-1}(x) = \tau(a\,\tau^{-1}(x)\,a^{-1}) = \tau(a)\,x\,\tau(a)^{-1} = \iota_{\tau(a)}(x) \,,$$

sodass $\tau\,\iota_a\,\tau^{-1} = \iota_{\tau(a)}$. Wir fassen zusammen:

Lemma 4.12 *Für jede Gruppe G gelten*

$$Z(G) \trianglelefteq G \, , \ \operatorname{Inn} G \trianglelefteq \operatorname{Aut} G \quad \text{und} \quad \operatorname{Inn} G \cong G/Z(G) \, .$$

Bemerkung Ist G abelsch, so gilt: $Z(G) = G$, $\operatorname{Inn} G = \{\operatorname{Id}_G\}$ und $G/Z(G) = \{G\}$.

4.6   Isomorphiesätze

In diesem Abschnitt stellen wir immer wieder benötigte Isomorphiesätze zusammen.

4.6.1   Der erste Isomorphiesatz

Satz 4.13 (1. Isomorphiesatz) *Für jede Untergruppe U und jeden Normalteiler N einer Gruppe G gilt*

$$U N \leq G \, , \ U \cap N \trianglelefteq U \quad \text{und} \quad U N/N \cong U/U \cap N \, .$$

Beweis Es gilt $U N \leq G$ nach Lemma 4.4 und offenbar $N \trianglelefteq U N$. Ferner ist

$$\pi : \begin{cases} U \to G/N \\ a \mapsto a N \end{cases}$$

als Restriktion des kanonischen Epimorphismus von G auf G/N ein Homomorphismus mit dem Bild

$$\pi(U) = \{u N \mid u \in U\} = \{u v N \mid u \in U, \ v \in N\} = U N/N$$

und dem Kern $U \cap N$. Nun wende man den Homomorphiesatz 4.11 an.   □

Beispiel 4.8 Es seien U eine Untergruppe und N ein Normalteiler der Gruppe G mit $G = U N$ und $U \cap N = \{e\}$. Man nennt in dieser Situation G das **semidirekte Produkt** von U mit N. Es gilt $G/N = U N/N \cong U/U \cap N = U/\{e\} \cong U$, sodass $G/N \cong U$. ∎

4.6.2 Der Korrespondenzsatz

Wir wiederholen eine bekannte Bezeichnung: zu jeder Abbildung $\varphi : G \to H$ und $V \subseteq H$ ist $\varphi^{-1}(V) = \{a \in G \mid \varphi(a) \in V\}$.

Satz 4.14 (Korrespondenzsatz) *Es sei $\varphi : G \to H$ ein Gruppenepimorphismus mit Kern N. Dann liefert*

$$U \mapsto \varphi(U)$$

eine Bijektion von der Menge aller N umfassenden Untergruppen von G auf die Menge aller Untergruppen von H mit der Umkehrabbildung $V \mapsto \varphi^{-1}(V)$. Dabei gilt

$$U \trianglelefteq G \iff \varphi(U) \trianglelefteq H \quad und \quad G/U \cong H/\varphi(U) \,.$$

Beweis Es gelte $N \leq U \leq G$. Es gilt $U \subseteq \varphi^{-1}(\varphi(U))$ und wegen Lemma 2.11 (c) $\varphi(U) \leq H$. Zu jedem $a \in \varphi^{-1}(\varphi(U))$, d. h. $\varphi(a) \in \varphi(U)$, existiert ein $u \in U$ mit $\varphi(a) = \varphi(u)$. Es folgt:

$$e = \varphi(a)\,\varphi(u^{-1}) = \varphi(a\,u^{-1}) \;\Rightarrow\; a\,u^{-1} \in N \;\Rightarrow\; a \in N\,u \subseteq U \,.$$

Folglich gilt:

$$(*) \quad \varphi^{-1}(\varphi(U)) = U \,.$$

Für jedes $V \leq H$ gilt $\varphi^{-1}(V) \leq G$ nach Lemma 2.11 (d), und $\varphi(\varphi^{-1}(V)) = V$, weil φ surjektiv ist. Damit ist der erste Teil begründet. Weiter folgt mit Lemma 4.3:

$$U \trianglelefteq G \iff \varphi(U) \trianglelefteq H \,.$$

Nun betrachten wir die Abbildung

$$\psi : \begin{cases} G \to & H/\varphi(U) \\ a \mapsto & \varphi(a)\,\varphi(U) = \varphi(a\,U) \end{cases} \,.$$

Die Abbildung ψ ist surjektiv, da φ surjektiv ist, und ein Homomorphismus, da:

$$\psi(a\,b) = \varphi(a\,b)\,\varphi(U) = \varphi(a)\,\varphi(U)\,\varphi(b)\,\varphi(U) = \psi(a)\,\psi(b)$$

für alle $a,\,b \in G$. Der Kern von ψ ist

$$\{a \in G \mid \varphi(a) \in \varphi(U)\} = \{a \in G \mid a \in \varphi^{-1}(\varphi(U)) \overset{(*)}{=} U\} = U.$$

Nach dem Homomorphiesatz 4.11 gilt $H/\varphi(U) \cong G/U$.   □

4.6.3 Der zweite Isomorphiesatz

Sind N ein Normalteiler der Gruppe G und $\varphi : G \to G/N$ der kanonische Epimorphis-mus, so folgt aus Satz 4.14 unter anderem:

Satz 4.15 (2. Isomorphiesatz) *Es seien N und U Normalteiler der Gruppe G mit $N \subseteq U$. Dann gilt*

$$U/N \trianglelefteq G/N \quad \text{und} \quad G/U \cong (G/N)/(U/N).$$

Beispiel 4.9 Es seien N und U Normalteiler der Gruppe G mit $N \subseteq U$. Ist G/U zyklisch und gilt $|U/N| = 2$, so ist G/N abelsch.
Denn: Es ist nämlich $(G/N)/(U/N) \cong G/U$ zyklisch. Wir kürzen $G/N =: H$ und $U/N =: K$ ab. Dann gilt also $H/K = \langle a\,K \rangle$ für ein $a \in H$ und $K = \{e, k\} \trianglelefteq H$. Es folgt $a\,k\,a^{-1} = k$. Also ist $G/N = H = \langle a, k \rangle$ nach Korollar 3.3 abelsch.

Hat demnach etwa eine Gruppe der Ordnung 10 einen Normalteiler U der Ordnung 2, so ist G abelsch (setze $N = \{e\}$).   ∎

4.6.4 Das Lemma von Zassenhaus *

Das Lemma von Zassenhaus ist ein Isomorphiesatz. Wir werden es benutzen, um im Kap. 11 den sogenannten *Verfeinerungssatz von Schreier* zu beweisen.

Satz 4.16 (Lemma von Zassenhaus) *Es seien U, U_0, N, N_0 Untergruppen einer Grup-pe G mit $U_0 \trianglelefteq U$ und $N_0 \trianglelefteq N$. Dann gilt:*

$$U_0\,(U \cap N_0) \trianglelefteq U_0\,(U \cap N), \quad N_0\,(N \cap U_0) \trianglelefteq N_0\,(N \cap U)$$

und

$$U_0\,(U \cap N)/U_0\,(U \cap N_0) \cong N_0\,(N \cap U)/N_0\,(N \cap U_0).$$

Beweis Die Skizze in Abb. 4.2 verdeutlicht die Situation.

Wegen $U_0 \trianglelefteq U$ sind $U_0\,(U \cap N_0)$ und $U_0\,(U \cap N)$ nach Lemma 4.4 Untergruppen von U, sodass $U_0\,(U \cap N_0) \leq U_0\,(U \cap N)$ gilt. Wegen $N_0 \trianglelefteq N$ gilt $U \cap N_0 \trianglelefteq U \cap N$, und infolge $U_0 \trianglelefteq U$ gilt für $u \in U_0$, $v \in U \cap N_0$:

Abb. 4.2 Das Lemma von Zassenhaus nennt man aufgrund der Form dieser Skizze auch *Schmetterlingslemma*

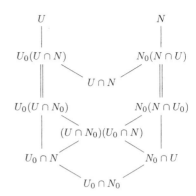

$$(\#) \quad u\,v\,u^{-1} = u \underbrace{v\,u^{-1}\,v^{-1}}_{\in U_0}\, v \in U_0\,(U \cap N_0)\,.$$

Nun seien $x = u\,v \in U_0\,(U \cap N)$ und $g = a\,b \in U_0\,(U \cap N_0)$. Wir zeigen $x\,g\,x^{-1} = (u\,v)\,g\,(u\,v)^{-1} \in U_0\,(U \cap N_0)$ in zwei Schritten.

(i) Es gilt $v\,g\,v^{-1} \in U_0\,(U \cap N_0)$, da

$$v\,g\,v^{-1} = \underbrace{v\,a\,v^{-1}}_{\in U_0}\underbrace{v\,b\,v^{-1}}_{\in U\cap N_0} \in U_0\,(U\cap N_0)\,, \quad \text{da} \quad U_0 \trianglelefteq U \quad \text{und} \quad U\cap N_0 \trianglelefteq U\cap N\,.$$

(ii) Es gilt $x\,g\,x^{-1} = u\,(v\,g\,v^{-1})\,u^{-1} \in U_0\,(U \cap N_0)$: Mit (i) erhalten wir $v\,g\,v^{-1} = c\,d \in U_0\,(U \cap N_0)$. Nun benutzen wir (#):

$$u\,(v\,g\,v^{-1})\,u^{-1} = \underbrace{u\,c\,u^{-1}}_{\in U_0}\underbrace{u\,d\,u^{-1}}_{\in U_0\,(U\cap N_0)} \in U_0\,(U\cap N_0)\,.$$

Damit ist $U_0\,(U \cap N_0) \trianglelefteq U_0(U \cap N)$ begründet.

Wir wenden nun den 1. Isomorphiesatz auf $H := U_0\,(U \cap N_0)$, $K := U \cap N$ an:

$$(\ast) \quad H\,K/H \cong K/H \cap K\,.$$

Nun gilt außerdem:

$$(\ast\ast) \quad H \cap K = U_0\,(U \cap N_0) \cap (U \cap N) = (U_0 \cap N)\,(U \cap N_0)\,.$$

Denn: Die Inklusion $\supseteq$ ist klar, und aus $u_0 \in U_0$, $v \in U \cap N_0$ und $u_0\,v \in U \cap N$ folgt $u_0 \in N$, also $u_0\,v \in (U_0 \cap N)\,(U \cap N_0)$, d. h., auch die Inklusion $\subseteq$ gilt.

Wegen $H K = U_0 (U \cap N)$ folgt mit $(*)$ und $(**)$:

$$(***) \quad U_0 (U \cap N)/U_0 (U \cap N_0) \cong U \cap N/(U_0 \cap N) (U \cap N_0).$$

Die Voraussetzungen des Satzes sind symmetrisch in U, U_0 und N, N_0, ebenso die rechte Seite in $(***)$ (denn infolge $U \cap N_0 \trianglelefteq U \cap N$ gilt $(U_0 \cap N) (U \cap N_0) = (U \cap N_0) (U_0 \cap N)$). Aus diesen Gründen gilt daher auch

$$N_0 (N \cap U)/N_0 (N \cap U_0) \cong U \cap N/(U_0 \cap N) (U \cap N_0).$$

□

Aufgaben

4.1 ••   Man gebe alle Normalteiler der Gruppen S_3 und S_4 an.

4.2 ••   Bestimmen Sie die Normalisatoren aller Untergruppen der S_3.

4.3 •   Begründen Sie: Sind U und N Normalteiler einer Gruppe G, so auch $U N$.

4.4 ••   Zeigen Sie: Für jede Untergruppe U einer Gruppe G ist $\bigcap_{a \in G} a U a^{-1}$ ein Normalteiler von G.

4.5 ••   Es sei U Untergruppe einer Gruppe G. Zeigen Sie: Gibt es zu je zwei Elementen $a, b \in G$ ein $c \in G$ mit $(a U) (b U) = c U$, so ist U ein Normalteiler von G.

4.6 ••   Eine Untergruppe U einer Gruppe G heißt **charakteristisch**, wenn $\varphi(U) \subseteq U$ für jedes $\varphi \in \mathrm{Aut}\, G$ gilt. Begründen Sie:

(a) Jede charakteristische Untergruppe ist ein Normalteiler.

(b) Jede charakteristische Untergruppe eines Normalteilers von G ist ein Normalteiler von G.

(c) Ist ein Normalteiler eines Normalteilers von G stets ein Normalteiler von G?

4.7 •   Begründen Sie: Besitzt eine Gruppe G genau eine Untergruppe der Ordnung k, so ist diese ein Normalteiler von G.

4.8 ••   Bestimmen Sie alle Normalteiler und zugehörigen Faktorgruppen für die Diedergruppe D_4. Was ist das Zentrum von D_4?

4.9 ••   Es sei $Q = \{E, -E, I, -I, J, -J, K, -K\}$ die Quaternionengruppe (siehe Beispiel 2.1). Bestimmen Sie alle Untergruppen und alle Normalteiler von Q.

4.10 ••   Für reelle Zahlen a, b sei $t_{a,b} : \mathbb{R} \to \mathbb{R}$ definiert durch $t_{a,b}(x) = a x + b$. Es sei $G := \{t_{a,b} \,|\, a, b \in \mathbb{R}, a \neq 0\}$. Zeigen Sie:

(a) Die Menge G bildet mit der Komposition von Abbildungen eine Gruppe.

(b) Es ist $N := \{t_{1,b} \,|\, b \in \mathbb{R}\}$ Normalteiler in G.

(c) Es gilt $G/N \cong \mathbb{R} \setminus \{0\}$.

4.11 •• Bestimmen Sie das Zentrum $Z(G)$ für $G = \mathrm{GL}_n(K)$ ($n \in \mathbb{N}$, K ein Körper).

4.12 •• Eine Gruppe G heißt **metazyklisch**, wenn G einen zyklischen Normalteiler N mit zyklischer Faktorgruppe G/N besitzt. Zeigen Sie: Jede Untergruppe einer metazyklischen Gruppe ist metazyklisch.

4.13 •• Wir setzen als bekannt voraus, dass $K = \mathbb{Z}/p\mathbb{Z} = \{0, 1, \ldots, p-1\}$, p prim, ein Körper mit p Elementen ist (vgl. Satz 5.14). Offenbar ist die Menge der invertierbaren oberen (2×2)-Dreiecksmatrizen über K, nämlich

$$G = \left\{ \begin{pmatrix} a & b \\ 0 & c \end{pmatrix} \in K^{2 \times 2} \,\middle|\, a, c \in K \setminus \{0\}, b \in K \right\},$$

eine Gruppe. Wir betrachten die folgenden Untergruppen N und U von G:

$$N = \left\{ \begin{pmatrix} a & b \\ 0 & 1 \end{pmatrix} \,\middle|\, a \in K \setminus \{0\}, b \in K \right\} \quad \text{und} \quad U = \left\{ \begin{pmatrix} a & 0 \\ 0 & c \end{pmatrix} \,\middle|\, a, c \in K \setminus \{0\} \right\}.$$

(a) Zeigen Sie, dass N ein Normalteiler von G ist. Ist U auch ein Normalteiler von G?

(b) Begründen Sie, warum $G/N \cong K^\times$ gilt. Hierbei ist $K^\times = K \setminus \{0\}$ die multiplikative Gruppe des Körpers K.

(c) Bestimmen Sie die Untergruppen UN und $U \cap N$.

(d) Bestimmen Sie die Gruppen UN/N und $U/(U \cap N)$ so explizit wie möglich. Geben Sie den gemäß dem 1. Isomorphiesatz existierenden Isomorphismus an.

4.14 • Begründen Sie: Ist N ein Normalteiler einer endlichen Gruppe G, so gilt $a^{[G:N]} \in N$ für jedes $a \in G$.

4.15 •• Begründen Sie die folgenden Isomorphien mithilfe des Homomorphiesatzes:

(a) $\mathrm{GL}(n, K)/\mathrm{SL}(n, K) \cong (K^\times, \cdot)$ für jeden Körper K.

(b) $(\mathbb{C}/\mathbb{Z}, +) \cong (\mathbb{C}^\times, \cdot)$.

(c) $\mathbb{Z}^m/\mathbb{Z}^n \cong \mathbb{Z}^{m-n}$ für $m \geq n$, hierbei wird $\mathbb{Z}^n$ geeignet als Teilmenge von $\mathbb{Z}^m$ aufgefasst.

(d) $\mathbb{C}^\times/E_n \cong \mathbb{C}^\times$ für $n \in \mathbb{N}$ und $E_n = \{z \mid z^n = 1\}$.

(e) $(\mathbb{R}/\mathbb{Z}, +) \cong (\mathbb{R}/2\pi\mathbb{Z}, +)$.

4.16 ••• Gegeben seien $m, n \in \mathbb{N}$ und die Homomorphismen $\varphi : \mathbb{Z} \to \mathbb{Z}/n\mathbb{Z}$ mit $k \mapsto k + n\mathbb{Z}$ und $\rho : \mathbb{Z} \to \mathbb{Z}/m\mathbb{Z}$ mit $k \mapsto k + m\mathbb{Z}$. Für welche m und n gibt es einen Homomorphismus $\overline{\varphi} : \mathbb{Z}/m\mathbb{Z} \to \mathbb{Z}/n\mathbb{Z}$ mit $\varphi = \overline{\varphi} \circ \rho$, und wie ist er erklärt?

Zyklische Gruppen

5

Übersicht

Zyklische Gruppen sind jene Gruppen, die von einem Element erzeugt werden, genauer: Eine Gruppe G ist **zyklisch**, wenn es ein Element $a \in G$ mit $G = \langle a \rangle$ gibt. Dabei ist $\langle a \rangle = \{a^k \mid k \in \mathbb{Z}\}$. Zyklische Gruppen sind also endlich oder abzählbar unendlich.

Zu jeder natürlichen Zahl n kennen wir auch eine zyklische Gruppe mit n Elementen, nämlich $\mathbb{Z}/n = \mathbb{Z}/n\,\mathbb{Z}$. Und $\mathbb{Z}$ ist die *klassische* unendliche zyklische Gruppe: $\mathbb{Z} = \langle 1 \rangle$.

Wir werden in diesem Abschnitt die zyklischen Gruppen klassifizieren, alle ihre Untergruppen und auch alle ihre Automorphismen bestimmen. Damit erreichen wir eine vollständige Klassifikation der zyklischen Gruppen. Die Resultate werden wir dann auf die Zahlentheorie anwenden.

5.1   Der Untergruppenverband zyklischer Gruppen

Wir bestimmen in diesem Abschnitt alle Untergruppen einer zyklischen Gruppe – egal ob sie endlich viele oder unendlich viele Elemente hat. Die Untergruppen der zyklischen Gruppe $(\mathbb{Z}, +)$ sind bekannt, es sind dies die Gruppen $(n\,\mathbb{Z}, +)$, $n \in \mathbb{N}_0$ (siehe Satz 2.9).

© Der/die Autor(en), exklusiv lizenziert an Springer-Verlag GmbH, DE,
ein Teil von Springer Nature 2024
C. Karpfinger, *Algebra*, https://doi.org/10.1007/978-3-662-68656-0_5

5.1.1   Untergruppen zyklischer Gruppen sind zyklisch

Man kann sogar ein erzeugendes Element einer Untergruppe einer zyklischen Gruppe angeben.

Lemma 5.1 *Es sei $G = \langle a \rangle$ eine zyklische Gruppe. Dann ist auch jede Untergruppe U von G zyklisch. Und zwar gilt $U = \{e\}$ oder $U = \langle a^n \rangle$, wobei n die kleinste natürliche Zahl ist mit $a^n \in U$.*

Beweis Es gelte $U \leq G = \langle a \rangle = \{a^k \mid k \in \mathbb{Z}\}$, $U \neq \{e\}$. Dann ist $V := \{k \in \mathbb{Z} \mid a^k \in U\}$ offensichtlich eine Untergruppe von $(\mathbb{Z}, +)$, und es gilt $V \neq \{0\}$. Die Untergruppe V hat die Form $V = n\,\mathbb{Z}$ mit der kleinsten natürlichen Zahl n aus V, d. h. mit der kleinsten natürlichen Zahl n, für die $a^n \in U$ gilt (vgl. Satz 2.9). Es liegen dann ebenfalls alle Potenzen von a^n in U, und ein beliebiges Element $a^k \in U$ hat wegen $k \in V = n\,\mathbb{Z}$ die Form $a^k = (a^n)^l$ mit einem $l \in \mathbb{Z}$. Also gilt $U = \langle a^n \rangle$.   □

5.1.2   Der Untergruppenverband einer endlichen zyklischen Gruppe

Nach dem Satz von Lagrange ist die Ordnung $|U|$ einer Untergruppe U einer Gruppe G ein Teiler der Gruppenordnung $|G|$ (falls G eine endliche Gruppe ist). Im Allgemeinen gibt es aber nicht zu jedem Teiler d von $|G|$ eine Untergruppe U mit $|U| = d$. Bei zyklischen Gruppen ist das anders:

Lemma 5.2 *Eine zyklische Gruppe $G = \langle a \rangle$ der endlichen Ordnung n besitzt zu jedem Teiler $d \in \mathbb{N}$ von n genau eine Untergruppe der Ordnung d, nämlich $\langle a^{\frac{n}{d}} \rangle$.*

Beweis Es sei d ein Teiler von n. Wir zeigen zuerst, dass die Untergruppe $\langle a^{\frac{n}{d}} \rangle$ von $G = \langle a \rangle$ tatsächlich die Ordnung d hat. Wegen $o(a) = |\langle a \rangle| = n$ ist n der kleinste natürliche Exponent mit $a^n = e$. Betrachten wir die Potenzen $\left(a^{\frac{n}{d}}\right)^l$, $l = 1, 2, \ldots, d$, dann ist $\frac{n}{d}\,l < n$ für $l \neq d$ und somit $a^{\frac{n}{d}\,l} \neq e$. Für $l = d$ jedoch gilt $a^{\frac{n}{d}\,d} = a^n = e$. Also ist d der kleinste natürliche Exponent mit $\left(a^{\frac{n}{d}}\right)^d = e$, d. h. $d = o\left(a^{\frac{n}{d}}\right) = |\langle a^{\frac{n}{d}} \rangle|$.

Bleibt zu zeigen, dass $\langle a^{\frac{n}{d}} \rangle$ die einzige Untergruppe mit d Elementen ist. Es sei U eine Untergruppe von G mit $|U| = d$ gegeben. Nach Lemma 5.1 gilt $U = \langle a^t \rangle$ für ein $t \in \mathbb{N}$; und $(a^t)^d = e$ wegen des kleinen Satzes 3.11 von Fermat, d. h. $n \mid t\,d$ nach Satz 3.5 über die Ordnungen von Gruppenelementen. Es folgt $\frac{n}{d} \mid t$, sodass $a^t \in \langle a^{\frac{n}{d}} \rangle$. Somit gilt $U \subseteq \langle a^{\frac{n}{d}} \rangle$. Wegen $|U| = d = |\langle a^{\frac{n}{d}} \rangle|$ bedeutet dies $U = \langle a^{\frac{n}{d}} \rangle$.   □

Beispiel 5.1 Es sei $G = \langle a \rangle$ eine zyklische Gruppe mit $|G| = 24$. Wir stellen den Verband der Teiler von 24 dem Verband der Untergruppen von G gegenüber, siehe Abb. 5.1.   ∎

Abb. 5.1 Der Verband der
Teiler von 24 und der
Untergruppenverband einer
zyklischen Gruppe der
Ordnung 24

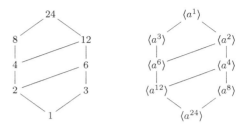

Vorsicht Bei nichtzyklischen, endlichen Gruppen ist der Untergruppenverband im Allgemeinen deutlich komplizierter. So hat etwa die Gruppe S_4 mit 24 Elementen 30 verschiedene Untergruppen.

5.2 Klassifikation der zyklischen Gruppen

Eine zyklische Gruppe G ist entweder zu $\mathbb{Z}$ oder zu $\mathbb{Z}/n$ isomorph, je nachdem wie viele Elemente G hat:

Satz 5.3

(a) Jede unendliche zyklische Gruppe ist zu $\mathbb{Z}$ isomorph.
(b) Jede endliche zyklische Gruppe der Ordnung n ist zu $\mathbb{Z}/n$ isomorph.

Beweis Es sei $G = \langle a \rangle$ zyklisch. Dann ist die Abbildung

$$\varphi : \begin{cases} \mathbb{Z} \to G \\ k \mapsto a^k \end{cases}$$

wegen $\varphi(k + r) = a^{k+r} = a^k \, a^r = \varphi(k) \, \varphi(r)$ für alle k, $r \in \mathbb{Z}$ ein Epimorphismus. Nach Satz 2.9 gilt Kern $\varphi = \{0\}$ oder Kern $\varphi = n\mathbb{Z}$ für ein $n \in \mathbb{N}$. Im ersten Fall ist φ dann auch injektiv nach dem Monomorphiekriterium 2.12, deshalb gilt $G \cong \mathbb{Z}$ in diesem Fall. Im zweiten Fall folgt mit dem Homomorphiesatz 4.11:

$$G \cong \mathbb{Z}/n\mathbb{Z} = \mathbb{Z}/n \, .$$

Und n ist in diesem Fall die Ordnung von a. ☐

Beispiel 5.2 Für jedes $n \in \mathbb{N}$ gilt $E_n \cong \mathbb{Z}/n$ (genauer: $(E_n, \cdot) \cong (\mathbb{Z}/n, +)$) für die multiplikative Gruppe der n-ten Einheitswurzeln E_n. ∎

5.3   Anwendungen in der Zahlentheorie

Wir können die bisher erzielten Ergebnisse anwenden, um wesentliche Resultate der elementaren Zahlentheorie zu erhalten. So werden wir etwa begründen, dass es unendlich viele Primzahlen gibt, aber auch den Fundamentalsatz der Arithmetik können wir nun leicht herleiten.

5.3.1   Der Hauptsatz über den größten gemeinsamen Teiler

Die elementare Zahlentheorie befasst sich im Wesentlichen mit der Zerlegung ganzer Zahlen in Produkte. Sind a, b, $c \in \mathbb{Z}$ und $a = b\,c$, so nennt man b (und auch c) einen **Teiler** von a und schreibt dafür $b \mid a$. Zu Zahlen $0 \neq a_1, \ldots, a_n \in \mathbb{Z}$ interessieren die **gemeinsamen Teiler**, also $k \in \mathbb{Z}$ mit $k \mid a_i$ für $i = 1, \ldots, n$, insbesondere der **größte gemeinsame Teiler** $d := \mathrm{ggT}(a_1, \ldots, a_n)$.

Dazu betrachten wir die von $a_1, \ldots, a_n \in \mathbb{Z} \setminus \{0\}$ erzeugte Untergruppe

$$\langle a_1, \ldots, a_n \rangle = \mathbb{Z}\,a_1 + \cdots + \mathbb{Z}\,a_n = \left\{ \sum_{i=1}^{n} s_i\,a_i \mid s_1, \ldots, s_n \in \mathbb{Z} \right\}.$$

Sie hat nach Satz 2.9 die Form

$$\langle a_1, \ldots, a_n \rangle = d\,\mathbb{Z} = \langle d \rangle$$

mit einem $d \in \mathbb{N}$. Wegen $a_i \in \langle a_1, \ldots, a_n \rangle = d\,\mathbb{Z}$ gibt es ein $s_i \in \mathbb{Z}$, sodass $a_i = d\,s_i$ für jedes $i = 1, \ldots, n$. Somit ist d ein gemeinsamer Teiler der Zahlen $a_1, \ldots, a_n$. Weiter gibt es wegen $d \in d\,\mathbb{Z} = \mathbb{Z}\,a_1 + \cdots + \mathbb{Z}\,a_n$ Zahlen $r_1, \ldots, r_n \in \mathbb{Z}$ mit

$$d = r_1\,a_1 + \cdots + r_n\,a_n\,.$$

Daher teilt jeder gemeinsame Teiler der a_i auch d, folglich ist $d = \mathrm{ggT}(a_1, \ldots, a_n)$. Damit ist begründet:

Satz 5.4 (Hauptsatz über den größten gemeinsamen Teiler) *Für $a_1, \ldots, a_n \in \mathbb{Z} \setminus \{0\}$ und $d = \mathrm{ggT}(a_1, \ldots, a_n)$ gilt:*

(a) $\langle a_1, \ldots, a_n \rangle = d\,\mathbb{Z}$, insbesondere gibt es $r_1, \ldots, r_n \in \mathbb{Z}$ mit $d = r_1\,a_1 + \cdots + r_n\,a_n$.
(b) Aus $k \mid a_i$ für $i = 1, \ldots, n$ folgt $k \mid d$.

Bemerkung Man erhält d und zugehörige $r_1, \ldots, r_n$ mit dem **euklidischen Algorithmus** (vgl. Abschn. 5.3.3).

5.3.2 Teilerfremdheit

Man nennt ganze Zahlen $a_1, \ldots, a_n \neq 0$ **teilerfremd** (oder zueinander **prim**), wenn $\mathrm{ggT}(a_1, \ldots, a_n) = 1$. Zu teilerfremden $a_1, \ldots, a_n$ gibt es nach dem Hauptsatz über den größten gemeinsamen Teiler ganze Zahlen $r_1, \ldots, r_n$ mit

$$1 = r_1 a_1 + \cdots + r_n a_n \,.$$

Umgekehrt folgt aus einer Darstellung der 1 in der Form $1 = r_1 a_1 + \cdots + r_n a_n$ mit $r_1, \ldots, r_n \in \mathbb{Z}$, dass $a_1, \ldots, a_n$ teilerfremd sind, da jeder gemeinsame Teiler von $a_1, \ldots, a_n$ ein Teiler von 1 ist. Somit gilt:

Korollar 5.5 *Die Zahlen* $a_1, \ldots, a_n \in \mathbb{Z} \setminus \{0\}$ *sind genau dann teilerfremd, wenn es* $r_1, \ldots, r_n \in \mathbb{Z}$ *gibt mit* $1 = r_1 a_1 + \cdots + r_n a_n$. $\qquad\square$

Wir halten ein weiteres Korollar für spätere Zwecke fest:

Korollar 5.6 *Es seien* $a, b, c \in \mathbb{Z}$.

(a) Aus $a \mid b c$ *und* $\mathrm{ggT}(a, b) = 1$ *folgt* $a \mid c$.
(b) Aus $a \mid c$, $b \mid c$ *und* $\mathrm{ggT}(a, b) = 1$ *folgt* $a b \mid c$.
(c) Aus $\mathrm{ggT}(a, c) = 1 = \mathrm{ggT}(b, c)$ *folgt* $\mathrm{ggT}(a b, c) = 1$.

$\qquad\square$

Beweis

(a), (b) Es gibt $r, s \in \mathbb{Z}$ mit $r a + s b = 1$, und damit gilt $c = r a c + s b c$. Da a nach der Voraussetzung in (a) jeden Summanden der rechten Seite teilt, folgt $a \mid c$. Nach der Voraussetzung in (b) teilt das Produkt $a b$ jeden Summanden der rechten Seite; es folgt $a b \mid c$.

(c) Es gibt $r, r', s, s' \in \mathbb{Z}$ mit $r a + s c = 1$ und $r' b + s' c = 1$. Multiplikation dieser Gleichungen liefert eine Beziehung der Form $r''(a b) + s'' c = 1$ mit $r'', s'' \in \mathbb{Z}$. Nun beachte Korollar 5.5.

$\qquad\square$

5.3.3 Der euklidische Algorithmus

Bekannt ist die *Division mit Rest*: Zu Zahlen $a, b \in \mathbb{Z}$ mit $b \geq 1$ existieren $q, r \in \mathbb{Z}$ mit

$$a = q b + r \quad \text{mit} \quad 0 \leq r < b \,.$$

Falls $r \neq 0$ gilt, können wir nun b durch r mit Rest teilen usw. Diese *Vorwärtsiteration* liefert den ggT von a und b. Um die Schreibweise zu vereinfachen, setzen wir $a_1 := a$ und $a_2 := b$:

Satz 5.7 (Der euklidische Algorithmus)   *Es seien a_1, $a_2 \in \mathbb{Z}$, $a_2 \geq 1$ und $a_1 \neq 0$. Durch sukzessive Division mit Rest bilde man die Elemente a_3, a_4, ... $\in \mathbb{Z}$ durch*

$$a_i = q_i \, a_{i+1} + a_{i+2} \,, \ q_i \in \mathbb{Z} \,, \ 0 \leq a_{i+2} < a_{i+1} \,.$$

Es existiert dann ein $n \in \mathbb{N}$ mit $a_n \neq 0$ und $a_{n+1} = 0$, und es gilt $a_n = \mathrm{ggT}(a_1, a_2)$.

Beweis   Wegen $a_2 > a_3 > \cdots \geq 0$ gibt es einen Index n mit $a_n \neq 0$ und $a_{n+1} = 0$. Es sei n so gewählt. Wir erhalten die Gleichungen des euklidischen Algorithmus

$$\begin{array}{lll}
 & a_1 = q_1 \, a_2 + a_3 \,, & q_1 \in \mathbb{Z} \,, \ 0 < a_3 < a_2 \\
 & a_2 = q_2 \, a_3 + a_4 \,, & q_2 \in \mathbb{Z} \,, \ 0 < a_4 < a_3 \\
(*) & \quad\vdots \qquad\quad \vdots & \qquad\quad \vdots \qquad \vdots \\
 & a_{n-2} = q_{n-2} \, a_{n-1} + a_n \,, & q_{n-2} \in \mathbb{Z} \,, \ 0 < a_n < a_{n-1} \\
 & a_{n-1} = q_{n-1} \, a_n + a_{n+1} \,, & q_{n-1} \in \mathbb{Z} \,, \ 0 = a_{n+1} \,.
\end{array}$$

Gehen wir nun diese Gleichungen von unten nach oben durch, so erhalten wir:

$$a_n \mid a_{n-1} \ \Rightarrow \ a_n \mid a_{n-2} \ \Rightarrow \ \cdots \ \Rightarrow \ a_n \mid a_2 \,, \ a_n \mid a_1 \,.$$

Demnach ist a_n ein gemeinsamer Teiler von a_1 und a_2. Es sei nun t irgendein gemeinsamer Teiler von a_1 und a_2. Indem wir die Gleichungen $(*)$ von oben nach unten durchgehen, erhalten wir:

$$t \mid a_1, \, a_2 \ \Rightarrow \ t \mid a_3 \ \Rightarrow \ \cdots \ \Rightarrow \ t \mid a_{n-1} \ \Rightarrow \ t \mid a_n \,.$$

Folglich ist t ein Teiler von a_n, d. h. $a_n = \mathrm{ggT}(a_1, a_2)$. $\square$

Wenn wir die Zahl a_n als ggT der Zahlen a_1, a_2 mithilfe des euklidischen Algorithmus, d. h. mit den Gleichungen $(*)$ ermittelt haben, erhalten wir durch *Rückwärtssubstitution* dieser Gleichungen eine Darstellung des ggT in der Form $a_n = r \, a_1 + s \, a_2$ mit $r, s \in \mathbb{Z}$. Von der vorletzten Gleichung ausgehend, erhalten wir nämlich durch sukzessives Einsetzen in die darüberliegenden Gleichungen:

$$a_n = a_{n-2} - q_{n-2} \, a_{n-1} = a_{n-2} - q_{n-2} \, (a_{n-3} - q_{n-3} \, a_{n-2}) = \cdots = r \, a_1 + s \, a_2 \,.$$

Beispiel 5.3 Wir bestimmen Zahlen r und s mit $\mathrm{ggT}(9692, 360) = r \cdot 9692 + s \cdot 360$:

$$9692 = 26 \cdot 360 + 332 \qquad 4 = 28 - 1 \cdot 24$$

$$360 = 1 \cdot 332 + 28 \qquad\qquad = 28 - 1 \cdot (332 - 11 \cdot 28)$$

$$332 = 11 \cdot 28 + 24 \qquad\qquad = 12 \cdot (360 - 1 \cdot 332) - 1 \cdot 332$$

$$28 = 1 \cdot 24 + 4 \qquad\qquad = 12 \cdot 360 - 13 \cdot (9692 - 26 \cdot 360)$$

$$24 = 6 \cdot 4 + 0 \, . \qquad\qquad = 350 \cdot 360 - 13 \cdot 9692 \, .$$

Somit gilt $\mathrm{ggT}(9692, 360) = 4 = (-13) \cdot 9692 + 350 \cdot 360$. ∎

5.3.4 Der Fundamentalsatz der Arithmetik *

Wir beginnen mit berühmten Ergebnissen von Euklid.

Satz 5.8 (Euklid)

(a) *Jede natürliche Zahl $n \neq 1$ besitzt einen **Primteiler** p (das ist eine Primzahl, die n teilt).*

(b) *Es gibt unendlich viele Primzahlen.*

(c) *Teilt eine Primzahl p ein Produkt $a\,b$ ganzer Zahlen a, b, so teilt p wenigstens einen der Faktoren a oder b, d. h., aus $p \mid a\,b$ folgt $p \mid a$ oder $p \mid b$.*

Beweis

(a) Es sei p der kleinste Teiler $\neq 1$ von n. Ist $k > 1$ ein Teiler von p, so teilt k auch n; es folgt $k = p$. Somit ist p eine Primzahl.

(b) Es seien $p_1, \ldots, p_n$ Primzahlen. Für jeden Primteiler p von $m := p_1 \cdots p_n + 1$ gilt $p \neq p_i$ für alle $i = 1, \ldots, n$. Es gibt also eine weitere Primzahl $p \neq p_1, \ldots, p_n$.

(c) Es gelte $p \nmid a$. Es folgt $\mathrm{ggT}(p, a) = 1$, sodass nach dem Hauptsatz 5.4 (a) über den ggT ganze Zahlen r, s existieren mit $1 = r\,p + s\,a$. Aus $b = r\,p\,b + s\,a\,b$ folgt dann $p \mid b$, da p nach Voraussetzung beide Summanden $r\,p\,b$ und $s\,a\,b$ teilt.

□

Nun erhält man leicht den wichtigen Satz:

Satz 5.9 (Fundamentalsatz der Arithmetik) *Jede natürliche Zahl $n \neq 1$ ist Produkt von Primzahlen; und diese Produktdarstellung ist – von der Reihenfolge der Faktoren abgesehen – eindeutig.*

Beweis Wir beweisen die Aussagen mit vollständiger Induktion nach n.

Existenz: Nach dem Satz 5.8 (a) von Euklid hat n einen Primteiler p. Dann ist $n = p$ oder $1 < k := \frac{n}{p} < n$. In diesem Fall gilt nach Induktionsvoraussetzung $k = p_1 \cdots p_r$ mit Primzahlen p_i, sodass $n = p\, p_1 \cdots p_r$.

Eindeutigkeit: Es gelte $n = p_1 \cdots p_r = q_1 \cdots q_s$ mit Primzahlen p_i, q_j. Wegen Satz 5.8 (c) folgt $p_1 \mid q_j$, d. h. $p_1 = q_j$ für ein j, o. E. $j = 1$. Dann gilt $n = p_1 = q_1$ oder

$$1 < k := \frac{n}{p_1} = p_2 \cdots p_r = q_2 \cdots q_s < n.$$

Die Behauptung folgt daher mit der Induktionsvoraussetzung.   □

Jedes $n \neq 1$ aus $\mathbb{N}$ ist demnach auf genau eine Weise in der Form

$$n = p_1^{v_1} \cdots p_r^{v_r}$$

mit Primzahlen $p_1 < \cdots < p_r$ und $v_i \in \mathbb{N}$ schreibbar – diese Darstellung der natürlichen Zahl n nennt man die **kanonische Primfaktorzerlegung** von n.

5.3.5   Die Euler'sche Funktion

Die Euler'sche Funktion spielt nicht nur in der Zahlentheorie eine wichtige Rolle. Sie wird uns in diesem Buch bis zu den letzten Seiten immer wieder begegnen.

Wir leiten zuerst eine Formel her, mit deren Hilfe wir die Ordnungen von Elementen einer zyklischen Untergruppe leicht bestimmen können.

Lemma 5.10 *Es sei G eine Gruppe, und es sei $a \in G$ ein Element der endlichen Ordnung $o(a) = n$. Dann gilt für jedes $k \in \mathbb{Z}$:*

$$o(a^k) = \frac{n}{\mathrm{ggT}(n, k)}.$$

Beweis Für $t = o(a^k)$ gilt $a^{kt} = e$ und deshalb $n \mid t\,k$ (nach Satz 3.5 über die Ordnungen von Gruppenelementen). Wir teilen durch den $\mathrm{ggT}(n, k) =: d$ und erhalten $\frac{n}{d} \mid t\,\frac{k}{d}$ und damit $\frac{n}{d} \mid t$ nach Korollar 5.6 (man beachte hierbei, dass für $\mathrm{ggT}(n, k) = d$ die Zahlen $\frac{n}{d}, \frac{k}{d}$ teilerfremd sind). Insbesondere ist $\frac{n}{d} \leq t$. Da aber $\left(a^k\right)^{\frac{n}{d}} = (a^n)^{\frac{k}{d}} = e$ gilt, haben wir auch $t \leq \frac{n}{d}$, denn $o(a^k)$ ist ja die kleinste aller natürlichen Zahlen m, für die $\left(a^k\right)^m = e$ gilt. Also $t = \frac{n}{d} = \frac{n}{\mathrm{ggT}(n,k)}$.   □

Als unmittelbare Folgerung erhalten wir:

Korollar 5.11 *Es sei $G = \langle a \rangle$ eine zyklische Gruppe der endlichen Ordnung n. Dann gilt für $k \in \mathbb{Z}$:*

$$G = \langle a^k \rangle \ \Leftrightarrow \ \mathrm{ggT}(n, k) = 1 \,.$$

□

Beispiel 5.4 Mit Korollar 5.11 können wir leicht alle erzeugenden Elemente von $\mathbb{Z}/n$, $n \in \mathbb{N}$, angeben; so gilt etwa $\mathbb{Z}/12 = \langle \overline{1} \rangle = \langle \overline{5} \rangle = \langle \overline{7} \rangle = \langle \overline{11} \rangle$. ■

Man bezeichnet die Anzahl aller $k \leq n$ aus $\mathbb{N}$, die zu $n \in \mathbb{N}$ teilerfremd sind, mit $\varphi(n)$:

$$\varphi(n) = |\{k \in \mathbb{N} \mid 1 \leq k \leq n \quad \text{und} \quad \mathrm{ggT}(k, n) = 1\}| \,.$$

Man nennt die Funktion

$$\varphi : \begin{cases} \mathbb{N} \to & \mathbb{N} \\ n \mapsto & \varphi(n) \end{cases}$$

die **Euler'sche φ-Funktion**. Wir geben einige Werte an.

Beispiel 5.5

$$\varphi(1) = 1, \ \varphi(2) = 1, \ \varphi(3) = 2, \ \varphi(4) = 2, \ \varphi(5) = 4, \ \varphi(6) = 2, \ \varphi(7) = 6 \,,$$

ferner $\varphi(p) = p - 1$ für jede Primzahl p (alle Zahlen $1 \leq k \leq p - 1$ sind zu p teilerfremd), und für jede Primzahlpotenz p^k, $k \in \mathbb{N}$, gilt

$$\varphi(p^k) = p^k - p^{k-1} = p^k \left(1 - \frac{1}{p}\right) \,,$$

denn in der Folge der Zahlen $1, 2, \ldots, p^k$ haben nur alle Vielfachen von p einen gemeinsamen Teiler mit p^k, und das sind die Zahlen $p, 2\,p, 3\,p, \ldots, p^{k-1}\,p$. Alle anderen natürlichen Zahlen zwischen 1 und p^k sind zu p teilerfremd. ■

In Kap. 6 kommen wir auf die Euler'sche φ-Funktion zurück. Wir benötigen sie hier lediglich zur Formulierung einer wichtigen Folgerung aus Korollar 5.11:

Korollar 5.12 *Eine zyklische Gruppe G der Ordnung n besitzt genau $\varphi(n)$ erzeugende Elemente.*

□

Beispiel 5.6 Vgl. obiges Beispiel 5.4: Die zyklische Gruppe $\mathbb{Z}/12$ hat $\varphi(12) = 4$ erzeugende Elemente; und für jede Primzahl p hat die zyklische Gruppe $\mathbb{Z}/p$ genau $\varphi(p) = p - 1$ erzeugende Elemente.   ■

5.3.6 Prime Restklassengruppen

In $\mathbb{Z}/n = \{a + n\,\mathbb{Z} \mid a \in \mathbb{Z}\} = \{\overline{0}, \overline{1}, \ldots, \overline{n-1}\}$, $n \in \mathbb{N}$, wird durch

$$(a + n\,\mathbb{Z}) \cdot (b + n\,\mathbb{Z}) := a\,b + n\,\mathbb{Z}, \quad \text{d. h.} \quad \overline{a} \cdot \overline{b} := \overline{a\,b},$$

mit der vereinbarten Abkürzung $\overline{a} := a + n\,\mathbb{Z}$, eine Multiplikation $\cdot$ eingeführt. Weil die Multiplikation für Repräsentanten von Nebenklassen erklärt ist, ist natürlich die *Wohldefiniertheit* der Multiplikation nachzuweisen: Es gelte $\overline{a} = \overline{a'}$, $\overline{b} = \overline{b'}$, d. h. $a' = a + n\,r$, $b' = b + n\,s$ mit $r, s \in \mathbb{Z}$. Dann folgt $a'\,b' = a\,b + n\,(a\,s + b\,r + n\,r\,s)$ und damit $\overline{a'\,b'} = \overline{a\,b}$.

Offenbar ist $(\mathbb{Z}/n, \cdot)$ eine Halbgruppe mit neutralem Element $\overline{1}$. Ihre Einheitengruppe $\mathbb{Z}/n^{\times}$ wird **prime Restklassengruppe modulo** n genannt.

Lemma 5.13 *Für alle natürlichen Zahlen n gilt*

$$\mathbb{Z}/n^{\times} = \{\overline{k} \mid \mathrm{ggT}(n, k) = 1\} \quad \text{und} \quad |\mathbb{Z}/n^{\times}| = \varphi(n).$$

Beweis Zur Einheit $\overline{k} \in \mathbb{Z}/n^{\times}$ existiert ein $\overline{r} \in \mathbb{Z}/n$ mit $\overline{1} = \overline{k}\,\overline{r} = \overline{k\,r}$, d. h. $1 - k\,r \in n\,\mathbb{Z}$. Mit Korollar 5.5 folgt $\mathrm{ggT}(k, n) = 1$, sodass $\mathbb{Z}/n^{\times} \subseteq \{\overline{k} \mid \mathrm{ggT}(n, k) = 1\}$.

Sind andererseits k und n teilerfremde ganze Zahlen, so gibt es nach Korollar 5.5 geeignete $r, s \in \mathbb{Z}$ mit $1 = r\,k + s\,n$. Es folgt $\overline{1} = \overline{r\,k + s\,n} = \overline{r}\,\overline{k} + \overline{s}\,\overline{n} = \overline{r}\,\overline{k}$. Folglich ist $\overline{k} \in \mathbb{Z}/n$ invertierbar, d. h. $\overline{k} \in \mathbb{Z}/n^{\times}$. Die Behauptung $|\mathbb{Z}/n^{\times}| = \varphi(n)$ folgt nun mit der Definition der φ-Funktion.   □

Beispiel 5.7 Wir führen einige Beispiele von primen Restklassengruppen an:

$$\mathbb{Z}/1^{\times} = \{\overline{1}\}, \ \mathbb{Z}/2^{\times} = \{\overline{1}\}, \ \mathbb{Z}/3^{\times} = \{\overline{1}, \overline{2}\}, \ \mathbb{Z}/4^{\times} = \{\overline{1}, \overline{3}\}, \ \mathbb{Z}/5^{\times} = \{\overline{1}, \overline{2}, \overline{3}, \overline{4}\},$$

$$\mathbb{Z}/6^{\times} = \{\overline{1}, \overline{5}\}, \ \mathbb{Z}/7^{\times} = \{\overline{1}, \overline{2}, \overline{3}, \overline{4}, \overline{5}, \overline{6}\}, \ \mathbb{Z}/8^{\times} = \{\overline{1}, \overline{3}, \overline{5}, \overline{7}\}.$$

In $\mathbb{Z}/8^{\times}$ gilt etwa $\overline{3} \cdot \overline{5} = \overline{7}$.   ■

Die Multiplikation in der Menge $\mathbb{Z}/n$ der Restklassen modulo n und die bekannte Addition von Restklassen $\overline{a} + \overline{b} = \overline{a + b}$ sind *verträglich*, es gilt das Distributivgesetz:

$$\overline{a} \cdot (\overline{b} + \overline{c}) = \overline{a\,(b + c)} = \overline{a\,b + a\,c} = \overline{a}\,\overline{b} + \overline{a}\,\overline{c}$$

für alle a, b, $c \in \mathbb{Z}$. Mit einem Vorgriff auf die Begriffe *Ring* und *Körper*, die wir aber hier als aus der linearen Algebra bekannt voraussetzen, halten wir fest:

Satz 5.14 *Es ist* $\mathbb{Z}/n = (\mathbb{Z}/n, +, \cdot)$ *für jedes* $n \in \mathbb{N}$ *ein kommutativer Ring (der* **Restklassenring modulo n***); und* $\mathbb{Z}/n$ *ist genau dann ein Körper, wenn n eine Primzahl ist.*

Beweis Der Ring $\mathbb{Z}/n$ ist genau dann ein Körper, wenn $\mathbb{Z}/n^{\times} = \mathbb{Z}/n \setminus \{\overline{0}\}$. Dies ist genau dann der Fall, wenn alle Zahlen 1, 2, ..., $n - 1$ zu n teilerfremd sind, also wenn n eine Primzahl ist.   □

5.4   Die Automorphismengruppen zyklischer Gruppen *

Wir bestimmen nun die Automorphismengruppen der zyklischen Gruppen.

5.4.1   Automorphismengruppen endlicher zyklischer Gruppen

Es sei $G = \langle a \rangle$ eine zyklische Gruppe der Ordnung $n \in \mathbb{N}$. Aufgrund der Potenzregeln ist

$$\varphi_k : \begin{cases} G \to G \\ x \mapsto x^k \end{cases}$$

für jedes $k \in \mathbb{Z}$ ein Endomorphismus von G. Wir zeigen zunächst:

$$\text{End}\, G = \{\varphi_0, \varphi_1, \ldots, \varphi_{n-1}\},$$

wobei End G die Menge aller Endomorphismen von G bezeichnet. Mit $x^n = e$ für alle $x \in G$ (vgl. den kleinen Satz 3.11 von Fermat) und $k = q\,n + r$, $q \in \mathbb{Z}$, $0 \leq r < n$ ergibt sich zunächst $\varphi_k = \varphi_r$; d. h.

$$\{\varphi_k \mid k \in \mathbb{Z}\} = \{\varphi_0, \varphi_1, \ldots, \varphi_{n-1}\} \subseteq \text{End}\, G\,.$$

Ist nun φ ein (beliebiger) Endomorphismus, so ist φ wegen $\varphi(a^m) = \varphi(a)^m$ bereits durch das Bild von a vollständig bestimmt (vgl. Korollar 3.4). Es sei $\varphi(a) = a^k \in \langle a \rangle$, dann gilt $\varphi(a^m) = \varphi(a)^m = a^{km} = (a^m)^k$, d. h. $\varphi = \varphi_k$.

Wir beachten nun, dass eine Abbildung einer endlichen Menge in sich genau dann bijektiv ist, wenn sie surjektiv ist. Deshalb ist $\varphi_k \in$ End G genau dann in Aut G, wenn $G = \varphi_k(G) = \{(a^r)^k \mid r \in \mathbb{Z}\} = \langle a^k \rangle$ gilt, d. h. wenn $\text{ggT}(k, n) = 1$ – beachte Korollar 5.11. Somit ist gezeigt:

$$\text{Aut}\, G = \{\varphi_k \mid \text{ggT}(k, n) = 1\}\,.$$

Wir prüfen nun nach, dass die Abbildung

$$\Phi : \begin{cases} \mathbb{Z}/n^\times \to \operatorname{Aut} G \\ \overline{k} \quad\; \mapsto \quad \varphi_k \end{cases}$$

ein Isomorphismus ist. Dazu seien k und l ganze Zahlen. Wegen

$$\overline{k} = \overline{l} \;\Leftrightarrow\; k = l + r\,n \quad \text{für ein } r \in \mathbb{Z} \;\Leftrightarrow\; \varphi_k = \varphi_{l+r\,n} = \varphi_l$$

ist Φ wohldefiniert und injektiv. Wegen obiger Darstellung von $\operatorname{Aut} G$ ist Φ auch surjektiv. Und schließlich ist Φ ein Homomorphismus, da

$$\Phi(\overline{k}\,\overline{l}) = \varphi_{k\,l} = \varphi_k\,\varphi_l = \Phi(\overline{k})\,\Phi(\overline{l})\,.$$

Insbesondere ist damit gezeigt:

Satz 5.15 *Die Automorphismengruppe* $\operatorname{Aut} G$ *einer endlichen zyklischen Gruppe* G *der Ordnung* $n \in \mathbb{N}$ *ist isomorph zur primen Restklassengruppe* $\mathbb{Z}/n^\times$, *d. h.* $\operatorname{Aut} G \cong \mathbb{Z}/n^\times$; *sie ist insbesondere abelsch und hat die Ordnung* $\varphi(n)$.

Bemerkung Mit anderen Worten besagt Satz 5.15: Ist die Gruppe G zu $\mathbb{Z}/n$ isomorph, so ist $\operatorname{Aut} G$ zu $\mathbb{Z}/n^\times$ isomorph. Es gibt für $n > 1$ stets weniger Automorphismen als Gruppenelemente. Bei nichtzyklischen Gruppen ist das im Allgemeinen ganz anders. So hat etwa die Klein'sche Vierergruppe eine zu S_3 isomorphe Automorphismengruppe (vgl. Aufgabe 2.4).

5.4.2 Automorphismengruppen unendlicher zyklischer Gruppen

Da 1 und -1 die einzigen erzeugenden Elemente von $\mathbb{Z} = (\mathbb{Z}, +)$ sind, sind $\operatorname{Id}_\mathbb{Z}$ und $\nu : z \mapsto -z$ die einzigen Automorphismen von $\mathbb{Z}$. Weil jede andere unendliche zyklische Gruppe $G = \langle a \rangle$ zu $(\mathbb{Z}, +)$ isomorph ist, erhalten wir damit:

$$\operatorname{Aut} G \cong \mathbb{Z}/2\,.$$

Aufgaben

5.1 ●●   Geben Sie einen weiteren Beweis von Lemma 5.1 an.

5.2 ●   Man bestimme den Untergruppenverband der additiven Gruppe $\mathbb{Z}/360$.

5.3 ●●   Die Gruppe $\mathbb{Z}/54^\times$ ist zyklisch. Geben Sie ein erzeugendes Element a an und ordnen Sie jedem $x \in \mathbb{Z}/54^\times$ ein $k \in \mathbb{N}$ mit $0 \le k < o(a)$ zu, für das $a^k = x$ gilt (der *Logarithmus zur Basis a*). Welche Elemente von $\mathbb{Z}/54^\times$ sind Quadrate?

5.4 •• Welche der folgenden Restklassen sind invertierbar? Geben Sie eventuell das Inverse an.

(a) $222 + 1001\,\mathbb{Z}$,   (b) $287 + 1001\,\mathbb{Z}$,   (c) $1000 + 1001\,\mathbb{Z}$.

5.5 • Berechnen Sie den größten gemeinsamen Teiler d von 33.511, 65.659 und 2.072.323 sowie ganze Zahlen r, s, t mit $33.511\,r + 65.659\,s + 2.072.323\,t = d$.

5.6 •• Es sei G eine Gruppe mit dem Zentrum $Z(G)$. Zeigen Sie: Ist $G/Z(G)$ zyklisch, so ist G abelsch.

5.7 ••• Begründen Sie:

(a) Jede endlich erzeugte Untergruppe von $(\mathbb{Q}, +)$ ist zyklisch.
(b) Für jedes Erzeugendensystem X von $\mathbb{Q}$ und jede endliche Teilmenge E von X ist auch $X \setminus E$ ein Erzeugendensystem. Insbesondere besitzt $\mathbb{Q}$ kein minimales Erzeugendensystem.

5.8 ••• Man zeige:

(a) Für jede natürliche Zahl n gilt $n = \sum \varphi(d)$, wobei über alle Teiler $d \in \mathbb{N}$ von n summiert wird. *Hinweis:* Man betrachte für jede zyklische Untergruppe U von $\mathbb{Z}/n$ die Menge $C(U)$ aller erzeugenden Elemente von U.
(b) Eine endliche Gruppe G der Ordnung n ist genau dann zyklisch, wenn es zu jedem Teiler d von n höchstens eine zyklische Untergruppe der Ordnung d von G gibt.

5.9 •• Beweisen Sie den **Satz von Wilson**: Für jede Primzahl p gilt:

$$(p - 1)! \equiv -1 \,(\operatorname{mod} p)\,.$$

Direkte und semidirekte Produkte

6

Übersicht

In Kap. 5 wurden sämtliche zyklische Gruppen bestimmt. Um nun weitere Klassen von Gruppen klassifizieren können, versuchen wir, die im Allgemeinen sehr komplexen Gruppen in *Produkte* von *kleineren* oder *einfacheren* Gruppen zu *zerlegen*. In einem weiteren Schritt können wir dann versuchen, die möglicherweise einfacheren *Faktoren* der Gruppe zu klassifizieren. Wir werden auf diese Weise etwa jede endliche abelsche Gruppe als ein Produkt von zyklischen Gruppen schreiben können.

Wir unterscheiden zwei Arten direkter Produkte: äußere und innere direkte Produkte.

6.1 Äußere direkte Produkte

Äußere direkte Produkte haben wir bereits mit Halbgruppen gebildet. Nach Lemma 1.7 ist das kartesische Produkt $G = G_1 \times \cdots \times G_n$ von Gruppen $G_1, \ldots, G_n$ mit der Verknüpfung

$$(a_1, \ldots, a_n) \cdot (b_1, \ldots, b_n) = (a_1 b_1, \ldots, a_n b_n)$$

für $(a_1, \ldots, a_n)$, $(b_1, \ldots, b_n) \in G$ eine Halbgruppe. Wir haben dabei die (im Allgemeinen verschiedenen) Verknüpfungen der Gruppen $G_1, \ldots, G_n$ alle mit dem gleichen Symbol bezeichnet – nämlich mit keinem: $a_i, b_i \in G_i \Rightarrow a_i b_i \in G_i$.

© Der/die Autor(en), exklusiv lizenziert an Springer-Verlag GmbH, DE, ein Teil von Springer Nature 2024
C. Karpfinger, *Algebra*, https://doi.org/10.1007/978-3-662-68656-0_6

Bezeichnet e_i für jedes $i = 1, \ldots, n$ das neutrale Element von G_i, so ist $(e_1, \ldots, e_n) \in G$ *neutrales* Element von G:

$$(e_1, \ldots, e_n) \cdot (a_1, \ldots, a_n) = (a_1, \ldots, a_n).$$

Und für jedes $(a_1, \ldots, a_n) \in G$ ist $(a_1^{-1}, \ldots, a_n^{-1}) \in G$ zu $(a_1, \ldots, a_n) \in G$ *invers*:

$$(a_1^{-1}, \ldots, a_n^{-1}) \cdot (a_1, \ldots, a_n) = (e_1, \ldots, e_n).$$

Also gilt (beachte Lemma 2.3 zu den schwachen Gruppenaxiomen):

Lemma 6.1 *Das (äußere) direkte Produkt von Gruppen ist eine Gruppe.*

Beispiel 6.1 Wir geben die Verknüpfungstafel von $\mathbb{Z}/2 \times \mathbb{Z}/2 = \{(\bar{0}, \bar{0}), (\bar{0}, \bar{1}), (\bar{1}, \bar{0}), (\bar{1}, \bar{1})\}$ an:

$+$	$(\bar{0}, \bar{0})$	$(\bar{0}, \bar{1})$	$(\bar{1}, \bar{0})$	$(\bar{1}, \bar{1})$
$(\bar{0}, \bar{0})$	$(\bar{0}, \bar{0})$	$(\bar{0}, \bar{1})$	$(\bar{1}, \bar{0})$	$(\bar{1}, \bar{1})$
$(\bar{0}, \bar{1})$	$(\bar{0}, \bar{1})$	$(\bar{0}, \bar{0})$	$(\bar{1}, \bar{1})$	$(\bar{1}, \bar{0})$
$(\bar{1}, \bar{0})$	$(\bar{1}, \bar{0})$	$(\bar{1}, \bar{1})$	$(\bar{0}, \bar{0})$	$(\bar{0}, \bar{1})$
$(\bar{1}, \bar{1})$	$(\bar{1}, \bar{1})$	$(\bar{1}, \bar{0})$	$(\bar{0}, \bar{1})$	$(\bar{0}, \bar{0})$

Ein Blick auf die Verknüpfungstafel der Klein'schen Vierergruppe V in Beispiel 2.1 zeigt $V \cong \mathbb{Z}/2 \times \mathbb{Z}/2$. ∎

6.2   Innere direkte Produkte

Das äußere Produkt von Gruppen ist eigentlich nichts weiter als eine Methode, mit gegebenen Gruppen weitere *größere* Gruppen zu konstruieren. Das *innere direkte Produkt* ist anders: Hierbei wird innerhalb einer Gruppe nach Untergruppen gesucht, so dass die Gruppe G ein *Produkt* dieser Gruppen ist – das ist in gewisser Weise eine *Faktorisierung*. Aber Untergruppen alleine reichen dazu nicht aus, es müssen Normalteiler sein.

6.2.1   Definition und Beispiele

Eine Gruppe G heißt das **(innere) direkte Produkt** der Normalteiler $N_1, \ldots, N_n \trianglelefteq G$, wenn die folgenden beiden Bedingungen erfüllt sind:

- $G = N_1 \cdots N_n = \{a_1 \cdots a_n \mid a_1 \in N_1, \ldots, a_n \in N_n\}$.
- $N_k \cap (N_1 \cdots N_{k-1} N_{k+1} \cdots N_n) = \{e\}$ für jedes $k = 1, \ldots, n$.

Man schreibt für das innere direkte Produkt $G = N_1 \otimes \cdots \otimes N_n$.

Die Bedingungen für eine Gruppe G, inneres direktes Produkt zu sein, sind sehr einfach, wenn wir nur zwei Normalteiler U, N betrachten:

$$G = U \otimes N \iff G = U N \quad \text{und} \quad U \cap N = \{e\}.$$

Beispiel 6.2

- Für die Klein'sche Vierergruppe $V = \{e, a, b, c\}$ gilt

$$V = \langle a \rangle \otimes \langle b \rangle = \langle a \rangle \otimes \langle c \rangle = \langle b \rangle \otimes \langle c \rangle.$$

- Es gilt:

$$\mathbb{Z}/8^\times = \langle \overline{3} \rangle \otimes \langle \overline{5} \rangle \quad \text{und} \quad \mathbb{Z}/6 = \langle \overline{2} \rangle \otimes \langle \overline{3} \rangle.$$

- In der Diedergruppe D_6 sind $U := \langle \beta^3 \rangle = \{\mathrm{Id}, \beta^3\}$ und $N := \langle \beta^2, \alpha \beta^5 \rangle = \{\mathrm{Id}, \beta^2, \alpha \beta^5, \alpha \beta, \beta^4, \alpha \beta^3\}$ Normalteiler, und es gilt $D_6 = U \otimes N$. ∎

6.2.2 Eine Kennzeichnung innerer direkter Produkte

Wir geben eine gleichwertige Bedingung dafür an, dass eine Gruppe G inneres direktes Produkt von Normalteilern ist:

Satz 6.2 (Kennzeichnung innerer direkter Produkte) *Für Untergruppen $N_1, \ldots, N_n$ einer Gruppe G sind gleichwertig:*

(1) $N_1, \ldots, N_n \trianglelefteq G$ und $G = N_1 \otimes \cdots \otimes N_n$.
(2) Es sind die folgenden beiden Bedingungen erfüllt:
   (i) $i \neq j$, $x \in N_i$, $y \in N_j \Rightarrow x y = y x$.
   (ii) Jedes $x \in G$ ist auf genau eine Weise in der folgenden Form darstellbar:

$$x = a_1 \cdots a_n \quad \text{mit} \quad a_i \in N_i.$$

Beweis

(1) $\Rightarrow$ (2): Aus $i \neq j$, $x \in N_i$, $y \in N_j$ folgt, weil N_i und N_j Normalteiler von G sind,

$$N_j \ni (x \, y \, x^{-1}) \, y^{-1} = x \, (y \, x^{-1} \, y^{-1}) \in N_i \, .$$

Wegen $N_i \cap N_j \subseteq N_i \cap N_1 \cdots N_{i-1} \, N_{i+1} \cdots N_n = \{e\}$ ergibt das

$$x \, y \, x^{-1} \, y^{-1} = e \quad \text{bzw.} \quad x \, y = y \, x \, .$$

Wegen $G = N_1 \cdots N_n$ hat jedes $x \in G$ eine Darstellung der Form $x = a_1 \cdots a_n$ mit $a_i \in N_i$ für $i = 1, \ldots, n$. Und aus $a_1 \cdots a_n = b_1 \cdots b_n$ mit $a_i, \, b_i \in N_i$ für $i = 1, \ldots, n$ folgt mit (i) für jedes $k = 1, \ldots, n$:

$$b_k^{-1} \, a_k = \prod_{\substack{i=1 \\ i \neq k}}^{n} a_i^{-1} \, b_i \in N_1 \cdots N_{k-1} \, N_{k+1} \cdots N_n \cap N_k = \{e\} \, ,$$

folglich $a_k = b_k$ für alle $k = 1, \ldots, n$.

(2) $\Rightarrow$ (1): Es seien $y \in N_k$ und $x \in G$ beliebig, $x = a_1 \cdots a_n$ mit $a_i \in N_i$ für $i = 1, \ldots, n$. Dann gilt wegen (i):

$$x \, y \, x^{-1} = (a_1 \cdots a_n) \, y \, (a_n^{-1} \cdots a_1^{-1}) = a_k \, y \, a_k^{-1} \in N_k \, .$$

Das zeigt $N_k \trianglelefteq G$. Aus (ii) folgt $G = N_1 \cdots N_n$. Es bleibt nachzuweisen, dass für jedes $k = 1, \ldots, n$ gilt $N_k \cap (N_1 \cdots N_{k-1} \, N_{k+1} \cdots N_n) = \{e\}$. Aus $x \in N_k \cap \prod_{\substack{i=1 \\ i \neq k}}^{n} N_i$ folgt:

$$x = e \cdots e \, x \, e \cdots e = a_1 \cdots a_{k-1} \, e \, a_{k+1} \cdots a_n$$

mit gewissen $a_i \in N_i$. Aufgrund der in (ii) geforderten Eindeutigkeit gilt $x = e$. $\qquad\square$

6.2.3 Zusammenhang zwischen inneren und äußeren direkten Produkten

Innere und äußere Produkte sind sich sehr ähnlich, sie sind als Gruppen isomorph:

Lemma 6.3 *Ist G das innere direkte Produkt der Normalteiler $N_1, \ldots, N_n$, so ist G zum äußeren direkten Produkt der Gruppen $N_1, \ldots, N_n$ isomorph:*

$$N_1 \otimes \cdots \otimes N_n \cong N_1 \times \cdots \times N_n \,.$$

Beweis Wegen (ii) in Satz 6.2 ist die Abbildung

$$\begin{cases} N_1 \times \cdots \times N_n \to & G \\ (a_1, \ldots, a_n) \mapsto a_1 \cdots a_n \end{cases}$$

bijektiv. Und mit (i) in Satz 6.2 folgt für $a_i, b_i \in N_i$:

$$\varphi((a_1, \ldots, a_n)(b_1, \ldots, b_n)) = \varphi((a_1 b_1, \ldots, a_n b_n)) = a_1 b_1 \cdots a_n b_n$$
$$= a_1 \cdots a_n b_1 \cdots b_n = \varphi((a_1, \ldots, a_n)) \, \varphi((b_1, \ldots, b_n)) \,.$$

$\square$

Bemerkung Aufgrund dieser Isomorphie schreibt man auch für innere Produkte oft $\times$ anstelle von $\otimes$.

Äußere direkte Produkt liefern auch stets innere direkte Produkte:

Lemma 6.4 *Jedes äußere direkte Produkt $G = H_1 \times \cdots \times H_n$ der Gruppen $H_1, \ldots, H_n$ ist das innere direkte Produkt der Normalteiler*

$$N_i := \{(e_{H_1}, \ldots, e_{H_{i-1}}, x, e_{H_{i+1}}, \ldots, e_{H_n}) \,|\, x \in H_i\} \cong H_i \quad \text{für} \quad i = 1, \ldots, n \,,$$

d. h. $G = N_1 \otimes \cdots \otimes N_n$.

Das folgt unmittelbar aus den Definitionen.

Beispiel 6.3 Wir bilden das äußere direkte Produkt der Gruppen S_3, $\mathbb{Z}/6$ und $\mathbb{Z}/4^\times$:

$$G = S_3 \times \mathbb{Z}/6 \times \mathbb{Z}/4^\times = \{(\sigma, a, x) \,|\, \sigma \in S_3, a \in \mathbb{Z}/6, x \in \mathbb{Z}/4^\times\} \,.$$

Es sind dann N_1, N_2 und N_3 Normalteiler von G, wobei $N_1 = \{(\sigma, \overline{0}, \overline{1}) \,|\, \sigma \in S_3\} \cong S_3$, $N_2 = \{(\mathrm{Id}, a, \overline{1}) \,|\, a \in \mathbb{Z}/6\} \cong \mathbb{Z}/6$, $N_3 = \{(\mathrm{Id}, \overline{0}, x) \,|\, x \in \mathbb{Z}/4^\times\} \cong \mathbb{Z}/4^\times$; und es gilt $G = N_1 \otimes N_2 \otimes N_3$. ∎

Zum Abschluss dieses Abschnittes wollen wir uns noch klarmachen, dass man *Faktoren* von direkten Produkten durchaus mit dazu isomorphen Gruppen austauschen darf. Das Gleichheitszeichen muss dabei aber durch ein Isomorphiezeichen ersetzt werden:

Lemma 6.5 *Sind* $G_1, \ldots, G_n$ *und* $H_1, \ldots, H_n$ *Gruppen und* $\varphi_i : G_i \rightarrow H_i$ *für* $i = 1, \ldots, n$ *Gruppenisomorphismen, so ist*

$$\varphi : (x_1, \ldots, x_n) \mapsto (\varphi_1(x_1), \ldots, \varphi_n(x_n))$$

ein Isomorphismus von $G_1 \times \cdots \times G_n$ *auf* $H_1 \times \cdots \times H_n$.

Das ist unmittelbar klar. Es folgen Beispiele.

Beispiel 6.4

- Für die Klein'sche Vierergruppe $V = \{e, a, b, c\}$ gilt

$$V = \langle a \rangle \otimes \langle b \rangle \cong \mathbb{Z}/2 \times \mathbb{Z}/2 \,.$$

- Es gilt

$$S_3 \times \mathbb{Z}/6 \times \mathbb{Z}/4^\times \cong D_3 \times \mathbb{Z}/2 \times \mathbb{Z}/3 \times \mathbb{Z}/2 \,.$$

Wir benutzten dabei $S_3 \cong D_3$, $\mathbb{Z}/6 \cong \mathbb{Z}/2 \times \mathbb{Z}/3$ und $\mathbb{Z}/4^\times \cong \mathbb{Z}/2$. ■

6.3   Anwendung in der Zahlentheorie

Wir wenden die erzielten Ergebnisse in der elementaren Zahlentheorie an. Wir erhalten den chinesischen Restsatz und eine Formel, die es gestattet, die Euler'sche φ-Funktion für beliebige natürliche Zahlen auszuwerten.

6.3.1   Der chinesische Restsatz

Wir stellen die Gruppe $\mathbb{Z}/m$, $m \in \mathbb{N}$, als äußeres direktes Produkt mit ebensolchen Faktoren dar.

Lemma 6.6 *Für paarweise teilerfremde $r_1, \ldots, r_n \in \mathbb{N}$ ist*

$$\psi : \begin{cases} \mathbb{Z}/r_1 \cdots r_n & \to & \mathbb{Z}/r_1 \times \cdots \times \mathbb{Z}/r_n \\ k + r_1 \cdots r_n \mathbb{Z} & \mapsto & (k + r_1 \mathbb{Z}, \ldots, k + r_n \mathbb{Z}) \end{cases}$$

ein Ringisomorphismus (d. h. bijektiv und ein additiver und multiplikativer Homomorphismus).

Beweis Es ist ψ wohldefiniert und injektiv: Für $r := r_1 \cdots r_n$ gilt (vgl. Korollar 5.6):

$$k + r\mathbb{Z} = l + r\mathbb{Z} \Leftrightarrow r \mid l - k \Leftrightarrow r_i \mid l - k \quad \text{für alle } i = 1, \ldots, n$$

$$\Leftrightarrow k + r_i \mathbb{Z} = l + r_i \mathbb{Z} \quad \text{für alle } i = 1, \ldots, n$$

$$\Leftrightarrow \psi(k + r\mathbb{Z}) = \psi(l + r\mathbb{Z}).$$

Wegen

$$|\mathbb{Z}/r| = r = \prod_{i=1}^{n} r_i = \prod_{i=1}^{n} |\mathbb{Z}/r_i| = |\mathbb{Z}/r_1 \times \cdots \times \mathbb{Z}/r_n|$$

ist ψ auch surjektiv und folglich bijektiv. Nach Definition der Verknüpfungen ist ψ additiv und multiplikativ und somit ein Ringisomorphismus. $\square$

Eine unmittelbare Folgerung ist:

Korollar 6.7 *Für alle teilerfremden natürlichen Zahlen m, n gilt*

$$\mathbb{Z}/mn \cong \mathbb{Z}/m \times \mathbb{Z}/n.$$

$\square$

Die Surjektivität der Abbildung ψ in Lemma 6.6 besagt, dass es zu beliebigen $a_1, \ldots, a_n \in \mathbb{Z}$ (wenigstens) ein $k \in \mathbb{Z}$ gibt mit

$$\psi(k + r_1 \cdots r_n \mathbb{Z}) = (k + r_1 \mathbb{Z}, \ldots, k + r_n \mathbb{Z}) = (a_1 + r_1 \mathbb{Z}, \ldots, a_n + r_n \mathbb{Z}).$$

In der Kongruenznotation $\equiv$ aus Abschn. 4.3.4 bedeutet das:

$$(*) \quad k \equiv a_1 \pmod{r_1}, \ldots, k \equiv a_n \pmod{r_n}.$$

Die Injektivität der Abbildung ψ besagt, dass dieses k modulo $r_1 \cdots r_n$ eindeutig bestimmt ist, d. h., erfüllt neben k auch k' die n Kongruenzgleichungen in ($*$), so gilt $k' \in k + r_1 \cdots r_n \, \mathbb{Z}$. In der Sprache der Zahlentheorie heißt das:

Satz 6.8 (Chinesischer Restsatz) *Zu paarweise teilerfremden $r_1, \ldots, r_n \in \mathbb{N}$ und beliebigen $a_1, \ldots, a_n \in \mathbb{Z}$ gibt es modulo $r_1 \cdots r_n$ genau ein $k \in \mathbb{Z}$ mit*

$$k \equiv a_i \ (\mathrm{mod} \ r_i) \quad \text{für alle} \ \ i = 1, \ldots, n \,.$$

6.3.2 Lösen von Systemen von Kongruenzgleichungen *

Für das konstruktive Lösen eines Systems von Kongruenzgleichungen der Form

$$X \equiv a_1 \ (\mathrm{mod} \ r_1) \,, \ \ldots \,, \ X \equiv a_n \ (\mathrm{mod} \ r_n)$$

mit paarweise teilerfremden $r_1, \ldots, r_n \in \mathbb{Z}$ und beliebigen $a_1, \ldots, a_n \in \mathbb{Z}$ beachte man die folgenden Schritte:

- Setze $r := r_1 \cdots r_n$ und $s_i := \frac{r}{r_i}$ für $i = 1, \ldots, n$.
- Bestimme $k_i \in \mathbb{Z}$ mit $k_i \, s_i \equiv 1 \ (\mathrm{mod} \ r_i)$ für $i = 1, \ldots, n$.

Es ist dann

$$k = k_1 \, s_1 \, a_1 + \cdots + k_n \, s_n \, a_n$$

eine Lösung des obigen Systems von Kongruenzgleichungen, und die Lösungsmenge des Systems ist $k + r \, \mathbb{Z}$.

Die Begründung ist einfach: Dass solche k_i existieren, garantiert Lemma 5.13, da r_i und s_i für alle $i = 1, \ldots, n$ teilerfremd sind – man kann also $k_1, \ldots, k_n$ mit dem euklidischen Algorithmus bestimmen.

Weil für $i \neq j$ das Element r_i ein Teiler von s_j ist, ist das angegebene k tatsächlich eine Lösung der n Kongruenzgleichungen: Für jedes $i = 1, \ldots, n$ gilt

$$k = \sum_{j=1}^{n} k_j \, s_j \, a_j \equiv k_i \, s_i \, a_i \equiv a_i \ (\mathrm{mod} \ r_i) \,.$$

Ist k' neben k eine weitere Lösung des Systems, so gilt

$$k \equiv k' \equiv a_i \ (\mathrm{mod} \ r_i) \quad \text{für alle} \ \ i = 1, \ldots, n \ \Rightarrow \ r_i \mid k - k' \ \text{für alle} \ \ i = 1, \ldots, n$$

$$\Rightarrow \ r \mid k - k' \,, \quad \text{d. h.} \quad k \equiv k' \ (\mathrm{mod} \ r) \,,$$

folglich gilt $k' \in k + r\,\mathbb{Z}$. Andererseits ist jedes Element aus $k + r\,\mathbb{Z}$ Lösung des Systems, sodass $k + r\,\mathbb{Z}$ die Lösungsmenge ist.

Beispiel 6.5 Gesucht ist die Lösungsmenge des Systems von Kongruenzgleichungen

$$X \equiv 2 \,(\mathrm{mod}\ 3)\,,\ X \equiv 3 \,(\mathrm{mod}\ 5)\,,\ X \equiv 2 \,(\mathrm{mod}\ 7)\,.$$

Es ist $r = 105$, $s_1 = 35$, $s_2 = 21$, $s_3 = 15$. Wir bestimmen nun k_1, k_2, $k_3 \in \mathbb{Z}$ mit

$$35\,k_1 \equiv 1 \,(\mathrm{mod}\ 3),\ 21\,k_2 \equiv 1 \,(\mathrm{mod}\ 5),\ 15\,k_3 \equiv 1 \,(\mathrm{mod}\ 7)\,.$$

Offenbar kann man $k_1 = 2$, $k_2 = 1$, $k_3 = 1$ wählen (falls dies nicht so offensichtlich ist, wende man den euklidischen Algorithmus an). Damit haben wir die Lösung:

$$k = 2 \cdot 35 \cdot 2 + 1 \cdot 21 \cdot 3 + 1 \cdot 15 \cdot 2 = 233\,.$$

Die Lösungsmenge lautet $233 + 105\,\mathbb{Z}\ (= 23 + 105\,\mathbb{Z})$. ∎

6.3.3 Produktdarstellung der primen Restklassengruppen

Für die Abbildung ψ aus Lemma 6.6 und $r := r_1 \cdots r_n$ gilt (mit den Aussagen in Lemma 5.13 und Korollar 5.6):

$$\psi(k + r\,\mathbb{Z}) \in \mathbb{Z}/r_1{}^\times \times \cdots \times \mathbb{Z}/r_n{}^\times \ \Leftrightarrow\ \mathrm{ggT}(k, r_i) = 1 \quad \text{für} \quad i = 1, \ldots, n$$

$$\Leftrightarrow\ \mathrm{ggT}(k, r) = 1 \ \Leftrightarrow\ k + r\,\mathbb{Z} \in \mathbb{Z}/r^\times\,.$$

Somit ist $\psi|_{\mathbb{Z}/r^\times}$ wegen Lemma 6.6 ein Isomorphismus von $\mathbb{Z}/r^\times$ auf $\mathbb{Z}/r_1{}^\times \times \cdots \times \mathbb{Z}/r_n{}^\times$:

Lemma 6.9

(a) *Für paarweise teilerfremde* $r_1, \ldots, r_n$ *ist*

$$k + r_1 \cdots r_n\,\mathbb{Z} \mapsto (k + r_1\,\mathbb{Z}, ,\ldots, k + r_n\,\mathbb{Z})$$

ein Isomorphismus von $\mathbb{Z}/r_1 \cdots r_n{}^\times$ *auf* $\mathbb{Z}/r_1{}^\times \times \cdots \times \mathbb{Z}/r_n{}^\times$.

(b) *Ist* $m = p_1^{v_1} \cdots p_r^{v_r}$ *die kanonische Primfaktorzerlegung von* $m > 1$ *aus* $\mathbb{N}$, *so gilt*

$$\mathbb{Z}/m^\times \cong \mathbb{Z}/p_1^{v_1\,\times} \times \cdots \times \mathbb{Z}/p_r^{v_r\,\times}\,.$$

Wegen Lemma 5.13 folgt für die Euler'sche φ-Funktion φ und die kanonische Primfaktorzerlegung $m = p_1^{v_1} \cdots p_r^{v_r}$ für die natürliche Zahl $m > 1$:

$$\varphi(m) = |\mathbb{Z}/m^{\times}| = |\mathbb{Z}/p_1^{v_1}{}^{\times} \times \cdots \times \mathbb{Z}/p_r^{v_r}{}^{\times}| = |\mathbb{Z}/p_1^{v_1}{}^{\times}| \cdots |\mathbb{Z}/p_r^{v_r}{}^{\times}| = \varphi(p_1^{v_1}) \cdots \varphi(p_r^{v_r})$$

und damit

$$\varphi(m) = \prod_{i=1}^{r} \varphi(p_i^{v_i}) = \prod_{i=1}^{r} p_i^{v_i} \left(1 - \frac{1}{p_i}\right) = m \prod_{i=1}^{r} \left(1 - \frac{1}{p_i}\right) :$$

Lemma 6.10

(a) Für paarweise teilerfremde $r_1, \ldots, r_n \in \mathbb{N}$ gilt

$$\varphi(r_1 \cdots r_n) = \varphi(r_1) \cdots \varphi(r_n).$$

(b) Sind $p_1, \ldots, p_n$ die verschiedenen Primteiler von $m > 1$ aus $\mathbb{N}$, so ist

$$\varphi(m) = m \left(1 - \frac{1}{p_1}\right) \cdots \left(1 - \frac{1}{p_r}\right).$$

Beispiel 6.6 Es gilt beispielsweise

$$\varphi(35) = \varphi(5)\,\varphi(7) = 24, \quad \varphi(360) = 360\,\frac{1}{2}\,\frac{2}{3}\,\frac{4}{5} = 96.$$

6.3.4 Wann ist das Produkt zyklischer Gruppen wieder zyklisch?

Aus Lemma 6.6 erhält man ferner:

Korollar 6.11 *Das direkte Produkt endlicher zyklischer Gruppen ist genau dann zyklisch, wenn deren Ordnungen paarweise teilerfremd sind.* □

Beweis Es seien $G_1, \ldots, G_m$ zyklische Gruppen mit $|G_i| = r_i$ für $i = 1, \ldots, m$. Weiter bezeichne e_i das neutrale Element von G_i für jedes i, und $G := G_1 \times \cdots \times G_m$. Wenn die r_i paarweise teilerfremd sind, gilt nach den Ergebnissen in Satz 5.3, Lemmas 6.5 und 6.6

$$G \cong \mathbb{Z}/r_1 \times \cdots \times \mathbb{Z}/r_m \cong \mathbb{Z}/r_1 \cdots r_m.$$

Somit ist G zyklisch. Wenn dagegen $i \neq j$ mit $d := \mathrm{ggT}(r_i, r_j) > 1$ existieren, gibt es nach Lemma 5.2 Untergruppen $U \leq G_i$, $V \leq G_j$ mit $|U| = d = |V|$. Dann sind

$$\overline{U} := \{(e_1, \ldots, e_{i-1}, x, e_{i+1}, \ldots, e_n) \mid x \in U\}$$

und

$$\overline{V} := \{(e_1, \ldots, e_{j-1}, y, e_{j+1}, \ldots, e_n) \mid y \in V\}$$

zwei verschiedene Untergruppen der Ordnung d von G. Nach Lemma 5.2 ist G nicht zyklisch. □

Anwendung in der Kryptografie

In der Kryptografie entwickelt man Verschlüsselungsverfahren für Texte, sodass diese nur von befugten Teilnehmern verstanden werden können. Dabei wird ein Klartext $\mathcal{N}$ mit einem Schlüssel e zu einem Geheimtext $\mathcal{C}$ verschlüsselt und an den Empfänger geleitet. Der Empfänger entschlüsselt den Geheimtext mit seinem Schlüssel d und erhält den Klartext zurück. Die modernen Verschlüsselungsverfahren sind in Halbgruppen realisiert. Wir stellen kurz drei gängige Verfahren vor: das *Verfahren von Pohlig-Hellman*, das *RSA-Verfahren* und das *ELGamal-Verfahren*.

Das Verfahren von Pohlig-Hellman

Das Verfahren von Pohlig-Hellman ist ein *symmetrisches Verschlüsselungsverfahren*, der Sender P und der Empfänger H haben vor dem Versenden einer Nachricht Schlüssel vereinbart. Ihre Schlüssel erzeugen die beiden Teilnehmer wie folgt:

- P und H einigen sich auf eine (große) Primzahl p.
- P wählt eine Zahl $e \in \{2, \ldots, p-2\}$ mit $\mathrm{ggT}(e, p-1) = 1$. Es ist e der geheime Schlüssel von P.
- H bestimmt $d \in \{2, \ldots, p-2\}$ mit $e\,d \equiv 1 \pmod{(p-1)}$ mit dem euklidischen Algorithmus (siehe Abschn. 5.3.3). Es ist d der geheime Schlüssel von H.

Ver- und Entschlüsselung einer Nachricht Der Sender P will an H eine Nachricht $\mathcal{N}$ senden. Die Schlüssel e und d haben P und H wie eben geschildert erzeugt. Nun gehen die beiden wie folgt vor:

- P stellt seine Nachricht als Element $\mathcal{N} \in \mathbb{Z}/p^{\times}$ dar.
- P bildet die Potenz $\mathcal{C} := \mathcal{N}^e$ in $\mathbb{Z}/p^{\times}$ mit seinem geheimen Schlüssel e.
- P sendet den Geheimtext $\mathcal{C}$ an H.
- H erhält $\mathcal{C}$ und berechnet die Potenz $\mathcal{C}^d = \mathcal{N}^{ed} = \mathcal{N}$ (beachte Satz 3.11) mit seinem geheimen Schlüssel d und erhält so den Klartext $\mathcal{N}$.

(Fortsetzung)

Bemerkung Ein Angreifer kann den Geheimtext $\mathcal{C} = \mathcal{N}^e$ zwar mitlesen, aber hieraus nicht auf $\mathcal{N}$ bzw. e schließen. Kennt ein Angreifer ein Klartext-Geheimtextpaar $(\mathcal{N}, \mathcal{C})$ aus früheren Angriffen, so steht er vor dem Problem, aus der Gleichung $\mathcal{C} = \mathcal{N}^e$ den geheimen Schlüssel e zu bestimmen (d erhält er dann leicht mit dem euklidischen Algorithmus). Dieses Problem ist mit den gängigen Algorithmen bei hinreichend großem p nicht in kurzer Zeit lösbar. Große Primzahlen erhält man mit sogenannten *Primzahltests*.

Das RSA-Verfahren

Durch eine Modifikation des Pohlig-Hellman-Verfahrens erhalten wir das *asymmetrische RSA-Verfahren*: Es ist kein Schlüsselaustausch vor dem Versenden der Nachricht nötig. Der Empfänger R einer Nachricht hat in einem für den Sender S zugänginen Verzeichnis seinen sogenannten öffentlichen Schlüssel (n, e) (*public key*) veröffentlicht. Ein zugehöriger geheimer Schlüssel d (*private key*) ist nur dem Empfänger R bekannt. Wir schildern die Schlüsselerzeugung:

- R wählt zwei (große) Primzahlen $p \neq q$.
- R berechnet $n := p\,q$, $\varphi(n) = (p-1)\,(q-1)$.
- R wählt ein $e \in \mathbb{N}$ mit $1 < e < \varphi(n)$ und $\mathrm{ggT}(e, \varphi(n)) = 1$.
- R berechnet $d \in \mathbb{N}$ mit $d\,e \equiv 1 \;(\mathrm{mod}\;\varphi(n))$.

Es sind dann (n, e) der öffentliche Schlüssel von R und d der geheime Schlüssel von R (auch die Größen p, q und $\varphi(n)$ sind geheim zu halten).

Ver- und Entschlüsselung Der Sender S besorgt sich den öffentlichen Schlüssel (n, e) des Empfängers R und geht wie folgt vor:

- S stellt seine Nachricht als Element $\mathcal{N} \in \mathbb{Z}/n$ dar.
- S bildet die Potenz $\mathcal{C} := \mathcal{N}^e$ in $\mathbb{Z}/n$ mit dem öffentlichen Schlüssel e.
- S sendet den Geheimtext $\mathcal{C}$ an R.
- R erhält den Geheimtext $\mathcal{C} = \mathcal{N}^e$ und berechnet die Potenz $\mathcal{C}^d = \mathcal{N}^{ed} = \mathcal{N}$ mit seinem geheimen Schlüssel d und erhält so den Klartext $\mathcal{N}$.

Dabei haben wir benutzt, dass wegen $m^{ed} \equiv m \;(\mathrm{mod}\;p)$ und $m^{ed} \equiv m \;(\mathrm{mod}\;q)$ und $p \neq q$ auch $m^{ed} \equiv m \;(\mathrm{mod}\;n)$ für alle $0 \leq m < n$ gilt.

(Fortsetzung)

Bemerkung Kann ein Angreifer A die (öffentlich zugängliche) Zahl n faktorisieren, d. h. die Primzahlen p und q bestimmen, so kann er jeden Geheimtext ebenso wie der Empfänger R entschlüsseln. Sind die Primzahlen p und q aber nur geschickt genug gewählt, so ist es mit den gängigen Verfahren nicht möglich, die Zahl n in kurzer Zeit zu faktorisieren.

Das ElGamal-Verfahren

Das ElGamal-Verfahren ist wie das RSA-Verfahren ein asymmetrisches Verschlüsselungsverfahren: Es ist kein Schlüsselaustausch erforderlich. Gegeben sind eine zyklische Gruppe $G = \langle g \rangle$ der Ordnung n und ein $a \in \{2, \ldots, n-1\}$. Wir setzen $A := g^a$. Der öffentliche Schlüssel des Empfängers E beim ElGamal-Verschlüsselungsverfahren ist $(G = \langle g \rangle, A)$, der geheime Schlüssel von E ist a.

Ver- und Entschlüsselung: Der Sender G will an E eine Nachricht senden. Dazu besorgt sich G den öffentlichen Schlüssel $(G = \langle g \rangle, A)$ von E.

- G stellt seine Nachricht als Element $\mathcal{N} \in G$ dar.
- G wählt ein $b \in \{2, \ldots, n-1\}$ und berechnet $B = g^b$ und $\mathcal{C} = A^b \mathcal{N}$.
- G sendet den Geheimtext $(B, \mathcal{C})$ an E.
- E erhält von G den Geheimtext $(B, \mathcal{C})$, berechnet $B^{-a} \mathcal{C}$ mit seinem geheimen Schlüssel a und erhält so den Klartext $\mathcal{N}$ zurück, da:

$$B^{-a} \mathcal{C} = g^{-ab} A^b \mathcal{N} = (g^{-a})^b A^b \mathcal{N} = A^{-b} A^b \mathcal{N} = \mathcal{N}.$$

Bemerkung Das ElGamal-Verfahren kann in beliebigen zyklischen Gruppen realisiert werden, z. B. in $G = \mathbb{Z}/p^\times$, p prim (vgl. Korollar 14.9). Hierbei ist aber p aus Sicherheitsgründen so groß zu wählen, dass der Rechenaufwand groß wird. In der additiven Gruppe $\mathbb{Z}/n$ ist das Verfahren unsicher, da es in dieser Gruppe mit dem euklidischen Algorithmus leicht zu brechen ist. Gruppen, die für das ElGamal-Verfahren gut geeignet sind, sind *elliptische Kurven*; das sind algebraische Kurven mit einer Gruppenstruktur. Für ihre Einführung ist ein kurzer Einblick in die *projektive Geometrie* notwendig.

LITERATUR: Ch. Karpfinger/H. Kiechle. Kryptologie – Algebraische Methoden und Algorithmen. Vieweg+Teubner 2009

6.4   Semidirekte Produkte

Wir beschreiben hier eine sehr nützliche Konstruktion von Gruppen, die die Bildung des direkten Produkts zweier Gruppen verallgemeinert.

6.4.1   Das interne semidirekte Produkt

Es seien N ein Normalteiler und U eine Untergruppe einer Gruppe G mit dem neutralen Element e und den beiden Eigenschaften

$$G = N \cdot U \quad \text{und} \quad N \cap U = \{e\}\,.$$

Man nennt in dieser Situation:

- U ein **Komplement** von N in G,
- N ein **normales Komplement** von U in G,
- G ein (**internes**) **semidirektes Produkt** von N mit U.

Bemerkung Ist G ein semidirektes Produkt von N mit U, so gilt genau dann $G = N \otimes U$, wenn $U \trianglelefteq G$.

Für das semidirekte Produkt G von N mit U schreibt man auch $G = N \rtimes U$; man beachte, der Normalteiler N steht dabei auf der *offenen* Seite des Zeichens $\rtimes$.

Wir ziehen einfache Folgerungen:

Lemma 6.12 *Ist G das semidirekte Produkt vom Normalteiler N mit der Untergruppe U, so gilt:*

(a) $U \cong G/N$.
(b) Jedes $x \in G$ ist auf genau eine Weise schreibbar in der Form $x = n\,u$ mit $n \in N$ und $u \in U$.
(c) Es ist $\varphi : U \to Aut(N)$, $u \mapsto \varphi_u$ mit $\varphi_u(n) = u\,n\,u^{-1}$ ein Homomorphismus.

Beweis

(a) Nach dem 1. Isomorphiesatz 4.13 folgt

$$U \cong U/(N \cap U) \cong N\,U/N = G/N\,.$$

(b) Die Darstellbarkeit für jedes $x \in G$ in der Form $x = n\,u$ mit $n \in N$ und $u \in U$ ist klar wegen $G = N\,U$. Aus $n\,u = n'\,u'$ mit n, $n' \in N$ und u, $u' \in U$ folgt

$$n'^{-1}n = u'u^{-1} \in N \cap U = \{e\}\,,$$

also $n = n'$ und $u = u'$; das begründet die Eindeutigkeit der Darstellung $x = n\,u$.

(c) Da $N \trianglelefteq G$ ist, gilt $u\,n\,u^{-1} \in N$ für jedes $n \in N$ und $u \in U$, sodass φ_u für jedes $u \in U$ ein Automorphismus von N ist. Außerdem gilt für alle u, $u' \in U$ und $n \in N$:

$$\varphi_u(\varphi_{u'}(n)) = u\,u'n\,u'^{-1}u^{-1} = (u\,u')\,n\,(u\,u')^{-1} = \varphi_{uu'}(n)\,.$$

Somit gilt $\varphi_u\varphi_{u'} = \varphi_{uu'}$, d.h., $\varphi : u \mapsto \varphi_u$ ist ein Homomorphismus von U nach $\mathrm{Aut}(N)$. $\qquad\square$

Ist G das semidirekte Produkt von N mit U, so lässt sich die Multiplikation in G mithilfe der Automorphismen φ_u von N mit $u \in U$ wie folgt beschreiben. Für $x = n\,u$ und $y = n'u'$ mit n, $n' \in N$ und u, $u' \in U$ (siehe (b) in obigem Lemma) gilt:

$$(n\,u)\,(n'u') = n\,(u\,n'u^{-1})\,u\,u' = n\,\varphi_u(n')\,u\,u'\,.$$

6.4.2 Das externe semidirekte Produkt

Wir werden den oben beschriebenen *Prozess* nun umkehren: Wir betrachten das kartesische Produkt $G = N \times U$ zweier Gruppen N und U und *verschränken* die Multiplikation mithilfe von Automorphismen φ_u, wir erklären also eine Multiplikation von Paaren, die wie folgt das direkte Produkt verallgemeinert:

- Beim direkten Produkt: $(n,\,u) \cdot (n',\,u') = (n\,n',\,u\,u')$.
- Beim semidirekten Produkt: $(n,\,u) \cdot (n',\,u') = (n\,\varphi_u(n'),\,u\,u')$.

Genauer:

Satz 6.13 *Es seien N und U zwei Gruppen (mit den neutralen Elementen e_N bzw. e_U), und $\varphi : u \mapsto \varphi_u$ sei ein Homomorphismus von U in $\mathrm{Aut}(N)$. Definiert man auf dem kartesischen Produkt $G := N \times U$ durch*

$$(n,\,u) \cdot (n',\,u') := (n\,\varphi_u(n'),\,u\,u')$$

eine Verknüpfung ·, *so gilt:*

(a) $(G, \cdot)$ ist eine Gruppe.
(b) Die folgenden beiden Abbildungen α und β sind Monomorphismen:

$$\alpha : \begin{cases} N \to G \\ n \mapsto (n, e_U) \end{cases} \quad und \ \beta : \begin{cases} U \to G \\ u \mapsto (e_N, u) \end{cases}.$$

(c) G ist das interne semidirekte Produkt von $\overline{N} := \alpha(N) \trianglelefteq G$ mit $\overline{U} := \beta(U) \leq G$; und es gilt $\overline{N} \cong N$ sowie $\overline{U} \cong U$.
(d) Für alle $n \in N$ und $u \in U$ gilt

$$\beta(u) \, \alpha(n) \, \beta(u)^{-1} = \alpha(\varphi_u(n)).$$

Beweis

(a) Die Verknüpfung ist assoziativ, da für alle n, n', $n'' \in N$ und u, u', $u'' \in U$ gilt:

$$((n, u) \cdot (n', u')) \cdot (n'', u'') = (n\varphi_u(n'), uu') \cdot (n'', u'') = (n\varphi_u(n')\varphi_{uu'}(n''), uu'u'')$$

$$(n, u) \cdot ((n', u') \cdot (n'', u'')) = (n, u) \cdot (n'\varphi_{u'}(n''), u'u'') = (n\varphi_u(n'\varphi_{u'}(n'')), uu'u'')$$

$$= (n\varphi_u(n')\varphi_u\varphi_{u'}(n''), uu'u'') = (n\varphi_u(n')\varphi_{uu'}(n''), uu'u'').$$

Es gibt ein rechtsneutrales Element, da für alle $n \in N$ und $u \in U$ gilt:

$$(n, u) \cdot (e_N, e_U) = (n\varphi_u(e_N), u\, e_U) = (n, u).$$

Jedes Element hat ein rechtsinverses Element, da für alle $n \in N$ und $u \in U$ gilt:

$$(n, u) \cdot (\varphi_{u^{-1}}(n^{-1}), u^{-1}) = (n\varphi_u(\varphi_{u^{-1}}(n^{-1})), uu^{-1}) = (nn^{-1}, uu^{-1}) = (e_N, e_U).$$

Die Behauptung folgt daher mit dem Lemma 2.3 zu den schwachen Gruppenaxiomen, beachte insbesondere die Bemerkung zu dem genannten Lemma.
(b) Offenbar sind die Abbildungen α und β injektiv. Weiter gilt für alle n, $n' \in N$ und u, $u' \in U$:

$$\alpha(nn') = (nn', e_U) = (n, e_U) \cdot (n', e_U) = \alpha(n)\,\alpha(n'), \text{ weil } \varphi_{e_U} = \text{Id}_N \text{ und}$$

$$\beta(uu') = (e_N, uu') = (e_N, u) \cdot (e_N, u') = \beta(u)\,\beta(u').$$

(c) Wegen (b) gilt $N \cong \overline{N} \leq G$, $U \cong \overline{U} \leq G$. Und aus

$$(n, e_U) \cdot (e_N, u) = (n, u)$$

folgt $\overline{N}\,\overline{U} = G$. Offenbar gilt $\overline{N} \cap \overline{U} = \{e_G\}$ für das neutrale Element $e_G = (e_N, e_U)$ (vgl. (a)).

Aus $\overline{N}\,\overline{U} = G$ und (beachte $(e_N, u^{-1}) = (e_N, u)^{-1}$)

$$(e_N, u)\,(n, e_U)\,(e_N, u)^{-1} = (e_N\varphi_u(n), u)\,(e_N, u^{-1}) = (\varphi_u(n), e_U) \in \overline{N}$$

gewinnt man $\overline{N} \trianglelefteq G$.

Die letzte Gleichung begründet auch (d). $\square$

Man nennt die im Satz 6.13 konstruierte Gruppe das **externe semidirekte Produkt von N mit U bzgl.** φ und benutzt die Schreibweise $G = N \rtimes_\varphi U$. Es stimmt nach Identifikation von N mit $\overline{N}$ und U mit $\overline{U}$ mit dem internen semidirekten Produkt von N mit U überein.

6.4.3 Zur Konstruktion nichtabelscher Gruppen mithilfe des semidirekten Produkts

Mithilfe des semidirekten Produktes gewinnt man oftmals leicht nichtabelsche Gruppen vorgegebener Ordnung, es gilt nämlich:

Lemma 6.14 *Ist G das (externe) semidirekte Produkt von N mit U bzgl. φ, so ist G genau dann abelsch, wenn N und U beide abelsch sind und φ trivial ist (d. h. $\varphi_u = \mathrm{Id}_N$ für alle $u \in U$).*

In diesem Fall gilt $G = N \times U$.

Beweis Sind N und U abelsch und ist φ trivial, so ist $G = N \rtimes_\varphi U = N \times U$ abelsch, da für alle n, $n' \in N$ und u, $u' \in U$ gilt

$$(n, u) \cdot (n', u') = (nn', uu') = (n'n, u'u) = (n', u') \cdot (n, u)\,.$$

Ist das semidirekte Produkt $G = N \rtimes_\varphi U$ abelsch, so gilt wegen $(n, u) \cdot (n', u') = (n', u') \cdot (n, u)$ für alle n, $n' \in N$ und u, $u' \in U$:

$$(n\varphi_u(n'), uu') = (n'\varphi_{u'}(n), u'u)\,.$$

Somit ist U abelsch, da $uu' = u'u$ für alle u, $u' \in U$ (man beachte die zweite Komponente in obiger Gleichung). Wir setzen nun $u = e_U = u'$ und erhalten schließlich durch Vergleich der ersten Komponenten in obiger Gleichung wegen $\varphi_{e_U} = \mathrm{Id}_N$ für jedes n, $n' \in N$ die Gleichung $nn' = n'n$ für alle n, $n' \in N$, sodass also auch N abelsch ist. Zu guter Letzt setzen wir $n' = e_N$ und $u = e_U$ in obiger Gleichung ein und erhalten durch ein erneutes Vergleichen der ersten Komponenten für jedes $n \in N$ und $u' \in U$ die Gleichung $n = \varphi_{u'}(n)$, sodass also $\varphi_{u'} = \mathrm{Id}_N$ für jedes $u' \in U$ gilt, d. h. φ ist trivial. □

Um also die Aufgabe zu lösen, eine nichtabelsche Gruppe vorgegebener Ordnung n zu konstruieren, kann man wie folgt vorgehen, sofern die Zahl n zwei Primteiler p und q mit $p \mid q - 1$ hat:

- Es seien p, q Primteiler von n mit $p \mid q - 1$.
- Wähle die abelschen (additiven) Gruppen $N = \mathbb{Z}/q$ und $U = \mathbb{Z}/p$.
- Wähle ein $\sigma \in \mathrm{Aut}(N)$ mit $o(\sigma) = p$. (Nach Satz 5.15 gilt $\mathrm{Aut}(N) \cong \mathbb{Z}/q^\times$, wobei $|\mathbb{Z}/q^\times| = q - 1$, sodass wegen $p \mid q - 1$ nach dem Satz 4.9 von Cauchy für endliche abelsche Gruppen ein Element $\sigma \in \mathrm{Aut}(N)$ existiert mit $o(\sigma) = p$.)
- Setze

$$\varphi : \begin{cases} \mathbb{Z}/p \to \mathrm{Aut}(N) \\ \overline{a} \quad \mapsto \quad \varphi_{\overline{a}} = \sigma^a \end{cases}.$$

  (Aus $\overline{a} = \overline{b}$ mit $\overline{a}$, $\overline{b} \in \mathbb{Z}/p$ folgt wegen $o(\sigma) = p$ offenbar $\sigma^a = \sigma^b$, sodass die Abbildung φ wohldefiniert ist; außerdem gilt $\varphi(\overline{a} + \overline{b}) = \sigma^{a+b} = \sigma^a \sigma^b = \varphi(\overline{a})\,\varphi(\overline{b})$.)
- Da φ nichttrivial ist (es gilt beispielsweise $\varphi_{\overline{1}} = \sigma \neq \mathrm{Id}$), ist somit $G := \mathbb{Z}/q \rtimes_\varphi \mathbb{Z}/p$ nach Lemma 6.14 eine nichtabelsche Gruppe.
- Mit $m = \frac{n}{pq} \in \mathbb{N}$ ist dann das direkte Produkt $\mathbb{Z}/m \times G$ eine nichtabelsche Gruppe der Ordnung n.

Lemma 6.14 zeigt, dass das semidirekte Produkt $G = \mathbb{Z}/q \rtimes_\varphi \mathbb{Z}/p$ nicht abelsch ist; wir weisen dies dennoch exemplarisch erneut nach; es gilt nämlich (für beliebige Primzahlen p, q) wegen $\varphi_{\overline{0}} = \sigma^0 = \mathrm{Id}$ und $\varphi_{\overline{1}} = \sigma^1 = \sigma \neq \mathrm{Id}$:

$$(\overline{1}, \overline{0}) + (\overline{0}, \overline{1}) = (\overline{1} + \varphi_{\overline{0}}(\overline{0}), \overline{0} + \overline{1}) = (\overline{1}, \overline{1})$$
$$(\overline{0}, \overline{1}) + (\overline{1}, \overline{0}) = (\overline{0} + \varphi_{\overline{1}}(\overline{1}), \overline{1} + \overline{0}) = (\sigma(\overline{1}), \overline{1}).$$

Nun beachte $\sigma(\overline{1}) \neq \overline{1}$, da $\sigma \in \mathrm{Aut}(\mathbb{Z}/q)$ mit $\sigma : \overline{a} \mapsto k\,\overline{a}$, wobei $\mathrm{ggT}(k, q) = 1$, aber $k \neq 1$ – vgl. die Ausführungen vor Satz 5.15.

Man beachte auch die folgenden Beispiele.

Beispiel 6.7

- Es gibt eine nichtabelsche Gruppe der Ordnung $21 = 3 \cdot 7$. Wir setzen $p = 3$ und $q = 7$. Wegen $p \mid q - 1$ können wir ein semidirektes Produkt $G := \mathbb{Z}/7 \rtimes_\varphi \mathbb{Z}/3$ mit einem Homomorphismus φ bilden. Dazu bestimmen wir (nun ganz konkret) ein Element $\sigma \in \mathrm{Aut}(\mathbb{Z}/7)$ der Ordnung $p = 3$: Die Betrachtungen vor Satz 5.15 zeigen, dass die Automorphismen von $\mathbb{Z}/7$ oder allgemeiner von $\mathbb{Z}/q$ von der Form $\overline{a} \mapsto k \cdot \overline{a}$ mit $k = 1, \ldots, q - 1$ sind. Wegen $2^3 \cdot \overline{a} = \overline{a}$ in $\mathbb{Z}/7$ ist somit $\sigma : \overline{a} \mapsto 2 \cdot \overline{a}$ ein Automorphismus von der Ordnung $p = 3$. Mit diesem σ ist

$$\varphi : \begin{cases} \mathbb{Z}/3 \to \mathrm{Aut}(\mathbb{Z}/7) \\ \overline{a} \quad \mapsto \quad \varphi_{\overline{a}} = \sigma^a \end{cases}$$

ein Homomorphismus. Beispielhaft rechnen wir nach:

$$(\overline{4}, \overline{2}) + (\overline{3}, \overline{0}) = (\overline{4} + \varphi_{\overline{2}}(\overline{3}), \overline{2} + \overline{0}) = (\overline{4} + \sigma^2(\overline{3}), \overline{2}) = (\overline{4} + \overline{5}, \overline{2}) = (\overline{2}, \overline{2}).$$

Oder:

$$(\overline{3}, \overline{2}) + (\overline{1}, \overline{1}) = (\overline{3} + \varphi_{\overline{2}}(\overline{1}), \overline{2} + \overline{1}) = (\overline{3} + \sigma^2(\overline{1}), \overline{0}) = (\overline{3} + \overline{4}, \overline{0}) = (\overline{0}, \overline{0}).$$

Man beachte, dass $(\overline{1}, \overline{1}) = -(\overline{3}, \overline{2})$ in $G = \mathbb{Z}/7 \rtimes_\varphi \mathbb{Z}/3$ (vgl. den Beweis zu Satz 6.13).

- Es gibt eine nichtabelsche Gruppe G der Ordnung $|G| = 2937$. Wir zerlegen diese Zahl in Primfaktoren und erhalten $2937 = 3 \cdot 11 \cdot 89$. Wir setzen $p = 11$ und $q = 89$ und stellen fest, dass $p = 11$ ein Teiler von $q - 1 = 88$ ist und schon ist alles erledigt: Bilde das (externe) semidirekte Produkt $H := \mathbb{Z}/89 \rtimes_\varphi \mathbb{Z}/11$, wobei man ein $\sigma \in \mathrm{Aut}(\mathbb{Z}/89)$ der Ordnung 11 wählt und damit den Homomorphismus

$$\varphi : \begin{cases} \mathbb{Z}/11 \to \mathrm{Aut}(\mathbb{Z}/89) \\ \overline{a} \quad \mapsto \quad \varphi_{\overline{a}} = \sigma^a \end{cases}.$$

erhält (beachte obenstehende Betrachtungen). Die Gruppe H ist nichtabelsch und von der Ordnung $11 \cdot 89$. Bilde dann das direkte Produkt $G := \mathbb{Z}/3 \times H$. Diese Gruppe G hat die Ordnung $2937 = 3 \cdot 11 \cdot 89$ und ist nichtabelsch, da H nichtabelsch ist.

- Es sei N eine abelsche Gruppe, und $U = \langle a \rangle$ habe die Ordnung 2. Es ist $\iota : N \to N$, $n \mapsto n^{-1}$ ein Automorphismus der Ordnung 2 von N, sodass

$$\varphi : \begin{cases} U \to \mathrm{Aut}(N) \\ u \mapsto \begin{cases} \varphi_u = \mathrm{Id}_N, & \text{falls } u = e_U \\ \psi_u - u & \text{falls } u = u \end{cases} \end{cases}$$

einen Homomorphismus von U in $\mathrm{Aut}(N)$ definiert. Die Multiplikation im semidirekten Produkt G von N mit U bzgl. φ ist gegeben durch

$$(n, e_U) \cdot (n', u) = (nn', u) \ \text{ und } \ (n, a) \cdot (n', u) = (nn'^{-1}, au).$$

Wenn $N = \langle b \rangle$ zyklisch von der Ordnung n ist, folgt für $\overline{a} := (e_N, a)$ und $\overline{b} := (b, e_U)$:

$$G = \langle \overline{a}, \overline{b} \rangle, \ o(\overline{b}) = n, \ o(\overline{a}) = 2$$

sowie

$$\overline{a} \, \overline{b} \, \overline{a}^{-1} = \overline{a} \, \overline{b} \, \overline{a} = (e_N, a)\, (b, e_U)\, (e_N, a)$$

$$= (b^{-1}, a)\, (e_N, a) = (b^{-1}, e_U) = (b, e_U)^{-1} = \overline{b}^{-1}.$$

Man vergleiche diese Relationen mit den entsprechenden Relationen $o(\alpha) = 2, o(\beta) = n$ und $\alpha \beta \alpha^{-1} = \beta^{-1}$ in der Diedergruppe D_n in Abschn. 3.1.5. Es folgt $|G| = 2n = |D_n|$. Die Abbildung $\sigma : \overline{a} \mapsto \alpha, \overline{b} \mapsto \beta$ liefert somit einen Isomorphismus (beachte Korollar 3.4), sodass $G \cong D_n$.

Da $\mathbb{Z}/2$ und $\mathbb{Z}/n$ zyklische (additive) Gruppen der Ordnung 2 und n sind, folgt insbesondere

$$D_n \cong \mathbb{Z}/n \rtimes_\varphi \mathbb{Z}/2$$

für den Homomorphismus $\varphi : \mathbb{Z}/2 \to \mathrm{Aut}(\mathbb{Z}/n)$ mit $\varphi_{\overline{0}} = \mathrm{Id}$ und $\varphi_{\overline{1}} = \sigma$ mit $\sigma(\overline{a}) = -\overline{a}$.

- Wegen der großen Bedeutung der symmetrischen Gruppen ist es bemerkenswert, dass die symmetrische Gruppe S_n für jedes $n \geq 3$ echtes semidirektes Produkt (also kein direktes Produkt) der sogenannten *alternierenden Gruppe* A_n mit einer Untergruppe U ist, d.h. $S_n = A_n \rtimes U$. Da wir die alternierenden Gruppen erst in Kap. 9 diskutieren, verschieben wir den Nachweis dieser Aussage in eine Aufgabe zu Kap. 9. ∎

Aufgaben

6.1 • Begründen oder widerlegen Sie:

(a) $\mathbb{Z}/8 \cong \mathbb{Z}/2 \times \mathbb{Z}/4$.
(b) $\mathbb{Z}/8 \cong \mathbb{Z}/2 \times V$ für die Klein'sche Vierergruppe V.

6.2 • Man bestimme Gruppen U und N mit

(a) $\mathbb{Z}/4 \cong U \times N$.
(b) $\mathbb{Z}/pk \cong U \times N$ für eine natürliche Zahl k und Primzahl p.

6.3 • Man zeige: Jede Gruppe der Ordnung 4 ist entweder zu $\mathbb{Z}/4$ oder zu $\mathbb{Z}/2 \times \mathbb{Z}/2$ isomorph.

6.4 •• Es sei N ein Normalteiler einer Gruppe G. Man zeige: Es ist G genau dann das innere direkte Produkt $G = U N$, $U \cap N = \{e\}$, von N mit einem Normalteiler U, wenn es einen Homomorphismus $\beta : G \to N$ gibt, dessen Restriktion $\beta_N : N \to N$, $\beta_N(x) = \beta(x)$ ein Isomorphismus ist.

6.5 •• Es seien U, N Normalteiler der endlichen Gruppe G mit teilerfremden Ordnungen und $|G| = |U| \cdot |N|$. Zeigen Sie:

(a) $G = U \otimes N$.
(b) $\mathrm{Aut}(G) \cong \mathrm{Aut}(U) \times \mathrm{Aut}(N)$.

6.6 • Bestimmen Sie die Lösungsmenge des folgenden Systems simultaner Kongruenzen:

$$X \equiv 7 \,(\mathrm{mod}\ 11), \quad X \equiv 1 \,(\mathrm{mod}\ 5), \quad X \equiv 18 \,(\mathrm{mod}\ 21).$$

6.7 •• Es sei $\mathbb{S}^1 := \{z \in \mathbb{C} \mid z\,\overline{z} = 1\}$ der Einheitskreis. Zeigen Sie:

(a) $(\mathbb{S}^1, \cdot)$ ist eine Gruppe, die $E_n := \{z \in \mathbb{C} \mid z^n = 1\}$ für jedes $n \in \mathbb{N}$ als Untergruppe enthält.
(b) Für $\mathbb{R}_+ := \{x \in \mathbb{R} \mid x > 0\}$ gilt $\mathbb{C} \setminus \{0\} \cong \mathbb{R}_+ \times \mathbb{S}^1$.
(c) Es gibt einen Isomorphismus $\varphi : \mathbb{R}/\mathbb{Z} \to \mathbb{S}^1$.
(d) Bestimmen Sie die Elemente endlicher Ordnung in $\mathbb{R}/\mathbb{Z}$ und $\mathbb{S}^1$. Bilden sie eine Gruppe?

6.8 •• Die Gruppe G sei das direkte Produkt ihrer Untergruppen U und N; und H sei eine U umfassende Untergruppe von G. Man zeige, dass H das direkte Produkt der Untergruppen U und $H \cap N$ ist.

6.9 ••

(a) Es seien U eine Untergruppe und N ein Normalteiler einer Gruppe G mit $G = U N$ und $U \cap N = \{e_G\}$.
Begründen Sie, dass jedes Element u aus G auf genau eine Weise in der Form $u\,v$ mit $u \in U$ und $v \in N$ dargestellt werden kann und dass G/N zu U isomorph ist.

(b) Es seien ein Körper $K \neq \mathbb{Z}/2$ und die Teilmengen $G := \left\{ \begin{pmatrix} a & b \\ 0 & c \end{pmatrix} \mid a, c \in K \setminus \{0\}, \right.$
$\left. b \in K \right\}$, $N := \left\{ \begin{pmatrix} 1 & b \\ 0 & 1 \end{pmatrix} \mid b \in K \right\}$ und $U := \left\{ \begin{pmatrix} a & 0 \\ 0 & c \end{pmatrix} \mid a, c \in K \setminus \{0\} \right\}$ von $\mathrm{GL}_2(K)$
gegeben.

Zeigen Sie, dass G, U und N die Bedingungen aus (a) erfüllen. Ist U ein Normalteiler von G?

6.10 •• Es sei

$$A_3 = \left\{ \begin{pmatrix} 1 & 2 & 3 \\ 1 & 2 & 3 \end{pmatrix}, \begin{pmatrix} 1 & 2 & 3 \\ 2 & 3 & 1 \end{pmatrix}, \begin{pmatrix} 1 & 2 & 3 \\ 3 & 1 & 2 \end{pmatrix} \right\}$$

die sogenannte *alternierende* Untergruppe der symmetrischen Gruppe S_3. Gibt es eine Untergruppe $H \subseteq S_3$, sodass $S_3 = H \otimes A_3$ ein inneres direktes Produkt ist?

6.11 •• Zeigen Sie, dass die Gruppe $\mathrm{GL}(n, K)$ für jedes $n \geq 2$ und für jeden Körper $K \neq \mathbb{Z}/2$ ein echtes internes semidirektes Produkt von $\mathrm{SL}(n, K)$ mit einer Untergruppe U von $\mathrm{GL}(n, K)$ ist.

6.12 •• Zeigen Sie, dass es ein nichtabelsches semidirektes Produkt $\mathbb{Z}/3 \rtimes_\varphi \mathbb{Z}/4$ gibt.

Gruppenoperationen

7

Übersicht

Am häufigsten treten Gruppen in der Natur als Gruppen bijektiver Abbildungen auf. Das ist nicht verwunderlich, da man ja nach dem Satz von Cayley jede Gruppe G so darstellen kann. Zum Beweis des Satzes von Cayley haben wir einen injektiven Homomorphismus von G in die symmetrische Gruppe S_G angegeben. Wir verallgemeinern nun diese Methode: Wir untersuchen bzw. bestimmen Homomorphismen von G in die symmetrische Gruppe S_X für eine nichtleere Menge X. Diese *Operation* einer Gruppe auf der Menge X liefert uns starke Aussagen über die Struktur der Gruppe.

7.1   Bahnen und Stabilisatoren

Wir lassen Gruppen auf Mengen *operieren*. Dadurch wird die Menge partitioniert, nämlich in ihre Bahnen. Für Aussagen über die Mächtigkeiten der Bahnen dienen die Stabilisatoren.

© Der/die Autor(en), exklusiv lizenziert an Springer-Verlag GmbH, DE,
ein Teil von Springer Nature 2024
C. Karpfinger, *Algebra*, https://doi.org/10.1007/978-3-662-68656-0_7

7.1.1 Operationen

Man sagt, eine Gruppe G **operiert auf einer Menge** $X \neq \emptyset$, wenn eine Abbildung

$$\cdot : \begin{cases} G \times X \to & X \\ (a, \, x) \mapsto a \cdot x \end{cases}$$

mit den folgenden beiden Eigenschaften vorliegt:

(O1) $e \cdot x = x$ für jedes $x \in X$ und das neutrale Element $e \in G$.
(O2) $(a \, b) \cdot x = a \cdot (b \cdot x)$ für alle $a, \, b \in G$ und $x \in X$.

Man nennt die Operation $\cdot$ von G auf X **transitiv**, wenn es zu beliebigen $x, \, y \in X$ ein $g \in G$ mit $g \cdot x = y$ gibt.

Beispiel 7.1

- Es sei U eine Untergruppe einer Gruppe G, und $X := G/U = \{a \, U \mid a \in G\}$ sei die Menge der Linksnebenklassen von U. Dann ist

$$\cdot : \begin{cases} G \times X & \to & X \\ (g, \, a \, U) \mapsto g \, a \, U \end{cases}$$

eine Operation, da:
(O1) Wegen $e \, a \, U = a \, U$ gilt $e \cdot a \, U = a \, U$ für alle $a \, U \in X$, wobei e das neutrale Element von G bezeichne.
(O2) Weiter gilt für alle $g, \, h \in G$ und alle $a \, U \in X$:

$$(g \, h) \cdot a \, U = g \, h \, a \, U = g \cdot (h \cdot a \, U) .$$

Diese Operation $\cdot$ ist transitiv: Zu $a \, U$ und $b \, U$ aus X, wähle das Element $g = b \, a^{-1} \in G$ und erhalte $g \cdot a \, U = g \, a \, U = b \, a^{-1} a \, U = b \, U$.
- Es seien $G := \mathrm{GL}_2(\mathbb{R})$ die Gruppe der invertierbaren 2×2-Matrizen über $\mathbb{R}$ und X die Menge der diagonalisierbaren 2×2-Matrizen über $\mathbb{R}$. Dann ist

$$\cdot : \begin{cases} G \times X & \to & X \\ (B, \, M) \mapsto B \, M \, B^{-1} \end{cases}$$

eine Operation, da:
(O1) Wegen $E \, M \, E^{-1} = M$ gilt $E \cdot M = M$ für alle $M \in X$, wobei E die 2×2-Einheitsmatrix aus G bezeichne.

(O2) Weiter gilt für alle A, $B \in G$ und alle $M \in X$:

$$(A\,B) \cdot M = (A\,B)\,M\,(A\,B)^{-1} = A\,B\,M\,B^{-1}A^{-1} = A\,(B\,M\,B^{-1})\,A^{-1} = A \cdot (B \cdot M)\,.$$

Diese Operation $\cdot$ ist nicht transitiv: Bekanntlich haben zueinander konjugierte Matrizen die gleichen Eigenwerte. Zu den Diagonalmatrizen $M = \operatorname{diag}(1, 1)$ und $N = \operatorname{diag}(2, 2)$ aus X gibt es somit kein $B \in G$ mit $B \cdot M = N$.

- Es sei $G \leq S_X$ eine Permutationsgruppe der nichtleeren Menge X. Die Elemente von G sind bijektive Abbildungen von X. Es liefert

$$(\sigma, x) \mapsto \sigma \cdot x := \sigma(x)$$

eine Operation von G auf X, da für alle $x \in X$ und σ, $\tau \in G$ gilt:

$$\operatorname{Id} \cdot x = \operatorname{Id}(x) = x \quad \text{und} \quad (\sigma\,\tau) \cdot x = (\sigma\,\tau)(x) = \sigma(\tau(x)) = \sigma \cdot (\tau \cdot x)\,.$$

Somit operiert jede Untergruppe G von S_X auf X. ∎

Es gibt eine *schwache* Umkehrung des letzten Beispiels:

Lemma 7.1 *Wenn die Gruppe G auf der Menge X operiert, dann ist*

$$\lambda : \begin{cases} G \to & S_X \\ a \mapsto \lambda_a : \begin{cases} X \to & X \\ x \mapsto a \cdot x \end{cases} \end{cases}$$

ein Homomorphismus von G in S_X.

Insbesondere ist für jedes $a \in G$ die Abbildung $\lambda_a : X \to X$, $x \mapsto a \cdot x$ eine Bijektion von X.

Wenn zu jedem $a \neq e$ aus G ein $x \in X$ mit $a \cdot x \neq x$ existiert, ist G zu einer Untergruppe von S_X isomorph.

Beweis Wegen (O2) gilt $\lambda_a\,\lambda_b = \lambda_{a\,b}$ für alle a, $b \in G$, d. h., λ ist ein Homomorphismus. Für jedes $a \in G$ folgt:

$$\lambda_{a^{-1}}\,\lambda_a = \lambda_e \overset{(O1)}{=} \operatorname{Id}_X = \lambda_a\,\lambda_{a^{-1}}\,,$$

d. h., λ_a ist bijektiv, also $\lambda_a \in S_X$.

Gibt es zu $a \neq e$ ein $x \in X$ mit $a \cdot x \neq x$, so ist $\lambda_a \neq \operatorname{Id}$. Das besagt, dass der Homomorphismus $\lambda : a \mapsto \lambda_a$ injektiv ist (beachte das Monomorphiekriterium 2.12). Mit dem Homomorphiesatz 4.11 folgt $G \cong G/\{e\} \cong \lambda(G)$. □

Bemerkung Ist der Homomorphismus λ in der Situation von Lemma 7.1 injektiv, so nennt man die Operation **treu**. Es ist dann G zu einer Untergruppe von S_X isomorph.

Beispiel 7.2 Es sei G die Gruppe der räumlichen Drehungen, die einen Tetraeder in sich überführen. G operiert auf der Menge E der Ecken des Tetraeders. Diese Operation ist treu, da nur die Identität alle Ecken des Tetraeders unverändert lässt.   ■

7.1.2 Bahnen von Operationen

Wenn eine Gruppe G auf einer nichtleeren Menge X operiert, nennt man

$$G \cdot x := \{a \cdot x \mid a \in G\} \subseteq X$$

für jedes $x \in X$ die (G)-**Bahn** oder **Orbit** von x der **Länge** $|G \cdot x|$.

Lemma 7.2 *Wenn die Gruppe G auf X operiert, ist die Menge $\{G \cdot x \mid x \in X\}$ aller Bahnen eine Partition von X, d. h.*

$$\text{(i)} \quad X = \bigcup_{x \in X} G \cdot x, \quad \text{(ii)} \quad G \cdot x = G \cdot y \Leftrightarrow G \cdot x \cap G \cdot y \neq \emptyset.$$

Beweis Nach (O1) gilt $x = e \cdot x \in G \cdot x$ für alle $x \in X$ und deshalb $X = \bigcup_{x \in X} G \cdot x$. Falls $z \in G \cdot x \cap G \cdot y \neq \emptyset$, etwa $z = a \cdot x = b \cdot y, a, b \in G$, dann folgt mit (O2)

$$x = a^{-1} \cdot (b \cdot y) = (a^{-1} b) \cdot y \in G \cdot y.$$

Es folgt $G \cdot x \subseteq G \cdot (G \cdot y) \subseteq G \cdot y$. Aus Symmtriegründen gilt auch $G \cdot y \subseteq G \cdot x$, also $G \cdot x = G \cdot y$.   □

Bemerkung Operiert G transitiv auf der Menge X, so gibt es zu beliebigen $x, y \in X$ ein $g \in G$ mit $g \cdot x = y$. Somit gibt es in diesem Fall nur eine Bahn $G \cdot x = X$.

Beispiel 7.3

- Es seien $X = \mathbb{R}^2$ die reelle euklidische Ebene und $G = (\mathbb{R}, +)$ die additive Gruppe der reellen Zahlen. Für jeden Vektor $a \in \mathbb{R}^2 \setminus \{0\}$ ist

$$\cdot : \begin{cases} G \times \mathbb{R}^2 \to & \mathbb{R}^2 \\ (\lambda, v) \mapsto & v + \lambda \cdot a \end{cases}$$

eine Operation. Die Bahnen dieser Operation sind die parallelen Geraden mit Richtung a. Die Vereinigung aller dieser Geraden bildet die euklidische Ebene.

- Eine andere Operation von $(\mathbb{R}, +)$ auf $\mathbb{R}^2 \cong \mathbb{C}$ wird durch $\lambda \cdot z := e^{i\lambda} z$ gegeben. Die Bahnen dieser Operation sind die Kreise um den Nullpunkt.

- Wieder sei $X = \mathbb{R}^2$ die euklidische Ebene, und es sei $G = \mathbb{Z} \times \mathbb{Z}$ die additive Gruppe der Paare ganzer Zahlen. Dann operiert G auf $\mathbb{R}^2$ durch

$$\cdot : \begin{cases} G \times \mathbb{R}^2 & \to & \mathbb{R}^2 \\ ((m, n), (x, y)) & \mapsto & (x + m, y + n) \end{cases}.$$

Die Bahn von $(x, y) \in \mathbb{R}^2$ ist das Einheitsgitter durch (x, y).

- Es sei U eine Untergruppe einer Gruppe G. Dann operiert U auf der Menge G durch Linksmultiplikation $(u, a) \mapsto u\,a$. Die Bahnen dieser Operation sind von der Form $U \cdot a = U\,a$, das sind Rechtsnebenklassen von U in G. Damit kann die Zerlegung von G in seine Rechtsnebenklassen nach U, und damit der Satz von Lagrange, in das hier entwickelte Konzept der Gruppenoperationen eingeordnet werden. ∎

7.1.3 Der Stabilisator

Wieder sei G eine Gruppe, die auf der nichtleeren Menge X operiere. Es sei $X = \bigcup_{x \in X} G \cdot x$ die zugehörige Zerlegung in disjunkte Bahnen. Die wichtigsten Ergebnisse dieses Kapitels erhalten wir durch einen sehr harmlos aussehenden Ansatz, der jedoch äußerst wirkungsvoll ist. Wir bestimmen die Mächtigkeit von X einmal direkt und ein anderes Mal durch Addition der Mächtigkeiten der verschiedenen Bahnen und vergleichen die gefundenen Werte.

Zur Berechnung der Länge von $G \cdot x$ dient der **Stabilisator** von $x \in X$ in G:

$$G_x := \{a \in G \mid a \cdot x = x\}.$$

Beispiel 7.4 Es seien $E_3 := \{1, \varepsilon, \varepsilon^2\}$ mit $\varepsilon = e^{\frac{2\pi i}{3}}$ die Ecken eines regulären 3-Ecks in der komplexen Ebene $\mathbb{C}$ und $G := D_3 = \langle \alpha, \beta \rangle = \{\mathrm{Id}, \alpha, \beta, \beta^2, \alpha\beta, \alpha\beta^2\}$ die Diedergruppe (vgl. Abschn. 3.1.5). Dann ist

$$\cdot : \begin{cases} G \times E_3 \to E_3 \\ (a, z) \mapsto a(z) \end{cases}$$

eine Operation von G auf E_3. Wir bestimmen die Stabilisatoren G_1, G_ε und G_{ε^2} der Ecken des regulären 3-Ecks. Wegen $\mathrm{Id}(1) = 1$, $\alpha(1) = 1$, $\beta(1) = \varepsilon$, $\beta^2(1) = \varepsilon^2$, $\alpha(\beta(1)) = \varepsilon^2$, $\alpha(\beta^2(1)) = \varepsilon$ gilt (mit weiteren ähnlichen Rechnungen): $G_1 = \{\mathrm{Id}, \alpha\}$, $G_\varepsilon = \{\mathrm{Id}, \alpha\beta\}$, $G_{\varepsilon^2} = \{\mathrm{Id}, \alpha\beta^2\}$.

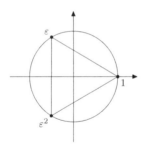

Lemma 7.3 *Die Gruppe G operiere auf X.*

(a) Für jedes $x \in X$ ist G_x eine Untergruppe von G, und es gilt

$$|G \cdot x| = [G : G_x] \quad \textbf{(Bahnenformel)} .$$

(b) Für $a \in G$ und $x \in X$ gilt $G_{a \cdot x} = a\, G_x\, a^{-1}$.

Beweis

(a) Für $x \in X$ und $a,\, b \in G_x$ gilt $e \in G_x$ und ferner

$$(a\,b) \cdot x = a \cdot (b \cdot x) = a \cdot x = x \quad \text{und} \quad a^{-1} \cdot x = a^{-1} \cdot (a \cdot x) = (a^{-1}\, a) \cdot x = e \cdot x = x ,$$

d. h. $a\,b \in G_x$ und $a^{-1} \in G_x$, sodass G_x nach Lemma 2.7 eine Untergruppe von G ist.
    Für $a,\, b \in G$ gilt (beachte Lemma 3.7 (b))

$$a \cdot x = b \cdot x \Leftrightarrow (b^{-1}\, a) \cdot x = b^{-1} \cdot (a \cdot x) = b^{-1} \cdot (b \cdot x) = (b^{-1}\, b) \cdot x = e \cdot x = x$$

$$\Leftrightarrow b^{-1}\, a \in G_x \Leftrightarrow a\, G_x = b\, G_x .$$

Es gibt demnach ebenso viele verschiedene Elemente $a \cdot x$ in der Bahn $G \cdot x$ wie es verschiedene Nebenklassen $a\, G_x$ gibt.

(b) Die Gleichheit der Mengen folgt aus:

$$b \in G_{a \cdot x} \Leftrightarrow b \cdot (a \cdot x) = a \cdot x \Leftrightarrow (a^{-1}\, b\, a) \cdot x = x \Leftrightarrow a^{-1}\, b\, a \in G_x$$

$$\Leftrightarrow b \in a\, G_x\, a^{-1} .$$

$$\square$$

Bemerkung Wenn G endlich ist, ist nach der Bahnenformel und dem Satz von Lagrange die Länge jeder Bahn ein Teiler von $|G|$.

Beispiel 7.5 Vgl. obiges Beispiel 7.4: $G_{\beta \cdot 1} = \beta \, G_1 \, \beta^{-1} = \{\mathrm{Id}, \ \beta \, \alpha \, \beta^{-1}\} = G_\varepsilon$. ∎

7.2 Der Fixpunktsatz

7.2.1 Die Anzahlformel

Wir bestimmen die Mächtigkeit von X als die Summe der Mächtigkeiten der Bahnen einer Gruppenoperation. Die Gruppe G operiere auf der Menge X. Es sei $X = \bigcup_{x \in X} G \cdot x$ die zugehörige Zerlegung in disjunkte Bahnen.

Wenn wir in dieser Zerlegung $X = \bigcup_{x \in X} G \cdot x$ die verschiedenen Bahnen nur jeweils einmal aufführen wollen, ist die Vereinigung im Allgemeinen nicht über alle $x \in X$ zu bilden, sondern nur über eine Teilmenge, die aus jeder Bahn genau ein Element enthält. Eine solche Teilmenge von X heißt ein **Repräsentantensystem** für die Bahnen. Es ist also $T \subseteq X$ genau dann ein Repräsentantensystem für die Bahnen, wenn gilt:

- Zu jedem $x \in X$ gibt es ein $t \in T$ mit $G \cdot x = G \cdot t$.
- Für $t, \, t' \in T$ mit $t \neq t'$ ist auch $G \cdot t \neq G \cdot t'$.

Besteht eine Bahn $G \cdot x$ nur aus einem Element, d. h. $G \cdot x = \{x\}$, dann gehört dieses x zu jedem Repräsentantensystem.

Lemma 7.4 *Wenn G auf X operiert und $T \subseteq X$ ein Repräsentantensystem für die Bahnen ist, dann gilt*

$$|X| = \sum_{x \in T} [G : G_x] \quad \textbf{(Anzahlformel)}.$$

Beweis Es ist $X = \bigcup_{x \in T} G \cdot x$ disjunkte Vereinigung seiner Bahnen. Die Formel folgt nun durch *Abzählen* aller Bahnen mit der Bahnenformel aus Lemma 7.3. □

7.2.2 Fixpunkte

Ein Element $x \in X$ heißt **Fixpunkt** der Gruppenoperation, wenn

$$a \cdot x = x \quad \text{für alle} \quad a \in G.$$

Offenbar ist x genau dann ein Fixpunkt der Gruppenoperation, wenn

$$G \cdot x = \{x\} \quad \text{bzw.} \quad G_x = G \quad \text{bzw.} \quad [G : G_x] = 1.$$

Es bezeichne $\mathrm{Fix}_G(X)$ die Menge der Fixpunkte der Gruppenoperation von G auf X. Es gehört $\mathrm{Fix}_G(X)$ zu jedem Repräsentantensystem T der Bahnen. Wenn wir in Lemma 7.4 zuerst über alle Fixpunkte summieren und dann über die restlichen Elemente des Repräsentantensystems T, so erhalten wir wegen $[G : G_x] = 1$ für jeden Fixpunkt x:

$$|X| = |\mathrm{Fix}_G(X)| + \sum_{\substack{x \in T \\ [G:G_x]>1}} [G : G_x] \quad (\boldsymbol{Fixpunktformel}).$$

Die Summationsbedingung $[G : G_x] > 1$ kann leer sein, dann ist der zweite Summand natürlich durch 0 zu ersetzen. Die Fixpunktformel erlaubt Aussagen über die Anzahl der Fixpunkte.

Satz 7.5 (Fixpunktsatz) *Es sei G eine Gruppe der Ordnung p^r, p prim. Operiert G auf einer endlichen Menge X, so gilt*

$$|X| \equiv |\mathrm{Fix}_G(X)| \,(\mathrm{mod}\ p).$$

Insbesondere gibt es wenigstens einen Fixpunkt, wenn $|X|$ und p teilerfremd sind.

Beweis Es gilt

$$|X| - |\mathrm{Fix}_G(X)| = \sum_{[G:G_x]>1} [G : G_x].$$

Jeder Summand der rechten Seite dieser Gleichung ist nach dem Satz 3.9 von Lagrange ein Teiler von $|G| = p^r$, und wegen der Bedingung $[G : G_x] > 1$ ist der größte gemeinsame Teiler dieser Summe von der Form p^l mit $l \geq 1$. Damit ist bereits die Kongruenz $|X| \equiv |\mathrm{Fix}_G(X)| \,(\mathrm{mod}\ p)$ begründet. Sind $|X|$ und p teilerfremd, dann ist p kein Teiler von $|X|$ und es muss $|\mathrm{Fix}_G(X)|$ von null verschieden sein. $\qquad\square$

Bemerkung Wie wir bereits bemerkt haben, kann der Satz von Lagrange im Rahmen dieses Konzepts entwickelt werden. Eine Untergruppe U von G operiert auf G durch Linksmultiplikation $(u, x) \mapsto u\,x$. Die Bahn von $x \in G$ ist die Rechtsnebenklasse $U\,x$. Wegen der Kürzregeln in G ist jeder Stabilisator trivial, d. h. $U_x = \{e\}$ für alle $x \in G$. Die Aussagen Lemmas 7.3 und 7.4 zeigen nun:

$$|U\,x| = [U : \{e\}] = |U| \quad \text{und} \quad |G| = \sum_{x \in T} |U| = [G : U]\,|U|.$$

7.3 Die Klassengleichung

Mit der *Klassengleichung* erhalten wir wichtige Aussagen über sogenannte *p-Gruppen*.

7.3.1 Die Konjugiertenklassen

Wir erklären eine Operation einer Gruppe G auf der Menge $X = G$ durch *Konjugation*, die Bahnen sind die *Konjugiertenklassen*: Es sei G eine Gruppe, und $X := G$. Für $a \subset G$ und $x \in X = G$ sei

$$a \circ x := a \, x \, a^{-1}.$$

Wegen $e \circ x = x$ und $a \circ (b \circ x) = a \, (b \, x \, b^{-1}) \, a^{-1} = (a \, b) \, x \, (a \, b)^{-1} = (a \, b) \circ x$ operiert G mittels $\circ$ auf sich. Die Bahn

$$G \circ x = \{a \, x \, a^{-1} \mid a \in G\}$$

wird die **Konjugiertenklasse** oder auch **Konjugationsklasse** von x in G genannt.

Die Fixpunkte $x \in G$ dieser Operation sind wegen $a \, x \, a^{-1} = x \Leftrightarrow a \, x = x \, a$ genau die Elemente des Zentrums $Z(G) = \{a \in G \mid a \, x = x \, a \text{ für alle } x \in G\}$. Und der Stabilisator $G_x = \{a \in G \mid a \, x \, a^{-1} = x\}$ ist in diesem Fall der sogenannte **Zentralisator** $Z_G(x) = \{a \in G \mid a \, x = x \, a\}$ von x in G. Die Fixpunktformel wird in diesem Spezialfall zur sogenannten *Klassengleichung*:

Satz 7.6 *Es sei G eine endliche Gruppe. Sind $K_1, \ldots, K_r$ die verschiedenen Konjugiertenklassen mit mindestens zwei Elementen in G und $a_i \in K_i$ für $i = 1, \ldots, r$, so gilt*

$$|G| = |Z(G)| + \sum_{i=1}^{r} [G : Z_G(a_i)] \quad \textbf{(Klassengleichung)}.$$

Beispiel 7.6 Es sei $G = S_3$. Wir bezeichnen die Elemente der symmetrischen Gruppe S_3 wie folgt:

$$\mathrm{Id} = \begin{pmatrix} 1 & 2 & 3 \\ 1 & 2 & 3 \end{pmatrix}, \; \sigma_1 = \begin{pmatrix} 1 & 2 & 3 \\ 2 & 1 & 3 \end{pmatrix}, \; \sigma_2 = \begin{pmatrix} 1 & 2 & 3 \\ 1 & 3 & 2 \end{pmatrix}, \; \sigma_3 = \begin{pmatrix} 1 & 2 & 3 \\ 3 & 2 & 1 \end{pmatrix},$$

$$\sigma_4 = \begin{pmatrix} 1 & 2 & 3 \\ 2 & 3 & 1 \end{pmatrix}, \; \sigma_5 = \begin{pmatrix} 1 & 2 & 3 \\ 3 & 1 & 2 \end{pmatrix}.$$

Nach einfachen Rechnungen erhalten wir:

$$G \circ \mathrm{Id} = \{\mathrm{Id}\}, \ G \circ \sigma_1 = \{\sigma_1, \sigma_2, \sigma_3\}, \ G \circ \sigma_4 = \{\sigma_4, \sigma_5\}.$$

Da die Konjugiertenklassen Äquivalenzklassen sind, folgt $G \circ \sigma_1 = G \circ \sigma_2 = G \circ \sigma_3$ sowie $G \circ \sigma_4 = G \circ \sigma_5$. Das Zentrum $Z(S_3)$ besteht somit nur aus der Identität: $Z(S_3) = \{\mathrm{Id}\}$, und als Zentralisatoren erhalten wir

$$Z_{S_3}(\mathrm{Id}) = S_3, \ Z_{S_3}(\sigma_1) = \{\mathrm{Id}, \sigma_1\}, \ Z_{S_3}(\sigma_2) = \{\mathrm{Id}, \sigma_2\}, \ Z_{S_3}(\sigma_3) = \{\mathrm{Id}, \sigma_3\},$$

$$Z_{S_3}(\sigma_4) = \{\mathrm{Id}, \sigma_4, \sigma_5\}, \ Z_{S_3}(\sigma_5) = \{\mathrm{Id}, \sigma_4, \sigma_5\}.$$

Damit gilt $6 = |S_3| = |Z(S_3)| + [S_3 : Z_{S_3}(\sigma_1)] + [S_3 : Z_{S_3}(\sigma_4)] = 1 + 3 + 2$.

Mit der Klassengleichung erhalten wir nichttriviale Aussagen für *p-Gruppen*. Das sind Gruppen mit Primzahlpotenzordnung.

7.3.2   *p*-Gruppen

Es sei p eine Primzahl. Eine endliche Gruppe heißt eine p-**Gruppe**, wenn ihre Ordnung eine Potenz von p ist, d. h. $|G| = p^k, k \in \mathbb{N}$.

Satz 7.7 *Jede p-Gruppe G hat ein nichttriviales Zentrum, d. h. $|Z(G)| > 1$.*

Beweis Wir benutzen die Bezeichnungen aus Satz 7.6. Jeder Index $[G : Z_G(a_i)] > 1$ ist als Teiler von $|G| = p^k$ durch p teilbar. Deshalb sind die linke Seite und die Summe $\sum_{i=1}^r [G : Z_G(a_i)]$ in der Klassengleichung durch p teilbar. Also ist auch deren Differenz $|Z(G)|$ durch p teilbar. Folglich ist $Z(G)$ nichttrivial. $\qquad\square$

Wir können jetzt leicht alle Gruppen der Ordnung p^2 für Primzahlen p vollständig charakterisieren.

Lemma 7.8 *Für jede Primzahl p gibt es – bis auf Isomorphie – genau zwei Gruppen der Ordnung p², nämlich*

$$\mathbb{Z}/p^2 \quad \text{und} \quad \mathbb{Z}/p \times \mathbb{Z}/p.$$

Insbesondere sind Gruppen von der Ordnung p² abelsch.

Beweis Es gelte $|G| = p^2$ und $G \not\cong \mathbb{Z}/p^2$. Nach Satz 7.7 existiert ein $z \neq e$ in $Z(G)$. Somit ist $\langle z \rangle$ eine echte Untergruppe von G. Es sei $a \in G \setminus \langle z \rangle$. Nach dem Satz 3.9 von Lagrange gilt $o(a) \in \{1, p, p^2\}$. Wegen $a \in G \setminus \langle z \rangle$ folgt $o(a) = p = o(z)$ und $\langle a \rangle \cap \langle z \rangle = \{e\}$. Da $z \in Z(G)$, gilt nach Lemma 4.4 ferner $\langle a \rangle \cdot \langle z \rangle \leq G$. Und da $|\langle a \rangle \cdot \langle z \rangle| = p^2 = |G|$ gilt, folgt $G = \langle a \rangle \cdot \langle z \rangle$. Wegen $a\,z = z\,a$ ist G abelsch. Die Untergruppen $\langle a \rangle$ und $\langle z \rangle$ von G sind somit Normalteiler von G. Es folgt $G = \langle a \rangle \otimes \langle z \rangle \cong \mathbb{Z}/p \times \mathbb{Z}/p$. $\qquad \square$

Mit Lemma 5.2 haben wir damit auch eine Übersicht über alle Untergruppen von Gruppen G der Ordnung p^2 mit einer Primzahl p. Ist G zyklisch, so kann direkt Lemma 5.2 angewendet werden, ist G nicht zyklisch, so ist jede echte Untergruppe von G zyklisch, also kann erneut Lemma 5.2 angewendet werden.

Aufgaben

7.1 •• Es operiere G auf der Menge X, und es sei $x \in X$. Begründen Sie: Der Stabilisator G_x ist genau dann ein Normalteiler von G, wenn $G_x = G_y$ für alle $y \in G \cdot x$ erfüllt ist.

7.2 • Es seien $X = \{1, 2, 3, 4\}$ und $G = V_4 := \{\mathrm{Id}, \sigma_1, \sigma_2, \sigma_3\}$ mit

$$\sigma_1 = \begin{pmatrix} 1 & 2 & 3 & 4 \\ 2 & 1 & 4 & 3 \end{pmatrix}, \ \sigma_2 = \begin{pmatrix} 1 & 2 & 3 & 4 \\ 3 & 4 & 1 & 2 \end{pmatrix}, \ \sigma_3 = \begin{pmatrix} 1 & 2 & 3 & 4 \\ 4 & 3 & 2 & 1 \end{pmatrix}.$$

Es operiert G auf X bezüglich $\sigma \cdot x := \sigma(x)$. Bestimmen Sie die Bahnen $G \cdot 2$ und $G \cdot 4$ und die Stabilisatoren G_2 und G_4.

7.3 •• Es sei G eine nichtabelsche Gruppe mit $|G| = p^3$ für eine Primzahl p. Man zeige: $|Z(G)| = p$. *Hinweis:* Benutzen Sie Aufgabe 5.6.

7.4 ••• Es seien G eine Gruppe und U eine Untergruppe. Weiter seien $\mathcal{L} := \{a\,U \mid a \in G\}$ und $\mathcal{R} := \{U\,a \mid a \in G\}$ die Mengen der Links- bzw. Rechtsnebenklassen. Zeigen Sie:

(a) G operiert transitiv auf $\mathcal{L}$ bzw. $\mathcal{R}$ durch

$$g \cdot (a\,U) = g\,a\,U \quad \text{bzw.} \quad g \cdot (U\,a) = U\,a\,g^{-1}.$$

Warum ist bei der zweiten Operation eine Inversion notwendig? Wäre auch $g \cdot (U\,a) := U\,a\,g$ eine gültige Operation?

(b) Für $a \in G$ gilt für die Stabilisatoren: $G_{a\,U} = a\,U\,a^{-1}$ und $G_{U\,a} = a^{-1}\,U\,a$.

(c) Geben Sie eine Bedingung an, wann die Operationen treu sind.

7.5 ••• Bestimmen Sie bis auf Isomorphie alle nichtabelschen Gruppen der Ordnung 8.

7.6 ••• Es sei G eine p-Gruppe.

(a) Es sei $U \subsetneq G$ eine echte Untergruppe von G. Zeigen Sie: $U \subsetneq N_G(U)$. *Hinweis:* vollständige Induktion nach $|G|$.

(b) Es sei U eine maximale Untergruppe von G, d. h., es ist $U \subsetneq G$ eine echte Untergruppe von G, und es gibt keine Untergruppe H mit $U \subsetneq H \subsetneq G$. Zeigen Sie, dass U ein Normalteiler von G ist.

7.7 ●● Zeigen Sie, dass für die multiplikative Gruppe $G = (\mathbb{R} \setminus \{0\}, \cdot)$ durch

$$\cdot : G \times \mathbb{R}^2 \to \mathbb{R}^2, \quad (t, (x, y)) \mapsto t \cdot (x, y) := (tx, t^{-1}y)$$

eine Operation von G auf $\mathbb{R}^2$ gegeben ist. Skizzieren Sie die Bahnen dieser Operation.

7.8 ●●● Für einen Körper K und eine natürliche Zahl n wird die **projektive spezielle lineare Gruppe** $\mathrm{PSL}_n(K) := \mathrm{SL}_n(K)/Z$ definiert, wobei

$$Z := \{a\, E_n \in K^{n \times n} \mid a \in K,\ a^n = 1\}.$$

Weiter sei

$$\mathbb{P}^{n-1} := \big\{ \langle v \rangle \mid v \in K^n \setminus \{0\} \big\}$$

die Menge aller eindimensionalen Untervektorräume von K^n (man nennt $\mathbb{P}^{n-1}$ den $(n-1)$-**dimensionalen projektiven Raum** über K).

(a) Bestimmen Sie die Mächtigkeiten $|\mathrm{GL}_n(K)|$, $|\mathrm{SL}_n(K)|$, $|\mathrm{PSL}_2(K)|$ und $|\mathbb{P}^{n-1}|$, falls K ein endlicher Körper mit q Elementen ist.

(b) Zeigen Sie, dass

$$\cdot : \mathrm{PSL}_n(K) \times \mathbb{P}^{n-1} \to \mathbb{P}^{n-1}, \quad (A\,Z, \langle v \rangle) \mapsto A\,Z \cdot \langle v \rangle := \langle A\,v \rangle$$

mit $A \in \mathrm{SL}_n(K)$, $v \in K^n \setminus \{0\}$ eine Operation von $\mathrm{PSL}_n(K)$ auf $\mathbb{P}^{n-1}$ ist.

(c) Wir betrachten nun den Fall $n = 2$, $K = \mathbb{Z}/3$ und den durch die Operation $\cdot$ induzierten Homomorphismus $\lambda : \mathrm{PSL}_2(\mathbb{Z}/3) \to S_{\mathbb{P}^1}$. Wir setzen

$$\mathbb{P}^1 = \left\{ p_1 := \left\langle \begin{pmatrix} 1 \\ 0 \end{pmatrix} \right\rangle,\quad p_2 := \left\langle \begin{pmatrix} 0 \\ 1 \end{pmatrix} \right\rangle,\quad p_3 := \left\langle \begin{pmatrix} 1 \\ 1 \end{pmatrix} \right\rangle,\quad p_4 := \left\langle \begin{pmatrix} 1 \\ 2 \end{pmatrix} \right\rangle \right\}$$

und identifizieren $S_{\mathbb{P}^1}$ mit S_4 (indem wir etwa p_i mit i identifizieren). Berechnen Sie

$$\lambda\left(\begin{pmatrix} 1 & 1 \\ 0 & 1 \end{pmatrix} Z \right) \in S_4 \quad \text{und} \quad \lambda\left(\begin{pmatrix} 1 & 0 \\ 1 & 1 \end{pmatrix} Z \right) \in S_4,$$

und folgern Sie, dass $\lambda : \mathrm{PSL}_2(\mathbb{Z}/3) \to A_4$ ein Isomorphismus ist.

Die Sätze von Sylow

8

Übersicht

Die Sylow'schen Sätzen enthalten Aussagen über die Existenz und Anzahl von p-Untergruppen einer endlichen Gruppe. Diese Sätze sind Grundstein für die gesamte Strukturtheorie endlicher Gruppen.

Für zyklische Gruppen und Gruppen der Ordnung p^2, wobei p eine Primzahl ist, haben wir bereits eine genaue Übersicht über sämtliche Untergruppen gegeben. Man kann nicht erwarten, dass ähnlich scharfe Aussagen für beliebige endliche Gruppen gelten. Nach dem Satz von Lagrange wissen wir zwar, dass die Ordnung einer Untergruppe ein Teiler der Gruppenordnung ist, jedoch wissen wir im Allgemeinen nicht, ob auch zu jedem Teiler der Gruppenordnung eine Untergruppe dieser Ordnung existiert. Es gibt Beispiele von Gruppen, in denen solche Untergruppen nicht existieren.

8.1 Der erste Satz von Sylow

Der erste Satz von Sylow macht eine Aussage über die Existenz und Anzahl maximaler p-Untergruppen endlicher Gruppen.

© Der/die Autor(en), exklusiv lizenziert an Springer-Verlag GmbH, DE, ein Teil von Springer Nature 2024
C. Karpfinger, *Algebra*, https://doi.org/10.1007/978-3-662-68656-0_8

8.1.1 Die Sätze von Frobenius und Cauchy

Wir begründen den ersten Satz von Sylow mithilfe des folgenden Ergebnisses von Frobenius. Eine unmittelbare Folgerung des Satzes von Frobenius ist der Satz von Cauchy.

Satz 8.1 (G. Frobenius) *Die Primzahlpotenz $p^s > 1$ sei ein Teiler der Ordnung der endlichen Gruppe G. Dann besitzt G Untergruppen der Ordnung p^s; ihre Anzahl ist kongruent 1 modulo p (also von der Form $1 + k\,p$ mit $k \in \mathbb{N}_0$).*

Beweis (G. A. Miller 1915, H. Wielandt 1959) Es sei $|G| = p^s\,m$. Die wesentliche Beweisidee ist, die Gruppe G auf der Menge

$$\mathfrak{X} := \{M \subseteq G \mid |M| = p^s\}$$

aller p^s-elementigen Teilmengen von G operieren zu lassen.

1. *Die Gruppenoperation:* Da für $a \in G$ und $M \subseteq G$ stets $|a\,M| = |M|$ gilt, operiert G durch Linksmultiplikation $(a, M) \mapsto a \cdot M = a\,M = \{a\,x \mid x \in M\}$ auf $\mathfrak{X}$. Die Bedingungen $e \cdot M$ und $a \cdot (b \cdot M) = (a\,b) \cdot M$ sind erfüllt. Die Menge $\mathfrak{X}$ zerfällt in disjunkte Bahnen $G \cdot M = \{a\,M \mid a \in G\}$. Für den Stabilisator

$$G_M := \{a \in G \mid a\,M = M\}$$

von $M \in \mathfrak{X}$ und jedes $x \in M$ gilt $G_M\,x \subseteq G_M\,M = M$; deshalb ist M Vereinigung gewisser Rechtsnebenklassen $G_M\,x$, $x \in M$, die alle die gleiche Mächtigkeit $|G_M\,x| = |G_M|$ haben. Das bedeutet $p^s = |M| = $ (Anzahl dieser Nebenklassen) $\cdot\,|G_M|$ und somit

$$|G_M| = p^{k_M} \quad \text{für ein } k_M \quad \text{mit } 0 \le k_M \le s\,.$$

Mit $|G| = p^s\,m$, der Bahnenformel in Lemma 7.3 und dem Satz 3.9 von Lagrange ergibt sich die Bahnenlänge

$$\text{(i)} \qquad |G \cdot M| = [G : G_M] = \frac{|G|}{|G_M|} = p^{s-k_M}\,m\,.$$

2. *Die Zerlegung $\mathfrak{X} = \mathfrak{X}_0 \cup \mathfrak{X}_s$:* Mit

$$\mathfrak{X}_0 := \{M \in \mathfrak{X} \mid |G_M| = p^{k_M} \quad \text{mit} \quad k_M < s\} \quad \text{und}$$

$$\mathfrak{X}_s := \{M \in \mathfrak{X} \mid |G_M| = p^s\}$$

haben wir die disjunkte Zerlegung $\mathfrak{X} = \mathfrak{X}_0 \cup \mathfrak{X}_s$, und damit $|\mathfrak{X}| = |\mathfrak{X}_0| + |\mathfrak{X}_s|$.

Da für jedes $a \in G$ nach Lemma 7.3 die Beziehung $G_{aM} = a\,G_M\,a^{-1}$ gilt, liegt mit $M \in \mathfrak{X}_i$ auch die ganze Bahn $G \cdot M$ in $\mathfrak{X}_i$, $i = 0,\, s$, d. h., $\mathfrak{X}_i$ besteht aus vollen Bahnen;

$$\mathfrak{X}_0 = \bigcup_{\substack{|G_M|=p^k \\ k<s}} G \cdot M \quad \text{und} \quad \mathfrak{X}_s = \bigcup_{|G_M|=p^s} G \cdot M \,.$$

Für jede Bahn $G \cdot M \subseteq \mathfrak{X}_0$ ist $p\,m$ nach (i) ein Teiler der Bahnenlänge und deshalb $p\,m \mid |\mathfrak{X}_0|$, d. h. wegen $|\mathfrak{X}_0| = |\mathfrak{X}| - |\mathfrak{X}_s|$:

$$\text{(ii)} \qquad p\,m \mid (|\mathfrak{X}| - |\mathfrak{X}_s|)\,.$$

3. *Näheres über $\mathfrak{X}_s$:* Es sei $\mathfrak{U} = \{U \le G \mid |U| = p^s\}$ die Menge aller Untergruppen von G der Ordnung p^s und $\mathfrak{M} = \{G \cdot M \mid M \in \mathfrak{X}_s\}$ die Menge aller Bahnen in $\mathfrak{X}_s$. Jedes $U \in \mathfrak{U}$ liegt in $\mathfrak{X}$ und hat den Stabilisator $G_U = \{a \in G \mid a\,U = U\} = U$, somit $U \in \mathfrak{X}_s$. Wie zuvor bemerkt, liegt dann die Bahn $G \cdot U$ in $\mathfrak{X}_s$. Wir haben also eine Abbildung

$$\begin{cases} \mathfrak{U} \to \mathfrak{M} \\ U \mapsto G \cdot U \end{cases}.$$

Diese Abbildung ist injektiv: Ist nämlich $G \cdot U_1 = G \cdot U_2$, so ist $U_1 = e \cdot U_1 \in G \cdot U_2$. Somit ist U_1 darstellbar als $U_1 = a\,U_2$ mit einem $a \in G$. Das neutrale Element $e \in U_1$ hat dann die Form $e = a\,u_2$ mit $u_2 \in U_2$, also $a \in U_2$ und $U_1 = a\,U_2 = U_2$. Die Abbildung ist auch surjektiv: Ausgehend von irgendeiner Bahn $G \cdot M$ und dem Repräsentanten $M \in \mathfrak{X}_s$ betrachten wir die zugehörige Gruppe $G_M \in \mathfrak{U}$. Mit jedem $x \in M$ gilt wegen $G_M\,x \subseteq G_M\,M = M$ und $|G_M\,x| = |G_M| = |M|$ die Gleichheit $G_M\,x = M$ und damit $a\,x\,(x^{-1}\,G_M\,x) = a\,M$ für jedes $a \in G$. Also ist die Bahn $G \cdot M$ das Bild der Gruppe $x^{-1}\,G_M\,x \in \mathfrak{U}$. Insbesondere gilt nun $|\mathfrak{U}| = |\mathfrak{M}|$, d. h., die Anzahl der verschiedenen Bahnen in $\mathfrak{X}_s$ ist gleich der Anzahl der verschiedenen Untergruppen von G der Ordnung p^s. Aus $\mathfrak{X}_s = \bigcup_{|G_M|=p^s} G \cdot M$ folgt nun mit $|G \cdot M| = m$ (vgl. (i)) die Anzahlformel:

$$\text{(iii)} \qquad |\mathfrak{X}_s| = \lambda(G,\, p^s)\,m\,,$$

wobei $\lambda(G,\, p^s) := |\mathfrak{U}|$ die Anzahl der verschiedenen Untergruppen von G der Ordnung p^s bezeichnet. Mit der bekannten Formel $|\mathfrak{X}| = \dbinom{p^s\,m}{p^s}$ erhalten wir aus (ii) und (iii):

$$\text{(iv)} \qquad p\,m \mid \left[\dbinom{p^s\,m}{p^s} - \lambda(G,\, p^s)\,m \right]$$

bzw.

$$(v) \quad \binom{p^s m}{p^s} = \lambda(G, p^s)\, m + p\, m\, k \quad \text{mit einem} \quad k = k(G) \in \mathbb{Z}.$$

4. Man beachte, dass bisher weder $\mathfrak{X}_s \neq \emptyset$ noch $\lambda(G, p^s) \neq 0$ nachgewiesen wurde; alles ist noch offen. Jedoch gilt (iv) für alle Gruppen der Ordnung $p^s\, m$, insbesondere auch für $G = \mathbb{Z}/p^s m$, in der bekanntlich $\lambda(\mathbb{Z}/p^s m, p^s) = 1$ gilt (vgl. Lemma 5.2) und deshalb

$$\binom{p^s m}{p^s} = m + p\, m\, k(\mathbb{Z}/p^s m).$$

Mit dieser Formel für den Binomialkoeffizienten gehen wir zurück nach (v) und erhalten nach Kürzen von m:

$$\lambda(G, p^s) = 1 + p\, k \quad \text{mit} \quad k = \big(k(\mathbb{Z}/p^s\, m) - k(G)\big) \in \mathbb{Z}.$$

Das ist die Behauptung. Wegen $\lambda(G, p^s) \neq 0$ für alle G mit $|G| = p^s m$ gibt es wenigstens eine Untergruppe in G der Ordnung p^s (also $\mathfrak{X}_s \neq \emptyset$), und die Gesamtzahl dieser Untergruppen ist von der Form $1 + k\, p$ mit einem $k \in \mathbb{Z}$. $\square$

Wir formulieren den Satz 8.1 von Frobenius zum einen für $s = 1$ (siehe Korollar 8.2) und dann für maximales s (siehe Korollar 8.4):

Korollar 8.2 (Satz von Cauchy) *Ist p ein Primteiler der Ordnung einer endlichen Gruppe, so besitzt diese ein Element der Ordnung p.* $\square$

Beweis Nach dem Satz 8.1 von Frobenius besitzt G eine Untergruppe U von Primzahlordnung p. Nach Lemma 3.12 ist U zyklisch, d. h., es existiert ein $a \in U$ mit $U = \langle a \rangle$. Folglich gilt $o(a) = p$. $\square$

Wir können hieraus eine weitere Folgerung für p-Gruppen ziehen. Vorab eine Bezeichnung: Man sagt, ein Element a einer Gruppe G hat p-**Potenzordnung**, wenn $o(a) = p^k$ für ein $k \in \mathbb{N}_0$.

Korollar 8.3 *Eine endliche Gruppe G ist genau dann eine p-Gruppe, wenn alle ihre Elemente p-Potenzordnung haben.* $\square$

Beweis Aus $|G| = p^k$ folgt sofort $a^{p^k} = e$, also ist $o(a)$ eine p-Potenz für jedes $a \in G$ (vgl. den Satz 3.5 über die Ordnung von Gruppenelementen und den kleinen Satz 3.11 von

Fermat). Wäre andererseits $q \neq p$ ein Primteiler der Gruppenordnung, so gäbe es nach dem Satz 8.2 von Cauchy ein Element der Ordnung q. $\square$

8.1.2 Sylowgruppen

Es sei p Primteiler der Ordnung einer endlichen Gruppe G, und es gelte $|G| = p^r m$ mit $p \nmid m$. Dann nennt man jede Untergruppe der maximalen p-Potenzordnung p^r von G eine p-**Sylowgruppe** von G. Mit dem Satz 8.1 von Frobenius folgt:

Korollar 8.4 (1. Satz von Sylow) *Ist p Primteiler der Ordnung einer endlichen Gruppe G, so besitzt G p-Sylowgruppen. Ihre Anzahl ist von der Form $1 + k\,p$ mit $k \in \mathbb{N}_0$.* $\square$

Beispiel 8.1

- Für endliche zyklische Gruppen ist der erste Satz von Sylow bereits in einer schärferen Version in Lemma 5.2 enthalten: Es gilt in diesen Gruppen stets $k = 0$.
- Die Gruppe S_3 hat die Ordnung $6 = 2 \cdot 3$. Somit enthält S_3 Untergruppen der Ordnung 2 und 3, nämlich die 2- und 3-Sylowgruppen. Es sind

$$\left\langle \begin{pmatrix} 1 & 2 & 3 \\ 1 & 3 & 2 \end{pmatrix} \right\rangle, \left\langle \begin{pmatrix} 1 & 2 & 3 \\ 2 & 1 & 3 \end{pmatrix} \right\rangle, \left\langle \begin{pmatrix} 1 & 2 & 3 \\ 3 & 2 & 1 \end{pmatrix} \right\rangle$$

die drei ($= 1 + 1 \cdot 2$) verschiedenen 2-Sylowgruppen der S_3 und

$$\left\langle \begin{pmatrix} 1 & 2 & 3 \\ 2 & 3 & 1 \end{pmatrix} \right\rangle$$

die einzige ($1 = 1 + 0 \cdot 3$) 3-Sylowgruppe der S_3 (vgl. Beispiel 3.7).
- Die Gruppe S_4 besitzt $24 = 2^3 \cdot 3$ Elemente. Es gibt nach dem ersten Satz von Sylow Untergruppen der Ordnung 3 und 8. Und zwar gibt es vier ($= 1 + 1 \cdot 3$) Untergruppen der Ordnung 3 und drei ($= 1 + 1 \cdot 2$) Untergruppen der Ordnung 8 (vgl. Übungsaufgaben).   ■

8.2 Der zweite Satz von Sylow

Der zweite Satz von Sylow macht eine weitere Aussage über die Anzahl von p-Sylowgruppen einer endlichen Gruppe G sowie über die Zusammenhänge von p-Untergruppen mit p-Sylowgruppen.

Zwei Untergruppen U, V einer Gruppe G heißen **zueinander konjugiert**, wenn es ein $a \in G$ gibt mit $a\,U\,a^{-1} = V$ (vgl. Abschn. 4.2).

Ist p ein Primteiler der Ordnung einer endlichen Gruppe G und ist P eine p-Sylowgruppe von G, so ist für jedes $a \in G$ die zu P konjugierte Gruppe $a\,P\,a^{-1}$ ebenfalls eine p-Sylowgruppe von G. Das folgt aus der Tatsache, dass $a\,P\,a^{-1}$ Bild von P unter dem inneren Automorphismus ι_a ist. Die Menge aller p-Sylowgruppen von G bezeichnen wir mit $\mathrm{Syl}_p(G)$,

$$\mathrm{Syl}_p(G) = \{P \le G \mid P \quad \text{ist } p\text{-Sylowgruppe}\}.$$

8.2.1 Sylowgruppen und ihre Konjugierten

Nach dem ersten Satz von Sylow ist die Anzahl der p-Sylowgruppen einer endlichen Gruppe G mit $|G| = p^r m$ und $p \nmid m$ von der Form $1 + k\,p$ mit einem $k \in \mathbb{N}_0$. Der zweite Satz von Sylow liefert $1 + k\,p \mid m$. Dadurch werden die Möglichkeiten für k stark eingeschränkt:

Satz 8.5 (2. Satz von Sylow) *Es sei p Primteiler der Ordnung der endlichen Gruppe G; und $|G| = p^r\,m$ mit $p \nmid m$.*

(a) *Sind P eine p-Sylowgruppe und H eine p-Untergruppe von G, so existiert ein $a \in G$ mit $H \subseteq a\,P\,a^{-1}$.*

(b) *Je zwei p-Sylowgruppen von G sind zueinander konjugiert, und die Anzahl aller p-Sylowgruppen teilt m.*

Beweis (H. Wielandt)

(a) Die p-Untergruppe H von G operiert auf den Linksnebenklassen $\mathcal{L} := \{a\,P \mid a \in G\}$ von P durch Linksmultiplikation

$$\cdot : \begin{cases} H \times \mathcal{L} & \to & \mathcal{L} \\ (x, a\,P) & \mapsto & x\,a\,P \end{cases}.$$

Wegen $|\mathcal{L}| = [G : P] = m$ ist p kein Teiler von $|\mathcal{L}|$. Da $\mathcal{L}$ disjunkte Vereinigung der (H)-Bahnen ist, ist die Länge ℓ mindestens einer (H)-Bahn $H\,a\,P$ nicht durch p teilbar. Zum anderen ist ℓ nach der Bahnenformel in Lemma 7.3 ein Teiler von $|H|$, also eine Potenz von p. Es folgt $\ell = 1$ und damit $h\,a\,P = a\,P$ für jedes $h \in H$. Wegen $e \in P$ besagt dies $H\,a \subseteq a\,P$, d. h. $H \subseteq a\,P\,a^{-1}$.

(b) Zu zwei p-Sylowgruppen P, P' von G existiert nach (a) ein $a \in G$ mit $P' \subseteq a\,P\,a^{-1}$. Wegen $|a\,P\,a^{-1}| = |P| = |P'|$ folgt $P' = a\,P\,a^{-1}$, sodass also je zwei p-Sylowgruppen zueinander konjugiert sind. Folglich ist $|\mathrm{Syl}_p(G)|$ die Anzahl der zu P Konjugierten $a\,P\,a^{-1}$ in G. Nach Lemma 4.5 gilt damit $|\mathrm{Syl}_p(G)| = [G : N_G(P)]$

für den Normalisator von P in G. Und wegen $P \subseteq N_G(P)$ gilt nach dem Satz 3.9 von Lagrange $[G : N_G(P)] \mid m$. □

Wegen der Aussage (a) im zweiten Satz 8.5 von Sylow sind die p-Sylowgruppen genau die maximalen p-Untergruppen von G.

Beispiel 8.2 In der Gruppe S_3 sind

$$\left\langle \begin{pmatrix} 1\ 2\ 3 \\ 1\ 3\ 2 \end{pmatrix} \right\rangle, \left\langle \begin{pmatrix} 1\ 2\ 3 \\ 2\ 1\ 3 \end{pmatrix} \right\rangle, \left\langle \begin{pmatrix} 1\ 2\ 3 \\ 3\ 2\ 1 \end{pmatrix} \right\rangle$$

drei verschiedene 2-Sylowgruppen. Sie sind also zueinander konjugiert. So gilt etwa

$$\sigma \begin{pmatrix} 1\ 2\ 3 \\ 1\ 3\ 2 \end{pmatrix} \sigma^{-1} = \begin{pmatrix} 1\ 2\ 3 \\ 2\ 1\ 3 \end{pmatrix} \quad \text{für} \quad \sigma = \begin{pmatrix} 1\ 2\ 3 \\ 3\ 1\ 2 \end{pmatrix}.$$

Wir empfehlen zur Übung, das Beispiel zu vervollständigen. ■

8.2.2 Zur Anzahl der p-Sylowgruppen einer endlichen Gruppe

Ist p ein Primteiler der Ordnung einer endlichen Gruppe G, so besitzt G laut dem ersten Sylow'schen Satz 8.4 p-Sylowgruppen. Es gelte $|G| = p^r m$ mit $p \nmid m$. Die Anzahl n_p dieser p-Sylowgruppen erfüllt nach den Sylow'schen Sätzen 8.4 und 8.5 die beiden Bedingungen:

$$n_p \mid m \quad \text{und} \quad n_p \in \{1, 1 + p, 1 + 2p, \ldots\}.$$

Durch diese beiden Bedingungen ist n_p gelegentlich schon festgelegt.

Beispiel 8.3 Es sei $|G| = 15 = 3 \cdot 5$. Obige Bedingungen an die Anzahl n_3 bzw. n_5 der 3- bzw. 5-Sylowgruppen besagen nun

$$n_3 \mid 5, \ n_3 \in \{1, 1 + 3, 1 + 6, \ldots\} \quad \text{bzw.} \quad n_5 \mid 3, \ n_5 \in \{1, 1 + 5, 1 + 10, \ldots\}.$$

Somit gilt $n_3 = 1$ und $n_5 = 1$. ■

Bemerkung Auch wenn die Anzahl n_p der p-Sylowgruppen allein durch die Bedingungen $n_p \mid m$ und $n_p \equiv 1 \pmod{p}$ nicht eindeutig festgelegt ist, kann man doch oft n_p bestimmen, indem man weitere einfache Überlegungen (z. B. zur Gruppenordnung) anstellt (vgl. Übungsaufgaben).

8.2.3 Sylowgruppen und direkte Produkte

Ist G eine endliche abelsche Gruppe, so ist sie das direkte Produkt ihrer p-Sylowgruppen. Das folgt sofort aus dem folgenden Ergebnis.

Satz 8.6 *Es sei G eine endliche Gruppe.*

(a) *Eine p-Sylowgruppe P von G ist genau dann ein Normalteiler, wenn sie die einzige p-Sylowgruppe von G ist. In diesem Fall besteht sie aus allen Elementen von G, deren Ordnungen p-Potenzen sind.*

(b) *Wenn alle Sylowgruppen von G Normalteiler sind, ist G ihr direktes Produkt.*

Beweis

(a) Die erste Behauptung folgt aus dem zweiten Sylow'schen Satz 8.5 und der Tatsache, dass $a\,P\,a^{-1}$ für jedes $a \in G$ eine p-Sylowgruppe ist. Da eine p-Sylowgruppe eine p-Gruppe ist, folgt die zweite Aussage aus Korollar 8.3 und dem Teil (a) des zweiten Satzes 8.5 von Sylow.

(b) Es sei $p_1^{\nu_1} \cdots p_r^{\nu_r}$ die kanonische Primfaktorzerlegung von $|G|$. Nach Voraussetzung und (a) sowie dem ersten Satz 8.4 von Sylow gibt es zu jedem $i = 1, \ldots, r$ genau eine p_i-Sylowgruppe P_i. Das Produkt $H := P_1 \cdots P_r$ ist eine Untergruppe von G. Nach dem Satz 3.9 von Lagrange gilt $p_i^{\nu_i} \mid |H|$ für $i = 1, \ldots, r$. Nun folgt $p_1^{\nu_1} \cdots p_r^{\nu_r} \mid |H|$ wegen der Teilerfremdheit der Primzahlen $p_1, \ldots, p_r$. Dies liefert $G = H$. Somit ist jedes Element $a \in G$ auf genau eine Weise in der Form

$$a = a_1 \cdots a_r \quad \text{mit} \quad a_i \in P_i \quad \text{für} \quad i = 1, \ldots, r$$

darstellbar. Für $i \neq j$, $a \in P_i$, $b \in P_j$ gilt

$$P_j \ni (a\,b\,a^{-1})b^{-1} = a\,(b\,a^{-1}\,b^{-1}) \in P_i \,,$$

also $a\,b\,a^{-1}b^{-1} = e$, da nach (a) $P_i \cap P_j = \{e\}$ gilt. Es folgt $a\,b = b\,a$. Die Behauptung ergibt sich daher mit der Kennzeichnung innerer direkter Produkte im Satz 6.2.   □

Beispiel 8.4 Die p-Sylowgruppen einer Gruppe G sind insbesondere dann Normalteiler, wenn die Gruppe G abelsch ist. Also ist jede endliche abelsche Gruppe mit der Ordnung $n = p_1^{\nu_1} \cdots p_r^{\nu_r}$ (kanonische Primfaktorzerlegung) inneres direktes Produkt ihrer Sylowgruppen $P_1, \ldots, P_r$:

$$G = P_1 \otimes \cdots \otimes P_r \,.$$

So ist etwa $\mathbb{Z}/4900$ wegen $4900 = 2^2 \cdot 5^2 \cdot 7^2$ inneres direktes Produkt seiner p-Sylow-gruppen:

$$\mathbb{Z}/4900 = \langle \overline{1225} \rangle \otimes \langle \overline{196} \rangle \otimes \langle \overline{100} \rangle \cong \mathbb{Z}/4 \times \mathbb{Z}/25 \times \mathbb{Z}/49 \,,$$

dabei sind $\langle \overline{1225} \rangle = \langle \overline{5^2 \cdot 7^2} \rangle \cong \mathbb{Z}/4$ die (einzige) 2-Sylowgruppe, $\langle \overline{196} \rangle = \langle \overline{2^2 \cdot 7^2} \rangle \cong \mathbb{Z}/25$ die (einzige) 5-Sylowgruppe und $\langle \overline{2^2 \cdot 5^2} \rangle = \langle \overline{100} \rangle \cong \mathbb{Z}/49$ die (einzige) 7-Sylow-gruppe von $\mathbb{Z}/4900$. ∎

8.3 Gruppen kleiner Ordnung

Wir benutzen die Sylow'schen Sätze, um Gruppen *kleiner* Ordnungen zu klassifizieren. Wir kennen bereits (vgl. Lemmata 3.12, 5.3, 7.8)

- die Gruppen G von Primzahlordnung p: $G \cong \mathbb{Z}/p$,
- die Gruppen G der Ordnung p^2 für eine Primzahl p: $G \cong \mathbb{Z}/p^2$ oder $G \cong \mathbb{Z}/p \times \mathbb{Z}/p$.

Damit kennen wir bis auf Isomorphie die Gruppen G der Ordnungen

$$1, \, 2, \, 3, \, 2^2, \, 5, \, 7, \, 3^2, \, 11, \, 13, \, 17, \, 19, \ldots .$$

Nun ermitteln wir die Gruppen der Ordnung $p\,q$ für Primzahlen $p \neq q$.

Lemma 8.7 *Es sei G eine Gruppe der Ordnung $p\,q$ mit Primzahlen $p < q$. Dann gilt:*

(a) G besitzt genau eine q-Sylowgruppe Q und eine oder q verschiedene p-Sylow-gruppen.
(b) Im Fall $p \nmid q - 1$ ist G zyklisch.
(c) Im Fall $p = 2$ gilt $G \cong \mathbb{Z}/2q$ oder $G \cong D_q$.

Beweis Es sei n_p bzw. n_q die Anzahl der p- bzw. q-Sylowgruppen von G. Nach den beiden Sylow'schen Sätzen 8.4 und 8.5 gilt

$$n_p \mid q \,, \; n_q \mid p \quad \text{sowie} \quad n_p \in \{1, \, 1 + p, \, 1 + 2\,p \,, \, \ldots\}, \; n_q \in \{1, \, 1 + q, \, 1 + 2q, \, \ldots\}.$$

(a) Wegen $p < q$ folgt $n_q = 1$, und es gilt $n_p = 1$ oder $n_p = q$, da q prim ist.
(b) Wegen $n_p \equiv 1 \pmod{p}$ und $p \nmid q - 1$ gilt $n_p \neq q$, d. h. nach (a) $n_p = 1$. Wegen $n_q = 1$ ist nach Satz 8.6 die Gruppe $G = P \otimes Q$ inneres direktes Produkt mit der p-Sylowgruppe P und q-Sylowgruppe Q von G. Da p und q Primzahlen sind, sind

die Gruppen P und Q zyklisch (vgl. Lemma 3.12), und wegen der Teilerfremdheit von p und q ist das direkte Produkt G von P und Q zyklisch (vgl. Korollar 6.11).

(c) Nach (a) gilt $n_q = 1$ und $n_2 = 1$ oder $n_2 = q$. Im Fall $n_2 = 1$ schließt man wie unter (b), dass G zyklisch ist, d. h. $G \cong \mathbb{Z}/2q$. Es gelte also $n_2 = q$. Die Gruppe G besitzt in diesem Fall genau q Untergruppen der Ordnung 2 und genau eine zyklische Untergruppe $Q = \langle b \rangle$ der Ordnung q, die nach Satz 8.6 Normalteiler von G ist. Eine Nebenklassenzerlegung von G nach Q ist dann z. B. $G = Q \cup a\, Q$ mit einem nicht zu Q gehörenden Element $a \in G$. Hat ein Element $g \in G$ die Ordnung q, so liegt dieses Element nach Satz 8.6 (a) in Q. Die Elemente außerhalb von Q können daher nur die Ordnung 2 oder $2\,q$ haben. Es kommt aber kein Element der Ordnung $2\,q$ vor, da sonst G zyklisch wäre und wir nur eine 2-Sylowgruppe hätten. Also haben insbesondere a und $a\,b$ die Ordnung 2, sodass $a\,b\,a^{-1} = b^{-1}$. Es gilt

$$G = \{e,\, b,\, \ldots,\, b^{q-1},\, a,\, a\,b,\, \ldots,\, a\,b^{q-1}\}$$

mit $o(b) = q$, $o(a) = o(a\,b) = \cdots = o(a\,b^{q-1}) = 2$. Ein Vergleich mit Abschn. 3.1.5 zeigt, dass G isomorph zur Diedergruppe D_q ist.   □

Beispiel 8.5

- Für Lemma 8.7 (a) beachte das schon wiederholt behandelte Beispiel S_3: Es gibt eine 3-Sylowgruppe und drei 2-Sylowgruppen.
- Nach Lemma 8.7 (b) sind alle Gruppen der Ordnungen

$$15,\, 33,\, 35,\, 51,\, 65,\, 69,\, 77,\, 85,\, 87,\, 91,\, 95$$

zyklisch.
- Wegen der Lemmata 3.12, 7.8 und 8.7 kennen wir die meisten Gruppen bis auf Isomorphie mit einer Ordnung <20. Wir geben in der folgenden Tabelle jeweils rechts die Isomorphietypen (*Iso.typen*) an:

Ordnung	*Iso.typen*	*Ordnung*	*Iso.typen*	*Ordnung*	*Iso.typen*
1	$\mathbb{Z}/1$	6	$\mathbb{Z}/6$, D_3	13	$\mathbb{Z}/13$
2	$\mathbb{Z}/2$	7	$\mathbb{Z}/7$	14	$\mathbb{Z}/14$, D_7
3	$\mathbb{Z}/3$	9	$\mathbb{Z}/9$, $\mathbb{Z}/3 \times \mathbb{Z}/3$	15	$\mathbb{Z}/15$
4	$\mathbb{Z}/4$, $\mathbb{Z}/2 \times \mathbb{Z}/2$	10	$\mathbb{Z}/10$, D_5	17	$\mathbb{Z}/17$
5	$\mathbb{Z}/5$	11	$\mathbb{Z}/11$	19	$\mathbb{Z}/19$

Kritisch sind die Gruppen G mit den Ordnungen

$$|G| = 8,\ 12,\ 16,\ 18\,.$$

Wir geben möglichst vollständig die Isomorphietypen dieser Gruppen an:

- Die Gruppen der Ordnung 8 sind bis auf Isomorphie (vgl. Aufgabe 7.5)

$$\mathbb{Z}/8\,,\ \mathbb{Z}/4 \times \mathbb{Z}/2\,,\ \mathbb{Z}/2 \times \mathbb{Z}/2 \times \mathbb{Z}/2\,,\ D_4\,,\ Q\,,$$

wobei Q die Quaternionengruppe ist (vgl. Beispiel 2.1).
- Die Gruppen der Ordnung 12 sind bis auf Isomorphie

$$\mathbb{Z}/12\,,\ \mathbb{Z}/6 \times \mathbb{Z}/2\,,\ D_6\,,\ A_4\,,\ \mathbb{Z}/3 \rtimes \mathbb{Z}/4\,,$$

wobei A_4 die *alternierende Gruppe vom Grad* 4 ist (siehe Kap. 9) und $\mathbb{Z}/3 \rtimes \mathbb{Z}/4$ das *(äußere) semidirekte Produkt von* $\mathbb{Z}/3$ *mit* $\mathbb{Z}/4$ *ist.*
- Die Gruppen der Ordnung 18 sind bis auf Isomorphie

$$\mathbb{Z}/18\,,\ \mathbb{Z}/6 \times \mathbb{Z}/3\,,\ D_9\,,\ \mathbb{Z}/3 \times D_3\,,\ (\mathbb{Z}/3 \times \mathbb{Z}/3) \rtimes \langle z \rangle\,,$$

wobei z ein Element der Ordnung 2 ist.
- Und schließlich die Gruppen der Ordnung 16 bis auf Isomorphie

$$\mathbb{Z}/16\,,\ \mathbb{Z}/8 \times \mathbb{Z}/2\,,\ \mathbb{Z}/4 \times \mathbb{Z}/4\,,\ \mathbb{Z}/4 \times \mathbb{Z}/2 \times \mathbb{Z}/2\,,\ \mathbb{Z}/2 \times \mathbb{Z}/2 \times \mathbb{Z}/2 \times \mathbb{Z}/2\,,$$
$$\mathbb{Z}/2 \times D_4\,,\ \mathbb{Z}/2 \times Q\,,\ D_8$$

und weitere 6 nichtabelsche Isomorphietypen.

8.4 Einfache Gruppen

Eine Gruppe $G \neq \{e\}$ heißt **einfach**, wenn G und $\{e\}$ ihre einzigen Normalteiler sind.

8.4.1 Abelsche endliche einfache Gruppen

Eine Beschreibung der abelschen endlichen einfachen Gruppen ist einfach:

Lemma 8.8 *Eine abelsche endliche Gruppe G ist genau dann einfach, wenn ihre Ordnung eine Primzahl ist.*

Beweis

$\Leftarrow$: Nach Lemma 3.12 gilt $G \cong \mathbb{Z}/p$ für $|G| = p$. Somit hat G keine echte Untergruppe.
$\Rightarrow$: Wenn G abelsch und einfach ist, folgt $\langle a \rangle = G$ für jedes $a \neq e$. Nach Satz 5.3 gilt
$G \cong \mathbb{Z}$ oder $G \cong \mathbb{Z}/n$ für $n \in \mathbb{N}$. Da $\mathbb{Z}$ nicht einfach ist, muss also $G \cong \mathbb{Z}/n$ gelten.
Wegen Lemma 5.2 und der Einfachheit von G ist n prim, daher ist $|G|$ eine Primzahl.

$\square$

Eine wichtige Klasse einfacher nichtabelscher Gruppen liefern die *alternierenden Gruppen* A_n für $n \geq 5$. Wir gehen auf diese Gruppen bzw. Tatsachen in den Abschn. 9.2 und 9.3 ein.

Bemerkung

(1) Im Beweis zu Lemma 8.8 wurde mitbegründet: Ist G abelsch und einfach, so ist G endlich.
(2) Es ist extrem schwierig, aber gelungen, alle endlichen nichtabelschen einfachen Gruppen zu bestimmen. Das ist *der große Satz*. Sein Beweis umfasst schätzungsweise 5000 Seiten.

8.4.2 Zur Existenz nichttrivialer Normalteiler

Eine häufige Aufgabenstellung lautet:

Aufgabe *Zeige, dass jede Gruppe G mit einer gegebenen Ordnung $|G| = p_1^{v_1} \cdots p_r^{v_r}$ (kanonische Primfaktorzerlegung) nicht einfach ist. Bzw., was dasselbe ist, zeige, dass jede solche Gruppe G einen Normalteiler P besitzt, der nichttrivial ist, d. h. $1 \neq |P| \neq |G|$.*

Nach Lemma 8.8 kann $|G|$ keine Primzahl sein, bzw. allgemeiner, im Fall dass $|G|$ eine Primzahlpotenz ist, gibt Satz 7.7 die Lösung. Wir setzen daher im Folgenden voraus, dass $|G|$ mindestens zwei verschiedene Primteiler hat, d. h. $r \geq 2$.

Im Allgemeinen ist dieses Problem recht schwierig. Wir schildern im Folgenden ein paar zielführende Methoden, die auf den Sylow'schen Sätzen basieren.

Gegeben sei also eine endliche Gruppe G. Für jeden Primteiler p von $|G|$ sei n_p die Anzahl der p-Sylowgruppen von G. Diese werden durch die Sylowsätze stark eingeschränkt. Falls $|G| = p^v m$ mit $p \nmid m > 1$, so gilt:

$$(*) \; n_p \equiv 1 \, (\mathrm{mod}\, p) \quad \text{und} \quad n_p \mid m,$$

$$\text{also} \quad n_p \in K_p = \{1 + k\,p \mid k \in \mathbb{N}_0 \quad \text{und} \quad 1 + k\,p \mid m\}.$$

Lösungsmethoden Gegeben ist eine endliche Gruppe G. Für jeden Primteiler p von $|G|$ sei n_p die Anzahl der p-Sylowgruppen von G.

Methode 1 Finde mithilfe der Einschränkungen $(*)$ einen Primteiler p von $|G|$ mit $n_p = 1$.

Erläuterung Nach Teil (a) von Satz 8.6 ist die p-Sylowgruppe P mit $|P| \neq 1$ ein Normalteiler von G. Da $|G|$ neben p noch einen weiteren Primteiler besitzt, gilt auch $|P| \neq |G|$; der Normalteiler P ist somit nichttrivial.

Methode 2: Elemente zählen Kann man nicht begründen, dass $n_p = 1$ für einen Primteiler p von $|G|$ gilt, so nehme man an, dass $n_p > 1$ für jeden Primteiler p von $|G|$ gilt. Durch Zählen der Elemente in den dann *zahlreichen* p-Sylowgruppen findet man oftmals mehr Elemente in der Gruppe G als die Gruppenordnung vorgibt. Dieser Widerspruch belegt, dass $n_p = 1$ gilt für einen Primteiler p von $|G|$; G ist somit nicht einfach.

Erläuterung Typischerweise wendet man diese Methode bei Gruppenordnungen der Form $|G| = p_1^v \, p_2 \cdots p_r$ an. Das Elementezählen funktioniert gut bei jenen p-Sylowgruppen, für die die Primzahl p mit Potenz 1 in $|G|$ aufgeht: Je zwei p-Sylowgruppen sind wegen der Primzahlordnung bis auf das neutrale Element disjunkt, sodass es dann $n_p \, (p - 1)$ Elemente der Ordnung p in G gibt. Das Elementezählen von p-Sylowgruppen funktioniert meist nicht, wenn die Primzahl p in Potenz ≥ 2 in $|G|$ aufgeht. Dann sind nämlich zwei p-Sylowgruppen nicht notwendig bis auf das neutrale Element disjunkt, so dass sich keine vernünftige Formel für Anzahl der Elemente der Ordnung p^k ergibt. Ist aber nur ein Primteiler von höherer als 1. Potenz vorhanden, so stört das nicht – im folgenden Beispiel werden wir das sehen.

Methode 3 *Methode mit der Operation.* Ist p ein Primteiler von $|G|$ mit einer nur zweielementigen Kandidatenmenge $K_p = \{1, n\}$ und $|G| \nmid n!$, so ist G nicht einfach.

Erläuterung Im Fall $n_p = 1$ folgt die Behauptung mit Methode 1. Es gelte daher $n_p = n > 1$ für einen Primteiler p von $|G|$. Es operiert G auf der n-elementigen Menge $\mathrm{Syl}_p(G)$ der p-Sylowgruppen von G per $(a, P) \mapsto a P a^{-1}$.

Nach Lemma 7.1 ist $\lambda : G \to S_{\mathrm{Syl}_p(G)}, \ a \mapsto \lambda_a$, wobei $\lambda_a : \mathrm{Syl}_p(G) \to \mathrm{Syl}_p(G)$, $P \mapsto a P a^{-1}$, ein Homomorphismus. Wir betrachten den Kern $N = \mathrm{Kern}(\lambda)$ dieses Homomorphismus λ:

- Es ist N ein Normalteiler von G, da N Kern eines Homomorphismus ist.
- Es gilt $N \neq G$: Wäre nämlich $N = G$, so gälte $a P a^{-1} = P$ für jedes $a \in G$ und jedes $P \in \mathrm{Syl}_p(G)$ – im Widerspruch zum Teil (b) des 2. Satzes 8.5 von Sylow, wonach gilt $\{a P a^{-1} \,|\, a \in G\} = \mathrm{Syl}_p(G)$ für jedes $P \in \mathrm{Syl}_p(G)$.
- Es gilt $N \neq \{e\}$: Wäre nämlich $N = \{e\}$, so wäre λ injektiv und damit $\lambda(G) \cong G$ eine Untergruppe von $S_{\mathrm{Syl}_p(G)}$ mit $|S_{\mathrm{Syl}_p(G)}| = n_p!$. Nach dem Satz 3.9 von Lagrange gälte somit $|G| \mid n_p!$ – ein Widerspruch zur Voraussetzung.

Damit ist $N = \mathrm{Kern}(\lambda)$ ein nichttrivialer Normalteiler von G.

Beispiel 8.6

- Jede Gruppe G der Ordnung $253 = 11 \cdot 23$ ist nicht einfach. Wir benutzen Methode 1: Es gilt

$$n_{11} \equiv 1 \,(\mathrm{mod}\, 11) \quad \text{und} \quad n_{11} \mid 23, \quad \text{also} \quad n_{11} \in \{1, 23\}\,,$$

$$n_{23} \equiv 1 \,(\mathrm{mod}\, 23) \quad \text{und} \quad n_{23} \mid 11, \quad \text{also} \quad n_{23} = 1\,.$$

Wegen $n_{23} = 1$ ist G nicht einfach.

- Jede Gruppe G der Ordnung $616 = 2^3 \cdot 7 \cdot 11$ ist nicht einfach. Wir benutzen Methode 2: Es gilt

$$n_2 \equiv 1 \,(\mathrm{mod}\, 2) \quad \text{und} \quad n_2 \mid 77, \quad \text{also} \quad n_2 \in \{1, 7, 11, 77\}\,,$$

$$n_7 \equiv 1 \,(\mathrm{mod}\, 7) \quad \text{und} \quad n_7 \mid 88, \quad \text{also} \quad n_7 \in \{1, 8, 22\}\,,$$

$$n_{11} \equiv 1 \,(\mathrm{mod}\, 11) \quad \text{und} \quad n_{11} \mid 56, \quad \text{also} \quad n_{11} \in \{1, 56\}\,.$$

Angenommen, $n_p \neq 1$ für alle Primzahlen 2, 7, 11. Dann gibt es mindestens $n_7 = 8$ Sylowgruppen der Ordnung 7. In jeder dieser 7-Sylowgruppen liegen 6 Elemente der Ordnung 7 und je zwei verschiedene 7-Sylowgruppen haben vom neutralen Element abgesehen keine gleichen Elemente: Damit gibt es mindestens $8 \cdot (7-1) = 48$ Elemente der Ordnung 7 in G.

Weiterhin gibt es $n_{11} = 56$ Sylowgruppen der Ordnung 11. Wieder erhalten wir $56 \cdot (11 - 1) = 560$ Elemente der Ordnung 11 in G.

Damit sind aber bereits $48 + 560 = 608$ Elemente gefunden, die nicht in den 2-Sylowgruppen enthalten sind. Da in jeder 2-Sylowgruppe 8 Elemente liegen und G insgesamt nur 616 Elemente enthält, kann $n_2 > 1$ nicht gelten. Dieser Widerspruch zeigt: Mindestens ein n_p muss gleich 1 sein. Die Gruppe G ist somit nicht einfach.

- Jede Gruppe G der Ordnung $|G| = 300 = 2^2 \cdot 3 \cdot 5^2$ ist nicht einfach. Wir benutzen Methode 3: Es gilt

$$n_2 \equiv 1 \,(\mathrm{mod}\, 2) \quad \text{und} \quad n_2 \mid 75, \quad \text{also} \quad n_2 \in \{1, 3, 5, 15, 25, 75\}\,,$$

$$n_3 \equiv 1 \,(\mathrm{mod}\, 3) \quad \text{und} \quad n_3 \mid 100, \quad \text{also} \quad n_3 \in \{1, 10, 25, 100\}\,,$$

$$n_5 \equiv 1 \,(\mathrm{mod}\, 5) \quad \text{und} \quad n_5 \mid 12, \quad \text{also} \quad n_5 \in \{1, 6\}\,.$$

Angenommen, $n_5 \neq 1$. Dann gilt $n_5 = 6$. Wegen $6! = 720$ und $|G| = 300$ gilt $|G| \nmid n_5!$. Somit ist G nicht einfach. ∎

Aufgaben

8.1 ••   Es sei P eine p-Sylowgruppe der endlichen Gruppe G. Man begründe, dass p kein Teiler von $[N_G(P) : P]$ ist.

8.2 •   Für $n = 3, \dots, 7$ gebe man für jeden Primteiler p von $n\,!$ ein Element $\sigma \in S_n$ mit $o(\sigma) = p$ an.

8.3 ••   Es sei G eine Gruppe der Ordnung 12, und n_2 bzw. n_3 bezeichne die Anzahl der 2- bzw. 3-Sylowgruppen in G.

   (a) Welche Zahlen sind für n_2 und n_3 möglich?

   (b) Man zeige, dass nicht gleichzeitig $n_2 = 3$ und $n_3 = 4$ vorkommen kann.

   (c) Man zeige, dass im Fall $n_2 = n_3 = 1$ die Gruppe G abelsch ist und es zwei verschiedene Möglichkeiten für G gibt.

8.4 ••   Man zeige, dass jede Gruppe der Ordnung 40 oder 56 einen nichttrivialen Normalteiler besitzt.

8.5 ••   Es seien p, q verschiedene Primzahlen. Zeigen Sie, dass jede Gruppe der Ordnung $p^2 q$ eine invariante Sylowgruppe besitzt.

8.6 ••   (a) Bestimmen Sie alle Sylowgruppen von S_3.

   (b) Geben Sie eine 2-Sylowgruppe und eine 3-Sylowgruppe von S_4 an.

   (c) Wie viele 2-Sylowgruppen besitzt S_5?

8.7 ••   Es sei G eine nichtabelsche Gruppe der Ordnung 93. Bestimmen Sie für jede Primzahl p mit $p \mid |G|$ die Anzahl ihrer p-Sylowuntergruppen.

8.8 •••   Es sei G eine Gruppe der Ordnung $|G| \in \{75, 80, 96, 105, 132, 700\}$. Zeigen Sie jeweils, dass G nicht einfach ist.

8.9 •   Bestimmen Sie bis auf Isomorphie alle Gruppen der Ordnung 99.

8.10 ••   Es sei G eine Gruppe der Ordnung $30 = 2 \cdot 3 \cdot 5$. Zeigen Sie, dass G einen Normalteiler P_3 der Ordnung 3 und einen Normalteiler P_5 der Ordnung 5 enthält. Gehen Sie dazu wie folgt vor:

   1. Begründen Sie, warum in G mindestens eine 3- oder 5-Sylowgruppe ein Normalteiler ist.

   2. Die Gruppe hat einen Normalteiler N mit $|N| = 15$, der alle 3- und 5-Sylowgruppen von G umfasst.

   3. Zeigen Sie, dass G genau eine 3- und genau eine 5-Sylowgruppe hat.

Symmetrische und alternierende Gruppen

9

Übersicht

Nach Korollar 2.16 ist jede endliche Gruppe als Untergruppe einer symmetrischen Gruppe auffassbar. In diesem Kapitel untersuchen wir die symmetrischen Gruppen genauer. Wir werden unter anderem feststellen, dass jede symmetrische Gruppe S_n, $n \geq 2$, einen Normalteiler A_n mit $|A_n| = \frac{1}{2} n$! besitzt – die *alternierende Gruppe vom Grad n*.

9.1 Kanonische Zerlegung in Zyklen

Bisher haben wir Permutationen $\sigma \in S_n$ in der eher schwerfälligen *Zweizeilenform* $\sigma = \begin{pmatrix} 1 & \cdots & n \\ \sigma(1) & \cdots & \sigma(n) \end{pmatrix}$ geschrieben. Wir wollen eine einfachere Schreibweise einführen, die *Zyklenschreibweise*.

9.1.1 Zyklen

Eine Permutation $\sigma \in S_n$ heißt **Zyklus** der Länge $\ell = \ell(\sigma)$ oder ℓ-**Zyklus**, wenn es verschiedene $a_1, \ldots, a_\ell \in I_n := \{1, \ldots, n\}$ derart gibt, dass

- $\sigma(a_k) = a_{k+1}$ für $k = 1, \ldots, \ell - 1$,
- $\sigma(a_\ell) - a_1$,
- $\sigma(x) = x$ für $x \in I_n \setminus \{a_1, \ldots, a_\ell\}$.

© Der/die Autor(en), exklusiv lizenziert an Springer-Verlag GmbH, DE,
ein Teil von Springer Nature 2024
C. Karpfinger, *Algebra*, https://doi.org/10.1007/978-3-662-68656-0_9

Einen solchen Zyklus schreiben wir als

$$\sigma = (a_1 \dots a_\ell).$$

Wir vereinbaren dabei $\sigma(x) = x$ für alle $x \in I_n \setminus \{a_1, \dots, a_\ell\}$. Man veranschaulicht diesen Zyklus wie folgt

$$\sigma : a_1 \mapsto a_2 \mapsto a_3 \mapsto \cdots \mapsto a_\ell \mapsto a_1 \quad (\text{und } x \mapsto x \quad \text{für die übrigen } x \in I_n).$$

Es gilt offenbar

$$(a_1 \dots a_\ell) = (a_2 \dots a_\ell \, a_1) = \cdots = (a_\ell \, a_1 \dots a_{\ell-1}).$$

Der einzige Zyklus der Länge 1 ist die Identität: $\mathrm{Id} = (1) = \cdots = (n)$.

Zyklen $(a_1 \, a_2)$ der Länge 2 heißen **Transpositionen**. Unter einer Transposition werden nur zwei Zahlen vertauscht: $a_i \mapsto a_j$ und $a_j \mapsto a_i$, alle anderen Zahlen bleiben fest.

Beispiel 9.1 Mit der Zyklenschreibweise lassen sich die Elemente der symmetrischen Gruppen platzsparend angeben (vgl. Beispiel 3.7):

$$S_1 = \{(1)\}, \ S_2 = \{(1), (1\,2)\}, \ S_3 = \{(1), (1\,2), (2\,3), (3\,1), (1\,2\,3), (1\,3\,2)\}.$$

Das Produkt $(1\,2)(3\,4)$ der Zyklen $(1\,2)$, $(3\,4) \in S_4$ ist kein Zyklus: Die S_4 ist die kleinste symmetrische Gruppe, die Elemente enthält, die keine Zyklen sind. In der S_3 gilt $(1\,2)(2\,3) = (1\,2\,3)$. Um sich an die Zyklenschreibweise zu gewöhnen, bilden wir beispielhaft einige Produkte von Zyklen in der S_4:

$$(1\,2\,3\,4)^2 = (1\,2\,3\,4)(1\,2\,3\,4) = (1\,3)(2\,4),$$

$$(1\,2\,3\,4)^3 = (1\,3)(2\,4)(1\,2\,3\,4) = (1\,4\,3\,2),$$

$$(1\,2\,3\,4)^4 = (1\,4\,3\,2)(1\,2\,3\,4) = (1).$$

Für $\tau \in S_n$ sei $T_\tau := \{x \in I_n \mid \tau(x) \neq x\}$ die Menge all jener x, die von der Permutation τ *bewegt* werden. Man nennt Permutationen σ, $\tau \in S_n$ **disjunkt** oder **elementfremd**, wenn $T_\sigma \cap T_\tau = \emptyset$, d. h. wenn die Permutationen σ und τ verschiedene Elemente bewegen.

Lemma 9.1 (Rechenregeln für Zyklen)

(a) Die Ordnung eines ℓ-Zyklus ist ℓ.

(b) $(a_1 \dots a_\ell)^{-1} = (a_\ell \, a_{\ell-1} \dots a_1)$.

(c) $(a_1 \ldots a_\ell) = (a_1 \, a_2) \, (a_2 \, a_3) \cdots (a_{\ell-1} \, a_\ell)$.

(d) $\tau \, (a_1 \ldots a_\ell) \, \tau^{-1} = (\tau(a_1) \cdots \tau(a_\ell))$ *für jedes* $\tau \in S_n$.

(e) *Disjunkte Elemente aus* S_n *sind vertauschbar.*

(f) *Sind* $\tau_1, \ldots, \tau_k \in S_n$ *disjunkt, so gilt* $\tau_1 \cdots \tau_k|_{T_{\tau_i}} = \tau_i|_{T_{\tau_i}}$ *für* $i = 1, \ldots, k$.

Beweis

(a) O. E. sei $\ell > 1$. Dann folgt die Behauptung aus $(a_1 \ldots a_\ell)^\ell = (1)$ und $(a_1 \ldots a_\ell)^r \neq$ (1) für $1 \leq r < \ell$.

(b) folgt aus der Gleichheit $(a_1 \ldots a_\ell) \, (a_\ell \ldots a_1) = (1)$.

(c) ist offenbar richtig.

(d) Für $\sigma := (a_1 \ldots a_\ell)$ und $\tau \in S_n$ gilt

$$
\begin{aligned}
k = 1, \ldots, \ell - 1 &\Rightarrow \tau \, \sigma \, \tau^{-1}(\tau(a_k)) = \tau \, \sigma(a_k) = \tau(a_{k+1}) \\
& \tau \, \sigma \, \tau^{-1}(\tau(a_\ell)) = \tau \, \sigma(a_\ell) = \tau(a_1) \\
x \neq a_1, \ldots, a_\ell &\Rightarrow \tau \, \sigma \, \tau^{-1}(\tau(x)) = \tau \, \sigma(x) = \tau(x)
\end{aligned}
$$

Somit sind die Permutationen $\tau \, \sigma \, \tau^{-1}$ und $(\tau(a_1) \cdots \tau(a_\ell))$ identisch.

(e) Es seien σ, τ disjunkte Zyklen, d. h. $T_\sigma \cap T_\tau = \emptyset$. Wegen $\sigma(T_\sigma) \subseteq T_\sigma$, $\tau(T_\tau) \subseteq T_\tau$ gilt

$$
\begin{aligned}
a \in T_\sigma &\Rightarrow \sigma \, \tau(a) = \sigma(a) = \tau \, \sigma(a), \\
b \in T_\tau &\Rightarrow \sigma \, \tau(b) = \tau(b) = \tau \, \sigma(b), \\
x \notin T_\sigma \cup T_\tau &\Rightarrow \sigma \, \tau(x) = x = \tau \, \sigma(x).
\end{aligned}
$$

Folglich gilt $\sigma \, \tau = \tau \, \sigma$.

(f) ist klar wegen (e). $\square$

Beispiel 9.2 In S_7 gilt z. B.

$$
(1\,4\,5\,3) \, (3\,5\,4\,1) = \mathrm{Id}, \ (1\,4\,5\,3) = (1\,4) \, (4\,5) \, (5\,3), \ (3\,5\,4) = (3\,5) \, (5\,4) \quad \text{und}
$$

$$
(3\,5\,4) \, (5\,6) \, (3\,5\,4)^{-1} = (4\,6).
$$

∎

Bemerkung Anstelle von $(a_1 \, a_2 \cdots a_\ell)$ schreibt man oft auch $(a_1, a_2, \ldots, a_\ell)$. Wir werden nur dann Kommata einfügen, wenn sonst Missverständnisse zu befürchten sind.

9.1.2   Ein Repräsentantensystem von S_{n+1} modulo S_n *

Die Gruppe S_n kann als Untergruppe von S_{n+1} aufgefasst werden: Jede Permutation $\sigma \in S_{n+1}$, die $n + 1$ fest lässt, also $\sigma(n + 1) = n + 1$ erfüllt, ist eine Permutation von $I_n = \{1, \ldots, n\}$, also ein Element aus S_n. Wir bestimmen ein Repräsentantensystem von S_{n+1} modulo S_n:

Lemma 9.2 *Es sei $n > 1$ eine natürliche Zahl. Mit $\sigma_{n+1} := (1)$ und den Transpositionen*

$$\sigma_i := (i, n + 1) \quad \text{für} \quad i = 1, \ldots, n$$

sind die Linksnebenklassen $\sigma_i\, S_n$ von S_{n+1} nach S_n paarweise verschieden, und es gilt

$$S_{n+1} = \bigcup_{i=1}^{n+1} \sigma_i\, S_n \,.$$

Beweis Es sei $\sigma \in S_{n+1}$. Falls $\sigma(n + 1) = n + 1$, so ist $\sigma \in S_n = \sigma_{n+1}\, S_n$. Falls $\sigma(n + 1) = i$ für ein $i \in \{1, \ldots, n\}$, so ist $\sigma_i\, \sigma(n + 1) = n + 1$, also $\sigma_i\, \sigma \in S_n$. Wegen $\sigma_i^2 = (1)$ besagt das $\sigma \in \sigma_i\, S_n$. Damit ist bereits $S_{n+1} = \bigcup_{i=1}^{n+1} \sigma_i\, S_n$ begründet.

Die angegebenen Linksnebenklassen sind auch paarweise verschieden, da für $i, j \in \{1, \ldots, n + 1\}$ gilt:

$$\sigma_i\, S_n = \sigma_j\, S_n \;\Leftrightarrow\; \sigma_j^{-1}\, \sigma_i \in S_n \;\Leftrightarrow\; \sigma_j^{-1}\, \sigma_i(n + 1) = n + 1$$

$$\Leftrightarrow\; j = \sigma_j(n + 1) = \sigma_i(n + 1) = i \,.$$

$\square$

Es folgt unmittelbar:

Korollar 9.3 *Für alle $n \in \mathbb{N}$ gilt $[S_{n+1} : S_n] = n + 1$, außerdem gilt $|S_n| = n\,!$.* $\square$

Das ist bereits nach dem Satz 3.9 von Lagrange bekannt:

$$(n + 1)\,! = |S_{n+1}| = [S_{n+1} : S_n] \cdot |S_n| = [S_{n+1} : S_n] \cdot n\,! \,.$$

9.1.3   Zerlegung von Permutationen in Zyklen

Wir beweisen nun, dass jede Permutation als ein Produkt disjunkter Zyklen darstellbar ist; dabei fassen wir auch einen einzelnen Zyklus als ein Produkt auf.

Satz 9.4 (Kanonische Zerlegung in Zyklen)   *Jedes Element $\neq$ Id aus S_n ist Produkt paarweise disjunkter Zyklen $\neq$ (1). Diese Produktdarstellung ist – von der Reihenfolge der Faktoren abgesehen – eindeutig.*

Beweis   Es sei $(1) \neq \tau \in S_n$. Wir betrachten die Operation

$$\tau^k \cdot x := \tau^k(x)\,, \quad k \in \mathbb{Z}\,,$$

von $\langle \tau \rangle$ auf $I_n = \{1, \ldots, n\}$. Es sei B eine $\langle \tau \rangle$-Bahn mit $|B| > 1$, und $a_1 \in B$ sowie $a_{i+1} := \tau(a_i)$ für $i \in \mathbb{N}$. Und $\ell \in \mathbb{N}$ sei maximal mit der Eigenschaft, dass $a_1, \ldots, a_\ell$ verschieden sind. Es gelte $\tau(a_\ell) = a_j$ für ein $j \in \{1, \ldots, \ell\}$.

Im Fall $1 < j$ wäre $\tau(a_\ell) = a_j = \tau(a_{j-1})$, also $a_\ell = a_{j-1}$, ein Widerspruch. Somit gilt für $B' := \{a_1, \ldots, a_\ell\}$ und $\sigma_B := (a_1 \ldots a_\ell)$ offenbar $\tau|_{B'} = \sigma_B|_{B'}$. Es folgt

$$B = \langle \tau \rangle \cdot a_1 = \langle \sigma_B \rangle \cdot a_1 = B'\,.$$

Sind $B_1, \ldots, B_r$ die verschiedenen $\langle \tau \rangle$-Bahnen mit einer Länge > 1, so erhält man hieraus mit den Lemmata 7.2 und 9.1 (f), dass $\sigma_{B_1}, \ldots, \sigma_{B_r}$ disjunkt sind, und $\tau = \sigma_{B_1} \cdots \sigma_{B_r}$.

Gilt $\tau = \tau_1 \cdots \tau_s$ mit paarweise disjunkten Zyklen $\tau_j = (a_1^{(j)} \ldots a_{k_j}^{(j)}) \neq (1)$, so ist $C_j := \{a_1^{(j)}, \ldots, a_{k_j}^{(j)}\} = \langle \tau_j \rangle \cdot a_1^{(j)} = \langle \tau \rangle \cdot a_1^{(j)}$ eine $\langle \tau \rangle$-Bahn, etwa $C_j = B_i$; und es gilt – beachte Lemma 9.1 (f):

$$\sigma_{B_i}|_{B_i} = \tau|_{B_i} = \tau|_{C_j} = \tau_j|_{C_j}\,, \quad \text{sodass} \quad \sigma_{B_i} = \tau_j\,.$$

Daraus folgt die Eindeutigkeit der Darstellung. $\square$

Beispiel 9.3

* Wir schreiben eine Permutation als Produkt disjunkter Zyklen:

$$\begin{pmatrix} 1 & 2 & 3 & 4 & 5 & 6 & 7 & 8 & 9 & 10 & 11 \\ 5 & 10 & 7 & 11 & 9 & 6 & 1 & 4 & 3 & 2 & 8 \end{pmatrix} = (1,\, 5,\, 9,\, 3,\, 7)\,(2,\, 10)\,(4,\, 11,\, 8)\,.$$

* Wir berechnen:

$$[(1\,2\,3\,7)\,(5\,8\,6)]^{22} = (1\,2\,3\,7)^{22}\,(5\,8\,6)^{22} = (1\,2\,3\,7)^2\,(5\,8\,6) = (1\,3)\,(2\,7)\,(5\,8\,6)\,.$$

Dabei haben wir beim ersten Gleichheitszeichen Lemma 9.1 (e), beim zweiten Gleichheitszeichen Lemma 9.1 (a) und beim dritten Gleichheitszeichen schließlich Satz 9.4 benutzt.   ∎

Aus dem Satz zur kanonischen Zyklenzerlegung 9.4 und der Rechenregel in Lemma 9.1 (c) für Zyklen erhalten wir unmittelbar:

Korollar 9.5 *Jede Permutation $\neq$ Id aus S_n ($n \geq 2$) kann als Produkt von Transpositionen geschrieben werden. D. h., S_n wird von den Transpositionen erzeugt.* □

Bemerkung Da für alle $i \neq j$ mit $i,\, j \in \{2, \ldots, n\}$ offenbar

$$(i\ j) = (1\ i)\,(1\ j)\,(1\ i)$$

gilt, hat man sogar $S_n = \langle (1\ 2),\ (1\ 3), \ldots, (1\ n) \rangle$.

9.2 Alternierende Gruppen

In diesem Abschnitt sei n eine natürliche Zahl größer gleich 2.

9.2.1 Das Signum ist ein Homomorphismus

Nach Korollar 9.5 ist jedes Element $\neq$ Id aus S_n Produkt von Transpositionen. Derartige Darstellungen sind nicht eindeutig, und die Faktoren sind im Allgemeinen nicht disjunkt:

$$\begin{pmatrix} 1 & 2 & 3 & 4 \\ 2 & 3 & 1 & 4 \end{pmatrix} = (1\,2)\,(2\,3) = (1\,4)\,(1\,2)\,(2\,3)\,(3\,4)\,.$$

Für $\sigma \in S_n$ nennt man

$$\operatorname{sgn}\sigma := \prod_{1 \leq i < j \leq n} \frac{\sigma(j) - \sigma(i)}{j - i} \in \mathbb{Q}$$

das **Signum** oder **Vorzeichen** von σ. Mithilfe der folgenden Regeln ist das Signum einer Permutation im Allgemeinen sehr einfach zu bestimmen.

Lemma 9.6 (Regeln für das Signum)

(a) sgn ist ein Homomorphismus von S_n auf die multiplikative Gruppe $\{1,\, -1\}$.
(b) $\operatorname{sgn}\tau = -1$ für jede Transposition $\tau \in S_n$.
(c) $\operatorname{sgn}\tau = (-1)^s$, falls τ in s Transpositionen zerlegt wird.
(d) Aus $\tau_1 \cdots \tau_r = \tau_1' \cdots \tau_s'$ mit Transpositionen $\tau_i,\, \tau_j'$ folgt $r \equiv s \pmod 2$.
(e) $\operatorname{sgn}\sigma = (-1)^{\ell-1}$ für jeden ℓ-Zyklus $\sigma \in S_n$.

Beweis

(a), (b) Für σ, $\tau \in S_n$ gilt:

$$\mathrm{sgn}(\sigma\,\tau) = \prod_{i<j} \frac{\sigma\,\tau(j) - \sigma\,\tau(i)}{j-i}$$

$$= \prod_{i<j} \frac{\sigma\,\tau(j) - \sigma\,\tau(i)}{\tau(j) - \tau(i)} \prod_{i<j} \frac{\tau(j) - \tau(i)}{j-i} = \mathrm{sgn}\,\sigma\,\,\mathrm{sgn}\,\tau\,.$$

Für $r \neq s$ gilt:

$$\mathrm{sgn}(r\,s) = \frac{r-s}{s-r} \prod_{\substack{j=1 \\ j \neq r,s}}^{n} \frac{j-s}{j-r} \prod_{\substack{j=1 \\ j \neq r,s}}^{n} \frac{j-r}{j-s} = -1\,.$$

Mit Korollar 9.5 folgt $\mathrm{sgn}\,\tau \in \{1, -1\}$ für jedes $\tau \in S_n$.

(c) Aus $\tau = \tau_1 \cdots \tau_s$ mit Transpositionen $\tau_1, \ldots, \tau_s$ folgt mit (a) und (b) $\mathrm{sgn}\,\tau = (-1)^s$.

(d) Aus den Voraussetzungen folgt mit (a), (c) die Gleichheit $(-1)^r = (-1)^s$, also sind r, s beide gerade oder beide ungerade, d. h. $r \equiv s \pmod{2}$.

(e) folgt aus (c) und der Rechenregel Lemma 9.1 (c) für Zyklen. $\square$

Beispiel 9.4 Es gilt beispielsweise in S_9:

$$\mathrm{sgn}((1\,9\,3\,4)\,(4\,3)\,(1\,2\,6\,5\,8)) = (-1)^3\,(-1)\,(-1)^4 = 1\,.$$

9.2.2 Gerade und ungerade Permutationen

Wegen Lemma 9.6 (d) nennt man $\sigma \in S_n$ **gerade**, wenn $\mathrm{sgn}\,\sigma = 1$ und **ungerade**, wenn $\mathrm{sgn}\,\sigma = -1$.

Der Kern von sgn, das ist die Menge A_n der geraden Permutationen aus S_n, heißt die **alternierende Gruppe vom Grad** n. Da sgn nach der Regel Lemma 9.6 (a) ein Homomorphismus mit dem Bild $\{1, -1\}$ ist, erhält man mit dem Homomorphiesatz 4.11

$$A_n \trianglelefteq S_n \quad \text{und} \quad S_n/A_n \cong \{1, -1\}\,; \text{ d. h.}$$

Lemma 9.7 *Die alternierende Gruppe A_n ist ein Normalteiler vom Index 2 von S_n, und es gilt $|A_n| = \frac{1}{2}\,n!$.*

Beispiel 9.5 Die alternierenden Gruppen vom Grad 2 und 3 sind:

$$A_2 = \{(1)\}, \quad A_3 = \{(1), (1\,2\,3), (1\,3\,2)\}.$$

Außerdem ist jeder Zyklus ungerader Länge aus S_n wegen Lemma 9.6 (d) eine gerade Permutation, also ein Element von A_n.

9.2.3 Erzeugendensysteme von A_n

Jedes Element aus A_n ist ein Produkt einer geraden Anzahl von Transpositionen, d. h., A_n wird erzeugt von den Produkten der Form $(a\,b)\,(c\,d)$, $a \neq b$, $c \neq d$:

$$(*) \quad A_n = \langle\{(a\,b)\,(c\,d) \mid 1 \leq a < b \leq n, \ 1 \leq c < d \leq n\}\rangle.$$

Wegen $(a\,b\,c) = (a\,b)\,(b\,c)$ liegt jeder 3-Zyklus in A_n (vgl. auch Lemma 9.6 (e)). Es gilt sogar:

Lemma 9.8 *Für $n \geq 3$ wird A_n von den 3-Zyklen erzeugt.*

Beweis Wegen $(*)$ ist nur zu zeigen, dass $\rho = (a\,b)\,(c\,d)$, $1 \leq a < b \leq n$, $1 \leq c < d \leq n$, ein Produkt von 3-Zyklen ist:

1. Fall: a, b, c, d sind verschieden. Dann ist $\rho = (a\,c\,b)\,(a\,c\,d)$.
2. Fall: $d = a$. Dann ist $\rho = (a\,b)\,(c\,a) = (a\,c\,b)$. $\square$

9.3   Zur Einfachheit der alternierenden Gruppen

Wir zeigen, dass A_n für jedes $n \geq 5$ einfach ist. Damit haben wir dann eine Klasse unendlich vieler einfacher, nichtabelscher Gruppen gewonnen. Vorab eine Vorbereitung:

Lemma 9.9 (A. L. Cauchy 1815) *Im Fall $n \geq 5$ sind je zwei 3-Zyklen in A_n konjugiert, d. h., zu je zwei solchen Zyklen ρ, σ existiert ein $\tau \in A_n$ mit $\tau^{-1}\,\sigma\,\tau = \rho$.*

Beweis Es seien $(a\,b\,c)$, $(u\,v\,w) \in S_n$. Wegen $n \geq 5$ existieren d, e, x, $y \in I_n$ mit

$$|\{a, b, c, d, e\}| = 5 = |\{u, v, w, x, y\}|.$$

Wir wählen $\tau \in S_n$ mit

$$\tau(u) = a\,,\ \tau(v) = b\,,\ \tau(w) = c\,,\ \tau(x) = d\,,\ \tau(y) = e\,.$$

Im Fall $\tau \notin A_n$ gilt $\tau' := (d\,e)\,\tau \in A_n$ und $\tau'(u) = a$, $\tau'(v) = b$, $\tau'(w) = c$. Mit der Rechenregel Lemma 9.1 (d) für Zyklen folgt

$$\tau\,(u\,v\,w)\,\tau^{-1} = (a\,b\,c) = \tau'\,(u\,v\,w)\,\tau'^{-1}.$$

□

Satz 9.10 (C. Jordan) *Für jedes $n \geq 5$ ist A_n einfach.*

Beweis Es genügt zu zeigen:

(∗) *Jeder Normalteiler $N \neq \{\mathrm{Id}\}$ von A_n enthält einen 3-Zyklus δ.*

Denn: Wegen $N \trianglelefteq A_n$ enthält N dann alle Konjugierten $\tau\,\delta\,\tau^{-1}$ mit $\tau \in A_n$, infolge Lemma 9.9 also alle 3-Zyklen, sodass $N = A_n$ nach Lemma 9.8.

Beweis von (∗): Wir wählen $\sigma \neq \mathrm{Id}$ aus N. Es sei $\sigma = \sigma_1 \cdots \sigma_k$ eine Zerlegung in paarweise disjunkte Zyklen $\sigma_1, \ldots, \sigma_k$ (vgl. Satz 9.4). Da disjunkte Zyklen vertauschbar sind, dürfen wir $\ell := \ell(\sigma_1) \geq \ell(\sigma_i)$ für $i = 1, \ldots, k$ annehmen.

1. Fall: $\ell \geq 4$. Etwa $\sigma_1 = (a\,b\,c\,d\,\ldots)$. Für $\tau := (a\,b\,c) \in A_n$ folgt (beachte Lemma 9.1)

$$N \ni \sigma\,(\tau\,\sigma^{-1}\,\tau^{-1}) = (\sigma\,\tau\,\sigma^{-1})\,\tau^{-1} = (b\,c\,d)\,(c\,b\,a) = (a\,d\,b) =: \delta\,.$$

2. Fall: $\ell = 3$. Im Fall $\sigma = \sigma_1$ ist (∗) richtig. Daher sei $\sigma \neq \sigma_1$ und $\sigma_1 = (a\,b\,c)$, $\sigma_2 = (d\,e\,f)$ oder $\sigma_2 = (d\,e)$. Für $\tau := (a\,b\,d) \in A_n$ folgt (beachte Lemma 9.1):

$$N \ni \sigma\,(\tau\,\sigma^{-1}\,\tau^{-1}) = (\sigma\,\tau\,\sigma^{-1})\,\tau^{-1} = (b\,c\,e)\,(d\,b\,a) = (a\,d\,c\,e\,b)\,.$$

Startet man mit $(a\,d\,c\,e\,b)$ statt σ, so folgt die Behauptung nach dem 1. Fall.

3. Fall: $\ell = 2$. Dann sind $\sigma_1, \ldots, \sigma_k$ disjunkte Transpositionen und $k \geq 2$ wegen $\sigma \in A_n$. Es sei $\sigma_1 = (a\,b)$, $\sigma_2 = (c\,d)$ und $e \neq a, b, c, d$ aus I_n.

Für $\tau := (a\,c\,e) \in A_n$ folgt (beachte Lemma 9.1):

$$N \ni \sigma\,(\tau\,\sigma^{-1}\,\tau^{-1}) = (\sigma\,\tau\,\sigma^{-1})\,\tau^{-1} = (b\,d\,\sigma(e))\,(e\,c\,a)\,.$$

Im Fall $\sigma(e) = e$ ist dies $(a\,b\,d\,e\,c)$, und wieder folgt die Behauptung mit dem 1. Fall.

Gilt dagegen $\sigma(e) \neq e$, so sind $(b\,d\,\sigma(e))$, $(e\,c\,a)$ disjunkt, denn $\sigma(e) \neq \sigma(d) = c$, $\sigma(e) \neq \sigma(b) = a$. Startet man daher mit $(b\,d\,\sigma(e))\,(e\,c\,a)$ statt σ, so liegt der 2. Fall vor und führt zur Behauptung.

□

Bemerkung

(1) Weil Untergruppen vom Index 2 Normalteiler sind (vgl. Lemma 4.2), A_n aber nach
    Satz 9.10 für $n \geq 5$ keine Normalteiler $\neq \{e\}$, A_n besitzt, hat A_n für $n \geq 5$ keine
    Untergruppen der Ordnung $\frac{1}{2} |A_n|$.
(2) Auch A_3 ist einfach, weil $|A_3| = 3$ (vgl. Lemma 8.8). Dagegen hat A_4 den nichttri-
    vialen Normalteiler $V_4 = \{(1), (1\,2)\,(3\,4), (1\,3)\,(2\,4), (1\,4)\,(2\,3)\}$ (man beachte, dass
    $\tau\,(a\,b)\,(c\,d)\,\tau^{-1} = (\tau(a)\,\tau(b))\,(\tau(c)\,\tau(d))$ für alle $\tau \in A_n$ gilt).
(3) Es ist A_5 die kleinste nichtabelsche einfache Gruppe, es gilt $|A_5| = 60$ (vgl.
    Aufgabe 9.11).

Aufgaben

9.1 •• Ist $\sigma = \sigma_1 \cdots \sigma_k$ die kanonische Zyklenzerlegung von $\sigma \in S_n$ mit $\ell(\sigma_1) \leq$
$\cdots \leq \ell(\sigma_k)$, so nennt man das k-Tupel $(\ell(\sigma_1), \ldots, \ell(\sigma_k))$ den **Typ** von σ.

(a) Zeigen Sie, dass $o(\sigma) = \mathrm{kgV}(\ell(\sigma_1), \ldots, \ell(\sigma_k))$.
(b) Zeigen Sie, dass zwei Permutationen aus S_n genau dann (in S_n) konjugiert sind,
    wenn sie vom selben Typ sind.
(c) Bleibt (b) richtig, wenn S_n durch A_n ersetzt wird?

9.2 • Ermitteln Sie die kanonischen Zyklenzerlegungen von

$$\sigma := \begin{pmatrix} 1\ 2\ 3\ 4\ 5\ 6\ 7\ 8\ 9 \\ 2\ 4\ 1\ 3\ 9\ 7\ 5\ 8\ 6 \end{pmatrix}, \tau := (1\,2\,3)(3\,7\,8)(4\,6\,7\,9\,8),\ \sigma\,\tau,\ \sigma^{-1},\ \tau^{-1}.$$

9.3 ••• Zeigen Sie, dass A_n im Fall $n \geq 5$ der einzige nichttriviale Normalteiler von
S_n ist.
9.4 •• Wie viele ℓ-Zyklen ($\ell = 1, \ldots, n$) gibt es in S_n?
9.5 •• Zeigen Sie:

(a) S_n wird von den speziellen Transpositionen $(i, i+1), i = 1, \ldots, n-1$ erzeugt.
(b) S_n wird von $(1\,2)$ und $(1\,2 \ldots n)$ erzeugt.

9.6 • Man berechne die Konjugierten $\pi\,\sigma\,\pi^{-1}$ für

(a) $\pi = (1\,2)$, $\sigma = (2\,3)\,(1\,4)$.   (c) $\pi = (1\,3)\,(2\,4\,1)$, $\sigma = (1\,2\,3\,4\,5)$.
(b) $\pi = (2\,3)\,(3\,4)$, $\sigma = (1\,2\,3)$.   (d) $\pi = (1\,2\,3)$, $\sigma = (1\,2\,3\,4\,5)$.

9.7 ••• Man zeige, dass jede endliche Gruppe isomorph ist zu einer Untergruppe einer
einfachen Gruppe.

9.8 ••• Zeigen Sie:

(a) Jede Untergruppe von S_n ($n > 2$), die eine ungerade Permutation enthält, besitzt einen Normalteiler vom Index 2.

(b) Es sei G eine endliche Gruppe der Ordnung $2\,m$ mit ungeradem m. Die Gruppe G enthält einen Normalteiler der Ordnung m.

9.9 ••• Bestimmen Sie alle Automorphismen der symmetrischen Gruppe S_3.

9.10 •••

(a) Es sei U eine echte Untergruppe der einfachen Gruppe G; und $\mathcal{L}$ bezeichne die Menge aller Linksnebenklassen von U in G. Zeigen Sie, dass G zu einer Untergruppe von $S_{\mathcal{L}}$ isomorph ist.

(b) Warum gibt es im Fall $n \geq 5$ keine echte Untergruppe mit einem Index $< n$ von A_n?

9.11 •••

(a) Begründen Sie, dass eine einfache, nichtabelsche Gruppe mit höchstens 100 Elementen eine der Ordnungen 40, 56, 60, 63, 72 oder 84 haben muss.

(b) Man zeige, dass Gruppen der Ordnungen 40, 56, 63, 72 oder 84 nicht einfach sind.

(c) Zeigen Sie: Jede einfache Gruppe der Ordnung 60 ist zu A_5 isomorph.

9.12 • Gibt es in der S_5 bzw. A_5 Elemente der Ordnung 6?

9.13 • Was ist die Ordnung von $\sigma = \begin{pmatrix} 1 & 2 & 3 & 4 & 5 & 6 & 7 & 8 & 9 & 10 & 11 \\ 3 & 9 & 8 & 4 & 5 & 7 & 11 & 1 & 2 & 6 & 10 \end{pmatrix} \in S_{11}$?

9.14 •• Geben Sie eine Untergruppe U der symmetrischen Gruppe S_7 mit $|U| = 21$ an.

9.15 •• Bestimmen Sie für alle $n \leq 10$ die maximale Ordnung eines Elements $\pi \in S_n$.

9.16 • Berechnen Sie für $\pi = (2\,3\,5)\,(4\,7\,8\,9\,X) \in S_{10}$ (hierbei steht X für die Ziffer 10) das Element π^{1999}.

9.17 •• Zeigen Sie, dass die Gruppe S_n für jedes $n \geq 3$ ein echtes internes semidirektes Produkt von A_n mit einer Untergruppe U von S_n ist.

9.18 ••• Zeigen Sie, dass A_n im Fall $n \geq 5$ der einzige nichttriviale Normalteiler von S_n ist.

9.19 • Zeigen Sie, dass die alternierende Gruppe A_5 keine Untergruppe der Ordnung 30 besitzt.

9.20 •• Es seien N ein Normalteiler einer endlichen Gruppe G und p eine Primzahl mit $p \mid |G|$. Weiter gelte $p \nmid |G/N|$.

(a) Zeigen Sie, dass jede p-Sylowgruppe von G in N enthalten ist

(b) Bestimmen Sie die 3-Sylowgruppen von S_4.

Der Hauptsatz über endliche abelsche Gruppen 10

Übersicht

Das Ziel dieses Kapitels ist es, die endlichen abelschen Gruppen zu klassifizieren. Wir zeigen, dass jede endliche abelsche Gruppe inneres direktes Produkt zyklischer Gruppen ist, genauer: Ist G eine endliche abelsche Gruppe, so gibt es nicht notwendig verschiedene Primzahlen $p_1, \ldots, p_r$ und natürliche Zahlen $\nu_1, \ldots, \nu_r$, so dass $G \cong \mathbb{Z}/p_1^{\nu_1} \times \cdots \times \mathbb{Z}/p_r^{\nu_r}$. Wir erreichen eine vollständige Übersicht über alle endlichen abelschen Gruppen.

10.1   Der Hauptsatz

Nach Satz 8.6 ist jede endliche abelsche Gruppe G direktes Produkt ihrer p-Sylowgruppen: $G = P_1 \otimes \cdots \otimes P_k$. Daher zerlegen wir zuerst die abelschen p-Gruppen.

10.1.1 Zerlegung von p-Gruppen

Das folgende Lemma besagt, dass nichtzyklische abelsche p-Gruppen mindestens zwei Untergruppen der Ordnung p besitzen.

Lemma 10.1 *Eine endliche abelsche p-Gruppe, die nur eine Untergruppe der Ordnung p besitzt, ist zyklisch.*

© Der/die Autor(en), exklusiv lizenziert an Springer-Verlag GmbH, DE,
ein Teil von Springer Nature 2024
C. Karpfinger, *Algebra*, https://doi.org/10.1007/978-3-662-68656-0_10

Beweis Es sei G eine abelsche p-Gruppe der Ordnung p^n. Wir zeigen die Behauptung mit vollständiger Induktion nach n. Im Fall $n = 1$ folgt die Behauptung aus Lemma 3.12. Es sei nun $n \geq 2$, und G besitze nur eine Untergruppe P der Ordnung p. Dann hat der Endomorphismus $\varphi : x \mapsto x^p$ von G den Kern P, sodass $\varphi(G) \cong G/P$ nach dem Homomorphiesatz 4.11, also $|\varphi(G)| = p^{n-1}$. Wegen Korollar 8.2 (Satz von Cauchy) und der Voraussetzung ist P die einzige Untergruppe der Ordnung p von $\varphi(G) \leq G$. Nach Induktionsvoraussetzung ist $\varphi(G)$ daher zyklisch, $\varphi(G) = \langle \varphi(a) \rangle$ für ein $a \in G$. Es folgt $o(\varphi(a)) = o(a^p) = p^{n-1}$, also $o(a) = p^n$, sodass $G = \langle a \rangle$. $\qquad\square$

In einer abelschen p-Gruppe kann stets ein direkter Faktor abgespalten werden, letztlich erhält man so per Induktion eine gewünschte Zerlegung:

Lemma 10.2 *Es seien G eine abelsche p-Gruppe und $a \in G$ ein Element mit maximaler Ordnung. Dann existiert eine Untergruppe $U \leq G$ mit $G = \langle a \rangle \otimes U$.*

Beweis Wir beweisen die Behauptung mit vollständiger Induktion nach $|G|$. Im Fall $G = \langle a \rangle$ sei $U := \{e\}$. Im Fall $G \neq \langle a \rangle$ ist G nicht zyklisch. Damit existiert nach den Lemmata 5.2 und 10.1 ein $P \leq G$ mit $|P| = p$ und $\langle a \rangle \cap P = \{e\}$. Der kanonische Epimorphismus $\pi : G \to G/P$ ist daher nach dem Monomorphiekriterium 2.12 auf $\langle a \rangle$ injektiv. Wegen Lemma 3.6 ist $a P$ somit ein Element maximaler Ordnung von G/P. Es gilt $|G/P| = \frac{|G|}{p} < |G|$. Nach Induktionsvoraussetzung existiert ein $V \leq G/P$ mit $G/P = \langle a P \rangle \otimes V$. Für $U := \pi^{-1}(V)$ gilt

$$\pi(\langle a \rangle \cdot U) = \langle a P \rangle \cdot V = G/P .$$

Wegen $P \subseteq U$ folgt $G = \pi^{-1}(\langle a P \rangle \cdot V) = \langle a \rangle \cdot U \cdot P = \langle a \rangle \cdot U$.

Nun ermitteln wir $\langle a \rangle \cap U$: Für $x \in \langle a \rangle \cap U$ gilt $\pi(x) = x P \in \langle a P \rangle \cap V = \{P\}$ mit dem neutralen Element P in G/P. Es folgt $x \in \langle a \rangle \cap P = \{e\}$, d. h. $x = e$. Folglich gelten $G = \langle a \rangle \cdot U$ und $\langle a \rangle \cap U = \{e\}$, das besagt $G = \langle a \rangle \otimes U$. $\qquad\square$

Nun erhalten wir die gewünschte Zerlegung für p-Gruppen:

Korollar 10.3 *Jede endliche abelsche p-Gruppe G ist direktes Produkt*

$$G = \langle a_1 \rangle \otimes \cdots \otimes \langle a_r \rangle$$

zyklischer Gruppen mit $o(a_1) \geq o(a_2) \geq \cdots \geq o(a_r)$.

Das r-Tupel $(o(a_1), o(a_2), \ldots, o(a_r))$ ist hierdurch eindeutig festgelegt. $\qquad\square$

Beweis Die *Existenz* einer solchen Zerlegung folgt induktiv mit Lemma 10.2. Zur *Eindeutigkeit*: Mit dem Endomorphismus $\varphi : x \mapsto x^p$ von G erhält man, falls $o(a_i) > p$ für $i = 1, \ldots, k$ und $o(a_i) = p$ für $i = k + 1, \ldots, r$ gilt, $\varphi(G) = \langle a_1^p \rangle \otimes \cdots \otimes \langle a_k^p \rangle$.

Es gilt $o(a_i^p) = o(a_i)/p$ für $i = 1, \ldots, k$ und $|G/\varphi(G)| = p^r$. Folglich ist r durch G festgelegt. Wir argumentieren mit vollständiger Induktion nach $|G|$: Es sind die Zahlen k und $o(a_i)/p$ für $i = 1, \ldots, k$ eindeutig durch $\varphi(G)$ und damit durch G eindeutig bestimmt. Das liefert die Behauptung. $\qquad\square$

10.1.2 Endliche abelsche Gruppen

Wir verallgemeinern die Zerlegung von endlichen abelschen p-Gruppen auf beliebige endliche abelsche Gruppen. Der Satz stammt von Frobenius und Stickelberger 1879:

Satz 10.4 (Hauptsatz über endliche abelsche Gruppen) *Jede endliche abelsche Grup-pe $G \neq \{e\}$ ist direktes Produkt zyklischer Untergruppen von Primzahlpotenzordnung $\neq 1$. Sind*

$$G = \langle a_1 \rangle \otimes \cdots \otimes \langle a_r \rangle = \langle b_1 \rangle \otimes \cdots \otimes \langle b_s \rangle$$

zwei derartige Darstellungen, so gilt $r = s$ und die Elemente b_i können so umnummeriert werden, dass $o(a_i) = o(b_i)$, d. h. $\langle a_i \rangle \cong \langle b_i \rangle$ für $i = 1, \ldots, r$ gilt.

Beweis Wegen Satz 8.6 (b) ist G direktes Produkt ihrer Sylowgruppen $P_1, \ldots, P_k$, d. h. $G = P_1 \otimes \cdots \otimes P_k$. Die *Existenz* einer Zerlegung der Form

$$(*) \quad G = \langle a_1 \rangle \otimes \cdots \otimes \langle a_r \rangle$$

folgt daher mit Korollar 10.3. Ist p_i ein Primteiler von $|G|$, so enthält die p_i-Sylowgruppe P_i von G nach Satz 8.6 (a) genau die Elemente von G, deren Ordnungen Potenzen von p_i sind. Sind $U_1^{(i)}, \ldots, U_{k_i}^{(i)}$ diejenigen Faktoren in $(*)$ mit $p_i \mid |U_j^{(i)}|$, so folgt

$$|U_1^{(i)} \otimes \cdots \otimes U_{k_i}^{(i)}| = |P_i|, \quad \text{also} \quad U_1^{(i)} \otimes \cdots \otimes U_{k_i}^{(i)} = P_i \,.$$

Die *Eindeutigkeits*aussage folgt daher ebenfalls mit Korollar 10.3. $\qquad\square$

Vorsicht Im Allgemeinen ist $\langle a_i \rangle = \langle b_i \rangle$ nicht erreichbar. So gilt etwa für die Klein'sche Vierergruppe $V = \langle a \rangle \otimes \langle b \rangle = \langle b \rangle \otimes \langle c \rangle = \langle c \rangle \otimes \langle a \rangle$.

10.2   Klassifikation der endlichen abelschen Gruppen

Nach dem Hauptsatz 10.4 über endliche abelsche Gruppen ist jede solche Gruppe inneres direktes Produkt zyklischer Normalteiler. Mithilfe von Ergebnissen früherer Kapitel erhalten wir eine vollständige Übersicht über alle endlichen abelschen Gruppen.

10.2.1 Der Typ einer endlichen abelschen Gruppe

Es sei $G = \langle a_1 \rangle \otimes \cdots \otimes \langle a_r \rangle$ eine Darstellung der endlichen abelschen Gruppe G mit den Untergruppen $\langle a_1 \rangle, \ldots, \langle a_r \rangle$ von Primzahlpotenzordnung $\neq 1$, etwa $o(a_i) = p_i^{\nu_i}$ mit Primzahlen p_i und $\nu_i \in \mathbb{N}$, $i = 1, \ldots, r$. Wir ordnen die p_i der Größe nach, und bei gleichen Primzahlen $p_i = p_{i+1}$ wird die höhere p_i-Potenz zuerst gezählt, d. h.

$$(*) \quad p_1 \leq p_2 \leq \cdots \leq p_r\,;\quad p_i = p_{i+1} \;\Rightarrow\; \nu_i \geq \nu_{i+1}\,.$$

Das bei dieser Anordnung nach dem Hauptsatz 10.4 durch G eindeutig bestimmte r-Tupel $(p_1^{\nu_1}, \ldots, p_r^{\nu_r})$ nennt man den **Typ** von G. Wegen $\langle a_i \rangle \cong \mathbb{Z}/p_i^{\nu_i}$ (vgl. Satz 5.3) für alle $i = 1, \ldots, r$ gilt für $G = \langle a_1 \rangle \otimes \cdots \otimes \langle a_r \rangle$:

$$G \cong \mathbb{Z}/p_1^{\nu_1} \times \cdots \times \mathbb{Z}/p_r^{\nu_r}\,.$$

Die Gruppe G ist also bis auf Isomorphie durch ihren Typ festgelegt. Isomorphe endliche abelsche Gruppen haben offenbar denselben Typ. Umgekehrt gibt es zu jedem r-Tupel $\tau = (p_1^{\nu_1}, \ldots, p_r^{\nu_r})$ mit wie in $(*)$ angeordneten Primzahlpotenzen $\neq 1$ bis auf Isomorphie genau eine abelsche Gruppe vom Typ τ, nämlich $\mathbb{Z}/p_1^{\nu_1} \times \cdots \times \mathbb{Z}/p_r^{\nu_r}$. Damit ist eine perfekte Klassifizierung der endlichen abelschen Gruppen erzielt.

10.2.2 Anzahlformel und Partitionen natürlicher Zahlen

Es sei $\nu \in \mathbb{N}$. Ein r-Tupel $(\alpha_1, \ldots, \alpha_r)$ natürlicher Zahlen $\alpha_1, \ldots, \alpha_r$ heißt eine **Partition** von ν, falls gilt

$$\alpha_1 \geq \alpha_2 \geq \cdots \geq \alpha_r \geq 1\,,\; \alpha_1 + \cdots + \alpha_r = \nu\,.$$

Die Menge aller Partitionen einer natürlichen Zahl ν bezeichnen wir mit $P(\nu)$.

Beispiel 10.1 Es gilt etwa $P(1) = \{(1)\}$, $P(2) = \{(1, 1)\,,\; (2)\}$, $P(3) = \{(1, 1, 1)\,,\; (2, 1)\,,\; (3)\}$, $P(4) = \{(1, 1, 1, 1)\,,\; (2, 1, 1)\,,\; (2, 2)\,,\; (3, 1)\,,\; (4)\}$. Und weiter $|P(6)| = 11$ und beispielsweise $|P(200)| = 3972999029388$. ∎

Bemerkung Die Anzahl der Partitionen einer natürlichen Zahl v nimmt mit v enorm zu. In der *analytischen Zahlentheorie* werden Abschätzungen für $|P(v)|$ für große v ermittelt.

Ist G eine endliche abelsche Gruppe mit $|G| = p^v$ mit $v \in \mathbb{N}$ und einer Primzahl p, so liefert der Typ $\tau = (p^{\alpha_1}, \ldots, p^{\alpha_r})$ von G nach Abschn. 10.2.1 die Partition $(\alpha_1, \ldots, \alpha_r)$ von v. Offenbar ist die Abbildung

$$(p^{\alpha_1}, \ldots, p^{\alpha_r}) \mapsto (\alpha_1, \ldots, \alpha_r)$$

eine Bijektion von der Menge der Typen von G auf die Menge $P(v)$ der Partitionen von v. Folglich existieren z. B. 3972999029388 nichtisomorphe abelsche Gruppen der Ordnung 2^{200}.

Ist nun allgemeiner G eine abelsche Gruppe der Ordnung $n = p_1^{v_1} \cdots p_r^{v_r}$ mit verschiedenen Primzahlen $p_1, \ldots, p_r$, so ist offenbar die Abbildung

$$(p_1^{\alpha_1^{(1)}}, \ldots, p_1^{\alpha_{r_1}^{(1)}}, p_2^{\alpha_1^{(2)}}, \ldots, p_2^{\alpha_{r_2}^{(2)}}, \ldots, p_k^{\alpha_1^{(k)}}, \ldots, p_k^{\alpha_{r_k}^{(k)}}) \mapsto$$

$$\mapsto ((\alpha_1^{(1)}, \ldots, \alpha_{r_1}^{(1)}), \ldots, (\alpha_1^{(k)}, \ldots, \alpha_{r_k}^{(k)}))$$

eine Bijektion von der Menge der Typen von G auf die Menge $P(v_1) \times \cdots \times P(v_k)$.

Lemma 10.5 *Die Anzahl nichtisomorpher abelscher Gruppen der Ordnung $p_1^{v_1} \cdots p_r^{v_r}$ mit verschiedenen Primzahlen $p_1, \ldots, p_r$ ist $|P(v_1)| \cdots |P(v_r)|$.*

Beispiel 10.2 Es sei $n = 360 = 2^3 \cdot 3^2 \cdot 5$. Die möglichen Typen der Gruppen der Ordnung 360 sind

$$(2^3, 3^2, 5), \ (2^3, 3, 3, 5), \ (2^2, 2, 3^2, 5), \ (2^2, 2, 3, 3, 5), \ (2, 2, 2, 3^2, 5),$$

$$(2, 2, 2, 3, 3, 5).$$

Es gibt also bis auf Isomorphie genau 6 abelsche Gruppen der Ordnung 360. Wir geben diese Isomorphietypen explizit an:

$$G_1 := \mathbb{Z}/8 \times \mathbb{Z}/9 \times \mathbb{Z}/5, \qquad\qquad G_2 := \mathbb{Z}/8 \times \mathbb{Z}/3 \times \mathbb{Z}/3 \times \mathbb{Z}/5,$$
$$G_3 := \mathbb{Z}/4 \times \mathbb{Z}/2 \times \mathbb{Z}/9 \times \mathbb{Z}/5, \qquad G_4 := \mathbb{Z}/4 \times \mathbb{Z}/2 \times \mathbb{Z}/3 \times \mathbb{Z}/3 \times \mathbb{Z}/5,$$
$$G_5 := \mathbb{Z}/2 \times \mathbb{Z}/2 \times \mathbb{Z}/2 \times \mathbb{Z}/9 \times \mathbb{Z}/5, \ G_6 := \mathbb{Z}/2 \times \mathbb{Z}/2 \times \mathbb{Z}/2 \times \mathbb{Z}/3 \times \mathbb{Z}/3 \times \mathbb{Z}/5.$$

10.3   Die zweite Version des Hauptsatzes *

Durch ein Umsortieren und Zusammenfassen von Faktoren der Zerlegung einer endlichen abelschen Gruppe erhalten wir eine weitere Version des Hauptsatzes.

10.3.1 Die zweite Fassung

Die endliche abelsche Gruppe G vom Typ $\tau = (p_1^{\nu_1}, \ldots, p_r^{\nu_r})$ sei als direktes Produkt entsprechender zyklischer Untergruppen gegeben, d. h.

$$(*) \quad G = \langle a_1 \rangle \otimes \cdots \otimes \langle a_r \rangle \quad \text{mit} \quad o(a_i) = p_i^{\nu_i} .$$

Es seien $q_1, \ldots, q_s$ die verschiedenen Primzahlen, die in τ vorkommen und μ_i für $i = 1, \ldots, s$ jeweils ein maximaler Exponent von q_i in τ.

Wir fassen in der Zerlegung $(*)$ von G die Untergruppen $\langle a_j \rangle$ mit $o(a_j) = q_i^{\mu_i}$ zu einem Faktor $C_1 \cong \mathbb{Z}/q_1^{\mu_1} \times \cdots \times \mathbb{Z}/q_s^{\mu_s}$ zusammen. Es gilt $G = C_1 \otimes B$, wobei C_1 nach Korollar 6.11 zyklisch von der Ordnung $q_1^{\mu_1} \cdots q_s^{\mu_s}$ ist. Und B ist das direkte Produkt der übrigen zyklischen Untergruppen von $(*)$. Wir verfahren nun mit B ebenso: Umsortieren und Zusammenfassen einiger zyklischer Faktoren zur zyklischen Gruppe C_2 etc. Damit erhalten wir:

Satz 10.6 (Hauptsatz über endliche abelsche Gruppen. 2. Fassung) *Jede endliche abelsche Gruppe $G \neq \{e\}$ ist direktes Produkt*

$$G = C_1 \otimes \cdots \otimes C_t$$

zyklischer Untergruppen $C_1, \ldots, C_t \neq \{e\}$ mit der Eigenschaft

$$|C_t| \mid |C_{t-1}|, \ldots, |C_2| \mid |C_1| .$$

Ist $G = D_1 \otimes \cdots \otimes D_s$ eine zweite derartige Zerlegung, so gilt $s = t$ und $|D_i| = |C_i|$, d. h. $C_i \cong D_i$ für $i = 1, \ldots, t$.

Beispiel 10.3 Für die Gruppen $G_1, \ldots, G_6$ aus Beispiel 10.2 erhalten wir:

$$\begin{aligned}
G_1 &\cong \mathbb{Z}/360 , & G_2 &\cong \mathbb{Z}/120 \times \mathbb{Z}/3 , \\
G_3 &\cong \mathbb{Z}/180 \times \mathbb{Z}/2 , & G_4 &\cong \mathbb{Z}/60 \times \mathbb{Z}/6 , \\
G_5 &\cong \mathbb{Z}/90 \times \mathbb{Z}/2 \times \mathbb{Z}/2 , & G_6 &\cong \mathbb{Z}/30 \times \mathbb{Z}/6 \times \mathbb{Z}/2 .
\end{aligned}$$

Bemerkung Der Hauptsatz 10.4 über endliche abelsche Gruppen liefert eine *feinste* Zerlegung in direkte Faktoren, in der zweiten Fassung liefert er eine *gröbste* Zerlegung.

10.3.2 Invariante Faktoren abelscher Gruppen

Die Zahlen $c_1 := |C_1|, \ldots, c_t := |C_t|$ aus Satz 10.6 heißen die **invarianten Faktoren** von G. Das t-Tupel

$$i(G) := (c_1, \ldots, c_t)$$

wird die **Invariante** von G genannt. Der Hauptsatz besagt in seiner zweiten Fassung

- $i(G)$ ist durch den Isomorphietyp von G eindeutig bestimmt.
- $G \cong \mathbb{Z}/c_1 \times \cdots \times \mathbb{Z}/c_t$.

Umgekehrt existiert zu jedem t-Tupel $i = (c_1, \ldots, c_t)$ natürlicher Zahlen $c_1, \ldots, c_t > 1$ mit $c_t \mid c_{t-1} \cdots c_2 \mid c_1$ eine endliche abelsche Gruppe mit der Invarianten i, nämlich $\mathbb{Z}/c_1 \times \cdots \times \mathbb{Z}/c_t$.

Beispiel 10.4 Die Invarianten der abelschen Gruppen der Ordnung 360 sind

$$(30,\, 6,\, 2)\,, \ (90,\, 2,\, 2)\,, \ (60,\, 6)\,, \ (180,\, 2)\,, \ (120,\, 3)\,, \ (360)\,.$$

∎

Aufgaben

10.1 • Bestimmen Sie bis auf Isomorphie alle endlichen abelschen Gruppen der Ordnung 36.

10.2 • Wie viele nichtisomorphe abelsche Gruppen der Ordnung $2^6 \cdot 3^4 \cdot 5^2$ gibt es?

10.3 •• Bestimmen Sie die Automorphismengruppe A der zyklischen Gruppe $\mathbb{Z}/40$ bzw. $\mathbb{Z}/35$ und schreiben Sie A als $A \cong \mathbb{Z}/d_1 \times \mathbb{Z}/d_2 \times \ldots \times \mathbb{Z}/d_r$ mit $d_i \mid d_{i+1}$ für $i = 1, \ldots, r - 1$.

Auflösbare Gruppen 11

Übersicht

In Kap. 10 haben wir die endlichen abelschen Gruppen klassifiziert. Im vorliegenden Kapitel werden wir eine Verallgemeinerung abelscher Gruppen untersuchen – die *auflösbaren Gruppen*. Die Namensgebung hängt mit der *Auflösbarkeit* algebraischer Gleichungen zusammen; dieser Zusammenhang wird erst im Kap. 31 erläutert.

Bevor wir die auflösbaren Gruppen einführen, betrachten wir in einem ersten Abschnitt Gruppen, die eine *Kompositionsreihe* besitzen. Sie stehen in einem engen Zusammenhang zu den auflösbaren Gruppen.

11.1 Normalreihen und Kompositionsreihen

Es gibt Gruppeneigenschaften, von denen man nachweisen kann, dass sie in einer Gruppe G gelten, sofern sie nur in einem Normalteiler $N \trianglelefteq G$ und der Faktorgruppe G/N gelten. Um herauszufinden, ob eine solche Eigenschaft in N gilt, versucht man einen Normalteiler $N' \trianglelefteq N$ zu finden, sodass N' und N/N' diese Eigenschaft haben. Das macht man so lange, bis man bei einem *kleinen* Normalteiler angelangt ist, dem man die Eigenschaft direkt ansieht. Dann hat auch G diese Eigenschaft.

© Der/die Autor(en), exklusiv lizenziert an Springer-Verlag GmbH, DE,
ein Teil von Springer Nature 2024
C. Karpfinger, *Algebra*, https://doi.org/10.1007/978-3-662-68656-0_11

11.1.1 Normalreihen mit und ohne Wiederholungen

Man nennt ein $(r + 1)$-Tupel $\mathcal{G} = (G_0, G_1, \ldots, G_r)$ von Untergruppen G_i einer Gruppe G eine **Normalreihe** oder **subinvariante Reihe** von G, wenn

$$\{e\} = G_0 \trianglelefteq G_1 \trianglelefteq \cdots \trianglelefteq G_r = G.$$

Die Faktorgruppen G_i/G_{i-1} heißen die **Faktoren** der Normalreihe $\mathcal{G}$. Gilt $G_{i-1} = G_i$ für wenigstens ein i, so nennt man $\mathcal{G}$ eine Reihe **mit Wiederholungen**, sonst eine Reihe **ohne Wiederholungen**, d. h. $G_{i-1} \neq G_i$ für alle $i = 1, \ldots, r$.

Zwei Normalreihen $\mathcal{G} = (G_0, G_1, \ldots, G_r)$ und $\mathcal{H} = (H_0, H_1, \ldots, H_s)$ einer Gruppe G heißen **äquivalent**, wenn $r = s$ und wenn es eine Permutation π der Indizes gibt, sodass $G_i/G_{i-1} \cong H_{\pi(i)}/H_{\pi(i)-1}$.

Vorsicht Ist $\mathcal{G} = (G_0, G_1, \ldots, G_r)$ eine Normalreihe, so ist G_{i-1} zwar ein Normalteiler von G_i für $i = 1, \ldots, r$, aber nicht zwangsläufig von G.

Beispiel 11.1

- Jede Gruppe G hat die Normalreihe $(\{e\}, G)$. Der einzige existierende Faktor dieser Reihe ist $G/\{e\} \cong G$.
- Es ist $\mathcal{G} = (\{\text{Id}\}, A_4, S_4)$ eine Normalreihe von S_4.
- Auch $\mathcal{H} = (\{\text{Id}\}, \langle (1\,2)\,(3\,4) \rangle, V_4, A_4, A_4, S_4)$ ist eine Normalreihe von S_4, wobei $V_4 = \{(1), (1\,2)\,(3\,4), (1\,3)\,(2\,4), (1\,4)\,(2\,3)\}$. Die Reihe $\mathcal{H}$ hat Wiederholungen. Es ist $\langle (1\,2)\,(3\,4) \rangle$ zwar ein Normalteiler von V_4, aber kein Normalteiler von S_4.
- Es ist $(\{0\}, 8\mathbb{Z}, 4\mathbb{Z}, 4\mathbb{Z}, 2\mathbb{Z}, \mathbb{Z})$ eine Normalreihe von $\mathbb{Z}$.
- Wenn $\langle a \rangle$ zyklisch von der Ordnung 12 ist, sind

$$(\{e\}, \langle a^6 \rangle, \langle a^3 \rangle, G) \quad \text{und} \quad (\{e\}, \langle a^4 \rangle, \langle a^2 \rangle, G)$$

äquivalente Normalreihen von $\langle a \rangle$. ∎

Es ist eine einfache, aber wichtige Feststellung, dass man aus zwei äquivalenten Normalreihen mit Wiederholungen durch Fortlassen der durch Wiederholung auftretenden Untergruppen zu äquivalenten Normalreihen ohne Wiederholungen gelangt. Denn unter einer eineindeutigen Zuordnung der Faktoren der einen Normalreihe zu den Faktoren der anderen Normalreihe, bei der jeweils zugeordnete Faktoren isomorph sind, werden natürlich den nichttrivialen Faktoren auch nichttriviale Faktoren zugeordnet. Unter Weglassung der Wiederholungen haben die dann entstehenden Normalreihen die gleiche Anzahl von Faktoren (also gleiche Länge), die in geeigneter Reihenfolge zueinander isomorph sind.

11.1.2 Der Verfeinerungssatz von Schreier *

Eine Normalreihe $\mathcal{H} = (H_0, H_1, \ldots, H_s)$ einer Gruppe G heißt eine **Verfeinerung** von $\mathcal{G} = (G_0, G_1, \ldots, G_r)$, wenn $\{G_0, \ldots, G_r\} \subseteq \{H_0, \ldots, H_s\}$, und diese nennt man **echt**, wenn $\{G_0, \ldots, G_r\} \subsetneq \{H_0, \ldots, H_s\}$ gilt.

Wir führen vorab an einem Beispiel vor, was wir gleich allgemein beweisen wollen: *Je zwei Normalreihen besitzen äquivalente Verfeinerungen:*

Beispiel 11.2 Wir betrachten in der zyklischen Gruppe $\langle a \rangle$ der Ordnung 12 die zwei Normalreihen:

$$\mathcal{G} = (\{e\}, \langle a^4 \rangle, \langle a \rangle) \quad \text{mit den Faktoren} \quad \langle a^4 \rangle / \{e\} \cong \mathbb{Z}/3, \ \langle a \rangle / \langle a^4 \rangle \cong \mathbb{Z}/4 \quad \text{und}$$

$$\mathcal{H} = (\{e\}, \langle a^6 \rangle, \langle a \rangle) \quad \text{mit den Faktoren} \quad \langle a^6 \rangle / \{e\} \cong \mathbb{Z}/2, \ \langle a \rangle / \langle a^6 \rangle \cong \mathbb{Z}/6.$$

Wir verfeinern $\mathcal{G}$ zu $\mathcal{G}'$ und $\mathcal{H}$ zu $\mathcal{H}'$ so, dass $\mathcal{G}'$ und $\mathcal{H}'$ äquivalent sind: Offenbar können wir dieses Problem lösen, wenn wir zum einen $\mathcal{G}$ so verfeinern, dass aus dem Faktor $\mathbb{Z}/4$ zwei Faktoren $\mathbb{Z}/2$ entstehen und zum anderen $\mathcal{H}$ so verfeinern, dass aus dem Faktor $\mathbb{Z}/6$ die zwei Faktoren $\mathbb{Z}/2$ und $\mathbb{Z}/3$ entstehen. Wir versuchen es mit:

$$\mathcal{G}' = (\{e\}, \langle a^4 \rangle, \langle a^2 \rangle, \langle a \rangle), \ \mathcal{H}' = (\{e\}, \langle a^6 \rangle, \langle a^3 \rangle, \langle a \rangle).$$

Und tatsächlich: Die Verfeinerungen $\mathcal{G}'$ von $\mathcal{G}$ und $\mathcal{H}'$ von $\mathcal{H}$ haben die gleichen Faktoren $\mathbb{Z}/3$, $\mathbb{Z}/2$, $\mathbb{Z}/2$. Die beiden Normalreihen sind also äquivalent. ∎

Das wichtigste Ergebnis, das alle Normalreihen beherrscht, ist der folgende Satz:

Satz 11.1 (Verfeinerungssatz von Schreier) *Je zwei Normalreihen einer Gruppe G besitzen äquivalente Verfeinerungen.*

Beweis Es seien $(G_0, G_1, \ldots, G_r)$ und $(H_0, H_1, \ldots, H_s)$ zwei Normalreihen einer Gruppe G. Wir setzen:

$$G_{ij} := G_i (G_{i+1} \cap H_j) \quad (i = 0, \ldots, r-1, \ j = 0, \ldots, s),$$

$$H_{ij} := H_j (G_i \cap H_{j+1}) \quad (i = 0, \ldots, r, \ j = 0, \ldots, s-1).$$

Nach dem Schmetterlingslemma 4.16 gilt nun

$$G_{ij} \trianglelefteq G_{i\,j+1}, \ H_{ij} \trianglelefteq H_{i+1\,j} \quad \text{sowie} \quad G_{i\,j+1}/G_{i\,j} \cong H_{i+1\,j}/H_{i\,j}.$$

Ferner gilt $G_{00} = \{e\} = H_{00}$, $G_{r-1\,s} = G = H_{r\,s-1}$ und

$$G_{i\,s} = G_i\,(G_{i+1} \cap G) = G_{i+1} = G_{i+1}\,(G_{i+2} \cap \{e\}) = G_{i+1\,0}\,,$$
$$H_{r\,j} = H_j\,(G \cap H_{j+1}) = H_{j+1} = H_{j+1}\,(\{e\} \cap H_{j+2}) = H_{0\,j+1}\,.$$

Folglich ist

$$(\{e\} = G_{00},\,G_{01},\,\ldots,\,G_{0s} = G_{10},\,G_{11},\,\ldots,$$
$$G_{1s} = G_{20},\,\ldots,\,G_{r-1\,0},\,\ldots,\,G_{r-1\,s} = G)$$

eine Verfeinerung von $(G_0,\,\ldots,\,G_r)$, die zur Verfeinerung

$$(\{e\} = H_{00},\,H_{10},\,\ldots,\,H_{r\,0} = H_{01},\,H_{11},\,\ldots,$$
$$H_{r\,1} = H_{02},\,\ldots,\,H_{0s-1},\,\ldots,\,H_{r\,s-1} = G)$$

von $(H_0,\,\ldots,\,H_s)$ äquivalent ist. $\square$

Beispiel 11.3 Es sind $(\{0\},\,30\,\mathbb{Z},\,10\,\mathbb{Z},\,2\,\mathbb{Z},\,\mathbb{Z})$ und $(\{0\},\,24\,\mathbb{Z},\,3\,\mathbb{Z},\,\mathbb{Z})$ Normalreihen von $\mathbb{Z}$. Die nach dem konstruktiven Beweis von Satz 11.1 äquivalenten gewonnenen Verfeinerungen sind nach Weglassen der Wiederholungen

$$(\{0\},\,120\,\mathbb{Z},\,30\,\mathbb{Z},\,10\,\mathbb{Z},\,2\,\mathbb{Z},\,\mathbb{Z}) \quad \text{und} \quad (\{0\},\,120\,\mathbb{Z},\,24\,\mathbb{Z},\,6\,\mathbb{Z},\,3\,\mathbb{Z},\,\mathbb{Z})$$

mit den Faktoren $\mathbb{Z}$, $\mathbb{Z}/4$, $\mathbb{Z}/3$, $\mathbb{Z}/5$, $\mathbb{Z}/2$ und $\mathbb{Z}$, $\mathbb{Z}/5$, $\mathbb{Z}/4$, $\mathbb{Z}/2$, $\mathbb{Z}/3$.   ∎

11.1.3 Kompositionsreihen

Der Satz von Schreier legt es nahe, solche Reihen zu betrachten, die nicht mehr verfeinert werden können, ohne dass Wiederholungen auftreten. Dazu eine Vorbetrachtung: Ein Normalteiler N einer Gruppe G heißt **maximal**, wenn N von G verschieden ist und für jeden Normalteiler V von G mit $N \subseteq V \subseteq G$ stets $V = N$ oder $V = G$ folgt.

Die einfachen Gruppen sind also genau jene, in denen $\{e\}$ maximaler Normalteiler ist. Eine Verallgemeinerung, die unmittelbar aus dem Korrespondenzsatz 4.14 folgt, ist:

Lemma 11.2 *Ein Normalteiler N von G ist genau dann maximal, wenn die Gruppe G/N einfach ist.*

Beispiel 11.4 Jeder Normalteiler N einer Gruppe G, dessen Index in G eine Primzahl p ist, ist maximal. Die Faktorgruppe G/N hat nämlich in dieser Situation die Ordnung p und ist daher nach dem Satz von Lagrange 3.9 einfach. Somit sind die Untergruppen $p\,\mathbb{Z}$, p prim, von $\mathbb{Z}$ maximal.   ∎

Nun beschreiben wir die Normalreihen, die nicht echt verfeinert werden können: Eine Normalreihe $\mathcal{G} = (G_0, \ldots, G_r)$ einer Gruppe G heißt **Kompositionsreihe** von G, wenn G_i maximaler Normalteiler von G_{i+1} ist für jedes $i = 0, \ldots, r - 1$ oder äquivalent dazu, wenn sämtliche Faktoren G_{i+1}/G_i ($i = 0, \ldots, r - 1$) einfache Gruppen sind. Die Faktoren einer Kompositionsreihe heißen **Kompositionsfaktoren**.

Man beachte, dass Kompositionsreihen per Definition keine Wiederholungen haben.

Beispiel 11.5

- Jede endliche Gruppe G hat Kompositionsreihen: Wenn G einfach ist, ist $(\{e\}, G)$ eine solche, ansonsten wähle man sukzessive maximale Normalteiler $G \rhd N_1 \rhd \cdots \rhd N_r \rhd \{e\}$. Es ist dann $(\{e\}, N_r, \ldots, N_1, G)$ eine Kompositionsreihe.
- Die Gruppe $\mathbb{Z}$ besitzt keine Kompositionsreihe. Es gilt nämlich

$$\{0\} \unlhd 2n\mathbb{Z} \unlhd n\mathbb{Z} \quad \text{für jedes } n \in \mathbb{N}.$$

Folglich kann jede Normalreihe von $\mathbb{Z}$ echt verfeinert werden.
- Die symmetrische Gruppe S_4 hat die Kompositionsreihe

$$(\{\text{Id}\}, \langle(1\,2)\,(3\,4)\rangle, \{(1), (1\,2)\,(3\,4), (1\,3)\,(2\,4), (1\,4)\,(2\,3)\}, A_4, S_4).$$

- Wenn $\langle a \rangle$ zyklisch von der Ordnung 12 ist, sind

$$(\{e\}, \langle a^6 \rangle, \langle a^3 \rangle, G) \quad \text{und} \quad (\{e\}, \langle a^4 \rangle, \langle a^2 \rangle, G)$$

Kompositionsreihen. ∎

11.1.4 Der Satz von Jordan-Hölder *

Nicht jede Gruppe besitzt Kompositionsreihen (etwa $\mathbb{Z}$). Aber falls eine solche existiert, so sind je zwei äquivalent. Ist nämlich G eine Gruppe mit den beiden Kompositionsreihen

$$\mathcal{G} = (G_0, G_1, \ldots, G_r) \quad \text{und} \quad \mathcal{H} = (H_0, H_1, \ldots, H_s),$$

so haben beide Reihen per Definition keine Wiederholungen. Verfeinern wir nun beide Reihen mit dem Verfeinerungssatz von Schreier zu äquivalenten Normalreihen, so kann diese Verfeinerung nicht echt sein – es werden höchstens Wiederholungen eingefügt. Wenn wir aber in den beiden äquivalenten Reihen die Wiederholungen streichen, erhalten wir die ursprünglichen Reihen zurück, die dann ebenso äquivalent sind. Damit ist bewiesen:

Satz 11.3 (Satz von Jordan-Hölder) *Besitzt eine Gruppe Kompositionsreihen, so sind je zwei Kompositionsreihen dieser Gruppe äquivalent.*

Man beachte das letzte Beispiel in Beispiel 11.5.

11.2 Kommutatorgruppen

Die *Kommutatorgruppe* einer Gruppe G ist ein Maß für die Kommutativität von G: Je kleiner die Kommutatorgruppe ist, desto mehr Elemente von G kommutieren miteinander.

11.2.1 Kommutatoren

Es sei G eine Gruppe. Für a, $b \in G$ wird das Produkt

$$[a,\, b] := a\,b\,a^{-1}\,b^{-1}$$

als **Kommutator** von a und b bezeichnet. Die von allen Kommutatoren erzeugte Untergruppe G' von G heißt **Kommutatorgruppe** von G:

$$G' = \langle \{[a,\, b] \,|\, a,\, b \in G\} \rangle \,.$$

Wegen $[a,\, b]^{-1} = [b,\, a]$ besteht G' also nach dem Darstellungssatz 3.2 aus allen endlichen Produkten von Kommutatoren. Man beachte, dass das Produkt von Kommutatoren nicht zwangsläufig wieder ein Kommutator ist.

Es gilt für alle a, $b \in G$:

$$a\,b = [a,\, b]\,b\,a \,.$$

Insofern ist also der Kommutator $[a,\, b]$ eine Größe, die angibt, inwieweit a und b nicht miteinander kommutieren. Man erkennt auch sofort, dass eine Gruppe G genau dann abelsch ist, wenn die Kommutatorgruppe G' nur aus dem neutralen Element e von G besteht. Wichtig ist:

Lemma 11.4 *Die Kommutatorgruppe G' einer Gruppe G ist ein Normalteiler von G.*

Beweis Es seien $x \in G$ und $k \in G'$. Dann gilt $k = k_1 \cdots k_r$ mit Kommutatoren $k_i = [a_i,\, b_i]$, a_i, $b_i \in G$ für $i = 1, \ldots, r$. Wegen

$$x\,k_i\,x^{-1} = x\,[a_i,\, b_i]\,x^{-1} = [x\,a_i\,x^{-1},\, x\,b_i\,x^{-1}]$$

und

$$x \, k \, x^{-1} = x \, k_1 \cdots k_r \, x^{-1} = x \, k_1 \, x^{-1} \, x \, k_2 \, x^{-1} \cdots x \, k_r \, x^{-1}$$

ist $x \, k \, x^{-1}$ ein Produkt von Kommutatoren, d. h. $x \, G' \, x^{-1} \subseteq G'$. Die Behauptung folgt nun aus Lemma 4.1. □

11.2.2 Abelsche Faktorgruppen

Der folgende Satz liefert ein Kriterium dafür, wann die Faktorgruppe nach einem Normalteiler N abelsch ist:

Lemma 11.5 *Es sei N ein Normalteiler einer Gruppe G. Die Faktorgruppe G/N ist genau dann abelsch, wenn $G' \subseteq N$ gilt.*

Beweis Es gilt:

$$
\begin{aligned}
G/N \quad \text{ist abelsch} \quad &\Leftrightarrow \quad a \, b \, N = a \, N \, b \, N = b \, N \, a \, N = b \, a \, N \quad \text{für alle} \quad a, b \in G \\
&\Leftrightarrow \quad a^{-1} b^{-1} a \, b \, N = N \ \text{für alle} \quad a, b \in G \\
&\Leftrightarrow \quad a^{-1} b^{-1} a \, b = [a^{-1}, b^{-1}] \in N \quad \text{für alle} \quad a, b \in G \\
&\Leftrightarrow \quad G' \subseteq N \, .
\end{aligned}
$$

□

Wegen der Lemmata 11.4 und 11.5 gilt:

Korollar 11.6 *Für jede Gruppe G ist die Faktorgruppe G/G' abelsch.* □

Beispiel 11.6 Bezeichnet V_4 die zur Klein'schen Vierergruppe isomorphe Untergruppe

$$\{(1), \ (1\,2)\,(3\,4), \ (1\,3)\,(2\,4), \ (1\,4)\,(2\,3)\}$$

von S_4, so gilt:

$$S_3' = A_3 \, , \ A_3' = \{\text{Id}\} \quad \text{und} \quad A_4' = V_4 \, , \ V_4' = \{e\} \, .$$

Das folgt unmittelbar aus dem folgenden Ergebnis, man beachte auch, dass A_3 und V_4 abelsch sind. ∎

Lemma 11.7

(a) $S_n' = A_n$ für jedes $n \geq 1$.
(b) $A_n' = A_n$ für jedes $n \geq 5$

Beweis

(a) Der Fall $n = 1$ ist klar. Der Fall $n = 2$: S_2 ist abelsch und $A_2 = \{\mathrm{Id}\}$, also gilt $S_2' = A_2$. Es sei nun $n \geq 3$. Für verschiedene a, b, $c \in I_n := \{1, \ldots, n\}$ gilt:

$$(a\,b\,c) = (a\,c\,b)^2 = (a\,c)\,(c\,b)\,(a\,c)\,(c\,b) = [(a\,c),\,(c\,b)]\,,$$

da jede Transpositionen gleich ihrem Inversen ist. Damit liegen alle 3-Zyklen in S_n', nach Lemma 9.8 gilt $A_n \subseteq S_n'$. Wegen $|S_n/A_n| = 2$ ist die Faktorgruppe S_n/A_n abelsch. Also gilt wegen Lemma 11.5 auch die Implikation $S_n' \subseteq A_n$, d. h. $S_n' = A_n$.

(b) Da A_n für $n \geq 5$ nicht abelsch ist und A_n' ein Normalteiler von A_n ist, gilt $A_n' = A_n$ nach Satz 9.10.   □

11.2.3 Höhere Kommutatorgruppen

Es ist naheliegend, die Kommutatorbildung zu iterieren, also von der Kommutatorgruppe G' die Kommutatorgruppe $(G')'$ zu bilden etc. Wir erklären induktiv eine Folge von Untergruppen einer Gruppe G:

$$G^{(0)} := G\,, \quad G^{(n)} := (G^{(n-1)})' \quad \text{für alle } n \in \mathbb{N}\,.$$

Die Folge $(G^{(0)}, G^{(1)}, \ldots)$ von Untergruppen $G^{(i)}$ von G hat die Eigenschaft $G^{(i+1)} \trianglelefteq G^{(i)}$ für alle $i \in \mathbb{N}$:

$$G^{(0)} \trianglerighteq G^{(1)} \trianglerighteq \cdots$$

Beispiel 11.7 Es gilt etwa

$$S_4^{(3)} = ((S_4')')' = (A_4')' = V_4' = \{\mathrm{Id}\}\,,$$

also

$$\{\mathrm{Id}\} \trianglelefteq V_4 \trianglelefteq A_4 \trianglelefteq S_4\,.$$

Es folgen Rechenregeln für diese *höheren Kommutatorgruppen*.

Lemma 11.8 *Es seien U eine Untergruppe und N ein Normalteiler einer Gruppe G, H sei eine weitere Gruppe. Dann gilt für alle $n \in \mathbb{N}_0$:*

(a) $U^{(n)} \subseteq G^{(n)}$.
(b) $(G/N)^{(n)} = G^{(n)} N/N \cong G^{(n)}/G^{(n)} \cap N$.
(c) $(G \times H)^{(n)} = G^{(n)} \times H^{(n)}$.

Beweis (a) und (c) sind klar.

(b) Wir zeigen die Behauptung mit vollständiger Induktion. Für $n = 0$ ist die Aussage klar. Aus der Definition und der Induktionsvoraussetzung folgt

$$(G/N)^{(n+1)} = ((G/N)^{(n)})' = (G^{(n)} N/N)'.$$

Die Elemente von $G^{(n)} N/N$ sind von der Form $k N$ mit $k \in G^{(n)}$ (man beachte $a N = N$ für $a \in N$). Damit wird $(G^{(n)} N/N)'$ erzeugt von

$$\{a N b N a^{-1} N b^{-1} N = [a, b] N \mid a, b \in G^{(n)}\}.$$

Dies ist aber auch ein Erzeugendensystem für $G^{(n+1)} N/N$. Das ergibt die Gleichheit in (b), die angegebene Isomorphie folgt aus dem ersten Isomorphiesatz 4.13. □

11.3 Auflösbare Gruppen

Eine Gruppe G mit neutralem Element e heißt **auflösbar**, falls es ein $m \in \mathbb{N}$ mit $G^{(m)} = \{e\}$ gibt:

$$G^{(0)} \trianglerighteq G^{(1)} \trianglerighteq \cdots \trianglerighteq G^{(m)} = \{e\}.$$

Beispiel 11.8

- Jede abelsche Gruppe G ist wegen $G' = \{e\}$ auflösbar. Also sind die auflösbaren Gruppen eine Verallgemeinerung der abelschen Gruppen.
- Nach dem obigen Beispiel 11.7 ist die nichtabelsche Gruppe S_4 auflösbar.
- Jede nichtabelsche, einfache Gruppe ist nicht auflösbar. ∎

Bemerkung Die auflösbaren Gruppen spielen eine entscheidende Rolle in der Theorie zur Auflösbarkeit algebraischer Gleichungen. Diesem Zusammenhang haben sie auch ihren Namen zu verdanken. Wir werden uns im Kap. 31 mit diesen Zusammenhängen auseinandersetzen.

Für die Theorie zur Auflösbarkeit algebraischer Gleichung ist das folgende Ergebnis von Interesse:

Lemma 11.9 *Für jedes $n \geq 5$ ist die symmetrische Gruppe S_n nicht auflösbar.*

Beweis Es sei $n \geq 5$. Nach Lemma 11.7 gilt $S_n^{(i)} = A_n$ für jedes $i \geq 1$, insbesondere gilt also $S_n^{(i)} \neq \{\mathrm{Id}\}$ für alle $i \in \mathbb{N}$. $\qquad\qquad\square$

11.4   Untergruppen, Faktorgruppen und Produkte auflösbarer Gruppen

Für die Gruppen S_n, A_n und alle abelschen Gruppen ist die Frage nach der Auflösbarkeit entschieden. Im Gegensatz zu diesen Gruppen kann man die Kommutatorgruppen anderer Gruppen häufig nicht so leicht bestimmen. Die Rechenregeln in Lemma 11.8 lassen sofort Folgerungen für auflösbare Gruppen zu: Mit $G^{(m)} = \{e\}$ gilt auch $U^{(m)} = \{e\}$ und $(G/N)^{(m)} = \{e\}$ für jede Untergruppe U und jeden Normalteiler N von G. Das zeigt:

Lemma 11.10

(a) Jede Untergruppe einer auflösbaren Gruppe ist auflösbar.
(b) Jede Faktorgruppe einer auflösbaren Gruppe ist auflösbar.
(c) Jedes direkte Produkt auflösbarer Gruppen ist auflösbar.

Der nächste Satz ist wesentlich – es gilt in gewissem Sinne auch die Umkehrung von Lemma 11.10:

Satz 11.11 *Es sei N ein Normalteiler einer Gruppe G. Sind N und G/N auflösbar, so ist auch G auflösbar.*

Beweis Da G/N auflösbar ist, gibt es ein $m \in \mathbb{N}_0$ mit $(G/N)^{(m)} = \{N\}$. Aus Lemma 11.8 (b) folgt dann $G^{(m)} N = N$ bzw. $G^{(m)} \subseteq N$. Da auch N auflösbar ist, etwa $N^{(r)} = \{e\}$, folgt erneut aus Lemma 11.8 $G^{(m+r)} \subseteq N^{(r)} = \{e\}$. Somit ist G auflösbar. $\qquad\square$

Die Auflösbarkeit ist also eine der Gruppeneigenschaften, die sich von einem Normalteiler N und der Faktorgruppe G/N auf G überträgt. Nach den einleitenden Bemerkungen haben wir daher gute Erfolgsaussichten, wenn wir bei Auflösbarkeitsfragen die Normalreihen bzw. Kompositionsreihen ins Spiel bringen.

11.4.1 Auflösbarkeit und abelsche Normalreihen

Wenn G eine auflösbare Gruppe ist, $G^{(m)} = \{e\}$, dann ist $\mathcal{G} = (G^{(m)}, \ldots, G^{(0)})$ nach Korollar 11.6 eine Normalreihe mit abelschen Faktoren $G^{(i)}/G^{(i+1)}$. Eine Normalreihe $\mathcal{G}$ einer Gruppe G mit abelschen Faktoren nennt man kurz **abelsche Normalreihe**.

Eine auflösbare Gruppe hat also eine abelsche Normalreihe. Es gilt auch die Umkehrung:

Lemma 11.12 *Eine Gruppe ist genau dann auflösbar, wenn sie eine abelsche Normalreihe besitzt.*

Beweis Wir begründen die Aussage mit vollständiger Induktion nach der *Länge* n der Normalreihe einer Gruppe.

Der Fall $n = 1$: Ist G eine Gruppe mit abelscher Normalreihe $\mathcal{G} = (\{e\} = G_0, G)$ der Länge 1, so ist $G \cong G/\{e\}$ abelsch, folglich auflösbar.

Es seien alle Gruppen mit abelschen Normalreihen der Länge $< n$ auflösbar, und es sei $\mathcal{G} = (\{e\} = G_0, \ldots, G_n = G)$ eine abelsche Normalreihe einer Gruppe G der Länge n. Dann ist $(\{e\} = G_0, \ldots, G_{n-1})$ eine abelsche Normalreihe von G_{n-1} der Länge $n - 1$. Also ist G_{n-1} nach Induktionsvoraussetzung auflösbar. Da G_{n-1} zudem ein Normalteiler in G mit abelscher, also auflösbarer Faktorgruppe G/G_{n-1} ist, folgt mit Satz 11.11 die Auflösbarkeit von G. □

11.4.2 Auflösbarkeit und Kompositionsreihen

Wir untersuchen die Konsequenzen der Auflösbarkeit einer Gruppe G im Fall, dass G eine Kompositionsreihe besitzt. Vorab ein Hilfssatz:

Lemma 11.13 *Jede Verfeinerung einer abelschen Normalreihe ist abelsch.*

Beweis Es sei $\mathcal{G} = (\{e\} = G_0, \ldots, G_r)$ eine abelsche Normalreihe. Da wir jede Verfeinerung erhalten, indem wir endlich oft je eine passende Untergruppe einfügen, genügt es zu zeigen, dass in der Verfeinerung $(\ldots, G_i, H, G_{i+1}, \ldots)$ auch die Faktoren G_{i+1}/H und H/G_i abelsch sind. Als Untergruppe der abelschen Gruppe G_{i+1}/G_i ist H/G_i abelsch. Und die Gruppe G_{i+1}/H ist nach dem zweiten Isomorphiesatz 4.15 isomorph zur Faktorgruppe $(G_{i+1}/G_i)/(H/G_i)$ einer abelschen Gruppe, insbesondere ebenfalls abelsch. □

Ist G eine auflösbare Gruppe mit einer Kompositionsreihe, so besitzt G nach Lemma 11.12 auch eine abelsche Normalreihe. Beide Reihen können nun nach dem Verfeinerungssatz von Schreier zu äquivalenten Normalreihen verfeinert werden, welche dann nach Lemma 11.13 abelsch sind. Da aber eine Verfeinerung einer Kompositionsreihe nur durch Einfügen von Wiederholungen möglich ist, ist die Kompositionsreihe selbst bereits abelsch. Die Kompositionsfaktoren sind dann einfache abelsche Gruppen und als solche zyklisch und von Primzahlordnung. Damit ist unter Berücksichtigung von Lemma 11.12 bewiesen:

Lemma 11.14 *Es sei G eine Gruppe mit Kompositionsreihe. G ist genau dann auflösbar, wenn die Kompositionsfaktoren von G Primzahlordnung haben.*

Korollar 11.15 *Eine auflösbare Gruppe G besitzt genau dann eine Kompositionsreihe, wenn G endlich ist.*   □

Beweis Jede endliche Gruppe besitzt eine Kompositionsreihe. Es sei G also auflösbar und $\mathcal{G} = (G_0, \ldots, G_r)$ eine Kompositionsreihe. Nach Lemma 11.14 gilt für $i = 0, \ldots, r-1$:

$$|G_{i+1}| = |G_{i+1}/G_i|\,|G_i| = p\,|G_i|$$

mit einer Primzahl p. Somit gilt $|G| = p_1 \cdots p_{r-1}$ für Primzahlen $p_1, \ldots, p_{r-1}$.   □

11.5 Klassen auflösbarer Gruppen

Es gibt zahlreiche Beispiele auflösbarer Gruppen. So ist jede abelsche Gruppe auflösbar. Wir geben weitere Beispielklassen an:

Lemma 11.16 *Jede p-Gruppe (p eine Primzahl) ist auflösbar.*

Beweis Mit vollständiger Induktion nach $|G|$: Es sei $G \neq \{e\}$ eine p-Gruppe. Nach Satz 7.7 ist das Zentrum $Z(G)$ von G nichttrivial, $\{e\} \neq Z(G) \trianglelefteq G$, und $Z(G)$ ist abelsch, also auflösbar. Nach Induktionsvoraussetzung ist $G/Z(G)$ auflösbar. Die Behauptung folgt daher aus Satz 11.11.   □

Lemma 11.17 *Jede Gruppe G der Ordnung p q (p, q Primzahlen) ist auflösbar.*

Beweis Wegen Lemma 11.16 können wir $p < q$ voraussetzen. Nach Lemma 8.7 und Satz 8.6 existiert in G ein auflösbarer Normalteiler N (da $|N| = q$) mit auflösbarer Faktorgruppe G/N (da $|G/N| = p$). Nach Satz 11.11 ist G auflösbar.   □

Bemerkung Wir geben schließlich zwei berühmte Sätze an. Die Beweise erfordern wesentlich mehr Hilfsmittel, als wir bisher bereitgestellt haben:

- Der $p^\alpha q^\beta$-**Satz von Burnside:** Jede Gruppe der Ordnung $p^\alpha q^\beta$ (mit Primzahlen p, q und natürlichen Zahlen α, β) ist auflösbar.
- **Der Satz von Feit-Thompson:** Jede Gruppe ungerader Ordnung ist auflösbar.

Der Satz von Feit-Thomson wurde im Jahre 1963 bewiesen. Der Originalbeweis ist – mit allen Hilfssätzen – 274 Seiten lang. Ein kurzer Beweis wird nach wie vor gesucht.

Aufgaben

11.1 •• Zeigen Sie: Jede abelsche Gruppe G, die eine Kompositionsreihe besitzt, ist endlich.

11.2 • Geben Sie zu den beiden Normalreihen

$$\mathbb{Z} \trianglerighteq 15\,\mathbb{Z} \trianglerighteq 60\,\mathbb{Z} \trianglerighteq \{0\} \quad \text{und} \quad \mathbb{Z} \trianglerighteq 12\,\mathbb{Z} \trianglerighteq \{0\}$$

äquivalente Verfeinerungen und die zugehörigen Faktoren an.

11.3 • Man gebe alle möglichen Kompositionsreihen der Gruppe $\mathbb{Z}/24$ mit den zugehörigen Faktoren an.

11.4 • Man gebe eine Kompositionsreihe für $\mathbb{Z}/p^k$ an (p eine Primzahl).

11.5 •• Man bestimme die abgeleitete Reihe

$$D_n^{(0)} \trianglerighteq D_n^{(1)} \trianglerighteq \cdots$$

für die Diedergruppe D_n, $n \in \mathbb{N}$. Für welche n ist die Diedergruppe D_n auflösbar?

11.6 •• Man bestimme die abgeleitete Reihe

$$Q^{(0)} \trianglerighteq Q^{(1)} \trianglerighteq \cdots$$

für die Quaternionengruppe Q (vgl. Beispiel 2.1). Ist die Quaternionengruppe auflösbar?

11.7 •• Zeigen Sie, dass jede Gruppe G der Ordnung p^2q mit Primzahlen p, q auflösbar ist.

11.8 ••• Zeigen Sie, dass jede Gruppe G der Ordnung < 60 auflösbar ist.

11.9 • Zeigen Sie, dass die Gruppe S_4 auflösbar ist.

11.10 •• Bestimmen Sie die Kommutatorgruppe G' für die Gruppe G der invertierbaren oberen (2×2)-Dreiecksmatrizen über dem Körper $K = \mathbb{Z}/p$, p prim:

$$G = \left\{ \begin{pmatrix} a & b \\ 0 & c \end{pmatrix} \in K^{2\times 2} \mid a,\, c \in K \setminus \{0\},\, b \in K \right\}.$$

11.11 •• Es sei G die Gruppe der invertierbaren oberen (2×2)-Dreiecksmatrizen über einem Körper K.

(a) Begründen Sie, warum G auflösbar ist.

(b) Es sei weiter H die Untergruppe von G, die aus allen Elementen von G mit Determinante 1 besteht. Ist H auflösbar?

11.12 • Was können Sie über das Zentrum $Z(G)$ und die Kommutatorgruppe G' einer einfachen Gruppe aussagen?

11.13 ••• Es sei G eine Gruppe der Ordnung pqr, wobei p, q und r Primzahlen mit $p > q > r$ seien. Zeigen Sie, dass G auflösbar ist.

Hinweis. Beginnen Sie mit der Bestimmung der Anzahl n_p der p-Sylowgruppen, und zählen Sie, falls nötig, Elemente.

Freie Gruppen *

12

Übersicht

In einer Gruppe G mit Erzeugendensystem S ist nach dem Darstellungssatz 3.2 jedes Gruppenelement darstellbar als endliches Produkt von (nicht notwendig verschiedenen) Elementen aus $S \cup S^{-1}$. Die weitere Struktur von G wird dann durch gewisse Beziehungen (man sagt auch *Relationen*) zwischen den erzeugenden Elementen bestimmt. So gilt etwa für die Diedergruppe D_n (siehe Abschn. 3.1.5):

$$D_n = \langle \alpha, \beta \rangle \quad \text{mit} \quad \alpha^2 = 1, \ \beta^n = 1, \ \alpha \beta \alpha^{-1} = \beta^{-1},$$

wobei natürlich 1 das neutrale Element der Diedergruppe D_n bezeichnet. Man sagt, D_n wird durch die Erzeugenden α, β und die Relationen $\alpha^2 = 1$, $\beta^n = 1$, $\alpha \beta \alpha^{-1} = \beta^{-1}$ *definiert*.

In diesem Kapitel diskutieren wir die für Anwendungen der Gruppentheorie wichtige Möglichkeit, eine Gruppe mit Hilfe eines Erzeugendensystems und Relationen eindeutig (bis auf Isomorphie) zu beschreiben. Hierfür befassen wir uns zunächst mit Gruppen, die Erzeugende besitzen, zwischen denen es keine (nichttrivialen) Relationen gibt. Man nennt sie (und solche Erzeugendensysteme) *frei*. Wir zeigen, dass es zu jeder Menge X eine freie Gruppe F mit freiem Erzeugendensystem $X \subseteq F$ gibt. Danach präzisieren wir den Begriff der Relation und begründen, warum jede durch Erzeugende und Relationen definierte Gruppe darstellbar ist als Faktorgruppe einer freien Gruppe.

© Der/die Autor(en), exklusiv lizenziert an Springer-Verlag GmbH, DE,
ein Teil von Springer Nature 2024
C. Karpfinger, *Algebra*, https://doi.org/10.1007/978-3-662-68656-0_12

12.1   Existenz und Eindeutigkeit freier Gruppen

Es ist das Ziel dieses Abschnitts, zu einer Menge X eine freie Gruppe F mit freiem Erzeugendensystem $X \subseteq F$ zu konstruieren. Für weiterführende Anwendungen und die Einordnung in übergeordnete Theorien (etwa Kategorientheorie) ist weniger das explizite Aussehen von F interessant, als vielmehr eine charakteristische Eigenschaft, die man deshalb gleich zu Beginn in die Definition einbaut.

12.1.1 Definition freier Gruppen und erste Folgerungen

Es sei X eine Menge und F eine Gruppe mit $X \subseteq F$. Die Gruppe F heißt **frei über** X bzw. **frei erzeugt von** X, wenn jede Abbildung $\alpha : X \to G$ von X in eine (beliebige) Gruppe G auf genau eine Weise zu einem Gruppenhomomorphismus $\beta : F \to G$ fortsetzbar ist (d. h. $\beta(x) = \alpha(x)$ für alle $x \in X$). Man nennt X dann ein **freies Erzeugendensystem** (manchmal auch eine **Basis**) von F und F eine **freie Gruppe**.

Diese Definition veranschaulicht man sich im folgenden Diagramm, in dem G eine beliebige Gruppe darstellt und $\iota : X \to F$ die Inklusion $\iota(x) = x$ für alle $x \in X$ bezeichnet; es gilt $\beta \iota = \alpha$:

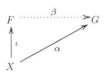

Beispiel 12.1 Die additive Gruppe $(\mathbb{Z}, +)$ ist frei über der Teilmenge $\{1\} \subseteq \mathbb{Z}$. Ist nämlich G eine (multiplikative) Gruppe und $\alpha : \{1\} \to G$ eine beliebige Abbildung, $\alpha(1) = g$, so ist $\beta : \mathbb{Z} \to G$, $\beta(n) = g^n$ der eindeutig bestimmte Homomorphismus, der α fortsetzt.

$(\mathbb{Z}, +)$ ist aber nicht frei über $\{0\}$, denn keine der Abbildungen $\alpha : \{0\} \to G$ mit $\alpha(0) \neq e$ (neutrales Element von G) kann zu einem Homomorphismus fortgesetzt werden. ∎

Es ist eine bewährte Methode, aus der Definition zuerst einige Folgerungen herzuleiten, bevor man weitere Beispiele angibt bzw. den Existenznachweis führt.

Satz 12.1 *Es sei F eine über der Teilmenge $X \subseteq F$ freie Gruppe. Dann ist X ein Erzeugendensystem von F.*

Beweis Es sei $F' = \langle X \rangle$ die von $X \subseteq F$ erzeugte Untergruppe und $\iota' : X \to F'$ die Inklusion $\iota'(x) = x$ für alle $x \in X$.

Dann gibt es nach Voraussetzung (man nehme $G = F'$, $\alpha = \iota'$) einen Homomorphismus $\beta : F \to F'$ mit $\beta(x) = \iota'(x) = x$ für alle $x \in X$. Beachte das nebenstehende Diagramm (mit den Inklusionen $\iota : X \to F$, $\iota' : X \to F'$).

Dieses Diagramm wird durch die Inklusion $\gamma : F' \to F$, $\gamma(g) = g$ für alle $g \in F'$ zu folgendem Diagramm erweitert:

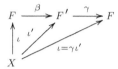

Neben $\gamma\beta$ ist aber auch die Identität Id $: F \to F$ ein Homomorphismus, der die Inklusion ι fortsetzt. Aufgrund der in der Definition verlangten Eindeutigkeit folgt $\gamma\beta = \mathrm{Id}$. Damit ist die Inklusion $\gamma : F' \to F$ surjektiv und $F' = F$. □

Wenn es überhaupt eine über X freie Gruppe gibt, dann ist diese bis auf Isomorphie eindeutig festgelegt. Wir zeigen:

Satz 12.2 *Sind F und F' zwei über X freie Gruppen, so gilt $F \cong F'$.*

Beweis Es seien $\iota : X \to F$, $\iota(x) = x$ und $\iota' : X \to F'$, $\iota'(x) = x$ für alle $x \in X$ die Inklusionen von X in F bzw. von X' in F'.

Da F und F' frei über X sind, gibt es definitionsgemäß (nehme $G = F'$ und $\alpha = \iota'$) einen Homomorphismus $\beta : F \to F'$ mit $\beta(x) = x$ für alle $x \in X$, und ebenso (nehme $G = F$, $\alpha = \iota$) einen Homomorphismus $\beta' : F' \to F$ mit $\beta'(x) = \iota'(x) = x$ für alle $x \in X$. Beachte das Diagramm.

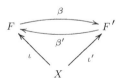

Damit sind die Homomorphismen $\beta\beta' : F' \to F'$ und $\beta'\beta : F \to F$ jeweils gleich der Identität auf dem Erzeugendensystem (vgl. Satz 12.1), also gilt $\beta\beta' = \mathrm{Id}_{F'}$ und $\beta'\beta = \mathrm{Id}_F$, und deshalb ist β ein Isomorphismus. □

Bemerkung Später werden wir einen *stärkeren* Eindeutigkeitssatz beweisen. Hier sollte erst einmal nur in einfacher Weise der Umgang mit diesen neuen *pfeiltheoretischen* Methoden vorgeführt werden.

12.1.2 Die Konstruktion freier Gruppen

Nun zeigen wir, dass es zu jeder Menge X eine über X freie Gruppe F gibt. Die Elemente von F sind die *reduzierten* Wörter über dem Alphabet $X \cup X'$ und das Produkt in F ist einfach das Hintereinanderstellen zweier Wörter mit anschließender *Reduktion*. Im Einzelnen:

Die Worthalbgruppe über einem Alphabet

Es sei X eine nichtleere Menge. Ein n-Tupel $w = (a_1, \dots, a_n)$ mit $a_i \in X$ heißt ein **Wort** der Länge n über dem **Alphabet** X; dementsprechend heißen die einzelnen Elemente von X die **Buchstaben** des Alphabets. Außerdem wollen wir auch das **leere Wort** der Länge 0 zulassen; wir bezeichnen es mit 1, wobei wir unterstellen, dass 1 kein Buchstabe des Alphabets X ist. (Dies ist eine zweckmäßige, mit anderen Definitionen kompatible Vereinbarung, sie dient zur Vermeidung von Fallunterscheidungen.)

Vereinfachend schreiben wir für das Wort w (das n-Tupel) $w = a_1 \cdots a_n$. D.h., wir lassen die äußeren Klammern und die trennenden Kommata weg und setzen die Buchstaben einfach hintereinander, wobei die vorgegebene Reihenfolge eingehalten wird. Beachte: Zwei Wörter $a_1 \cdots a_n$ und $b_1 \cdots b_m$ sind genau dann gleich, wenn $n = m$ und $a_i = b_i$ für $1 \le i \le n$ gilt.

Durch Hintereinandersetzen der Wörter $w = a_1 \cdots a_n$ und $v = b_1 \cdots b_m$ der Längen n und m erhalten wir wieder ein Wort $w\,v$, es hat die Länge $n + m$:

$$w\,v = a_1 \cdots a_n\, b_1 \cdots b_m\,.$$

Diese Verknüpfung $(w, v) \mapsto w\,v$ von Wörtern ist assoziativ, d.h. $(w\,v)\,u = w\,(v\,u)$ für alle Wörter w, v und u; ist nämlich $w = a_1 \cdots a_n$, $v = b_1 \cdots b_m$ und $u = c_1 \cdots c_k$, so gilt

$$(w\,v)\,u = a_1 \cdots a_n\, b_1 \cdots b_m\, c_1 \cdots c_k = w\,(v\,u)\,.$$

Wir erhalten:

Lemma 12.3 *Die Menge*

$$W(X) = \{a_1 \cdots a_n \mid a_i \in X,\ n \in \mathbb{N}_0\}$$

aller Wörter über dem Alphabet X ist mit der Verknüpfung

$$W(X) \times W(X) \to W(X) \,, \; (w, v) \mapsto w \, v$$

des Hintereinandersetzens eine Halbgruppe mit neutralem Element 1. *$W(X)$ heißt die* **Worthalbgruppe** *über X.*

Unser Ziel ist es, eine über X freie Gruppe F zu konstruieren. Da F frei sein soll von Relationen, darf das Inverse von $x \in X$ nicht in X liegen, denn $x^{-1} = y \in X$ ergäbe für die Erzeugenden x, y die Relation $x \, y = 1$. Wir wählen deshalb eine weitere, zu X gleichmächtige und disjunkte Menge X', die in F die Rolle von X^{-1} übernehmen soll. Es sei $x \mapsto x'$ die Bijektion von X auf X'. Im Hinblick auf unser erklärtes Ziel nennen wir x' das **formale Inverse** von $x \in X$ und x das formale Inverse von $x' \in X$ und schreiben demzufolge

$$x^{-1} = x' \,, \; (x')^{-1} = x \quad \text{für } x \in X \,, \; x' \in X' \,;$$

das bedeutet auch $(z^{-1})^{-1} = z$ für alle $z \in X \cup X'$.

Man beachte, dass von *echten* Gruppeninversen hier noch keine Rede sein kann. Wir haben aber auf dem Weg zur freien Gruppe F ein wichtiges Ziel erreicht: In der Worthalbgruppe

$$F(X \cup X') = \{z_1 \cdots z_n \mid z_i \in X \cup X' \,, \; n \in \mathbb{N}_0\}$$

mit neutralem Element 1 und der Verknüpfung $(u, v) \mapsto uv$ (das Hintereinandersetzen von Wörtern) hat jeder Buchstabe $x \in X$ und $x' \in X'$ ein formales Inverses

$$x^{-1} = x' \quad \text{und} \quad (x')^{-1} = x \,.$$

Bisher ist das nur eine Vereinbarung zur Schreibweise, die aber bei der weiteren Konstruktion der Gruppe F zu den tatsächlichen Inversen von Buchstaben und allgemeiner von Wörtern führt. Aber erst ein paar Beispiele.

Beispiel 12.2

- Im Fall $X = \emptyset$ gilt auch $X' = \emptyset$, und $W(X \cup X') = \{1\}$.
- Im Fall $X = \{a\}$ gilt $X' = \{a^{-1}\}$. Es sind 1, a, a^{-1}, $a\,a^{-1}$, $a^{-1}a$, $a\,a^{-1}a\,a^{-1}$ einige Worte aus $W(X \cup X')$. Das *Produkt* von $a\,a^{-1}$ und $a^{-1}a$ ist $a\,a^{-1}a^{-1}a$.
- Im Fall $X = \{a, b\}$ gilt $X' = \{a^{-1}, b^{-1}\}$. Es sind ab, ba, ba^{-1}, $a\,a^{-1}a^{-1}b\,a^{-1}a\,b$ einige Worte aus $W(X \cup X')$. Man beachte, dass für a, $b \in X$, $a \neq b$ stets $ab \neq ba$ gilt und auch, dass die Wörter 1, $a\,a^{-1}$, $a^{-1}a$, $a\,b\,b^{-1}a^{-1}$ verschieden sind. ∎

Die Menge aller reduzierte Wörter über $X \cup X'$

Im nächsten Schritt ersetzen wir in der Worthalbgruppe $W(X \cup X')$ alle Faktoren der Form $a\,a^{-1}$, $a^{-1}a$, $a\,b\,b^{-1}a^{-1}$ etc. mit a, $b \in X \cup X'$ durch das neutrale Element 1, sodass im gleich folgenden Schritt a^{-1} in F tatsächlich das Inverse von $a \in X \cup X'$ wird. Wir präzisieren:

Ein Wort $w = a_1 \cdots a_n \in W(X \cup X')$ heißt **reduziert**, wenn in w kein Buchstabe neben seinem formalen Inversen steht, d. h., wenn $a_{i+1} \neq a_i^{-1}$ gilt für $1 \leq i < n$.

So sind beispielsweise für x, $y \in X$, $x \neq y$ die Wörter

$$1\,,\ x\,y\,,\ x\,y\,x\,,\ x\,y\,x^{-1}y^{-1}x\,y$$

reduziert; nicht reduziert sind hingegen die folgenden Wörter:

$$x^{-1}x\,,\ x\,y\,y^{-1}y\,x\,,\ x\,y\,x^{-1}x\,.$$

Man gelangt von einem beliebigen Wort $w \in W(X \cup X')$ zu einem reduzierten Wort w_0, indem man nacheinander alle Faktoren der Form $a\,a^{-1}$ mit $a \in X \cup X'$ *kürzt* (also entfernt bzw. durch 1 ersetzt). D. h., man definiert mittels vollständiger Induktion nach der Länge der Wörter:

$$1_0 := 1\,,\ \ w_0 := w\,,\ \ \text{falls } w \text{ reduziert ist, und } w_0 := (u\,v)_0\,,\ \ \text{falls } w = u\,a\,a^{-1}v$$

und $a \in X \cup X'$ der erste in w vorkommende Buchstabe ist, der neben seinem formalen Inversen steht. Da $u\,v$ eine kleinere Länge als w hat, ist $(u\,v)_0$ als bekannt anzusehen (d. h. $(u\,v)_0 = u\,v$, falls $u\,v$ reduziert ist oder man kürzt weiter den ersten in $u\,v$ auftretenden Faktor der Form $b\,b^{-1}$ mit $b \in X \cup X'$ etc.).

So ist z. B. für x, y, $z \in X$, $x \neq y$:

$$(x\,x^{-1})_0 = 1_0 = 1\,,$$

$$(x\,y^{-1}z\,z^{-1}y\,x^{-1})_0 = (x\,y^{-1}y\,x^{-1})_0 = (x\,x^{-1})_0 = 1 \quad \text{und}$$

$$(x^{-1}x\,y\,x\,y^{-1})_0 = (y\,x\,y^{-1})_0 = y\,x\,y^{-1}\,.$$

Für jedes Wort w ist w_0 reduziert.

Für die Reduktion eines Produkts $u\,v$ von Wörtern u, $v \in W(X \cup X')$ ist die folgende Beobachtung recht nützlich:

Lemma 12.4 *Für alle u, $v \in W(X \cup X')$ gilt $(u\,v)_0 = (u_0v)_0 = (u\,v_0)_0$.*

Beweis Wir begründen die Behauptung mit vollständiger Induktion nach der Länge von $u\,v$. Der Induktionsbeginn ist trivial. Nun sei die Länge von $u\,v$ gleich n. Falls u reduziert ist, gilt $u_0 = u$ und damit $(u\,v)_0 = (u_0 v)_0$. Im anderen Fall gibt es in u einen ersten Buchstaben, der neben seinem formalen Inversen steht, $u = u_1 a\, a^{-1} u_2$; dann gilt $u_0 = (u_1 u_2)_0$ und nach Induktionsvoraussetzung

$$(u\,v)_0 = (u_1 a\, a^{-1} u_2 v)_0 = (u_1 u_2 v)_0 = ((u_1 u_2)_0 v)_0 = (u_0 v)_0\,.$$

Die andere Gleichung zeigt man ebenso.   □

Die freie Gruppe F über X

In der Menge $F = W_0(X \cup X')$ der reduzierten Wörter aus der Worthalbgruppe $W(X \cup X')$ erklären wir nun ein Produkt, mit dem F zur freien Gruppe mit freiem Erzeugendensystem X wird.

Satz 12.5 *Die Menge F der reduzierten Wörter über dem Alphabet $X \cup X'$ ist mit dem Produkt*

$$\cdot : \begin{cases} F \times F \to & F \\ (u, v) \mapsto u \cdot v := (u\,v)_0 \end{cases}$$

eine freie Gruppe über X.

Es ist $u\,v$ das bekannte Produkt aus der Worthalbgruppe $W(X \cup X')$; zur Berechnung von $u \cdot v$ werden die reduzierten Wörter u und v einfach hintereinandergestellt, dann das Ergebnis reduziert.

Beweis

1. $(F, \cdot)$ *ist eine Gruppe:* Das Produkt $\cdot : F \times F \to F$ ist assoziativ, denn mit Lemma 12.4 gilt für alle $u,\ v,\ w \in F$

$$(u \cdot v) \cdot w = ((u\,v)_0 w)_0 = (u\,v\,w)_0 = (u\,(v\,w)_0)_0 = u \cdot (v \cdot w)\,.$$

Offensichtlich ist $1 \in F$ ebenfalls neutrales Element bezüglich $\cdot$. Und für jedes reduzierte Wort $w = a_1 \cdots a_n$ mit $a_i \in X \cup X'$ gilt

$$(a_1 \cdots a_n) \cdot (a_n^{-1} \cdots a_1^{-1}) = (a_1 \cdots a_n a_n^{-1} \cdots a_1^{-1})_0 = 1$$

und ebenso $(a_n^{-1} \cdots a_1^{-1}) \cdot (a_1 \cdots a_n) = 1$; d. h., w ist invertierbar in F mit Inversen $w^{-1} = a_n^{-1} \cdots a_1^{-1}$. (Bei der Reduktion werden ja nacheinander alle Faktoren der Form $a\, a^{-1}$ gekürzt.)

Damit ist im Nachhinein die Wahl der Bezeichnung x^{-1} für das Bild von x in X'
gerechtfertigt; denn hier in der Gruppe $(F, \cdot)$ ist x^{-1} tatsächlich das Inverse von $x \in X$,
$x\,x^{-1} = (x\,x^{-1})_0 = (1)_0 = 1$. Ebenso $x^{-1} \cdot x = 1$, also auch $(x^{-1})^{-1} = x$ (in F).

2. *X ist ein Erzeugendensystem von F*: Jedes Element $u \in F$ ist als reduziertes Wort
eindeutig darstellbar als

$$u = a_1 \cdots a_n = a_1 \cdot \ldots \cdot a_n \quad \text{mit} \quad a_i \in X \cup X'.$$

Da aber die Elemente aus X' die Inversen von X sind heißt das: Jedes $u \in F$ ist
eindeutig darstellbar (bis auf triviale Faktoren) als endliches Produkt von Elementen
aus X und deren Inversen (vgl. den Darstellungssatz 3.2).

Man beachte, dass wir damit nicht nur $F = \langle X \rangle$ gezeigt haben, sondern auch die
Eindeutigkeit der Darstellung für $u \in F$

$$(*) \qquad u = x_1^{\varepsilon_1} \cdots x_n^{\varepsilon_n} = x_1^{\varepsilon_1} \cdot \ldots \cdot x_n^{\varepsilon_n} \quad \text{mit} \quad x_i \in X \,, \; \varepsilon_i = \pm 1 \,,$$

wobei, wie üblich, triviale Faktoren – solche der Form 1, $a\,a^{-1}$, $a^{-1}a$ – weggelassen
werden und ferner, was ja auch üblich ist, $x^1 = x$ gesetzt wird.

3. *F ist frei über X*: Dazu sei G eine (beliebige) Gruppe und $\alpha : X \to G$ eine (beliebige)
Abbildung.

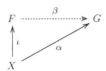

Wir definieren $\beta : F \to G$ durch

$$\beta(u) = \beta(x_1^{\varepsilon_1} \cdot \ldots \cdot x_n^{\varepsilon_n}) = \alpha(x_1)^{\varepsilon_1} \cdots \alpha(x_n)^{\varepsilon_n}$$

mit der eindeutigen Darstellung $u = x_1^{\varepsilon_1} \cdot \ldots \cdot x_n^{\varepsilon_n}$ gemäß $(*)$.

Dieses ist ersichtlich ein wohldefinierter Homomorphismus von F in G, der α fortsetzt,
$\beta(x) = \alpha(x)$ für alle $x \in X$. Gemäß dem Korollar 3.4 ist β der einzige Homomorphismus
mit dieser Eigenschaft. $\square$

In der Produktdarstellung $(*)$ wird nur ausgeschlossen, dass ein Buchstabe neben
seinem (formalen) Inversen steht, ansonsten können durchaus benachbarte Faktoren gleich
sein. Fassen wir gleiche Faktoren zusammen, so erhalten wir die (ebenfalls eindeutige)
Darstellung von $u \in F$ wie im folgenden Satz angegeben:

Satz 12.6 *Genau dann ist die Gruppe F frei über X, wenn jedes Element $u \neq 1$ aus F auf genau eine Weise in der Form*

$$u = a_1^{v_1} \cdots a_r^{v_r} \quad mit \quad a_i \in X, \ v_i \in \mathbb{Z} \setminus \{0\} \quad und \quad a_i \neq a_{i+1} \quad für \quad i = 1, \dots, r - 1$$

geschrieben werden kann.

Beweis Nach Satz 12.2 ist jede freie Gruppe über X isomorph zur oben konstruierte Gruppe F, in der die angegebene eindeutige Darstellung von u gilt.

Gilt umgekehrt in einer Gruppe F die im Satz angegebene eindeutige Darstellung für jedes $u \neq 1$ aus F, so lässt sich wie im Schritt 3 des obigen Beweises zu Satz 12.5 jede Abbildung $\alpha : X \to G$ in eine Gruppe G auf genau eine Weise zu einem Homomorphismus $\beta : F \to G$ fortsetzen. Damit ist F über X frei. □

Man bezeichnet die freie Gruppe $F(X)$ als *frei*, da sie frei von nichttrivialen Relationen zwischen Elementen des Erzeugendensystems X ist. Dies bedeutet nichts anderes, als dass ein reduziertes Wort $x_1 \cdots x_n$ das neutrale Element 1 nur trivial darstellen kann, d. h., $w = x_1 \cdots x_n = 1$ ist nur möglich für $x_1 = \cdots = x_n = 1$.

Wir erhalten erneut: Für jede einelementige Menge $X = \{x\}$ ist $F(X)$ isomorph zu $(\mathbb{Z}, +)$, da die verschiedenen reduzierten Wörter genau die Elemente x^n mit $n \in \mathbb{Z}$ sind. Außerdem sehen wir, dass freie Gruppen über einer Menge X mit $|X| \geq 2$ in einem hohen Maße nichtabelsch sind, es gilt nämlich $x \, y \neq y \, x$ für verschiedene $x, \, y \in X$. Eine freie Gruppe ist im Fall $X \neq \emptyset$ auch niemals endlich, sie enthält vom neutralen Element abgesehen nicht einmal Elemente endlicher Ordnung.

12.1.3 Die Eindeutigkeit freier Gruppen

Wir untersuchen als nächstes die Eindeutigkeit freier Gruppen. Dabei werden wir feststellen, dass alleine die Mächtigkeit von X den Isomorphietyp einer über X freien Gruppe festlegt.

Satz 12.7 *Es seien X und X′ nichtleere Mengen und F eine über X sowie F′ eine über X′ freie Gruppe. Dann gilt*

$$F \cong F' \ \Leftrightarrow \ |X| = |X'|.$$

Beweis $\Leftarrow$: Nach Voraussetzung gibt es eine Bijektion $\alpha : X \to X'$ mit Umkehrabbildung $\alpha^{-1} : X' \to X$. Wir haben nun folgende, im Diagramm dargestellte Situation (mit den Inklusionen $\iota : X \to F$, $\iota(x) = x$ für alle $x \in X$ und $\iota' : X' \to F'$, $\iota'(x') = x'$ für alle $x' \in X'$):

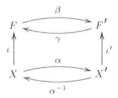

Dann ist $\iota'\alpha$ eine Abbildung der Menge X in die Gruppe F', zu der es (definitionsgemäß) einen Homomorphismus $\beta : F \to F'$ gibt mit $\beta\iota = \iota'\alpha$. Und ebenso, weil F' frei ist über X', gibt es einen Homomorphismus $\gamma : F' \to F$, der $\iota\alpha^{-1}$ fortsetzt, $\gamma\iota' = \iota\alpha^{-1}$. Damit folgt

$$\gamma\beta\iota = \gamma\iota'\alpha = \iota\alpha^{-1}\alpha = \iota \quad \text{bzw.} \quad (\gamma\beta)(x) = x$$

für alle x aus dem Erzeugendensystem X (vgl. Satz 12.1). Daher gilt $\gamma\beta = \mathrm{Id}_F$ (vgl. Korollar 3.4). Entsprechend beweist man $\beta\gamma = \mathrm{Id}_{F'}$. Somit ist $\beta : F \to F'$ ein Isomorphismus.

$\Rightarrow$: Aus der linearen Algebra ist bekannt, dass es zu jedem Körper K und jeder Menge X einen K-Vektorraum gibt mit X als Basis, nämlich die äußere direkte Summe $K^{(X)}$. Es sei also V ein Vektorraum über dem Körper $\mathbb{Z}/2 = \{0,\,1\}$ mit zwei Elementen mit Basis X'. Wieder betrachten wir die Situation in einem Diagramm:

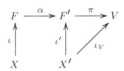

mit den Inklusionen $\iota' : X' \to F'$, $\iota_V : X \to V$ und dem (nach Voraussetzung vorhandenen) Isomorphismus $\alpha : F \to F'$. Da F' frei ist über X' gibt es einen Homomorphismus π von F' in die Gruppe $(V,\,+)$ mit $\pi(x') = x'$ für alle $x' \in X'$. Da jedes Element $v \in V \setminus \{0\}$ eindeutig darstellbar ist in der Form $v = \sum_{i=1}^{n} x'_i$ mit $x'_i \in X'$ (der Basis von V) und

$$\pi(x'_1 \cdots x'_n) = \pi(x'_1) + \cdots + \pi(x'_n) = x'_1 + \cdots + x'_n = v$$

gilt, ist π surjektiv. Dann ist auch $\varphi := \pi\alpha$ ein Epimorphismus. Mit $F = \langle X \rangle$ (vgl. Satz 12.1) folgt nun

$$V = \varphi(F) = \varphi(\langle X \rangle) = \langle \varphi(X) \rangle$$

und damit $|X| \geq |\varphi(X)| \geq \dim V = |X'|$. Aus Symmetriegründen gilt auch $|X'| \geq |X|$ und deshalb $|X| = |X'|$. $\square$

Nach diesem Satz ist eine über X freie Gruppe bis auf Isomorphie eindeutig, man kann daher von *der* über X freien Gruppe sprechen. Man nennt eine Gruppe G frei, wenn sie ein freies Erzeugendensystem (eine Basis) $X \subseteq G$ besitzt. Nach dem Satz sind je zwei freie Erzeugendensysteme gleichmächtig. Die Mächtigkeit $|X|$ eines – und damit jedes – freien Erzeugendensystems der freien Gruppe G wird als der **Rang** von G bezeichnet.

12.1.4 Jede Gruppe ist homomorphes Bild einer freien Gruppe

Es sei G eine Gruppe mit Erzeugendensystem S und $F = F(S)$ die freie Gruppe über S, $\iota_F : S \to F$, $\iota_G : S \to G$ die Inklusionen von S ind F bzw. von S in G. Dann gibt es (definitionsgemäß) genau einen Homomorphismus $\beta : F \to G$ mit $\beta \iota_F = \iota_G$, d. h. $\beta(s) = s$ für alle $s \in S$.

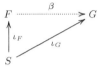

Wegen $G = \langle S \rangle$ lässt sich jedes $g \in G$ darstellen als endliches Produkt $g = s_1^{\varepsilon_1} \cdots s_r^{\varepsilon_r}$ mit $s_i \in S$, $\varepsilon_i = \pm 1$, folglich $g = \beta(s_1)^{\varepsilon_1} \cdots \beta(s_r)^{\varepsilon_r} = \beta(s_1^{\varepsilon_1} \cdots s_r^{\varepsilon_r})$; also ist β surjektiv. Das gilt für jedes Erzeugendensystem von G, auch für $S = G$. Mit dem Homomorphiesatz 4.11 erhalten wir nun:

Satz 12.8

(a) *Jede Gruppe G mit Erzeugendensystem S ist homomorphes Bild der freien Gruppe über S.*

(b) *Jede Gruppe G ist isomorph zu einer Faktorgruppe F/R einer freien Gruppe F.*

Um den Normalteiler $R = \operatorname{Kern} \beta$ kümmern wir uns in dem folgenden Abschnitt.

12.2 Definierende Relationen

Nachdem wir nun Gruppen kennengelernt haben, in denen keine nichttrivialen Relationen gelten, greifen wir wieder die Aufgabe auf, eine Gruppe zu konstruieren, die ein vorgegebenes Erzeugendensystem S hat und in der zwischen den Erzeugenden gewisse *Relationen* gelten. Die Lösung dieser Aufgabe ist ebenso einfach wie eindrucksvoll.

Es sei G eine Gruppe mit Erzeugendensystem S, die Menge X eine Kopie von S, d. h. $\alpha : X \to S$ bijektiv, und $F(X)$ die über X freie Gruppe. Dann gibt es (vgl. Diagramm) einen eindeutig bestimmten Homomorphismus $\beta : F \to G$ mit $\beta(x) = \alpha(x)$ für alle $x \in X$.

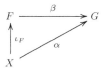

Jedes $g \in G$ hat eine (im Allgemeinen nicht eindeutige) Darstellung der Form $g = s_1^{\nu_1} \cdots s_k^{\nu_k}$ mit $s_i \in S$ und $\nu_i \in \mathbb{Z} \setminus \{0\}$. Mit $\alpha(x_i) = s_i$ gilt dann

$$\beta(x_1^{\nu_1} \cdots x_k^{\nu_k}) = \beta(x_1)^{\nu_1} \cdots \beta(x_k)^{\nu_k} = \alpha(x_1)^{\nu_1} \cdots \alpha(x_k)^{\nu_k} = s_1^{\nu_1} \cdots s_k^{\nu_k},$$

und es gilt

$$(*) \qquad s_1^{\nu_1} \cdots s_k^{\nu_k} = 1 \; \Leftrightarrow \; x_1^{\nu_1} \cdots x_k^{\nu_k} \in \text{Kern}\,\beta\,.$$

Man nennt die in G geltenden Gleichungen der Form $s_1^{\nu_1} \cdots s_k^{\nu_k} = 1$ **Relationen** für S. Diesen Relationen entsprechen in der freien Gruppe die Wörter $x_1^{\nu_1} \cdots x_k^{\nu_k}$, man nennt sie **Relatoren** für S bezüglich α, häufig auch **Relationen**; dabei nimmt man die Doppeldeutigkeit in Kauf.

Nach dem Homomorphiesatz gilt $G \cong F(X)/\text{Kern}\,\beta$ und gemäß $(*)$ besteht Kern β aus **allen** Relatoren für S bezüglich α. Gemäß diesen Überlegungen ist die Struktur von G vollständig geklärt, sofern man **alle** Relationen für S kennt. Das ist aber in der Regel nicht der Fall. Die Ausgangssituation ist derart, dass man für G ein Erzeugendensystem kennt und *einige* Relationen. Beispielsweise in der Diedergruppe $D_n = \langle \alpha, \beta \rangle$ – unserem Standardbeispiel – die Relationen

$$\alpha^2 = 1\,, \;\; \beta^n = 1\,, \;\; (\alpha\beta)^2 = 1\,.$$

(Werden Relationen in der Form $g = h$ angegeben, dann schreiben wir sie um in die Standardform $g\,h^{-1} = 1$.)

Die entscheidende neue Idee ist, erst gar nicht zu versuchen, den Normalteiler Kern $\beta \trianglelefteq F(X)$ zu bestimmen – was im Allgemeinen auch gar nicht möglich ist – sondern einen möglichst kleinen Normalteiler N von $F(X)$, der wohl die zugehörigen Relatoren enthält, aber keine weiteren, die mit den gegebenen nichts zu tun haben. Ist etwa $s_1^{\nu_1} \cdots s_k^{\nu_k} = 1$ eine der gegebenen Relationen für S mit zugehörigem Relator $x_1^{\nu_1} \cdots x_k^{\nu_k} \in N$, dann gilt in der Faktorgruppe $F(X)/N$ die Relation $\overline{x}_1^{\nu_1} \cdots \overline{x}_k^{\nu_k} = \overline{1}$, wobei $\overline{x}_i = x_i N$, $\overline{1} = N$. Die Faktorgruppe $H := F(X)/N$ ist also eine Gruppe, die von S bzw. einer Kopie $\overline{X} = \{x N \mid x \in X\}$ erzeugt wird und in der die vorgegebenen Relationen gelten. Es geht also nicht mehr um G, sondern um den Prototyp einer Gruppe mit vorgegebenen Erzeugendensystem und gegebener Menge von Relationen.

12.2.1 Die Gruppen $Gp \langle S \mid A \rangle$

Es sei S eine Menge, $F = F(S)$ die freie Gruppe über S und $A \subseteq F$ eine beliebige Menge von Wörtern aus F, N der von A erzeugte Normalteiler in F (d. h. N ist der Durchschnitt aller Normalteiler von F, die A enthalten) und π der kanonische Epimorphismus von F auf $H := F/N$. Dann ist $\overline{S} := \pi(S)$ ein Erzeugendensystem von H. Man nennt H **die durch die Erzeugenden S und Relationen $a \in A$ definierte Gruppe** und schreibt dafür

$$H = Gp \langle S \mid A \rangle .$$

Vielfach schreibt man auch, um zu verdeutlichen, dass es Relationen sind

$$H = Gp \langle S \mid a = 1 , \ a \in A \rangle .$$

Die Abb. 12.1 veranschaulicht die Situation.

Ist $a \in A \subseteq F$ eine Relation mit der Darstellung

$$a = x_{1,a}^{v_{1,a}} \cdots x_{r,a}^{v_{r,a}} \quad \text{mit} \quad x_{i,a} \in X \quad \text{und} \quad v_{i,a} \in \mathbb{Z}$$

und wird $s_{i,a} := \pi(x_{i,a})$ gesetzt, so schreibt man meistens

$$H = Gp \langle S \mid s_{1,a}^{v_{1,a}} \cdots s_{r,a}^{v_{r,a}} = 1 , \ a \in A \rangle .$$

Wir knüpfen an die einleitende Bemerkung zu diesem Abschn. 12.2 an: Ist G eine (beliebige) Gruppe mit dem Erzeugendensystem S, $G = \langle S \rangle$, und β der eindeutig bestimmte, die Inklusion $\iota_S : S \to G$ fortsetzende Homomorphismus $\beta : F(S) \to G$, so gilt

$$G \cong F(S) / \operatorname{Kern} \beta = Gp \langle S \mid A \rangle$$

für jedes Erzeugendensystem A von $\operatorname{Kern} \beta$. Damit erhalten wir:

Korollar 12.9 *Jede Gruppe ist isomorph zu einer Gruppe $Gp \langle S \mid a \in A \rangle$.* $\square$

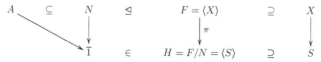

Abb. 12.1 Die Gruppe H wird durch das Erzeugendensystem S und die Relationen aus A definiert

Bemerkung Wichtig, aber nicht so leicht zu beweisen ist der Satz von J. Nielsen und O. Schreier, 1927: *Jede Untergruppe einer freien Gruppe ist frei*

12.2.2 Ermittlung von $H = F/N$

Will man eine Gruppe G durch Erzeugende und Relationen beschreiben, also die Gruppe G in der Form $Gp \langle S \mid A \rangle = F(S)/N$ darstellen, so ist es nicht immer einfach, die Isomorphie $G \cong Gp \langle S \mid A \rangle$ zu sehen. Hierfür spielt der folgende Satz eine wichtige Rolle:

Satz 12.10 (Van Dyck) *Es seien S eine Menge, A, B zwei Relationenmengen für S (d. h. A, B Teilmengen der freien Gruppe F(S)) und $A \subseteq B$. Dann ist $Gp \langle S \mid B \rangle$ isomorph zu einer Faktorgruppe von $Gp \langle S \mid A \rangle$.*

Beweis Es seien N, M die von $A, B \subseteq F(S)$ erzeugten Normalteiler, dann gilt (definitionsgemäß)

$$Gp \langle S \mid A \rangle = F(S)/N \,, \ Gp \langle S \mid B \rangle = F(S)/M \,,$$

und wegen $A \subseteq B$ haben wir auch $N \trianglelefteq M$. Mit dem 2. Isomorphiesatz 4.15 folgt nun

$$Gp \langle S \mid B \rangle = F(S)/M \cong (F(S)/N)/(M/N) = Gp \langle S \mid A \rangle / \overline{M}$$

mit dem Normalteiler $\overline{M} = M/N \trianglelefteq Gp \langle S \mid A \rangle$. □

12.3   Beispiele

Die Ermittlung der Struktur einer Gruppe, die durch Erzeugende und Relationen definiert ist, ist im Allgemeinen schwierig. Bei den folgenden Beispielen liegt eine einfache Situation vor:

Beispiel 12.3 (Die Quaternionengruppe) Die Quaternionengruppe Q haben wir im Beispiel 2.1 vorgestellt. Wir geben hier eine Definition der Quaternionengruppe Q durch Erzeugende und Relationen. Wir behaupten dazu, dass die Gruppe

$$G = Gp \langle s, t \mid s^4 = 1 \,, \ t^2 = s^2 \,, \ t\,s\,t^{-1} = s^{-1} \rangle$$

isomorph zur Quaternionengruppe Q ist.

Bevor wir die Behauptung begründen, geben wir noch einmal explizit die Mengen G, A, N und die Elemente s, t an: Es ist

- $G = F/N$ mit $F = F(\{x, y\})$,
- $A = \{x^4,\, y^{-2}x^2,\, x\,y\,x\,y^{-1}\}$,
- N ist der von A erzeugte Normalteiler in F,
- $s = x\,N$ und $t = y\,N$.

Nun zur Begründung der Behauptung: Die Relationen zeigen, dass die Elemente s und t im Normalisator $N_G(\langle s \rangle)$ von $\langle s \rangle$ in G liegen, sodass $N_G(\langle s \rangle) = G$. Somit gilt $\langle s \rangle \trianglelefteq G$, und $|\langle s \rangle| \leq 4$. Es folgt $G = \langle s \rangle \langle t \rangle$, sodass wegen $t^2 \in \langle s \rangle$ offenbar

$$G = \{s^i t^j \mid 0 \leq i \leq 4,\, 0 \leq j \leq 1\}$$

gilt. Das zeigt $|G| \leq 8$. Nun ist $Q = \langle a, b \rangle$ mit

$$a = \begin{pmatrix} i & 0 \\ 0 & -i \end{pmatrix} \quad \text{und} \quad b = \begin{pmatrix} 0 & 1 \\ -1 & 0 \end{pmatrix}.$$

Wegen $a^4 = 1$, $b^2 = a^2$, $b\,a\,b^{-1} = a^{-1}$ ist Q nach Satz 12.10 homomorphes Bild von G. Infolge $|Q| = 8 \geq |G|$ sind G und Q isomorph. ∎

Wir betrachten ein weiteres Beispiel.

Beispiel 12.4 (Die Diedergruppen) Die Diedergruppen D_n, $n \in \mathbb{N}_{\geq 3}$ haben wir in Abschn. 3.1.5 vorgestellt. Wir geben hier eine Definition der Diedergruppe D_n durch Erzeugende und Relationen. Wir behaupten, dass die Gruppe

$$G = Gp\,\langle s,\, t \mid s^n = t^2 = 1,\, t\,s\,t^{-1} = s^{-1} \rangle$$

isomorph zur Diedergruppe D_n ist.

Wieder folgt aus den Relationen $\langle s \rangle \trianglelefteq G$ und $|\langle s \rangle| \leq n$, sodass $G = \langle s \rangle \langle t \rangle$. Dies impliziert

$$|G| \leq |\langle s \rangle| \cdot |\langle t \rangle| = 2\,n.$$

Für die Diedergruppe D_n gilt

$$D_n = \langle\{\alpha,\, \beta \mid \alpha^2 = 1,\, \beta^n = 1,\, \alpha\,\beta\,\alpha^{-1} = \beta^{-1}\}\rangle \quad \text{und} \quad |D_n| = 2\,n.$$

Nach Satz 12.10 ist D_n daher homomorphes Bild von G. Wegen $|G| \leq 2\,n = |D_n|$ sind G und D_n daher isomorph. ∎

Wir geben ein letztes Beispiel an:

Beispiel 12.5 Wir betrachten

$$G = Gp \langle s, t \mid s^2 = 1, \, s\,t\,s\,t = 1 \rangle.$$

Mit $S = \{s, t\}$, $A = \{s^2, (s\,t)^2\}$ und $B = \{s^n, (s\,t)^2, t^2\}$ erhalten wir (vgl. Beispiel 12.4 zur Diedergruppe D_n):

$$D_n \cong Gp \langle S \mid B \rangle \cong Gp \langle S \mid A \rangle / N.$$

Man kann zwar G immer noch nicht explizit angeben, weiß jetzt aber, dass G zu jedem $n \in \mathbb{N}$ einen Normalteiler N besitzt, sodass G/N isomorph zur Diedergruppe D_n ist. ∎

Abschließend wollen wir noch einige Bemerkungen zum *Wortproblem* machen. Es handelt sich dabei um folgende Aufgabe: Gegeben ist eine durch Erzeugende $s \in S$ und Relationen $a \in A$ definierte Gruppe G, dabei seien S und A endlich. Man entscheide in einer endlichen Anzahl von Schritten, ob ein beliebig vorgegebenes Wort (= Element) aus G das neutrale Element ist. Diese Aufgabe ist für verschiedene Klassen von Gruppen (unter anderem auch für die freien Gruppen) lösbar; jedoch haben 1955 P.S. Novikow und W. Boone eine durch Erzeugende $s \in S$ und Relationen $a \in A$ definierte Gruppe G angegeben, deren Wortproblem nicht lösbar ist. Es ist nicht so, dass man dafür keinen Algorithmus gefunden hat, man kann aus zwingenden Gründen auch keinen finden.

Aufgaben

12.1 ●   Man zeige, dass die Gruppen $\mathbb{Z} \times \mathbb{Z}$, $\mathbb{R}^\times$, S_n mit $n \in \mathbb{N}$ und $\mathbb{Q}$ nicht frei sind.

12.2 ●●   Begründen Sie die folgende **projektive Eigenschaft freier Gruppen**: Gegeben seien eine freie Gruppe F, zwei weitere Gruppen G, H und ein Homomorphismus $\alpha : F \to H$ sowie ein Epimorphismus $\beta : G \to H$. Dann existiert ein Homomorphismus $\gamma : F \to G$ mit $\alpha = \beta\,\gamma$.

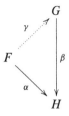

12.3 • **Die unendliche Diedergruppe.** Begründen Sie, warum die Gruppe

$$G = Gp \langle x, y \mid x^2 = 1, \ x y x^{-1} = y^{-1} \rangle$$

unendlich ist.

12.4 ••• In dieser Aufgabe geben wir eine alternative Konstruktion der über X freien Gruppe F an. Mit F bezeichnen wir die Menge der reduzierten Wörter über $X \cup X'$. Für jedes $x \in X$ und $\varepsilon \in \{1, -1\}$ sei die Abbildung $\overline{x^\varepsilon} : F \to F$ erklärt durch

$$\overline{x^\varepsilon} : \begin{cases} 1 \neq x_1^{\varepsilon_1} \cdots x_r^{\varepsilon_r} \mapsto \begin{cases} x^\varepsilon x_1^{\varepsilon_1} \cdots x_r^{\varepsilon_r}, & \text{wenn } x^\varepsilon \neq x_1^{-\varepsilon_1} \\ x_2^{\varepsilon_2} \cdots x_r^{\varepsilon_r}, & \text{wenn } x^\varepsilon = x_1^{-\varepsilon_1} \end{cases} \\ \quad 1 \qquad\qquad \mapsto \qquad\qquad\qquad x^\varepsilon \end{cases}$$

mit der Vereinbarung $x_2^{\varepsilon_2} \cdots x_r^{\varepsilon_r} = 1$, wenn $r = 1$.

(a) Zeigen Sie, dass die Untergruppe $\overline{F} := \langle \{\overline{x} \mid x \in X\} \rangle$ der symmetrischen Gruppe S_F frei über $\overline{X} := \{\overline{x} \mid x \in X\}$ ist.

(b) Zeigen Sie, dass die Abbildung

$$\pi : \begin{cases} F \setminus \{1\} & \to \overline{F} \setminus \{\mathrm{Id}_F\} \\ x_1^{\varepsilon_1} \cdots x_r^{\varepsilon_r} & \mapsto \overline{x_1^{\varepsilon_1} \cdots x_r^{\varepsilon_r}} \end{cases} \quad \text{und} \quad \pi(1) = \mathrm{Id}$$

eine Bijektion ist.

(c) Zeigen Sie, dass $(F, \circ)$ mit $\circ : F \times F \to F$, definiert durch

$$v \circ w := \pi^{-1}(\pi(v) \cdot \pi(w)) \quad \text{für} \quad v, w \in F$$

eine über X freie Gruppe ist.

(d) Folgern Sie: Zu jeder Menge X gibt es eine über X freie Gruppe.

Teil II

Ringe

Grundbegriffe derRingtheorie

13

Übersicht

Der Ringbegriff ist aus der linearen Algebra bekannt. Dort werden üblicherweise die Ringe $\mathbb{Z}$, $\mathbb{Q}$, $\mathbb{R}$, $\mathbb{C}$, der Ring der $n \times n$-Matrizen $K^{n \times n}$ für jeden Körper K und jede natürliche Zahl n und eventuell auch der Ring $K[X]$ aller Polynome über einem Körper K behandelt.

Wir untersuchen in diesem einführenden Kapitel zur Ringtheorie gemeinsame Eigenschaften dieser Ringe und werfen einen ersten Blick auf besondere Ringe – die Körper. Natürlich beginnen wir mit einer strengen Definition und zahlreichen Beispielen.

13.1 Definition und Beispiele

Die aus der linearen Algebra bekannten Ringe haben ein *Einselement*. Tatsächlich wird das bei der Definition eines (allgemeinen) Ringes gar nicht verlangt. Oftmals wird nicht einmal die Assoziativität der Multiplikation verlangt, wir werden dies jedoch schon tun.

© Der/die Autor(en), exklusiv lizenziert an Springer-Verlag GmbH, DE,
ein Teil von Springer Nature 2024
C. Karpfinger, *Algebra*, https://doi.org/10.1007/978-3-662-68656-0_13

13.1.1 Ringe, kommutative Ringe, Ringe mit Eins

Eine algebraische Struktur $(R, +, \cdot)$ mit inneren Verknüpfungen $+ : R \times R \to R$ (der Addition) und $\cdot : R \times R \to R$ (der Multiplikation) heißt **Ring**, wenn gilt:

* $(R, +)$ ist eine abelsche Gruppe,
* $(R, \cdot)$ ist eine Halbgruppe,
* $a\,(b+c) = a\,b + a\,c$ und $(a+b)\,c = a\,c + b\,c$ für alle a, b, $c \in R$ (*Distributivgesetze*).

Dabei schreiben wir kurz $a\,b$ anstelle von $a \cdot b$ und halten uns an die Schulregel *Punkt vor Strich*, die es erlaubt, mit weniger Klammern zu arbeiten, z. B. $a + (b\,c) = a + b\,c$.

Eine Übersicht über alle Axiome ist im Abschn. A.4.

Wir bezeichnen einen Ring $(R, +, \cdot)$ meist kürzer mit R, also mit der zugrunde liegenden Menge, sofern nicht ausdrücklich auf die Bezeichnung der Verknüpfungen hingewiesen werden soll. Das Nullelement (das ist das neutrale Element der Gruppe $(R, +)$) bezeichnen wir einheitlich in jedem Ring mit 0. Man beachte, dass weder $a\,b = b\,a$ für alle a, $b \in R$ noch die Existenz eines bezüglich der Multiplikation neutralen Elementes verlangt wird – wir werden Beispiele kennenlernen, in denen diese natürlich erscheinenden Eigenschaften nicht erfüllt sind.

Der Ring $(R, +, \cdot)$ heißt

* **kommutativ**, wenn $(R, \cdot)$ kommutativ ist, d. h., es gilt $a\,b = b\,a$ für alle a, $b \in R$,
* **Ring mit** 1 oder **unitär**, wenn er ein Einselement $1 \neq 0$ besitzt, d. h., $(R, \cdot)$ besitzt ein neutrales Element 1, das vom neutralen Element 0 von $(R, +)$ verschieden ist.

Nach Lemma 1.1 hat ein Ring höchstens ein Einselement.

13.1.2 Beispiele von Ringen

Wir geben eine Liste von (teils bekannten) Ringen an:

Beispiel 13.1

* Die Mengen $\mathbb{Z}$, $\mathbb{Q}$, $\mathbb{R}$, $\mathbb{C}$ bilden mit ihren üblichen Verknüpfungen $+$ und $\cdot$ kommutative Ringe mit 1.
* Für jedes $n \in \mathbb{N}_{>1}$ bildet die Menge $n\,\mathbb{Z}$ aller ganzzahliger Vielfachen von n (einschließlich der 0) mit der gewöhnlichen Addition und Multiplikation aus $\mathbb{Z}$ einen kommutativen Ring ohne 1.
* Für jedes $n \in \mathbb{N}_{>1}$ bildet die Menge $\mathbb{Z}/n = \mathbb{Z}/n\,\mathbb{Z} = \{k + n\,\mathbb{Z} \mid k \in \mathbb{Z}\}$ der Restklassen modulo n (wobei $k + n\,\mathbb{Z}$ bei festem und bekanntem n mit $\overline{k}$ abgekürzt wird) mit den beiden Verknüpfungen (Addition und Multiplikation)

$$\bar{k} + \bar{l} = \overline{k + l} \quad \text{und} \quad \bar{k}\,\bar{l} = \overline{k\,l} \qquad (\bar{k}, \bar{l} \in \mathbb{Z}/n)$$

einen kommutativen Ring mit 1. Das Einselement ist $\bar{1} = 1 + n\,\mathbb{Z}$ (vgl. Satz 5.14).

- **Endomorphismenringe.** Für jede abelsche Gruppe $G = (G, +)$ bildet die Menge

$$\text{End}(G) = \{\sigma : G \to G \mid \sigma(a + b) = \sigma(a) + \sigma(b) \quad \text{für alle } a, b \in G\}$$

aller Endomorphismen von G mit den durch

$$\sigma\,\tau : a \mapsto \sigma(\tau(a)) \quad \text{und} \quad \sigma + \tau : a \mapsto \sigma(a) + \tau(a)$$

gegebenen Verknüpfungen einen Ring mit Einselement Id. (Da G abelsch ist, gilt $\sigma + \tau \in \text{End}(G)$.) Im Allgemeinen ist $\text{End}(G)$ nicht kommutativ.

- **Matrizenringe.** Für jeden Ring R und jedes $n \in \mathbb{N}$ bezeichne

$$R^{n \times n} := \left\{ \begin{pmatrix} a_{11} & \cdots & a_{1n} \\ \vdots & & \vdots \\ a_{n1} & \cdots & a_{nn} \end{pmatrix} \mid a_{ij} \in R \quad \text{für alle } i, j = 1, \ldots, n \right\}$$

die Menge aller $n \times n$-**Matrizen über** R. Die Addition $+$ und Multiplikation $\cdot$ von $n \times n$-Matrizen über einem Ring werden genauso wie über einem Körper erklärt. Es ist $(R^{n \times n}, +, \cdot)$ ein Ring. Hat R ein Einselement 1, so ist dieser Ring im Fall $n \geq 2$ nicht kommutativ, da gilt:

$$\begin{pmatrix} 0 & 1 \\ 0 & 0 \end{pmatrix} \begin{pmatrix} 1 & 0 \\ 0 & 0 \end{pmatrix} \neq \begin{pmatrix} 1 & 0 \\ 0 & 0 \end{pmatrix} \begin{pmatrix} 0 & 1 \\ 0 & 0 \end{pmatrix}.$$

- **Direkte Produkte von Ringen.** Für Ringe $R_1, \ldots, R_n$ ist das kartesische Produkt $R := R_1 \times \cdots \times R_n$ mit den Verknüpfungen

$$(a_1, \ldots, a_n) + (b_1, \ldots, b_n) := (a_1 + b_1, \ldots, a_n + b_n),$$

$$(a_1, \ldots, a_n) \cdot (b_1, \ldots, b_n) := (a_1\,b_1, \ldots, a_n\,b_n)$$

ein Ring (vgl. Lemmata 1.7 und 6.1). Man nennt $R = (R, +, \cdot)$ das **direkte Produkt** oder auch die **direkte Summe** der Ringe $R_1, \ldots, R_n$. ∎

13.1.3 Rechenregeln

Wir leiten nun einfache Rechenregeln aus den Ringaxiomen ab und werden feststellen, dass man auch in beliebigen Ringen mit der Null und den Vorzeichen so rechnen darf, wie man es gewöhnt ist, wobei zu beachten ist, dass die Multiplikation im Allgemeinen nicht kommutativ ist.

Neben der Multiplikation in R, $(a, b) \mapsto a\,b$, gibt es die Produkte $k \cdot a$ mit $k \in \mathbb{Z}$, $a \in R$. Dies sind die vor Lemma 1.5 erklärten Vielfachen in der abelschen Gruppe $(R, +)$. Hat der Ring R eine 1, so gilt $k \cdot a = (k \cdot 1)\,a$, wobei rechts das Produkt der Ringelemente $k \cdot 1$ und a steht. Wir schreiben von nun an kürzer $k\,a$ anstelle von $k \cdot a$.

Lemma 13.1 *In einem Ring R gilt für alle a, b, c, $a_1, \ldots, a_r$, $b_1, \ldots, b_s \in R$:*

(a) $0\,a = 0 = a\,0$.

(b) $(-a)\,b = -(a\,b) = a\,(-b)$.

(c) $a\,(b - c) = a\,b - a\,c$, $(a - b)\,c = a\,c - b\,c$.

(d) $\left(\sum\limits_{i=1}^{r} a_i \right) \left(\sum\limits_{i=1}^{s} b_i \right) = \sum\limits_{i=1}^{r} \sum\limits_{j=1}^{s} a_i\,b_j$ (verallgemeinertes Distributivgesetz).

*(e) **Binomialformel**. Im Fall $a\,b = b\,a$ gilt für alle $n \in \mathbb{N}$:*

$$(a + b)^n = \sum_{i=0}^{n} \binom{n}{i} a^i\,b^{n-i}$$

mit den Binomialkoeffizienten $\binom{n}{i} = \frac{n\,!}{i\,!\,(n-i)\,!} \in \mathbb{N}$.

Beweis (a) Für jedes $a \in R$ gilt $0\,a = (0 + 0)\,a = 0\,a + 0\,a$. Hieraus folgt $0 = 0\,a$. Analog zeigt man $a\,0 = 0$.

(b) Mit (a) folgt für alle a, $b \in R$:

$$0 = 0\,b = (a + (-a))\,b = a\,b + (-a)\,b \;\Rightarrow\; (-a)\,b = -(a\,b).$$

Analog begründet man $-(a\,b) = a\,(-b)$.

(c) folgt aus (b). Die Aussagen (d) und (e) begründet man wie im Fall $R = \mathbb{R}$. $\square$

Bemerkung Offenbar gelten in jedem Ring R für alle $k \in \mathbb{Z}$ und a, $b \in R$ auch die Regeln $k\,(a\,b) = (k\,a)\,b = a\,(k\,b)$.

13.2 Teilringe

Eine Teilmenge $S \subseteq R$ heißt ein **Teilring** oder auch **Unterring** des Ringes R, wenn S eine Untergruppe von $(R, +)$ und eine Unterhalbgruppe von $(R, \cdot)$ ist, d. h. wenn gilt (beachte Lemma 2.7 zu den Untergruppenkriterien und die Definition einer Unterhalbgruppe in Abschn. 1.2):

$$a, b \in S \;\Rightarrow\; a - b, \; a\,b \in S.$$

Jeder Teilring S eines Ringes R ist mit den auf S eingeschränkten Verknüpfungen von R wieder ein Ring.

Vorsicht In manchen Lehrbüchern haben Ringe, anders als hier, per Definition ein Einselement 1. Es wird dann auch $1 \in S$ für einen Teilring S verlangt (damit S wieder ein Ring ist). Für manche Sätze ist die Existenz eines Einselements sehr entscheidend.

Beispiel 13.2

- $\{0\}$ und R sind die sogenannten **trivialen** Teilringe des Ringes R.
- Die Teilringe von $\mathbb{Z}$ sind nach Satz 2.9 genau die Mengen $n\,\mathbb{Z}$ mit $n \in \mathbb{N}_0$; $\mathbb{Z}$ hat also Teilringe ohne Einselement.
- Für jede natürliche Zahl n ist der Matrizenring $\mathbb{Z}^{n \times n}$ ein Teilring von $\mathbb{R}^{n \times n}$, da Differenz und Produkt von Matrizen mit ganzzahligen Koeffizienten wieder ganzzahlige Koeffizienten haben.
- Das **Zentrum**

$$Z(R) := \{z \in R \mid a\,z = z\,a \quad \text{für alle } a \in R\}$$

eines Ringes ist ein kommutativer Teilring von R.
- Die Menge $S := \left\{ \begin{pmatrix} a & 0 \\ 0 & 0 \end{pmatrix} \mid a \in \mathbb{R} \right\}$ ist ein Teilring von $\mathbb{R}^{2 \times 2}$ mit Einselement $\begin{pmatrix} 1 & 0 \\ 0 & 0 \end{pmatrix} \neq \begin{pmatrix} 1 & 0 \\ 0 & 1 \end{pmatrix}$.
- Die Menge $\mathbb{Z}[i] := \mathbb{Z} + \mathbb{Z}\,i = \{a + b\,i \in \mathbb{C} \mid a,\, b \in \mathbb{Z}\}$, wobei $i^2 = -1$, ist mit der gegebenen Addition und Multiplikation komplexer Zahlen ein Teilring von $\mathbb{C}$. ∎

13.3 Die Einheitengruppe

Es sei R ein Ring mit 1. Ein Element $a \in R$ heißt **invertierbar** oder eine **Einheit**, wenn es ein $b \in R$ gibt mit $b\,a = 1 = a\,b$. Es handelt sich also hier um die Einheiten der multiplikativen Halbgruppe $(R, \cdot)$, vgl. Abschn. 1.3.

$$R^{\times} = \{a \in R \mid a \text{ ist invertierbar}\}$$

ist nach Lemma 2.4 eine Gruppe, die **Einheitengruppe** des Ringes R. Ein zu $a \in R$ inverses Element b ist eindeutig bestimmt, wir schreiben daher $b = a^{-1}$.

Vorsicht Die Einheitengruppe eines Ringes $R^{\times}$ bildet keinen Teilring von R, es sind 1 und -1 invertierbar, die Summe $1 + (-1) = 0$ jedoch nicht.

Beispiel 13.3

- $\mathbb{Z}^{\times} = \{\pm 1\}$, $\mathbb{R}^{\times} = \mathbb{R} \setminus \{0\}$.
- Für jedes $n \in \mathbb{N}$ ist $(\mathbb{C}^{n \times n})^{\times} = \{M \in \mathbb{C}^{n \times n} \mid \det M \neq 0\}$.
- $(\mathbb{Z}^{2 \times 2})^{\times} = \left\{ \begin{pmatrix} a & b \\ c & d \end{pmatrix} \mid a, b, c, d \in \mathbb{Z} \text{ mit } a\,d - b\,c = \pm 1 \right\}$. ∎

Gibt es zu einer $n \times n$-Matrix M über einem Körper K eine Matrix $N \in K^{n \times n}$ mit $M\,N = E_n$, wobei E_n die $n \times n$-Einheitsmatrix, also das Einselement von $K^{n \times n}$ bezeichnet, so sind M und N bereits Einheiten in $K^{n \times n}$, d. h. es gilt auch $N\,M = E_n$. Das ist ein Satz der linearen Algebra (vgl. Aufgabe 13.1). Im Allgemeinen folgt aus $a\,b = 1$ keineswegs $b\,a = 1$, beachte das folgende Beispiel.

Beispiel 13.4 Es sei $G = \mathbb{R}^{\mathbb{N}_0} = \{(a_0, a_1, a_2, \ldots) \mid a_i \in \mathbb{R}\}$ die abelsche Gruppe aller reellen Folgen mit der komponentenweisen Addition. Mit $\mathrm{End}(G)$ bezeichnen wir den Endomorphismenring von G (vgl. Beispiel 13.1). Für die Abbildungen $\sigma, \tau \in \mathrm{End}(G)$,

$$\sigma : \left\{ \begin{array}{ccc} G & \to & G \\ (a_1, a_2, a_3, \ldots) & \mapsto & (0, a_1, a_2, \ldots) \end{array} \right. ,$$

$$\tau : \left\{ \begin{array}{ccc} G & \to & G \\ (a_1, a_2, a_3, \ldots) & \mapsto & (a_2, a_3, a_4, \ldots) \end{array} \right. ,$$

gilt $\tau\,\sigma = \mathrm{Id}$, jedoch $\sigma\,\tau \neq \mathrm{Id}$, d. h. σ, τ sind keine Einheiten in $\mathrm{End}(G)$. ∎

13.4 Homomorphismen

Sind R, S Ringe, so heißt $\varphi : R \to S$ ein **Ringhomomorphismus**, wenn φ ein Gruppenhomomorphismus von $(R, +)$ in $(S, +)$ und ein Halbgruppenhomomorphismus von $(R, \cdot)$ in $(S, \cdot)$ ist, d. h. wenn für alle $a, b \in R$ gilt:

$$\varphi(a + b) = \varphi(a) + \varphi(b) \quad \text{und} \quad \varphi(a\,b) = \varphi(a)\,\varphi(b)\,.$$

Für jeden Ringhomomorphismus $\varphi : R \to S$ gilt

$$\varphi(0) = 0 \quad \text{und} \quad \varphi(k\,a) = k\,\varphi(a) \quad \text{für alle} \quad k \in \mathbb{Z}\,,$$

insbesondere $\varphi(-a) = -\varphi(a)$ (siehe Lemma 2.11).

Statt Ringhomomorphismus sprechen wir wieder kürzer von einem Homomorphismus. Auch im Fall von Ringen hat man die weiteren Bezeichnungen **Monomorphismus**, **Epimorphismus**, **Isomorphismus**, **Endomorphismus** und **Automorphismus**, die in derselben Bedeutung wie bei Gruppenhomomorphismen verwendet werden (vgl. auch die Tabelle in Abschn. 1.6.1). Sind die Ringe R und S isomorph, d. h., gibt es einen Ringisomorphismus von R auf S, so schreiben wir dafür ebenfalls $R \cong S$. Die Menge aller Automorphismen eines Ringes R bezeichnen wir mit $\mathrm{Aut}(R)$ – wir werden bald feststellen, dass $\mathrm{Aut}(R)$ für jeden Ring R eine Gruppe bildet.

Vorsicht In Lehrbüchern, in denen von Ringen verlangt wird, dass sie ein Einselement haben, verlangt man von Homomorphismen $\varphi : R \to S$ zwischen Ringen R und S meistens auch, dass sie das Einselement von R auf das Einselement von S abbilden. Wir tun das nicht. Sind R, S Ringe mit den Einselementen 1_R und 1_S und $\varphi : R \to S$ ein Homomorphismus, so gilt nicht notwendig $\varphi(1_R) = 1_S$ (vgl. folgendes Beispiel). Falls aber $\varphi(1_R) = 1_S$ gilt und $a \in R$ eine Einheit ist, dann ist auch $\varphi(a)$ eine Einheit in S, und es gilt $\varphi(a^{-1}) = \varphi(a)^{-1}$, denn

$$1_S = \varphi(1_R) = \varphi(a\, a^{-1}) = \varphi(a)\, \varphi(a^{-1})\,.$$

Beispiel 13.5

- Es sei $\varphi : \mathbb{Z} \to \mathbb{Z}$ ein Homomorphismus. Dann ist für jedes $n \in \mathbb{N}$ wegen der *Additivität* zum einen

$$\varphi(n) = \varphi(1 + \cdots + 1) = \varphi(1) + \cdots + \varphi(1) = n\,\varphi(1)$$

und wegen der *Multiplikativität* zum anderen

$$\varphi(n) = \varphi(n\, 1) = \varphi(n)\, \varphi(1)\,.$$

Wegen $\varphi(0) = 0$ gilt somit $\varphi(n)\, \varphi(1) = n\,\varphi(1) = \varphi(n)$ für alle $n \in \mathbb{N}_0$. Im Fall $\varphi(1) = 0$ folgt $\varphi(n) = 0$ für alle $n \in \mathbb{N}_0$ und wegen $\varphi(-n) = \varphi(-1)\, \varphi(n)$ sogar für alle $n \in \mathbb{Z}$, d. h. $\varphi = 0$. Im Fall $\varphi(1) \neq 0$ kann man $\varphi(1)$ kürzen und erhält $\varphi(n) = n$ für alle $n \in \mathbb{N}_0$ und wegen $\varphi(-1) = -\varphi(1) = -1$ sogar für alle $n \in \mathbb{Z}$, d. h. $\varphi = \mathrm{Id}$. Insbesondere besitzt $\mathbb{Z}$ nur die Identität als Automorphismus: $\mathrm{Aut}\,\mathbb{Z} = \{\mathrm{Id}\}$.
- Die Konjugation komplexer Zahlen, d. h. die Abbildung $\kappa : \mathbb{C} \to \mathbb{C}, z = x + \mathrm{i}\, y \mapsto \overline{z} = x - \mathrm{i}\, y$, ist ein Automorphismus von $\mathbb{C}$.
- Für jeden Ring mit 1 und jedes $a \in R^{\times}$ ist $\iota_a : x \mapsto a\, x\, a^{-1}$ ein Automorphismus von R, weil $\iota_a(x + y) = \iota_a(x) + \iota_a(y)$ und $\iota_a(x\, y) = \iota_a(x)\, \iota_a(y)$ für alle x, $y \in R$ gilt (vgl. Beispiel 1.6).
- Für $n \in \mathbb{N}$ bezeichne $\mathbb{Z}/n$ den Restklassenring modulo n (siehe Beispiel 13.1). Es ist

$$\varphi : \begin{cases} \mathbb{Z} \to & \mathbb{Z}/n \\ k \mapsto \overline{k} = k + n\,\mathbb{Z} \end{cases}$$

ein surjektiver Ringhomomorphismus, also ein Epimorphismus.

- Sind m, $n \in \mathbb{N}$ teilerfremd, dann ist die im Lemma 6.6 gegebene Abbildung

$$\psi : \begin{cases} \mathbb{Z}/m\,n & \to & \mathbb{Z}/m \times \mathbb{Z}/n \\ k + m\,n\,\mathbb{Z} & \mapsto & (k + m\,\mathbb{Z},\ k + n\,\mathbb{Z}) \end{cases}$$

sogar ein Ringisomorphismus, also gilt

$$\mathbb{Z}/m\,n \cong \mathbb{Z}/m \times \mathbb{Z}/n$$

als Isomorphie von Ringen.   ∎

Aus den Lemmata 1.6 und 2.11 folgt:

Lemma 13.2

(a) *Das Kompositum von Ringhomomorphismen ist ein Ringhomomorphismus.*

(b) *Das Inverse eines Ringisomorphismus ist ein Ringisomorphismus.*

(c) Aut R *ist für jeden Ring R eine Untergruppe der symmetrischen Gruppe S_R.*

(d) *Ist $\varphi : R \to S$ ein Ringhomomorphismus, so sind $\varphi(R')$ für jeden Teilring R' von R ein Teilring von S und $\varphi^{-1}(S')$ für jeden Teilring S' von S ein Teilring von R. Speziell ist*

$$\operatorname{Kern} \varphi := \{a \in R \mid \varphi(a) = 0\} = \varphi^{-1}(\{0\})$$

*ein Teilring von R – dieser wird der **Kern** von φ genannt.*

Einen Ringmonomorphismus $\varphi : R \to S$ nennt man auch eine **Einbettung** von R in S. Man *identifiziert* gelegentlich jedes $a \in R$ mit $\varphi(a) \in S$. Dann ist R Teilring von S.

Wie bei Gruppen gilt (vgl. das Monomorphiekriterium 2.12):

Lemma 13.3 (Monomorphiekriterium) *Ein Ringhomomorphismus φ ist genau dann injektiv, wenn* $\operatorname{Kern} \varphi = \{0\}$.

13.5   Integritätsbereiche

Integritätsbereiche, manchmal auch *Integritätsringe* genannt, sind eine naheliegende Verallgemeinerung der ganzen Zahlen $\mathbb{Z}$. In solchen Ringen lässt sich eine Teilbarkeitstheorie ganz ähnlich zu jener in $\mathbb{Z}$ entwickeln. Wir gehen darauf erst im Kap. 16 ein, im vorliegenden Abschnitt führen wir diese Ringe ein.

Ein Element $a \neq 0$ eines Ringes R wird ein **Nullteiler** von R genannt, wenn ein $b \neq 0$ in R existiert mit $a\,b = 0$ oder $b\,a = 0$. Ein Ring ohne Nullteiler heißt **nullteilerfrei**. Ein kommutativer, nullteilerfreier Ring mit 1 heißt **Integritätsbereich**.

In einem Integritätsbereich folgt also aus $a\,b = 0$ mit $b \neq 0$ stets $a = 0$ (ebenso $b\,a = 0$, $b \neq 0 \Rightarrow a = 0$).

Beispiel 13.6

- Es ist $\mathbb{Z}$ ein Integritätsbereich: Aus $a\,b = 0$ folgt $a = 0$ oder $b = 0$. Es ist auch jeder Körper ein Integritätsbereich.
- Der Teilring $\mathbb{Z}[\mathrm{i}] := \{a + \mathrm{i}\,b \mid a,\, b \in \mathbb{Z}\}$ der **ganzen Gauß'schen Zahlen** von $\mathbb{C}$ ist als Teilring eines Integritätsbereiches ein Integritätsbereich.
- Der Ring $\mathbb{R}^{2 \times 2}$ ist kein Integritätsbereich, er ist weder kommutativ noch nullteilerfrei: $\begin{pmatrix} 1 & 0 \\ 0 & 0 \end{pmatrix} \begin{pmatrix} 0 & 0 \\ 1 & 0 \end{pmatrix} = \begin{pmatrix} 0 & 0 \\ 0 & 0 \end{pmatrix}$. Es sind $\begin{pmatrix} 1 & 0 \\ 0 & 0 \end{pmatrix}$ und $\begin{pmatrix} 0 & 0 \\ 1 & 0 \end{pmatrix}$ Nullteiler in $\mathbb{R}^{2 \times 2}$.
- Invertierbare Elemente eines Ringes (mit 1) sind keine Nullteiler. Für $a \in R^{\times}$, $b \in R$ gilt nämlich:

$$a\,b = 0 \Rightarrow 0 = a^{-1}\,(a\,b) = b; \quad b\,a = 0 \Rightarrow 0 = (b\,a)\,a^{-1} = b.$$

- Der Restklassenring $\mathbb{Z}/n$ ($\mathbb{Z}$ modulo n) ist genau dann ein Integritätsbereich, wenn n eine Primzahl ist: Ist $\mathbb{Z}/n$ nullteilerfrei ist, so folgt aus $n = a\,b$ wegen $\overline{n} = \overline{a\,b} = \overline{a}\,\overline{b}$, dass $\overline{a} = \overline{0}$ oder $\overline{b} = \overline{0}$, somit $a = n$ oder $b = n$. Somit ist n eine Primzahl. Und ist umgekehrt n eine Primzahl, so folgt aus $\overline{a}\,\overline{b} = \overline{0} = n\,\mathbb{Z}$ für $\overline{a}$, $\overline{b} \in \mathbb{Z}/n$ offenbar $n \mid a\,b$, also $n \mid a$ oder $n \mid b$, d. h. $\overline{a} = \overline{0}$ oder $\overline{b} = \overline{0}$; somit ist $\mathbb{Z}/n$ nullteilerfrei.
- In einem Integritätsbereich R gelten die *Kürzregeln*: Sind a, b, $c \in R$, $c \neq 0$, so gilt

$$a\,c = b\,c \Rightarrow a\,c - b\,c = 0 \Rightarrow (a - b)\,c = 0 \Rightarrow a - b = 0 \Rightarrow a = b.$$

Analog folgt aus $c\,a = c\,b$ die Gleichung $a = b$. ∎

13.6 Charakteristik eines Ringes mit 1

Jeder Ring mit 1 hat eine *Charakteristik*.

13.6.1 Die Charakteristik ist eine natürliche Zahl oder 0

Es sei 1_R das Einselement des unitären Ringes R. Mit $n\,1_R$ für $n \in \mathbb{N}$ meinen wir das n-Fache des Einselements, also $n\,1_R = 1_R + \cdots + 1_R$ (n Summanden).

Gilt $n\,1_R \neq 0$ für jedes $n \in \mathbb{N}$, so sagen wir, R hat die **Charakteristik** 0, und bezeichnen das mit Char $R = 0$. Gibt es hingegen eine natürliche Zahl n mit $n\,1_R = 0$, so setzen wir

$$\text{Char } R := p = \min\{n \in \mathbb{N} \mid n\,1_R = 0\}$$

und nennen p die **Charakteristik** von R. Es ist p die Ordnung von 1_R in der additiven Gruppe $(R, +)$.

Bemerkung Es sei R ein Ring mit $1 = 1_R$ und Char $R = p$. Dann ist die Abbildung $\varphi : \mathbb{Z} \to R$, $\varphi(k) = k\,1$ ein Ringhomomorphismus mit Kern $\varphi = \{k \in \mathbb{Z} \mid k\,1 = 0\} = p\,\mathbb{Z}$. Denn Kern φ ist als Untergruppe von $\mathbb{Z}$ von der Form $q\,\mathbb{Z}$ mit dem kleinsten positiven $q \in$ Kern φ, also $q = p$ (siehe Satz 2.9).

Beispiel 13.7 Char $\mathbb{Z} = 0$, Char $\mathbb{R} = 0$, Char $\mathbb{Z}/n = n$ für $n > 1$ aus $\mathbb{N}$.   ■

Lemma 13.4 *Es sei R ein Ring mit 1 und Charakteristik $p \neq 0$. Dann gilt*

(a) $p\,a = 0$ für jedes $a \in R$.
(b) Ist R nullteilerfrei, dann ist p eine Primzahl.

Beweis

(a) Es gilt für alle $a \in R$: $p\,a = p\,(1\,a) = (p\,1)\,a = 0\,a = 0$.
(b) Aus $p = r\,s$ mit $r, s \in \mathbb{N}$ folgt (beachte Lemma 13.1 (d)): $0 = p\,1 = (r\,1)\,(s\,1)$, also $r\,1 = 0$ oder $s\,1 = 0$. Wegen $r, s \leq p$ gilt somit $r = p$ oder $s = p$.   □

13.6.2 In einem Integritätsbereich ist die Frobeniusabbildung ein Monomorphismus

Obiges Lemma hat eine etwas überraschende Konsequenz für Integritätsbereiche:

Lemma 13.5 (Der Frobeniusmonomorphismus) *Es sei R ein Integritätsbereich mit $p := \text{Char } R \neq 0$. Dann ist die **Frobeniusabbildung** $x \mapsto x^p$ ein injektiver Ringendomorphismus von R. Insbesondere gilt*

$$(a + b)^p = a^p + b^p \quad \text{für alle} \quad a, b \in R.$$

Beweis Da R kommutativ ist, gilt $(a\,b)^p = a^p\,b^p$ für alle $a, b \in R$, und die Binomialformel in Lemma 13.1 (e) liefert

$$(a + b)^p = a^p + \sum_{i=1}^{p-1} \binom{p}{i} a^i \, b^{p-i} + b^p \, .$$

Da $\binom{p}{i} = \frac{p!}{i! \, (p-i)!}$ für $1 \leq i \leq p - 1$ durch p teilbar ist (p ist wegen Lemma 13.4 (b) Primzahl), verschwindet die mittlere Summe nach Lemma 13.4 (a), d. h. $\varphi : a \mapsto a^p$ ist additiv. Wegen der Nullteilerfreiheit gilt Kern $\varphi = \{0\}$, d. h., φ ist injektiv. □

Beispiel 13.8 In $\mathbb{Z}/3$ ist etwa $\overline{2}^9 = (\overline{2}^3)^3 = ((\overline{1} + \overline{1})^3)^3 = (\overline{1}^3 + \overline{1}^3)^3 = \overline{1}^3 + \overline{1}^3 = \overline{2}$. ∎

13.7 Körper und Schiefkörper

Körper sind aus der linearen Algebra bekannt. Aber dort werden überwiegend nur die Körper $\mathbb{Q}$, $\mathbb{R}$ und $\mathbb{C}$ betrachtet. Es gibt viele weitere Körper, so auch endliche.

13.7.1 Beispiele von Körpern und Schiefkörpern

Ein Ring mit 1 heißt **Divisionsbereich** oder **Schiefkörper**, wenn $R^{\times} = R \setminus \{0\}$, d. h. wenn jedes von null verschiedene Element invertierbar ist. Kommutative Schiefkörper nennt man **Körper**. Eine Auflistung aller Axiome eines Körpers findet man in Abschn. A.4.

Vorsicht Schiefkörper werden in der Literatur gelegentlich *Körper* genannt, und Körper bezeichnet man dann als *kommutative Körper*.

Beispiel 13.9

- $\mathbb{Q}$, $\mathbb{R}$, $\mathbb{C}$ sind Körper der Charakteristik 0.
- $\mathbb{Z}/p$ ist nach Satz 5.14 für jede Primzahl p ein Körper der Charakteristik p.
- (**W. R. Hamilton**) **Der Quaternionenschiefkörper.** Es ist

$$\mathbb{H} := \left\{ \begin{pmatrix} a & b \\ -\overline{b} & \overline{a} \end{pmatrix} \mid a, \, b \in \mathbb{C} \right\}$$

als Teilring von $\mathbb{C}^{2 \times 2}$ ein Schiefkörper (vgl. Aufgabe 13.8). ∎

13.7.2 Endliche (Schief-)Körper *

Jeder endliche Schiefkörper ist kommutativ, also ein Körper. Diesen tief liegenden Satz von Wedderburn werden wir erst im Kap. 30 beweisen. Wir zeigen in diesem Abschnitt nur:

Lemma 13.6 *Jeder endliche nullteilerfreie Ring R mit 1 ist ein Schiefkörper.*

Beweis Für jedes $a \in R \setminus \{0\}$ ist die Rechtsmultiplikation

$$\rho_a : \begin{cases} R \to R \\ x \mapsto x\,a \end{cases}$$

wegen der Nullteilerfreiheit von R injektiv, wegen der Endlichkeit von R dann auch surjektiv. Folglich existiert ein Element $b \in R$ mit $b\,a = 1$. Nach dem Lemma 2.3 zu den schwachen Gruppenaxiomen ist $R \setminus \{0\}$ eine Gruppe mit neutralem Element 1. Es folgt $R^\times = R \setminus \{0\}$, d. h., der Ring R ist ein Schiefkörper. $\square$

Beispiel 13.10 Jeder endliche Integritätsbereich ist demnach ein Körper. Insbesondere haben wir erneut begründet, dass $\mathbb{Z}/p$ für jede Primzahl p ein Körper ist. ∎

13.8   Quotientenkörper

Bekanntlich kann $\mathbb{Z}$ durch Bildung von *Brüchen* $\frac{z}{n}$ mit $z \in \mathbb{Z}$, $n \in \mathbb{N}$, zum Körper $\mathbb{Q}$ erweitert werden. Wir zeigen, dass auf ähnliche Weise jeder Integritätsbereich R zu einem *(Quotienten-)Körper* erweitert werden kann.

13.8.1 Die Konstruktion des Quotientenkörpers $Q(R)$

Gegeben sei ein Integritätsbereich R. Wir setzen $S := R \setminus \{0\}$. Auf dem kartesischen Produkt $D := R \times S$ führen wir durch

$$(a, s) \sim (a', s') \;:\Leftrightarrow\; a\,s' = a'\,s$$

eine Relation $\sim$ ein.

Behauptung *Die Relation $\sim$ ist eine Äquivalenzrelation* (vgl. Abschn. A.1).
 Offenbar ist $\sim$ reflexiv und symmetrisch. Wir begründen die Transitivität:

$$(a, s) \sim (a', s'),\; (a', s') \sim (a'', s'') \Rightarrow a\,s' = a'\,s,\; a'\,s'' = a''\,s'$$
$$\Rightarrow a\,s'\,s'' = a''\,s\,s'$$
$$\Rightarrow s'\,(a\,s'' - a''\,s) = 0$$
$$\Rightarrow a\,s'' = a''\,s$$
$$\Rightarrow (a, s) \sim (a'', s'').$$

Wir bezeichnen die Äquivalenzklasse von (a, s) mit $\frac{a}{s}$ und die Quotientenmenge $\left\{\frac{a}{s} \mid a \in R,\ s \in S\right\}$ mit $Q(R)$. Es gilt mit dieser Definition

$$\frac{a}{s} = \frac{a'}{s'} \ \Leftrightarrow\ (a, s) \sim (a', s') \ \Leftrightarrow\ a\,s' = a'\,s\,.$$

Das ist eine Verallgemeinerung der bekannten Schulregel *„Quotienten sind genau dann gleich, wenn das Kreuzprodukt übereinstimmt"*.

Auf der Quotientenmenge $Q(R)$ wird nun eine Addition und eine Multiplikation erklärt:

$$\frac{a}{s} + \frac{a'}{s'} := \frac{a\,s' + a'\,s}{s\,s'} \quad \text{und} \quad \frac{a}{s} \cdot \frac{a'}{s'} := \frac{a\,a'}{s\,s'}\,.$$

Wohldefiniertheit Aus $\frac{a}{s} = \frac{b}{t}$ und $\frac{a'}{s'} = \frac{b'}{t'}$ folgt:

$$a\,t = b\,s\,,\ a'\,t' = b'\,s' \ \Rightarrow\ s\,s'\,(b\,t' + b'\,t) = a\,t\,s'\,t' + a'\,t'\,s\,t = t\,t'\,(a\,s' + a'\,s)$$

$$\Rightarrow\ \frac{b\,t' + b'\,t}{t\,t'} = \frac{a\,s' + a'\,s}{s\,s'}\,; \quad \text{und} \quad s\,s'\,b\,b' = b\,s\,b'\,s' = a\,t\,a'\,t' = t\,t'\,a\,a'$$

$$\Rightarrow\ \frac{b\,b'}{t\,t'} = \frac{a\,a'}{s\,s'}\,.$$

Man prüft direkt nach, dass $(Q(R), +, \cdot)$ ein kommutativer Ring mit Einselement $\frac{s}{s}$ und Nullement $\frac{0}{s}$ (s beliebig aus S) ist. Damit erhalten wir:

Satz 13.7 *Für jeden Integritätsbereich R ist $Q(R)$ ein Körper – der **Quotientenkörper** von R.*

Wir begründen beispielhaft das Assoziativgesetz der Addition: Für alle $a,\ a',\ a'' \in R$ und $s,\ s',\ s'' \in S$ gilt:

$$\left(\frac{a}{s} + \frac{a'}{s'}\right) + \frac{a''}{s''} = \frac{a\,s' + a'\,s}{s\,s'} + \frac{a''}{s''} = \frac{(a\,s' + a'\,s)\,s'' + a''\,s\,s'}{s\,s'\,s''}\,,$$

$$\frac{a}{s} + \left(\frac{a'}{s'} + \frac{a''}{s''}\right) = \frac{a}{s} + \frac{a'\,s'' + a''\,s'}{s'\,s''} = \frac{a\,s'\,s'' + (a'\,s'' + a''\,s')\,s}{s\,s'\,s''}\,.$$

Da die beiden rechten Seiten übereinstimmen, gilt $\left(\frac{a}{s} + \frac{a'}{s'}\right) + \frac{a''}{s''} = \frac{a}{s} + \left(\frac{a'}{s'} + \frac{a''}{s''}\right)$.

13.8.2 Die Einbettung von R in $Q(R)$

Wir können den Integritätsbereich R als einen Teilring des Körpers $Q(R)$ auffassen:

Satz 13.8 *Es sei R ein Integritätsbereich, und $S := R \setminus \{0\}$. Die Abbildung $\varepsilon : a \mapsto \frac{a}{1}$ von R in $Q(R)$ ist eine Einbettung von R in $Q(R)$, und es gilt*

$$Q(R) = \left\{ \varepsilon(a)\, \varepsilon(s)^{-1} = \frac{a}{s} \mid a \in R,\ s \in S \right\}.$$

Beweis Es ist ε ein Homomorphismus, da für alle $a,\ b \in R$ gilt:

$$\varepsilon(a + b) = \frac{(a + b)}{1} = \frac{a}{1} + \frac{b}{1} = \varepsilon(a) + \varepsilon(b) \text{ und } \varepsilon(a\,b) = \frac{(a\,b)}{1} = \frac{a}{1}\frac{b}{1} = \varepsilon(a)\,\varepsilon(b).$$

Weiter ist ε nach dem Monomorphiekriterium 13.3 injektiv: Ist $a \in \operatorname{Kern} \varepsilon$, so folgt $\frac{0}{1} = \varepsilon(a) = \frac{a}{1}$, d. h. $0 = a\,1 = a$. Der Rest ist klar. □

Beispiel 13.11 Es gilt $\mathbb{Q} = Q(\mathbb{Z})$ und $\mathbb{Z} \subseteq \mathbb{Q}$. Für jede Primzahl p gilt $\mathbb{Z}/p \cong Q(\mathbb{Z}/p)$, allgemeiner $K \cong Q(K)$ für jeden Körper K. ∎

13.8.3 Die universelle Eigenschaft

Mit der Entstehung der modernen Algebra hat sich gezeigt, dass es besonders wichtig ist, die algebraischen Strukturen stets zusammen mit ihren strukturerhaltenden Abbildungen – also den Homomorphismen – zu untersuchen. Betrachten wir einen Homomorphismus $\psi : Q(R) \to K$ vom Quotientenkörper $Q(R) = \left\{ \frac{a}{s} \mid a \in R,\ s \in S \right\}$ in einen beliebigen anderen Körper, so sehen wir wegen

$$\psi\left(\frac{a}{s}\right) = \psi\left(\frac{a}{1}\frac{1}{s}\right) = \psi\left(\varepsilon(a)\,\varepsilon(s)^{-1}\right) = \psi\left(\varepsilon(a)\right)\,\psi\left(\varepsilon(s)\right)^{-1},$$

dass alle Bilder $\psi\left(\frac{a}{s}\right)$ bereits durch die Bilder $\psi\left(\varepsilon(a)\right)$, $\psi\left(\varepsilon(s)\right)$ von Werten aus $R \cong \varepsilon(R)$ bestimmt sind.

Die *universelle Eigenschaft* besagt, dass man einen Homomorphismus von einem Integritätsbereich R in einen Körper K nach Einbetten von R in $Q(R)$ mittels ε auf genau eine Weise zu einem Homomrphismus vom Quotientenkörper $Q(R)$ in K *fortsetzen* kann. Genauer:

$$
\begin{array}{ccc}
Q(R) & \overset{\tilde{\varphi}}{\dashrightarrow} & K \\
{\scriptstyle \varepsilon}\Big\uparrow & \nearrow{\scriptstyle \varphi} & \\
R & &
\end{array}
$$

Satz 13.9 (Die universelle Eigenschaft) *Es seien R ein Integritätsbereich mit Quotientenkörper $Q(R)$ und $\varepsilon : a \mapsto \frac{a}{1}$ die Einbettung von R in $Q(R)$. Dann gibt es zu* *jedem Monomorphismus φ von R in einen Körper K genau einen Monomorphismus $\tilde{\varphi} : Q(R) \to K$, der*

$$(*) \quad \tilde{\varphi}\, \varepsilon = \varphi$$

erfüllt, nämlich

$$(**) \quad \tilde{\varphi} : \frac{a}{s} \mapsto \varphi(a)\, \varphi(s)^{-1}, \quad a \in R, \ s \in R \setminus \{0\}.$$

Bemerkung $(*)$ bedeutet: $\tilde{\varphi}(\varepsilon(a)) = \varphi(a)$ für jedes $a \in R$. Wenn a mit $\varepsilon(a)$ identifiziert wird, zeigt $(*)$, dass $\tilde{\varphi}$ eine Fortsetzung von φ ist, d. h. $\tilde{\varphi}|_R = \varphi$.

Beweis *Eindeutigkeit:* $\tilde{\varphi} : Q(R) \to K$ erfülle $(*)$. Für $a, s \in R$, $s \neq 0$ folgt $\tilde{\varphi}(\frac{a}{s})\, \varphi(s) = \tilde{\varphi}(\varepsilon(a)\,\varepsilon(s)^{-1})\, \tilde{\varphi}(\varepsilon(s)) = \tilde{\varphi}(\varepsilon(a)) = \varphi(a)$. Wegen $\varphi(s) \in K^{\times}$ hat dies $\tilde{\varphi}(\frac{a}{s}) = \varphi(a)\, \varphi(s)^{-1}$ zur Folge. Somit ist jeder Monomorphismus, der $(*)$ erfüllt, durch $(**)$ gegeben.

Existenz: Wir definieren $\tilde{\varphi}$ durch $(**)$ und zeigen, dass $\tilde{\varphi}$ die gewünschten Eigenschaften hat.

Wohldefiniertheit: Aus $\frac{a}{s} = \frac{a'}{s'}$ folgt $a\,s' = a'\,s$ und somit $\varphi(a)\, \varphi(s') = \varphi(a')\, \varphi(s)$. Dies impliziert $\tilde{\varphi}(\frac{a}{s}) = \varphi(a)\, \varphi(s)^{-1} = \varphi(a')\, \varphi(s')^{-1} = \tilde{\varphi}(\frac{a'}{s'})$.

$\tilde{\varphi}$ *erfüllt* $(*)$: Es gilt nämlich $\tilde{\varphi}(\varepsilon(a)) = \tilde{\varphi}(\frac{a}{1}) = \varphi(a)\, \varphi(1)^{-1} = \varphi(a)$ für alle $a \in R$.

Homomorphie: Für alle $\frac{a}{s}, \frac{a'}{s'} \in Q(R)$ gilt $\tilde{\varphi}(\frac{a}{s} + \frac{a'}{s'}) = \tilde{\varphi}(\frac{as' + a's}{ss'}) = \varphi(as' + a's)\, \varphi(s\,s')^{-1} = (\varphi(a)\, \varphi(s') + \varphi(a')\, \varphi(s))\, \varphi(s)^{-1}\, \varphi(s')^{-1} = \varphi(a)\, \varphi(s)^{-1} + \varphi(a')\, \varphi(s')^{-1} = \tilde{\varphi}(\frac{a}{s}) + \tilde{\varphi}(\frac{a'}{s'})$. Damit ist $\tilde{\varphi}$ additiv, die Multiplikativität zeigt man analog.

Injektivität: Aus $\tilde{\varphi}(\frac{a}{s}) = 0$ mit $a, s \in R$, $s \neq 0$ folgt $\varphi(a)\, \varphi(s)^{-1} = 0$ und damit $\varphi(a) = 0$. Da φ injektiv ist, folgt $a = 0$ mit dem Monomorphiekriterium 13.3. Folglich gilt $\frac{a}{s} = 0$. Nun beachte erneut das Kriterium in 13.3. $\qquad\square$

Bemerkung Wir haben in diesem Abschn. 13.8 die Menge $S := R \setminus \{0\}$ betrachtet und eine Äquivalenzrelation auf $R \times S$ eingeführt. Dies ist allgemeiner für jede nichtleere Unterhalbgruppe S von $(R, \cdot)$ mit $0 \notin S$ möglich. Die Quotientenmenge $\{\frac{a}{s} \mid a \in R, s \in S\}$ bezeichnet man üblicherweise mit R_S oder $S^{-1}R$ und spricht von der **Lokalisierung** von R nach S. Die Einbettung von R in R_S geschieht dann mit der Abbildung $\varepsilon : R \to R_S$, $a \mapsto \frac{at}{t}$ mit einem $t \in S$.

Aufgaben

13.1 •• Es sei V ein endlichdimensionaler Vektorraum über einem Körper K, und $R := \mathrm{End}(V)$ bezeichne den Endomorphismenring von V. Man zeige für $\varphi \in R$:

(a) φ ist *linksinvertierbar* $\Leftrightarrow$ φ ist *rechtsinvertierbar* $\Leftrightarrow$ φ ist invertierbar.
(Dabei heißt φ *links-* bzw. *rechtsinvertierbar*, wenn ein $\psi \in R$ mit $\psi\,\varphi = \mathrm{Id}$ bzw. $\varphi\,\psi = \mathrm{Id}$ existiert.)

(b) In R ist jeder Nichtnullteiler $\varphi \neq 0$ invertierbar.

13.2 • Man zeige: In $\mathbb{Z}/n$ ist jedes Element $\neq 0$ entweder ein Nullteiler oder invertierbar.

13.3 • Man gebe die Charakteristiken der Ringe $\mathbb{Z}/4 \times \mathbb{Z}/3$, $(\mathbb{Z}/6)^{2\times 2}$, $(\mathbb{Z}/3)^{2\times 2}$ an.

13.4 • Begründen Sie: In einem Integritätsbereich R der Charakteristik $p \neq 0$ gilt $(a + b)^{p^k} = a^{p^k} + b^{p^k}$ für alle $a,\, b \in R$ und $k \in \mathbb{N}$.

13.5 •• Es sei $R \neq \{0\}$ ein kommutativer Ring ohne Nullteiler, in dem jeder Teilring nur endlich viele Elemente enthält. Zeigen Sie, dass R ein Körper ist.

13.6 •• Es sei $R \neq \{0\}$ ein Ring mit der Eigenschaft $a^2 = a$ für alle $a \in R$. Beweisen Sie:

(a) In R gilt $a + a = 0$ für alle $a \in R$.
(b) R ist kommutativ.
(c) Hat R keine Nullteiler, so gilt $R \cong \mathbb{Z}/2$.

13.7 ••• Zeigen Sie: $|\operatorname{Aut}\mathbb{Q}| = 1$ und $|\operatorname{Aut}\mathbb{R}| = 1$.

13.8 ••• *Der Quaternionenschiefkörper*. Man zeige:

(a) $\mathbb{H} := \left\{ \begin{pmatrix} a & b \\ -b & a \end{pmatrix} \mid a,\, b \in \mathbb{C} \right\}$ ist ein Teilring von $\mathbb{C}^{2\times 2}$ mit 1.

(b) Die Abbildung $\varepsilon : z \mapsto \begin{pmatrix} z & 0 \\ 0 & \bar{z} \end{pmatrix}$ von $\mathbb{C}$ in $\mathbb{H}$ ist eine Einbettung.

(c) Mit den Abkürzungen $\mathrm{j} := \begin{pmatrix} 0 & 1 \\ -1 & 0 \end{pmatrix}$ und $\mathrm{k} = \mathrm{i}\mathrm{j}$ gilt $\mathbb{H} = \mathbb{C} + \mathbb{C}\,\mathrm{j} = \mathbb{R} + \mathbb{R}\,\mathrm{i} + \mathbb{R}\,\mathrm{j} + \mathbb{R}\,\mathrm{k}$.

(d) $\mathbb{R} = Z(\mathbb{H}) := \{ z \in \mathbb{H} \mid x\,z = z\,x \text{ für alle } x \in \mathbb{H} \}$.

(e) Die Abbildung $x = a + b\,\mathrm{i} + c\,\mathrm{j} + d\,\mathrm{k} \mapsto \overline{x} := a - b\,\mathrm{i} - c\,\mathrm{j} - d\,\mathrm{k}$ ist ein Antiautomorphismus von $(\mathbb{H}, \cdot)$ (d. h. $\overline{x\,y} = \overline{y}\,\overline{x}$ statt $\overline{x\,y} = \overline{x}\,\overline{y}$ für alle $x,\, y \in \mathbb{H}$).

(f) Für alle $x \in \mathbb{H}$ gilt $N(x) := x\,\overline{x} \in \mathbb{R}$, $S(x) := x + \overline{x} \in \mathbb{R}$ und $x^2 - S(x)\,x + N(x) = 0$.

(g) Mit (f) folgere man, dass $\mathbb{H}$ ein Schiefkörper ist.

(h) Die Gleichung $X^2 + 1 = 0$ hat in $\mathbb{H}$ unendlich viele Lösungen.

13.9 ••• Man bestimme die Kardinalzahl der Menge aller Teilringe des Körpers $\mathbb{Q}$ der rationalen Zahlen. *Hinweis:* Betrachten Sie für jede Menge A von Primzahlen die Menge R_A aller rationalen Zahlen $\frac{z}{n}$ mit $z \in \mathbb{Z}$, $n \in \mathbb{N}$ und der Eigenschaft, dass alle Primteiler von n in A liegen.

13.10 •• Es sei K ein Körper, $s \in K$ und $K_s := \left\{ \begin{pmatrix} a & s\,b \\ b & a \end{pmatrix} \mid a,\, b \in K \right\}$. Zeigen Sie:

(a) K_s ist ein kommutativer Teilring von $K^{2\times 2}$. Wann ist K_s ein Körper?

(b) $\mathbb{R}_{-1}$ ist zu $\mathbb{C}$ isomorph.

(c) Für jede Primzahl $p \neq 2$ gibt es einen Körper mit p^2 Elementen.

13.11 ●●● Es sei $d \in \mathbb{Z} \setminus \{1\}$ quadratfrei (d. h.: $x \in \mathbb{N}$, $x^2 \mid d \Rightarrow x = 1$) und

$$\mathbb{Z}[\sqrt{d}] := \{a + b\sqrt{d} \mid a, b \in \mathbb{Z}\}, \quad \mathbb{Q}[\sqrt{d}] := \{a + b\sqrt{d} \mid a, b \in \mathbb{Q}\}.$$

Zeigen Sie:

(a) $\mathbb{Z}[\sqrt{d}]$ und $\mathbb{Q}[\sqrt{d}]$ sind Teilringe von $\mathbb{C}$.

(b) Die Abbildung $z = a + b\sqrt{d} \mapsto \bar{z} := a - b\sqrt{d}$ ($a, b \in \mathbb{Z}$ bzw. $a, b \in \mathbb{Q}$) ist ein Automorphismus von $\mathbb{Z}[\sqrt{d}]$ bzw. von $\mathbb{Q}[\sqrt{d}]$.

(c) Es ist $N : z \mapsto z\bar{z}$ eine Abbildung von $\mathbb{Q}[\sqrt{d}]$ in $\mathbb{Q}$, die $N(z\,z') = N(z)\,N(z')$ für alle $z, z' \in \mathbb{Q}[\sqrt{d}]$ erfüllt; und für $z \in \mathbb{Z}[\sqrt{d}]$ gilt: $z \in \mathbb{Z}[\sqrt{d}]^{\times} \Leftrightarrow N(z) \in \{1, -1\}$.

(d) $\mathbb{Q}[\sqrt{d}]$ ist ein Körper, $\mathbb{Z}[\sqrt{d}]$ jedoch nicht.

(e) Ermitteln Sie die Einheiten von $\mathbb{Z}[\sqrt{d}]$, falls $d < 0$.

(f) Zeigen Sie, $\mathbb{Z}[\sqrt{5}]^{\times} = \{\pm(2 + \sqrt{5})^k \mid k \in \mathbb{Z}\}$.

13.12 ●● Es sei $K := \{0, 1, a, b\}$ eine Menge mit vier verschiedenen Elementen. Füllen Sie die folgenden Tabellen unter der Annahme aus, dass $(K, +, \cdot)$ ein Schiefkörper (mit dem neutralen Element 0 bezüglich $+$ und dem neutralen Element 1 bezüglich $\cdot$) ist.

+	0	1	a	b
0				
1				
a				
b				

·	0	1	a	b
0				
1				
a				
b				

13.13 ● Es sei $R \neq \{0\}$ ein Ring mit Einselement 1, in dem jedes Element $a \neq 0$ ein Linksinverses besitzt. Zeigen Sie, dass R ein Körper ist.

13.14 ●● Es sei R ein Ring mit Einselement 1.

(a) Aus $a^n \in R^{\times}$ für irgendein $n \in \mathbb{N}$ folgt $a \in R^{\times}$.

(b) Ist $a \in R$ linksinvertierbar und kein rechter Nullteiler (d. h. $ba = 0 \Rightarrow b = 0$), so ist $a \in R^{\times}$.

(c) Ist R nullteilerfrei oder endlich, so folgt aus $a\,b = 1$ stets $b\,a = 1$. Zeigen Sie an einem Beispiel, dass diese Implikation nicht für alle Ringe mit Einselement gilt.

13.15 ●● Es seien R ein Ring mit Einselement und $a, b \in R$. Zeigen Sie, dass aus der Invertierbarkeit von $1 - ab$ die Invertierbarkeit von $1 - ba$ folgt.

Polynomringe **14**

Übersicht

Reelle Polynome werden in der linearen Algebra oft ungenau als *formale Ausdrücke*

$$a_0 + a_1 X + \cdots + a_n X^n$$

mit Koeffizienten $a_0, \ldots, a_n \in \mathbb{R}$ in einer *Unbestimmten X* erklärt. Addition und Multiplikation solcher reeller Polynome erfolgen dabei nach den Regeln

$$\sum_{i=0}^{n} a_i X^i + \sum_{j=0}^{m} b_j X^j = \sum_{i=0}^{\max\{n,m\}} (a_i + b_i) X^i \quad \text{und}$$

$$\sum_{i=0}^{n} a_i X^i \cdot \sum_{j=0}^{m} b_j X^j = \sum_{k=0}^{n+m} \sum_{i+j=k} (a_i b_j) X^k \,,$$

wobei $a_i = 0$ für $i > n$ bzw. $b_j = 0$ für $j > m$ gesetzt wird. Eines unserer Ziele in diesem Kapitel ist es, eine einwandfreie Definition von Polynomen zu geben. Dabei wollen wir uns nicht auf nur eine *Unbestimmte X* beschränken, sondern auch Polynome in den *Unbestimmten* $X_1, \ldots, X_n$ einführen.

© Der/die Autor(en), exklusiv lizenziert an Springer-Verlag GmbH, DE,
ein Teil von Springer Nature 2024
C. Karpfinger, *Algebra*, https://doi.org/10.1007/978-3-662-68656-0_14
205

14.1   Motivation

Der *formale Ausdruck* $a_0 + a_1 X + \cdots + a_n X^n$ ist durch die Folge $(a_i)_{i \in \mathbb{N}_0}$ reeller Zahlen mit $a_i = 0$ für $i > n$ gegeben, also durch die Abbildung

$$a : \begin{cases} \mathbb{N}_0 \to \mathbb{R} \\ i \mapsto a_i \end{cases} \quad \text{mit} \quad a_i = 0 \quad \text{für alle } i > n .$$

Für die Folge $(a_i)_{i \in \mathbb{N}_0}$ gilt demnach:

$$a_i = 0 \quad \text{für fast alle } i \in \mathbb{N}_0 , \quad \text{d.h.} \quad a_i \neq 0 \quad \text{für nur endlich viele } i \in \mathbb{N}_0 .$$

Sind $(a_i)_{i \in \mathbb{N}_0}$ und $(b_i)_{i \in \mathbb{N}_0}$ zwei solche Folgen, so entsprechen der aus der linearen Algebra bekannten Addition und Multiplikation reeller Polynome die Vorschriften:

$$(a_i)_{i \in \mathbb{N}_0} + (b_i)_{i \in \mathbb{N}_0} = (c_i)_{i \in \mathbb{N}_0} \quad \text{mit} \quad c_i := a_i + b_i \quad \text{für alle} \quad i \in \mathbb{N}_0 ,$$

$$(a_i)_{i \in \mathbb{N}_0} \cdot (b_j)_{j \in \mathbb{N}_0} = (d_k)_{k \in \mathbb{N}_0} \quad \text{mit} \quad d_k := \sum_{i+j=k} a_i \, b_j \quad \text{für alle} \quad k \in \mathbb{N}_0 .$$

Für diese Addition und Multiplikation solcher Folgen sind nur die Addition und Multiplikation aus $\mathbb{R}$ (siehe c_i und d_k) erforderlich. Und die Summe $(c_i)_{i \in \mathbb{N}_0}$ bzw. das Produkt $(d_k)_{k \in \mathbb{N}_0}$ ist wie die Summanden bzw. die Faktoren eine Folge mit der Eigenschaft $c_i = 0$ bzw. $d_k = 0$ für fast alle i bzw. k.

Voraussetzung für dieses Kapitel Es ist R ein kommutativer Ring mit 1.

14.2   Konstruktion des Ringes $R[\mathbb{N}_0]$

Ist P eine Abbildung von $\mathbb{N}_0$ nach R, so nennt man die Menge $T(P) := \{n \in \mathbb{N}_0 \mid P(n) \neq 0\}$ all jener Elemente n aus $\mathbb{N}_0$, für die $P(n)$ von null verschieden ist, den **Träger** der Abbildung P. Ist $P : \mathbb{N}_0 \to R$ eine Abbildung mit der Eigenschaft $P(n) = 0$ für fast alle $n \in \mathbb{N}_0$, so ist der Träger $T(P)$ eine endliche Menge, d.h., es gilt $|T(P)| \in \mathbb{N}_0$. Man sagt dann, dass P einen **endlichen Träger** hat.

14.2.1 Die Menge $R[\mathbb{N}_0]$

Wir bezeichnen die Menge aller Abbildungen von $\mathbb{N}_0$ in R mit endlichem Träger mit $R[\mathbb{N}_0]$, d.h.

$$R[\mathbb{N}_0] = \{P \mid P : \mathbb{N}_0 \to R \quad \text{mit endlichem Träger}\}.$$

Bemerkung Es ist $R[\mathbb{N}_0]$ die Menge aller Folgen in R, die nur an endlichen vielen Stellen aus $\mathbb{N}_0$ einen von null verschiedenen Wert annehmen.

14.2.2 Die Addition und Multiplikation in $R[\mathbb{N}_0]$

Wir erklären auf der Menge $R[\mathbb{N}_0]$ aller Folgen mit endlichem Träger zwei Verknüpfungen. Es seien $(a_i)_{i \in \mathbb{N}_0}$, $(b_i)_{i \in \mathbb{N}_0}$ zwei Folgen mit endlichem Träger. Durch

$$(a_i)_{i \in \mathbb{N}_0} + (b_i)_{i \in \mathbb{N}_0} := (c_i)_{i \in \mathbb{N}_0} \quad \text{mit} \quad c_i := a_i + b_i \quad \text{für alle} \quad i \in \mathbb{N}_0,$$

$$(a_i)_{i \in \mathbb{N}_0} \cdot (b_j)_{j \in \mathbb{N}_0} := (d_k)_{k \in \mathbb{N}_0} \quad \text{mit} \quad d_k := \sum_{i+j=k} a_i\, b_j \quad \text{für alle} \quad k \in \mathbb{N}_0$$

werden Verknüpfungen $+$ und $\cdot$ in $R[\mathbb{N}_0]$ eingeführt: Offenbar gilt $(c_i)_{i \in \mathbb{N}_0} \in R[\mathbb{N}_0]$ und $(d_k)_{k \in \mathbb{N}_0} \in R[\mathbb{N}_0]$, da die Träger der Summe $(a_i)_{i \in \mathbb{N}_0} + (b_i)_{i \in \mathbb{N}_0}$ und des Produkts $(a_i)_{i \in \mathbb{N}_0} \cdot (b_i)_{i \in \mathbb{N}_0}$ endlich sind.

Bemerkung Summe und Produkt lauten *ausgeschrieben*:

$$(a_0,\, a_1,\, a_2,\, a_3,\, \ldots) + (b_0,\, b_1,\, b_2,\, b_3,\, \ldots)$$
$$= (\underbrace{a_0 + b_0}_{=c_0},\, \underbrace{a_1 + b_1}_{=c_1},\, \underbrace{a_2 + b_2}_{=c_2},\, \underbrace{a_3 + b_3}_{=c_3},\, \ldots),$$

$$(a_0,\, a_1,\, a_2,\, a_3,\, \ldots) \cdot (b_0,\, b_1,\, b_2,\, b_3,\, \ldots)$$
$$= (\underbrace{a_0\, b_0}_{=d_0},\, \underbrace{a_0\, b_1 + b_0\, a_1}_{=d_1},\, \underbrace{a_0\, b_2 + a_1\, b_1 + a_2\, b_0}_{=d_2},\, \underbrace{a_0\, b_3 + a_1\, b_2 + a_2\, b_1 + a_3\, b_0}_{=d_3},\, \ldots).$$

14.2.3 Der Ring $(R[\mathbb{N}_0], +, \cdot)$

Für die Menge $R[\mathbb{N}_0]$ der Folgen mit endlichem Träger und diesen Verknüpfungen gilt:

Lemma 14.1 *Es ist $(R[\mathbb{N}_0], +, \cdot)$ ein kommutativer Ring mit 1.*

Beweis Die Ringaxiome sind einfach nachzuprüfen, wir weisen etwa das Assoziativgesetz der Multiplikation nach: Für $P = (a_i)_{i \in \mathbb{N}_0}$, $Q = (b_j)_{j \in \mathbb{N}_0}$, $S = (c_k)_{k \in \mathbb{N}_0} \in R[\mathbb{N}_0]$ gilt:

$$(P\,Q)\,S = (d_l)_{l \in \mathbb{N}_0} \quad \text{mit} \quad d_l = \sum_{r+k=l} \left(\sum_{i+j=r} a_i\, b_j \right) c_k = \sum_{\substack{i,j,k \in \mathbb{N}_0 \\ (i+j)+k=l}} (a_i\, b_j)\, c_k\,,$$

$$P\,(Q\,S) = (d_l')_{l \in \mathbb{N}_0} \quad \text{mit} \quad d_l' = \sum_{i+s=l} a_i \left(\sum_{j+k=s} b_j\, c_k \right) = \sum_{\substack{i,j,k \in \mathbb{N}_0 \\ i+(j+k)=l}} a_i\, (b_j\, c_k)\,.$$

Das Nullelement ist offenbar die Nullfolge $0 := (0,\,0,\,\ldots) \in R[\mathbb{N}_0]$ und das Einselement ist die Folge $1 := (1,\,0,\,0,\,\ldots) \in R[\mathbb{N}_0]$. $\qquad\qquad\square$

14.2.4 Die Einbettung von R in $R[\mathbb{N}_0]$

Wir zeigen, dass wir den Ring R als Teilring von $R[\mathbb{N}_0]$ auffassen können. Die Abbildung

$$\iota : \begin{cases} R \to & R[\mathbb{N}_0] \\ a \mapsto & (a,\,0,\,0,\,\ldots) \end{cases},$$

die jedem Ringelement $a \in R$ die Folge $(a_i)_{i \in \mathbb{N}_0} \in R[\mathbb{N}_0]$ mit $a_0 = a$ und $a_i = 0$ für $i \neq 0$ zuordnet, ist ein Monomorphismus (beachte $|T(\iota(a))| \leq 1$). Es gilt nämlich für alle $a,\,b \in R$:

$$\iota(a+b) = (a+b,\,0,\,0,\,\ldots) = (a,\,0,\,0,\,\ldots) + (b,\,0,\,0,\,\ldots) = \iota(a) + \iota(b)\,,$$

$$\iota(a\,b) = (a\,b,\,0,\,0,\,\ldots) = (a,\,0,\,0,\,\ldots)\,(b,\,0,\,0,\,\ldots) = \iota(a)\,\iota(b)\,.$$

Die Elemente von R, aufgefasst als Elemente von $R[\mathbb{N}_0]$, nennen wir auch die **Konstanten** von $R[\mathbb{N}_0]$.

Im Folgenden identifizieren wir $a \in R$ mit $\iota(a) \in R[\mathbb{N}_0]$.

14.3   Polynome in einer Unbestimmten

Wir führen eine neue Schreibweise ein und erhalten dadurch für die Elemente aus $R[\mathbb{N}_0]$ die bekannte Darstellung als Polynome in der Form $\sum_{i=0}^{n} a_i\, X^i$ in einer Unbestimmten X, wobei X ein Element von $R[\mathbb{N}_0]$ ist.

14.3.1 Polynome in der Unbestimmten X

Die Abbildung

$$X : \begin{cases} \mathbb{N}_0 \to & R \\ i \mapsto & \begin{cases} 1 \,, \text{ falls } & i = 1 \\ 0 \,, \text{ falls } & i \neq 1 \end{cases} \end{cases}$$

hat einen endlichen Träger, $|T(X)| = 1$, ist also ein Element aus $R[\mathbb{N}_0]$. *Ausgeschrieben* lautet das Element $X \in R[\mathbb{N}_0]$

$$X = (0, \, 1, \, 0, \, 0, \, \ldots) \,.$$

Die zuvor recht *mysteriöse* Unbestimmte X ist eine wohlbestimmte Abbildung von $\mathbb{N}_0$ nach R. Für die im Ring $R[\mathbb{N}_0]$ definierten Potenzen $X^0 = 1$, $X^{n+1} = X^n \, X$ folgt

$$X^n = (0, \, 0, \, \ldots, \, 0, \, 1, \, 0, \, \ldots) \,,$$

wobei die 1 an $(n+1)$-ter Stelle steht und sonst nur Nullen vorkommen. Für $a \in R$ erhalten wir nun wegen $a = (a, \, 0, \, 0, \, \ldots) = a \, X^0$:

$$a \, X^n = (0, \ldots, \, 0, \, a, \, 0 \, \ldots) \,,$$

wobei a an $(n+1)$-ter Stelle steht. Für ein beliebiges $P = (a_0, \, a_1, \, a_2, \, \ldots, \, a_n, \, 0, \, 0, \, \ldots) \in R[\mathbb{N}_0]$ finden wir mit unserer Definition der Addition in $R[\mathbb{N}_0]$;

$$P = a_0 \, X^0 + a_1 \, X + a_2 \, X^2 + \cdots + a_n \, X^n \,.$$

Wir schreiben kürzer $P = \sum_{i=0}^n a_i \, X^i$ oder $P = \sum_{i \in \mathbb{N}_0} a_i \, X^i$. Man beachte, dass $P = \sum_{i \in \mathbb{N}_0} a_i \, X^i$ nur eine andere Schreibweise für die Abbildung $P : \mathbb{N}_0 \to R$, $P(i) = a_i$ ist. Daher ist ein *Koeffizientenvergleich* möglich:

$$\sum_{i \in \mathbb{N}_0} a_i \, X^i = \sum_{i \in \mathbb{N}_0} b_i \, X^i \Leftrightarrow a_i = b_i \quad \text{für alle } i \in \mathbb{N}_0 \,.$$

Addition und Multiplikation lauten mit dieser Schreibweise wie folgt:

$$\left(\sum_{i \in \mathbb{N}_0} a_i \, X^i \right) + \left(\sum_{i \in \mathbb{N}_0} b_i \, X^i \right) = \sum_{i \in \mathbb{N}_0} (a_i + b_i) \, X^i$$

$$\left(\sum_{i \in \mathbb{N}_0} a_i \, X^i \right) \cdot \left(\sum_{j \in \mathbb{N}_0} b_j \, X^j \right) = \sum_{k \in \mathbb{N}_0} \left(\sum_{i+j=k} a_i \, b_j \right) X^k \,.$$

Anstatt $R[\mathbb{N}_0]$ schreiben wir $R[X]$. Mit den erklärten Verknüpfungen $+$ und $\cdot$ in $R[X]$ haben wir die (vertrauten) Polynome mit ihren (vertrauten) Rechenregeln gewonnen:

Satz 14.2 *Es ist*

$$R[X] = \left\{ \sum_{i \in \mathbb{N}_0} a_i \, X^i \mid a_i \in R \quad und \quad a_i = 0 \quad für\,fast\,alle\ i \in \mathbb{N}_0 \right\}$$

ein kommutativer Ring mit Einselement 1.

Man nennt $R[X]$ den **Polynomring** in der **Unbestimmten** X über R.

14.3.2 Die universelle Eigenschaft

Wieder schauen wir uns zur neuen Struktur die Homomorphismen an;

$$\varphi\left(\sum a_i X^i\right) = \sum \varphi(a_i)\,\varphi(X)^i$$

zeigt, dass φ vollständig bestimmt ist durch die Werte $\varphi(a)$, $a \in R$, und durch $\varphi(X)$. Und umgekehrt kann man jeden Homomorphismus $\varphi : R \to R$ entsprechend fortsetzen.

Die universelle Eigenschaft besagt, dass sich jeder Homomorphismus ω von R in einen weiteren kommutativen Ring R' auf genau eine Weise zu einem Homomorphismus von $R[X]$ in R' fortsetzen lässt, wenn nur das Bild von X vorgegeben wird:

Satz 14.3 (Die universelle Eigenschaft) *Sind R' ein kommutativer Ring mit Einselement $1'$, $\omega : R \to R'$ ein Ringhomomorphismus mit $\omega(1) = 1'$ und $v \in R'$ beliebig, so existiert genau ein Homomorphismus $\varphi : R[X] \to R'$, der ω fortsetzt (d. h. $\varphi|_R = \omega$) und $\varphi(X) = v$ erfüllt, nämlich*

$$(*) \quad \varphi : \sum_{i \in \mathbb{N}_0} a_i \, X^i \mapsto \sum_{i \in \mathbb{N}_0} \omega(a_i)\, v^i\,.$$

Beweis *Eindeutigkeit:* Ist φ' irgendein ω fortsetzender Homomorphismus von $R[X]$ in R' mit $\varphi'(X) = v$, so gilt

$$\varphi'\left(\sum_{i \in \mathbb{N}_0} a_i X^i\right) = \sum_{i \in \mathbb{N}_0} \varphi'(a_i)\,\varphi'(X)^i = \sum_{i \in \mathbb{N}_0} \omega(a_i)\, v^i\,.$$

Folglich gilt $\varphi' = \varphi$.

Existenz: Durch (∗) wird eine Abbildung $\varphi : R[X] \to R'$ mit den gewünschten Eigenschaften definiert. Es bleibt zu zeigen, dass φ ein Homomorphismus ist.

Homomorphie: Es seien $\sum_{i \in \mathbb{N}_0} a_i X^i$, $\sum_{i \in \mathbb{N}_0} b_i X^i \in R[X]$. Dann gilt

$$
\varphi \left(\sum_{i \in \mathbb{N}_0} a_i X^i + \sum_{i \in \mathbb{N}_0} b_i X^i \right) = \varphi \left(\sum_{i \in \mathbb{N}_0} (a_i + b_i) X^i \right)
$$

$$
= \sum_{i \in \mathbb{N}_0} \omega(a_i + b_i) v^i = \sum_{i \in \mathbb{N}_0} \omega(a_i) v^i + \sum_{i \in \mathbb{N}_0} \omega(b_i) v^i
$$

$$
= \varphi \left(\sum_{i \in \mathbb{N}_0} a_i X^i \right) + \varphi \left(\sum_{i \in \mathbb{N}_0} b_i X^i \right) .
$$

Analog zeigt man die Multiplikativität von φ (hierzu wird die Kommutativität von R' benötigt). $\square$

Dieser Satz beinhaltet wichtige Sonderfälle:

- Im Fall $R \subseteq R'$, $\omega(a) = a$ für alle $a \in R$ und $v \in R'$ ist

$$
\varphi : \sum_{i \in \mathbb{N}_0} a_i X^i \mapsto \sum_{i \in \mathbb{N}_0} a_i v^i
$$

der sogenannte *Einsetzhomomorphismus*, siehe Satz 14.5.

- Für den kanonischen Epimorphismus $\pi : \mathbb{Z} \to \mathbb{Z}/n$, $\pi(k) = k + n\mathbb{Z} = \bar{k}$ haben wir gemäß Satz 14.3 die natürliche Fortsetzung auf die Polynomringe

$$
\pi' : \begin{cases} \mathbb{Z}[X] & \to \quad \mathbb{Z}/n[Y] \\ \sum\limits_{i \in \mathbb{N}_0} k_i X^i & \mapsto \quad \sum\limits_{i \in \mathbb{N}_0} \bar{k}_i Y^i \end{cases} ,
$$

wobei hier der Deutlichkeit halber die Unbestimmte über $\mathbb{Z}$ und über $\mathbb{Z}/n$ mit X bzw. Y bezeichnet wurden. In der Praxis werden sie stets einheitlich mit X bezeichnet; also $\pi'(\sum_{i \in \mathbb{N}_0} k_i X^i) = \sum_{i \in \mathbb{N}_0} \bar{k}_i X^i$.

14.3.3 Der Grad eines Polynoms

Ist $P = \sum_{i \in \mathbb{N}_0} a_i X^i \in R[X]$ ein Polynom, so nennt man

$$
\deg P := \begin{cases} \max\{i \in \mathbb{N}_0 \,|\, a_i \neq 0\}, & \text{wenn} \quad P \neq 0 \\ -\infty, & \text{wenn} \quad P = 0 \end{cases}
$$

den **Grad** von P und vereinbart für alle $n \in \mathbb{N}_0$:

$$-\infty < n\,, \ -\infty + n = n + (-\infty) = (-\infty) + (-\infty) = -\infty\,.$$

Es sei $P = a_0 + a_1 X + \cdots + a_n X^n$, $a_n \neq 0$, ein Polynom vom Grad n. Dann heißen

- a_0 das **konstante Glied** von P,
- a_n der **höchste Koeffizient** von P, und es heißt
- P **normiert**, wenn $a_n = 1$.

14.3.4 Anwendung des Grades

Mithilfe des Grades kann die Einheitengruppe des Ringes $R[X]$ bestimmt werden, falls R ein Integritätsbereich ist. Zuerst stellen wir fest, dass offenbar für beliebige $P,\ Q \in R[X]$ gilt:

$$\deg(P + Q) \leq \max\{\deg(P),\, \deg(Q)\}\,,$$

$$\deg(P\,Q) \leq \deg(P) + \deg(Q)\,.$$

Beispiel 14.1 Im Fall $R = \mathbb{Z}/6$ gilt für die Polynome $P = \overline{2}\,X^2 + \overline{1}$ und $Q = \overline{3}\,X + \overline{1}$:

$$P\,Q = \overline{2}\,X^2 + \overline{3}\,X + \overline{1}\,,$$

insbesondere also $\deg(P\,Q) < \deg(P) + \deg(Q)$.   ∎

Über einem Integritätsbereich R kann so etwas nicht passieren, da dann das Produkt zweier von null verschiedener Elemente aus R wieder von null verschieden ist. Man kann für Integritätsbereiche viel mehr folgern:

Lemma 14.4 *Ist R ein Integritätsbereich, dann gilt*

(a) $\deg(P\,Q) = \deg(P) + \deg(Q)$ *für alle* $P,\ Q \in R[X]$. *(**Gradformel**)*
(b) $R[X]$ *ist ein Integritätsbereich.*
(c) $R[X]^\times = R^\times$.

Beweis (a) folgt aus der Vorbetrachtung.
(b) folgt aus (a), da hiernach das Produkt zweier vom Nullpolynom verschiedener Polynome niemals das Nullpolynom ergibt ($\deg 0 = -\infty$).
(c) Es gilt $R^\times \subseteq R[X]^\times$. Zu $P \in R[X]^\times$ existiert ein $Q \in R[X]$ mit $P\,Q = 1$, sodass

$$0 = \deg(1) = \deg(P\,Q) = \deg(P) + \deg(Q)\,.$$

Das hat $\deg(P) = 0 = \deg(Q)$ zur Folge. Das liefert P, $Q \in R$ und schließlich $P \in R^\times$, d. h. $R[X]^\times \subseteq R^\times$. $\qquad\square$

Vorsicht In $\mathbb{Z}/4[X]$ gilt – mit der Abkürzung $\overline{a} = a + 4\,\mathbb{Z}$:

$$(\overline{1} + \overline{2}\,X)^2 = \overline{1} + \overline{4}\,X + \overline{4}\,X^2 = \overline{1}, \quad \text{d. h. } \overline{1} + \overline{2}\,X \in \mathbb{Z}/4[X]^\times.$$

14.3.5 Einsetzen in Polynome

Für weitere Untersuchungen, wie sich Eigenschaften von R in $R[X]$ auswirken, benötigen wir den wichtigen Begriff des *Einsetzhomomorphismus* – man *setzt* in das Polynom für die Unbestimmte ein Ringelement *ein*:

Satz 14.5 (Der Einsetzhomomorphismus) *Es sei R' ein kommutativer Erweiterungsring von R mit $1_{R'} = 1_R$. Für jedes $v \in R'$ ist die Abbildung*

$$\varphi : \begin{cases} R[X] & \to & R' \\ P = \sum\limits_{i \in \mathbb{N}_0} a_i\,X^i & \mapsto & P(v) := \sum\limits_{i \in \mathbb{N}_0} a_i\,v^i \end{cases}$$

ein Ringhomomorphismus von $R[X]$ in R' – der **Einsetzhomomorphismus**.

Beweis Man wähle $\omega : R \to R', r \mapsto r$ im Satz 14.3. $\qquad\square$

Beispiel 14.2 Es seien $R = \mathbb{R}$, $R' = \mathbb{C}$ und $v = \mathrm{i}$. Nach Satz 14.5 ist $\varphi : \mathbb{R}[X] \to \mathbb{C}$, $\varphi(P) = P(\mathrm{i})$ ein Ringhomomorphismus. Man beachte, dass etwa das Polynom $X^2 + 1 \in \mathbb{R}[X]$ im Kern von φ liegt und φ wegen $\varphi(a + b\,X) = a + b\,\mathrm{i}$ für alle a, $b \in \mathbb{R}$ surjektiv ist. $\qquad\blacksquare$

14.3.6 Der Körper der rationalen Funktionen

Wenn R ein Integritätsbereich ist, besitzt $R[X]$ wegen Lemma 14.4 (b) und Satz 13.7 einen Quotientenkörper

$$R(X) := Q(R[X]) = \left\{ \frac{P}{Q} \mid P,\ Q \in R[X],\ Q \neq 0 \right\}.$$

Man nennt $R(X)$ den **Körper der rationalen Funktionen** über R.

Beispiel 14.3 Wir geben *Zwischenkörper* zwischen R und $R(X)$ an; das sind Körper K mit $R \subseteq K \subseteq R(X)$. Wählt man $R' = R[X]$ im Satz 14.5, so liefert das Bild des Einsetzhomomorphismus φ mit z. B. $\varphi(X) = X^n$, $n \in \mathbb{N}$, den Integritätsbereich $R[X^n] := \varphi(R[X]) \subseteq R[X]$. Der Quotientenkörper $R(X^n) := Q(R[X^n])$ erfüllt $R \subseteq R(X^n) \subseteq R(X)$. ∎

14.3.7 Algebraische und transzendente Elemente

Ist nun wieder allgemein $v \in R'$, wobei R' ein Erweiterungsring von R mit $1_{R'} = 1_R$ ist, so wird das Bild $\{P(v) \mid P \in R[X]\}$ unter dem Einsetzhomomorphismus mit $R[v]$ bezeichnet. Offenbar ist $R[v]$ der kleinste Teilring von R', der R umfasst und v enthält.

Gilt $P(v) = 0$ für $P \in R[X]$, $v \in R'$, so nennt man v eine **Nullstelle** oder **Wurzel** von P. Wenn $v \in R'$ Nullstelle eines Polynoms $\neq 0$ aus $R[X]$ ist, heißt v **algebraisch** über R, andernfalls wird v **transzendent** über R genannt. Im letzten Fall ist die Abbildung

$$\begin{cases} R[X] \to R[v] \\ P \mapsto P(v) \end{cases}$$

ein Isomorphismus.

Beispiel 14.4

- Es sind i und $\sqrt{2}$ algebraisch über $\mathbb{Z}$, nämlich Wurzeln von $X^2 + 1$ und $X^2 - 2$.
- Es sind e und π transzendent über $\mathbb{Q}$. Die Begründungen sind nicht einfach und stammen von Hermite 1873 und Lindemann 1882.
- Es ist $a := \sqrt{2} + \sqrt{3}$ algebraisch über $\mathbb{Z}$, da

$$a^2 = 2 + 2\sqrt{6} + 3, \ (a^2 - 5)^2 = (2\sqrt{6})^2 = 24 \quad \text{also} \quad a^4 - 10\,a^2 + 1 = 0,$$

d. h. a ist Wurzel des Polynoms $X^4 - 10\,X^2 + 1 \in \mathbb{Z}[X]$. ∎

Bemerkungen

(1) Für jedes $P \in R[X]$ und jeden Erweiterungsring R' von R nennt man die Abbildung

$$\tilde{P} : \begin{cases} R' \to R' \\ v \mapsto P(v) \end{cases}$$

die von P auf R' induzierte **Polynomabbildung**. Man beachte, dass $\tilde{P} = 0$ für $P \neq 0$ möglich ist. Für $P = X^2 - X \in \mathbb{Z}/2[X]$ ist $\tilde{P} : \mathbb{Z}/2 \to \mathbb{Z}/2$ die Nullabbildung.

(2) Mit der Entwicklung der Lehre von den Polynomen konnten die *algebraischen* Zahlen mit dieser neuen algebraischen Methode behandelt werden; die *transzendenten* Zahlen *transzendieren* (wie Euler es nannte) die Wirksamkeit dieser Methoden.

14.3.8 Der Divisionsalgorithmus

Auch für Polynome P, Q, S schreiben wir $\frac{P}{Q} = S$ bzw. $P : Q = S$, wenn $P = S Q$. In diesem Fall sagt man auch, *„die Division geht auf"*. Ist jedoch $P = S Q + T$ mit $T \neq 0$, dann heißt T der Rest der Division von P durch Q. Andere Schreibweisen für $P = S Q + T$ sind $\frac{P}{Q} = S + \frac{T}{Q}$ oder $P : Q = S$ *„Rest T"*. Im Polynomring $R[X]$ ist die Division von P durch Q mit Rest T derart möglich, dass $\deg T < \deg Q$ gilt, vorausgesetzt, der höchste Koeffizient von Q ist eine Einheit; im Fall $R = K$, K ein Körper, ist das keine Einschränkung.

Lemma 14.6 (Division mit Rest) *Es seien P, $Q \in R[X]$, $Q \neq 0$. Wenn der höchste Koeffizient von Q eine Einheit in R ist, existieren Polynome S, $T \in R[X]$ mit*

$$P = S Q + T \quad und \quad \deg T < \deg Q .$$

Beweis Wir beweisen die Aussage mit vollständiger Induktion nach $\deg P$.
1. Fall: $\deg P < \deg Q$. Setze $S := 0$, $T := P$.
2. Fall: $k := \deg P \geq n := \deg Q$. Es gelte

$$P = a_k X^k + a_{k-1} X^{k-1} + \cdots + a_0 , \ Q = b_n X^n + b_{n-1} X^{n-1} + \cdots + b_0 , \ a_k b_n \neq 0 .$$

Das Rechenverfahren (der Divisionsalgorithmus) ist eine geschickte Mehrfachanwendung einer Identität der Form $A = B + (A - B)$. Wir bilden im ersten Rechenschritt

$$P = a_k b_n^{-1} X^{k-n} Q + \left(P - a_k b_n^{-1} X^{k-n} Q \right)$$

bzw. in der *Bruchform*:

$$(*) \quad P : Q = a_k b_n^{-1} X^{k-n} + P_1 : Q \quad \text{mit dem Restpolynom} \quad P_1 = P - a_k b_n^{-1} X^{k-n} Q .$$

D. h., wir dividieren zunächst nur die höchsten Terme und berechnen P_1. Der Clou dieses Rechenschritts ist, dass $P_1 = 0$ oder $\deg P_1 < \deg P$ resultiert. Falls noch $\deg P_1 \geq \deg Q$ gilt, so wiederholen wir den Rechenschritt $(*)$ mit (P_1, Q) anstelle (P, Q) und erhalten den Rest P_2 mit $P_2 = 0$ oder $\deg P_2 < \deg P_1$. Der Grad des Restpolynoms wird immer kleiner, sodass wir nach Mehrfachanwendung des Rechenschritts $(*)$ zu einem Rest T gelangen mit $T = 0$ oder $\deg T < \deg Q$. □

Der Beweis ist konstruktiv, wir geben ein Beispiel an:

Beispiel 14.5 Wir wollen die Polynome $P = 4 X^5 + 6 X^3 + X + 2$ und $Q = X^2 + X + 1$ aus $\mathbb{Z}[X]$ durcheinander mit Rest dividieren. Im ersten Schritt dividieren wir nur die höchsten Terme $4 X^5 : X^2 = 4 X^3$ und berechnen

$$P_1 = P - 4\,X^3\,Q = -4\,X^4 + 2\,X^3 + X + 2\,.$$

Im folgenden Rechenschema sieht man, wie das Verfahren fortgesetzt wird: $-4\,X^4 : X^2 = -4\,X^2$,

$$P_2 = P_1 - (-4\,X^2\,Q) = 6\,X^3 + 4\,X^2 + X + 2\,, \quad \text{etc.}$$

P	$(4\,X^5 + 6\,X^3 + X + 2) : (X^2 + X + 1) = 4\,X^3 - 4\,X^2 + 6\,X - 2$
$\underline{-4\,X^3\,Q}$	$\underline{-(4\,X^3\,X^2 + 4\,X^3\,X + 4\,X^3\,1)}$
P_1	$-4\,X^4 + 2\,X^3 + X + 2$
$\underline{-(-4\,X^2\,Q)}$	$\underline{-(-4\,X^2\,X^2 - 4\,X^2\,X - 4\,X^2\,1)}$
P_2	$6\,X^3 + 4\,X^2 + X + 2$
$\underline{-6\,X\,Q}$	$\underline{-(6\,X^3 + 6\,X^2 + 6\,X)}$
P_3	$-2\,X^2 - 5\,X + 2$
$\underline{-(-2\,Q)}$	$\underline{-(-2\,X^2 - 2\,X - 2)}$
T	$-3\,X + 4$

Damit ist

$$4\,X^5 + 6\,X^3 + X + 2 = (4\,X^3 - 4\,X^2 + 6\,X - 2)\,(X^2 + X + 1) - 3\,X + 4\,.$$

14.3.9 Nullstellen und Gleichheit von Polynomen

Wir wenden die Division mit Rest auf den Fall $Q = X - a$ mit $a \in R$ an:

Korollar 14.7 *Für beliebige $P \in R[X]$ und $a \in R$ existiert ein $S \in R[X]$ mit $P = (X - a)\,S + P(a)$, insbesondere $P = (X - a)\,S$, wenn a eine Wurzel von P ist.* □

Beweis Nach Lemma 14.6 existieren S, $T \in R[X]$ mit $P = (X - a)\,S + T$ und $\deg T < \deg(X - a) = 1$, d. h. $T \in R$. Einsetzen von a für X liefert nach Satz 14.5:

$$P(a) = (a - a)\,S(a) + T = T\,.$$

□

Korollar 14.8 *Es seien R ein Integritätsbereich und $P \neq 0$ ein Polynom vom Grad n über R.*

*(a) **Abspalten von Linearfaktoren.** Sind $a_1, \ldots, a_k \in R$ verschiedene Wurzeln von P, so gilt $P = (X - a_1) \cdots (X - a_k)\, Q$ für ein $Q \in R[X]$.*

(b) Es hat P höchstens n verschiedene Wurzeln in R.

(c) Sind S, T Polynome vom Grad $\leq n$ und gilt $S(a_i) = T(a_i)$ für $n + 1$ verschiedene Elemente $a_1, \ldots, a_{n+1}$ aus R, so gilt $S = T$. $\square$

Beweis

(a) Für $k = 1$ steht dies im Korollar 14.7. Es sei $k \geq 2$, und die Behauptung sei richtig für $k - 1$: $P = (X - a_1) \cdots (X - a_{k-1})\, S$ für ein $S \in R[X]$. Einsetzen von a_k liefert nach dem Satz 14.5 zum Einsetzhomomorphismus:

$$0 = P(a_k) = (a_k - a_1) \cdots (a_k - a_{k-1})\, S(a_k)$$

und damit $S(a_k) = 0$, weil R nullteilerfrei ist. Mit obigem Korollar 14.7 folgt $S = (X - a_k)\, Q$ für ein $Q \in R[X]$, also $P = (X - a_1) \cdots (X - a_k)\, Q$.

(b) ist klar wegen (a) und der Gradformel in Lemma 14.4 (a).

(c) Wegen $\deg(S - T) \leq n$ und $(S - T)(a_i) = 0$ für $i = 1, \ldots, n + 1$ folgt $S - T = 0$ nach (b), d. h. $S = T$. $\square$

Es sei R ein Integritätsbereich. Man sagt, eine Wurzel a von $P \in R[X]$ hat die **Vielfachheit** s, wenn $P = (X - a)^s\, Q$ und $Q(a) \neq 0$. Sind nun $a_1, \ldots, a_k \in R$ alle verschiedenen Wurzeln von P in R der Vielfachheiten $s_1, \ldots, s_k$, dann gilt

$$P = (X - a_1)^{s_1} (X - a_2)^{s_2} \cdots (X - a_k)^{s_k}\, Q$$

mit einem Polynom Q, das in R keine Wurzel hat. Liegen sämtliche Wurzeln von P in R, dann ist $Q \in R$ eine Konstante. Ein Gradvergleich zeigt außerdem $n = s_1 + \cdots + s_k$.

Vorsicht Das Polynom $X^2 - \bar{1} \in \mathbb{Z}/8[X]$ vom Grad 2 hat die vier verschiedenen Nullstellen $\bar{1}$, $\bar{3}$, $\bar{5}$, $\bar{7} \in \mathbb{Z}/8$; $\mathbb{Z}/8$ ist kein Integritätsbereich.

14.3.10 Endliche Untergruppen von Einheitengruppen

Das folgende Ergebnis ist eine überraschende Konsequenz von Korollar 14.8 (b):

Korollar 14.9 *Jede endliche Untergruppe der Einheitengruppe $R^\times$ eines Integritätsbereichs R ist zyklisch, insbesondere ist die multiplikative Gruppe $K^\times = K \setminus \{0\}$ eines endlichen Körpers K zyklisch.*   □

Beweis Es seien $G \le R^\times$ endlich und P eine p-Sylowgruppe von G. Die Gleichung $X^p - 1 = 0$ hat nach Korollar 14.8 höchstens p Lösungen in R, d.h., P hat nur eine Untergruppe der Ordnung p. Nach Lemma 10.1 ist P damit zyklisch. Da G wegen Satz 8.6 direktes Produkt ihrer Sylowgruppen ist, folgt die Behauptung mit Korollar 6.11, da die Ordnungen der zyklischen Sylowgruppen paarweise teilerfremd sind.   □

Vorsicht Die Gruppe $\mathbb{Z}/8^\times$ ist eine Klein'sche Vierergruppe, also nicht zyklisch.

14.4   Prime Restklassengruppen *

Wir können nun die Zahlen $n \in \mathbb{N}$ bestimmen, für welche die prime Restklassengruppe $\mathbb{Z}/n^\times$ zyklisch ist. Den Beweis bereiten wir vor mit

Lemma 14.10

(a) *Für jede ungerade Primzahlpotenz p^ν, $\nu \ge 1$, gilt:*

$$(1 + p)^{p^{\nu-1}} \equiv 1 \ (\mathrm{mod}\ p^\nu)\,, \ (1 + p)^{p^{\nu-1}} \not\equiv 1 \ (\mathrm{mod}\ p^{\nu+1})\,.$$

(b) *Für jedes $\nu \ge 2$ aus $\mathbb{N}$ gilt*

$$5^{2^{\nu-2}} \equiv 1 \ (\mathrm{mod}\ 2^\nu)\,, \ 5^{2^{\nu-2}} \not\equiv 1 \ (\mathrm{mod}\ 2^{\nu+1})\,.$$

Beweis Wir zeigen die Behauptungen mit vollständiger Induktion nach ν.

(a) Die Behauptung stimmt für $\nu = 1$ und sei richtig für ein $\nu \ge 1$, d.h. $(1 + p)^{p^{\nu-1}} = 1 + k\,p^\nu$ mit $p \nmid k$. Es folgt

$$(1 + p)^{p^\nu} = (1 + k\,p^\nu)^p = \sum_{j=0}^{p} \binom{p}{j} (k\,p^\nu)^j$$

$$= 1 + k\,p^{\nu+1} + \frac{p-1}{2}\,k^2\,p^{2\nu+1} + \cdots \equiv 1 + k\,p^{\nu+1} \ (\mathrm{mod}\ p^{\nu+2})\,.$$

Die Aussage gilt also auch für $\nu + 1$.

(b) Die Aussage stimmt für $v = 2$ und sei für ein $v \geq 2$ richtig, d.h. $5^{2^{v-2}} = 1 + k \, 2^v$ mit $2 \nmid k$. Es folgt

$$5^{2^{v-1}} = (1 + k \, 2^v)^2 = 1 + k \, 2^{v+1} + k^2 \, 2^{2v} \equiv 1 + k \, 2^{v+1} \pmod{2^{v+2}} \, .$$

Die Aussage gilt also auch für $v + 1$. □

Satz 14.11 (C. F. Gauß)

(a) *Für jede ungerade Primzahlpotenz p^v ist $\mathbb{Z}/p^{v\times}$ eine zyklische Gruppe der Ordnung $(p - 1) \, p^{v-1}$.*
(b) *Es sind $\mathbb{Z}/2^\times$ und $\mathbb{Z}/2^{2\times}$ zyklisch, und für jedes $v \geq 3$ aus $\mathbb{N}$ gilt $\mathbb{Z}/2^{v\times} = \langle -\overline{1} \rangle \otimes \langle \overline{5} \rangle \cong \mathbb{Z}/2 \times \mathbb{Z}/2^{v-2}$ (mit $\overline{a} := a + 2^v \, \mathbb{Z}$ für $a \in \mathbb{Z}$), insbesondere sind die Gruppen $\mathbb{Z}/2^{v\times}$ für $v \geq 3$ nicht zyklisch.*

Beweis

(a) Wir kürzen $\overline{a} := a + p^v \, \mathbb{Z}$ ab. Wegen Korollar 14.9 existiert ein $a \in \mathbb{Z}$ derart, dass $a + p \, \mathbb{Z} \in \mathbb{Z}/p^\times$ die Ordnung $p - 1$ hat. Aus $a^{o(\overline{a})} \equiv 1 \pmod{p^v}$ folgt $a^{o(\overline{a})} \equiv 1 \pmod{p}$. Also gilt $p - 1 \mid o(\overline{a})$ nach Satz 3.5. Es gelte etwa $o(\overline{a}) = r \, (p - 1)$. Wir erhalten dann $o(\overline{a}^r) = p - 1$, d.h., $\overline{a}^r$ erzeugt eine zyklische Untergruppe von $\mathbb{Z}/p^{v\times}$ der Ordnung $p - 1$.

Wegen der Kongruenz in Lemma 14.10 (a) gilt $\overline{(1 + p)}^{p^{v-1}} = \overline{1}$, wegen der Inkongruenz in Lemma 14.10 (a) gilt $\overline{(1 + p)}^{p^{v-2}} \neq \overline{1}$. Aus Satz 3.5 folgt nun $o(\overline{1 + p}) = p^{v-1}$, d.h., $\overline{1 + p}$ erzeugt eine zyklische Untergruppe von $\mathbb{Z}/p^{v\times}$ der Ordnung p^{v-1}.

Wegen $\mathrm{ggT}(p - 1, p^{v-1}) = 1$ folgt

$$\langle \overline{a}^r \rangle \langle \overline{1 + p} \rangle = \langle \overline{a}^r \rangle \otimes \langle \overline{1 + p} \rangle \cong \mathbb{Z}/(p - 1) \times \mathbb{Z}/p^{v-1} \cong \mathbb{Z}/(p - 1) \, p^{v-1}$$

nach Korollar 6.11. Es gilt aber nach Lemma 6.10 auch $|\mathbb{Z}/p^{v\times}| = (p - 1) \, p^{v-1}$, sodass $\mathbb{Z}/p^{v\times} = \langle \overline{a}^r \rangle \langle \overline{1 + p} \rangle \cong \mathbb{Z}/(p - 1) \, p^{v-1}$.

(b) Wir kürzen $\overline{a} := a + 2^v \, \mathbb{Z}$ ab und setzen $v \geq 3$ voraus. Wegen Lemma 14.10 (b) gilt $o(\overline{5}) = 2^{v-2}$; und $o(-\overline{1}) = 2$. Es gilt $-\overline{1} \notin \langle \overline{5} \rangle$: Aus $-1 \equiv 5^k \pmod{2^v}$ folgte $-1 \equiv 5^k \pmod 4$, ein Widerspruch, da $5^k \equiv 1 \pmod 4$ nach der Binomialformel angewandt auf $5^k = (4 + 1)^k$ gilt. Daher gilt $\langle \overline{5} \rangle \cap \langle -\overline{1} \rangle = \{\overline{1}\}$, also

$$\langle \overline{5} \rangle \langle -\overline{1} \rangle = \langle \overline{5} \rangle \otimes \langle -\overline{1} \rangle \cong \mathbb{Z}/2^{v-2} \times \mathbb{Z}/2 \, .$$

Aus $|\mathbb{Z}/2^{v\times}| = 2^{v-1}$ folgt nun $\langle \overline{5} \rangle \langle -\overline{1} \rangle = \mathbb{Z}/2^{v\times}$. Da die Ordnungen der Gruppen $\langle \overline{5} \rangle$ und $\langle -\overline{1} \rangle$ den gemeinsamen Teiler 2 haben, ist $\mathbb{Z}/2^{v\times}$ nicht zyklisch (vgl. Korollar 6.11) □

Sind m, n teilerfremde Primzahlpotenzen $\neq 1, 2$, so ist $\mathbb{Z}/mn^\times \cong \mathbb{Z}/m^\times \times \mathbb{Z}/n^\times$ (vgl. Lemma 6.9) nach Korollar 6.11 nicht zyklisch, da $\varphi(m) = |\mathbb{Z}/m^\times|$ und $\varphi(n) = |\mathbb{Z}/n^\times|$ den gemeinsamen Teiler 2 haben. Wir erhalten daher aus Satz 14.11, indem wir eine natürliche Zahl $n > 1$ in ihrer kanonischen Primfaktorzerlegung $n = m_1 \cdots m_r$ darstellen:

Korollar 14.12 *Die prime Restklassengruppe $\mathbb{Z}/n^\times$ ist genau dann zyklisch, wenn $n = 2$ oder $n = 4$ oder $n = p^\nu$ oder $n = 2\,p^\nu$ mit einer ungeraden Primzahl p und $\nu \in \mathbb{N}$.* □

14.5 Polynome in mehreren Unbestimmten

Durch sukzessives *Adjungieren* von Unbestimmten $X_1, \ldots, X_n$ erhalten wir aus R den Polynomring $R[X_1, \ldots, X_n]$ in den n Unbestimmten $X_1, \ldots, X_n$.

14.5.1 Der Polynomring $R[X_1, \ldots, X_n]$

Für einen kommutativen Ring R mit 1 ist auch der Polynomring $R[X_1]$ in der Unbestimmten X_1 ein kommutativer Ring mit 1, zu dem wir gemäß Satz 14.2 den Polynomring $(R[X_1])[X_2] =: R[X_1, X_2]$ bilden können.

Ein Element aus $R[X_1, X_2]$ ist eine unendliche Folge $(a_1, a_2, \ldots)$ von Polynomen a_i aus $R[X_1]$, von denen höchstens endlich viele von null verschieden sind. Durch den Monomorphismus $a \mapsto (a, 0, 0, \ldots)$ wird $R[X_1]$ in $R[X_1, X_2]$ eingebettet. Da R bereits als Teilring von $R[X_1]$ aufgefasst werden kann, haben wir nach dieser Identifizierung $R \subseteq R[X_1] \subseteq R[X_1, X_2]$; es sind somit R und $R[X_1]$ Teilringe von $R[X_1, X_2]$.

Folgen wir der Konstruktion in Abschn. 14.2, so ist

$$X_2 := (0, 1, 0, \ldots)$$

zu setzen. Man achte darauf, dass X_2 eine Abbildung von $\mathbb{N}_0$ in $R[X_1]$ ist.

Vorsicht Das Polynom $X_1 \in R[X_1, X_2]$ ist in diesem Fall die Folge $(X_1, 0, 0, \ldots)$.

Analog zu den Ausführungen in Abschn. 14.3.1 können wir jedes Element $P \in R[X_1, X_2]$ eindeutig darstellen in der Form $\sum P_i X_2^i$ mit endlich vielen $P_1, \ldots, P_n \in R[X_1]$. Schreiben wir diese P_i in der Form $\sum a_{ij} X_1^j$ mit $a_{ij} \in R$, so erhalten wir für P die eindeutige Darstellung

$$P = \sum_{i,\,j \geq 0} a_{ij}\, X_1^j\, X_2^i$$

mit höchstens endlich vielen von null verschiedenen $a_{ij} \in R$. Dieses Verfahren kann man nun fortsetzen, und so kommen wir induktiv zu

$$R[X_1, \ldots, X_n] := (R[X_1, \ldots, X_{n-1}])[X_n] \quad (n \geq 2).$$

Wir nennen diesen so gewonnenen Ring den **Polynomring in den Unbestimmten** $X_1, \ldots, X_n$ über R. Wie im Falle zweier Unbestimmter zeigt man nach der Identifizierung von $Q \in R[X_1, \ldots, X_{n-1}]$ mit $(Q, 0, 0, \ldots) \in R[X_1, \ldots, X_n]$, dass jedes Element $P \in R[X_1, \ldots, X_n]$ eine eindeutige Darstellung der Form

$$(*) \quad P = \sum_{i_1, \ldots, i_n \geq 0} a_{i_1 \ldots i_n} X_1^{i_1} \cdots X_n^{i_n}$$

besitzt, in der höchstens endlich viele $a_{i_1 \ldots i_n} \in R$ von null verschieden sind.

Wie bei Polynomen in einer Unbestimmten können wir bei Polynomen in n Unbestimmten einen Homomorphismus von R in einen Erweiterungsring R' nach Vorgabe von Werten für $X_1, \ldots, X_n$ auf genau eine Art und Weise zu einem Homomorphismus von $R[X_1, \ldots, X_n]$ in R' fortsetzen; und es gibt Einsetzhomomorphismen. Der Teil (a) der folgenden Aussage ist bereits begründet:

Satz 14.13

(a) *Es ist $R[X_1, \ldots, X_n] =$*

$$\left\{ \sum a_{i_1 \ldots i_n} X_1^{i_1} \cdots X_n^{i_n} \mid a_{i_1 \ldots i_n} \in R, \ a_{i_1 \ldots i_n} = 0 \quad \text{für fast alle } (i_1, \ldots, i_n) \in \mathbb{N}_0^n \right\}$$

ein kommutativer Ring mit 1.

(b) *Sind R' ein kommutativer Ring mit Einselement $1'$, $\omega : R \to R'$ ein Ringhomomorphismus mit $\omega(1) = 1'$ und $v_1, \ldots, v_n$ beliebig aus R', so existiert genau ein Homomorphismus $\varphi : R[X_1, \ldots, X_n] \to R'$, der ω fortsetzt und $\varphi(X_i) = v_i$ für $i = 1, \ldots, n$ erfüllt, nämlich*

$$\varphi : \sum_{i_1, \ldots, i_n \geq 0} a_{i_1, \ldots, i_n} X_1^{i_1} \cdots X_n^{i_n} \mapsto \sum_{i_1, \ldots, i_n \geq 0} \omega(a_{i_1, \ldots, i_n}) v_1^{i_1} \cdots v_n^{i_n}.$$

(c) *Ist R' ein kommutativer Erweiterungsring von R mit demselben Einselement 1, so ist für beliebige $v_1, \ldots, v_n \in R'$ die Abbildung $\varphi : R[X_1, \ldots, X_n] \to R'$ mit*

$$P = \sum_{i_1, \ldots, i_n \geq 0} a_{i_1, \ldots, i_n} X_1^{i_1} \cdots X_n^{i_n} \mapsto P(v_1, \ldots, v_n) = \sum_{i_1, \ldots, i_n \geq 0} a_{i_1, \ldots, i_n} v_1^{i_1} \cdots v_n^{i_n}$$

*ein Homomorphismus – der **Einsetzhomomorphismus**.*

Beweis

(b) Die Eindeutigkeit und Form von φ ist klar. Wir begründen die Homomorphie von φ. Es seien $P = \sum a_{i_1 \ldots i_n} X_1^{i_1} \cdots X_n^{i_n}$, $Q = \sum b_{j_1 \ldots j_n} X_1^{j_1} \cdots X_n^{j_n} \in R[X_1, \ldots, X_n]$. Dann gilt

$$\varphi(P + Q) = \varphi \left(\sum (a_{k_1 \ldots k_n} + b_{k_1 \ldots k_n}) X_1^{k_1} \cdots X_n^{k_n} \right)$$

$$= \sum \omega \left(a_{k_1 \ldots k_n} + b_{k_1 \ldots k_n} \right) v_1^{k_1} \cdots v_n^{k_n}$$

$$= \sum \omega (a_{k_1 \ldots k_n}) v_1^{k_1} \cdots v_n^{k_n} + \sum \omega (b_{k_1 \ldots k_n}) v_1^{k_1} \cdots v_n^{k_n}$$

$$= \varphi(P) + \varphi(Q).$$

Analog zeigt man die Multiplikativität von φ.

(c) Man wähle $\omega := \mathrm{Id}_R$ in (b). $\square$

Mit Lemma 14.4 lässt sich die Einheitengruppe des Polynomrings in mehreren Unbestimmten angeben, wenn R ein Integritätsbereich ist:

Lemma 14.14 *Mit R ist auch $R[X_1, \ldots, X_n]$ ein Integritätsbereich, und $R[X_1, \ldots, X_n]^{\times}$ $= R^{\times}$.*

14.5.2 Algebraische Unabhängigkeit

Es liege die Situation aus Satz 14.13 (c) vor: R' sei ein kommutativer Erweiterungsring von R mit demselben Einselement 1, und $v_1, \ldots, v_n$ seien Elemente von R'.

Wenn ein $P \neq 0$ aus $R[X_1, \ldots, X_n]$ mit $P(v_1, \ldots, v_n) = 0$ existiert – man nennt $(v_1, \ldots, v_n) \in (R')^n$ dann eine **Nullstelle** von P – so heißen die Elemente $v_1, \ldots, v_n \in R'$ **algebraisch abhängig über** R. Wenn $v_1, \ldots, v_n$ algebraisch unabhängig über R sind, ist die Abbildung

$$\varphi : P \mapsto P(v_1, \ldots, v_n)$$

nach Satz 14.13 (c) und dem Monomorphiekriterium 13.3 ein Isomorphismus von $R[X_1, \ldots, X_n]$ auf $R[v_1, \ldots, v_n] := \varphi(R[X_1, \ldots, X_n])$.

Bemerkung Es ist im Allgemeinen schwer zu entscheiden, ob Elemente aus $\mathbb{C}$ algebraisch abhängig über $\mathbb{Q}$ sind oder nicht. Es ist dies z. B. für e und π nicht bekannt. Man weiß nicht einmal, ob $e + \pi$ irrational ist.

Aufgaben

14.1 ••• Es sei R ein kommutativer Ring mit 1. Begründen Sie, dass die Menge $R[[X]] := \{P \mid P : \mathbb{N}_0 \to R\}$ mit den Verknüpfungen $+$ und $\cdot$, die für P, $Q \in R[[X]]$ wie folgt erklärt sind:

$$(P + Q)(m) := P(m) + Q(m), \quad (P\,Q)(m) := \sum_{i+j=m} P(i)\,Q(j),$$

ein kommutativer Erweiterungsring mit 1 von $R[X]$ ist – der **Ring der formalen Potenzreihen** oder kürzer **Potenzreihenring** über R. Wir schreiben $P = \sum_{i \in \mathbb{N}_0} a_i\,X^i$ oder $\sum_{i=0}^{\infty} a_i\,X^i$ (also $P(i) = a_i$) für $P \in R[[X]]$ und nennen die Elemente aus $R[[X]]$ **Potenzreihen**. Begründen Sie außerdem:

(a) $R[[X]]$ ist genau dann ein Integritätsbereich, wenn R ein Integritätsbereich ist.
(b) Eine Potenzreihe $P = \sum_{i \in \mathbb{N}_0} a_i\,X^i \in R[[X]]$ ist genau dann invertierbar, wenn $a_0 \in R^{\times}$ gilt, d. h. $R[[X]]^{\times} = \{\sum_{i=0}^{\infty} a_i\,X^i \mid a_0 \in R^{\times}\}$.
(c) Bestimmen Sie in $R[[X]]$ das Inverse von $1 - X$ und $1 - X^2$.

14.2 • In $\mathbb{Q}[X]$ dividiere man mit Rest:

(a) $2\,X^4 - 3\,X^3 - 4\,X^2 - 5\,X + 6$ durch $X^2 - 3\,X + 1$.
(b) $X^4 - 2\,X^3 + 4\,X^2 - 6\,X + 8$ durch $X - 1$.

14.3 •• Zeigen Sie, dass $\sqrt{2} + \sqrt[3]{2}$ algebraisch über $\mathbb{Z}$ ist.

14.4 •• *Die Automorphismen von $R[X]$.* Es seien R ein Integritätsbereich und $R[X]$ der Polynomring über R. Zeigen Sie:

(a) Zu $a \in R^{\times}$ und $b \in R$ gibt es genau einen Automorphismus φ von $R[X]$ mit $\varphi|_R = \mathrm{Id}_R$ und $\varphi(X) = a\,X + b$.
(b) Jeder Automorphismus φ von $R[X]$ mit $\varphi|_R = \mathrm{Id}_R$ erfüllt $\varphi(X) = a\,X + b$ mit $a \in R^{\times}$ und $b \in R$, ist also von der in (a) angegebenen Form.
(c) Bestimmen Sie $\mathrm{Aut}(\mathbb{Z}[X])$ und $\mathrm{Aut}(\mathbb{Q}[X])$.

14.5 • Ist die Gruppe $\mathbb{Z}/54^{\times}$ zyklisch? Geben Sie eventuell ein erzeugendes Element an.

14.6 • Prüfen Sie auf algebraische Unabhängigkeit:

(a) $\sqrt{2}$ und $\sqrt{5}$ über $\mathbb{Q}$.
(b) X^2 und X über $\mathbb{R}$ für eine Unbestimmte X über $\mathbb{R}$.

14.7 •• Es seien R ein Integritätsbereich und $P \in R[X]$. Zeigen Sie, dass die Abbildung

$$\varepsilon_P : \begin{cases} R[X] \to R[X] \\ Q \mapsto Q(P) \end{cases}$$

genau dann ein Automorphismus von $R[X]$ ist, wenn $\deg(P) = 1$ gilt und der höchste Koeffizient von P eine Einheit in R ist.

14.8 •• Im Folgenden sind jeweils Polynome $P, Q \in R[X]$ über einem Ring R gegeben. Untersuchen Sie, ob Polynome $S, T \in R[X]$ mit $P = SQ + T$ mit $\deg(T) < \deg(Q)$ existieren, und berechnen Sie diese gegebenenfalls (bzw. begründen Sie, warum diese nicht existieren).

(a) $P = \bar{4}X^4 + \bar{2}X + 1$, $Q = \bar{3}X^2 - X \in \mathbb{Z}/8[X]$.
(b) $P = X^3 + 2$, $Q = 3X^2 + 1 \in \mathbb{Q}[X]$.
(c) $P = 3X^3 + 2X^2$, $Q = 3X^2 + 1 \in \mathbb{Z}[X]$.
(d) $P = 6X^4 - 2X^3 + 3X^2$, $Q = 2X^2 + 1 \in \mathbb{Z}[X]$.
(e) $P = \bar{3}X^3 + \bar{2}X + \bar{1}$, $Q = \bar{6}X^2 + X \in \mathbb{Z}/8[X]$.

Ideale

15

Übersicht

Für die Ringtheorie sind weniger die Teilringe eines Ringes von Interesse, vielmehr sind es die *Ideale*. Dabei ist ein Teilring A des Ringes R ein **Ideal**, wenn $R\,A \subseteq A$ und $A\,R \subseteq A$ gilt. In diesem Sinne sind Ideale das ringtheoretische Pendant zu den Normalteilern in der Gruppentheorie. Analog zur Bildung von Faktorgruppen nach Normalteilern kann man *Faktorringe* nach Idealen bilden. Dies liefert eine bedeutende Konstruktionsmethode von Ringen und ist Grundlage für die Körpertheorie.

Voraussetzung: Es ist ein Ring R gegeben.

15.1 Definitionen und Beispiele

Ein *Ideal* von R ist ein Teilring von R, der bezüglich der Multiplikation mit Elementen aus R abgeschlossen ist.

© Der/die Autor(en), exklusiv lizenziert an Springer-Verlag GmbH, DE,
ein Teil von Springer Nature 2024
C. Karpfinger, *Algebra*, https://doi.org/10.1007/978-3-662-68656-0_15

15.1.1 Ideale, Linksideale, Rechtsideale

Eine Untergruppe A von $(R, +)$ heißt ein **Ideal** von R, wenn gilt

* $a \in A, r \in R \Rightarrow r\,a \in A$. Kurz: $R\,A \subseteq A$.
* $a \in A, r \in R \Rightarrow a\,r \in A$. Kurz: $A\,R \subseteq A$.

Gilt nur $R\,A \subseteq A$ bzw. $A\,R \subseteq A$ für eine Untergruppe A von $(R, +)$, so nennt man A ein **Links-** bzw. **Rechtsideal** von R.

Bemerkung Es ist jedes Ideal, Linksideal, Rechtsideal A von R ein Teilring von R, da für Elemente $a, b \in A$ stets $a\,b \in A$ erfüllt ist.

Beispiel 15.1

* $\{0\}$ und R sind Ideale von R – die sogenannten **trivialen** Ideale des Ringes R, man nennt $\{0\}$ das **Nullideal** und R das **Einsideal** von R.
* Die Ideale von $\mathbb{Z}$ sind nach Satz 2.9 genau die Mengen $n\,\mathbb{Z}$ mit $n \in \mathbb{N}_0$.
* Ist R kommutativ, so ist jedes Linksideal auch Rechtsideal, also ein Ideal.
* Für jedes $a \in R$ ist $R\,a$ ein Linksideal und $a\,R$ ein Rechtsideal; ist R kommutativ, so ist $R\,a = a\,R$ ein Ideal.
* Hat der Ring R ein Einselement 1, so gilt für jedes Linksideal (bzw. Rechtsideal bzw. Ideal) A von R, das 1 enthält, bereits $A = R$. Denn:

$$1 \in A\,, \ r \in R \ \Rightarrow \ r = r\,1 \in A \ (\text{bzw.} \ \ r = 1\,r \in A)\,, \quad \text{also } R \subseteq A\,.$$

* Es ist
    – $\left\{ \begin{pmatrix} x & 0 \\ y & 0 \end{pmatrix} \mid x, y \in \mathbb{R} \right\}$ ein Links-, aber kein Rechtsideal und
    – $\left\{ \begin{pmatrix} x & y \\ 0 & 0 \end{pmatrix} \mid x, y \in \mathbb{R} \right\}$ ein Rechts-, aber kein Linksideal von $\mathbb{R}^{2\times 2}$. ∎

15.1.2 Homomorphismen und Ideale

Weitere Beispiele von Idealen erhalten wir aus folgendem Ergebnis – es sind epimorphe Bilder von Idealen und Urbilder von Idealen unter Homomorphismen wieder Ideale:

Lemma 15.1 *Es sei $\varphi : R \to S$ ein Ringhomomorphismus.*

(a) Für jedes Ideal B von S ist $\varphi^{-1}(B)$ ein Ideal von R; insbesondere ist Kern φ *ein Ideal von R.*

(b) Ist φ surjektiv, dann ist $\varphi(A)$ für jedes Ideal A von R ein Ideal von S.

Beweis

(a) Nach Lemma 2.11 (d) gilt $\varphi^{-1}(B) \leq (R, +)$. Für $a \in \varphi^{-1}(B)$ und $r \in R$ gilt

$$\varphi(r\,a) = \varphi(r)\,\varphi(a) \in B \quad \text{und} \quad \varphi(a\,r) = \varphi(a)\,\varphi(r) \in B\,,$$

also $r\,a, a\,r \in \varphi^{-1}(B)$.

(b) Nach Lemma 2.11 (c) gilt $\varphi(A) \leq (S, +)$; und zu $b \in \varphi(A)$, $s \in S$ existieren $a \in A$, $r \in R$ mit $\varphi(a) = b$, $\varphi(r) = s$ (hier wird benutzt, dass φ surjektiv ist), sodass

$$s\,b = \varphi(r)\,\varphi(a) - \varphi(r\,a) \in \varphi(A) \quad \text{und} \quad b\,s = \varphi(a)\,\varphi(r) = \varphi(r\,a) \in \varphi(A)\,.$$

$\square$

Beispiel 15.2 Die Surjektivität in Lemma 15.1 (b) ist wirklich nötig: Es ist z. B. $\varphi : \mathbb{Z} \to \mathbb{R}$, $n \mapsto n$ ein Homomorphismus, aber $\varphi(\mathbb{Z}) = \mathbb{Z}$ ist kein Ideal in $\mathbb{R}$, da etwa $\sqrt{2} \cdot 2 \notin \mathbb{Z}$. ∎

15.2 Erzeugung von Idealen

Wegen der Bedeutung der Ideale in der Ringtheorie wollen wir uns die von einer beliebigen Teilmenge eines Ringes *erzeugten* Ideale näher ansehen. Grundlegend für die weiteren Betrachtungen ist das folgende Ergebnis:

Lemma 15.2 *Für jede Familie $(A_i)_{i \in I}$ von Idealen A_i von R ist auch $A := \bigcap_{i \in I} A_i$ ein Ideal von R.*

Beweis Nach Lemma 3.1 ist A eine Untergruppe von $(R, +)$. Nun seien $a \in A$ und $r \in R$. Da a für jedes $i \in I$ in A_i liegt und die A_i Ideale sind, liegen auch $r\,a$ und $a\,r$ in allen A_i. Somit gilt $R\,A, A\,R \subseteq A$. $\square$

Beispiel 15.3 Es ist $(2\,\mathbb{Z}) \cap (3\,\mathbb{Z}) \cap (4\,\mathbb{Z}) = 12\,\mathbb{Z}$ in $\mathbb{Z}$, allgemeiner gilt für $a_1, \dots, a_n \in \mathbb{Z}$ und $v = \mathrm{kgV}(a_1, \dots, a_n)$ die Gleichheit $\bigcap_{i=1}^{n}(a_i\,\mathbb{Z}) = v\,\mathbb{Z}$. ∎

15.2.1 Endlich erzeugte Ideale und Hauptideale

Für eine beliebige Teilmenge $M \subseteq R$ ist nach Lemma 15.2 der Durchschnitt (M) aller M umfassenden Ideale von R ein Ideal. Es ist das *kleinste* M umfassende Ideal von R, man nennt es das von M **erzeugte** Ideal:

$$(M) := \bigcap \{A \mid A \text{ ist Ideal von } R \text{ mit } M \subseteq A\}.$$

Das Ideal A von R heißt **endlich erzeugt**, wenn es $a_1, \ldots, a_n \in R$ mit $A = (a_1, \ldots, a_n)$ gibt, und ein **Hauptideal**, wenn $A = (a)$ von nur einem Element $a \in R$ erzeugt wird. Dabei haben wir kürzer $(a_1, \ldots, a_n)$ für $(\{a_1, \ldots, a_n\})$ geschrieben.

Beispiel 15.4

- Offenbar gilt $(\emptyset) = \{0\} = (0)$ und $(A) = A$ für jedes Ideal A von R.
- Hat der Ring R ein Einselement 1, so gilt $(1) = R$.
- Für jedes $n \in \mathbb{N}_0$ ist $(n) = n \mathbb{Z}$.
- Jedes Ideal von $\mathbb{Z}$ und $\mathbb{Z}/n$ ($n \in \mathbb{N}_0$) ist ein Hauptideal. Das folgt aus Lemma 5.1, denn $(\mathbb{Z}, +)$ und $(\mathbb{Z}/n, +)$ sind zyklisch. ∎

15.2.2 Darstellung von Idealen

Für jede Teilmenge $M \subseteq R$ haben wir das Ideal (M) als den Durchschnitt aller Ideale A von R, die M umfassen, erklärt. Nach dieser Definition ist (M) im Allgemeinen schwer zu ermitteln, da die Ideale von R, die M umfassen, selten bekannt sind. Wir suchen also eine andere Darstellung von (M). Eine besonders einfache Darstellung erhält man, wenn R kommutativ ist und ein Einselement hat. Wir erinnern an die Abkürzungen:

$$R a := \{r a \mid r \in R\} \quad \text{und} \quad a R := \{a r \mid r \in R\} \quad (a \in R).$$

Satz 15.3 (Darstellungssatz) *Ist R ein kommutativer Ring mit 1, so gilt für $M \subseteq R$ und $a, a_1, \ldots, a_n \in R$:*

(a) $(M) = \left\{ \sum_{i=1}^{n} r_i a_i \mid r_i \in R, \ a_i \in M, \ n \in \mathbb{N} \right\}.$

(b) $(a_1, \ldots, a_n) = R a_1 + \cdots + R a_n.$

(c) $(a) = R a.$

Beweis Offenbar liegt die Menge $A := \left\{ \sum_{i=1}^{n} r_i a_i \mid r_i \in R, \ a_i \in M, \ n \in \mathbb{N} \right\}$ in (M). Zum anderen ist A ein M umfassendes Ideal, sodass $(M) \subseteq A$.

Die Aussagen (b) und (c) folgen direkt aus (a). □

Beispiel 15.5 Für $a_1, \ldots, a_n \in \mathbb{Z} \setminus \{0\}$ und $d = \text{ggT}(a_1, \ldots, a_n)$ gilt $(a_1, \ldots, a_n) = d \mathbb{Z}$; man beachte die Aussage (b) im obigen Satz und den Hauptsatz 5.4 über den ggT. ∎

Bemerkung Gelegentlich braucht man auch einen Darstellungssatz für nichtkommutative Ringe ohne Einselement. Man vergleiche hierzu Aufgabe 15.2.

15.3 Einfache Ringe

Wir nannten eine Gruppe $G \neq \{e\}$ *einfach*, wenn sie nur triviale Normalteiler hat. Analog nennen wir den Ring $R \neq \{0\}$ **einfach**, wenn er außer (0) und R keine weiteren Ideale besitzt. Wir geben Beispiele einfacher Ringe an, dazu stellen wir vorab fest, dass nur das Einsideal $(1) = R$ eventuell vorhandene Einheiten des Ringes enthält:

Lemma 15.4 *Enthält ein Links- bzw. Rechtsideal A eines Ringes R mit 1 eine Einheit, so gilt $A = R$.*

Beweis Ist $a \in A$ eine Einheit von R, so gilt für jedes $r \in R$: $r = (r\, a^{-1})\, a \in A$ bzw. $r = a\, (a^{-1}\, r) \in A$. Somit gilt $R \subseteq A$, d. h. $R = A$. $\qquad\square$

Beispiel 15.6

- Es ist $(\overline{12},\ X^2 + \overline{1}) = \mathbb{Z}/19[X]$, da $\overline{12} \in \mathbb{Z}/19[X]^\times$.
- Jeder Schiefkörper R, also auch jeder Körper ist einfach, da ein Ideal $A \neq (0)$ von R stets eine Einheit enthält, also nach Lemma 15.4 $A = R$ gilt. ∎

15.3.1 Einfache Ringe und Körper

Schiefkörper und Körper sind einfache Ringe. Wir untersuchen die Umkehrung dieser Aussage:

Lemma 15.5 *Jeder einfache kommutative Ring mit 1 ist ein Körper.*

Beweis Es sei R der betrachtete Ring, und $a \in R \setminus \{0\}$. Für das von a erzeugte Ideal gilt nach dem Darstellungssatz 15.3 und Voraussetzung $(a) = R\, a = R$. Demnach gibt es ein $a' \in R$ mit $a'\, a = 1$. D. h., a ist invertierbar, sodass R ein Körper ist. $\qquad\square$

15.3.2 Einfache Ringe und Schiefkörper

Bei Schiefkörpern ist die Situation etwas komplizierter.

Korollar 15.6 *Ein Ring mit 1 ist genau dann ein Schiefkörper, wenn er nur triviale Linksideale (bzw. Rechtsideale) besitzt.* $\qquad\square$

Beweis $\Rightarrow$: folgt direkt aus Lemma 15.4.

$\Leftarrow$: Da $R\, a$ (bzw. $a\, R$) für $a \in R \setminus \{0\}$ ein Linksideal (bzw. Rechtsideal) $\neq (0)$ ist, gilt $R\, a = R$ (bzw. $a\, R = R$), und es existiert $a' \in R$ mit $a'\, a = 1$ (bzw. $a\, a' = 1$). $\qquad\square$

Bemerkung Für jeden Körper K und jedes $n \geq 2$ hat $K^{n \times n}$ nur triviale Ideale. Es ist demnach $K^{n \times n}$ ein einfacher Ring (siehe das folgende Beispiel). Aber $K^{n \times n}$ ist kein Schiefkörper, sodass $K^{n \times n}$ nichttriviale Links- bzw. Rechtsideale besitzen muss (vgl. Beispiel 15.1).

Beispiel 15.7 Für jeden Körper K und jedes $n \geq 2$ ist $K^{n \times n}$ kein Schiefkörper, da es nicht invertierbare Matrizen $\neq 0$ gibt. Aber $K^{n \times n}$ ist einfach: Es sei $A \neq (0)$ ein Ideal von $K^{n \times n}$, weiter sei $0 \neq M = (a_{ij}) \in A$, etwa $a := a_{kl} \neq 0$. Mit $b\, E_{ij}$ bezeichnen wir die Matrix aus $K^{n \times n}$, die im Schnittpunkt der i-ten Zeile mit der j-ten Spalte das Element b hat und sonst lauter Nullen ($E_{ij} := 1\, E_{ij}$ sind die *Matrizeneinheiten*). Für ein $p \in \{1, \ldots, n\}$ berechnet man $E_{pk}\, A\, E_{lp} = a\, E_{pp}$. Wegen $M \in A$ ist dann aufgrund der Idealeigenschaft von A auch $a\, E_{pp}$ in A und dann auch $a\, E_{pp}\, a^{-1} E_{pp} = E_{pp}$. Da dies für alle $p \in \{1, \ldots, n\}$ gilt, ist auch die $n \times n$-Einheitsmatrix $E = E_{11} + \cdots + E_{nn}$ in A. Nun beachte, dass E das Einselement von $K^{n \times n}$ ist. ∎

15.3.3 Einfache Ringe und Homomorphismen

Aus Lemma 15.1 (a) folgt:

Korollar 15.7 *Ist R einfach, so ist jeder Ringhomomorphismus $\varphi : R \to S$ entweder injektiv oder die Nullabbildung.* □

Beweis Da R einfach ist, gilt $\operatorname{Kern} \varphi = (0)$ oder $\operatorname{Kern} \varphi = R$, folglich ist φ injektiv (beachte das Monomorphiekriterium 13.3) oder $\varphi = 0$. □

Bemerkung Jeder nichttriviale Homomorphismus φ (d. h. $\varphi \neq 0$) von einem Körper in einen Ring ist somit injektiv. Das werden wir in der Körpertheorie häufig benutzen.

15.4   Idealoperationen

Wir führen eine Addition und eine Multiplikation von Idealen ein.

15.4.1 Summe und Produkt von Idealen

Man beachte die ungewöhnliche Eigenschaft (e) des Produkts von Idealen:

Lemma 15.8 *Für beliebige Ideale A, B, C von R gilt:*

(a) *Die **Summe** $A + B = \{a + b \mid a \in A,\ b \in B\}$ ist ein Ideal von R, und es gilt $A + B = (A \cup B)$.*

*(b) Das **Produkt** $A \cdot B := \{\sum_{i=1}^{n} a_i\, b_i \mid a_i \in A,\ b_i \in B,\ n \in \mathbb{N}\}$ ist ein Ideal von R.*
(c) $A \cdot (B + C) = A \cdot B + A \cdot C,\ (A + B) \cdot C = A \cdot C + B \cdot C.$
(d) $A,\ B \subseteq A + B.$
(e) $A \cdot B \subseteq A \cap B.$

Beweis (a) Nach Lemma 4.4 ist $A + B$ eine Untergruppe von $(R, +)$. Und für jedes $r \in R$ und $a + b \in A + B$ gilt $r\,(a + b) = r\,a + r\,b,\ (a + b)\,r = a\,r + b\,r \in A + B$. Die Gleichheit $A + B = (A \cup B)$ ist klar.

(b) Offenbar gilt $A \cdot B + A \cdot B \subseteq A \cdot B$ und $-(A \cdot B) \subseteq A \cdot B$, sodass $A \cdot B \leq (R, +)$; und für $a \in R$ gilt $a\,(A \cdot B) = (a\,A) \cdot B \subseteq A \cdot B,\ (A \cdot B)\,a = A \cdot (B\,a) \subseteq A \cdot B$.

(c) und (d) sind klar.

(e) gilt, weil aus $a \in A,\ b \in B$ stets $a\,b \in A \cap B$ folgt. $\qquad\qquad\square$

Vorsicht Man beachte, dass das Produkt $A \cdot B$ von Idealen nicht mit dem Komplexprodukt $A\,B = \{a\,b \mid a \in A,\ b \in B\}$ von Mengen übereinstimmt, sondern aus allen endlichen Summen von Elementen aus $A\,B$ besteht.

15.4.2 Summe und Produkt von Hauptidealen

Ist R ein kommutativer Ring mit 1, so kann man Summe und Produkt von Hauptidealen besonders einfach berechnen.

Lemma 15.9 *Es sei R ein kommutativer Ring mit 1. Dann gilt für alle $a,\ b \in R$:*

$$(a) + (b) = \{r\,a + s\,b \mid r,\ s \in R\}, \quad (a) \cdot (b) = (a\,b).$$

Beweis Die erste Aussage ist wegen $(a) = R\,a$ und $(b) = R\,b$ (siehe Darstellungssatz 15.3) klar nach der Definition der Summe von Idealen, die zweite Aussage erhalten wir nach einer Umformung:

$$
(a) \cdot (b) = \left\{ \sum_{i=1}^{n} (r_i\,a)\,(s_i\,b) \mid r_i,\ s_i \in R,\ n \in \mathbb{N} \right\}
$$
$$
= \left\{ \left(\sum_{i=1}^{n} (r_i\,s_i) \right) (a\,b) \mid r_i,\ s_i \in R,\ n \in \mathbb{N} \right\} = R\,a\,b = (a\,b).
$$

$\qquad\qquad\square$

Beispiel 15.8 In dem Ring $\mathbb{Z}[\mathrm{i}]$ der ganzen Gauß'schen Zahlen gilt

$$(2,\ 1+\mathrm{i}) \cdot (2,\ 1-\mathrm{i}) = ((2)+(1+\mathrm{i})) \cdot ((2)+(1-\mathrm{i})) = (2 \cdot 2) + (2\,(1+\mathrm{i})) + (2\,(1-\mathrm{i})) + (2) = (2),$$

da die Ideale $(4),\ (2\,(1 + \mathrm{i})),\ (2\,(1 - \mathrm{i})) \subseteq (2)$ erfüllen. $\qquad\qquad\blacksquare$

15.5 Faktorringe

Wie bereits erwähnt, übernehmen die Ideale bei Ringen die Rolle der Normalteiler bei Gruppen. Wir bilden nun analog zu den Faktorgruppen nach Normalteilern *Faktorringe* nach Idealen. Da jedes Ideal A von R insbesondere eine Untergruppe der abelschen Gruppe $(R, +)$ ist, kann die Faktorgruppe $(R/A, +)$ gebildet werden. Wir erklären nun eine Multiplikation $\cdot$ auf R/A:

Lemma 15.10 *Es sei A ein Ideal von R.*

(a) In der Faktorgruppe $(R/A, +)$ mit der Addition $(a + A) + (b + A) = (a + b) + A$ wird durch

$$(a + A) \cdot (b + A) := a\, b + A$$

eine Multiplikation $\cdot$ gegeben. Damit ist $(R/A, +, \cdot)$ ein Ring.
(b) $\pi : a \mapsto a + A$, $a \in R$, ist ein Ringepimorphismus von R auf R/A mit Kern A.

Beweis

(a) Wir begründen, dass die Multiplikation wohldefiniert ist. Dazu seien $a,\ a',\ b,\ b' \in R$:

$$a + A = a' + A,\ b + A = b' + A \;\Rightarrow\; a' = a + x,\ b' = b + y \quad \text{mit } x,\ y \in A$$

$$\Rightarrow\; a'b' - a\,b = a\,y + x\,b + x\,y \in A$$

$$\text{mit } x,\ y \in A$$

$$\Rightarrow\; a'b' + A = a\,b + A\,.$$

Die Ringaxiome sind sofort nachgeprüft.
(b) ist klar wegen Lemma 4.7 (c).   □

Man nennt R/A den **Faktorring** von R nach A und $\pi : R \to R/A$, $\pi(a) = a + A$ den **kanonischen Epimorphismus**.

Beispiel 15.9

- Es ist $R/R = \{R\}$ ein Nullring, und $a \mapsto a + (0)$ ist ein Isomorphismus vom Ring R auf den Faktorring $R/\{0\}$.
- Für jedes $n \in \mathbb{N}_0$ ist der Restklassenring $\mathbb{Z}/n = \mathbb{Z}/n\,\mathbb{Z}$ der Faktorring von $\mathbb{Z}$ nach $(n) = n\,\mathbb{Z}$ – dies erklärt die sonst auch übliche Schreibweise $\mathbb{Z}/(n)$ für den Restklassenring $\mathbb{Z}/n$.

- Für Elemente $a, b \in R$ mit $a \notin (a\,b)$ und $b \notin (a\,b)$ besitzt der Faktorring $R/(a\,b)$ Nullteiler, da $(a + (a\,b))\,(b + (a\,b)) = a\,b + (a\,b) = (a\,b) = 0 + (a\,b)$ gilt – beachte, dass A das Nullelement in R/A ist. ∎

Aus den Lemmata 15.1 (a) und 15.10 (b) folgt:

Lemma 15.11 *Die Ideale von R sind genau die Kerne von Ringhomomorphismen* $\varphi : R \to S$.

15.6 Isomorphiesätze

Wir geben den Homomorphiesatz 4.11 und manche Isomorphiesätze aus Abschn. 4.6 in Ringversionen wieder (vgl. Sätze 4.13, 4.14).

Satz 15.12 (Homomorphiesatz) *Es sei $\varphi : R \to S$ ein Ringhomomorphismus mit dem Kern A. Dann ist $\psi : a + A \mapsto \varphi(a)$ ein Ringmonomorphismus von R/A in S, sodass* $\varphi(R) \cong R/A$.

Beweis Das folgt mit dem Homomorphiesatz 4.11 und der für alle $a, b \in R$ gültigen Gleichung:

$$\psi((a + A)\,(b + A)) = \psi(a\,b + A) = \varphi(a\,b) = \varphi(a)\,\varphi(b) = \psi(a + A)\,\psi(b + A)\,.$$

□

Satz 15.13 (1. Isomorphiesatz) *Für Ideale A, B von R sind B ein Ideal von $A + B$ und $A \cap B$ ein Ideal von A, und es gilt*

$$(A + B)/B \cong A/A \cap B\,.$$

Beweis Nach dem Beweis des ersten Isomorphiesatzes 4.13 für Gruppen ist $\pi : A \to R/B$, $a \mapsto a + B$ ein Homomorphismus von $(A, +)$ auf $(A + B)/B$ mit Kern $A \cap B$. Offenbar ist π auch multiplikativ. Die Behauptung folgt daher mit Satz 15.12. □

Satz 15.14 (Korrespondenzsatz) *Es sei $\varphi : R \to S$ ein Ringepimorphismus. Dann liefert $A \mapsto \varphi(A)$ eine Bijektion von der Menge aller Ideale A von R, die den Kern von φ umfassen, auf die Menge aller Ideale von S. Die Umkehrabbildung ist $B \mapsto \varphi^{-1}(B)$, und es gilt*

$$S/\varphi(A) \cong R/A$$

für derartige Ideale A von R.

Beweis Der erste Teil folgt aus dem Korrespondenzsatz 4.14 und Lemma 15.1.

Nach dem Beweis von Satz 4.14 ist $\psi : a \mapsto \varphi(a) + \varphi(A)$, $a \in R$, ein Homomorphismus von $(R, +)$ auf $(S/\varphi(A), +)$ mit Kern A. Da $S/\varphi(A)$ nach Lemma 15.10 mit der Multiplikation in R/A einen Ring bildet und ψ offenbar auch multiplikativ ist, folgt die Behauptung mit dem Homomorphiesatz 15.12. □

Beispiel 15.10

- Es sei R ein kommutativer Ring mit 1. Die Einsetzabbildung

$$\varepsilon : \begin{cases} R[X] \to & R \\ P & \mapsto P(0) \end{cases}$$

ist ein Homomorphismus (siehe den Satz 14.5 zum Einsetzhomomorphismus) mit dem Kern $\{P \in R[X] \mid P(0) = 0\} = X\,R[X] = (X)$, also gilt nach dem Homomorphiesatz

$$R[X]/(X) \cong R \,.$$

- Für ein $n \in \mathbb{N}$ sei

$$\pi : \begin{cases} \mathbb{Z} \to & \mathbb{Z}/n \\ k \mapsto k + n\,\mathbb{Z} \end{cases}$$

der kanonische Epimorphismus. Die Ideale in $\mathbb{Z}$, die Kern $\pi = n\,\mathbb{Z}$ umfassen, sind von der Form $d\,\mathbb{Z}$ mit $n\,\mathbb{Z} \subseteq d\,\mathbb{Z}$, d. h. d ist ein Teiler von n. Es gibt somit eine Bijektion der Menge aller Ideale $\{d\,\mathbb{Z} \mid d$ teilt $n\}$ auf die Menge aller Ideale von $\mathbb{Z}/n$. Ferner gilt

$$(\mathbb{Z}/n\,\mathbb{Z})/(d\,\mathbb{Z}/n\,\mathbb{Z}) \cong \mathbb{Z}/d\,\mathbb{Z} \,.$$

- Ist B ein Ideal eines Ringes R, dann ist die kanonische Abbildung

$$\pi : \begin{cases} R \to & R/B \\ r \mapsto r + B \end{cases}$$

ein Epimorphismus. Nach dem Korrespondenzsatz ist $A \mapsto A/B$ eine Bijektion von der Menge aller Ideale A von R mit $B \subseteq A$ auf die Menge aller Ideale von R/B; d. h. insbesondere, jedes Ideal von R/B hat die Form A/B mit einem Ideal A von R, $B \subseteq A$. Ferner gilt

$$(R/B)/(A/B) \cong R/A \,,$$

vgl. Satz 4.15.   ■

15.7 Primideale

Wir definieren *Primideale* für kommutative Ringe. Das wesentliche Ergebnis ist: *Der Faktorring eines kommutativen Ringes mit 1 nach einem Primideal ist ein Integritätsbereich.*

15.7.1 Primideale und Nullteilerfreiheit

Die Primideale von $\mathbb{Z}$ hängen sehr eng mit den Primzahlen zusammen. Teilt eine Primzahl p ein Produkt $a\,b$, so teilt p bereits einen der Faktoren a oder b (siehe Satz 5.8). Auf Ideale übertragen lautet diese Eigenschaft: *Liegt ein Produkt $a\,b$ in P, so liegt bereits einer der Faktoren a oder b in P.*

Wenn R kommutativ ist, nennt man ein Ideal $P \neq R$ von R ein **Primideal**, wenn gilt:

$$a,\,b \in R\,,\ a\,b \in P \ \Rightarrow\ a \in P \quad \text{oder} \quad b \in P\,.$$

Lemma 15.15 *Ein Ideal $P \neq R$ des kommutativen Ringes R ist genau dann ein Primideal, wenn R/P nullteilerfrei ist.*

Beweis Ist P ein Primideal, so gilt für $a\,,b \in R$:

$$(a+P)\,(b+P) = P \ \Rightarrow\ a\,b \in P \ \Rightarrow\ a \in P \quad \text{oder} \quad b \in P$$
$$\Rightarrow\ a + P = P \quad \text{oder} \quad b + P = P\,,$$

d. h., R/P ist nullteilerfrei (man beachte, dass P das Nullelement in R/P ist).

Ist R/P andererseits nullteilerfrei, so gilt für $a\,,b \in R$:

$$a\,b \in P \ \Rightarrow\ (a+P)\,(b+P) = P \ \Rightarrow\ a + P = P \quad \text{oder} \quad b + P = P$$
$$\Rightarrow\ a \in P \quad \text{oder} \quad b \in P\,.$$

Folglich ist P ein Primideal. □

Bemerkung Besitzt R darüber hinaus ein Einselement, so ist $1 + P$ ein Einselement von R/P, sodass gilt

$$P \text{ Primideal} \ \Leftrightarrow\ R/P \text{ Integritätsbereich}\,.$$

15.7.2 Beispiele

Die Primideale von $\mathbb{Z}$ sind durch die Primzahlen gegeben.

Beispiel 15.11

- Der Fall $R = \mathbb{Z}$. Für $p \in \mathbb{N}$ sind äquivalent:
  - p ist eine Primzahl.
  - $(p) = p\,\mathbb{Z}$ ist ein Primideal von $\mathbb{Z}$.

  Ist nämlich p eine Primzahl, so gilt für $a,\, b \in \mathbb{Z}$

  $$a\,b \in (p) \;\Rightarrow\; p \mid a\,b \;\Rightarrow\; p \mid a \quad \text{oder} \quad p \mid b \;\Rightarrow\; a \in (p) \quad \text{oder} \quad b \in (p)\,.$$

  Folglich ist (p) ein Primideal. Und ist (p) ein Primideal, so gilt für $a,\, b \in \mathbb{Z}$:

  $$p \mid a\,b \;\Rightarrow\; a\,b \in (p) \;\Rightarrow\; a \in (p) \quad \text{oder} \quad b \in (p) \;\Rightarrow\; p \mid a \text{ oder } \quad p \mid b\,.$$

  Folglich ist p eine Primzahl.
- Ist $R \neq \{0\}$ ein kommutativer Ring, so ist das Nullideal (0) genau dann ein Primideal, wenn R nullteilerfrei ist. Denn $a\,b \in (0)$ bedeutet $a\,b = 0$.
- Für jeden Körper K ist (X) ein Primideal des Polynomrings $K[X]$. Es ist nämlich $K \cong K[X]/(X)$ ein Integritätsbereich (siehe Beispiel 15.10). ∎

15.8   Maximale Ideale

Wir definieren *maximale Ideale* für beliebige Ringe. Die wesentlichen Ergebnisse sind: *Jeder Ring mit* 1 *besitzt ein maximales Ideal* und *der Faktorring eines kommutativen Ringes mit* 1 *nach einem maximalen Ideal ist ein Körper.*

Ein Ideal $M \neq R$ von R heißt **maximal**, wenn M und R die einzigen M umfassenden Ideale von R sind. Wir können dies auch wie folgt ausdrücken: Das Ideal $M \neq R$ ist maximal, wenn für jedes Ideal $A \subseteq R$ mit $M \subseteq A$ folgt $M = A$ oder $A = R$. So wird die Maximalität von M meist auch nachgewiesen: Man nehme ein beliebiges Ideal A mit $M \subseteq A$ und zeige $M = A$ oder $A = R$.

15.8.1 Faktorringe nach maximalen Idealen

Wenden wir den Korrespondenzsatz 15.14 auf den kanonischen Epimorphismus

$$\varphi : \begin{cases} R \to R/M \\ a \mapsto a + M \end{cases}$$

an, so folgt sofort:

Lemma 15.16 *Ein Ideal* $M \neq R$ *von* R *ist genau dann maximal, wenn* R/M *einfach ist.*

Hieraus erhält man mit Lemma 15.5 das wichtige Korollar:

Korollar 15.17 *Es sei R ein kommutativer Ring mit 1. Ein Ideal $M \neq R$ von R ist genau dann maximal, wenn R/M ein Körper ist.* □

Bemerkung Korollar 15.17 ist von entscheidender Bedeutung für die Körpertheorie. Es scheint daher angebracht, einen weiteren Beweis für diese Aussage zu geben, der nicht auf den Korrespondenzsatz zurückgreift (vgl. Aufgabe 15.7).

15.8.2 Maximale Ideale sind Primideale

Weil ein Körper nullteilerfrei ist, folgt aus Lemma 15.15 und Korollar 15.17:

Korollar 15.18 *Jedes maximale Ideal eines kommutativen Ringes mit 1 ist ein Primideal.* □

Für einen weiteren Beweis dieser Aussage vgl. Aufgabe 15.6.

Beispiel 15.12

- Für $n \in \mathbb{N}$ ist $(n) = n\,\mathbb{Z}$ genau dann ein maximales Ideal in $\mathbb{Z}$, wenn n eine Primzahl ist.
- Das Nullideal (0) ist in einem einfachen Ring ein maximales Ideal.
- Im Ring $2\,\mathbb{Z}$ ist $4\,\mathbb{Z}$ ein maximales Ideal, aber kein Primideal: $2 \cdot 2 \in 4\,\mathbb{Z}$, aber $2 \notin 4\,\mathbb{Z}$. Der Ring $2\,\mathbb{Z}$ hat kein Einselement.
- Es ist (X) ein Primideal in $\mathbb{Z}[X]$, aber nicht maximal: Der Einsetzhomomorphismus $\varepsilon : \mathbb{Z}[X] \to \mathbb{Z}$, $P \mapsto P(0)$ ist surjektiv und hat den Kern $(X) = X\,\mathbb{Z}[X]$ (siehe das Beispiel 15.10), sodass $\mathbb{Z} \cong \mathbb{Z}[X]/(X)$. Da $\mathbb{Z}$ nullteilerfrei ist, ist (X) nach Lemma 15.15 ein Primideal. Da $\mathbb{Z}$ kein Körper ist, ist (X) nach Korollar 15.17 nicht maximal. Ist K ein Körper, so ist das Ideal (X) in $K[X]$ jedoch maximal.
- Für jede Primzahl p ist (X, p) ein maximales Ideal in $\mathbb{Z}[X]$. Wegen Lemma 15.8 (a) gilt nämlich

$$(X, p) = \left\{ \sum_{i=1}^{n} a_i\, X^i + \sum_{i=0}^{n} b_i\, X^i \,\middle|\, a_i,\, b_i \in \mathbb{Z},\, n \in \mathbb{N},\, p \mid b_i \right\}$$

$$= \{ P \in \mathbb{Z}[X] \mid p \mid P(0) \}.$$

Folglich ist die Abbildung

$$\psi : \begin{cases} \mathbb{Z}[X] \to & \mathbb{Z}/p \\ P \mapsto & P(0) + p\,\mathbb{Z} \end{cases}$$

ein Ringepimorphismus mit Kern

$$\{P \in \mathbb{Z}[X] \mid P(0) + p\,\mathbb{Z} = p\,\mathbb{Z}\} = \{P \in \mathbb{Z}[X] \mid P(0) \in p\,\mathbb{Z}\} = (X, p)\,,$$

sodass $\mathbb{Z}/p \cong \mathbb{Z}[X]/(X, p)$. Da $\mathbb{Z}/p$ ein Körper ist, ist (X, p) nach Korollar 15.17 maximal. ■

15.8.3 Existenz maximaler Ideale *

Jeder Ring mit 1 enthält maximale Ideale – das folgt aus:

Satz 15.19 (W. Krull) *In jedem Ring R mit 1 gibt es zu jedem Ideal $A \neq R$ ein maximales Ideal M von R mit $A \subseteq M$.*

Beweis Wir beweisen die Aussage mit dem Zorn'schen Lemma (vgl. Abschn. A.2.3). Die Menge $\mathfrak{X}$ aller Ideale B von R mit $A \subseteq B \neq R$ ist wegen $A \in \mathfrak{X}$ nicht leer und bzgl. der Inklusion $\subseteq$ geordnet. Es sei $\mathfrak{K} \neq \emptyset$ eine Kette in $\mathfrak{X}$, d. h.:

$$B\,,\, B' \in \mathfrak{K} \;\Rightarrow\; B \subseteq B' \;\text{ oder }\;\; B' \subseteq B\,.$$

Wir begründen, dass $C := \bigcup_{B \in \mathfrak{K}} B$ ein Ideal von R ist: Es seien $a,\, a' \in C$, etwa $a \in B \in \mathfrak{K},\, a' \in B' \in \mathfrak{K}$. Wegen $B \subseteq B'$ oder $B' \subseteq B$ folgt $a - a' \in B' \subseteq C$ oder $a - a' \in B \subseteq C$; und $r\,a,\, a\,r \in B \subseteq C$, also ist C ein Ideal.

Offenbar gilt $A \subseteq C$. Wegen Lemma 15.4 gilt $1 \notin B$ für jedes $B \in \mathfrak{K}$, sodass $1 \notin C$. Damit gilt $C \neq R$. Somit liegt C in $\mathfrak{X}$; und C ist offensichtlich eine obere Schranke von $\mathfrak{K}$. Folglich ist $(\mathfrak{X}, \subseteq)$ induktiv geordnet und besitzt daher nach dem Zorn'schen Lemma ein maximales Ideal M von R mit $A \subseteq M$. □

Korollar 15.20 *Jeder Ring mit 1 besitzt maximale Ideale.* □

Beweis Man wähle $A := (0)$ in Satz 15.19. □

Bemerkung Ein Ring kann viele verschiedene maximale Ideale besitzen, so hat etwa $\mathbb{Z}$ unendlich viele maximale Ideale: Für jede Primzahl p ist (p) maximal. Mit Korollar 15.17 erhalten wir deshalb wieder, dass $\mathbb{Z}/p = \mathbb{Z}/p\,\mathbb{Z}$ für jede Primzahl p ein Körper ist. Ein kommutativer Ring mit 1, der genau ein maximales Ideal enthält, heißt **lokaler Ring**.

Aufgaben

15.1 • Bestimmen Sie für die folgenden Ideale A von R ein Element $a \in R$ mit $A = (a)$:

(a) $R = \mathbb{Z}$, $A = (3, 8, 9)$.

(b) $R = \mathbb{Z}/18$, $A = (\overline{3}, \overline{8}, \overline{9})$.

15.2 •• Zeigen Sie: Für eine nichtleere Teilmenge M eines Ringes R besteht (M) aus allen endlichen Summen von Elementen der Form $n\,a$, $r\,a$, $a\,s$, $r\,a\,s$ mit $a \in M$, r, $s \in R$ und $n \in \mathbb{Z}$. Folgern Sie:

(a) Besitzt R ein Einselement, so gilt

$$(M) = \left\{ \sum_{i=1}^{n} r_i\, a_i\, s_i \,\middle|\, r_i,\, s_i \in R,\, a_i \in M,\, n \in \mathbb{N} \right\}.$$

(b) Ist R kommutativ, so gilt

$$(M) = \left\{ \sum_{i=1}^{n} r_i\, a_i + n_i\, b_i \,\middle|\, r_i \in R,\, a_i,\, b_i \in M,\, n_i \in \mathbb{Z},\, n \in \mathbb{N} \right\}.$$

15.3 •• *Lokalisierung.* Es sei R ein Integritätsbereich mit dem Primideal P. Zeigen Sie:

(a) $S := R \setminus P$ ist eine Unterhalbgruppe von $(R, \cdot)$.
(b) $M := \{\frac{p}{s} \mid p \in P, s \in S\}$ ist die Menge der Nichteinheiten des Ringes $R_S := \{\frac{a}{s} \mid a \in R, s \in S\}$.
(c) M ist ein Ideal von R_S, das alle Ideale $\neq R_S$ von R_S umfasst.
(d) Im Fall $R := \mathbb{Z}$, $P := p\,\mathbb{Z}$ für eine Primzahl p, gilt $R_S/M \cong \mathbb{Z}/p$.

15.4 •• Es sei R ein kommutativer Ring mit dem Ideal A. Man nennt $\sqrt{A} := \{a \in R \mid a^n \in A$ für ein $n \in \mathbb{N}\}$ das **Radikal** von A. Man nennt A **reduziert**, wenn $A = \sqrt{A}$ gilt. Zeigen Sie:

(a) $\sqrt{A}$ ist ein Ideal in R.
(b) A ist genau dann reduziert, wenn R/A keine nilpotenten Elemente $\neq 0$ besitzt. Dabei heißt ein Element a eines Ringes **nilpotent**, wenn $a^n = 0$ für ein $n \in \mathbb{N}$.
(c) Primideale sind reduziert.
(d) Bestimmen Sie das sogenannte **Nilradikal** $N := \sqrt{(0)}$ in $\mathbb{Z}/n$ sowie $(\mathbb{Z}/n)/N$.

15.5 ••• Es seien R ein kommutativer Ring mit 1, H eine Unterhalbgruppe von $(R, \cdot)$ mit $0 \notin H$ und A ein Ideal von R mit $A \cap H = \emptyset$. Man zeige:

(a) Die Menge $\mathfrak{X}$ aller A umfassenden, zu H disjunkten Ideale von R besitzt bzgl. $\subseteq$ maximale Elemente. *Hinweis:* Zorn'sches Lemma.

(b) Die maximalen Elemente von $\mathfrak{X}$ sind Primideale.

15.6 •• Führen Sie einen direkten Beweis von Lemma 15.18: Jedes maximale Ideal eines kommutativen Ringes R mit 1 ist ein Primideal.

15.7 •• Geben Sie einen weiteren Beweis von Korollar 15.17 an: Ein Ideal $M \neq R$ eines kommutativen Ringes R mit 1 ist genau dann maximal, wenn R/M ein Körper ist.

15.8 •• Begründen Sie: Ein kommutativer Ring R mit 1 ist genau dann ein lokaler Ring, wenn die Menge $R \setminus R^\times$ der Nichteinheiten ein Ideal in R ist.

15.9 •• Zeigen Sie: Jede Untergruppe der additiven Gruppe $\mathbb{Z}/n$ ($n \in \mathbb{N}$) ist ein Ideal des Ringes $\mathbb{Z}/n$. Bestimmen Sie die maximalen Ideale von $\mathbb{Z}/n$.

15.10 •• In jedem kommutativen Ring ist das Nilradikal $N := \sqrt{(0)}$ der Durchschnitt D aller Primideale. *Hinweis:* Verwenden Sie Aufgabe 15.5.

15.11 • Verifizieren Sie die folgenden Gleichungen für Idealprodukte in $\mathbb{Z}[\sqrt{-5}]$:

(a) $(2, 1 + \sqrt{-5}) \cdot (2, 1 - \sqrt{-5}) = (2)$.

(b) $(2, 1 - \sqrt{-5}) \cdot (3, 1 - \sqrt{-5}) = (1 - \sqrt{-5})$.

15.12 ••• Beweisen Sie die folgende Verallgemeinerung des chinesischen Restsatzes 6.8: Es sei R ein Ring mit 1, und es seien $A_1, \ldots, A_n$ Ideale von R mit $A_i + A_j = R$ für alle $i \neq j$ *(paarweise Teilerfremdheit)*. Dann ist die Abbildung

$$\psi : \begin{cases} R/(A_1 \cap \cdots \cap A_n) \to R/A_1 \times \cdots \times R/A_n \\ a + A_1 \cap \cdots \cap A_n \mapsto (a + A_1, \ldots, a + A_n) \end{cases}$$

ein Ringisomorphismus.

15.13 •• Wir betrachten den Ring $R = \mathbb{Z}[X]$ und die Ideale

- $I := \{f \in R \mid f(1) \equiv 0 \,(\mathrm{mod}\,3)\}$,
- $J := (3)$,
- $K := (X - 1)$,

- $L := \{3\,p + (X - 1)\,q \mid p, q \in R\}$,
- $M := (10, X)$.

(a) Zeigen Sie, dass I und L tatsächlich Ideale von R sind.

(b) Zeigen Sie: $J \nsubseteq K$, $K \nsubseteq J$, $J, K \subseteq L \subseteq I$.

(c) Geben Sie ein Element in $(J \cap K) \setminus \{0\}$ an.

(d) Bestimmen Sie ein Erzeugendensystem von $L \cdot M$.

(e) Geben Sie einen surjektiven Ringhomomorphismus $\phi : R \to \mathbb{Z}$ an mit Kern $\phi = K$. Wie lautet der Homomorphiesatz? Ist K Primideal bzw. maximales Ideal?

(f) Geben Sie einen surjektiven Ringhomomorphismus $\psi : R \to \mathbb{Z}/3[X]$ an mit Kern $\psi = J$. Wie lautet der Homomorphiesatz? Ist J Primideal bzw. maximales Ideal?

(g) Geben Sie einen surjektiven Ringhomomorphismus $\rho : R \to \mathbb{Z}/3$ an mit Kern $\rho = I$. Wie lautet der Homomorphiesatz? Ist I Primideal bzw. maximales Ideal?

(h) Zeigen Sie $I = L$.

(i) Zu welchem bekannten Ring ist R/M isomorph? Ist M Primideal bzw. maximales Ideal?

15.14 •• Im Folgenden ist im kommutativen Ring $R = \mathbb{Z}[X]$ jeweils ein Ideal I gegeben. Untersuchen Sie, ob I prim, maximal, oder keines von beiden ist. Geben Sie jeweils eine **kurze** Begründung an.

(a) $I = (3, X + 3)$.   (c) $I = (2X + 3, X + 1)$.   (e) $I = (X - 2)$.

(b) $I = (8, X + 1)$.   (d) $I = (X^5)$.   (f) $I = (21, 28)$.

15.15 •• Es sei D der Ring der differenzierbaren Funktionen $f : \mathbb{R} \to \mathbb{R}$, mit punktweise definierter Addition und Multiplikation.

(a) Zeigen Sie, dass die Menge $I := \{f \in D \mid f(0) = f'(0) = 0\}$ ein Ideal in D ist.

(b) Wir betrachten nun den Polynomring $\mathbb{R}[X]$ und das von X^2 erzeugte Ideal $(X^2) = \{p \cdot X^2 \mid p \in \mathbb{R}[X]\}$ in $\mathbb{R}[X]$. Geben Sie einen surjektiven Ringhomomorphismus $\phi : \mathbb{R}[X] \to D/I$ an, und folgern Sie $\mathbb{R}[X]/(X^2) \cong D/I$ mit dem Homomorphiesatz.

15.16 ••• Es sei R ein kommutativer Ring. Wir betrachten die Teilmenge

$$A := \left\{ \sum_{i=0}^{n} a_i X^i \in R[X] \mid n \in \mathbb{N}, \ a_i \in R, \ a_1 = 0 \right\} \subseteq R[X]$$

des Polynomrings über R in der Variablen X.

(a) Zeigen Sie: A ist ein Teilring von $R[X]$.

(b) Es sei weiter $R[X_1, X_2]$ der Polynomring über R in den beiden Variablen X_1 und X_2. Zeigen Sie, dass durch

$$\phi : \quad R[X_1, X_2] \to A, \quad f(X_1, X_2) \mapsto f(X^2, X^3)$$

ein surjektiver Ringhomomorphismus gegeben ist.

(c) Folgern Sie $A \cong R[X_1, X_2]/(X_1^3 - X_2^2)$ mit dem Homomorphiesatz.

15.17 • Es seien R der Ring aller 2×2-Matrizen $\begin{pmatrix} a & 0 \\ b & c \end{pmatrix}$ mit $a, b, c \in \mathbb{R}$, $I \subseteq R$ die Menge aller Matrizen $\begin{pmatrix} 0 & 0 \\ b & 0 \end{pmatrix}$ mit $b \in \mathbb{R}$ und $S \subseteq R$ die Menge aller Matrizen $\begin{pmatrix} a & 0 \\ 0 & c \end{pmatrix}$ mit $a, c \in \mathbb{R}$. Zeigen Sie, dass I ein Ideal und S ein Teilring in R ist mit $S \cong R/I$.

15.18 ••

(a) Es seien R ein beliebiger Ring, I ein Ideal in R und $n \in \mathbb{N}$. Begründen Sie, warum $I^{n \times n}$ ein Ideal in $R^{n \times n}$ ist, und zeigen Sie $R^{n \times n}/I^{n \times n} \cong (R/I)^{n \times n}$.

(b) Es sei R ein Ring mit Einselement. Zu jedem Ideal $J \subseteq R^{n \times n}$ gibt es ein Ideal $I \subseteq R$ mit $J = I^{n \times n}$. Folgern Sie daraus, dass volle Matrizenringe über Körpern einfach sind.

 Hinweis: Es sei $I \subseteq R$ die Menge aller Einträge von Matrizen aus J. Zeigen Sie durch Rechnen mit den *Matrixeinheiten* $E_{ij} = (\delta_{ik}\delta_{jl})_{k,l}$, dass $I = \{r \in R \mid r = a_{11}$ für ein $A \in J\}$ gilt. Damit sieht man, dass I ein Ideal in R ist.

15.19 •• Es seien $B_1, B_2, \ldots, B_r$ Ideale eines Ringes R derart, dass $R = B_1 \oplus B_2 \oplus \cdots \oplus B_r$ innere direkte Summe der additiven Gruppen der B_j ist.

(a) Es gilt $R \cong B_1 \times B_2 \times \cdots \times B_r$.
 Hinweis: $B_i B_j = \{0\}$.

(b) Hat R ein Einselement, so hat jedes Ideal von R die Form $I = I_1 + \cdots + I_r$ mit Idealen $I_j \subseteq B_j$.
 Hinweis: Die Projektion auf B_j hat die Form $x \mapsto e_j x$ für geeignetes $e_j \in R$.

(c) Zeigen Sie an einem Beispiel, dass die entsprechenden Aussagen für Linksideale im allgemeinen falsch sind.

15.20 ••• Jeder endliche Ring ist direktes Produkt von Ringen von Primzahlpotenzordnung.

Teilbarkeit in Integritätsbereichen 16

Übersicht

In diesem Kapitel wollen wir einige der üblichen Begriffsbildungen der elementaren Arithmetik im Ring $\mathbb{Z}$ auf beliebige Integritätsbereiche übertragen. Dies bringt einen gleichzeitigen Zugang zur Arithmetik in $\mathbb{Z}$, in den wichtigsten Polynomringen und in anderen Integritätsbereichen, die wir noch kennenlernen werden.

Teilbarkeit lässt sich idealtheoretisch interpretieren, es gilt nämlich $a \mid b \iff (b) \subseteq (a)$. Diese Interpretation gibt einen Anlass zu hinterfragen, welcher Zusammenhang zwischen Teilbarkeit und maximalen bzw. Primidealen besteht. Kurz, aber etwas ungenau gefasst ist dieser Zusammenhang wie folgt: *Primideale werden von Primelementen erzeugt, maximale Ideale von unzerlegbaren Elementen.* In $\mathbb{Z}$ stimmen beide Begriffe überein, aber es gibt Beispiele von Integritätsbereichen, in denen dies nicht so ist.

Voraussetzung Es ist ein Integritätsbereich R vorgegeben.

Wir erinnern daran, dass wir in einem Integritätsbereich *kürzen* dürfen, d. h., aus $a, b, c \in R, c \neq 0$, und $a\,c = b\,c$ folgt $a = b$ (vgl. Beispiel 13.6).

16.1 Teilbarkeit

Es heißen $a \in R$ ein **Teiler** von $b \in R$ und b durch a **teilbar** (auch **Vielfaches** von a), wenn $c \in R$ mit $b = a\,c$ existiert. Ist a ein Teiler von b, so schreiben wir $a \mid b$, gesprochen *a teilt b*, andernfalls $a \nmid b$ (*a teilt nicht b*).

© Der/die Autor(en), exklusiv lizenziert an Springer-Verlag GmbH, DE, ein Teil von Springer Nature 2024
C. Karpfinger, *Algebra*, https://doi.org/10.1007/978-3-662-68656-0_16

Für jede Einheit $u \in R^\times$ und jedes Element $b \in R$ gilt

$$b = u\,(u^{-1}b) = u^{-1}(u\,b)\,,$$

d. h., für jedes $u \in R^\times$ sind u und $u\,b$ Teiler von b, die sogenannten **trivialen** Teiler. Wir befassen uns vor allem mit den *Nichteinheiten*, das sind die Elemente aus $R \setminus R^\times$.

Die Elemente a, $b \in R$ heißen **assoziiert**, wenn $a \mid b$ und $b \mid a$ gilt. Bezeichnung: $a \sim b$.

Beispiel 16.1 In $\mathbb{Z}$ gilt $a \sim b \;\Leftrightarrow\; a = \pm b$: Falls $a \mid b$ und $b \mid a$ gilt, so existieren c, $c' \in \mathbb{Z}$ mit $b = a\,c$ und $a = b\,c'$. Wir erhalten $a = a\,c\,c'$. Es sei o. E. $a \neq 0$ (sonst ist auch $b = 0$ und die Behauptung klar). Es folgt $c\,c' = 1$, d. h. $c = 1 = c'$ oder $c = -1 = c'$ bzw. $a = \pm b$. Die andere Richtung ist klar. ∎

Bemerkung In Körpern ist die Teilbarkeitslehre *trivial*. Ist nämlich R ein Körper, so gilt $a \sim b$ für alle a, $b \in R \setminus \{0\}$. Das folgt aus $b = a\,a^{-1}\,b$ und $a = b\,b^{-1}\,a$.

16.1.1 Teilbarkeitsregeln

Die folgenden Regeln sind bekannt für den Ring $\mathbb{Z}$, sie gelten auch in beliebigen Integritätsbereichen:

Lemma 16.1 (Teilbarkeitsregeln) *Für beliebige* $a, b, c, a', b', b_1, \ldots, b_n, x_1, \ldots,$ $x_n \in R$ *gilt:*

(a) $1 \mid a$, $a \mid 0$, $a \mid a$;
(b) $a \mid b_i$ *für* $i = 1, \ldots, n \;\Rightarrow\; a \mid x_1\,b_1 + \cdots + x_n\,b_n$;
(c) $a \mid b$, $b \mid c \;\Rightarrow\; a \mid c$;
(d) $a \sim b \;\Leftrightarrow\; a = u\,b$ *für ein* $u \in R^\times \;\Leftrightarrow\; R^\times a = R^\times b$;
(e) $\sim$ *ist eine Äquivalenzrelation;*
(f) $a \sim a'$, $b \sim b'$, $a \mid b \;\Rightarrow\; a' \mid b'$.

Beweis

(a) folgt unmittelbar aus $a = 1 \cdot a$, $0 = 0 \cdot a$.
(b) Nach Voraussetzung existieren $c_1, \ldots, c_n \in R$ mit $b_1 = a\,c_1, \ldots, b_n = a\,c_n$, sodass

$$x_1\,b_1 + \cdots + x_n\,b_n = (x_1\,c_1 + \cdots + x_n\,c_n)\,a\,.$$

(c) Aus $b = r\,a$ und $c = s\,b$ mit r, $s \in R$ folgt $c = (s\,r)\,a$.

(d) *1. Fall:* $a = 0$. Dann folgt aus $a \sim b$ sogleich $b = r\,a = 0$ mit einem $r \in R$, also $a = 1\,b$ und $R^\times a = \{0\} = R^\times b$. Umgekehrt folgt aus $R^\times a = R^\times b = \{0\}$ sogleich $b = 0$, also $a = 1\,b$ und $b = 1\,a$, d. h. $a \sim b$.

2. Fall: $a \neq 0$. Dann folgt aus $a \sim b$ sogleich $a = u\,b$, $b = v\,a$ mit u, $v \in R$. Es folgt

$$a = (u\,v)\,a \;\Rightarrow\; 1 = u\,v \;\Rightarrow\; u,\, v \in R^\times$$

$$\Rightarrow\; R^\times a = R^\times u\,b \subseteq R^\times b,\; R^\times b = R^\times v\,a \subseteq R^\times a\,.$$

Umgekehrt erhalten wir die Implikationen:

$$R^\times a = R^\times b \;\Rightarrow\; a = u\,b \;\text{ mit }\; u \in R^\times \;\Rightarrow\; b = u^{-1} a \;\Rightarrow\; a \sim b\,.$$

(e) folgt direkt aus der Äquivalenz $a \sim b \Leftrightarrow R^\times a = R^\times b$ in (d).

(f) Es gelten nach (c) die Implikationen: $a \sim a'$, $b \sim b'$, $a \mid b \;\Rightarrow\; a' \mid a$, $a \mid b$, $b \mid b' \;\Rightarrow\; a' \mid b'$. □

Die Einheiten eines Integritätsbereiches lassen sich auf verschiedene Arten kennzeichnen, etwa dadurch, dass sie genau die Elemente von R sind, die alle Elemente des Ringes teilen:

Lemma 16.2 (Kennzeichnungen der Einheiten von R) *Für $u \in R$ gilt:*

$$(1) \quad u \in R^\times \quad \Leftrightarrow \quad (2) \quad u \mid 1 \quad \Leftrightarrow \quad (3) \quad u \sim 1$$

$$\Leftrightarrow \quad (4) \quad u \mid x \quad \text{für jedes} \quad x \in R\,.$$

Beweis (1) $\Leftrightarrow$ (2) gilt nach Definition der invertierbaren Elemente, (2) $\Rightarrow$ (3) nach Definition von $\sim$. Wegen $1 \mid x$ für jedes $x \in R$ folgt aus (3) und der Transitivität von $\sim$ die Aussage (4). Und aus (4) folgt $u \mid 1$, d. h. die Aussage (2). □

Bemerkung In $R = \mathbb{Z}$ sind $\pm n$ und ± 1 die trivialen Teiler von $n \in \mathbb{Z}$, und die Nichteinheiten bilden die Menge $\mathbb{Z} \setminus \{\pm 1\}$.

16.1.2 Unzerlegbare Elemente und Primelemente

Eine Nichteinheit $p \neq 0$ von R heißt

- **unzerlegbar** oder **irreduzibel**, wenn p nur triviale Teiler hat, und ein
- **Primelement**, wenn aus $p \mid a\,b$ für a, $b \in R$ stets $p \mid a$ oder $p \mid b$ folgt.

Natürlich nennt man dementsprechend p **reduzibel** oder **zerlegbar**, wenn $p = a\,b$ für Nichteinheiten a, b möglich ist.

In $\mathbb{Z}$ fallen die Begriffe *unzerlegbar* und *Primelement* nach Satz 5.8 (c) zusammen. Die unzerlegbaren Elemente von $\mathbb{Z}$ sind genau die Elemente aus $\{\pm p \mid p \text{ prim}\}$, und dies sind genau die Primelemente von $\mathbb{Z}$. In anderen Integritätsbereichen ist dies im Allgemeinen nicht so, es kann durchaus unzerlegbare Elemente geben, die keine Primelemente sind. Beispiele sind nicht ganz einfach anzugeben, wir werden dies im Abschn. 17.2 nachholen.

Bemerkung Die Unzerlegbarkeit einer Nichteinheit $p \neq 0$ von R können wir auch wie folgt ausdrücken:

$$\text{Aus } p = a\,b \quad \text{mit} \quad a,\, b \in R \quad \text{folgt} \quad a \in R^{\times} \quad \text{oder} \quad b \in R^{\times}.$$

Ein unzerlegbares Element p lässt sich also nicht in andere Nichteinheiten zerlegen.

Beispiel 16.2 Das Polynom $X^2 - 1 \in \mathbb{Z}[X]$ ist reduzibel: $X^2 - 1 = (X - 1)\,(X + 1)$, die Faktoren $X - 1$, $X + 1$ sind Nichteinheiten in $\mathbb{Z}[X]$. Das Polynom $X^2 - 3 \in \mathbb{Z}[X]$ jedoch ist irreduzibel, da es keine Zerlegung in Nichteinheiten aus $\mathbb{Z}[X]$ gibt. ∎

Bemerkung Polynome nennt man meist *irreduzibel* bzw. *reduzibel* anstelle von *unzerlegbar* bzw. *zerlegbar*.

Lemma 16.3

(a) *Jedes Primelement ist unzerlegbar.*
(b) *Wenn p unzerlegbar oder ein Primelement ist, trifft dies auch für jedes zu p assoziierte Element zu.*

Beweis

(a) Es sei $p \in R$ ein Primelement, und es gelte $p = a\,b$ mit a, $b \in R$. Wegen $p \mid p = a\,b$ folgt $p \mid a$ oder $p \mid b$. Im Fall $p \mid a$ gilt $a = p\,x$ mit einem $x \in R$, folglich $p = a\,b = p\,x\,b$. Kürzen von $p \neq 0$ liefert $b \in R^{\times}$. Im Fall $p \mid b$ folgt analog $a \in R^{\times}$.
(b) folgt aus der Rechenregel 16.1 (f). □

16.1.3 ggT und kgV

In $\mathbb{Z}$ ist der *größte* gemeinsame Teiler bzw. das *kleinste* gemeinsame Vielfache eindeutig bestimmt, da je zwei ganze Zahlen in ihrer *Größe* bezüglich der bekannten Ordnung $\leq$ auf $\mathbb{Z}$ verglichen werden können. Aber nicht jeder Integritätsbereich hat eine Ordnungsrelation. Um ggT und kgV in allgemeinen Integritätsbereichen einführen zu können, müssen wir uns von der Ordnungsrelation lossagen und erklären die *Menge* der größten gemeinsamen Teiler und kleinsten gemeinsamen Vielfachen durch die Teilbarkeitsrelation | .

Ein Element $d \in R$ heißt ein **größter gemeinsamer Teiler**, in Zeichen ggT von $M \subseteq R$, $M \neq \emptyset$, oder der Elemente von M, wenn gilt:

- $d \mid a$ für jedes $a \in M$;
- $d' \mid a$ für jedes $a \in M \implies d' \mid d$.

Ein Element $v \in R$ heißt ein **kleinstes gemeinsames Vielfaches**, in Zeichen kgV von $M \subseteq R$, $M \neq \emptyset$, oder der Elemente von M, wenn gilt:

- $a \mid v$ für jedes $a \in M$;
- $a \mid v'$ für jedes $a \in M \implies v \mid v'$.

Wir schreiben ggT(M) bzw. kgV(M) für die Menge der ggT bzw. kgV von M, im Fall $M = \{a_1, \ldots, a_n\}$ auch ggT($a_1, \ldots, a_n$) und kgV($a_1, \ldots, a_n$).

Vorsicht ggT und kgV existieren, auch für nur zwei Elemente, im Allgemeinen nicht. So besitzen etwa die Elemente 9 und $3 (2 + \sqrt{-5})$ des Integritätsbereiches $\mathbb{Z}[\sqrt{-5}]$ weder einen ggT noch ein kgV – wir zeigen dies im Beispiel 17.4.

Beispiel 16.3 In $\mathbb{Z}$ gilt z. B. ggT($-20, 24$) $= \{4, -4\}$ und kgV($6, 8$) $= \{24, -24\}$. ∎

Hat man erst mal einen ggT bzw. ein kgV von Elementen von R gefunden, so kennt man alle ggTs bzw. kgVs – sofern nur die Einheitengruppe von R bekannt ist:

Lemma 16.4 *Ist d ein* ggT *bzw. v ein* kgV *von M, $M \neq \emptyset$, so gilt*

$$\text{ggT}(M) = \{d' \in R \mid d' \sim d\} = \{u\,d \mid u \in R^{\times}\} \quad bzw.$$

$$\text{kgV}(M) = \{v' \in R \mid v' \sim v\} = \{u\,v \mid u \in R^{\times}\}.$$

Beweis Es sei $d' \in$ ggT(M). Dann gilt $d \mid d'$ und $d' \mid d$, d. h. $d \sim d'$. Und gilt $d' \sim d$, so folgt mit Rechenregel 16.1 (f), dass d' ein ggT von M ist. Analog zeigt man $v' \in$ kgV(M) $\Leftrightarrow v' \sim v$. Die Gleichheit $\{d' \in R \mid d' \sim d\} = \{u\,d \mid u \in R^{\times}\}$ bzw. $\{v' \in R \mid v' \sim v\} = \{u\,v \mid u \in R^{\times}\}$ folgt aus Lemma 16.1 (d). □

Man nennt $a_1, \ldots, a_n \in R$ **teilerfremd** oder **relativ prim**, wenn $1 \in$ ggT($a_1, \ldots, a_n$). D. h. nach Lemma 16.4, wenn nur die Einheiten aus R gemeinsame Teiler von $a_1, \ldots, a_n$ sind: ggT($a_1, \ldots, a_n$) $= R^{\times}$.

Primelemente p, $q \in R$ besitzen nach Lemma 16.3 nur die trivialen Teiler u, $u\,p$ bzw. u, $u\,q$ mit $u \in R^{\times}$. Sind p, q nicht teilerfremd, dann gibt es unter den gemeinsamen Teilern eine Nichteinheit $d = u\,p = u'\,q$ und es folgt $p \sim q$. D.h., zwei Primelemente sind entweder teilerfremd oder assoziiert.

16.2   Idealtheoretische Interpretation

Wir übertragen die Begriffe *Teilbarkeit*, *Primelement*, *unzerlegbares Element*, *Einheit*, *Assoziiertheit*, kgV und ggT in die Sprache der Ideale:

Lemma 16.5 *Für a, b, d, p, u, v, $a_1, \ldots, a_n \in R$ und $\emptyset \neq M \subseteq R$ gilt:*

(a) $a \mid b \iff (b) \subseteq (a)$.

(b) $a \sim b \iff (a) = (b)$.

(c) $u \in R^{\times} \iff (u) = R$.

(d) $p \neq 0$ ist genau dann unzerlegbar, wenn (p) in der Menge aller Hauptideale $\neq R$ von R maximal ist.

(e) $p \neq 0$ ist genau dann ein Primelement, wenn (p) ein Primideal ist.

(f) $v \in \mathrm{kgV}(M) \iff (v) = \bigcap_{a \in M} (a)$.

(g) $(d) = \sum_{i=1}^{n} (a_i) \implies d \in \mathrm{ggT}(a_1, \ldots, a_n)$.

Beweis

(a) $a \mid b \iff b \in R\,a \iff (b) = R\,b \subseteq R\,a = (a)$.

(b) folgt direkt aus (a).

(c) Mit Lemma 16.2 und der Aussage in (b): $u \in R^{\times} \iff u \sim 1 \iff (u) = (1) = R$.

(d) Es sei p unzerlegbar, und es gelte $(p) \subseteq (a)$, d.h. $p = a\,r$ mit einem $r \in R$. Weil p unzerlegbar ist, gilt $a \in R^{\times}$ oder $r \in R^{\times}$. Im Fall $a \in R^{\times}$ gilt $(a) = R$, und im Fall $r \in R^{\times}$ gilt $a \sim p$, also $(a) = (p)$. Somit ist (p) maximal unter den Hauptidealen $\neq R$.

Es sei umgekehrt (p) maximal unter den Hauptidealen $\neq R$, und es sei $p = a\,b$ mit $a \notin R^{\times}$. Dann gilt $(a) \neq R$ und $(p) \subseteq (a)$. Aus der Maximalität von (p) folgt $(p) = (a)$, also $p \sim a$, d.h. $a\,b = p = a\,u$ mit $u \in R^{\times}$. Es folgt $u = b \in R^{\times}$. Somit ist p unzerlegbar.

(e) Es seien p ein Primelement und $a\,b \in (p) = R\,p$. Dann gilt $p \mid a\,b$, also $p \mid a$ oder $p \mid b$. Es folgt $a \in (p)$ oder $b \in (p)$; und nach (c) gilt $(p) \neq R$. Also ist (p) ein Primideal.

Es seien (p) ein Primideal und $p \mid a\,b$. Dann gilt $a\,b \in (p)$, nach Voraussetzung also $a \in (p)$ oder $b \in (p)$. Es folgt $p \mid a$ oder $p \mid b$. Nach (c) gilt $p \notin R^{\times}$. D.h., p ist ein Primelement.

(f) Die Inklusion $(v) \subseteq \bigcap_{a \in M} (a)$ besagt nach (a): $a \mid v$ für jedes $a \in M$. Die Inklusion $(v) \supseteq \bigcap_{a \in M} (a)$ liefert nach (a) die Aussage: Aus $a \mid v'$ für jedes $a \in M$ folgt $v \mid v'$.

(g) Nach Voraussetzung gilt $(a_i) \subseteq (d)$, nach (a) gilt also $d \mid a_i$ für alle $i = 1, \ldots, n$, und es existieren $r_1, \ldots, r_n \in R$ mit $d = r_1 a_1 + \cdots + r_n a_n$. Aus $d' \mid a_i$ für $i = 1, \ldots, n$ folgt daher mit Rechenregel 16.1 (b): $d' \mid d$.   □

Vorsicht Die Umkehrung in (g) gilt nicht in allen Ringen; so gilt z. B. $1 \in \mathrm{ggT}(X, Y)$ im Polynomring $K[X, Y]$, K ein Körper, jedoch $(1) \neq (X) + (Y)$. Vgl. aber Satz 18.3.

Bemerkung Wegen (a) sagt man, ein Ideal A von R **teilt** das Ideal B von R, wenn $B \subseteq A$; und A, B heißen wegen (g) **teilerfremd** oder **komaximal**, wenn $A + B = R$.

Beispiel 16.4 Da in $\mathbb{Z}$ jedes Ideal ein Hauptideal ist, folgt mit Lemma 16.5 (d), dass die Primideale und die maximalen Ideale von $\mathbb{Z}$ genau die Ideale $(p) = p\mathbb{Z}$ mit Primzahlen p sind.

Sind zwei ganze Zahlen a und b teilerfremd, so gilt $(a) + (b) = \mathbb{Z}$ nach dem Hauptsatz 5.4 über den größten gemeinsamen Teiler.   ∎

Aufgaben

16.1 • Man zeige, dass für $a, b \in R$ (R ein Integritätsbereich) gilt: $a \mid b, a \not\sim b \Leftrightarrow$ $(b) \subsetneq (a)$.

16.2 • Man beschreibe die Äquivalenzklassen bezüglich $\sim$ der Elemente a eines Integritätsbereiches R mit $a^2 = a$.

16.3 • Für welche natürlichen Zahlen $n > 1$ gilt in $\mathbb{Z}/n[X]$ die Teilbarkeitsrelation $X^2 + \overline{2}X \mid X^5 - \overline{10}X + \overline{12}$?

16.4 • Ist $X^2 - 2 \in \mathbb{Z}[X]$ irreduzibel?

16.5 •• Sind die folgenden Polynome irreduzibel?
(a) $X^2 + X + \overline{1}$ in $\mathbb{Z}/2[X]$.   (b) $X^2 + \overline{1}$ in $\mathbb{Z}/7[X]$.   (c) $X^3 - \overline{9}$ in $\mathbb{Z}/11[X]$.

Faktorielle Ringe

17

Übersicht

Im Integritätsbereich $\mathbb{Z}$ lässt sich jedes Element $a \neq 0, \pm 1$, von der Reihenfolge der Faktoren abgesehen, auf genau eine Weise als ein Produkt einer Einheit in $\mathbb{Z}$ und Primzahlen $p_1, \ldots, p_n$ darstellen: $a = \pm p_1 \cdots p_n$. Wir befassen uns jetzt mit der Existenz und Eindeutigkeit solcher Primfaktorzerlegungen allgemeiner: Einen Integritätsbereich, in dem jede Nichteinheit $\neq 0$ eine (von der Reihenfolge der Faktoren abgesehen) *eindeutige Zerlegung in Primelemente* hat, nennen wir *faktoriellen Ring*. Die meisten Integritätsbereiche, die wir kennen, sind faktoriell. Ein nichtfaktorieller Integritätsbereich ist $\mathbb{Z}[\sqrt{-5}]$. Wir diskutieren dieses Beispiel ausführlich.

17.1   Kennzeichnungen faktorieller Ringe

Nach der Definition eines *faktoriellen Ringes* bringen wir nützliche Kennzeichnungen.

17.1.1 Definition faktorieller Ringe

Ein Integritätsbereich R wird **faktorieller Ring** (auch **Gauß'scher Ring** oder **ZPE-Ring**) genannt, wenn gilt:

(F1)   Jede Nichteinheit $\neq 0$ von R ist ein Produkt unzerlegbarer Elemente.

© Der/die Autor(en), exklusiv lizenziert an Springer-Verlag GmbH, DE,
ein Teil von Springer Nature 2024
C. Karpfinger, *Algebra*, https://doi.org/10.1007/978-3-662-68656-0_17

(F2)   Gilt $p_1 \cdots p_r = q_1 \cdots q_s$ mit unzerlegbaren $p_1, \ldots, p_r, q_1, \ldots, q_s \in R$, so folgt $r = s$, und es gibt ein $\tau \in S_r$ derart, dass $p_i \sim q_{\tau(i)}$ für $i = 1, \ldots, r$.

Bemerkungen

(1) (F2) lässt sich nicht verbessern: Für $u \in R^\times$ kann man in einer Zerlegung $a = p_1 \cdots p_r$ mit unzerlegbaren $p_1, \ldots, p_r$ stets p_i durch $u\,p_i$ und p_j durch $u^{-1}\,p_j$ ersetzen, in $\mathbb{Z}$ z. B. $(-3) \cdot 2 = 3 \cdot (-2)$.
(2) Die Bezeichnung *ZPE*-Ring kürzt die *eindeutige Zerlegbarkeit* in *Primelemente* ab.

Beispiel 17.1 Der Ring $\mathbb{Z}$ ist faktoriell, und jeder Körper ist ein faktorieller Ring.   ■

17.1.2 Teilerkettenbedingung und Primbedingung

Wir formulierten die Definition faktorieller Ringe mit unzerlegbaren Elementen. In den folgenden Charakterisierungen faktorieller Ringe zeigen wir den Zusammenhang mit den Primelementen, außerdem beweisen wir, dass ein Integritätsbereich genau dann faktoriell ist, wenn er die *Teilerketten-* und die *Primbedingung* erfüllt – dies ist eine nützliche Kennzeichnung, auf die wir zurückgreifen werden.

Satz 17.1 (Kennzeichnung faktorieller Ringe) *Die folgenden Eigenschaften sind für einen Integritätsbereich R äquivalent:*

(1) R ist faktoriell.
(2) Es gelten:
    (F1$'$) *Teilerkettenbedingung: Jede aufsteigende Folge $(a_1) \subseteq (a_2) \subseteq \cdots$ von Hauptidealen wird **stationär**, d. h., es existiert ein $k \in \mathbb{N}$, sodass $(a_i) = (a_k)$ für jedes $i \geq k$.*
    (F2$'$) *Primbedingung: Jedes unzerlegbare Element von R ist ein Primelement.*
(3) Jede Nichteinheit $\neq 0$ ist ein Produkt von Primelementen.

Und es gilt: Aus (F1$'$) folgt (F1).

Beweis (1) $\Rightarrow$ (2): Es ist (F1$'$) offenbar eine Konsequenz von
(E) Jedes Hauptideal $(a) \neq (0)$ wird von nur endlich vielen Hauptidealen umfasst.
    Zum Beweis von (E) gelte $(0) \neq (a) \subsetneq (b) \neq R$. Folglich ist a eine Nichteinheit $\neq 0$, und nach Lemma 16.5 (a) gilt $a = b\,c$, wobei $a = p_1 \cdots p_r$, $b = q_1 \cdots q_s$, $c = q_1' \cdots q_t'$ mit unzerlegbaren $p_1, \ldots, p_r, q_1, \ldots, q_s, q_1', \ldots, q_t' \in R$. Wegen (F2) folgt $r \geq s$ und $q_j \sim p_{i_j}$ für gewisse verschiedene $i_j \in \{1, \ldots, r\}$. Für das (a) umfassende Hauptideal

(b) gilt demnach $(b) = (p_{i_1} \cdots p_{i_s}) = (p_{i_1}) \cdots (p_{i_s})$ (vgl. Lemma 15.9). Insbesondere gibt es nur endlich viele solche Hauptideale (b). Das begründet (E) und somit (F1').

Nun sei $p \in R$ unzerlegbar. Es gelte $p \mid a\,b$, a, $b \in R$, etwa $a\,b = c\,p$, $c \in R$. Im Fall $a \in R^\times$ bzw. $b \in R^\times$ folgt $p \mid b$ bzw. $p \mid a$. Im Fall $c \in R^\times$ gilt $p \mid a$ oder $p \mid b$, weil p unzerlegbar ist. Andernfalls gilt – mit den obigen Zerlegungen:

$$(p_1 \cdots p_r)\,(q_1 \cdots q_s) = a\,b = p\,c = p\,(q_1' \cdots q_t')\,.$$

Mit (F2) folgt $p \sim p_i$ für ein i oder $p \sim q_j$ für ein j, so dass $p \mid a$ oder $p \mid b$.

(2) $\Rightarrow$ (3): Wegen (F2') genügt es, den Zusatz „(F1') $\Rightarrow$ (F1)" zu begründen. Wir nehmen an, dass (F1) nicht erfüllt ist. Dann existiert eine Nichteinheit $a \ne 0$, die nicht Produkt unzerlegbarer Elemente ist. Folglich gilt $a = a_1\,b_1$ mit a_1, $b_1 \notin R^\times$ derart, dass a_1 oder b_1 kein Produkt unzerlegbarer Elemente ist. O. E. sei a_1 kein Produkt unzerlegbarer Elemente. Es gilt $(a) \subsetneq (a_1)$ wegen Lemma 16.5 (a), (b). Analog folgt, mit a_1 anstelle a, $(a_1) \subsetneq (a_2)$ für ein $a_2 \in R$, das kein Produkt unzerlegbarer Elemente ist. So fortfahrend erhält man eine echt aufsteigende Folge $(a) \subsetneq (a_1) \subsetneq (a_2) \subsetneq \cdots$ von Hauptidealen (a_i). Daher ist (F1') nicht gültig, ein Widerspruch. Also gilt die Implikation (F1') $\Rightarrow$ (F1) und damit (3).

(3) $\Rightarrow$ (1): Nach Lemma 16.3 ist jedes Primelement unzerlegbar, sodass nur (F2) zu beweisen ist. Nach Voraussetzung ist jedes unzerlegbare Element $p \in R$ ein Primelement, da eine (existierende) Zerlegung $p = p_1 \cdots p_r$ in Primelemente p_i sogleich $r = 1$ impliziert. Nun gelte $p_1 \cdots p_r = q_1 \cdots q_s$ mit unzerlegbaren Elementen $p_1, \ldots, p_r$, $q_1, \ldots, q_s$ und o. E. $r \le s$. Weil jedes unzerlegbare Element ein Primelement ist, folgt $p_1 \mid q_j$ für ein j. Wir dürfen $j = 1$ annehmen. Da q_1 unzerlegbar ist, gilt $q_1 = p_1\,u$ für eine Einheit u, also $p_1 \sim q_1$. Wir kürzen p_1. Im Fall $r = 1$ ist $s = 1$, weil andernfalls $q_2 \in R^\times$ gelten würde. Im Fall $r > 1$ erhält man (F2) mit vollständiger Induktion nach r. $\qquad\square$

17.1.3 Darstellung der Elemente faktorieller Ringe *

Wir zeigen, dass man die Elemente eines faktoriellen Ringes analog zur Primfaktorzerlegung ganzer Zahlen darstellen kann.

In einem faktoriellen Ring R gilt wegen der Lemmata 16.3, 16.5, 15.9 und Satz 17.1:

- Die Menge der unzerlegbaren Elemente stimmt mit der der Primelemente überein.
- Jedes nichttriviale Hauptideal ist – von der Reihenfolge der Faktoren abgesehen – auf genau eine Weise als Produkt von *Haupt-Primidealen* darstellbar.

Beispiel 17.2 Der Ring $\mathbb{Z}$ ist faktoriell, daher sind die Primelemente genau die unzerlegbaren Elemente, also die Zahlen $\pm p$ mit Primzahlen p – wie wir bereits wissen. Außerdem gilt $(a) = (p_1) \cdots (p_r)$ für $a = \pm p_1 \cdots p_r \in \mathbb{Z}$ mit Primzahlen $p_1, \ldots, p_r \in \mathbb{N}$. ∎

Es sei R ein faktorieller Ring. Und $\mathcal{P}$ sei ein **Repräsentantensystem für die Primelemente** von R, d. h., $\mathcal{P}$ enthalte aus jeder Klasse $\{u\,p \mid u \in R^{\times}\}$, p Primelement, assoziierter Primelemente genau ein Element; in $\mathbb{Z}$ ist die Menge der Primzahlen ein solches System. Dann kann jedes $a \in R \setminus \{0\}$ von der Reihenfolge der Faktoren abgesehen auf genau eine Weise in der Form

$$a = u_a \prod_{p \in \mathcal{P}} p^{v_p(a)}$$

mit $u_a \in R^{\times}$ und $v_p(a) \in \mathbb{N}_0$ geschrieben werden, wobei $v_p(a) \neq 0$ nur für endlich viele $p \in \mathcal{P}$ gilt. Mit diesen Bezeichnungen gilt für beliebige a, b, $a_1, \dots, a_n$, $x \in R \setminus \{0\}$:

Lemma 17.2

(a) $v_p(a\,x) = v_p(a) + v_p(x)$ *für alle* $p \in \mathcal{P}$.
(b) $a \mid b \Leftrightarrow v_p(a) \leq v_p(b)$ *für alle* $p \in \mathcal{P}$.
(c) $d := \prod_{p \in \mathcal{P}} p^{\min\{v_p(a_1), \dots, v_p(a_n)\}} \in \mathrm{ggT}(a_1, \dots, a_n)$.
(d) $v := \prod_{p \in \mathcal{P}} p^{\max\{v_p(a_1), \dots, v_p(a_n)\}} \in \mathrm{kgV}(a_1, \dots, a_n)$.
(e) $\mathrm{ggT}(x\,a_1, \dots, x\,a_n) = x\,\mathrm{ggT}(a_1, \dots, a_n)$.

Korollar 17.3 *In einem faktoriellen Ring besitzen je endlich viele Elemente einen* ggT *und ein* kgV. $\qquad\qquad\qquad\qquad\qquad\qquad\qquad\qquad\qquad\qquad\qquad\qquad\qquad\qquad\qquad$ $\square$

17.1.4 Teilerfremdheit *

Wir verallgemeinern Ergebnisse aus Abschn. 5.3 auf beliebige faktorielle Ringe.

Lemma 17.4 *Es seien* R *ein faktorieller Ring,* a, b, c, $x \in R \setminus \{0\}$ *und* a, b *sowie* a, c *teilerfremd. Dann gilt:*

(a) a *und* $b\,c$ *sind teilerfremd.*
(b) $a \mid x$, $b \mid x \Rightarrow a\,b \mid x$.
(c) $a \mid b\,x \Rightarrow a \mid x$.

Beweis Wir benutzen wie vor Lemma 17.2 ein Repräsentantensystem $\mathcal{P}$ und die Darstellung $a = u_a \prod_{p \in \mathcal{P}} p^{v_p(a)}$. Mit Lemma 17.2 (c) folgt:

$$\min\{v_p(a),\, v_p(b)\} = 0 = \min\{v_p(a),\, v_p(c)\} \quad \text{für alle} \quad p \in \mathcal{P}.$$

(a) Aus $v_p(a) \neq 0$ folgt $v_p(b\,c) = v_p(b) + v_p(c) = 0$. Damit gilt $1 \in \mathrm{ggT}(a, b\,c)$.

(b) Aus $a \mid x$ und $b \mid x$ folgt $v_p(a\,b) = v_p(a) + v_p(b) = \max\{v_p(a), v_p(b)\} \leq v_p(x)$ für jedes $p \in \mathcal{P}$. Hieraus folgt $a\,b \mid x$.

(c) Aus $a \mid b\,x$, $b \mid b\,x$ folgt $a\,b \mid b\,x$ mit der Aussage (b) und somit $a \mid x$. $\qquad\square$

17.2 Der nichtfaktorielle Ring $\mathbb{Z}[\sqrt{-5}]$ *

Der Integritätsbereich $\mathbb{Z}[\sqrt{-5}]$ ist ein nichtfaktorieller Ring. In diesem Ring können wir unzerlegbare Elemente angeben, die keine Primelemente sind. Wir können in diesem Ring auch Elemente angeben, die keinen ggT haben. Das Beispiel stammt von R. Dedekind.

Lemma 17.5 *Es ist* $R := \mathbb{Z}[\sqrt{-5}] = \{a + b\sqrt{-5} \mid a, b \in \mathbb{Z}\}$ *ein Integritätsbereich in* $\mathbb{C}$, *und es gilt:*

(1) Die Abbildung $z = a + b\sqrt{-5} \mapsto \overline{z} := a - b\sqrt{-5}$ *ist ein Automorphismus von* R.

*(2) Die **Norm*** $N : z = a + b\sqrt{-5} \mapsto z\overline{z} = a^2 + 5b^2$ *ist eine multiplikative Abbildung von* R *nach* $\mathbb{N}_0$.

(3) $u \in R^\times \Leftrightarrow N(u) = 1$.

(4) Es gilt die Teilerkettenbedingung (F1') (also auch (F1) nach Satz 17.1).

(5) $R^\times = \{1, -1\}$.

(6) Die Elemente 3, $2 + \sqrt{-5}$, $2 - \sqrt{-5}$ *sind unzerlegbar und nichtassoziiert.*

(7) Es ist (F2) verletzt.

(8) Für $z, z' \in R \setminus \{0\}$ *mit* $z \mid z'$ *und* $N(z) = N(z')$ *gilt* $z' = \pm z$.

Beweis Es ist klar, dass R als Teilring von $\mathbb{C}$ ein Integritätsbereich ist. Die Aussage in (1) ist klar.

(2) Für $z, w \in R$ gilt $N(z\,w) = z\,w\,\overline{z\,w} = z\,\overline{z}\,w\,\overline{w} = N(z)\,N(w)$.

(3) Aus $u \in R^\times$ folgt $u\,v = 1$ für ein $v \in R$. Anwenden der Norm liefert

$$1 = N(1) = N(u\,v) = N(u)\,N(v) \;\Rightarrow\; N(u) = 1\,.$$

Umgekehrt folgt aus $N(u) = u\,\overline{u} = 1$ sogleich $u \in R^\times$.

(4) Für jede strikt aufsteigende Folge von Hauptidealen $(a_1) \subsetneqq (a_2) \subsetneqq \cdots$ mit $a_i \in R$, $i \in \mathbb{N}$, folgt: $a_{i+1} \mid a_i$ und $a_{i+1} \notin a_i\,R^\times$ nach den Lemmata 16.5 (b), 16.1 (d). Mit (2) folgt nun der Widerspruch

$$N(a_{i+1}) \mid N(a_i)\,, \; N(a_{i+1}) \neq N(a_i) \;\Rightarrow\; N(a_1) > N(a_2) > \cdots\,.$$

(5) folgt aus (3): $N(a + b\sqrt{-5}) = a^2 + 5b^2 = 1$ ist für $a, b \in \mathbb{Z}$ nur für $a = \pm 1$ und $b = 0$ erfüllt.

(6) Die paarweise Nichtassoziiertheit folgt direkt aus (5) und Lemma 16.1 (d). Nun gelte $a = x\,y$ für $a \in \{3,\, 2 \pm \sqrt{-5}\}$. Es folgt

$$9 = N(a) = N(x)\,N(y)\,, \quad N(x) > 0\,, \quad \text{also } N(x) \in \{1,\, 3,\, 9\}\,.$$

1. Fall: $N(x) = 1$. Mit (3) folgt $x \in R^{\times}$.
2. Fall: $N(x) = 9$. Mit (2) folgt $N(y) = 1$, mit (3) somit $y \in R^{\times}$.
3. Fall: $N(x) = r^2 + 5\,s^2 = 3$ für $x = r + s\,\sqrt{-5}$. Das ist für $r,\, s \in \mathbb{Z}$ nicht möglich.
(7) Wegen $9 = 3 \cdot 3 = (2 + \sqrt{-5})\,(2 - \sqrt{-5})$ und (6) ist (F2) verletzt.
(8) Aus $z' = u\,z$ folgt $N(z') = N(u)\,N(z) = N(u)\,N(z')$. Damit gilt $N(u) = 1$, d. h. $u = \pm 1$ (vgl. (3)). $\qquad\square$

Nach Lemma 17.5 (4), (7) und der Kennzeichnung (2) faktorieller Ringe in Satz 17.1 gibt es in $R = \mathbb{Z}[\sqrt{-5}]$ unzerlegbare Elemente, die keine Primelemente sind:

Beispiel 17.3 Wegen $3 \mid 9 = (2 + \sqrt{-5})\,(2 - \sqrt{-5})$ und $3 \nmid 2 \pm \sqrt{-5}$ ist das in $R = \mathbb{Z}[\sqrt{-5}]$ unzerlegbare Element 3 kein Primelement in R. $\qquad\blacksquare$

Nach dem Korollar 17.3 haben in faktoriellen Ringen je endlich viele Elemente einen ggT und ein kgV. Wir haben nun gute Chancen, in $R = \mathbb{Z}[\sqrt{-5}]$ Elemente zu finden, die weder einen ggT noch ein kgV haben:

Beispiel 17.4 Es besitzen $9 = (2 + \sqrt{-5})\,(2 - \sqrt{-5})$ und $3\,(2 + \sqrt{-5})$ weder einen ggT noch ein kgV: Angenommen, es existiert ein ggT $d = a + b\,\sqrt{-5}$ von 9 und $3\,(2 + \sqrt{-5})$. Wegen $3 \mid d$ und $d \mid 9$ folgt $9 = N(3) \mid N(d) \mid N(9) = 81$, d. h. $N(d) \in \{9,\, 27,\, 81\}$. Wegen $N(d) = a^2 + 5\,b^2 \equiv a^2 + b^2 \not\equiv 3 \pmod{4}$ ist $N(d) = 27$ nicht möglich.
1. Fall: $N(d) = 9 = N(3) = N(2 + \sqrt{-5})$. Aus $9 = (2 + \sqrt{-5})\,(2 - \sqrt{-5})$ folgt $2 + \sqrt{-5} \mid d$, sodass $d = \pm 3$ und $d = \pm(2 + \sqrt{-5})$ nach (8) in Lemma 17.5 – ein Widerspruch.
2. Fall: $N(d) = 81 = N(9) = N(3\,(2 + \sqrt{-5}))$. Mit (8) in Lemma 17.5 folgt $d = \pm 9$ und $d = \pm 3\,(2 + \sqrt{-5})$ – ein Widerspruch.
Damit ist gezeigt, dass 9 und $3\,(2 + \sqrt{-5})$ keinen ggT besitzen. Ähnlich begründet man, dass die beiden Elemente auch kein kgV besitzen (vgl. Aufgabe 17.2). $\qquad\blacksquare$

Bemerkung Ideale wurden eingeführt, um in Ringen wie $\mathbb{Z}[\sqrt{-5}]$ einen Ersatz für die fehlende eindeutige Primfaktorzerlegung zu bekommen. In $\mathbb{Z}[\sqrt{-5}]$ ist jedes nichttriviale Ideal – von der Reihenfolge der Faktoren abgesehen – eindeutig als Produkt von Primidealen schreibbar, z. B. $(9) = (3,\, 1 + \sqrt{-5})^2\,(3,\, 1 - \sqrt{-5})^2$, $(2 + \sqrt{-5}) = (3,\, 1 - \sqrt{-5})^2$.

Aufgaben

17.1 •• Es sei G der Ring der ganzen Funktionen einer komplexen Veränderlichen z. Man zeige:

(a) G ist ein Integritätsbereich.
(b) $G^\times = \{f \in G \mid$ Es gibt $h \in G$ mit $f(z) = e^{h(z)}\}$.
(c) Für $f \in G$ gilt: f ist Primelement $\Leftrightarrow$ f ist unzerlegbar $\Leftrightarrow$ Es gibt $c \in \mathbb{C}$ und $g \in G^\times$ mit $f(z) = (z - c)\,g(z)$,
(d) G ist nicht faktoriell.

17.2 •• Zeigen Sie, dass die Elemente 9 und $3\,(2 + \sqrt{-5})$ aus $\mathbb{Z}[\sqrt{-5}]$ kein kgV besitzen.

17.3 ••

(a) Beweisen Sie, dass das Polynom $a\,X^2 + b\,X + c$ vom Grad 2 über einem Körper K mit Char $K \neq 2$ genau dann irreduzibel ist, wenn $b^2 - 4\,a\,c$ kein Quadrat in K ist.
(b) Zeigen Sie, dass $3\,X^2 + 4\,X + 3$ als Polynom über $\mathbb{Z}[\sqrt{-5}]$ irreduzibel, aber reduzibel über $\mathbb{Q}[\sqrt{-5}]$ ist.

17.4 •• Man begründe: Die Elemente $2, 3, 4 + \sqrt{10}, 4 - \sqrt{10}$ sind im Ring $\mathbb{Z}[\sqrt{10}]$ unzerlegbar, aber keine Primelemente.

17.5 •• Wir betrachten den Ring $R = \mathbb{Z}[\sqrt{-3}]$. Zeigen Sie:

(a) $R^\times = \{\pm 1\}$.
(b) Das Element $2 \in R$ ist irreduzibel, aber nicht prim.
(c) Der Ring R ist nicht faktoriell.

17.6 •• Es sei R ein Integritätsbereich. Wir betrachten den Unterring

$$A := \left\{ \sum_{i=0}^{n} a_i X^i \in R[X] \mid n \in \mathbb{N},\ a_i \in R,\ a_1 = 0 \right\} \subseteq R[X]$$

des Polynomrings über R in der unabhängigen Variablen X, vgl. Aufgabe 15.16.

(a) Zeigen Sie, dass die Elemente $X^2, X^3 \in A$ beide irreduzibel sind.
(b) Zeigen Sie, dass $X^2, X^3 \in A$ beide nicht prim sind. Ist A faktoriell?
   Hinweis: Betrachten Sie Zerlegungen von $X^6 \in A$.

Hauptidealringe. Euklidische Ringe

18

Übersicht

Im vorliegenden Kapitel untersuchen wir *Hauptidealringe* (das sind Integritätsbereiche, in denen jedes Ideal ein Hauptideal ist) und *euklidischen Ringe* (das sind Integritätsbereiche, die einen *euklidischen Betrag* haben). Sowohl Hauptidealringe als auch euklidische Ringe sind faktorielle Ringe. Die Hauptaussagen dieses Kapitels lassen sich prägnant zusammenfassen: *Jeder euklidische Ring ist ein Hauptidealring, und jeder Hauptidealring ist ein faktorieller Ring.* In Hauptidealringen und in euklidischen Ringen fallen also die Begriffe *Primelement* und *unzerlegbares Element* zusammen. Weiter zeigen wir, dass für jeden Körper K der Polynomring $K[X]$ euklidisch ist. Polynomringe über Körpern sind damit insbesondere Hauptidealringe und faktoriell.

18.1   Hauptidealringe

Ein Integritätsbereich wird ein **Hauptidealring** genannt, wenn jedes seiner Ideale ein Hauptideal ist. Einfachste Beispiele:

© Der/die Autor(en), exklusiv lizenziert an Springer-Verlag GmbH, DE,
ein Teil von Springer Nature 2024
C. Karpfinger, *Algebra*, https://doi.org/10.1007/978-3-662-68656-0_18

Beispiel 18.1

- Jeder Körper K ist ein Hauptidealring. Die einzigen Ideale sind die Hauptideale (0) und (1).
- Nach Satz 2.9 ist $\mathbb{Z}$ ein Hauptidealring: Jedes Ideal von $\mathbb{Z}$ ist von der Form $(n) = n\,\mathbb{Z}$ für ein $n \in \mathbb{N}_0$. ∎

18.1.1 Hauptidealringe sind faktoriell

Satz 18.1 *Jeder Hauptidealring R ist faktoriell.*

Beweis Wir begründen (F1$'$) und (F2$'$) aus Lemma 17.1. Es sei $(a_1) \subseteq (a_2) \subseteq \cdots$ eine aufsteigende Folge von (Haupt-)Idealen in R. Dann ist $A := \bigcup_{i \in \mathbb{N}}(a_i)$ ein Ideal, denn es gilt für $a,\, b \in A$ und jedes $r \in R$: $a \in (a_i)$, $b \in (a_j)$, und wegen der Anordnung der Ideale gibt es ein $k \in \mathbb{N}$, sodass $a,\, b \in (a_k)$. Folglich liegen $r\,a$ und $a - b$ in $(a_k) \subseteq A$.

Nach Voraussetzung ist A ein Hauptideal, d. h. $A = (a)$ für ein $a \in R$. Und wegen $A = \bigcup_{i \in \mathbb{N}}(a_i)$ gibt es ein $n \in \mathbb{N}$ mit $a \in (a_n)$. Offenbar folgt $(a_i) = (a_n) = A$ für jedes $i \geq n$. Das begründet (F1$'$).

Es sei $p \in R$ unzerlegbar. Nach Lemma 16.5 (d) und Voraussetzung ist (p) ein maximales Ideal. Da jedes maximale Ideal von R ein Primideal ist (siehe Lemma 15.18) und ein Primideal von einem Primelement erzeugt wird (siehe Lemma 16.5 (e)), ist p ein Primelement. Folglich gilt auch (F2$'$).   □

Bemerkung Für jeden Körper K ist der Polynomring $K[X]$, wie in Abschn. 18.2 gezeigt wird, ein Hauptidealring, damit nach obigem Satz auch faktoriell. Aber $\mathbb{Z}[X]$, der Ring aller Polynome mit ganzzahligen Koeffizienten, ist kein Hauptidealring (vgl. das folgende Beispiel), aber er ist dennoch faktoriell, wie in Satz 19.5 gezeigt wird. Zu Satz 18.1 gilt also nicht die Umkehrung. Faktorielle Ringe sind nicht notwendig auch Hauptidealringe.

Beispiel 18.2 Für jede Primzahl p ist das Ideal (X, p) kein Hauptideal in $\mathbb{Z}[X]$: Aus der Annahme $(X, p) = (P)$ für ein $P \in \mathbb{Z}[X]$ folgt $P \mid p$ und $P \mid X$, also – aus Gradgründen – $P \in \mathbb{Z}$ und somit $P \in \{1, -1, p, -p\}$. Wegen $(X, p) \neq \mathbb{Z}[X]$ (vgl. Beispiel 15.12) gilt $P \neq \pm 1$; und $P \neq \pm p$, weil $\pm p \nmid X$ – ein Widerspruch. ∎

Lemma 18.2 *Es sei R ein Hauptidealring. Für ein Element $0 \neq p \in R$ gilt:*

(a) p ist genau dann ein Primelement, wenn p unzerlegbar ist.

(b) (p) ist genau dann ein Primideal, wenn (p) ein maximales Ideal ist.

Beweis Mit den Lemmata 16.3 (a), 16.5 (d), (e) und 15.18 erhalten wir für einen Hauptidealring R die folgende geschlossene Kette von Implikationen:

p ist ein Primelement $\Rightarrow$ p ist unzerlegbar $\Rightarrow$ (p) ist maximal $\Rightarrow$ (p) ist Primideal $\Rightarrow$ p ist ein Primelement. Damit gelten die Aussagen in (a) und (b). □

Bemerkung In dem faktoriellen Ring $\mathbb{Z}[X]$, der kein Hauptidealring ist, ist (X) ein Primideal, aber kein maximales Ideal (vgl. Beispiel 15.12).

Beispiel 18.3 Mit Korollar 15.17 erhalten wir aus Lemma 18.2 erneut, dass der Faktorring $\mathbb{Z}/p = \mathbb{Z}/p\,\mathbb{Z}$ für jede Primzahl p ein Körper ist. ∎

18.1.2 Der Hauptsatz über den ggT

In Hauptidealringen gilt der Satz über den größten gemeinsamen Teiler (vgl. Satz 5.4).

Satz 18.3 (Hauptsatz über den ggT) *Es seien R ein Hauptidealring und $a_1, \ldots, a_n \in R$. Dann gilt*

$$d \in \mathrm{ggT}(a_1, \ldots, a_n) \Leftrightarrow (d) = (a_1, \ldots, a_n) = (a_1) + \cdots + (a_n).$$

Es existieren somit $r_1, \ldots, r_n \in R$ mit $d = r_1 a_1 + \cdots + r_n a_n$.

Beweis Es existiert ein $d' \in R$ mit $(d') = (a_1, \ldots, a_n)$. Wegen Lemma 16.5 (g) gilt $d' \in \mathrm{ggT}(a_1, \ldots, a_n)$, und mit Lemma 16.5 (b) und Lemma 16.4 folgt

$$d \in \mathrm{ggT}(a_1, \ldots, a_n) \Leftrightarrow d \sim d' \Leftrightarrow (d) = (d') = (a_1, \ldots, a_n).$$

□

Ein ggT der Elemente $a_1, \ldots, a_n$ eines Hauptidealringes R lässt sich aus einer expliziten Darstellung der Elemente als Produkte von Primelementen mittels Lemma 17.2 ermitteln. Tatsächlich ist diese Methode aber ähnlich zur (naiven) Ermittlung einer Primfaktorisierung einer natürlichen Zahl nicht sehr effizient. Deutlich effizienter ist der euklidische Algorithmus zur Bestimmung eines ggT. Aber einen solchen hat man in Hauptidealringen im Allgemeinen nicht zur Verfügung, jedoch in den sogenannten *euklidischen Ringen*, die wir im folgenden Abschnitt behandeln.

Vorsicht Im faktoriellen Ring $\mathbb{Z}[X]$ gilt $1 \in \mathrm{ggT}(2, X)$, aber es existieren keine $a, b \in \mathbb{Z}[X]$ mit $1 = 2\,a + X\,b$. Der Ring $\mathbb{Z}[X]$ ist kein Hauptidealring.

18.2   Euklidische Ringe

In $\mathbb{Z}$ und in $K[X]$ (K ein Körper) können wir für Elemente a, b, $b \neq 0$ eine *Division mit Rest* durchführen (vgl. Lemma 14.6). Die Gleichung $a = q\,b + r$ wird gelegentlich auch als $a : b = q$ Rest r (*a durch b ist gleich q Rest r*) gelesen. Wesentlich beim Divisionsalgorithmus in $\mathbb{Z}$ und in $K[X]$ ist, dass der Rest r in irgendeiner Weise der Größe nach mit b verglichen werden kann. In $\mathbb{Z}$ erreicht man $|r| < |b|$ und in $K[X]$ kann man mittels Division mit Rest $\deg r < \deg b$ erzielen; Hauptsache man kann vergleichen. Wir nutzen nun diese *Division mit Rest* zur Definition einer wichtigen Klasse von Ringen. Ein Integritätsbereich R heißt ein **euklidischer Ring**, wenn es eine Abbildung $\varphi : R \setminus \{0\} \to \mathbb{N}_0$ mit den folgenden Eigenschaften gibt:

Zu beliebigen a, $b \in R$ mit $b \neq 0$ existieren q, $r \in R$ mit

$$a = q\,b + r \quad und \quad r = 0 \quad oder \quad \varphi(r) < \varphi(b)\,.$$

Eine solche Abbildung φ bezeichnet man als **euklidischen Betrag** oder **euklidische Norm**.

Beispiel 18.4

- Der Ring $\mathbb{Z}$ ist ein euklidischer Ring, der euklidische Betrag ist der gewöhnliche Betrag auf $\mathbb{Z} \setminus \{0\}$.
- Der Polynomring $K[X]$ ist für jeden Körper K euklidisch. Dies folgt aus Lemma 14.4 (c), wonach $K[X]^{\times} = K^{\times}$ gilt, und der Division mit Rest in Lemma 14.6: Der euklidische Betrag ist $\deg : K[X] \setminus \{0\} \to \mathbb{N}_0$.
- Der Ring $\mathbb{Z}[i]$ ist ein euklidischer Ring (vgl. Abschn. 18.3). ∎

Satz 18.4 *Jeder euklidische Ring ist ein Hauptidealring.*

Beweis Es sei $A \neq (0)$ ein Ideal des euklidischen Ringes (R, φ). Und es sei $b \in A \setminus \{0\}$ mit kleinstem Betrag $\varphi(b)$ gewählt. Natürlich gilt $(b) \subseteq A$, wir begründen $A \subseteq (b)$: Zu jedem $a \in A$ existieren q, $r \in R$ mit $a = q\,b + r$ und $r = 0$ oder $\varphi(r) < \varphi(b)$. Wegen $r = a - q\,b \in A$ und der Minimaleigenschaft von b ist der zweite Fall nicht möglich, sodass $r = 0$ und $a = q\,b \in (b)$. Es folgt $A = (b)$. □

Wichtige euklidische Ringe sind Polynomringe über Körpern, wir fassen für diese die bisherigen Ergebnisse zusammen:

Korollar 18.5 *Für jeden Körper K ist $K[X]$ euklidisch, ein Hauptidealring und faktoriell, d. h., jedes Polynom $P \in K[X] \setminus K$ ist, von der Reihenfolge der Faktoren abgesehen, auf genau eine Weise in der Form $P = u\,P_1^{v_1} \cdots P_r^{v_r}$ mit $u \in K^{\times}$, $v_1, \ldots, v_r \in \mathbb{N}$ und verschiedenen normierten, irreduziblen $P_1, \ldots, P_r \in K[X]$ darstellbar.* □

Bemerkungen

(1) Für jedes quadratfreie $d \neq 0,\ 1$ aus $\mathbb{Z}$ ist

$$R_d := \begin{cases} \mathbb{Z} + \mathbb{Z}\sqrt{d}\,, & \text{wenn}\quad d \not\equiv 1 \ (\text{mod } 4) \\ \mathbb{Z} + \mathbb{Z}\,\frac{1+\sqrt{d}}{2}\,, & \text{wenn}\quad d \equiv 1 \ (\text{mod } 4) \end{cases}$$

ein Teilring von $\mathbb{C}$. Bekannt ist:

 Für $d < 0$ ist R_d genau dann euklidisch, wenn $d = -1, -2, -3, -7, -11$, faktoriell, wenn $d = -1, -2, -3, -7, -11, -19, -43, -67, -163$.

 Das war eine Vermutung von Gauß, die erst 1966 endgültig bewiesen wurde.

 Für 38 Werte d mit $2 \leq d \leq 100$ ist R_d faktoriell. Es ist nicht bekannt, ob R_d für unendlich viele $d \in \mathbb{N}$ faktoriell ist (das ist wieder eine Vermutung von Gauß).

(2) Es ist $R_{-19} = \mathbb{Z} + \frac{1}{2}(1 + \sqrt{-19})\,\mathbb{Z}$ ein Hauptidealring, aber nicht euklidisch – dies ist nicht ganz einfach zu beweisen, wir verzichten darauf.

Satz 18.6 *Für einen Integritätsbereich R sind äquivalent:*

(a) R ist ein Körper.
(b) $R[X]$ ist ein euklidischer Ring.
(c) $R[X]$ ist ein Hauptidealring.

Beweis (a) $\Rightarrow$ (b) $\Rightarrow$ (c) haben wir bereits bewiesen. (c) $\Rightarrow$ (a): Es sei $R[X]$ ein Hauptidealring. Für den Einsetzhomomorphismus $\varphi : P \mapsto P(0)$ gilt nach dem Homomorphiesatz 15.12 $R \cong R[X]/\operatorname{Kern}\varphi$. Da R ein Integritätsbereich ist, ist $\operatorname{Kern}\varphi$ nach Lemma 15.15 ein Primideal in $R[X]$ und als solches ein maximales Ideal (vgl. Lemma 18.2). Nach Korollar 15.17 ist R ein Körper. $\qquad\square$

Bemerkung Mit diesem Satz haben wir wieder begründet, dass $\mathbb{Z}[X]$ weder euklidisch noch ein Hauptidealring ist (vgl. Beispiel 18.2). Es folgt auch, dass selbst für einen Körper K der Polynomring $K[X, Y] = (K[X])[Y]$ in zwei Unbestimmten niemals ein Hauptidealring ist.

18.2.1 Der euklidische Algorithmus *

Wie in $\mathbb{Z}$ kann zu je zwei Elementen a und b eines euklidischen Ringes mit dem euklidischen Algorithmus ein ggT bestimmt werden.

Satz 18.7 (Der euklidische Algorithmus) *Es sei R ein euklidischer Ring mit euklidischem Betrag φ. Weiter seien a_1, $a_2 \in R$, $a_2 \neq 0$. Durch sukzessive Division mit Rest bestimme man für $i = 1$, 2, 3, ... die Elemente a_3, a_4, ... $\in R$ aus*

$$a_i = q_i \, a_{i+1} + a_{i+2}, \; q_i \in R, \; \varphi(a_{i+2}) < \varphi(a_{i+1}),$$

bis $a_{n+1} = 0$. Dann gilt $a_n \in \mathrm{ggT}(a_1, a_2)$.

Beweis Es sei n so gewählt, dass $a_n \neq 0$ und $a_{n+1} = 0$ gilt. Dann gilt:

$$a_n \mid a_{n-1} \; \Rightarrow \; a_n \mid a_{n-2} \; \Rightarrow \; \cdots \; \Rightarrow \; a_n \mid a_2, \; a_n \mid a_1.$$

Also ist a_n ein gemeinsamer Teiler von a_1 und a_2. Es sei t ein gemeinsamer Teiler von a_1 und a_2. Dann gilt

$$t \mid a_1, a_2 \; \Rightarrow \; t \mid a_3 \; \Rightarrow \; \cdots \; \Rightarrow \; t \mid a_n.$$

D. h. $a_n \in \mathrm{ggT}(a_1, a_2)$. $\square$

Beispiel 18.5 Wir bestimmen einen ggT für die Polynome

$$P = X^4 + 2\,X^3 - X^2 - 4\,X - 2, \; Q = X^4 + X^3 - X^2 - 2\,X - 2 \in \mathbb{R}[X].$$

Sukzessive Divison mit Rest liefert:

$$X^4 + 2\,X^3 - X^2 - 4\,X - 2 = 1\,(X^4 + X^3 - X^2 - 2\,X - 2) + X^3 - 2\,X,$$

$$X^4 + X^3 - X^2 - 2\,X - 2 = X\,(X^3 - 2\,X) + X^3 + X^2 - 2\,X - 2,$$

$$X^3 - 2\,X = 1\,(X^3 + X^2 - 2\,X - 2) + (-X^2 + 2),$$

$$X^3 + X^2 - 2\,X - 2 = -X\,(-X^2 + 2) + \boxed{X^2 - 2},$$

$$-X^2 + 2 = (-1)\,(X^2 - 2).$$

Es ist $X^2 - 2$ ein ggT der Polynome P und Q, und $\mathrm{ggT}(P, Q) = K^{\times}\,(X^2 - 2)$.   ◼

18.3   Der euklidische Ring $\mathbb{Z}[\mathrm{i}]$ *

Wir diskutieren ausführlich den euklidischen Ring $\mathbb{Z}[\mathrm{i}]$ der ganzen Gauß'schen Zahlen. Mit seiner Hilfe erhalten wir nichttriviale zahlentheoretische Ergebnisse.

18.3.1 Der euklidische Betrag auf $\mathbb{Z}[i]$

Bekanntlich bildet die Menge

$$\mathbb{Z}[i] := \{r + i\,s \mid r,\, s \in \mathbb{Z}\} \subseteq \mathbb{C}$$

mit der Addition und Multiplikation komplexer Zahlen einen Teilring von $\mathbb{C}$. Die Norm $N : z \mapsto z\,\overline{z}$ ist ein euklidischer Betrag auf $\mathbb{Z}[i] \setminus \{0\}$ (beachte folgendes Lemma). Damit ist $\mathbb{Z}[i]$ ein euklidischer Ring, insbesondere faktoriell. Es gelingt uns sogar, die Primelemente von $\mathbb{Z}[i]$ zu charakterisieren – um nämlich alle Primelemente von $\mathbb{Z}[i]$ angeben zu können, reicht es aus, die Teiler der Primzahlen zu bestimmen, genauer:

Lemma 18.8 *Es ist $\mathbb{Z}[i]$ mit der Abbildung $N : \mathbb{Z}[i] \setminus \{0\} \to \mathbb{N}_0,\ z \mapsto z\overline{z} = |z|^2$ ein euklidischer Ring, und es gilt:*

(1) $\mathbb{Z}[i]^\times = \{z \in \mathbb{Z}[i] \mid N(z) = 1\} = \{1,\ -1,\ i,\ -i\}$.
(2) Jedes Primelement π von $\mathbb{Z}[i]$ ist Teiler einer Primzahl.
(3) Es sei p eine Primzahl.
   Wenn es $a,\ b \in \mathbb{Z}$ mit $p = a^2 + b^2$ gibt, ist $p = (a + i\,b)(a - i\,b)$ eine Zerlegung von p in Primelemente von $\mathbb{Z}[i]$; und $a + i\,b \not\sim a - i\,b$, sofern $a + i\,b \neq \pm 1 \pm i$.
   Andernfalls ist p Primelement von $\mathbb{Z}[i]$.
(4) Ist p eine Primzahl mit $p \equiv 3 \pmod 4$, so ist p ein Primelement von $\mathbb{Z}[i]$.
(5) $2 = (1 + i)(1 - i)$ ist eine Zerlegung von 2 in Primelemente, und $1 + i \sim 1 - i$.
(6) Ist p eine Primzahl mit $p \equiv 1 \pmod 4$, so existiert ein $x \in \mathbb{Z}$ mit $p \mid x^2 + 1$.

Beweis Wir zeigen, dass N ein euklidischer Betrag ist. Für $\alpha,\ \beta \in \mathbb{Z}[i]$ mit $\beta \neq 0$ gilt

$$\alpha = (\alpha\,\beta^{-1})\,\beta \quad \text{mit} \quad \alpha\,\beta^{-1} = x + i\,y \in \mathbb{C},\ x,\ y \in \mathbb{R}.$$

Es existieren $u,\ v \in \mathbb{Z}$ mit $|x - u| \leq \frac{1}{2}$, $|y - v| \leq \frac{1}{2}$. Für $\delta := u + i\,v \in \mathbb{Z}[i]$ und $\rho := \alpha - \delta\,\beta = (\alpha\beta^{-1} - \delta)\,\beta = ((x - u) + i\,(y - v))\,\beta \in \mathbb{Z}[i]$ folgt $\rho = 0$ oder

$$(*) \quad N(\rho) = ((x - u)^2 + (y - v)^2)\,N(\beta) \leq \frac{1}{2}\,N(\beta) < N(\beta)\,.$$

(1) Es sei $\alpha = r + i\,s \in \mathbb{Z}[i]^\times$, etwa $\alpha\,\beta = 1$. Dann gilt $N(\alpha)\,N(\beta) = 1$ und somit

$$1 = N(\alpha) = r^2 + s^2 \Rightarrow r = \pm 1,\ s = 0 \quad \text{oder} \quad r = 0,\ s = \pm 1\,,$$

d. h. $\alpha = \pm 1$ oder $\alpha = \pm \mathrm{i}$. Wenn also α eine Einheit ist, so ist α eines der vier Elemente ± 1, $\pm \mathrm{i}$. Umgekehrt sind diese Elemente auch Einheiten, da $(-1)(-1) = 1$, $\mathrm{i}(-\mathrm{i}) = 1$.

(2) Ist π ein Primelement von $\mathbb{Z}[\mathrm{i}]$, so ist $\pi \overline{\pi} = N(\pi) \in \mathbb{N} \setminus \{1\}$ ein Produkt von Primzahlen $p_1, \ldots, p_r \in \mathbb{N}$, d. h. $\pi \overline{\pi} = p_1 \cdots p_r$. Es folgt $\pi \mid p_k$ für ein $k \in \{1, \ldots, r\}$.

(3) Es existiert ein Primelement $\pi = a + \mathrm{i}\, b$ von $\mathbb{Z}[\mathrm{i}]$ mit $\pi \mid p$. Es folgt $\pi \overline{\pi} = N(\pi) \mid N(p) = p^2$, sodass $N(\pi) = p$ oder $N(\pi) = p^2$ wegen (1) und der Begründung zu (2).

Im Fall $N(\pi) = p$ ist $p = a^2 + b^2 = \pi \overline{\pi}$ eine Zerlegung von p in Primelemente, weil auch $\overline{\pi}$ Primelement von $\mathbb{Z}[\mathrm{i}]$ ist ($z \mapsto \overline{z}$ ist ein Automorphismus von $\mathbb{Z}[\mathrm{i}]$); und aus $\pi \sim \overline{\pi}$ folgt mit (1) und wegen $a \neq 0 \neq b$ leicht $\pi = 1 + \mathrm{i}$ oder $\pi = 1 - \mathrm{i}$.

Im Fall $N(\pi) = p^2$ ist $p \sim \pi$ Primelement: Aus $p = \pi \pi'$ folgt $N(\pi') = 1$, also $\pi' \in \mathbb{Z}[\mathrm{i}]^\times$ nach (1). In diesem Fall kann p nicht Summe zweier Quadrate sein, da aus $p = a^2 + b^2$ mit $a, b \in \mathbb{Z}$ eine nichttriviale Zerlegung des Primelements p folgt: $p = (a + \mathrm{i}\, b)(a - \mathrm{i}\, b)$, wobei $N(a + \mathrm{i}\, b) = p = N(a - \mathrm{i}\, b)$, also $a + \mathrm{i}\, b$, $a - \mathrm{i}\, b \notin \mathbb{Z}[\mathrm{i}]^\times$.

(4) Für $a, b \in \mathbb{Z}$ gilt $a^2 + b^2 \not\equiv 3 \pmod 4$. Also folgt die Behauptung aus (3).

(5) Das ist wegen $1 + \mathrm{i} = \mathrm{i}(1 - \mathrm{i})$ in (3) enthalten.

(6) Es sei $\overline{x} := x + p\mathbb{Z} \in \mathbb{Z}/p$ für $x \in \mathbb{Z}$. Da $\mathbb{Z}/p$ nach Satz 5.14 ein Körper ist, ist $\overline{x} \mapsto \overline{x}^2$ ein Endomorphismus von $\mathbb{Z}/p^\times$ mit Kern $\{\overline{1}, -\overline{1}\}$, sodass $U := \{\overline{x}^2 \mid \overline{x} \in \mathbb{Z}/p^\times\} \leq \mathbb{Z}/p^\times$ die Ordnung $\frac{p-1}{2}$ hat. Wegen $p \equiv 1 \pmod 4$ gilt $2 \mid |U|$, und es folgt mit dem Satz 8.2 von Cauchy $-\overline{1} \in U$, also $-\overline{1} = \overline{x}^2$, d. h. $p \mid x^2 + 1$ für ein $x \in \mathbb{Z}$. $\square$

Bemerkung In $(*)$ haben wir benutzt, dass N auf ganz $\mathbb{C}$ und nicht nur auf $\mathbb{Z}[\mathrm{i}]$ multiplikativ ist.

18.3.2 Zahlen als Summen von Quadraten

Wir können nun ein interessantes zahlentheoretisches Resultat beweisen:

Korollar 18.9 (P. Fermat) *Jede Primzahl $p \equiv 1 \pmod 4$ ist – von der Reihenfolge der Summanden abgesehen – auf genau eine Weise als Summe zweier ganzzahliger Quadrate darstellbar, $p = a^2 + b^2$.* $\square$

Beweis Wegen (6) in Lemma 18.8 gilt $p \mid x^2 + 1 = (x + \mathrm{i})(x - \mathrm{i})$ für ein $x \in \mathbb{Z}$. Wäre p Primelement von $\mathbb{Z}[\mathrm{i}]$, so folgte $p \mid x + \mathrm{i}$ oder $p \mid x - \mathrm{i}$, also $x + \mathrm{i} = p(r + \mathrm{i}\, s) = p\, r + \mathrm{i}\, p\, s$ oder $x - \mathrm{i} = p(r + \mathrm{i}\, s) = p\, r + \mathrm{i}\, p\, s$ für gewisse $r, s \in \mathbb{Z}$, und das ist nicht möglich.

Wegen (3) in Lemma 18.8 existieren $a, b \in \mathbb{Z}$ mit $p = a^2 + b^2 = (a + \mathrm{i}\, b)(a - \mathrm{i}\, b)$. Die Eindeutigkeit folgt aus (3), (1) in Lemma 18.8 und der Tatsache, dass $\mathbb{Z}[\mathrm{i}]$ als euklidischer Ring faktoriell ist. $\square$

Wir können jede natürliche Zahl n wie folgt darstellen

$$n = m^2 \prod_{i=1}^{r} p_i \quad \text{mit} \quad m \in \mathbb{N} \quad \text{und verschiedenen Primzahlen} \quad p_1, \dots, p_r,$$

wobei wir $\prod_{i=1}^{r} p_i = 1$ vereinbaren, falls $n = m^2$ ein Quadrat ist. Man nennt $\prod_{i=1}^{r} p_i$ den **quadratfreien Anteil** von n. Die Formel $(a^2 + b^2)(c^2 + d^2) = N(a + \mathrm{i}\, b)\, N(c + \mathrm{i}\, d) = N((a + \mathrm{i}\, b)(c + \mathrm{i}\, d)) = (a\, c - b\, d)^2 + (a\, d + b\, c)^2$ zeigt, wie ein Produkt von Summen zweier Quadrate als Summe zweier Quadrate dargestellt werden kann, falls man die Darstellung für die Faktoren kennt. Mit den weiteren Formeln

$$2 = 1 + 1, \; a^2 = a^2 + 0, \; a^2(b^2 + c^2) = (a\, b)^2 + (a\, c)^2$$

erhalten wir mit dem Korollar 18.9 von Fermat die Richtung $\Leftarrow$ von:

Satz 18.10 *Genau dann ist $n \in \mathbb{N}$ Summe zweier ganzzahliger Quadrate, wenn die Primteiler $\neq 2$ des quadratfreien Anteils von n sämtlich $\equiv 1 \pmod 4$ sind.*

Beweis Es ist die Richtung $\Rightarrow$ zu beweisen. Es seien $n = a^2 + b^2$ mit o. E. teilerfremden ganzen Zahlen a und b und p eine Primzahl mit $p \mid n$. Wegen der Teilerfremdheit von a und b gilt $p \nmid a\, b$. Aus $b^{p-1} \equiv 1 \pmod p$ und $a^2 \equiv -b^2 \pmod p$ folgt

$$(b^{p-2}\, a)^2 \equiv b^{2p-4}\, a^2 \equiv -b^{2p-2} \equiv -1 \pmod p.$$

Also existiert eine ganze Zahl s mit $s^2 \equiv -1 \pmod p$ und $s^4 \equiv 1 \pmod p$. Somit ist 4 ein Teiler der Gruppenordnung $|\mathbb{Z}/p^{\times}| = p - 1$, d. h. $p \equiv 1 \pmod 4$. $\qquad\square$

Bemerkung Der *Vier-Quadrate-Satz* von Lagrange besagt, dass jede natürliche Zahl als Summe von vier Quadraten ganzer Zahlen darstellbar ist.

18.4   Weitere Ringe der Form $\mathbb{Z}[\sqrt{d}]$ *

Die Ringe $\mathbb{Z}[\sqrt{d}]$ mit $d \in \mathbb{Z}$ sind eine reiche Quelle für alle möglichen Arten von Ringen: Je nach Wahl von d ist ein solcher Ring euklidisch (und damit ein Hauptidealring und faktoriell) oder eben nichts von alledem.

Wir haben bisher den nichtfaktoriellen Ring $\mathbb{Z}[\sqrt{-5}]$ (siehe Abschn. 17.2) und den euklidischen Ring $\mathbb{Z}[\sqrt{-1}]$ (siehe Abschn. 18.3) genauer untersucht.

Wir zeigen einige typische Problemstellungen im Zusammenhang mit diesen Ringen auf und lösen diese.

18.4.1 Die Normabbildung auf $\mathbb{Z}[\sqrt{d}]$ und die Einheitengruppe $\mathbb{Z}[\sqrt{d}]^{\times}$

Wir stellen erst mal einige bekannte Ergebnisse zu diesen Ringen und deren Einheitengruppen zusammen (vgl. Aufgabe 13.11 und Lemma 18.8):

Lemma 18.11 *Es sei $d \in \mathbb{Z} \setminus \{1\}$ quadratfrei (d. h.: $x \in \mathbb{N}$, $x^2 \mid d \Rightarrow x = 1$) und*

$$\mathbb{Z}[\sqrt{d}] := \{a + b\sqrt{d} \mid a,\, b \in \mathbb{Z}\}\,.$$

Dann gilt:

(a) $\mathbb{Z}[\sqrt{d}]$ ist ein Teilring von $\mathbb{C}$.
(b) Die Abbildung $z = a + b\sqrt{d} \mapsto \bar{z} := a - b\sqrt{d}$ ($a, b \in \mathbb{Z}$ ist ein Automorphismus von $\mathbb{Z}[\sqrt{d}]$.
*(c) Die **Normabbildung***

$$N : \begin{cases} \mathbb{Z}[\sqrt{d}] & \to & \mathbb{Z} \\ z = a + b\sqrt{d} & \mapsto & z\bar{z} = a^2 - d\, b^2 \end{cases}$$

ist multiplikativ, d. h. es gilt $N(z\, z') = N(z)\, N(z')$ für alle $z,\ z' \in \mathbb{Z}[\sqrt{d}]$.
(d) Es gilt $\mathbb{Z}[\sqrt{d}]^{\times} = \{z \in \mathbb{Z}[\sqrt{d}] \mid N(z) \in \{1, -1\}\}$.
(e) Für $d = -1$ gilt $\mathbb{Z}[\sqrt{d}]^{\times} = \{\pm 1,\ \pm \mathrm{i}\}$ und für $d < -1$ gilt $\mathbb{Z}[\sqrt{d}]^{\times} = \{\pm 1\}$.

18.4.2 Unzerlegbare Elemente, die nicht prim sind

Nach Lemma 16.3 (a) gilt in jedem **Integritätsbereich** R:

> *Ist $p \in R$ ein Primelement, so ist p auch unzerlegbar.*

In einem **faktoriellen Ring** R gilt zudem:

> *Ist $p \in R$ unzerlegbar, so ist p ein Primelement.*

Beachte die Primbedingung in Satz 17.1 zur Kennzeichnung faktorieller Ringe.

Können wir somit in $\mathbb{Z}[\sqrt{d}]$ ein unzerlegbares, aber nicht primes Element angeben, so ist $\mathbb{Z}[\sqrt{d}]$ kein faktorieller Ring.

In den folgenden Rechnungen nutzen wir immer wieder das folgende Ergebnis, das wir durch Anwenden der Norm für Elemente u, v, $a \in R$ erhalten:

$$u\, v = a \Rightarrow N(u)\, N(v) = N(a)\,, \quad \text{kurz: } u \mid a \Rightarrow N(u) \mid N(a)\,.$$

Beispiel 18.6 Es sei $d = -13$, wir betrachten also den Ring $\mathbb{Z}[\sqrt{-13}] = \{a + b\sqrt{-13} \mid a,\, b \in \mathbb{Z}\}$.

- *Das Element* $2 = 2 + 0\sqrt{-13} \in \mathbb{Z}[\sqrt{-13}]$ *ist unzerlegbar:* Das von null verschiedene Element 2 hat die Norm $N(2) = 4 \neq 1$ und ist somit keine Einheit nach Lemma 18.11 (d). Angenommen, 2 ist zerlegbar in $\mathbb{Z}[\sqrt{-13}]$. Dann gibt es Nichteinheiten $u,\ v \in \mathbb{Z}[\sqrt{-13}]$, $N(u),\ N(v) \neq 1$, mit:

$$2 = u\,v,\quad \text{und folglich}\quad N(2) = N(u)\,N(v) = 4 = 2 \cdot 2\,.$$

Somit gilt $N(u) = 2$ oder $N(v) = 2$. Das ist aber nicht möglich, da $N(a + b\sqrt{-13}) = a^2 + 13\,b^2 = 2$ für $a,\ b \in \mathbb{Z}$ nicht lösbar ist. Dieser Widerspruch zeigt, dass 2 unzerlegbar ist.

- *Das Element* $2 \in \mathbb{Z}[\sqrt{-13}]$ *ist kein Primelement:* Angenommen, 2 ist ein Primelement. Mit etwas Probieren erhalten wir die Gleichung:

$$(1 + \sqrt{-13})\,(1 - \sqrt{-13}) = 14 = \mathbf{2} \cdot 7\,.$$

Damit ist 2 ein Teiler des Produktes $(1 + \sqrt{-13})\,(1 - \sqrt{-13})$. Da 2 ein Primelement ist, teilt 2 einen der Faktoren $1 + \sqrt{-13}$ oder $1 - \sqrt{-13}$. Wir erhalten:

$$2 \mid 1 \pm \sqrt{-13}\ \Rightarrow\ N(2) \mid N(1 \pm \sqrt{-13})\ \text{d.h.}\ 4 \mid 14\,.$$

Dieser Widerspruch belegt: 2 ist kein Primelement.

Der Ring $\mathbb{Z}[\sqrt{-13}]$ ist somit kein faktorieller Ring. ∎

18.4.3 Der euklidische Ring $\mathbb{Z}[\sqrt{-2}]$

Wir zeigen, dass der Ring

$$R := \mathbb{Z}[\sqrt{-2}] = \{a + b\sqrt{-2} \mid a,\ b \in \mathbb{Z}\}$$

mit der Normabbildung $N : R \setminus \{0\} \to \mathbb{N}_0$, $N(a + b\sqrt{-2}) = a^2 + 2b^2$ ein euklidischer Ring ist. Dazu gehen wir analog zum Beweis von Lemma 18.8 vor:
Für $\alpha,\ \beta \in \mathbb{Z}[\sqrt{-2}]$ mit $\beta \neq 0$ gilt

$$\alpha = (\alpha\,\beta^{-1})\,\beta\quad \text{mit}\quad \alpha\,\beta^{-1} = x + \sqrt{-2}\,y \in \mathbb{C},\ x,\ y \in \mathbb{R}\,.$$

Es existieren $u,\ v \in \mathbb{Z}$ mit $|x - u| \leq \frac{1}{2}$, $|y - v| \leq \frac{1}{2}$. Für $\delta := u + \sqrt{-2}\,v \in \mathbb{Z}[\sqrt{-2}]$ und $\rho := \alpha - \delta\,\beta = (\alpha\beta^{-1} - \delta)\,\beta = ((x - u) + \sqrt{-2}\,(y - v))\,\beta \in \mathbb{Z}[\sqrt{-2}]$ folgt $\rho = 0$ oder

$$N(\rho) = ((x - u)^2 + 2\,(y - v)^2)\,N(\beta) \leq \frac{3}{4}\,N(\beta) < N(\beta)\,.$$

Damit ist gezeigt, dass N ein euklidischer Betrag ist. Damit gesellt sich ein weiteres Beispiel zu unserer Liste bekannter euklidischer Ringe; es sind dies nun:

$$\mathbb{Z}, \; K[X], \; \mathbb{Z}[i], \; \mathbb{Z}[\sqrt{-2}],$$

hierbei ist K natürlich ein Körper.

Da $R := \mathbb{Z}[\sqrt{-2}]$ mit der Normabbildung N ein euklidischer Ring ist, ist R insbesondere auch ein faktorieller Ring. Nach (F2) (siehe Definition faktorieller Ringe) ist die Zerlegung von Nichteinheiten ungleich 0 aus R in ein Produkt von unzerlegbaren Elementen (von Vertauschungen der Faktoren und Assoziiertheit der Faktoren abgesehen) eindeutig. Wir bestimmen sämtliche Zerlegungen des Elements $z = 2 + 3\sqrt{-2} \in R$ – abgesehen von den Vertauschungen der Faktoren:

Ist $z = u\,v$ mit Nichteinheiten u und v aus R, so gilt wegen $N(z) = 2^2 + 2 \cdot 3^2 = 22 = 2 \cdot 11 = N(u)\,N(v)$:

$$N(u) = 2 \;\; \text{und} \;\; N(v) = 11$$

oder umgekehrt. Durch Probieren finden wir

$$N(\pm\sqrt{-2}) = 2 \;\; \text{und} \;\; N(\pm 3 \pm \sqrt{-2}) = 11$$

und somit weiterhin beispielsweise die folgende Zerlegung von z in unzerlegbare Faktoren:

$$z = 2 + 3\sqrt{-2} = \sqrt{-2}\,(3 - \sqrt{-2}),$$

also $u = \sqrt{-2}$ und $v = 3 - \sqrt{-2}$. Wegen der bereits weiter oben angesprochenen Eindeutigkeit der Zerlegung und wegen $R^\times = \{\pm 1\}$ (siehe Lemma 18.11 (e)) erhalten wir somit die folgenden zwei Zerlegungen von z in unzerlegbare Elemente (d. h. Primelemente):

$$z = \sqrt{-2}\,(3 - \sqrt{-2}) = -\sqrt{-2}\,(-3 + \sqrt{-2}).$$

Von der Vertauschung der Faktoren abgesehen gibt es keine weiteren solchen Zerlegungen.

Aufgaben

18.1 ●●   Es seien R ein Hauptidealring und $c, a_1, \ldots, a_n \in R$.

(a) Zeigen Sie, dass die **Diophantische Gleichung** $a_1 X_1 + \cdots + a_n X_n = c$ genau dann in R lösbar ist, wenn c durch einen ggT d von $a_1, \ldots, a_n$ teilbar ist.

(b) Die Gleichung $a\,X + b\,Y = c$ mit $a,\,b \in R\backslash\{0\}$ besitze eine Lösung $(x,\,y) \in R^2$. Beschreiben Sie alle Lösungen dieser Diophantischen Gleichung.

(c) Bestimmen Sie alle Lösungen $(x,\,y) \in \mathbb{Z}^2$ von $102\,X + 90\,Y = 108$.

18.2 ••   Bestimmen Sie mithilfe des euklidischen Algorithmus in $\mathbb{Z}[\mathrm{i}]$ einen ggT von $a = 31 - 2\,\mathrm{i}$ und $b = 6 + 8\,\mathrm{i}$ und stellen Sie ihn in der Form $r\,a + s\,b$ mit $r,\,s \in \mathbb{Z}[\mathrm{i}]$ dar.

18.3 •   Bestimmen Sie die Einheiten in $\mathbb{Z}[\sqrt{-6}]$.

18.4 ••   Man zeige, dass $\mathbb{Z}[\sqrt{26}]$ unendlich viele Einheiten hat.

18.5 ••   Man bestimme in $\mathbb{Z}[\sqrt{-6}]$ alle Teiler von 6.

18.6 ••   Man bestimme in $\mathbb{Z}[\sqrt{-5}]$ alle Teiler von 21.

18.7 ••   Man zerlege in $\mathbb{Z}[\mathrm{i}]$ die Zahlen 3, 5, 7, 70 und $1 + 3\,\mathrm{i}$ in Primelemente.

18.8 ••   Gegeben ist der euklidische Ring $\mathbb{Z}[\mathrm{i}]$ mit dem euklidischen Betrag $N : z \to z\,\bar{z}$. Bestimmen Sie jeweils zu $a,\,b \in \mathbb{Z}[\mathrm{i}]$ Elemente $q,\,r \in \mathbb{Z}[\mathrm{i}]$ mit $a = q\,b + r$ und der Eigenschaft $N(r) < N(b)$ (Division mit Rest), wobei

(a) $a = 10 + 11\,\mathrm{i}$, $b = 2 + 3\,\mathrm{i}$.

(b) $a = 4 + 7\,\mathrm{i}$, $b = 1 + 2\,\mathrm{i}$.

(c) $a = 137$, $b = 35$.

18.9 ••   Begründen Sie jeweils, ob die angegebene Aussage richtig oder falsch ist. Es ist jeweils R ein Teilring des Integritätsbereichs S.

(a) Ist R faktoriell, so auch S.

(b) Ist S faktoriell, so auch R.

(c) Ist $a \in R$ irreduzibel (bzw. prim) in R, so auch in S.

(d) Ist $a \in R$ irreduzibel (bzw. prim) in S, so auch in R.

(e) Ist S euklidisch mit einem euklidischen Betrag $\varphi : S \backslash \{0\} \to \mathbb{N}_0$, so auch R mit der entsprechend eingeschränkten Funktion $\varphi|_R$.

18.10 ••   Es sei $R = \mathbb{Z}[\mathrm{i}]$ der euklidische Ring der ganzen Gauß'schen Zahlen.

(a) Begründen Sie, warum 11 ein Primelement und 13 kein Primelement in R ist.

(b) Begründen Sie, warum $(11) = 11\,R$ ein maximales Ideal in R ist.

(c) Zerlegen Sie das Ideal $(13) = 13\,R$ in ein Produkt zweier maximaler Ideale.

18.11 •••   Es sei

$$R := \left\{ \tfrac{a}{b} \in \mathbb{Q} \mid a,\,b \in \mathbb{Z},\ \mathrm{ggT}(30,\,b) = 1 \right\} \subseteq \mathbb{Q}.$$

(a) Zeigen Sie, dass R ein Unterring von $\mathbb{Q}$ ist.

(b) Bestimmen Sie die Menge der Einheiten $R^{\times}$. Gilt $R \cap \mathbb{Q}^{\times} = R^{\times}$?

(c) Zeigen Sie, dass R ein Hauptidealring ist, und bestimmen Sie alle Ideale von R. Welche Ideale sind maximal, welche prim?

(d) Bestimmen Sie (bis auf Einheiten) alle irreduziblen Elemente von R. Sind diese auch prim?

18.12 ••   Bestimmen Sie einen ggT von $26 + 13\,\mathrm{i}$ und $14 - 5\,\mathrm{i}$ im Ring $\mathbb{Z}[\mathrm{i}]$.

18.13 ••   Begründen Sie, warum eine natürliche Zahl der Form $4\,n + 3$ mit $n \in \mathbb{N}$ nicht als Summe zweier Quadrate ganzer Zahlen darstellbar ist.

18.14 •••   Sind A, B, C paarweise teilerfremde natürliche Zahlen mit $2 \mid B$ und $A^2 + B^2 = C^2$, so nennt man (A, B, C) ein *primitives Pythagoräisches Tripel*. Beweisen Sie: Es gibt (eindeutig bestimmte) $u, v \in \mathbb{N}$ mit $\mathrm{ggT}(u, v) = 1$ und

$$A = u^2 - v^2, \quad B = 2uv, \quad C = u^2 + v^2,$$

und genau eine der beiden Zahlen u, v ist gerade. Geben Sie mit dieser Information die 5 kleinsten – nach der Größe von C geordneten – primitiven Pythagoräischen Tripel an.

18.15 Zeigen Sie: Der Ring $R = \mathbb{Z}[\sqrt{-3}] = \{a + b\,\sqrt{-3} \mid a, b \in \mathbb{Z}\}$ ist nicht faktoriell. *Hinweis:* Untersuchen Sie das Element $2 \in R$ auf Irreduzibilität bzw. auf Primalität.

18.16 •••   Bestimmen Sie ein Ideal $I \subseteq \mathbb{Z}[\sqrt{-3}]$, das kein Hauptideal ist.

18.17 Wir betrachten den bezüglich der Normfunktion $N : z \mapsto z\,\bar{z}$ euklidischen Ring

$$R = \mathbb{Z}[\frac{1 + \sqrt{-7}}{2}] \subseteq \mathbb{C}.$$

(a) Bestimmen Sie $R^{\times}$.

(b) Zerlegen Sie $3, 5$ und 7 in Primelemente in R.

18.18 ••   Zeigen Sie: Die beiden Ringe $\mathbb{Z}[\sqrt{-10}]$ und $\mathbb{Z}[\sqrt{10}]$ sind nicht euklidisch bzgl. der Normfunktion N.

Zerlegbarkeit in Polynomringen und noethersche Ringe

19

Übersicht

Dieses letzte Kapitel zur Ringtheorie widmen wir erneut den Polynomringen. Das hat seinen Grund: Jeder Polynomring $K[X]$ über einem Körper K ist ein Hauptidealring. Jedes von einem irreduziblen Polynom P erzeugte Hauptideal (P) ist ein maximales Ideal in $K[X]$. Der Faktorring $K[X]/(P)$ ist damit ein Körper. Damit landen wir in der Körpertheorie; wir beginnen damit im nächsten Kapitel. Im vorliegenden Kapitel entwickeln wir Kriterien, anhand derer wir entscheiden können, ob gegebene Polynome irreduzibel sind oder nicht.

Vorab beweisen wir den *Satz von Gauß*, der besagt, dass ein Polynomring über einem faktoriellen Ring wieder faktoriell ist. Und zu guter Letzt betrachten wir *noethersche Ringe*. Das sind Ringe, in denen jedes Ideal endlich erzeugt ist. Wir beweisen den *Basissatz von Hilbert*: *Ein Polynomring über einem noetherschen Ring ist noethersch.* Noethersche und *artinsche* Ringe sind der Ausgangspunkt für eine vertiefende Ringtheorie. Wir brechen aber an dieser Stelle die Ringtheorie ab und wenden uns im nächsten Kapitel den Körpern zu.

19.1 Der Satz von Gauß

Voraussetzung Es sei R ein faktorieller Ring mit Quotientenkörper K.

© Der/die Autor(en), exklusiv lizenziert an Springer-Verlag GmbH, DE, ein Teil von Springer Nature 2024
C. Karpfinger, *Algebra*, https://doi.org/10.1007/978-3-662-68656-0_19

Das Ziel dieses Abschnitts ist der Nachweis, dass auch $R[X]$ faktoriell ist. Die Beweisidee ist ziemlich naheliegend: Man denke sich R in seinen Quotientenkörper K eingebettet und betrachte $R[X]$ als Unterring des faktoriellen Ringes $K[X]$. Von der eindeutigen Zerlegung der Polynome aus $K[X]$ in irreduzible Polynome aus $K[X]$ schließe man dann auf die entsprechenden Zerlegungen in $R[X]$.

19.1.1 Das Lemma von Gauß

Es sei $P = \sum_{i=0}^{n} a_i X^i \neq 0$ ein Polynom aus $R[X]$.

- Der ggT der Koeffizienten $a_0, \ldots, a_n$ von P wird als **Inhalt** von P bezeichnet:

$$I(P) := \mathrm{ggT}(a_0, \ldots, a_n).$$

- Man nennt $P = \sum_{i=0}^{n} a_i X^i \neq 0$ aus $R[X]$ **primitiv**, wenn $1 \in I(P)$ gilt, d. h. wenn die Koeffizienten $a_0, \ldots, a_n$ teilerfremd sind.

Beispiel 19.1

- Das Polynom $3X^5 + 2X + 5 \in \mathbb{Z}[X]$ ist primitiv.
- Jedes normierte Polynom aus $R[X]$ ist primitiv.
- Für $P = 12X^3 + 8X + 20 \in \mathbb{Z}[X]$ gilt $I(P) = \{4, -4\}$, und es gilt $P = 4P_0$ mit primitivem $P_0 = 3X^3 + 2X + 5 \in \mathbb{Z}[X]$, allgemeiner:
- Für jedes $P = \sum_{i=0}^{n} a_i X^i \neq 0$ aus $R[X]$ und jedes $d \in I(P)$ gilt: $P = d\,P_0$, wobei $P_0 \in R[X]$ primitiv ist.
- Über einem Körper ist jedes von null verschiedene Polynom primitiv.
- Für das Polynom $P = \frac{3}{2}X^3 - 3X^2 + \frac{9}{7} \in \mathbb{Q}[X]$ gilt $P = \frac{3}{14}P_0$, wobei $P_0 = 7X^3 - 14X^2 + 6 \in \mathbb{Z}[X]$ primitiv ist.   ∎

Wir verallgemeinern das letzte Beispiel:

Lemma 19.1 *Jedes Polynom $P \neq 0$ aus $K[X]$ kann in der Form $P = i(P)\,P_0$ mit $i(P) \in K^{\times}$ und einem primitiven Polynom $P_0 \in R[X]$ geschrieben werden. Es ist $i(P)$ hierdurch bis auf einen Faktor aus $R^{\times}$ eindeutig bestimmt.*

Beweis Es sei $P = \sum_{i=0}^{n} a_i X^i \neq 0$ aus $K[X]$ mit $a_n \neq 0$; und $a_i = \frac{r_i}{s_i}$ mit r_i, $s_i \in R$, $s_i \neq 0$ für $i = 0, \ldots, n$. Für $s := s_0 \cdots s_n \neq 0$ gilt $s\,P \in R[X]$, also $s\,P = d\,P_0$ mit $d \in I(s\,P)$ und primitivem $P_0 \in R[X]$. Dann gilt $P = \frac{d}{s}P_0$. Damit ist die Existenz einer solchen Darstellung gezeigt.

Zur Eindeutigkeit: Es gelte auch $P = \frac{d'}{s'} P_0'$ mit d', $s' \in R$ und primitivem $P_0' \in R[X]$. Es folgt $s' d P_0 = s d' P_0'$ und damit $s' d \sim s d'$, weil $s' d$, $s d' \in I(s' d P_0) = I(s d' P_0')$. Wegen Lemma 16.1 (d) gilt dann $s' d = u s d'$ für ein $u \in R^\times$, d. h. $\frac{d}{s} = u \frac{d'}{s'}$.   □

Beispiel 19.2 Für das Polynom $P = \frac{3}{2} X^3 - 3 X^2 + \frac{9}{7} \in \mathbb{Q}[X]$ gibt es wegen $\mathbb{Z}^\times = \{\pm 1\}$ zwei mögliche Darstellungen $P = i(P) P_0$ mit primitivem P_0 gemäß Lemma 19.1. Wir erhalten $P = \frac{3}{14} P_0$ oder $P = -\frac{3}{14} P_0$. Im ersten Fall ist $P_0 = 7 X^3 - 14 X^2 + 6 \in \mathbb{Z}[X]$ primitiv, im zweiten Fall ist $P_0 = -7 X^3 + 14 X^2 - 6 \in \mathbb{Z}[X]$ das primitive Polynom. ■

Lemma 19.2 (Lemma von Gauß) *Das Produkt zweier primitiver Polynome aus $R[X]$ ist primitiv.*

Beweis Angenommen, P, $Q \in R[X]$ sind primitiv, aber nicht $P Q$. Dann existiert ein Primelement $p \in R$ mit $p \mid P Q$ und $p \nmid P$, $p \nmid Q$. Nach den Lemmata 16.5 (e) und 15.15 ist $\overline{R} := R/(p)$ nullteilerfrei; und nach dem Satz 14.3 zur universellen Eigenschaft existiert ein Homomorphismus $\psi : R[X] \to \overline{R}[X]$ mit $\psi(X) = X$ und $\psi(a) = \overline{a} := a + (p)$ für jedes $a \in R$, d. h.

$$\psi : \sum_{i=0}^{n} a_i X^i \mapsto \sum_{i=0}^{n} \overline{a}_i X^i .$$

Es folgt $\psi(P) \psi(Q) = \psi(P Q) = 0$, da p ein Teiler von $P Q$ ist. Aber es gilt auch $\psi(P) \neq 0 \neq \psi(Q)$, da p kein Teiler von P und Q ist. Das widerspricht der Nullteilerfreiheit von $\overline{R}[X]$ (vgl. Lemma 14.4 (b)).   □

Im Folgenden seien $i(P)$ und P_0 wie in Lemma 19.1 für jedes $P \neq 0$ aus $K[X]$ fest gewählt, also $P = i(P) P_0$ mit einem primitivem $P_0 \in R[X]$ und $i(P) \in K^\times$.

Oftmals wird statt 19.2 das folgende Korollar als *Lemma von Gauß* bezeichnet:

Korollar 19.3 *Für P, $Q \in R[X]$ gilt $i(P Q) \sim i(P) i(Q)$.*   □

Beweis Es gilt $i(P Q)(P Q)_0 = P Q = i(P) P_0 i(Q) Q_0$, und $P_0 Q_0$ ist nach Lemma 19.2 primitiv. Mit Lemma 19.1 folgt $i(P Q) \sim i(P) i(Q)$.   □

19.1.2 Zerlegbarkeit in R, $R[X]$ und $K[X]$

Wir bezeichnen die Teilbarkeit in R, $R[X]$, $K[X]$ der Reihe nach mit $|$, $|_{R[X]}$, $|_{K[X]}$.

Das folgende Ergebnis zeigt den Zusammenhang der Teilbarkeit in $K[X]$ mit jener in $R[X]$ und R:

Lemma 19.4 *Es seien $P \neq 0$ ein Polynom aus $R[X]$ und K der Quotientenkörper von R.*

(a) *Ist $P = Q\,T$ eine Zerlegung von P mit $Q, T \in K[X]$, so gilt $c := i(Q)\,i(T) \in R$, sodass $P = c\,Q_0\,T_0$ eine Zerlegung von P in $R[X]$ ist.*

(b) *Ist P irreduzibel in $R[X]$, so auch in $K[X]$.*

(c) *Ist $P = Q\,T$ eine Zerlegung von P mit $Q \in K[X]$ und primitivem $T \in R[X]$, so gilt $Q \in R[X]$.*

(d) *Für $0 \neq Q \in R[X]$ gilt:*

$$
P \mid_{R[X]} Q \;\Leftrightarrow\; \begin{cases} i(P) \mid i(Q) \\ P \mid_{K[X]} Q \end{cases} .
$$

Beweis

(a) Nach dem Lemma 19.2 von Gauß ist $Q_0\,T_0$ primitiv. Infolge $i(P)\,P_0 = P = c\,Q_0\,T_0$ und $i(P) \in R$ gilt somit $c \in R$ nach Lemma 19.1.

(b) ergibt sich direkt aus (a).

(c) Es ist $i(P)\,P_0 = P = i(Q)\,Q_0\,T$ mit nach dem Lemma von Gauß primitivem $Q_0\,T$. Nach Lemma 19.1 existiert $u \in R^\times$ mit $u\,i(P) = i(Q)$, sodass $Q = u\,i(P)\,Q_0 \in R[X]$.

(d) Aus $P \mid_{R[X]} Q$, etwa $Q = P\,T$ mit $T \in R[X]$, folgt offenbar $P \mid_{K[X]} Q$ und wegen Korollar 19.3 $i(P) \mid i(Q)$.

Nun gelte $P \mid_{K[X]} Q$ und $i(P) \mid i(Q)$, etwa $Q = P\,T$ mit $T \in K[X]$ und $i(Q) = d\,i(P)$ mit $d \in R$. Es folgt $d\,i(P)\,Q_0 = Q = i(P)\,P_0\,T$ und daher $T \in R[X]$ nach (c). Dies liefert $P \mid_{R[X]} Q$. $\qquad\square$

Beispiel 19.3

- Ist $n \in \mathbb{N}$ kein Quadrat, so ist $X^2 - n \in \mathbb{Z}[X]$ irreduzibel. Nach Lemma 19.4 ist $X^2 - n$ dann auch über $\mathbb{Q}$ irreduzibel. Hieraus folgt $\sqrt{n} \notin \mathbb{Q}$; d. h., für $n \in \mathbb{N}$ ist $\sqrt{n}$ entweder ganz oder irrational.

- Das Polynom $P = 8\,X^3 - 4\,X^2 + 2\,X - 1 \in \mathbb{Z}[X]$ hat die Wurzel $\frac{1}{2}$ und besitzt damit in $\mathbb{Q}[X]$ den Teiler $X - \frac{1}{2}$ (siehe Korollar 14.7), also ist P nach Lemma 19.4 (b) auch über $\mathbb{Z}$ nicht irreduzibel. Man findet die Zerlegung, wenn man wie im obigen Beweis vorgeht: $P = (X - \frac{1}{2})\,(8\,X^2 + 2) = (2\,X - 1)\,(4\,X^2 + 1)$. ∎

19.1.3 Polynomringe über faktoriellen Ringen sind faktoriell

Wir formulieren das erste Hauptergebnis:

Satz 19.5 (Satz von Gauß) *Für jeden faktoriellen Ring R ist auch der Polynomring $R[X]$ faktoriell.*

Beweis Wir weisen die Teilerkettenbedingung (F1') und die Primbedingung (F2') aus Satz 17.1 nach.
   Zu (F1'): Es sei

$$P_1 \, R[X] \subseteq P_2 \, R[X] \subseteq \cdots \quad \text{für} \ \ P_1, \, P_2, \, \ldots \in R[X]$$

eine aufsteigende Kette von Hauptidealen in $R[X]$. Diese Kette liefert nach Lemma 19.4 (d) zwei weitere Ketten von Hauptidealen in $K[X]$ und R (vgl. Lemma 16.5 (a)):

$$P_1 \, K[X] \subseteq P_2 \, K[X] \subseteq \cdots \quad \text{und} \quad i(P_1) \, R \subseteq i(P_2) \, R \subseteq \cdots .$$

Da R und $K[X]$ faktoriell sind (vgl. Korollar 18.5), gilt nach Satz 17.1 die Teilerkettenbedingung (F1') sowohl in R als auch in $K[X]$. Somit existiert ein $n \in \mathbb{N}$ mit

$$P_k \, K[X] = P_n \, K[X] \quad \text{und} \quad i(P_k) \, R = i(P_n) \, R \quad \text{für jedes} \ \ k \geq n .$$

Mit Lemma 19.4 (d) folgt $P_n \mid_{R[X]} P_k$, also $P_k \, R[X] = P_n \, R[X]$ für jedes $k \geq n$. Daher ist die Teilerkettenbedingung (F1') in $R[X]$ gültig.
   Zu (F2'): Es sei $P \in R[X]$ irreduzibel, und es gelte $P \mid_{R[X]} Q \, T$ für $Q, \, T \in R[X]$.
1. Fall: $P \in R$. Wegen Lemma 19.4 (d) und Korollar 19.3 folgt

$$P \mid_R i(Q \, T) \sim i(Q) \, i(T) , \quad \text{sodass} \quad P \mid_R i(Q) \mid_{R[X]} Q \quad \text{oder} \quad P \mid_R i(T) \mid_{R[X]} T ,$$

denn P ist irreduzibel in R, also ein Primelement von R (vgl. Satz 17.1).
2. Fall: $P \notin R$. Dann ist das irreduzible P primitiv. Da $K[X]$ nach Korollar 18.5 faktoriell ist, ist P nach den Lemmata 19.4 (b) und Satz 17.1 ein Primelement von $K[X]$. Damit folgt aus $P \mid_{K[X]} Q \, T$ o. E. $P \mid_{K[X]} Q$. Es sei etwa $Q = P \, S$ mit $S \in K[X]$. Mit Lemma 19.4 (c) folgt $S \in R[X]$, da P primitiv ist. Das besagt $P \mid_{R[X]} Q$.   □

Wegen $R[X_1, \ldots, X_n] = (R[X_1, \ldots, X_{n-1}])[X_n]$ erhält man aus dem Satz von Gauß:

Korollar 19.6 *Jeder Polynomring $R[X_1, \ldots, X_n]$ über einem faktoriellen Ring R ist faktoriell.*   □

Beispiel 19.4

- Nach dem Satz von Gauß ist z. B. $\mathbb{Z}[X]$ ein faktorieller Ring (und kein Hauptidealring – siehe Beispiel 18.2).
- Für jeden Körper K ist $K[X]$ ein Hauptidealring, insbesondere faktoriell. Der Ring $K[X, Y]$ ist damit nach dem Satz von Gauß ein faktorieller Ring. Aber $K[X, Y]$ ist kein Hauptidealring (vgl. Satz 18.6). ∎

In Polynomringen $R[X]$ übernehmen die irreduziblen Polynome die Rolle der Primzahlen in $\mathbb{Z}$: Jedes Polynom ist ein Produkt irreduzibler Polynome und einer Einheit aus R. Wenn man von einem Polynom entscheiden will, ob es reduzibel ist oder nicht, muss man für alle infrage kommenden möglichen Teiler ausprobieren, ob diese das Polynom teilen. Ganz ähnlich prüft man auch in $\mathbb{Z}$, ob eine Zahl m eine Primzahl ist oder nicht. Bei den Polynomen treten aber meist viel mehr Möglichkeiten für Teiler auf als in $\mathbb{Z}$. Man wird also dankbar jedes Kriterium begrüßen, mit dem man wenigstens für Polynome gewisser Klassen entscheiden kann, ob sie reduzibel sind oder nicht.

19.2   Irreduzibilität

Es kann sehr langwierig sein zu entscheiden, ob ein Polynom $P \in \mathbb{Q}[X]$ irreduzibel ist oder nicht, oder gar alle Primteiler von P zu ermitteln. Diese Aufgaben werden mit Lemma 19.4 (b), (d) auf die entsprechenden Probleme in $\mathbb{Z}[X]$ zurückgeführt.

19.2.1 Lineare Teiler

Die linearen Teiler $a X + b$ von $P = \sum_{i=0}^{n} a_i X^i$, $a_0, a_n \neq 0$ haben mit den Nullstellen aus $\mathbb{Q}$ zu tun. Es ist $a X + b$ genau dann ein Teiler von P, wenn $-b/a$ eine Nullstelle von P ist. Denn aus $P = (a X + b) Q$ ersieht man sofort die Nullstelle $-b/a$. Und ist umgekehrt $-b/a$ eine Nullstelle von P, so kann man nach Korollar 14.7 das lineare Polynom $X + b/a$ über $\mathbb{Q}$ abfaktorisieren, $P = (X + b/a) Q$, was gemäß Lemma 19.4 zu einer Zerlegung $P = (a X + b) Q'$ mit $Q' \in \mathbb{Z}[X]$ führt.

Die linearen Teiler $a X + b$ von P sind leicht zu finden, weil aus $P = (a X + b) (c_m X^m + \cdots + c_0)$ offenbar $a_n = a c_m$, $a_0 = b c_0$ folgt und deshalb $a \mid a_n$, $b \mid a_0$ gelten muss, was für a und b nur endlich viele Möglichkeiten lässt:

Lemma 19.7 *Ist $a X + b$ ein Teiler von $P = \sum_{i=0}^{n} a_i X^i$, dann ist a ein Teiler von a_n und b ein Teiler von a_0, und $-b/a$ ist eine Nullstelle von P.*

Beispiel 19.5 Es sei $P = 12 X^4 - 4 X^3 + 6 X^2 + X - 1 \in \mathbb{Z}[X]$. Es hat $a_n = 12$ die Teiler $\pm 1, \pm 2, \pm 3, \pm 4, \pm 6, \pm 12$ und $a_0 = -1$ nur die Teiler ± 1. Anstatt zu prüfen, ob

$a\,X + b$ ein Teiler von P ist, prüfen wir, ob $-b/a \in \mathbb{Q}$ Nullstelle von P ist. Es kommen also in $\mathbb{Q}$ nur die Nullstellen ± 1, $\pm\frac{1}{2}$, $\pm\frac{1}{3}$, $\pm\frac{1}{4}$, $\pm\frac{1}{6}$, $\pm\frac{1}{12}$ infrage. Man erhält $P(\frac{1}{3}) = 0$ und damit $P = (4\,X^3 + 2\,X + 1)\,(3\,X - 1)$. ∎

Ein Polynom $P = a\,X^2 + b\,X + c \in K[X]$, $a \neq 0$, vom Grad 2 ist entweder irreduzibel oder zerfällt aus Gradgründen in zwei lineare Polynome $P = a\,(X - a_1)\,(X - a_2)$. D. h., P ist genau dann irreduzibel über K, wenn es in K keine Nullstelle hat. Somit sind beispielsweise $X^2 + 1$ irreduzibel über $\mathbb{R}$ und $X^2 + X + 1$ irreduzibel über $\mathbb{Z}/2$.

19.2.2 Der Reduktionssatz

Eine sehr erfolgreiche Methode, die Irreduzibilität eines gegebenen Polynoms zu bestätigen, liefert der folgende *Reduktionssatz*:

Satz 19.8 (Reduktionssatz) *Es seien R, S Integritätsbereiche und $\varphi : R \to S$ ein Homomorphismus mit $\varphi(1_R) = 1_S$. Für $P = \sum_{i=0}^{n} a_i\,X^i$ sei $\overline{P} = \sum_{i=0}^{n} \varphi(a_i)\,X^i$. Im Fall $\varphi(a_n) \neq 0$ gilt: Ist $\overline{P}$ kein Produkt zweier Polynome aus $S[X] \setminus S$, so ist P kein Produkt zweier Elemente aus $R[X] \setminus R$.*

Beweis Aus $P = Q\,T$ mit Q, $T \in R[X] \setminus R$ folgt mit dem Satz 14.3 zur universellen Eigenschaft $\overline{P} = \overline{Q}\,\overline{T}$. Wegen $\deg \overline{P} = \deg P$ gilt $\deg \overline{Q} = \deg Q$, $\deg \overline{T} = \deg T$, sodass $\overline{P}$ Produkt zweier Polynome aus $S[X] \setminus S$ ist. □

Beispiel 19.6 Im Fall $R = \mathbb{Z}$ wählt man meistens den kanonischen Epimorphismus $\varphi : \mathbb{Z} \to \mathbb{Z}/p$, $a \mapsto a + p\,\mathbb{Z}$ für geeignete Primzahlen p. Für

$$P = 3\,X^3 - 5\,X^2 + 128\,X + 17 \quad \text{und} \quad \varphi : a \mapsto \overline{a} := a + 2\,\mathbb{Z}$$

hat $\overline{P} = X^3 + X^2 + \overline{1} \in \mathbb{Z}/2[X]$ keine Nullstelle in $\mathbb{Z}/2$ und ist somit irreduzibel. Da P primitiv ist, ist P nach dem Reduktionssatz 19.8 und Lemma 19.4 somit irreduzibel in $\mathbb{Z}[X]$ und $\mathbb{Q}[X]$. ∎

Vorsicht Der Reduktionssatz besagt: *Wenn $\overline{P}$ irreduzibel ist, so ist auch P irreduzibel.* Aber aus der Zerlegbarkeit von $\overline{P}$ folgt noch lange nicht die Zerlegbarkeit von P.

Beispiel 19.7 Wir zeigen: *Das Polynom $P = X^4 - 10\,X^2 + 1$ ist irreduzibel in $\mathbb{Z}[X]$, obwohl $\overline{P} = X^4 - \overline{10}\,X^2 + \overline{1} \in \mathbb{Z}/p\,[X]$ für jede Primzahl p reduzibel ist.*
Wir begründen zuerst die Irreduzibilität von P in $\mathbb{Z}[X]$. Mit Lemma 19.7 erhält man, dass P keine Nullstelle in $\mathbb{Z}$ hat, weil weder 1 noch -1 eine Nullstelle ist. Hat das Polynom eine *echte* Zerlegung $P = Q\,T$, so kommt aus Gradgründen nur der Fall $\deg Q = 2 = $

deg T infrage. Wir machen einen entsprechenden Ansatz mit Koeffizientenvergleich: Aus $P = (X^2 + a\,X + b)\,(X^2 + c\,X + d), a, b, c, d \in \mathbb{Z}$, folgt

$$(*) \qquad a + c = 0, \ ac + d + b = -10, \ ad + bc = 0, \ bd = 1.$$

Wegen der letzten Gleichung sind entweder b und d beide gleich 1 oder -1, die erste und zweite Gleichung widersprechen sich aber in jedem Fall, da $-a^2 = -12$ bzw. $-a^2 = -8$ in $\mathbb{Z}$ nicht erfüllbar ist. Also ist P über $\mathbb{Z}$ irreduzibel.

Nun sei p eine Primzahl. Wir begründen, dass $\overline{P}$ über dem Körper $\mathbb{Z}/p$ reduzibel ist. Die Gleichungen in $(*)$ lauten nun mit $a, b, c, d \in \mathbb{Z}/p$:

$$(**) \qquad c = -a, \ d = b^{-1}, \ b + b^{-1} = a^2 - \overline{10}, \ a\,(b^{-1} - b) = \overline{0}.$$

Wegen der letzten Gleichung unterscheiden wir die drei Fälle: $b = \overline{1}$, $b = -\overline{1}$ und $a = \overline{0}$.

1. Fall: $b = \overline{1}$. Die vorletzte Gleichung lautet $a^2 = \overline{12} = \overline{2}^2\,\overline{3}$. Sie ist dann erfüllbar, wenn $\overline{3}$ ein Quadrat in $\mathbb{Z}/p$ ist, d. h., es existiert ein $\alpha \in \mathbb{Z}/p$ mit $\overline{3} = \alpha^2$; und $\overline{P} = (X^2 + \overline{2}\alpha\,X + \overline{1})\,(X^2 - \overline{2}\alpha\,X + \overline{1})$ ist dann eine Zerlegung.

2. Fall: $b = -\overline{1}$. Die vorletzte Gleichung lautet $a^2 = \overline{8} = \overline{2}^2\,\overline{2}$. Sie ist dann erfüllbar, wenn $\overline{2}$ ein Quadrat in $\mathbb{Z}/p$ ist, d. h., es existiert ein $\beta \in \mathbb{Z}/p$ mit $\overline{2} = \beta^2$; und $\overline{P} = (X^2 + \overline{2}\beta\,X - \overline{1})\,(X^2 - \overline{2}\beta\,X - \overline{1})$ ist dann eine Zerlegung.

3. Fall: $a = \overline{0}$. Die vorletzte Gleichung lautet $b + b^{-1} = -\overline{10}$, d. h. $(b + \overline{5})^2 = \overline{24} = \overline{4}\,\overline{6}$. Sie ist dann erfüllbar, wenn $\overline{6} = \overline{2}\,\overline{3}$ ein Quadrat in $\mathbb{Z}/p$ ist, d. h., es existiert ein $\gamma \in \mathbb{Z}/p$ mit $\overline{6} = \gamma^2$; und $\overline{P} = (X^2 + \overline{2}\gamma - \overline{5})\,(X^2 - \overline{2}\gamma - \overline{5})$ ist dann eine Zerlegung.

Gezeigt ist: Falls $\overline{2}$ oder $\overline{3}$ oder $\overline{6}$ ein Quadrat in $\mathbb{Z}/p$ ist, ist $\overline{P}$ zerlegbar. Falls aber $\overline{2}$ und $\overline{3}$ keine Quadrate sind, dann ist $\overline{6}$ ein Quadrat; das folgt aus dem Beweis zu Lemma 18.8 (6), wonach $U = \{\overline{x}^2 \mid \overline{x} \in \mathbb{Z}/p^{\times}\}$ eine Untergruppe von $\mathbb{Z}/p^{\times}$ vom Index 2 ist. Somit ist $\overline{P}$ für jedes p zerlegbar. ∎

Um entscheiden zu können, ob ein reduziertes Polynom $\overline{P} = \sum_{i=0}^{n} \varphi(a_i)\,X^i \in \mathbb{Z}/p[X]$ reduzibel oder irreduzibel ist, ist es nützlich die irreduziblen Polynome kleiner Grade über $\mathbb{Z}/p$ zu kennen: Bei kleinem p gibt es nämlich nur wenige solche irreduziblen Polynome vom z. B. Grad 2. Und hat ein reduziertes Polynom $\overline{P} \in \mathbb{Z}/p[X]$ vom Grad 4 weder eine Nullstelle in $\mathbb{Z}/p[X]$ noch einen irreduziblen quadratischen Teiler, so ist $\overline{P}$ irreduzibel; und ob ein irreduzibler Teiler vom Grad 2 ein Teiler von $\overline{P}$ ist oder nicht lässt sich leicht anhand einer kurzen Liste irreduzibler Polynome vom Grad 2 überprüfen. Wir bestimmen im folgenden Beispiel die irreduziblen quadratischen Polynome vom Grad 2 über $\mathbb{Z}/2$ bzw. $\mathbb{Z}/3$.

Beispiel 19.8

- Die Polynome vom Grad 2 über $\mathbb{Z}/2$ sind von der Form

$$P = X^2 + a\,X + b, \quad \text{mit } a, b \in \mathbb{Z}/2 = \{\overline{0}, \overline{1}\}.$$

Da es nur die zwei Möglichkeiten $\overline{0}$ und $\overline{1}$ für a und b gibt, existieren insgesamt nur vier Polynome vom Grad 2:

$$P_1 = X^2, \ P_2 = X^2 + \overline{1}, \ P_3 = X^2 + X, \ P_4 = X^2 + X + \overline{1}.$$

Wegen $P_1(\overline{0}) = \overline{0}$ und $P_2(\overline{1}) = \overline{0}$ und $P_3(\overline{0}) = \overline{0}$ sind diese drei Polynome reduzibel. Wegen $P_4(\overline{0}) = \overline{1} \neq \overline{0}$ und $P_4(\overline{1}) = \overline{1} \neq \overline{0}$ ist P_4 irreduzibel. Damit ist gezeigt:

$P = X^2 + X + \overline{1}$ ist das einzige über $\mathbb{Z}/2$ irreduzible Polynom vom Grad 2.

- Die normierten Polynome vom Grad 2 über $\mathbb{Z}/3$ sind von der Form

$$P = X^2 + a\,X + b, \ \text{mit} \ a, \, b \in \mathbb{Z}/3 = \{\overline{0}, \, \overline{1}, \, \overline{2}\}.$$

Da es nur die drei Möglichkeiten $\overline{0}$ und $\overline{1}$ und $\overline{2}$ für a und b gibt, existieren insgesamt nur neun Polynome vom Grad 2:

$$P_1 = X^2, \ P_2 = X^2 + \overline{1}, \ P_3 = X^2 + X, \ P_4 = X^2 + X + \overline{1}, P_5 = X^2 + \overline{2},$$

$$P_6 = X^2 + \overline{2}\,X, \ P_7 = X^2 + \overline{2}\,X + \overline{1}, \ P_8 = X^2 + X + \overline{2}, \ P_9 = X^2 + \overline{2}\,X + \overline{2}.$$

Wegen $P_1(\overline{0}) = \overline{0}$ und $P_3(\overline{0}) = \overline{0}$ und $P_4(\overline{1}) = \overline{0}$ und $P_5(\overline{2}) = \overline{0}$ und $P_6(\overline{0}) = \overline{0}$ und $P_7(\overline{2}) = \overline{0}$ sind diese sechs Polynome reduzibel. Da die Polynome P_2, P_8 und P_9 keine Nullstelle in $\mathbb{Z}/3$ hat, sind diese irreduzibel. Damit ist gezeigt:

$$P = X^2 + \overline{1}, \ Q = X^2 + X + \overline{2}, \ R = X^2 + \overline{2}\,X + \overline{2}$$

sind die einzigen über $\mathbb{Z}/3$ normierten irreduziblen Polynom vom Grad 2. $\blacksquare$

19.2.3 Das Irreduzibilitätskriterium von Eisenstein

Mit dem folgenden Kriterium lässt sich oft die Irreduzibilität eines gegebenen Polynoms nachweisen:

Satz 19.9 (Irreduzibilitätskriterium von Eisenstein) *Es seien R ein faktorieller Ring mit Quotientenkörper K und $P = \sum_{i=0}^{n} a_i\,X^i \in R[X] \setminus R$. Wenn es ein Primelement p von R gibt mit den Eigenschaften*

$$p \mid a_i \ \text{für} \ i = 0, \dots, n-1, \quad p \nmid a_n, \quad p^2 \nmid a_0,$$

dann ist P in $K[X]$ irreduzibel.

Beweis Es sei $\overline{a} := a + (p) \in R/(p)$ für $a \in R$. Dann ist

$$\psi : \sum_{i=0}^{k} b_i\, X^i \mapsto \sum_{i=0}^{k} \overline{b}_i\, X^i$$

nach dem Satz 14.3 zur universellen Eigenschaft ein Homomorphismus von $R[X]$ in $R/(p)[X]$. Angenommen, $P = S\,T$ mit $S,\ T \in R[X] \setminus R$. Es folgt

$$\overline{S}\,\overline{T} = \overline{P} = \overline{a}_n\, X^n\,.$$

Da das Primelement p ein Primideal (p) erzeugt (vgl. Lemma 16.5 (e)) und der Faktorring $R/(p)$ nach einem Primideal nullteilerfrei ist (vgl. Lemma 15.15), folgt

$$\overline{S} = \overline{b}\, X^s\,,\ \ \overline{T} = \overline{c}\, X^t$$

mit $\overline{b}\,\overline{c} = \overline{a}_n \neq 0$ und $s + t = n,\ s \neq n \neq t$. Somit sind die konstanten Glieder von S und T durch p teilbar, im Widerspruch zu $p^2 \nmid a_0$. $\square$

Beispiel 19.9

- Das Polynom $X^5 + 4\,X^3 + 2\,X + 2 \in \mathbb{Z}[X]$ ist über $\mathbb{Q}$ irreduzibel: Man wende das Eisensteinkriterium 19.9 mit $p = 2$ an.
- Das Polynom $X^n - a \in \mathbb{Z}[X]$ ist irreduzibel in $\mathbb{Q}[X]$, wenn es eine Primzahl p mit $p \mid a$, $p^2 \nmid a$ gibt. Z. B. sind $X^n - 2,\ X^n - 3,\ X^n - 5,\ X^n - 6,\ X^n - 10$ irreduzibel.
- Das Polynom $X^3 + Y^2 - 1 \in K[X, Y] = (K[X])[Y]$ ist irreduzibel, denn für das Primelement $p = Y + 1$ gilt $p \mid a_0 = Y^2 - 1$, $p^2 \nmid a_0$.
- **Kreisteilungspolynome** Φ_p (p eine Primzahl). Wir behaupten: *Das Polynom*

$$\Phi_p := \frac{X^p - 1}{X - 1} = X^{p-1} + X^{p-2} + \cdots + X + 1 \in \mathbb{Z}[X]\,,$$

dessen Wurzeln in $\mathbb{C}$ die p-ten Einheitswurzeln $\neq 1$ sind, ist für jede Primzahl p irreduzibel in $\mathbb{Q}[X]$. Die Begründung erfolgt mit einem Kunstgriff: Der durch

$$\pi|_{\mathbb{Q}} = \mathrm{Id}_{\mathbb{Q}} \quad \text{und} \quad \pi(X) = X + 1$$

festgelegte Endomorphismus π von $\mathbb{Q}[X]$ (vgl. Satz 14.3) ist ein Automorphismus, denn der durch

$$\pi'|_{\mathbb{Q}} = \mathrm{Id}_{\mathbb{Q}} \quad \text{und} \quad \pi'(X) = X - 1$$

festgelegte Endomorphismus π' ist invers zu π. Nach Satz 13.9 ist π daher zu einem Endomorphismus $\overline{\pi}$ des Quotientenkörpers $\mathbb{Q}(X)$ von $\mathbb{Q}[X]$ fortsetzbar. Es folgt

$$\pi(\Phi_p) = \overline{\pi}(\Phi_p) = \frac{(X+1)^p - 1}{(X+1) - 1} = \sum_{i=1}^{p} \binom{p}{i} X^{i-1}.$$

Und es gilt

$$p \nmid \binom{p}{p}, \ p^2 \nmid \binom{p}{1} \quad \text{sowie} \quad p \mid \binom{p}{i} = \frac{p!}{i!(p-i)!} \quad \text{für} \ i = 1, \ldots, p-1.$$

Nach dem Eisensteinkriterium 19.9 ist $\pi(\Phi_p)$ daher irreduzibel in $\mathbb{Q}[X]$. Folglich ist auch Φ_p irreduzibel in $\mathbb{Q}[X]$. ∎

Wir haben die Kriterien zur Reduzibilität bzw. Irreduzibilität möglichst allgemein und weitreichend formuliert. In den üblichen Übungsaufgaben oder praktischen Anwendungen dieser Theorie hat man es dann aber oft mit sehr einfachen Situationen zu tun. Meist geht es um ganzzahlige Polynome $P \in \mathbb{Z}[X]$, und gefragt ist nach Zerlegungen bzw. Nullstellen in $\mathbb{Z}$ bzw. $\mathbb{Q}$. Wir stellen deshalb sämtliche formulierte Kriterien und weitere per se plausible Kriterien zur Reduzibilität bzw. Irreduzibilität in diesem einfachen Fall $R = \mathbb{Z}$ und zugehörigem Quotientenkörper $K = \mathbb{Q}$ übersichtlich zusammen.

Wir benutzen dabei fortlaufend die folgenden Sprechweisen, die für ein Polynom $P \in R[X]$ mit deg $P \geq 1$ ein und dasselbe ausdrücken:

- *P ist über R irreduzibel.*
- *P ist in R[X] irreduzibel.*
- *P ist nicht als Produkt von Nichteinheiten Q und S aus R[X] schreibbar.*
- *Aus P = Q S mit Q, S ∈ R[X] folgt Q ist eine Einheit oder S ist eine Einheit.*

Reduzibilität bzw. Irreduzibilität von Polynomen

Wir stellen übersichtlich die meistgenutzten Methoden (mit Beispielen) zusammen, mit deren Hilfe man entscheiden kann, ob ein Polynom $P \in \mathbb{Z}[X]$ über $\mathbb{Z}$ bzw. über $\mathbb{Q}$ reduzibel oder irreduzibel ist.

Gegeben ist ein Polynom P vom Grad ≥ 1:

$$P = a_n X^n + a_{n-1} X^{n-1} + \cdots + a_1 X + a_0 = \sum_{i=0}^{n} a_i X^i \in \mathbb{Z}[X].$$

(Fortsetzung)

(i) **Kann man eine Nichteinheit ausklammern?** *Über $\mathbb{Z}$ ist das Polynom $P = 2X +$ 2 zerlegbar, $P = 2(X + 1)$, über $K = \mathbb{Q}$ nicht.*

(ii) **Hat P eine rationale Nullstelle?** Die rationalen Nullstellen von P findet man unter den $\frac{a}{b}$ mit $a \mid a_0$ und $b \mid a_n$. *Als rationale Nullstellen kommen bei $P = 2X^3 - X^2 + 2X - 1$ nur die Zahlen $\pm\frac{1}{1}$, $\pm\frac{1}{2}$. Wir testen die Kandidaten und stellen fest, dass $P(\frac{1}{2}) = 0$ gilt.*

(iii) **Polynome P vom Grad** 3. Wenn ein Polynom $P \in \mathbb{Q}[X]$ vom Grad 3 eine Nullstelle hat, so ist es reduzibel; hat es keine Nullstelle, so ist es irreduzibel. *Da das Polynom $P = X^3 - X + 1$ keine rationale Nullstelle hat (siehe (ii)), ist es irreduzibel über $\mathbb{Z}$ und über $\mathbb{Q}$.*

(iv) **Das Lemma von Gauß.** Ist $P \in \mathbb{Z}[X]$ über $\mathbb{Z}$ irreduzibel, so ist P auch über $\mathbb{Q}$ irreduzibel.

(v) **Die grobe Methode.** Hat das Polynom $P \in \mathbb{Z}[X]$ vom Grad ≥ 4 keine Nullstelle in $\mathbb{Q}$, so kann es über $\mathbb{Q}$ noch eine Zerlegung der Form $P = Q R$ mit rationalem Polynomen P und Q vom Grad deg Q, deg $R \geq 2$ geben. Beispielsweise hat man in den Fällen deg $P = 4$ bzw. deg $P = 5$ wegen des Gradsatzes die Möglichkeiten deg $Q = 2 = $ deg R bzw. deg $Q = 2$, deg $R = 3$.

Mithilfe der folgenden Methode kann man versuchen, eine solche Zerlegung nachzuweisen bzw. zu widerlegen: Beim Grad 4 macht man den Ansatz

$$P = (X^2 + a X + b)(X^2 + c X + d)$$

$$= X^4 + (a + c) X^3 + (a c + b + d) X^2 + (a d + b c) X + b d.$$

(1) Für das Polynom $P = X^4 + X^3 + 2X^2 + X + 1$ führt dieser Ansatz per Koeffizientenvergleich zu dem über $\mathbb{Z}$ lösbaren Gleichungssystem

- $a + c = 1$,
- $a c + b + d = 2$,
- $a d + b c = 1$,
- $b d = 1$.

Mit dem Versuch $b = d = 1$ erhält man $a = 0$ oder $a = 1$. Versucht man es dann mit $a = 0$, so erhält man $c = 1$, und alles klappt: Die Zahlen $a = 0$, $b = 1$, $c = 1$, $d = 1$ erfüllen alle Gleichungen. Wir haben die Zerlegung $P = (X^2 + 1)(X^2 + X + 1)$ gefunden.

(2) Für das Polynom $P = X^4 + 1$ hingegen führt der gleiche Ansatz per Koeffizientenvergleich zu dem über $\mathbb{Z}$ nicht lösbaren Gleichungssystem

(Fortsetzung)

- $a + c = 0$,
- $ac + b + d = 0$,
- $ad + bc = 0$,
- $bd = 1$.

Mit beiden Versuchen $b = d = 1$ und $b = d = -1$ erhält man $\pm a^2 = 2$. Somit gibt es über $\mathbb{Z}$ keine Zerlegung von P in quadratische Faktoren und nach dem Lemma von Gauß gilt: Dieses Polynom P ist irreduzibel über $\mathbb{Q}$.

(vi) **Der Reduktionssatz.** *Zuerst die einfache Version,* $\deg \leq 3$: Hat das modulo p reduzierte Polynom $\overline{P} = \sum_{i=0}^{n} \overline{a}_i X^i \in \mathbb{Z}/p[X]$ keine Nullstelle in $\mathbb{Z}/p$, so ist P irreduzibel. *Das Polynom*

$$P = X^3 + 4X^2 + 2X + 1 \in \mathbb{Z}[X]$$

ist irreduzibel über $\mathbb{Z}$, da das modulo 3 reduzierte Polynom $\overline{P} = X^3 + X^2 + \overline{2}X + \overline{1} \in \mathbb{Z}/3[X]$ keine Nullstelle in $\mathbb{Z}/3$ hat,

$$\overline{P}(\overline{0}) = \overline{1} \neq \overline{0}, \ \overline{P}(\overline{1}) = \overline{2} \neq \overline{0}, \ \overline{P}(\overline{2}) = \overline{1} \neq \overline{0}.$$

(vii) **Der Reduktionssatz.** *Dann die allgemeinere Version:* Ist das modulo p reduzierte Polynom $\overline{P} = \sum_{i=0}^{n} \overline{a}_i X^i \in \mathbb{Z}/p[X]$ irreduzibel über $\mathbb{Z}/p$, so ist P irreduzibel über $\mathbb{Z}$. *Das Polynom*

$$P = X^5 - X^2 + 10X + 1 \in \mathbb{Z}[X]$$

ist irreduzibel über $\mathbb{Z}$, da das modulo 2 reduzierte Polynom $\overline{P} = X^5 + X^2 + \overline{1} \in \mathbb{Z}/2[X]$ irreduzibel über $\mathbb{Z}/2$ ist: (1) $\overline{P}$ hat keine Nullstelle, also keinen linearen Teiler, da

$$\overline{P}(\overline{0}) = \overline{1} \neq \overline{0}, \ \overline{P}(\overline{1}) = \overline{1} \neq \overline{0}$$

und $\overline{P}$ hat keinen quadratischen Teiler, da das einzige irreduzible Polynom vom Grad 2, nämlich $X^2 + X + \overline{1}$, kein Teiler von $\overline{P}$ ist: eine Division mit Rest durch diesen einzigen möglichen Teiler vom Grad 2 liefert:

$$X^5 + X^2 + \overline{1} = (X^3 + X^2)(X^2 + X + \overline{1}) + \overline{1}.$$

(viii) **Die am häufigsten benutzte Methode: Eisenstein.** Gibt es eine Primzahl p mit $p \mid a_i$ für alle $i = 0, \ldots, n-1$ und $p^2 \nmid a_0$ und $p \nmid a_n$, so ist P über $\mathbb{Z}$ und nach

(Fortsetzung)

dem Lemma von Gauß dann auch über $\mathbb{Q}$ irreduzibel. *Die Polynome*

$$P = X^3 + 4\,X^2 + 6 \text{ bzw. } Q = X^5 + 9\,X^3 + 36X + 33 \text{ bzw. } R = X^7 - 40\,X^3 - 25\,X - 5$$

sind 2- bzw. 3- bzw. 5-eisensteinsch (wie man auch oft sagt); somit sind P, Q und R über $\mathbb{Z}$ und nach dem Lemma von Gauß auch über $\mathbb{Q}$ irreduzibel.

(ix) **Die Methode mit der Transformation.** Ist $P(a\,X + b)$ irreduzibel, so auch $P(X)$.
Für das Polynom $P = X^2 + X + 1$ erhalten wir durch Einsetzen von $X + 1$ das Polynom $P(X + 1) = (X + 1)^2 + (X + 1) + 1 = X^2 + 2\,X + 1 + X + 1 + 1 = X^2 + 3\,X + 3$; und dieses Polynom ist 3-eisensteinsch, also irreduzibel, sodass auch P irreduzibel ist.

Nutzen Sie die zahlreichen Aufgaben am Ende des Kapitels, um die Methoden einzuüben.

19.3 Noethersche Ringe *

Die Ringtheorie abschließend, betrachten wir eine weitreichende Verallgemeinerung von Hauptidealringen – die *noetherschen* Ringe.

19.3.1 Definitionen

Wir geben drei gleichwertige Definitionen an:

Lemma 19.10 *Für einen Ring R sind äquivalent:*

(1) Jede aufsteigende Folge $A_1 \subseteq A_2 \subseteq \cdots$ von Idealen A_i von R wird stationär, d. h., es gibt ein $k \in \mathbb{N}$ mit $A_i = A_k$ für alle $i \geq k$.
(2) Jede nichtleere Menge von Idealen von R besitzt (bzgl. $\subseteq$) ein maximales Element.
(3) Jedes Ideal von R ist endlich erzeugt.

Beweis (1) $\Rightarrow$ (2): Es gebe eine Menge $\mathfrak{X} \neq \emptyset$ von Idealen von R ohne maximales Element. Dann gibt es eine Folge $A_1 \subsetneq A_2 \subsetneq \cdots$ echt aufsteigender Elemente aus $\mathfrak{X}$.

(2) $\Rightarrow$ (3): Es sei A ein Ideal von R. Und $\mathfrak{X}$ bezeichne die Menge aller in A enthaltenen Ideale von R, die endlich erzeugt sind. Wegen $(0) \in \mathfrak{X}$ gilt $\mathfrak{X} \neq \emptyset$, sodass $\mathfrak{X}$ nach Voraussetzung ein maximales Element $M = (a_1, \ldots, a_n)$ besitzt. Für jedes $a \in A$ ist $M' := (a_1, \ldots, a_n, a) \subseteq A$ endlich erzeugt, also in $\mathfrak{X}$. Wegen $M \subseteq M'$ und der Maximalität von M folgt $M = M'$ und somit $a \in M$. Das beweist $A = M$.

(3) $\Rightarrow$ (1): Es sei $A_1 \subseteq A_2 \subseteq \cdots$ eine aufsteigende Folge von Idealen von R. Dann ist $A := \bigcup_{i=1}^{\infty} A_i$ ein Ideal (vgl. den Beweis zum Satz 15.19 von Krull), nach Voraussetzung etwa $A = (a_1, \ldots, a_n)$. Zu jedem $i = 1, \ldots, n$ existiert k_i mit $a_i \in A_{k_i}$. Für $k := \max\{k_1, \ldots, k_n\}$ gilt $a_1, \ldots, a_n \in A_k$ und damit $A \subseteq A_k$. Das impliziert $A_i = A_k$ für jedes $i \geq k$.   □

Ein Ring, der eine und damit alle Bedingungen aus Lemma 19.10 erfüllt, heißt **noethersch**.

Vorsicht Man beachte, dass wir weder die Kommutativität noch die Existenz eines Einselements noch die Nullteilerfreiheit für noethersche Ringe verlangen.

Beispiel 19.10

- Da in einem Hauptidealring jedes Ideal endlich erzeugt ist (sogar nur von einem Element), ist jeder Hauptidealring noethersch. Es sind also für jedes $n \in \mathbb{N}_0$ und jeden Körper K die Ringe $\mathbb{Z}$, $\mathbb{Z}/n$, $n\mathbb{Z}$, K, $K[X]$ und der Matrizenring $K^{n \times n}$ noethersch (vgl. die Bemerkung in Abschn. 15.3.2).
- Es sei $\pi_i := \sqrt[2^i]{\pi}$ für $i \in \mathbb{N}_0$. Wir bezeichnen mit R_π den Durchschnitt über alle Teilringe von $\mathbb{R}$, die $\mathbb{Q}$ und $\{\pi_i \mid i \in \mathbb{N}_0\}$ enthalten. Es ist R_π ein Teilring von $\mathbb{R}$. Da in R_π die Hauptideale (π_0), (π_1), ... eine aufsteigende Folge ineinandergeschachtelter Ideale bilden,

$$(\pi_0) \subsetneq (\pi_1) \subsetneq \cdots,$$

ist R_π weder noethersch (siehe Lemma 19.10) noch faktoriell (siehe Satz 17.1).
- Mit etwas Aufwand kann man für jeden Körper K den Polynomring $R_\infty := K[\{X_i \mid i \in \mathbb{N}\}]$ in *unendlich vielen Unbestimmten* einführen. Der Ring R_∞ ist faktoriell und nicht noethersch. Auf die Begründungen dazu gehen wir nicht ein.   ■

19.3.2 Der Basissatz von Hilbert

Das Hauptergebnis in diesem Abschnitt ist ein berühmter Satz von Hilbert, er ist grundlegend für die *algebraische Geometrie*:

Satz 19.11 (Basissatz von Hilbert) *Für jeden kommutativen, noetherschen Ring R mit 1 ist auch der Polynomring $R[X]$ noethersch.*

Beweis Wir zeigen, dass jedes Ideal A von $R[X]$ endlich erzeugt ist. Für jedes $k \in \mathbb{N}_0$ ist

$$A_k := \{a \in R \mid \quad \text{es existiert} \quad P \in A \quad \text{mit höchstem Term} \quad a X^k\} \cup \{0\}$$

ein Ideal von R, weil A ein Ideal von $R[X]$ ist. Da mit $P \in A$ auch $X P$ in A enthalten ist, gilt $A_0 \subseteq A_1 \subseteq A_2 \subseteq \cdots$.

Nach Voraussetzung existiert ein $n \in \mathbb{N}$ derart, dass $A_i = A_n$ für alle $i \geq n$. Für jedes $k = 0, 1, \ldots, n$ sei

$$A_k = (v_1^{(k)}, \ldots, v_{r_k}^{(k)}) \quad \text{mit} \quad v_i^{(k)} \neq 0 \quad \text{für alle} \quad i, k.$$

Definitionsgemäß existiert $P_i^{(k)} \in A$ mit höchstem Term $v_i^{(k)} X^k$.

Behauptung: $(*)$ $A = B := (\{P_i^{(k)} \mid k = 0, \ldots, n, \ i = 1, \ldots, r_k\})$.

Ist $(*)$ begründet, so ist der Satz bewiesen.

Begründung von $(*)$: Offenbar gilt $B \subseteq A$. Es sei $P \in A$ mit höchstem Koeffizienten a gegeben. Wir beweisen $P \in B$ mit vollständiger Induktion nach $d := \deg P$. Im Fall $d > n$ ist $a \in A_d = A_n = (v_1^{(n)}, \ldots, v_{r_n}^{(n)})$ von der Form (beachte den Darstellungssatz 15.3):

$$a = \sum_{i=1}^{r_n} s_i v_i^{(n)} \quad \text{mit} \quad s_i \in R.$$

Es hat $Q = \sum_{i=1}^{r_n} s_i P_i^{(n)} X^{d-n} \in B$ den höchsten Term $a X^d$, sodass $\deg(P - Q) < \deg P$. Wegen $P - Q \in A$ gilt nach Induktionsvoraussetzung $P - Q \in B$, sodass $P = (P - Q) + Q \in B$.

Im Fall $d \leq n$ liegt a in $A_d = (v_1^{(d)}, \ldots, v_{r_d}^{(d)})$, sodass

$$a = \sum_{i=1}^{r_d} s_i v_i^{(d)} \quad \text{für geeignete} \ s_i \in R.$$

Dann hat $Q = \sum_{i=1}^{r_d} s_i P_i^{(d)} \in B$ den höchsten Term $a X^d$, sodass $\deg(P - Q) < \deg P$. Wie oben folgt mit Induktionsvoraussetzung $P \in B$. $\square$

Wegen $R[X_1, \ldots, X_n] = (R[X_1, \ldots, X_{n-1}])[X_n]$ erhält man:

Lemma 19.12 *Für jeden kommutativen, noetherschen Ring R mit 1 ist auch der Polynomring $R[X_1, \ldots, X_n]$ noethersch.*

Bemerkung D. Hilbert bewies Satz 19.11 für $R := \mathbb{Z}$ und für jeden Körper R. Sein Beweis ist jedoch allgemeingültig.

19.3.3 Ein Überblick über die behandelten Ringe

Die Abb. 19.1 gibt einen Überblick über die Ringe, die wir in dieser Einführung zur Ringtheorie behandelt haben. Wir haben aus jeder Klasse von Ringen einen typischen Vertreter angegeben (vgl. bisherige Beispiele).

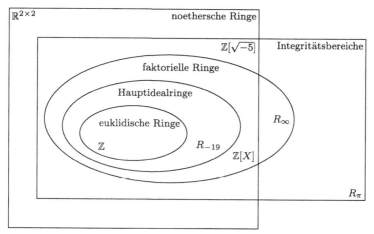

Abb. 19.1 Die verschiedenen Arten von Ringen, ihre Lagen zueinander und Repräsentanten der einzelnen Klassen

Aufgaben

19.1 ● Man bestimme den Inhalt $I(P)$ folgender Polynome aus $\mathbb{Z}[X]$: (a) $26\,X^6 + 352\,X^4 + 1200\,X + 98$, (b) $13\,X^4 + 27\,X^2 + 15$.

19.2 ●● Welche der folgenden Polynome sind in $\mathbb{Q}[X]$ irreduzibel?

(a) $X^3 - 2$.
(b) $X^2 + 5\,X + 1$.
(c) $X^3 + 39\,X^2 - 4\,X + 8$.
(d) $3\,X^3 - 5\,X^2 + 128\,X + 17$.

(e) $X^5 - 2\,X^4 + 6\,X + 10$.
(f) $X^4 + 11\,X^3 + 34\,X^2 + 46\,X + 232$.
(g) $X^5 + X + 1$.

19.3 ●● Es sei p eine Primzahl. Wie viele (i) normierte, (ii) normierte reduzible, (iii) normierte irreduzible Polynome vom Grad 2 gibt es in $\mathbb{Z}/p[X]$? Bestimmen Sie alle Polynome vom Typ (iii) für $p = 2$ und $p = 3$.

19.4 ● Für welche $n \in \mathbb{Z}$ ist $X^3 + n\,X^2 + X + 1$ in $\mathbb{Z}[X]$ reduzibel?

19.5 ● Zeigen Sie: Das Polynom $X^2 + Y^2 - 1 \in K[X, Y]$ ist irreduzibel über $K[X]$.

19.6 ●●● *Methode von Kronecker.* Es sei R ein unendlicher Integritätsbereich mit der Eigenschaft, dass jedes von null verschiedene Element nur endlich viele Teiler hat und diese in endlich vielen Schritten zu bestimmen sind. K bezeichne den Quotientenkörper von R.

(a) Es sei $P \in R[X]$ mit $\deg P = n > 1$ und $m := \max\{k \in \mathbb{N} \mid 2\,k \le n\}$. Zeigen Sie:

(i) Es gibt verschiedene $a_0, , \ldots, a_m \in R$, sodass $T_i := \{r \in R \mid r \mid P(a_i)\}$ für jedes $i = 0, \ldots, m$ endlich ist.

(ii) Zu jedem $b := (b_0, \ldots, b_m) \in T_0 \times \cdots \times T_m =: T$ gibt es genau ein $Q_b \in K[X]$ mit $\deg(Q_b) \le m$ und $Q_b(a_i) = b_i$ für $i = 0, \ldots, m$.

(iii) P ist genau dann reduzibel in $R[X]$, wenn es ein $b \in T$ gibt, sodass $Q_b \in R[X] \setminus R^\times$ ein Teiler von P in $R[X]$ ist.

(b) Beweisen Sie: Jedes Polynom aus $R[X]$ lässt sich in endlich vielen Schritten in über R irreduzible Polynome zerlegen.

(c) Man zerlege mit der Methode von Kronecker das Polynom $2X^5 + 8X^4 - 7X^3 - 35X^2 + 12X - 1$ in irreduzible Faktoren über $\mathbb{Z}$.

19.7 •• Es seien K ein Körper und $R := K[[X]]$ der formale Potenzreihenring über K. Geben Sie alle Ideale von R an. Ist R noethersch?

19.8 •• Es seien K ein Körper und S eine unendliche Menge. Mit punktweiser Addition und punktweiser Multiplikation wird $R := K^S = \mathrm{Abb}(S, K)$ zu einem Ring. Zeigen Sie, dass R nicht noethersch ist.

19.9 •• Untersuchen Sie jeweils, ob die folgenden Polynome im angegebenen Ring (bzw. den angegebenen Ringen) irreduzibel sind.

(a) $X^5 + 2X^3 - 12X + 6 \in \mathbb{Z}[X]$.

(b) $X^3 + 4 \in \mathbb{Z}[X], \mathbb{R}[X]$.

(c) $X^3 + X + \bar{1} \in \mathbb{Z}/2[X]$.

(d) $X^{2013} + 18X^{2012} + 30X - 21 \in \mathbb{Q}[X]$.

(e) $2X^2 + 2X + 4 \in \mathbb{Z}[X], \mathbb{R}[X]$.

(f) $X^8 - 30X^4 + 90X^3 - 180 \in \mathbb{Q}[X]$.

19.10 •• Bestimmen Sie die Primzerlegung der folgenden Polynome in den jeweils angegebenen Polynomringen:

(a) $X^7 + 6X^6 + 36X^5 + 15X^4 - 6X - 21 \in \mathbb{Q}[X]$.

(b) $2X^4 - 4X^3 + 8X^2 - 4X + 4 \in \mathbb{Z}[X]$.

(c) $X^4 + \bar{2}X^3 + X^2 + \bar{2}X \in \mathbb{Z}/3[X]$.

(d) $X^4 + 1 \in \mathbb{Z}[X], \mathbb{Q}[X], \mathbb{R}[X], \mathbb{C}[X]$.

(e) $12X^2 - 2X - 24 \in \mathbb{Z}[X], \mathbb{Q}[X]$.

19.11 ••

(a) Bestimmen Sie alle normierten irreduziblen Polynome vom Grad 4 in $\mathbb{Z}/2[X]$.

(b) Bestimmen Sie alle normierten irreduziblen Polynome vom Grad 3 in $\mathbb{Z}/3[X]$.

19.12 • Zeigen Sie mit dem Reduktionssatz 19.8, dass die folgenden Polynome irreduzibel sind:

(a) $X^3 + 9X^2 - 2012X + 2015$.

(b) $X^3 - 213X - 2239$.

(c) $X^3 + 10X^2 + 40X + 11$.

(d) $X^3 - 14X^2 + 6X + 20$.

(e) $X^3 \pm aX^2 \pm (a+1)X \pm 1$ für $a \in \mathbb{Z}$.

19.13 ●●   Zeigen Sie, dass folgende Polynome irreduzibel in $\mathbb{Q}[X]$ sind.

(a) $X^3 + 3X^2 + 3X - 1$,

(b) $X^6 + X^3 + 1$,

(c) $X^5 + 2X^4 + X^3 + 4X^2 + 1$,

(d) $X^4 + a^2$, wobei a eine ungerade ganze Zahl ist.

19.14 ●●   Zeigen Sie, dass das in $\mathbb{Z}[X]$ irreduzible Polynom $P = X^4 + 1$ für jede Primzahl p in $\mathbb{Z}/p\,[X]$ reduzibel ist. Begründen Sie dazu:

(a) Falls es ein $a \in \mathbb{Z}/p\,[X]$ mit $a^2 \in \{-2, -1, 2\}$ gibt, dann ist $P \in \mathbb{Z}/p\,[X]$ reduzibel.

(b) In $\mathbb{Z}/p$ ist mindestens eine der drei Zahlen $-2, -1, 2$ ein Quadrat.

19.15 ●●   Begründen Sie, warum folgende Polynome irreduzibel sind:

(a) $X^2 Y + XY^2 - X - Y + 1$ in $\mathbb{Q}[X, Y]$,

(b) $Y^p - X$ in $K[Y]$, wobei p eine Primzahl ist und $K = \mathbb{F}_p(X) = \mathrm{Quot}(\mathbb{F}_p[X])$.

19.16 (a) Zeigen Sie, dass $R_1 = \mathbb{Z}[X]/(X^3 + 3X^2 + 3X - 1)$ ein Integritätsbereich ist.

(b) Zeigen Sie, dass $R_2 = \mathbb{Z}[X]/(5, X^2 + 2)$ ein Körper ist.

19.17 ●●   Es sei $R = \mathcal{C}(\mathbb{R}, \mathbb{R})$ der Ring der stetigen Funktionen $f : \mathbb{R} \to \mathbb{R}$ und

$$A_n := \{f \in R \mid f(x) = 0 \text{ für } x \geq n\}.$$

Zeigen Sie: Die A_n sind Ideale in R mit $A_n \subsetneq A_{n+1}$. Die Kette $A_0 \subset A_1 \subset A_2 \subset \dots$ ist daher nicht stationär.

19.18 ●●   Es sei R ein Integritätsbereich. Die *Reversion* eines Polynoms $P = \sum_{i=0}^{n} a_i X^i \in R[X]$ mit $a_0 a_n \neq 0$ ist das Polynom $\overleftarrow{P} = \sum_{i=0}^{n} a_{n-i} X^i \in R[X]$. Zeigen Sie: $\overleftarrow{P}$ ist genau dann irreduzibel, wenn P irreduzibel ist.

19.19 ●●   Zeigen Sie: Das Polynom $f_n = X^{n-1} + X^{n-2} + \dots + X + 1 \in \mathbb{Z}[X]$ ist genau dann irreduzibel, wenn n eine Primzahl ist.

Das Quadratische Reziprozitätsgesetz *

20

Übersicht

Wir gehen der Frage nach, für welche Zahlen $a \in \mathbb{Z}$ und $m \in \mathbb{N}$ die Kongruenzgleichung

$$X^2 \equiv a \,(\,\mathrm{mod}\ m\,)\,.$$

lösbar ist, ob also a ein Quadrat oder ein Nichtquadrat modulo m ist. Erste Teilantworten auf diese Frage aus der Zahlentheorie – man spricht von einer quadratischen Diophantischen Gleichung – lieferten Fermat, Euler und Lagrange. Gauß veröffentlichte 1801 den ersten vollständigen Beweis des *quadratischen Reziprozitätsgesetzes*, das ein effektives Verfahren liefert, um zu entscheiden, ob eine gegebene Zahl modulo einer Primzahl ein Quadrat oder ein Nichtquadrat ist. Gauß gab 8 verschiedene Beweise dieses Gesetzes an, heutzutage kennt man mehr als 150 verschiedene Beweise. Wir geben im vorliegenden Kapitel einen elementaren Beweis an, in einem späteren Abschn. 30.5 liefern wir einen kurzen Beweis, der aber einige weitere Kenntnisse verlangt.

© Der/die Autor(en), exklusiv lizenziert an Springer-Verlag GmbH, DE, ein Teil von Springer Nature 2024
C. Karpfinger, *Algebra*, https://doi.org/10.1007/978-3-662-68656-0_20

20.1 Das Legendre-Symbol

Das *Legendre-Symbol* drückt aus, ob eine gegebene Zahl a ein Quadrat modulo einer Primzahl ist oder nicht. Damit ist an sich durch dieses Symbol nichts gewonnen, mag man zuerst denken. Aber wir werden ein Verfahren vorstellen, das es erlaubt, das Legendre-Symbol algorithmisch zu berechnen.

20.1.1 Quadratische Reste und Nichtreste

Zu einer Primzahl $p \in \mathbb{P}$ (wir bezeichnen mit $\mathbb{P}$ die Menge der Primzahlen) und einer ganzen Zahl $a \in \mathbb{Z}$ mit $p \nmid a$ betrachten wir die Kongruenzgleichung

$$X^2 \equiv a \,(\mathrm{mod}\ p)\,.$$

- Ist diese Kongruenz lösbar, so nennt man a einen **quadratischen Rest modulo** p; in diesem Fall gibt es ein $\overline{b} \in \mathbb{Z}/p^{\times}$ mit $\overline{b}^2 = \overline{a}$ in $\mathbb{Z}/p^{\times}$.
- Ist diese Kongruenz nicht lösbar, so nennt man a einen **quadratischen Nichtrest modulo** p; in diesem Fall gibt es kein $\overline{b} \in \mathbb{Z}/p^{\times}$ mit $\overline{b}^2 = \overline{a}$ in $\mathbb{Z}/p^{\times}$.

Man beachte, dass nach unserer Definition $a = 0$ weder quadratischer Rest noch quadratischer Nichtrest ist, da für $a = 0$ sehr wohl $p \mid 0$ gilt, wir diesen Fall aber ausschließen.

Beispiel 20.1 Wir betrachten die Primzahl $p = 11$ und wählen (vor allem in Hinblick auf die späteren Ausführungen, aber auch wegen der Vereinfachungen der Rechnungen) das sogenannte *betragsmäßig kleinste Restsystem*

$$-5,\ -4,\ -3,\ -2,\ -1,\ 0,\ 1,\ 2,\ 3,\ 4,\ 5$$

von Repräsentanten der Elemente von $\mathbb{Z}/11$. Wir entscheiden in diesem Beispiel, welche dieser Zahlen des betragsmäßig kleinsten Restsystems quadratische Reste bzw. Nichtreste modulo 11 sind.

Um die quadratischen Reste modulo 11 zu bestimmen, müssen wir nun wegen $(-b)^2 = b^2$ nur die positiven Zahlen quadrieren (es interessieren nur die Zahlen ungleich 0):

$$\overline{1}^2 = \overline{1},\ \overline{2}^2 = \overline{4},\ \overline{3}^2 = \overline{9} = \overline{-2},\ \overline{4}^2 = \overline{5},\ \overline{5}^2 = \overline{3},$$

sodass aus den obigen Zahlen des betragsmäßig kleinsten Restsystems

- die Zahlen $a = -2, 1, 3, 4, 5$ die quadratischen Reste modulo 11 sind und
- die Zahlen $a = -5, -4, -3, -1, 2$ die quadratischen Nichtreste modulo 11 sind. ∎

Wir verallgemeinern dieses Beispiel und halten vorab fest, dass der Fall $p = 2$ uninteressant ist. Das einzige Element ungleich null ist in diesem Fall ein Quadrat, $\overline{1}^2 = \overline{1}$. Daher kümmern wir uns im Folgenden nur noch um ungerade Primzahlen:

Lemma 20.1 *Es sei p eine ungerade Primzahl. Es gibt genau $\frac{p-1}{2}$ inkongruente quadratische Reste modulo p und genau $\frac{p-1}{2}$ inkongruente quadratische Nichtreste modulo p. Die Äquivalenzklassen*

$$\overline{1}^2, \ \overline{2}^2, \ \overline{3}^2, \ \cdots, \ \left(\overline{\frac{p-1}{2}}\right)^2$$

enthalten genau sämtliche quadratischen Reste.

Beweis Wir wählen das betragsmäßig kleinste Restsystem

$$-\frac{p-1}{2}, \ldots, -2, , -1, 0, 1, 2, , \ldots, \frac{p-1}{2}$$

und erhalten sämtliche Quadrate in $\mathbb{Z}/p$ wegen $(-a)^2 = a^2$ durch

$$\overline{1}^2, \ \overline{2}^2, \ \overline{3}^2, \ \cdots, \ \left(\overline{\frac{p-1}{2}}\right)^2 .$$

Es bleibt nur noch zu zeigen, dass diese Klassen verschieden sind: Für x, y mit $1 \leq x$, $y \leq \frac{p-1}{2}$ folgt aus $\overline{x}^2 = \overline{y}^2$ sofort $\overline{x} = \overline{y}$ oder $\overline{x} = -\overline{y}$, d. h.

$$x \equiv y \,(\mathrm{mod}\, p) \quad \text{oder} \quad x \equiv -y \,(\mathrm{mod}\, p) .$$

Da x, y positiv sind, gilt $x = y$. □

Beispiel 20.2 Wir finden damit leicht die quadratischen Reste bzw. Nichtreste für die ersten ungeraden Primzahlen – wobei wir nun jeweils nur jene a aus dem üblichen Restsystem $1, 2, \ldots, p - 1$ betrachten:

- $p = 3$:
  - Die quadratischen Reste sind: 1
  - Die quadratischen Nichtreste sind: 2

- $p = 5$:
  - Die quadratischen Reste sind: 1, 4
  - Die quadratischen Nichtreste sind: 2, 3
- $p = 7$:
  - Die quadratischen Reste sind: 1, 4, 2
  - Die quadratischen Nichtreste sind: 3, 5, 6
- $p = 11$:
  - Die quadratischen Reste sind: 1, 4, 9, 5, 3
  - Die quadratischen Nichtreste sind: 2, 6, 7, 8, 10
- $p = 13$:
  - Die quadratischen Reste sind: 1, 4, 9, 3, 12, 10
  - Die quadratischen Nichtreste sind: 2, 5, 6, 7, 8, 11

Es sei p eine ungerade Primzahl. Das sogenannte **Legendre-Symbol** $\left(\frac{a}{p}\right)$ (gesprochen a *nach* p) für $a \in \mathbb{Z}$ mit $p \nmid a$ besagt:

$$\left(\frac{a}{p}\right) := \begin{cases} 1\,, & \text{falls } a \text{ quadratischer Rest modulo } p \text{ ist,} \\ -1\,, & \text{falls } a \text{ quadratischer Nichtrest modulo } p \text{ ist.} \end{cases}$$

Wir stellen zwei Methoden vor, das Legendre-Symbol $\left(\frac{a}{p}\right)$ zu berechnen: Eine benutzt das (wenig praktikable) *Eulersche Kriterium*, die andere das *quadratische Reziprozitätsgesetz*. Aber vorab ein paar einfache Beispiele:

Beispiel 20.3 Die ersten Beipiele sind offensichtlich, für die weiteren beachte obiges Beispiel 20.2:

$$\left(\frac{1}{p}\right) = 1\,, \quad \left(\frac{n^2}{p}\right) = 1\,, \quad \left(\frac{22}{11}\right) \text{n.def.}\,, \quad \left(\frac{7}{11}\right) = -1\,, \quad \left(\frac{12}{13}\right) = 1\,.$$

20.1.2 Das Eulersche Kriterium

Das *Eulersche Kriterium* liefert eine scheinbar einfache Formel, mit der man das Legendre-Symbol $\left(\frac{a}{p}\right)$ berechnen kann. Tatsächlich ist die Formel nicht sehr praktikabel, wenn p und a etwas größer sind. Wir nähern uns dem Kriterium, indem wir zwei äußerst nützliche Rechenregeln in einem Lemma voranstellen:

Für eine ungerade Primzahl p sind uns im Prinzip alle Quadrate in $\mathbb{Z}/p$ bekannt: Es sei $\overline{g}$ mit $g \in \mathbb{Z}$ ein erzeugendes Element der zyklischen Gruppe $\mathbb{Z}/p^\times$ der Ordnung $p - 1$, d. h.

$$\mathbb{Z}/p^{\times} = \langle \overline{g} \rangle = \{\overline{g}^k \mid k \in \mathbb{Z}\} = \{\overline{1}, \overline{g}, \overline{g}^2, \dots, \overline{g}^{p-2}\}.$$

Als Erstes beachten wir:

Es ist $\overline{a} = \overline{g}^k$ genau dann ein Quadrat, wenn k gerade ist, $k = 2s$, $s \in \mathbb{Z}$. $\qquad$ (20.1)

Denn: $\overline{a} = \overline{g}^{2s} = (\overline{g}^s)^2$ ist offenbar ein Quadrat. Und ist umgekehrt $\overline{a} = \overline{g}^k$ ein Quadrat, also $\overline{g}^k = \overline{a} = (\overline{g}^l)^2$ für ein $l \in \mathbb{Z}$, dann folgt $\overline{g}^{2l-k} = \overline{1}$, und die Ordnung $p-1$ von $\overline{g}$ teilt $2l - k$ (vgl. Satz 3.5 (b) (ii)). Weil $p-1$ durch 2 teilbar ist, ist auch k durch 2 teilbar. Insbesondere ist g ein quadratischer Nichtrest modulo p. Weiter beobachten wir:

$$\overline{g}^{\frac{p-1}{2}} = -\overline{1} \qquad (20.2)$$

Das folgt sofort aus $(\overline{g}^{\frac{p-1}{2}} + \overline{1})(\overline{g}^{\frac{p-1}{2}} - \overline{1}) = \overline{g}^{p-1} - \overline{1} = \overline{0}$ und $\overline{g}^{\frac{p-1}{2}} \neq \overline{1}$ (beachte, $p-1 = o(\overline{g})$ ist der kleinste Exponent $m \in \mathbb{N}$ mit $\overline{g}^m = \overline{1}$).

Hiermit können wir nun die angekündigten wichtigen Rechenregeln für das Legendre-Symbol zeigen:

Lemma 20.2 *Für jede ungerade Primzahl p und a, $b \in \mathbb{Z}$ mit $p \nmid a$, b gilt:*

(a) *Aus $a \equiv b \,(\mathrm{mod}\ p)$ folgt $\left(\frac{a}{p}\right) = \left(\frac{b}{p}\right)$.*

(b) $\left(\frac{ab}{p}\right) = \left(\frac{a}{p}\right)\left(\frac{b}{p}\right)$

Beweis

(a) Es gilt

$$a \equiv b \,(\mathrm{mod}\ p) \;\Leftrightarrow\; \overline{a} = \overline{b} \text{ in } \mathbb{Z}/p,$$

und es ist $\overline{a}$ genau dann ein Quadrat in $\mathbb{Z}/p$ (also a ein quadratischer Rest modulo p), wenn das auch für $\overline{b}$ zutrifft.

(b) Für a, $b \in \mathbb{Z}$ (beide nicht durch p teilbar) sei

$$\overline{a} = \overline{g}^l, \quad \overline{b} = \overline{g}^k,$$

wobei $\overline{g}$ ein Erzeuger für $\mathbb{Z}/p^{\times}$ ist. Dann ist auch $a\,b$ nicht durch p teilbar und $\overline{a\,b} = \overline{g}^{l+k}$. Sind a, b quadratische Reste, dann sind gemäß Obigem, siehe (20.1), die Exponenten l, k gerade, also auch die Summe gerade und $a\,b$ ist quadratischer Rest. Ist genau einer der Faktoren ein quadratischer Nichtrest, dann ist $l + k$ ungerade, also auch $a\,b$ quadratischer Nichtrest. Sind schließlich beide Faktoren a, b Nichtreste (k, l ungerade), dann ist $l + k$ gerade und $a\,b$ ein quadratischer Rest. $\qquad \square$

Beispiel 20.4 Wegen $152 \equiv 30 \,(\mathrm{mod}\ 61\,)$ und $30 = 2 \cdot 3 \cdot 5$ gilt

$$\left(\frac{152}{61}\right) = \left(\frac{30}{61}\right) = \left(\frac{2}{61}\right)\left(\frac{3}{61}\right)\left(\frac{5}{61}\right).$$

Um zu entscheiden, ob 152 ein quadratischer Rest oder Nichtrest modulo 61 ist, müssen wir *nur noch* entscheiden, ob 2, 3 und 5 quadratische Reste bzw. Nichtreste modulo 61 sind. Wir erarbeiten im Folgenden Methoden, wie wir diese Entscheidung einfach treffen können.   ∎

Dank der Aussagen in Lemma 20.2 erhalten wir $\left(\frac{a}{p}\right)$ für jedes $a \in \mathbb{Z}$ mit $p \nmid a$ nach einer Primfaktorzerlegung der Zahl a, wenn wir *nur*

$$\left(\frac{-1}{p}\right),\ \left(\frac{2}{p}\right),\ \left(\frac{q}{p}\right) \text{ für alle } q \in \mathbb{P} \setminus \{2,\, p\}$$

kennen. Und diese drei Zahlen können wir mithilfe des quadratischen Reziprozitätsgesetzes und seiner beiden Ergänzungssätze bestimmen. Aber zum Beweis dieses Gesetzes benötigen wir weitere Vorbereitungen. Eine davon ist das Eulersche Kriterium, das auch eine Methode zur Berechnung des Legendresymbols $\left(\frac{a}{p}\right)$ liefert:

Satz 20.3 (Eulersches Kriterium) *Für jede Primzahl $p \neq 2$ und jede ganze Zahl a mit $p \nmid a$ gilt*

$$\left(\frac{a}{p}\right) \equiv a^{\frac{p-1}{2}} \,(\mathrm{mod}\ p\,).$$

Beweis Es sei $\overline{a} = \overline{g}^l$ für ein $l \in \mathbb{N}$ und einen Erzeuger $\overline{g}$ von $\mathbb{Z}/p^{\times}$. Gemäß (20.1) ist g quadratischer Nichtrest, also $\left(\frac{g}{p}\right) = -1$. Mit Teil (b) aus Lemma 20.2 und (20.1) folgt nun

$$\left(\frac{a}{p}\right) = \left(\frac{g^l}{p}\right) = \left(\frac{g}{p}\right)^l = (-1)^l \equiv (g^{\frac{p-1}{2}})^l \equiv a^{\frac{p-1}{2}} \,(\mathrm{mod}\ p\,).$$

$\square$

Beispiel 20.5

- Für jede Primzahl $p \neq 2$ ist $\left(\frac{1}{p}\right) = 1$, da $1^{\frac{p-1}{2}} \equiv 1 \,(\mathrm{mod}\ p\,)$ gilt. Aber dass 1 ein quadratischer Rest modulo jeder Primzahl p ist, ist wegen $1 = 1^2$ auch so selbstverständlich.

- Wir prüfen, ob 3 ein quadratischer Rest oder Nichtrest modulo 5 ist. Wegen

$$3^{\frac{5-1}{2}} \equiv 3^2 \equiv -1 \,(\bmod\, 5\,)$$

ist 3 ein quadratischer Nichtrest modulo 5. Die ganze Zahl 4 ist hingegen ein quadratischer Rest modulo 5, da

$$4^{\frac{5-1}{2}} \equiv 4^2 \equiv 1 \,(\bmod\, 5\,)\,.$$

Aber auch das ist selbstverständlich, da $4 = 2^2$.

- Will man entscheiden, ob 2819 ein quadratischer Rest oder Nichtrest modulo 4177 ist, so ist die Potenz $2819^{\frac{4177-1}{2}}$ zu bilden, die dann modulo 4177 zu reduzieren ist. Es gibt zwar Algorithmen, die eine *schnelle Exponentiation* durchführen, jedoch sollte dieses kleine Beispiel schon mal klarmachen, dass das Eulersche Kriterium nicht ganz so handlich ist, wie der erste Eindruck vermittelt. ∎

20.2 Der Beweis des Reziprozitätsgesetzes

Von den vielen Beweisen des quadratischen Reziprozitätsgesetzes, die es gibt, geben wir einen elementaren Beweis an, der auf dem *Lemma von Gauß* beruht. Andere Beweise basieren auf *Gaußschen Summen*, wir geben im Abschn. 30.5 einen solchen kurzen Beweis an, der aber dann weitere Kenntnisse aus späteren Kapiteln benutzt.

20.2.1 Das Lemma von Gauß

Für die folgenden Überlegungen sei $p = 2k + 1$, $k \in \mathbb{N}$. Wir betrachten wieder das betragsmäßig kleinste Restsystem, aber ohne die Null:

$$-k\,,\; -(k-1)\,,\; \ldots\,,\; -1\,,\; 1\,,\; \ldots\,,\; (k-1)\,,\; k\,.$$

Die multiplikative Gruppe $\mathbb{Z}/p^{\times}$ ist die Vereinigung der disjunkten Mengen

$$\{-\overline{1},\, \overline{1}\}\,,\; \{-\overline{2},\, \overline{2}\}\,,\; \ldots\,,\; \{-\overline{k},\, \overline{k}\}\,.$$

Die Restklassen sind Teilmengen von $\mathbb{Z}$, verschiedene Restklassen sind disjunkt. Wir wählen jetzt aus jeder der Mengen $-\overline{1} \cup \overline{1}$, $-\overline{2} \cup \overline{2}$, $-\overline{k} \cup \overline{k}$ genau ein Element aus; jede derart gefundene Menge

$$U = \{u_1,\, u_2,\, \ldots,\, u_k\}$$

besteht aus k Zahlen, und jede ganze Zahl, teilerfremd zu p, ist kongruent modulo p zu genau einer der Zahlen $\pm u_1, \ldots, \pm u_k$.

Für die Zwecke dieses Abschnittes nennen wir jede solche Menge U eine **Gaußsche Menge**. Eine, und zwar die einfachste, Gaußsche Menge ist $\{1, 2, 3, \ldots, k\}$.

Satz 20.4 (Das Lemma von Gauß)   *Es seien $p = 2k + 1$ eine ungerade Primzahl, $U = \{u_1, u_2, \ldots, u_k\}$ eine Gaußsche Menge und $a \in \mathbb{Z}$ mit $p \nmid a$. Zu jedem $i = 1, \ldots, k$ seien $\varepsilon_i \in \{-1, +1\}$ und $j \in \{1, \ldots, k\}$ bestimmt, sodass*

$$a\,u_i \equiv \varepsilon_i u_j \,(\mathrm{mod}\ p)\,.$$

Dann gilt

$$\left(\frac{a}{p}\right) = \varepsilon_1 \cdots \varepsilon_k\,.$$

Beweis Jede Zahl l mit $p \nmid l$ ist modulo p kongruent zu genau einer der Zahlen $\pm u_1, \ldots, \pm u_k$. Das gilt insbesondere für $l = a\,u_i$.

In den Kongruenzen $a\,u_i \equiv \varepsilon_i u_j \,(\mathrm{mod}\ p)$ für $i = 1, \ldots, k$ kommen auch rechts die verschiedenen $u_j \in U$ vor, andernfalls würde $a\,u_i \equiv \pm au_t \,(\mathrm{mod}\ p)$ für $i \neq t$ gelten, was wegen $\overline{a} \neq \overline{0}$ zum Widerspruch $u_i \equiv \pm u_t \,(\mathrm{mod}\ p)$ führen würde.

Das Produkt aller k Kongruenzen ergibt

$$a^k u \equiv \varepsilon_1 \varepsilon_2 \cdots \varepsilon_k u \,(\mathrm{mod}\ p)$$

mit $u = u_1 \cdots u_k \not\equiv 0 \,(\mathrm{mod}\ p)$. Folglich gilt mit $k = \frac{p-1}{2}$

$$a^{\frac{p-1}{2}} \equiv \varepsilon_1 \cdots \varepsilon_k \,(\mathrm{mod}\ p)\,.$$

Nach dem Eulerschen Kiterium 20.3 gilt auch $a^{\frac{p-1}{2}} \equiv \left(\frac{a}{p}\right) \,(\mathrm{mod}\ p)$, wegen $p \neq 2$ erhalten wir damit

$$\left(\frac{a}{p}\right) \equiv \varepsilon_1 \cdots \varepsilon_k \,(\mathrm{mod}\ p)\,.$$

$\square$

Mit dem Eulerschen Kriterium und dem Gaußschen Lemma zeigen wir nun:

Satz 20.5 (Die Ergänzungssätze zum Quadratischen Reziprozitätsgesetz)
1. Ergänzungssatz: Für jede ungerade Primzahl p gilt

$$\left(\frac{-1}{p}\right) = (-1)^{\frac{p-1}{2}}\,.$$

Dies besagt:

- $\left(\dfrac{-1}{p}\right) = 1$, *falls* $p \equiv 1\,(\bmod\ 4)$.
- $\left(\dfrac{-1}{p}\right) = -1$, *falls* $p \equiv 3\,(\bmod\ 4)$.

2. Ergänzungssatz: *Für jede ungerade Primzahl* p *gilt*

$$\left(\frac{2}{p}\right) = (-1)^{\frac{p^2-1}{8}}.$$

Dies besagt:

- $\left(\dfrac{2}{p}\right) = 1$, *falls* $p \equiv 1\,(\bmod\ 8)$ *oder* $p \equiv 7\,(\bmod\ 8)$.
- $\left(\dfrac{2}{p}\right) = -1$, *falls* $p \equiv 3\,(\bmod\ 8)$ *oder* $p \equiv 5\,(\bmod\ 8)$.

Beweis

(a) Nach dem Eulerschen Kriterium in Satz 20.3 gilt

$$\left(\frac{-1}{p}\right) = (-1)^{\frac{p-1}{2}}\,(\bmod\ p).$$

Wegen $p > 2$ besagt dies $\left(\frac{-1}{p}\right) = (-1)^{\frac{p-1}{2}}$. Damit ist der 1. Ergänzungssatz bewiesen.

(b) Es seien $p = 2k+1$ und $a = 2$. Wir wählen die Gaußsche Menge $U = \{1, 2, \ldots, k\}$ und beachten, dass modulo p gilt:

$$k+1 \equiv -k\,,\ k+2 \equiv -(k-1), \ldots, 2k \equiv -1\,.$$

Für jedes $i \in U$ erhalten wir damit (für ein $j \in U$ und das jeweilige Vorzeichen ε_i):

$$2i \equiv 2i\,(\bmod\ p)\,,\ \text{d.h. } \varepsilon_i = 1\,,\ \text{solange } 2i \le k \text{ und}$$
$$2i \equiv -j\,(\bmod\ p)\,,\ \text{d.h. } \varepsilon_i = -1\,,\ \text{solange } 2i > k\,.$$

Wir fassen zusammen:

$$\varepsilon_i = 1\,,\ \text{falls } 1 \le i \le \frac{k}{2}\,,\ \text{und}\ \varepsilon_i = -1\,,\ \text{falls } \frac{k}{2} < i \le k\,.$$

Im Fall $p = 8n + 1$ bzw. $p = 8n + 7$, es ist dann $k = 4n$ bzw. $k = 4n + 3$, enthält das Intervall

$$2n < i \leq 4n \quad \text{bzw.} \quad 2n + 1 < i \leq 4n + 3$$

eine gerade Anzahl (nämlich $4n - 2n = 2n$, bzw. $4n + 3 - 2n - 1 = 2n + 2$) ganzer Zahlen, also $\prod \varepsilon_i = (-1)^{\text{gerade}} = 1$.

In den anderen Fällen $p = 8n + 3$, $p = 8n + 5$ ($k = 4n + 1$, $k = 4n + 2$) enthält

$$2n < i \leq 4n + 1, \; 2n + 1 < i \leq 4n + 2$$

jeweils eine ungerade Anzahl ganzer Zahlen, d.h. $\varepsilon_i = -1$ kommt in ungerader Anzahl vor, $\prod \varepsilon_i = (-1)^{\text{ungerade}} = -1$.

Man beachte weiterhin, dass

$$\frac{p^2 - 1}{8} = \frac{(p + 1)(p - 1)}{8}$$

stets ganz ist und

$$\text{gerade für } p = 8n + 1, \; p = 8n + 7,$$

$$\text{ungerade für } p = 8n + 3, \; p = 8n + 5.$$

$\square$

Beispiel 20.6 Wir erhalten mit den Ergänzungssätzen beispielsweise per Reduktion von p modulo 4 bzw. 8 sehr einfach

$$\left(\frac{-1}{17}\right) = 1, \; \left(\frac{2}{17}\right) = 1, \; \left(\frac{-1}{43}\right) = -1, \; \left(\frac{2}{43}\right) = -1 \,.$$

■

Wir kommen nun zum Hauptsatz dieses Kapitels:

Satz 20.6 (Das Quadratische Reziprozitätsgesetz)   *Für verschiedene ungerade Primzahlen p und q gilt:*

$$\left(\frac{p}{q}\right)\left(\frac{q}{p}\right) = (-1)^{\frac{p-1}{2}\frac{q-1}{2}} \,.$$

Dies besagt:

- $\left(\dfrac{q}{p}\right) = \left(\dfrac{p}{q}\right)$, *falls* $p \equiv 1$ (mod 4) *oder* $q \equiv 1$ (mod 4).

- $\left(\dfrac{q}{p}\right) = -\left(\dfrac{p}{q}\right)$, *falls* $p \equiv 3$ (mod 4) *und* $q \equiv 3$ (mod 4).

Beweis Es seien

$$p = 2k + 1 \text{ und } q = 2l + 1.$$

Wir wählen wieder die Gaußsche Menge $U = \{1, 2, \dots, k\}$ und wenden damit das Gaußsche Lemma auf $a = q$ an.

Wir berechnen für jedes $i = 1, \dots, k$ die Zahl $q\,i$ und reduzieren modulo p:

$$q\,i \equiv \varepsilon_i u \,(\mathrm{mod}\, p) \ \text{ mit } \ \varepsilon_i = \pm 1 \ \text{ und } \ u \in U.$$

Diese Kongruenz können wir auch schreiben als

$$q\,i = \varepsilon_i u + p\,j \ \text{ bzw. } \ p\,j = q\,i - \varepsilon_i u \ \text{ mit } \ \varepsilon_i = \pm 1, \ u \in U \ \text{ und } \ j \in \mathbb{Z}.$$

Nach dem Gaußschen Lemma gilt $\left(\dfrac{q}{p}\right) = \varepsilon_1 \cdots \varepsilon_k$, wobei natürlich nur die ε_i mit $\varepsilon_i = -1$ entscheidend sind. Wir entscheiden nun, wie viele der ε_i negativ sind:

Es gilt (für ein $j \in \mathbb{Z}$):

$$\varepsilon_i = -1 \ \Leftrightarrow \ p\,j = q\,i + u \text{ mit } 1 \le i \le k \text{ und } 1 \le u \le k. \tag{20.3}$$

Hieraus folgt, dass $j > 0$ gilt und weiterhin wegen $p = 2k + 1$, also $\frac{k}{p} < \frac{1}{2}$:

$$j = \frac{q\,i + u}{p} \le \frac{q\,k + k}{p} = \frac{(q+1)k}{p} < \frac{q+1}{2} = l + 1,$$

sodass $1 \le j \le l$.

Nun betrachten wir die folgende Menge N:

$$N := \{(i, j) \in \mathbb{N}^2 \mid 1 \le i \le k, \ 1 \le j \le l, \ 1 \le p\,j - q\,i \le k\}.$$

Mit Blick auf die Äquivalenz in (20.3) erhalten wir, dass ε_i genau so oft -1 ist, wie es Elemente in N gibt. Bezeichnet also $n = |N|$, so erhalten wir nach dem Gaußschen Lemma

$$\left(\frac{q}{p}\right) = (-1)^n.$$

Wir starten das Procedere von vorne mit vertauschten Rollen von p und q und der Gaußschen Menge $U = \{1, \ldots, l\}$ und erhalten mit der Menge

$$M := \{(i, j) \in \mathbb{N}^2 \mid 1 \le i \le k, \; 1 \le j \le l, \; 1 \le q\,i - p\,j \le l\}$$

analog für $m = |M|$ nach dem Gaußschen Lemma

$$\left(\frac{p}{q}\right) = (-1)^m \, .$$

Wir fassen zusammen:

$$\left(\frac{p}{q}\right)\left(\frac{q}{p}\right) = (-1)^{m+n} \, , \tag{20.4}$$

wobei $m + n$ die Anzahl der Paare (i, j) ist mit

$$1 \le i \le k \, , \; 1 \le j \le l \, , \; -k \le q\,i - p\,j \le l \, ;$$

man beachte, dass $q\,i - p\,j = 0$ ausgeschlossen ist, da p teilerfremd zu q und i ist.

Wir betrachten nun die Paare (i, j), für die zwar nach wie vor gilt, dass $i \in \{1, \ldots, k\}$, $j \in \{1, \ldots, l\}$, für die aber $q\,i - p\,j$ außerhalb des Bereiches von $\{-k, \ldots, l\}$ gilt. Es seien dazu

$$R := \{(i, j) \in \mathbb{N}^2 \mid 1 \le i \le k, \; 1 \le j \le l, \; q\,i - p\,j < -k\}$$

und

$$S := \{(i', j') \in \mathbb{N}^2 \mid 1 \le i' \le k, \; 1 \le j' \le l, \; q\,i' - p\,j' > l\} \, .$$

Dann ist

$$\varphi : R \to S \, , \; (i, j) \mapsto (k + 1 - i, l + 1 - j)$$

wohldefiniert, denn es gilt für

$$i' = k + 1 - i \text{ und } j' = l + 1 - j \text{ die Gleichung } q\,i' - p\,j' - l = -(q\,i - p\,j + k) \, ,$$

wie man durch kurzes Nachrechnen bestätigt; es folgt $q\,i' - p\,j' > l$.

Weiterhin ist φ bijektiv, da umkehrbar. Es folgt hiermit $r = |R| = |S| = s$. Damit gilt $m + n + r + s = m + n + 2s = k\,l$, da es natürlich insgesamt $k\,l$ Paare (i, j) mit $1 \leq i \leq k$, $1 \leq j \leq l$ gibt. Damit erhalten wir aus (20.4) die Gleichung:

$$\left(\frac{p}{q}\right)\left(\frac{q}{p}\right) = (-1)^{m+n} = (-1)^{m+n+2r} = (-1)^{k\,l} = (-1)^{\frac{p-1}{2}\frac{q-1}{2}}.$$

$\square$

20.3 Anwendungen des Quadratischen Reziprozitätsgesetzes

Zum Berechnen des Legendre-Symbols $\left(\frac{a}{p}\right)$, $a \in \mathbb{Z}$, $p \in \mathbb{P}$, $p \nmid a$ nutzen wir typischerweise die folgenden Tricks, die uns Lemma 20.2 und Satz 20.6 liefern:

- Ist $a > p$, so reduziere a modulo p, $\left(\frac{a}{p}\right) = \left(\frac{b}{p}\right)$ mit $|b| < p$.
- Faktorisiere $b = (-1)\,q_1 \cdots q_t$ und erhalte $\left(\frac{b}{p}\right) = \left(\frac{-1}{p}\right)\left(\frac{q_1}{p}\right) \cdots \left(\frac{q_t}{p}\right)$.
- Nutze die Ergänzungssätze um $\left(\frac{-1}{p}\right)$ und $\left(\frac{2}{p}\right)$ zu bestimmen.
- *Invertiere* für $q \neq 2$ die *Brüche* $\left(\frac{q}{p}\right)$ im Legendre-Symbol mithilfe des quadratischen Reziprozitätsgesetzes und erhalte $\pm\left(\frac{p}{q}\right)$.
- Reduziere p modulo q und nutze erneut die geschilderten Methoden.

Beispiel 20.7

- Es sind 139 und 67 Primzahlen. Wir reduzieren zuerst modulo 67 und wenden dann das quadratische Reziprozitätsgesetz an (beachte $5 \equiv 1 \,(\mathrm{mod}\ 4)$), wir reduzieren dann erneut:

$$\left(\frac{139}{67}\right) = \left(\frac{5}{67}\right) = \left(\frac{67}{5}\right) = \left(\frac{2}{5}\right) = -1.$$

Hierbei haben wir im letzten Schritt den 2. Ergänzungssatz genutzt: Es ist also 139 ein quadratischer Nichtrest modulo 67.

- Es sind 2819 und 4177 Primzahlen, wobei $4177 \equiv 1 \,(\mathrm{mod}\ 4)$. Wir erhalten mit dem quadratischen Reziprozitätsgesetz, Reduktion modulo 2819 und einer Faktorisierung:

$$\left(\frac{2819}{4177}\right) = \left(\frac{4177}{2819}\right) = \left(\frac{1358}{2819}\right) = \left(\frac{2 \cdot 7 \cdot 97}{2819}\right) = \left(\frac{2}{2819}\right)\left(\frac{7}{2819}\right)\left(\frac{97}{2819}\right).$$

Da $2819 \equiv 3 \, (\mathrm{mod}\ 8)$, $2819, 7 \equiv 3 \, (\mathrm{mod}\ 4)$, $97 \equiv 1 \, (\mathrm{mod}\ 4)$ liefern der 2. Ergänzungssatz und das quadratische Reziprozitätsgesetz (plus weitere Reduktionen bzw. Anwendungen der typischen Tricks):

$$\left(\frac{2}{2819}\right)\left(\frac{7}{2819}\right)\left(\frac{97}{2819}\right) = (-1)(-1)\left(\frac{2819}{7}\right)\left(\frac{2819}{97}\right) = \left(\frac{5}{7}\right)\left(\frac{6}{97}\right)$$

$$= \left(\frac{7}{5}\right)\left(\frac{2}{97}\right)\left(\frac{3}{97}\right) = \left(\frac{2}{5}\right)\left(\frac{2}{97}\right)\left(\frac{97}{3}\right)$$

$$= (-1)\cdot 1 \cdot \left(\frac{1}{3}\right) = -1.$$

Somit ist 2819 ein quadratischer Nichtrest modulo 4177. ■

Wir können die Fragestellung im folgenden Sinne unter bestimmten günstigen Bedingungen auch umdrehen: Bisher haben wir nachgeprüft, ob eine gegebene Zahl a modulo einer gegebenen Primzahl p quadratischer Rest oder Nichtrest ist. Jetzt fragen wir danach, bzgl. welcher Primzahlen p eine gegebene Zahl a quadratischer Rest ist:

Beispiel 20.8 Wir bestimmen die Primzahlen $p \in \mathbb{P} \setminus \{3\}$, sodass -3 ein quadratischer Rest modulo p ist: Ist $p = 2$, so ist -3 ein quadratischer Rest modulo 2, da $-3 \equiv 1 \equiv 1^2 \, (\mathrm{mod}\ 2)$. Nun sei $p > 2$. Mit dem Quadratischen Reziprozitätsgesetz (inkl. dem 1. Ergänzungssatz) und dem Eulerschen Kriterium gilt:

$$1 \equiv \left(\frac{-3}{p}\right) = \left(\frac{-1}{p}\right)\left(\frac{3}{p}\right) \equiv (-1)^{\frac{p-1}{2}}(-1)^{\frac{p-1}{2}}\left(\frac{p}{3}\right) \equiv p^{\frac{3-1}{2}} \equiv p \, (\mathrm{mod}\ 3).$$

Somit ist -3 genau dann ein quadratischer Rest modulo p, wenn $p \equiv 1 \, (\mathrm{mod}\ 3)$. ■

Eine weitere Anwendung betrifft diophantische Gleichungen der Form

$$X^2 + n\, Y^r = c$$

mit $n, c \in \mathbb{Z}$ und $r \in \mathbb{N}$. Natürlich interessiert man sich vorrangig für die Lösungsmenge $\{(x, y) \in \mathbb{Z}^2 \,|\, x^2 + n\, y^r = c\}$ solcher Gleichungen, sofern Lösungen existieren. Oftmals sind solche Gleichungen überhaupt nicht lösbar; und dies kann man mithilfe des quadratischen Reziprozitätsgesetzes gelegentlich leicht wie folgt entscheiden:

Lemma 20.7 *Gibt es einen Primteiler p von $n \in \mathbb{Z}$, sodass $c \in \mathbb{Z}$ ein quadratischer Nichtrest modulo p ist, d. h. es gilt $\left(\frac{c}{p}\right) = -1$, so hat die diophantische Gleichung*

$$X^2 + n\, Y^r = c$$

keine ganzzahlige Lösung $(x, y) \in \mathbb{Z}^2$.

Beweis Angenommen, es gibt eine Lösung $(x, y) \in \mathbb{Z}^2$ der diophantischen Gleichung, dann gilt $x^2 + n\, y^r = c$. Wir reduzieren diese Gleichung modulo des Primteilers p von n, für den c ein quadratischer Nichtrest modulo p ist und erhalten die Kongruenzgleichung

$$x^2 \equiv c \,(\mathrm{mod}\ p)\,.$$

Somit ist c ein quadratischer Rest modulo p. Dieser Widerspruch belegt, dass die diophantische Gleichung nicht lösbar ist. □

Beispiel 20.9 Wir zeigen, dass die diophantische Gleichung

$$X^2 + 91\, Y^3 = 5$$

keine ganzzahlige Lösung hat: Es ist $p = 7$ ein Primteiler von 91, für den wegen $5 \equiv 5\,(\mathrm{mod}\ 8)$ gilt:

$$\left(\frac{5}{7}\right) = \left(\frac{7}{5}\right) = \left(\frac{2}{5}\right) = -1\,.$$

Wegen Lemma 20.7 ist die diophantische Gleichung somit nicht lösbar. Wir erläutern die Gründe dennoch erneut: Wäre (x, y) eine Lösung der diophantischen Gleichung, so gälte $x^2 + 91\, y^3 = 5$ und damit modulo 7:

$$x^2 \equiv 5\,(\mathrm{mod}\ 7)\,.$$

Somit wäre 5 ein quadratischer Rest modulo 7. Das widerspricht aber $\left(\frac{5}{7}\right) = -1$. ∎

20.4 Das Jacobi-Symbol

Wir erweitern die Definition des Legendre-Symbols: Für jede ungerade natürliche Zahl $m > 1$ mit der kanonischen Primfaktorzerlegung $m = p_1^{v_1} \cdots p_t^{v_t}$ und jeder zu m teilerfremden ganzen Zahl a sei das **Jacobi-Symbol** erklärt als

$$\left(\frac{a}{1}\right) := 1 \quad \text{und} \quad \left(\frac{a}{m}\right) := \left(\frac{a}{p_1}\right)^{v_1} \cdots \left(\frac{a}{p_t}\right)^{v_t}\,,$$

wobei hier rechts Legendre-Symbole stehen.

Man beachte: Wenn a ein quadratischer Rest modulo m ist (d. h. es gibt ein $b \in \mathbb{Z}$ mit $b^2 \equiv a\,(\mathrm{mod}\ m)$), so ist a auch ein quadratischer Rest modulo p für jeden Primteiler p von m, da in diesem Fall auch $b^2 \equiv a\,(\mathrm{mod}\ p)$ gilt, sodass $\left(\frac{a}{m}\right) = 1$ gilt.

Aber: Wenn $\left(\frac{a}{m}\right) = 1$ gilt, so folgt nicht notwendig, dass a quadratischer Rest modulo m ist, z. B. gilt:

$$\left(\frac{2}{9}\right) = \left(\frac{2}{3}\right)^2 = (-1)^2 = 1\,,$$

aber die Kongruenz $X^2 \equiv 2\,(\,\mathrm{mod}\,9\,)$ ist nicht lösbar.

Die folgenden Rechenregeln für das Legendre-Symbol bleiben für das Jacobi-Symbol erhalten:

Satz 20.8 *Es seien m, n ungerade, natürliche Zahlen, und a, $b \in \mathbb{Z}$ seien teilerfremd zu m bzw. n. Dann gilt:*

(a) Aus $a \equiv b\,(\,\mathrm{mod}\,m\,)$ folgt $\left(\frac{a}{m}\right) = \left(\frac{b}{m}\right)$,
(b) $\left(\frac{a}{m}\right)\left(\frac{a}{n}\right) = \left(\frac{a}{mn}\right)$ und $\left(\frac{a}{m}\right)\left(\frac{b}{m}\right) = \left(\frac{ab}{m}\right)$,
(c) $\left(\frac{-1}{m}\right) = (-1)^{\frac{m-1}{2}}$,
(d) $\left(\frac{2}{m}\right) = (-1)^{\frac{m^2-1}{8}}$,
(e) $\left(\frac{a}{m}\right)\left(\frac{m}{a}\right) = (-1)^{\frac{m-1}{2}\frac{a-1}{2}}$, falls $a \in \mathbb{N}$, $2 \nmid a$.

Beweis (a), (b) folgen aus den entsprechenden Aussagen in Lemma 20.2 bzw. aus der Definition des Jacobi-Symbols.

(c) Wir beweisen vorab per Induktion nach t: Für ungerade ganze Zahlen $u_1, \ldots, u_t$ gilt:

$$(*) \quad u_1 \cdots u_t - 1 \equiv (u_1 - 1) + \cdots + (u_t - 1)\,(\,\mathrm{mod}\,4\,)$$

Denn: Für $t = 1$ ist die Behauptung klar. Sind $u_1, \ldots, u_{t+1}$ ungerade ganze Zahlen, so setzen wir $u := u_1 \cdots u_t$ und $v = u_{t+1}$. Es gilt dann

$$(uv - 1) - (u - 1) - (v - 1) \equiv (u - 1)\,(v - 1) \equiv 0\,(\,\mathrm{mod}\,4\,)\,,$$

da $(u - 1)$ und $(v - 1)$ gerade sind. Es folgt somit mit der Induktionsbehauptung:

$$(uv - 1) \equiv (u - 1) + (v - 1) \equiv (u_1 - 1) + \cdots + (u_t - 1) + (u_{t+1} - 1)\,(\,\mathrm{mod}\,4\,)\,,$$

was den Induktionsbeweis abschließt.

Für $m = 1$ stimmt die Behauptung. Daher gelte nun $m = p_1 \cdots p_t > 1$ mit $p_i \in \mathbb{P}\backslash\{2\}$. Mit dem 1. Ergänzungssatz und obiger Aussage in $(*)$ gilt:

$$\left(\frac{-1}{m}\right) = \prod_{i=1}^{t} \left(\frac{-1}{p_i}\right) = \prod_{i=1}^{t} (-1)^{\frac{p_i-1}{2}} = (-1)^{\frac{1}{2}\sum_{i=1}^{t}(p_i-1)} \overset{(*)}{=} (-1)^{\frac{m-1}{2}}\,.$$

(d) Für ungerade ganze Zahlen $u_1, \ldots, u_t$ gilt:

$$(**) \quad u_1^2 \cdots u_t^2 - 1 \equiv (u_1^2 - 1) + \cdots + (u_t^2 - 1) \,(\mathrm{mod}\; 16)$$

Denn: Für $t = 1$ ist die Behauptung klar. Sind $u_1, \ldots, u_{t+1}$ ungerade ganze Zahlen, so setzen wir $u := u_1 \cdots u_t$ und $v = u_{t+1}$. Es gilt dann $u_1^2 \cdots u_t^2 u_{t+1}^2 - 1 = u^2 v^2 - 1$ und:

$$((uv)^2 - 1) - (u^2 - 1) - (v^2 - 1) \equiv (u^2 - 1)\,(v^2 - 1) \equiv 0 \,(\mathrm{mod}\; 16)\,,$$

da $(u \pm 1)$ und $(v \pm 1)$ gerade sind. Es folgt mit der Induktionsbehauptung:

$$(uv)^2 - 1 \equiv (u^2 - 1) + (v^2 - 1) \equiv (u_1^2 - 1) + \cdots + (u_t^2 - 1) + (u_{t+1}^2 - 1) \,(\mathrm{mod}\; 16)\,,$$

was den Induktionsbeweis abschließt.

Auch hier stimmt die Behauptung für $m = 1$. Daher gelte nun $m = p_1 \cdots p_t > 1$ mit $p_i \in \mathbb{P} \setminus \{2\}$. Mit dem 2. Ergänzungssatz und obiger Aussage in $(**)$ gilt:

$$\left(\frac{2}{m}\right) = \prod_{i=1}^{t} \left(\frac{2}{p_i}\right) = \prod_{i=1}^{t} (-1)^{\frac{p_i^2 - 1}{8}} = (-1)^{\frac{1}{8} \sum_{i=1}^{t} (p_i^2 - 1)} \stackrel{(**)}{=} (-1)^{\frac{m^2 - 1}{8}}\,.$$

(e) Im Fall $a = 1$ oder $m = 1$ gilt die Behauptung offenbar. Daher sei $m = p_1 \cdots p_t > 1$ und $a = p_1' \cdots p_s' > 1$ mit $p_i, \, p_j' \in \mathbb{P} \setminus \{2\}$. Es folgt mit Lemma 20.2 und dem quadratischen Reziprozitätsgesetz:

$$\left(\frac{a}{m}\right)\left(\frac{m}{a}\right) = \prod_{i=1}^{t} \left(\frac{a}{p_i}\right) \prod_{j=1}^{s} \left(\frac{m}{p_j'}\right) = \prod_{i=1}^{t}\prod_{j=1}^{s} \left(\frac{p_j'}{p_i}\right) \prod_{j=1}^{s}\prod_{i=1}^{t} \left(\frac{p_i}{p_j'}\right)$$

$$= \prod_{i=1}^{t}\prod_{j=1}^{s} \left(\frac{p_j'}{p_i}\right)\left(\frac{p_i}{p_j'}\right)$$

$$= \prod_{i=1}^{t}\prod_{j=1}^{s} (-1)^{\frac{p_i - 1}{2}\frac{p_j' - 1}{2}} = (-1)^{\frac{1}{4} \sum_{i=1}^{t}\sum_{j=1}^{s} (p_i - 1)(p_j' - 1)}$$

$$= (-1)^{\frac{1}{2}\sum_{i=1}^{t} (p_i - 1) \cdot \frac{1}{2}\sum_{j=1}^{s} (p_j' - 1)} \stackrel{(*)}{=} (-1)^{\frac{m-1}{2}\frac{a-1}{2}}\,.$$

Damit ist alles bewiesen. $\qquad\qquad\qquad\qquad\qquad\qquad\qquad\qquad\qquad\qquad\qquad\qquad\Box$

Der wesentliche Vorteil des Jacobi-Symbols gegenüber dem Legendre-Symbol ist, dass man auf die Primfaktorisierung verzichten kann. Wir spalten nur eine evtl. vorkommende

(-1) und den Teiler 2 bei einer geraden Zahl ab. Ansonsten kommen wir alleine mit der Division mit Rest zurecht.

Sind a und m Primzahlen, so liefert das Jacobi-Symbol eine schnelle Variante der Berechnung des Legendre-Symbols. Man beachte das folgende Beispiel.

Beispiel 20.10 Wir weisen erneut nach, dass 2819 ein quadratischer Nichtrest modulo 4177 ist (vgl. Beispiel 20.7) - hierbei verzichten wir auf die vollständige Primfaktorisierung und benutzen nur, dass 679 sowie 2819 kongruent zu 3 modulo 4 sind:

$$\left(\frac{2819}{4177}\right) = \left(\frac{4177}{2819}\right) = \left(\frac{1358}{2819}\right) = \left(\frac{2}{2819}\right)\left(\frac{679}{2819}\right) = -\left(-\left(\frac{2819}{679}\right)\right) = \left(\frac{103}{679}\right)$$

$$= -\left(\frac{679}{103}\right) = -\left(\frac{61}{103}\right) = -\left(\frac{103}{61}\right) = -\left(\frac{42}{61}\right) = -\left(\frac{2}{61}\right)\left(\frac{21}{61}\right)$$

$$= \left(\frac{21}{61}\right) = \left(\frac{61}{21}\right) = \left(\frac{19}{21}\right) = \left(\frac{21}{19}\right) = \left(\frac{2}{19}\right) = -1.$$

∎

Aufgaben

20.1 •   Berechnen Sie die folgenden Legendre-Symbole:

(a) $\left(\frac{3}{41}\right)$,

(b) $\left(\frac{1274}{773}\right)$,

(c) $\left(\frac{3649}{1931}\right)$.

20.2 ••   Bestimmen Sie alle Primzahlen $p > 5$, sodass -5 ein quadratischer Rest modulo p ist.

20.3 •   Berechnen Sie die folgenden Jacobi-Symbole:

(a) $\left(\frac{65}{307}\right)$,

(b) $\left(\frac{170}{211}\right)$.

20.4 •   Zeigen Sie: Es gibt keine ganzen Zahlen x und y mit

$$x^2 - 23\,y^2 = 97.$$

20.5 ••• Es sei P die Menge aller Primzahlen, die als Teiler von Zahlen der Folge $(n^2 + 1)_{n \in \mathbb{N}}$ auftreten.

(a) Beschreiben Sie die Primzahlen, die in P liegen.
(b) Beweisen Sie, dass P unendlich viele Primzahlen enthält.

Grundlagen der Körpertheorie 21

Übersicht

Körper wurden bereits im Abschn. 13.7 eingeführt. Eigentlich kennt man auch schon aus der linearen Algebra den Begriff eines *Körpers*. In diesem ersten Kapitel zur Körpertheorie beginnen wir von Neuem: Wir definieren Körper, bringen zahlreiche Beispiele und führen die wichtigsten Begriffe wie *Charakteristik*, *Primkörper*, *Grad einer Körpererweiterung*, *Körperadjunktion* und *algebraische Elemente* ein. Mit diesen Begriffen ausgerüstet können wir uns dann in einem weiteren Kapitel daran machen, die einfachsten Körpererweiterungen genauer zu untersuchen.

21.1 Körpererweiterungen

21.1.1 Definition und Beispiele

Ein kommutativer Ring K mit 1 ($\neq 0$), in dem jedes von null verschiedene Element invertierbar ist, heißt **Körper**. Eine Auflistung aller Axiome findet man in Abschn. A.4.

© Der/die Autor(en), exklusiv lizenziert an Springer-Verlag GmbH, DE, ein Teil von Springer Nature 2024
C. Karpfinger, *Algebra*, https://doi.org/10.1007/978-3-662-68656-0_21

Beispiel 21.1

- Es sind $\mathbb{Q}$, $\mathbb{R}$, $\mathbb{C}$ Körper.
- Es ist $\mathbb{Q}[\mathrm{i}] = \{a + \mathrm{i}\,b \mid a,\ b \in \mathbb{Q}\}$ mit $+$ und $\cdot$ aus $\mathbb{C}$ ein Körper. Allgemeiner ist $\mathbb{Q}[\sqrt{d}]$ für jedes quadratfreie $d \in \mathbb{Z}$ ein Körper (siehe Aufgabe 13.11).
- Ist R ein kommutativer Ring mit 1, so ist für jedes maximale Ideal M von R der Faktorring R/M nach Korollar 15.17 ein Körper; die zwei wichtigsten Sonderfälle:
  - Für jede Primzahl p ist $\mathbb{Z}/p = \mathbb{Z}/p\mathbb{Z} = \{\overline{0}, \ldots, \overline{p-1}\}$ ein Körper mit p Elementen. Zur Erinnerung: Addition und Multiplikation sind gegeben durch

  $$\overline{k} + \overline{l} = \overline{k+l}\,,\ \overline{k} \cdot \overline{l} = \overline{k\,l} \quad (\overline{k},\ \overline{l} \in \mathbb{Z}/p)\,;$$

  und es gilt $\overline{k} = \overline{k'}$ genau dann, wenn ein $m \in \mathbb{Z}$ existiert mit $k = k' + m\,p$.
  - Für jedes irreduzible Polynom $P \in K[X]$, dem Polynomring über einem Körper K, ist $K[X]/(P)$ ein Körper.
- Für jeden Körper K ist der Quotientenkörper $K(X)$ des Polynomrings $K[X]$ ein Körper – der Körper der rationalen Funktionen (vgl. Abschn. 14.3.6). ∎

Voraussetzung Im Folgenden bezeichnet $K = (K, +, \cdot)$ immer einen Körper mit Einselement $1 = 1_K$. Es ist $K^\times = K \setminus \{0\}$.

21.1.2 Die Charakteristik eines Körpers

Zu jedem $a \in K$ sind in üblicher Weise die ganzzahligen Vielfachen $k\,a$, $k \in \mathbb{Z}$, durch

$$0\,a = 0\,,\ n\,a = \underbrace{a + \cdots + a}_{n \text{ Summanden}}\,,\ (-n)\,a = n\,(-a) \quad \text{für} \quad n \in \mathbb{N}$$

erklärt. Speziell für $a = 1_K = 1$ gilt entweder

- $n\,1 \neq 0$ für alle $n \in \mathbb{N}$ oder
- es gibt ein $n \in \mathbb{N}$ mit $n\,1 = 0$.

Im ersten Fall sagt man, K hat die **Charakteristik** 0 und schreibt Char $K = 0$, im anderen Fall ist die **Charakteristik** von K gleich der Ordnung der 1 in der additiven Gruppe $(K, +)$,

$$p = \text{Char } K = \min\{n \in \mathbb{N} \mid n\,1 = 0\}\,.$$

Es ist p in diesem Fall eine Primzahl, weiter gilt $p\,a = 0$ für alle $a \in K$ (vgl. Lemma 13.4), und die **Frobeniusabbildung**

$$\Phi : \begin{cases} K \to K \\ a \mapsto a^p \end{cases}$$

ist ein Ringmonomorphismus – wir nennen Φ in diesem Fall auch **Frobeniusmonomorphismus** (vgl. Lemma 13.5).

Im Fall Char $K = 0$ ist mit $a \in K$, $a \neq 0$, auch $n\,a \neq 0$ für alle $n \in \mathbb{N}$. Es folgt somit $n\,a \neq n'\,a$ für alle natürlichen Zahlen $n \neq n'$, insbesondere besitzt der Körper K unendlich viele Elemente.

Vorsicht Im Fall Char $K = p$ mit einer Primzahl p ist der Körper nicht zwangsläufig endlich, so enthält $\mathbb{Z}/2$ zwar nur zwei Elemente $\overline{0}$ und $\overline{1}$, aber der Körper der rationalen Funktionen $\mathbb{Z}/2\,(X) = \left\{ \frac{P}{Q} \mid P,\, Q \in \mathbb{Z}/2[X],\ Q \neq 0 \right\}$ unendlich viele Elemente – z. B. die Monome $\overline{1},\, X,\, X^2, \dots$ Wegen $\overline{1} + \overline{1} = \overline{0}$ in $\mathbb{Z}/2\,(X)$ gilt Char $\mathbb{Z}/2\,(X) = 2$.

21.1.3 Teilkörper, Körpererweiterungen

Man nennt $K \subseteq E$ einen **Teilkörper** von E und E einen **Erweiterungskörper** von K sowie E/K eine **Körpererweiterung**, wenn K ein Teilring von E und als solcher ein Körper ist, d. h. wenn gilt:

$$a,\, b,\, c \in K,\ c \neq 0 \ \Rightarrow\ a - b,\ a\,b,\ c^{-1} \in K\,.$$

Nach Lemma 2.7 gilt dann $1_K = 1_E$, also auch Char $K =$ Char E. Es heißt F ein **Zwischenkörper** von E/K, wenn F ein K umfassender Teilkörper von E ist. Es ist dann $K \subseteq F \subseteq E$ ein **Körperturm**, d. h. eine Familie ineinandergeschachtelter Körper.

Beispiel 21.2

- Es ist $\mathbb{C}/\mathbb{Q}$ eine Körpererweiterung, $\mathbb{Q}$ also ein Teilkörper von $\mathbb{C}$ und $\mathbb{C}$ ein Erweiterungskörper von $\mathbb{Q}$, und $\mathbb{R}$ bzw. $\mathbb{Q}[\sqrt{19}]$ ist ein Zwischenkörper von $\mathbb{C}/\mathbb{Q}$.
- Es ist $K(X)/K$ eine Körpererweiterung, und $K(X^2)$ (siehe Beispiel 14.3) ist ein Zwischenkörper von $K(X)/K$. ■

21.1.4 Primkörper

Der Durchschnitt von Teilkörpern von K ist offenbar ein Teilkörper von K. Insbesondere ist der Durchschnitt P *aller* Teilkörper von K der kleinste Teilkörper von K. Er wird der **Primkörper** von K genannt;

$$P = \bigcap \{U \mid U \ \text{ ist ein Teilkörper von } K\}\,.$$

Der Isomorphietyp von P hängt nur von der Charakteristik von K ab:

Lemma 21.1 *Für den Primkörper P des Körpers K gilt:*

(a) Char $K = 0 \Rightarrow P = \{(r\,1)\,(s\,1)^{-1} \mid r, s \in \mathbb{Z},\ s \neq 0\} \cong \mathbb{Q}$.
(b) Char $K = p \neq 0 \Rightarrow P = \{n\,1 \mid 0 \leq n < p\} \cong \mathbb{Z}/p$.

Mit Worten heißt dies: *Hat K die Charakteristik 0, so ist der Primkörper von K zu $\mathbb{Q}$ isomorph; ist die Charakteristik $p \neq 0$, so ist er zu $\mathbb{Z}/p$ isomorph.*

Beweis Mit 1 liegen auch alle Vielfachen $n\,1$ in P. Und die Abbildung

$$\tau : \begin{cases} \mathbb{Z} \to P \\ n \mapsto n\,1 \end{cases}$$

ist nach den Aussagen in Lemmas 1.5 und 13.1 (d) ein Ringhomomorphismus.

(a) Im Fall Char $K = 0$ gilt Kern $\tau = \{0\}$, sodass $\mathbb{Z} \cong \tau(\mathbb{Z}) = \{n\,1 \mid n \in \mathbb{Z}\}$ nach dem Monomorphiekriterium in Satz 13.3. Mit dem Satz 13.9 zur universellen Eigenschaft folgt

$$\mathbb{Q} = Q(\mathbb{Z}) \cong \{(r\,1)\,(s\,1)^{-1} \mid r, s \in \mathbb{Z},\ s \neq 0\} \subseteq P\,.$$

Da jedoch P definitionsgemäß in allen Teilkörpern liegt, folgt $\mathbb{Q} \cong P$.
(b) Hier gilt Kern $\tau = p\,\mathbb{Z}$ nach Lemma 5.1. Mit dem Homomorphiesatz 15.12 folgt

$$\tau(\mathbb{Z}) = \{n\,1 \mid n \in \mathbb{Z}\} \cong \mathbb{Z}/p\,\mathbb{Z} = \mathbb{Z}/p\,;$$

und $\mathbb{Z}/p$ ist nach Satz 5.14 ein Körper. Demnach ist $\tau(\mathbb{Z}) = \{n\,1 \mid 0 \leq n < p\}$ bereits ein Körper, enthalten in P, $\tau(\mathbb{Z}) \subseteq P$. Wie im Teil (a) folgt hieraus die Gleichheit $\tau(\mathbb{Z}) = P$. $\qquad \square$

21.1.5 Der Grad einer Körpererweiterung

Es sei L/K eine Körpererweiterung, d.h., K und L sind Körper und $K \subseteq L$. Die folgende einfache Beobachtung ist grundlegend für die gesamte Körpertheorie: *Es ist L ein Vektorraum über K.* Die additive Gruppe $(L, +)$ ist nämlich eine abelsche Gruppe, und es ist eine Multiplikation von Elementen aus L mit Skalaren aus K erklärt, nämlich die gegebene Multiplikation in L:

$$\cdot : \begin{cases} K \times L \to L \\ (\lambda, a) \mapsto \lambda a \end{cases}.$$

Aus den Körperaxiomen für L folgen unmittelbar die Vektorraumaxiome, denn für λ, $\mu \in K$, a, $b \in L$ gilt

$$\lambda (a + b) = \lambda a + \lambda b, \ (\lambda + \mu) a = \lambda a + \mu a, \ (\lambda \mu) a = \lambda (\mu a), \ 1 a = a.$$

Die Dimension $\dim_K L$ des Vektorraums L über dem Grundkörper K bezeichnet man mit $[L : K]$ und nennt sie den **Grad** von L/K; und die Erweiterung L/K heißt **endlich**, wenn $[L : K]$ endlich ist, d. h. $[L : K] \in \mathbb{N}$. Im Fall $[L : K] = 2$ spricht man von einer **quadratischen Erweiterung**. Man beachte

$$[L : K] = 1 \ \Leftrightarrow \ \dim_K L = 1 \ \Leftrightarrow \ L = K.$$

Bemerkung Ist $B \subseteq L$ eine Basis des Vektorraums L über K, so lässt sich jedes Element $a \in L$ auf genau eine Weise in der Form

$$a = \lambda_1 b_1 + \cdots + \lambda_n b_n$$

mit $\lambda_1, \ldots, \lambda_n \in K$, $b_1, \ldots, b_n \in B$ und $n \in \mathbb{N}$ darstellen.

Beispiel 21.3

- $[\mathbb{C} : \mathbb{R}] = 2$. Das gilt wegen $\mathbb{C} = \mathbb{R} + \mathbb{R}\, \mathrm{i}$, es ist also $\{1, \mathrm{i}\}$ eine $\mathbb{R}$-Basis von $(\mathbb{C}, +)$.
- $[\mathbb{Q}[\sqrt{2}] : \mathbb{Q}] = 2$. Wegen $\mathbb{Q}[\sqrt{2}] = \mathbb{Q} + \mathbb{Q}\,\sqrt{2}$ ist $\{1, \sqrt{2}\}$ eine $\mathbb{Q}$-Basis von $(\mathbb{Q}[\sqrt{2}], +)$.
- $[K(X) : K] \notin \mathbb{N}$; denn die Elemente $1, X, X^2, \ldots$ aus $K(X)$ sind K-linear unabhängig: Aus $a_n X^n + \cdots + a_1 X + a_0 = 0$ mit $a_1, \ldots, a_n \in K$ folgt $a_n = \cdots = a_0 = 0$.
- $[K(X) : K(X^2)] = 2$, da $\{1, X\}$ eine $K(X^2)$-Basis von $K(X)$ ist (man vgl. auch Beispiel 22.1).
- $[\mathbb{R} : \mathbb{Q}] = |\mathbb{R}|$ (siehe Aufgabe 21.3). Jede $\mathbb{Q}$-Basis von $(\mathbb{R}, +)$ wird eine **Hamelbasis** genannt. Eine solche ist nicht konstruktiv angebbar. ∎

Bemerkung Die einfache Beobachtung, dass L ein K-Vektorraum ist, ist fundamental, weil so die Methoden der linearen Algebra genutzt werden können. Diese sogenannte *Linearisierung der Algebra* (R. Dedekind, E. Noether, E. Artin) ist einer der markantesten Züge der modernen Algebra.

Wir bringen sogleich eine Anwendung dieses Konzepts für endliche Körper:

Lemma 21.2 *Jeder endliche Körper K ist eine endliche Erweiterung über seinem Primkörper $P \cong \mathbb{Z}/p$, $p = \mathrm{Char}\, K$. Falls $[K : P] = n$, so hat K genau p^n Elemente; ferner gilt $a^{p^n} = a$ für alle $a \in K$.*

Beweis Der Körper K ist eine Erweiterung seines Primkörpers P. Da K endlich ist, kann es auch nur endlich viele über P linear unabhängige Elemente geben; also gilt $[K : P] = n \in \mathbb{N}$. Ist $(b_1, \ldots, b_n)$ eine Basis von K über P, so lässt sich jedes $a \in K$ eindeutig darstellen als $a = \lambda_1 b_1 + \cdots + \lambda_n b_n$ mit $\lambda_1, \ldots, \lambda_n \in P$, und es ist $a \mapsto (\lambda_1, \ldots, \lambda_n)$ ein P-Vektorraumisomorphismus von K auf P^n. Folglich gilt

$$|K| = |P^n| = |P|^n = p^n \,.$$

Bezüglich der Multiplikation ist $K^{\times} = K \setminus \{0\}$ eine Gruppe der Ordnung $p^n - 1$, deshalb gilt $a^{p^n - 1} = 1$ für alle $a \neq 0$ (nach dem kleinen Satz 3.11 von Fermat). Multiplikation dieser Gleichung mit a zeigt $a^{p^n} = a$ für alle $a \in K$. □

21.1.6 Der Gradsatz

Der folgende *Gradsatz* beherrscht die ganze Körpertheorie.

Satz 21.3 (Gradsatz) *Für jeden Zwischenkörper E der Körpererweiterung L/K, $K \subseteq E \subseteq L$, gilt:*

$$[L : K] = [L : E] \cdot [E : K] \,.$$

Genauer: Sind $(v_i)_{i \in I}$ eine Basis von L/E und $(w_j)_{j \in J}$ eine Basis von E/K, so ist

$$(w_j v_i)_{(j,i) \in J \times I}$$

eine Basis von L/K.

Beweis Alle auftretenden Summen haben nur endlich viele Summanden $\neq 0$: Jedes $a \in L$ hat die Form $a = \sum_{i \in I} e_i v_i$ mit $e_i \in E$ und jedes e_i wiederum die Gestalt $e_i = \sum_{j \in J} k_{ij} w_j$ mit $k_{ij} \in K$, sodass

$$a = \sum_{(i,j) \in I \times J} k_{ij} w_j v_i \,.$$

Somit ist $(w_j v_i)_{(j,i) \in J \times I}$ ein K-Erzeugendensystem von $(L, +)$. Aus

$$\sum_{(i,j)\in I\times J} k_{i\,j}\, w_j\, v_i = 0 \ (k_{i\,j} \in K) \quad \text{d. h.} \quad \sum_{i\in I}\left(\sum_{j\in J} k_{i\,j}\, w_j\right) v_i = 0$$

$$\text{folgt} \quad \sum_{j\in J} k_{i\,j} w_j = 0$$

für jedes $i \in I$ und damit $k_{i\,j} = 0$ für alle $i,\ j$. Somit ist $(w_j\, v_i)_{(j,i)\in J\times I}$ linear unabhängig über K. Wegen $|I| = [L : E]$, $|J| = [E : K]$ und $|J \times I| = |I| \cdot |J|$ gilt die im Satz angegebene Gradformel. $\qquad\square$

Korollar 21.4 *Für jeden Zwischenkörper E einer endlichen Körpererweiterung L/K, $K \subseteq E \subseteq L$, gilt:*

(a) $[L : E]$ und $[E : K]$ sind Teiler von $[L : K]$.
(b) $[L : E] = [L : K] \Rightarrow E = K$. $\qquad\square$

Das Korollar schränkt die Möglichkeiten für Zwischenkörper E einer endlichen Körpererweiterung L/K stark ein. So besitzt z. B. eine Körpererweiterung vom Primzahlgrad keine **echten** Zwischenkörper, d. h., jeder Zwischenkörper E einer solchen Erweiterung L/K erfüllt $E = L$ oder $E = K$.

Beispiel 21.4

- Die Körpererweiterung $\mathbb{C}/\mathbb{R}$ hat keine echten Zwischenkörper.
- Für einen Körperturm $K_1 \subseteq K_2 \subseteq \cdots \subseteq K_n$ von Körpern $K_1, \ldots, K_n$ folgt induktiv:

$$[K_n : K_1] = \prod_{i=1}^{n-1}[K_{i+1} : K_i].$$

- Obwohl $\mathbb{C} \neq \mathbb{R}$, gilt $[\mathbb{C} : \mathbb{Q}] = [\mathbb{C} : \mathbb{R}] \cdot [\mathbb{R} : \mathbb{Q}] = [\mathbb{R} : \mathbb{Q}]$ (vgl. Abschn. A.3.2). ∎

21.2 Ring- und Körperadjunktion

Will man im Rahmen der Körpertheorie in einer Erweiterung L/K Aussagen über eine Teilmenge $S \subseteq L$ machen, so beschränkt man sich oft zweckmäßigerweise auf die Untersuchung des kleinsten Zwischenkörpers von L/K, der S umfasst. Es seien L/K eine Körpererweiterung und $S \subseteq L$. Dann bezeichnet

- $K[S]$ den kleinsten Teil*ring* von L, der K und S umfasst und
- $K(S)$ den kleinsten Teil*körper* von L, der K und S umfasst.

Diese Bezeichnung ist konsistent mit den bereits eingeführten Bezeichnungen $K[X]$, $K(X)$, $K[X^2]$, $K(X^2)$, ... Man sagt, der Ring $K[S]$ bzw. der Körper $K(S)$ entsteht aus K durch **Adjunktion** von S. Für $S = \{a_1, \ldots, a_n\}$ schreibt man $K(a_1, \ldots, a_n)$ anstelle von $K(\{a_1, \ldots, a_n\})$, insbesondere $K(a)$, falls $S = \{a\}$.

21.2.1 Einfache Körpererweiterungen

Gilt $L = K(a)$ für ein $a \in L$, so heißen L/K eine **einfache Körpererweiterung** und a ein **primitives Element** von L/K.

Beispiel 21.5

* $\mathbb{C}/\mathbb{R}$ ist einfach: $\mathbb{C} = \mathbb{R} + \mathbb{R}\,z = \mathbb{R}[z] = \mathbb{R}(z)$ für jedes $z \in \mathbb{C} \setminus \mathbb{R}$ – jedes nichtreelle $z \in \mathbb{C}$ ist also ein primitives Element.
* Für den Körper der rationalen Funktionen $K(X)$ über K ist $K(X)/K$ eine einfache Körpererweiterung und X ein primitives Element.
* $\mathbb{R}/\mathbb{Q}$ ist nicht einfach, da $|\mathbb{Q}(a)| = |\mathbb{Q}|$ für jedes $a \in \mathbb{R}$ nach der Aussage (c) des folgenden Lemmas 21.5 gilt; und bekanntlich gilt $|\mathbb{Q}| < |\mathbb{R}|$.
* Jede endliche Erweiterung L/K eines endlichen Körpers K ist einfach. Denn im Fall $[L : K] = n \in \mathbb{N}$ besteht die K-Vektorraumisomorphie $L \cong K^n$, insbesondere gilt $|L| = |K|^n$, sodass L wieder endlich ist. Nach dem Korollar 14.9 ist die multiplikative Gruppe $L^\times$ zyklisch, d. h., es gibt $a \in L$, sodass $L = \{0, a, a^2, \ldots, a^m\}$; insbesondere gilt $L = K(a)$. ∎

21.2.2 Darstellungen von $K[S]$ und $K(S)$

Wir zeigen, wie sich die Elemente von $K[S]$ und $K(S)$ darstellen lassen – dies ist mithilfe von Polynomen möglich:

Lemma 21.5 *Für jede Körpererweiterung L/K und beliebige $s, s_1, \ldots, s_n \in L$ und $S, T \subseteq L$ gilt:*

(a) $K(S) = \{a\,b^{-1} \mid a, b \in K[S], b \neq 0\} \cong Q(K[S])$.
(b) $K(S \cup T) = (K(S))(T)$.
(c) $K[s_1, \ldots, s_n] = \{P(s_1, \ldots, s_n) \mid P \in K[X_1, \ldots, X_n]\}$, *insbesondere gilt* $K[s] = \{P(s) \mid P \in K[X]\}$.
(d) $K[S] = \bigcup_{\substack{V \subseteq S \\ V \ endlich}} K[V], \quad K(S) = \bigcup_{\substack{V \subseteq S \\ V \ endlich}} K(V)$.

Beweis

(a) Die Isomorphie von $Q(K[S])$ mit der Menge $W := \{a\,b^{-1} \,|\, a, b \in K[S], b \neq 0\}$ folgt aus dem Satz 13.9 zur universellen Eigenschaft: Man wähle dort $\varphi : K[S] \to L$, $a \mapsto a$. Daher ist W ein $K \cup S$ umfassender Körper, sodass $K(S) \subseteq W$ gilt. Offenbar gilt $W \subseteq K(S)$.

(b) folgt direkt aus den Definitionen.

(c) Die rechte Seite der ersten (behaupteten) Gleichung ist nach Satz 14.13 (a), (c) ein Teilring von L und enthält alle $s_1, \ldots, s_n$. Daraus folgt die Gleichheit.

(d) Offenbar liegen die rechten Seiten $C := \bigcup_{\substack{V \subseteq S \\ V \text{ endlich}}} K[V]$ und $D := \bigcup_{\substack{V \subseteq S \\ V \text{ endlich}}} K(V)$ in den linken. Zu $a, b \in C$ existieren endliche $V, V' \subseteq S$ mit $a \in K[V], b \in K[V']$. Es folgt $a, b \in K[V \cup V']$, also $a \pm b$, $a\,b \in K[V \cup V'] \subseteq C$. Somit ist C ein K und S umfassender Ring, sodass $K[S] \subseteq C$. Analog begründet man $K(S) \subseteq D$. $\qquad\square$

21.3 Algebraische Elemente. Minimalpolynome

Ist L/K eine Körpererweiterung, so ist ein Element $a \in L$ *über K algebraisch* oder *transzendent*.

21.3.1 Algebraische und transzendente Elemente

Es sei L/K eine Körpererweiterung. Ein Element $a \in L$ heißt

- **algebraisch über** K, wenn es ein von null verschiedenes Polynom $P \in K[X]$ gibt mit $P(a) = 0$.
- **transzendent über** K, wenn es nicht algebraisch ist, d. h., für $P \in K[X]$ gilt $P(a) = 0$ nur für das Nullpolynom $P = 0$.

Beispiel 21.6

- Jedes $a \in K$ ist algebraisch über K, nämlich Nullstelle von $X - a \in K[X]$.
- Die Unbestimmte $X \in K(X)$ ist transzendent über K, denn für jedes Polynom $P \in K[X]$ mit $P(X) = 0$ folgt $P = 0$ (es gilt $P(X) = P$). Die Unbestimmte X ist aber algebraisch über $K(X)$, X ist nämlich Nullstelle des Polynoms $Y - X \in K(X)[Y]$.
- Es sind π und e aus $\mathbb{R}$ transzendent über $\mathbb{Q}$. Dies bewiesen Lindemann (1882) und Hermite (1873). Die Beweise sind nicht einfach, wir verzichten darauf.
- Es ist $i \in \mathbb{C}$ algebraisch über $\mathbb{R}$, nämlich Nullstelle von $X^2 + 1 \in \mathbb{R}[X]$.
- Es ist $\sqrt[3]{2} \in \mathbb{R}$ algebraisch über $\mathbb{Q}$, denn $P = X^3 - 2 \in \mathbb{Q}[X]$ erfüllt $P(\sqrt[3]{2}) = 0$.
- Für $a = \sqrt{2 + \sqrt[3]{2}}$ gilt $(a^2 - 2)^3 = 2$. Also ist $a \in \mathbb{R}$ algebraisch über $\mathbb{Q}$, a ist Nullstelle von $X^6 - 6X^4 + 12X^2 - 10 \in \mathbb{Q}[X]$.

- Für $a = \sqrt{3} + \sqrt[5]{3}$ gilt

$$3 = (a - \sqrt{3})^5 = a^5 - 5\sqrt{3}\,a^4 + 10 \cdot 3\,a^3 - 10 \cdot 3\sqrt{3}\,a^2 + 5 \cdot 9\,a - 9\sqrt{3}.$$

Damit gilt $(5\,a^4 + 30\,a^2 + 9)\sqrt{3} = a^5 + 30\,a^3 + 45\,a - 3$ und es folgt duch Quadrieren

$$a^{10} - 15\,a^8 + 90\,a^6 - 6\,a^5 - 270\,a^4 - 180\,a^3 + 405\,a^2 - 270\,a - 234 = 0.$$

Folglich ist $a \in \mathbb{R}$ algebraisch über $\mathbb{Q}$.   ■

21.3.2 Das Minimalpolynom algebraischer Elemente

Nun seien L/K eine Körpererweiterung und $a \in L$ algebraisch über K. Der Kern des Einsetzhomomorphismus

$$\varepsilon_a : \begin{cases} K[X] \to & L \\ P & \mapsto P(a) \end{cases}$$

(vgl. Satz 14.5) ist nach Lemma 15.1 (a) ein Ideal I_a von $K[X]$. Da a algebraisch über K ist, gilt $I_a \neq (0)$. Nach dem Homomorphiesatz 15.12 gilt

$$\varepsilon_a(K[X]) \cong K[X]/I_a.$$

Da $\varepsilon_a(K[X]) \subseteq L$ nullteilerfrei ist, ist auch der Ring $K[X]/I_a$ nullteilerfrei. Somit ist I_a ein Primideal (vgl. Lemma 15.15). Da $K[X]$ ein Hauptidealring ist, wird I_a von einem Primelement, d. h. irreduziblen Element, $P \in K[X]$ erzeugt: $I_a = (P)$ (vgl. die Aussagen in Lemma 18.2 und Korollar 18.5). Infolge $K[X]^\times = K^\times$ und Lemma 16.5 (b) gibt es genau ein – notwendig irreduzibles – normiertes Polynom $m_{a,K}$ mit $I_a = (m_{a,K})$. Man nennt $m_{a,K}$ das **Minimalpolynom** von a über K. Begründet sind (a) und (b) von

Lemma 21.6 *Es sei $a \in L$ algebraisch über K.*

(a) Es ist $m_{a,K}$ normiert und irreduzibel, und a ist Nullstelle von $m_{a,K}$.

(b) Für $P \in K[X]$ gilt: $P(a) = 0 \Leftrightarrow m_{a,K} \mid P$.

(c) $m_{a,K}$ ist durch die in (a) formulierten Eigenschaften eindeutig festgelegt und unter allen normierten Polynomen mit Nullstelle a dasjenige mit kleinstem Grad.

(d) Es ist a über jedem Zwischenkörper E von L/K algebraisch, und $m_{a,K}$ ist in $E[X]$ durch $m_{a,E}$ teilbar.

Beweis (c) Es sei $P \in K[X]$ irreduzibel und normiert, und es gelte $P(a) = 0$. Mit (b) folgt $m_{a,K} \mid P$, sodass $m_{a,K} \sim P$. Wegen der Normiertheit folgt $P = m_{a,K}$. Auch die zweite Aussage folgt mit (b). (d) folgt ebenfalls mit (b). $\qquad\Box$

Bemerkung Der Grad einer einfachen algebraischen Körperweiterung $K(a)/K$ und der Grad des Minimalpolynoms $m_{a,K}$ sind gleich, d. h.

$$[K(a) : K] = \deg m_{a,K}.$$

Diese einprägsame und fundamentale Formel begründen wir in Lemma 22.1.

Beispiel 21.7

- Für jedes $a \in K$ gilt $m_{a,K} = X - a$.
- Es ist $X^2 + 1 \in \mathbb{R}[X]$ das Minimalpolynom von i $\in \mathbb{C}$ über $\mathbb{R}$, d. h. $m_{i,\mathbb{R}} = X^2 + 1$.
- Es ist $a := \frac{1}{\sqrt{2}}(1 + i)$ Nullstelle des normierten Polynoms $X^4 + 1 \in \mathbb{Q}[X]$. Mit dem Reduktionssatz 19.8 – man reduziere modulo 3 – folgt, dass $X^4 + 1$ in $\mathbb{Z}[X]$ irreduzibel ist. Folglich ist $X^4 + 1$ nach Lemma 19.4 (b) auch in $\mathbb{Q}[X]$ irreduzibel, sodass $m_{a,\mathbb{Q}} = X^4 + 1$.

  Wegen

  $$X^4 + 1 = (X^2 + \sqrt{2}\,X + 1)(X^2 - \sqrt{2}\,X + 1)$$

  über $\mathbb{Q}(\sqrt{2})$ bzw. $\mathbb{R}$ ist $X^4 + 1$ hier zerlegbar. Es gilt

  $$m_{a,\mathbb{Q}(\sqrt{2})} = m_{a,\mathbb{R}} = (X^2 - \sqrt{2}\,X + 1) \mid m_{a,\mathbb{Q}}.$$

- Es ist $X^2 - 2 \in \mathbb{Q}[X]$ das Minimalpolynom von $\sqrt{2} \in \mathbb{R}$, d. h. $m_{\sqrt{2},\mathbb{Q}} = X^2 - 2$. $\blacksquare$

Oftmals ist es durchaus schwierig, das Minimalpolynom eines über K algebraischen Elementes zu bestimmen. In den folgenden Aufgaben findet man Beispiele, an denen man sich versuchen sollte.

Aufgaben

21.1 • Es seien K ein Körper der Charakteristik $p \neq 0$ und $a \neq 0$ ein Element aus K. Zeigen Sie: Für ganze Zahlen m, n gilt $m\,a = n\,a$ genau dann, wenn $m \equiv n \pmod{p}$.

21.2 •• Bestimmen Sie (bis auf Isomorphie) alle Körper mit 3 und 4 Elementen.

21.3 ••• Begründen Sie: $[\mathbb{R} : \mathbb{Q}] = |\mathbb{R}|$.

21.4 ••   Man zeige: Die Charakteristik eines Körpers mit p^n Elementen (p Primzahl) ist p.

21.5 •   Es sei $P \in \mathbb{R}[X]$ ein Polynom vom Grad 3. Begründen Sie: $\mathbb{R}[X]/(P)$ ist kein Körper.

21.6 •   Es sei $\varphi : K \to K$ ein Automorphismus eines Körpers K. Zeigen Sie, dass $F := \{a \in K \mid \varphi(a) = a\}$ ein Teilkörper von K ist. Begründen Sie auch, dass für alle a aus dem Primkörper P von K gilt: $\varphi(a) = a$.

21.7 •••   Es seien E und F Zwischenkörper einer Körpererweiterung L/K, und es bezeichne $E F$ den kleinsten Teilkörper von L, der E und F enthält. Für $r := [E : K]$, $s := [F : K]$ und $t := [EF : K]$ beweise man die folgenden Aussagen:

(a) $t \in \mathbb{N} \Leftrightarrow r \in \mathbb{N}$ und $s \in \mathbb{N}$.

(b) $t \in \mathbb{N} \Rightarrow r \mid t$ und $s \mid t$.

(c) $r, s \in \mathbb{N}$ und $\mathrm{ggT}(r, s) = 1 \Rightarrow t = r s$.

(d) $r, s \in \mathbb{N}$ und $t = r s \Rightarrow E \cap F = K$.

(e) Es besitzt $X^3 - 2 \in \mathbb{Q}[X]$ genau eine reelle Nullstelle $\sqrt[3]{2}$ und zwei nichtreelle Nullstellen $\alpha, \bar{\alpha} \in \mathbb{C}$. Für $K := \mathbb{Q}$, $E := K(\sqrt[3]{2})$ und $F := K(\alpha)$ zeige man: $E \cap F = K$, $r = s = 3$ und $t < 9$.

21.8 ••   Bestimmen Sie den Grad der folgenden Teilkörper K von $\mathbb{C}$ über $\mathbb{Q}$ und jeweils eine $\mathbb{Q}$-Basis von K:

(a) $K := \mathbb{Q}(\sqrt{2}, \sqrt{3})$,   (d) $K := \mathbb{Q}(\sqrt{8}, 3 + \sqrt{50})$,

(b) $K := \mathbb{Q}(\sqrt{18}, \sqrt[10]{2})$,   (e) $K := \mathbb{Q}(\sqrt[3]{2}, u)$, wobei $u^4 + 6u + 2 = 0$,

(c) $K := \mathbb{Q}(\sqrt{2}, \mathrm{i}\sqrt{5}, \sqrt{2} + \sqrt{7})$,   (f) $K := \mathbb{Q}(\sqrt{3}, \mathrm{i})$.

21.9 ••   Bestimmen Sie die Minimalpolynome $m_{a, \mathbb{Q}}$ der folgenden reellen Zahlen a über $\mathbb{Q}$:

(a) $a := \frac{1}{2}(1 + \sqrt{5})$,   (c) $a := \sqrt[3]{2} + \sqrt[3]{4}$,

(b) $a := \sqrt{2} + \sqrt{3}$,   (d) $a := \sqrt{2 + \sqrt[3]{2}}$.

21.10 ••   Es seien p, q Primzahlen, $p \neq q$, $L = \mathbb{Q}(\sqrt{p}, \sqrt[3]{q})$. Man zeige:

(a) $L = \mathbb{Q}(\sqrt{p} \, \sqrt[3]{q})$.

(b) $[L : \mathbb{Q}] = 6$.

21.11 ••   Man zeige, dass für $a, b \in \mathbb{Q}$ gilt: $\mathbb{Q}(\sqrt{a}, \sqrt{b}) = \mathbb{Q}(\sqrt{a} + \sqrt{b})$.

21.12 ••   Es sei $K := \mathbb{Q}(\sqrt{3}, \mathrm{i}, \varepsilon)$, wobei i, $\varepsilon \in \mathbb{C}$ mit $\mathrm{i}^2 = -1$ und $\varepsilon^3 = 1$, $\varepsilon \neq 1$ gelte.

(a) Bestimmen Sie $[K : \mathbb{Q}]$ und eine $\mathbb{Q}$-Basis von K.

(b) Zeigen Sie, dass $\sqrt{3} + i$ ein primitives Element von $K/\mathbb{Q}$ ist und geben Sie dessen Minimalpolynom über $\mathbb{Q}$ an.

21.13 •• Es sei $a \in \mathbb{C}$ eine Wurzel von $P = X^5 - 2X^4 + 6X + 10 \in \mathbb{Q}[X]$.

(a) Man bestimme $[\mathbb{Q}(a) : \mathbb{Q}]$.

(b) Zu jedem $r \in \mathbb{Q}$ gebe man das Minimalpolynom von $a + r$ über $\mathbb{Q}$ an.

21.14 Eine Zahl $a \in \mathbb{C}$ heißt **ganz algebraisch**, wenn a Wurzel eines Polynoms P aus $\mathbb{Z}[X]$ mit höchstem Koeffizienten 1 ist. Man zeige:

(a) Zu jeder über $\mathbb{Q}$ algebraischen Zahl z gibt es ein $a \in \mathbb{Z}$, sodass az ganz algebraisch ist.

(b) Ist $a \in \mathbb{Q}$ ganz algebraisch, so ist bereits $a \in \mathbb{Z}$.

(c) Ist $a \in \mathbb{C}$ ganz algebraisch, so sind auch $a + m$, ma mit $m \in \mathbb{Z}$ ganz algebraisch.

21.15 • Es seien a_1, $a_2 \in \mathbb{C}$ algebraisch über $\mathbb{Q}$. Wir setzen $K_1 = \mathbb{Q}(a_1)$, $K_2 = \mathbb{Q}(a_2)$ sowie $L = \mathbb{Q}(a_1, a_2)$. Dabei gelte $K_1 \cap K_2 = \mathbb{Q}$. Ist der Grad $[L : \mathbb{Q}]$ ein Teiler von $[K_1 : \mathbb{Q}][K_2 : \mathbb{Q}]$?

21.16 ••• Bestimmen Sie für die folgenden Zahlen α, β, $\gamma \in \mathbb{C}$ jeweils das Minimalpolynom über $\mathbb{Q}$:

(a) $\alpha = \sqrt{4 + \sqrt{7}} + \sqrt{4 - \sqrt{7}}$,

(b) $\beta = \sqrt[3]{2 + \sqrt{5}} + \sqrt[3]{2 - \sqrt{5}}$,

(c) $\gamma = \sqrt[3]{5} \cdot \sqrt{7}$.

21.17 •• Bestimmen Sie die Grade der folgenden Körpererweiterungen:

(a) $\mathbb{Q}(\sqrt{3}, \sqrt{3} + \sqrt[3]{3})/\mathbb{Q}$,

(b) $\mathbb{Q}(\frac{1+i}{\sqrt{2}}, \frac{1-i}{\sqrt{2}})/\mathbb{Q}$.

Einfache und algebraische Körpererweiterungen

22

Übersicht

Die einfachste Körpererweiterung L/K ist die *einfache Körpererweiterung* $K(a)/K$, also der Fall $L = K(a)$ für ein $a \in L$. Tatsächlich ist dieser Fall schon sehr allgemein, da sich für $L = K(a_1, \ldots, a_n)$ mit über K algebraischen Elementen $a_1, \ldots, a_n$ oft ein Element $a \in L$ bestimmen lässt, sodass $K(a_1, \ldots, a_n) = K(a)$ gilt (man vgl. etwa Aufgabe 21.11 und den Satz 26.6 vom primitiven Element). Insofern ist es wichtig, die Struktur der einfachen Körpererweiterungen $K(a)/K$ aufzuklären. Das ist nach L. Kronecker und H. Weber mit dem Polynomring $K[X]$ möglich. Das Ergebnis ist denkbar einfach: *Ist a transzendent über K, so gilt $K(a) \cong K(X)$, ist a algebraisch über K, so gilt $K(a) \cong K[X]/(m_{a, K})$.*

Wir untersuchen außerdem in diesem Kapitel die *algebraischen* Körpererweiterungen. Das sind Körpererweiterungen L/K, bei denen jedes Element aus L über K algebraisch ist. Wir zeigen, dass endliche Erweiterungen stets algebraisch sind und dass bei einer beliebigen Erweiterung L/K ein *maximaler* über K algebraischer Zwischenkörper $A(L/K)$ existiert – der *algebraische Abschluss von K in L*.

© Der/die Autor(en), exklusiv lizenziert an Springer-Verlag GmbH, DE, ein Teil von Springer Nature 2024
C. Karpfinger, *Algebra*, https://doi.org/10.1007/978-3-662-68656-0_22

22.1   Einfache Körpererweiterungen

Wir beginnen mit dem wesentlichen Ergebnis dieses Abschnitts:

Lemma 22.1 *Es sei L/K eine Körpererweiterung.*

(a) Ist $a \in L$ transzendent über K, so gilt $K(a) \cong K(X)$, und $[K(a) : K] \notin \mathbb{N}$.
    Genauer: Es ist $\varphi : \frac{P}{Q} \mapsto \frac{P(a)}{Q(a)}$ ein Isomorphismus von $K(X)$ auf $K(a)$.
(b) Ist $a \in L$ algebraisch über K mit dem Minimalpolynom $m_{a,K}$, $n = \deg m_{a,K}$, so gilt
    $K(a) = K[a] \cong K[X]/(m_{a,K})$, *und* $n = [K(a) : K]$.
    Genauer: Es ist $\{1, a, a^2, \ldots, a^{n-1}\}$ eine Basis von $K(a)/K$, und $\varphi : P + (m_{a,K}) \mapsto$
    $P(a)$ *ist ein Isomorphismus von $K[X]/(m_{a,K})$ auf $K(a)$.*

Beweis Wegen Lemma 21.5 (c) ist der Einsetzhomomorphismus $\varepsilon_a : K[X] \to K[a]$, $P \mapsto P(a)$ surjektiv.

(a) Es sei a transzendent über K. Dann ist ε_a injektiv, also ein Isomorphismus. Nach den Aussagen 13.9 und 21.5 (a) ist dann auch

$$\tilde{\varepsilon}_a : \begin{cases} K(X) \to K(a) \\ \dfrac{P}{Q} \ \mapsto \ \dfrac{P(a)}{Q(a)} \end{cases}$$

ein Isomorphismus. Die Transzendenz von a besagt, dass $1, a, a^2, a^3, \ldots$ über K linear unabhängig sind, sodass $[K(a) : K] \notin \mathbb{N}$.

(b) Es sei a algebraisch über K. Nach Lemma 21.6 gilt Kern $\varepsilon_a = (m_{a,K})$. Nach Lemma 21.5 (c) und dem Homomorphiesatz 15.12 ist

$$\varphi : \begin{cases} K[X]/(m_{a,K}) \to K[a] \\ P + (m_{a,K}) \ \mapsto \ P(a) \end{cases}$$

ein Isomorphismus. Da $K[X]$ ein Hauptidealring ist, erzeugt das irreduzible Polynom $m_{a,K}$ ein maximales Ideal $(m_{a,K})$, sodass $K[X]/(m_{a,K})$ ein Körper ist (vgl. die Aussagen in Lemma 16.5 (e), 18.2 und Korollar 15.17). Folglich gilt $K[a] = K(a)$. Nun gelte

$$\sum_{i=0}^{n-1} k_i \, a^i = 0 \quad \text{mit} \quad k_0, \ldots, k_{n-1} \in K \,, \ n = \deg m_{a,K} \,.$$

Dann ist $Q(a) = 0$ und $\deg Q < n$ für $Q := \sum_{i=0}^{n-1} k_i \, X^i \in K[X]$. Mit Lemma 21.6 folgt $Q = 0$. Folglich sind $1, a, a^2, \ldots, a^{n-1}$ K-linear unabhängig.

Jedes $v \in K(a) = K[a]$ hat nach Lemma 21.5 (c) die Form $v = P(a)$ für ein $P \in K[X]$. Es existieren $S, R \in K[X]$ mit $P = S \, m_{a,K} + R$ und $\deg R < n$.

Einsetzen von a führt zu $v = S(a)\,0 + R(a) = \sum_{i=0}^{n-1} k_i\,a^i$ mit gewissen $k_0, \ldots, k_{n-1} \in K$. Daher ist $\{1, a, a^2, \ldots, a^{n-1}\}$ ein Erzeugendensystem von $K(a)$. $\qquad\square$

Bemerkung In der Situation von (b) ist $K(a)$ isomorph zum Restklassenring $K[X]/(m_{a,K})$ des Polynomringes $K[X]$ nach dem maximalen Ideal $(m_{a,K})$. Der Grad der Körpererweiterung $K(a)/K$ ist der Grad des Minimalpolynoms $m_{a,K}$, und es gilt

$$K(a) = \left\{ \sum_{i=0}^{n-1} k_i\,a^i \mid k_0, \ldots, k_{n-1} \in K \right\}.$$

Man bezeichnet $\deg_K(a) := [K(a) : K] = \deg m_{a,K}$ als den **Grad von a über K**, wenn a algebraisch über K ist.

Beispiel 22.1

- Wegen $\mathbb{C} = \mathbb{R}(\mathrm{i})$ und $m_{\mathrm{i},\mathbb{R}} = X^2 + 1$ gilt $\mathbb{C} \cong \mathbb{R}[X]/(X^2 + 1)$. Allgemeiner: Jedes Polynom $X^2 + 2\alpha X + \beta \in \mathbb{R}[X]$ mit $\alpha^2 < \beta$ hat bekanntlich Wurzeln $a, b \in \mathbb{C} \setminus \mathbb{R}$, sodass $\mathbb{C} = \mathbb{R}(a)$ und $\mathbb{C} \cong \mathbb{R}[X]/(X^2 + 2\alpha X + \beta)$.
- Die drei komplexen Wurzeln von $X^3 - 2 \in \mathbb{Q}[X]$ sind

$$a := \sqrt[3]{2} \in \mathbb{R} \quad \text{und} \quad \varepsilon a, \ \varepsilon^2 a, \quad \text{wobei} \quad \varepsilon = \mathrm{e}^{\frac{2\pi\mathrm{i}}{3}}, \ \varepsilon^3 = 1.$$

Es gilt $m_{a,\mathbb{Q}} = X^3 - 2$ nach dem Eisenstein-Kriterium 19.9 mit $p = 2$, und

$$m_{\varepsilon,\mathbb{Q}} = \frac{X^3 - 1}{X - 1} = X^2 + X + 1, \quad \text{sodass} \quad [\mathbb{Q}(a) : \mathbb{Q}] = 3 \quad \text{und} \quad [\mathbb{Q}(\varepsilon) : \mathbb{Q}] = 2.$$

Nach Lemma 22.1 (b) sind $\{1, a, a^2\}$ eine $\mathbb{Q}$-Basis von $\mathbb{Q}(a)$, $\{1, \varepsilon\}$ eine $\mathbb{Q}(a)$-Basis von $\mathbb{Q}(a, \varepsilon)$, und es gilt

$$\mathbb{Q}(a) \cong \mathbb{Q}[X]/(X^3 - 2) \quad \text{und} \quad \mathbb{Q}(a) = \{k_0 + k_1 a + k_2 a^2 \mid k_0, k_1, k_2 \in \mathbb{Q}\},$$

$$\mathbb{Q}(\varepsilon) \cong \mathbb{Q}[X]/(X^2 + X + 1) \quad \text{und} \quad \mathbb{Q}(\varepsilon) = \{k_0 + k_1 \varepsilon \mid k_0, k_1 \in \mathbb{Q}\}.$$

Für $K := \mathbb{Q}(a, \varepsilon)$ folgt $6 \mid [K : \mathbb{Q}]$ mit Korollar 21.4. Andererseits gilt $m_{\varepsilon,\mathbb{Q}(a)} \mid m_{\varepsilon,\mathbb{Q}}$ nach Lemma 21.6 (d), sodass nach dem Gradsatz 21.3 gilt $[K : \mathbb{Q}] = [K : \mathbb{Q}(a)][\mathbb{Q}(a) : \mathbb{Q}] \le 2 \cdot 3 = 6$. Folglich gilt $[K : \mathbb{Q}] = 6$, $[K : \mathbb{Q}(a)] = 2$; und nach dem Gradsatz 21.3 ist $\{1, a, a^2, \varepsilon, \varepsilon a, \varepsilon a^2\}$ eine $\mathbb{Q}$-Basis von K.
- Ist $a \in L$ transzendent über K, so ist $K(a^n) \subsetneq K(a)$ für $n \ge 2$. Das über K transzendente Element a wird über dem Zwischenkörper $K(a^n)$ algebraisch mit Minimalpolynom $m_{a,K(a^n)} = X^n - a^n \in K(a^n)[X]$. Es gilt $[K(a) : K(a^n)] = n$. $\blacksquare$

22.1.1 Darstellung von Elemente einfacher Erweiterungen als Linearkombination

In der Praxis ist es oftmals nötig, ein Element $b \in K(a)$ einer einfachen algebraischen Erweiterung $K(a)/K$ mit $[K(a) : K] = n$ als Linearkombination $b = \sum_{i=0}^{n-1} k_i\, a^i$ mit $k_0, \dots, k_{n-1} \in K$ darzustellen. Nach Lemma 22.1 ist das für jedes Element $b \in K(a)$ möglich.

Wir lösen konkret die folgenden zwei Probleme:

Es sei $L = K(a)$ eine einfache Körpererweiterung von K vom Grad n sowie $M = m_{a,K}$ das Minimalpolynom von a.

- Wie schreibt man $P(a) \in L$ für $P \in K[X]$ als K-Linearkombination von $1, a, a^2, \dots, a^{n-1}$?

  Wir dividieren das Polynom P durch M mit Rest: $P = M\,S + T$ mit $\deg(T) < \deg(M) = n$ und erhalten schließlich wegen $M(a) = 0$ die gewünschte Darstellung:

  $$P(a) = M(a)\,S(a) + T(a) = T(a)\,.$$

- Wie schreibt man $\frac{1}{P(a)} \in L$ mit $P \in K[X]$ und $P(a) \neq 0$ als K-Linearkombination von $1, a, a^2, \dots, a^{n-1}$?

  Da M irreduzibel ist, sind 1 und M (bis auf Assoziiertheit) die einzigen Teiler von M. Somit gilt $\mathrm{ggT}(P, M) = 1$ oder $\mathrm{ggT}(P, M) = M$. angenommen, $\mathrm{ggT}(P, M) = M$. Dann ist M ein Teiler von P, $P = M\,Q$ für ein $Q \in K[X]$, insbesondere $P(a) = M(a)\,Q(a) = 0$, im Widerspruch zu $P \neq 0$. Somit gilt $\mathrm{ggT}(P, M) = 1$. Daher existieren nach Lemma 16.5 Polynome $R, S \in K[X]$ mit

  $$R\,P + S\,M = 1 \quad \text{d.h.} \quad R(a)\,P(a) + S(a)\,M(a) = 1\,.$$

Die Polynome R und S bestimmt man mit dem euklidischen Algorithmus. Wegen $M(a) = 1$ finden wir somit ein R mit $P(a) = \frac{1}{R(a)}$, also $\frac{1}{P(a)} = R(a)$.

Falls $\deg(R) \geq n$, so *reduziere* man den Grad per Division durch M mit Rest wie bei obiger Problemlösung.

In den Übungsaufgaben werden Beispiele behandelt.

22.2 Fortsetzung von Isomorphismen auf einfache Erweiterungen

Algebraische Strukturen sind stets nur bis auf Isomorphie eindeutig festzulegen. Zwei Körpererweiterungen L/K und L'/K heißen isomorph, wenn es einen Isomorphismus $\varphi : L \to L'$ gibt mit $\varphi(a) = a$ für alle $a \in K$, d.h. $\varphi|_K = \mathrm{Id}_K$. Die Kenntnis aller Isomorphismen lässt Rückschlüsse auf die Struktur zu. Das folgende, allgemeine Ergebnis wird recht hilfreich sein, um in verschiedenen wichtigen Situationen Isomorphismen zu konstruieren oder gar alle Isomorphismen zu bestimmen.

22.2.1 Existenz und Eindeutigkeit einer Fortsetzung

Wir beginnen mit einem sehr allgemeinen Ergebnis.

Satz 22.2 *Es seien L/K und L'/K' Körpererweiterungen und φ ein Isomorphismus von K auf K'. Und $a \in L$ sei algebraisch vom Grad n über K mit $P := m_{a,K} = \sum_{i=0}^{n} \alpha_i X^i \in K[X]$. Dann gibt es zu jeder Wurzel $b \in L'$ von $\tilde{P} := \sum_{i=0}^{n} \varphi(\alpha_i) X^i \in K'[X]$ genau einen Monomorphismus $\varphi_b : K(a) \to L'$, der auf K mit φ übereinstimmt und a auf b abbildet (d. h. $\varphi_b|_K = \varphi$ und $\varphi_b(a) = b$), nämlich*

$$(*) \quad \varphi_b : \sum_{i=0}^{n} \xi_i\, a^i \mapsto \sum_{i=0}^{n} \varphi(\xi_i)\, b^i \,.$$

Es ist φ_b ein Isomorphismus von $K(a)$ auf $K'(b)$; und jeder Monomorphismus ψ von $K(a)$ in L', der φ fortsetzt (d. h. $\psi|_K = \varphi$), ist von dieser speziellen Form.

Beweis Für $Q = \sum_{i=0}^{n} \xi_i X^i \in K[X]$ sei $\tilde{Q} := \sum_{i=0}^{n} \varphi(\xi_i) X^i \in K'[X]$. Damit lautet die Abbildung in $(*)$: $\varphi_b : Q(a) \mapsto \tilde{Q}(b)$.

Wir begründen die Eindeutigkeit, indem wir zeigen: Wenn es einen fortsetzenden Monomorphismus ψ mit $\psi(a) = b$ gibt, dann muss dieser durch $(*)$ gegeben sein. Es sei $\psi : K(a) \to L'$ ein Monomorphismus mit $\psi|_K = \varphi$. Es folgt

$$0 = \psi\left(\sum_{i=0}^{n} \alpha_i\, a^i\right) = \sum_{i=0}^{n} \varphi(\alpha_i)\, \psi(a)^i = \tilde{P}(\psi(a)) \,,$$

d. h., $b := \psi(a)$ ist Wurzel von $\tilde{P}$. Für jedes $v = \sum_{i=0}^{n} \xi_i\, a^i \in K(a)$ ist $\psi(v) = \sum_{i=0}^{n} \psi(\xi_i)\, \psi(a)^i = \sum_{i=0}^{n} \varphi(\xi_i)\, b^i$, d. h. $\psi = \varphi_b$.

Nun begründen wir, dass φ_b tatsächlich das Gewünschte leistet. Es sei $b \in L'$ eine Wurzel von $\tilde{P}$. Wir definieren φ_b durch $(*)$: $\varphi_b : Q(a) \mapsto \tilde{Q}(b)$. Es ist φ_b wohldefiniert, da für Q und R aus $K[X]$ gilt

$$Q(a) = R(a) \;\Rightarrow\; (R - Q)(a) = 0 \;\Rightarrow\; P \mid R - Q \;\Rightarrow\; \tilde{P} \mid \tilde{R} - \tilde{Q} \;\Rightarrow\; \tilde{Q}(b) = \tilde{R}(b) \,.$$

Weiter ist φ_b ein Homomorphismus, da für $Q(a)$ und $R(a)$ aus $K(a)$ gilt

$$\varphi_b(Q(a) + R(a)) = \varphi_b((Q + R)(a)) = \widetilde{(Q + R)}(b) = (\tilde{Q} + \tilde{R})(b) = \tilde{Q}(b) + \tilde{R}(b) \,.$$

Analog begründet man die Multiplikativität. Wegen Lemma 22.1 (b) ist $\varphi_b : K(a) \to K'(b)$ surjektiv, und da $\varphi_b \neq 0$ gilt, ist φ_b injektiv (vgl. Korollar 15.7). □

22.2.2 K-Monomorphismen

Wir betrachten nun den Fall $K' = K$ und $\varphi = \mathrm{Id}_K$, d. h. $\varphi(a) = a$ für alle $a \in K$. Sind L, L' Erweiterungskörper von K, so nennt man einen Monomorphismus bzw. Isomorphismus bzw. Automorphismus $\psi : L \to L'$ einen K-**Monomorphismus** bzw. K-**Isomorphismus** bzw. K-**Automorphismus**, wenn $\psi|_K = \mathrm{Id}$. Man beachte, dass die K-Morphismen der Körpererweiterung L/K insbesondere K-Morphismen des Vektorraums L/K sind; die Elemente des Grundkörpers K bleiben unverändert.

Beispiel 22.2 Der Automorphismus $\varphi : K(X) \to K(X)$, $\frac{P}{Q} \mapsto \frac{P(X+1)}{Q(X+1)}$ ist ein K-Automorphismus. Die (komplexe) Konjugation $\kappa : \mathbb{C} \to \mathbb{C}$, $z \mapsto \bar{z}$ ist ein $\mathbb{R}$-Automorphismus. ∎

Aus Satz 22.2 folgt mit diesen Begriffen unmittelbar:

Korollar 22.3 *Es seien L/K eine Körpererweiterung und a, $b \in L$ algebraisch. Genau dann existiert ein K-Monomorphismus ψ von $K(a)$ in L mit $\psi(a) = b$, wenn $m_{a,K} = m_{b,K}$.*

In diesem Fall ist ψ ein K-Isomorphismus von $K(a)$ auf $K(b)$, und $\psi(P(a)) = P(b)$ für jedes $P \in K[X]$. □

Elemente a, $b \in L$ mit $m_{a,K} = m_{b,K}$ heißen **konjugiert** über K.

Beispiel 22.3

- Da $m_{\mathrm{i},\mathbb{R}} = m_{-\mathrm{i},\mathbb{R}}$, existiert ein $\mathbb{R}$-Isomorphismus $\psi : \mathbb{C} \to \mathbb{C}$ mit $\psi(\mathrm{i}) = -\mathrm{i}$; es ist dies die komplexe Konjugation.
- Da $X^3 - 2 \in \mathbb{Q}[X]$ das gemeinsame Minimalpolynom von $a := \sqrt[3]{2}$ und εa für $\varepsilon = \mathrm{e}^{\frac{2\pi \mathrm{i}}{3}}$ ist, existiert ein $\mathbb{Q}$-Monomorphismus $\psi : \mathbb{Q}(a) \to \mathbb{Q}(\varepsilon a)$ mit $\psi(a) = \varepsilon a$. ∎

22.3   Algebraische Körpererweiterungen

Eine Körpererweiterung L/K heißt **algebraisch**, falls jedes $a \in L$ algebraisch über K ist. Ist L/K algebraisch, so hat dies vielerlei Konsequenzen. Wir stellen die wichtigsten in diesem Abschnitt zusammen.

22.3.1 Endliche und algebraische Erweiterungen

Wir klären zuerst den Zusammenhang zwischen endlichen und algebraischen Erweiterungen. Dabei heißt L/K endlich, wenn $\dim_K L = [L : K] \in \mathbb{N}$.

Lemma 22.4

(a) *Jede endliche Körpererweiterung ist algebraisch.*

(b) *Eine Körpererweiterung L/K ist genau dann endlich, wenn es endlich viele über K algebraische Elemente $a_1, \ldots, a_n \in L$ mit $L = K(a_1, \ldots, a_n)$ gibt.*

Beweis

(a) Es sei $n := [L : K]$ endlich. Für jedes $a \in L$ sind die $n + 1$ Elemente $1, a, a^2, \ldots, a^n$ aus L über K linear abhängig, sodass

$$\lambda_0 + \lambda_1 a + \cdots + \lambda_n a^n = 0$$

für gewisse $\lambda_0, \ldots, \lambda_n \in K$, die nicht alle gleich 0 sind. Folglich ist a Nullstelle von $0 \neq \sum_{i=0}^{n} \lambda_i X^i \in K[X]$, also a algebraisch über K.

(b) Es sei $n := [L : K]$ endlich. Dann existiert eine K-Basis $\{a_1, \ldots, a_n\}$ von L. Wegen (a) sind die $a_1, \ldots, a_n$ algebraisch über K, und $L = K(a_1, \ldots, a_n)$. Nun sei $L = K(a_1, \ldots, a_n)$ mit über K algebraischen Elementen $a_1, \ldots, a_n$. Aus $L = K(a_1)(a_2) \cdots (a_n)$ (vgl. Lemma 21.5 (b)) folgt $[L : K] \in \mathbb{N}$ mit dem Gradsatz 21.3. $\qquad \square$

Vorsicht Nicht jede algebraische Erweiterung ist endlich. Es gibt durchaus algebraische Erweiterungen vom unendlichem Grad, im nächsten Abschnitt folgt ein Beispiel.

22.3.2 Der algebraische Abschluss von K in L

Lemma 22.5 *Es sei L/K eine Körpererweiterung.*

(a) *Gilt $L = K(S)$ und ist jedes Element aus S algebraisch über K, so ist L/K algebraisch.*

(b) *$A(L/K) := \{a \in L \mid a \text{ ist algebraisch über } K\}$ ist ein Teilkörper von L.*

Beweis

(a) Für jedes endliche $V \subseteq S$ ist $K(V)/K$ nach Lemma 22.4 (b) endlich und daher nach Lemma 22.4 (a) algebraisch über K. Wegen Lemma 21.5 (d) ist daher auch $L/K = K(S)/K$ algebraisch.

(b) Wegen (a) ist $K(A(L/K))$ algebraisch über K, sodass $K(A(L/K)) \subseteq A(L/K)$ und somit $A(L/K) = K(A(L/K))$ ein Teilkörper von L ist. □

Man nennt $A(L/K)$ den **algebraischen Abschluss von K in L**. Mit a, b, $b \neq 0$ sind also auch $a \pm b$, $a\,b$, $\frac{a}{b}$ algebraisch über K.

Beispiel 22.4 Für jedes $n \in \mathbb{N}$ ist $X^n - 2 \in \mathbb{Q}[X]$ nach dem Eisenstein-Kriterium 19.9 irreduzibel über $\mathbb{Q}$ mit Nullstelle $\sqrt[n]{2} \in \mathbb{R}$, sodass

$$\sqrt[n]{2} \in A(\mathbb{R}/\mathbb{Q}) \quad \text{und} \quad [\mathbb{Q}(\sqrt[n]{2}) : \mathbb{Q}] = n\,.$$

Es ist also $A(\mathbb{R}/\mathbb{Q})/\mathbb{Q}$ eine nichtendliche algebraische Körpererweiterung, da sie die Teilkörper $\mathbb{Q}(\sqrt[n]{2})$ von beliebig hohem Grad n enthält. ∎

22.3.3 Die Transitivität der Eigenschaft algebraisch

Sind L/E und E/K algebraische Körpererweiterungen, $K \subseteq E \subseteq L$, so ist auch L/K algebraisch, die Eigenschaft *algebraisch* ist also transitiv. Genauer gilt:

Lemma 22.6 *Es seien L/E eine beliebige und E/K eine algebraische Körpererweiterung.*

(a) Wenn $a \in L$ algebraisch über E ist, ist a über K algebraisch.
(b) Wenn L/E algebraisch ist, ist auch L/K algebraisch.

Beweis

(a) Nach Voraussetzung existieren b_0, b_1, ..., $b_{n-1} \in E$ mit

$$a^n + b_{n-1}\,a^{n-1} + \cdots + b_0 = 0\,.$$

Somit ist a über $K(b_0, \ldots, b_{n-1})$ algebraisch. Mit dem Gradsatz 21.3 folgt

$$[K(a) : K] \leq [K(a, b_0, \ldots, b_{n-1}) : K]$$
$$= [K(b_0, \ldots, b_{n-1})(a) : K(b_0, \ldots, b_{n-1})]\,[K(b_0, \ldots, b_{n-1}) : K] \in \mathbb{N}$$

(beachte Lemma 22.4 (b)), sodass a nach Lemma 22.4 (a) algebraisch über K ist.
(b) ist klar wegen (a). □

Bemerkung Nach Lemma 22.6 (a) ist jedes $b \in L \setminus A(L/K)$ transzendent über $A(L/K)$. Eine Körpererweiterung L/E mit der Eigenschaft, dass jedes $a \in L \setminus E$ über E transzendent ist, nennt man auch **rein transzendent**.

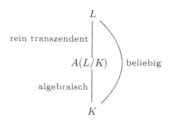

22.3.4 Zwischenringe algebraischer Erweiterungen sind Körper

Lemma 22.7 *Es sei L/K eine algebraische Körpererweiterung. Dann ist jeder K umfassende Teilring von L ein Körper. Insbesondere gilt $K[S] = K(S)$ für jedes $S \subseteq L$.*

Beweis Es sei R ein Teilring von L mit $K \subseteq R$, und $0 \neq a \in R$. Nach Lemma 22.1 (b) gilt $K[a] = K(a)$, sodass $a^{-1} \in K[a] \subseteq R$. $\qquad\square$

22.3.5 K-Homomorphismen algebraischer Erweiterungen

Lemma 22.8 *Es sei L/K eine algebraische Körpererweiterung. Dann ist jeder K-Homomorphismus $\varphi : L \to L$ ein Automorphismus von L.*

Beweis Da φ nichttrivial ist, ist φ injektiv (vgl. Korollar 15.7). Zu zeigen bleibt die Surjektivität von φ, d. h. $\varphi(L) = L$. Es sei $a \in L$. Die in L enthaltenen Wurzeln von $m_{a,K}$ seien $a_1, \dots, a_n$. Nach Lemma 22.4 (b) ist $E := K(a_1, \dots, a_n)$ endlich über K. Wegen $\varphi(a) \in \{a_1, \dots, a_n\}$ ist $\varphi|_E$ eine injektive K-lineare Abbildung des endlichdimensionalen K-Vektorraums E in sich und damit auch surjektiv, d. h. $\varphi(E) = E$. Wegen $a \in E$ existiert also ein $b \in E \subseteq L$ mit $\varphi(b) = a$. $\qquad\square$

22.3.6 Mächtigkeitsaussagen

Wir begründen abschließend zu einer algebraischen Körpererweiterung L/K Mächtigkeitsaussagen für L. Dabei erhalten wir ein erstaunliches Resultat zu den transzendenten reellen Zahlen.

Lemma 22.9 *Ist L/K eine algebraische Körpererweiterung, so gilt $|L| = |K|$, falls K unendlich ist, und $|L| \le |\mathbb{N}|$, falls K endlich ist.*

Beweis Für die Menge $\mathfrak{P}$ aller normierten irreduziblen Polynome aus $K[X]$ gilt

$$L = \bigcup_{P \in \mathfrak{P}} N(P), \quad \text{wobei} \quad N(P) := \{a \in L \mid P(a) = 0\} \quad \text{jeweils endlich ist.}$$

Wegen $|\mathfrak{P}| = |K|$, falls $|K| \notin \mathbb{N}$, folgt in diesem Fall $|L| \le |\mathbb{N}| \cdot |K| = |K|$. Und im Fall $|K| \in \mathbb{N}$ gilt $|\mathfrak{P}| \le |\mathbb{N}|$, sodass $|L| \le |\mathbb{N}| \cdot |\mathbb{N}| = |\mathbb{N}|$ (siehe Abschn. A.3.2). □

Da $\mathbb{R}$ überabzählbar und $\mathbb{Q}$ abzählbar sind, folgt

Satz 22.10 (G. Cantor 1874) *Es gibt überabzählbar viele (über $\mathbb{Q}$) transzendente reelle Zahlen.*

Bemerkung Dies war der erste große Erfolg der Cantor'schen Mengenlehre. Bis 1844 war nicht bekannt, ob es überhaupt transzendente reelle Zahlen gibt.

Die Entscheidung, ob eine vorgegebene reelle Zahl algebraisch oder transzendent ist, ist im Allgemeinen sehr schwierig. Sehr tief liegt die 1932 von Gelfand und Schneider gefundene Lösung des 7. Hilbert'schen Problems: Sind $a \ne 0$, 1 aus $\mathbb{C}$ und $b \in \mathbb{C} \setminus \mathbb{Q}$ beide algebraisch, so ist a^b transzendent. So ist etwa $2^{\sqrt{2}}$ transzendent.

Aufgaben

22.1 ●● Es sei $a \in \mathbb{C}$ eine Wurzel des Polynoms $P = X^3 + 3X - 2 \in \mathbb{Q}[X]$.

(a) Zeigen Sie, dass P irreduzibel ist.
(b) Stellen Sie die Elemente a^{-1}, $(1+a)^{-1}$ und $(1-a+a^2)(5+3a-2a^2)$ von $\mathbb{Q}(a)$ als $\mathbb{Q}$-Linearkombinationen von $\{1, a, a^2\}$ dar.

22.2 ●● Es sei $K(a)/K$ eine einfache algebraische Erweiterung vom ungeraden Grad. Man zeige $K(a^2) = K(a)$.

22.3 ● Sind $\sqrt{2} + \sqrt{3}$ und $\sqrt{2} - \sqrt{3}$ über $\mathbb{Q}$ konjugiert?

22.4 ●●● Es sei $M \ne K$ ein Zwischenkörper von $K(X)/K$. Zeigen Sie:

(a) Es ist jedes Element aus $K(X) \setminus K$ transzendent über K.
(b) Es ist jedes Element $b \in K(X) \setminus K$ algebraisch über M.

22.5 ●● Bestimmen Sie Aut($\mathbb{Q}(\sqrt{2}, \sqrt{3})$). Um welche Gruppe handelt es sich?

22.6 ••• Es sei $L = K(X)$ der Körper der rationalen Funktionen in einer Unbestimmten über K. Zeigen Sie: Es ist $t \in L$ genau dann ein primitives Element der Körpererweiterung L/K, wenn $t \in \left\{ \frac{a\,X+b}{c\,X+d} \mid a, b, c, d \in K, \, ad - bc \neq 0 \right\}$.

22.7 •• Es sei L/K eine Körpererweiterung. Zeigen Sie, dass L/K genau dann eine algebraische Körpererweiterung ist, wenn jeder Teilring R von L mit $K \subseteq R$ ein Teilkörper von L ist.

22.8 • Zeigen Sie: Eine Körpererweiterung L/K ist genau dann algebraisch, wenn $L = K(S)$ mit einer Teilmenge $S \subseteq L$, in der jedes Element algebraisch ist über K.

22.9 •• Zeigen Sie: Für jedes $q \in \mathbb{Q}$ sind $\cos(q\,\pi)$ und $\sin(q\,\pi)$ über $\mathbb{Q}$ algebraisch.

22.10 • Es sei $a_n \in \mathbb{C}$ eine Wurzel des Polynoms $X^n - 2 \in \mathbb{Q}[X]$, weiter sei $S := \{a_n \mid n \in \mathbb{N}\}$. Zeigen Sie: $\mathbb{Q}(S)/\mathbb{Q}$ ist algebraisch und $[\mathbb{Q}(S) : \mathbb{Q}] \notin \mathbb{N}$.

22.11 •• Es sei $a \in \mathbb{C}$ eine Nullstelle von $P := X^3 - 6X^2 - 2 \in \mathbb{Q}[X]$. Wir setzen $K := \mathbb{Q}(a) \subseteq \mathbb{C}$. Es sei weiter $b := \sqrt[4]{5} \in \mathbb{C}$, und wir setzen $L := \mathbb{Q}(b) \subseteq \mathbb{C}$ und $M := \mathbb{Q}(a, b) \subseteq \mathbb{C}$.

(a) Zeigen Sie, dass P irreduzibel ist, und bestimmen Sie den Körpergrad $[K : \mathbb{Q}]$, sowie eine $\mathbb{Q}$-Basis von K.

(b) Bestimmen Sie das Minimalpolynom $m_{b,\mathbb{Q}}$ und den Körpergrad $[L : \mathbb{Q}]$, sowie ein $\mathbb{Q}$-Basis von L.

(c) Schreiben Sie die wie folgt angegebenen Elemente von K jeweils in der Form $c_0 + c_1 a + c_2 a^2$ ($c_i \in \mathbb{Q}$):

(i) a^3, (ii) $a^5 - 2\,a^4$, (iii) $\dfrac{1}{a}$, $\dfrac{1}{a^2}$, (iv) $\dfrac{1}{a^2 + 1}$.

(d) Zeigen Sie: Für alle $c \in K \setminus \mathbb{Q}$ ist $\mathbb{Q}(c) = K$.

(e) Bestimmen Sie die Grade $[M : \mathbb{Q}]$, $[M : K]$, $[M : L]$ und geben Sie eine $\mathbb{Q}$-Basis von M an.

22.12 •• Wir betrachten die Körper $K = \mathbb{Q}(\sqrt{3})$, $L = \mathbb{Q}(\mathrm{i}\,\sqrt{2})$, $M = \mathbb{Q}(\sqrt{3}, \mathrm{i}\,\sqrt{2}) \subseteq \mathbb{C}$.

(a) Bestimmen Sie jeweils eine Basis (des Erweiterungskörpers als Vektorraum über dem Teilkörper) und den Grad für die Körpererweiterungen $K/\mathbb{Q}$, $L/\mathbb{Q}$, M/K.

(b) Bestimmen Sie eine Basis und den Grad von $M/\mathbb{Q}$.

(c) Es sei $\alpha := \sqrt{3} + \mathrm{i}\,\sqrt{2} \in M$. Bestimmen Sie das Minimalpolynom von α über den Körpern $\mathbb{Q}$, K, L, M, und zeigen Sie $\mathbb{Q}(\alpha) = M$.

Konstruktionen mit Zirkel und Lineal * 23

Übersicht

Sprichwörtlich ist die *Quadratur des Kreises* schon vielfach gelungen – aber eben nur sprichwörtlich, denn tatsächlich ist dies mit den klassischen Methoden nicht durchführbar: Es ist nicht möglich, allein mit Zirkel und Lineal ein Quadrat zu konstruieren, dessen Flächeninhalt gleich dem eines gegebenen Kreises ist. Die Unlösbarkeit dieses Problemes liegt an der Transzendenz der Zahl π.

Wir schildern in diesem Kapitel die Konstruktion mit Zirkel und Lineal. Wir werden zeigen, dass die Menge aller aus *Startpunkten* mit Zirkel und Lineal konstruierbaren Punkte einen Erweiterungskörper L von $\mathbb{Q}$ bildet. Dabei hat jedes Element aus L eine Zweierpotenz als Grad über $\mathbb{Q}$. Mit diesem Ergebnis können wir dann die Unlösbarkeit dreier berühmter Problemstellungen aus der Antike begründen.

23.1 Konstruierbarkeit

Wir präzisieren, was man unter *Konstruktion mit Zirkel und Lineal* versteht.

© Der/die Autor(en), exklusiv lizenziert an Springer-Verlag GmbH, DE, ein Teil von Springer Nature 2024
C. Karpfinger, *Algebra*, https://doi.org/10.1007/978-3-662-68656-0_23

23.1.1 Konstruktion von Punkten mit Zirkel und Lineal

Ausgehend von einer Startmenge S von Punkten der euklidischen Ebene werden mit Zirkel und Lineal aus diesen Punkten weitere Punkte der euklidischen Ebene konstruiert: Für eine Teilmenge S der euklidischen Ebene E sei

$$S^+ := S \cup S(g,\, g) \cup S(g,\, k) \cup S(k,\, k)\,.$$

Dabei bedeuten (in den Skizzen seien • gegebene Punkte und ∘ konstruierte Punkte):

- $S(g,\, g)$ die Menge aller Schnittpunkte nichtparalleler Geraden, welche jeweils zwei verschiedene Punkte aus S verbinden;

- $S(g,\, k)$ die Menge aller Schnittpunkte von Geraden obiger Art mit Kreisen, deren Mittelpunkte in S liegen und deren Radien Abstände zweier Punkte aus S sind;

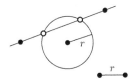

- $S(k,\, k)$ die Menge aller Schnittpunkte zweier verschiedener Kreise der eben beschriebenen Art: Die Radien r_1 und r_2 sind Abstände zweier Punkte aus S.

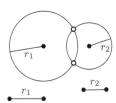

Beispiel 23.1 Enthält S höchstens einen Punkt, d. h. $|S| \leq 1$, so gilt $S^+ = S$. Im Fall $S = E$ gilt ebenfalls $S^+ = S$. Und im Fall $|S| = 2$ erhalten wir $|S^+| = 6$; man beachte $|S(g,\, k)| = 2 = |S(k,\, k)|$ (siehe Skizze).

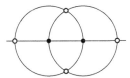

23.1.2 Die Menge der konstruierbaren Punkte

Nun sei eine Startmenge $S \subseteq E$ mit $|S| \geq 2$ gegeben. Wir erweitern S wie oben beschrieben durch die diversen Schnittpunkte zu $S_1 := S^+ = S \cup S(g, g) \cup S(g, k) \cup S(k, k)$, konstruieren dann mit S_1 die Punktmenge $S_2 = S_1^+$ usw. d. h.:

$$S_0 := S , \ S_{n+1} := S_n^+ , \ n \in \mathbb{N}_0 .$$

Insbesondere gilt $S_0 \subseteq S_1 \subseteq S_2 \subseteq \cdots$. Es heißt

$$\mathcal{K}(S) := \bigcup_{i=0}^{\infty} S_i$$

die Menge der **aus S mit Zirkel und Lineal konstruierbaren Punkte**. Wir geben beispielhaft einige Konstruktionen an, die wir später wieder benötigen werden.

Beispiel 23.2 Gegeben seien drei verschiedene Punkte P, Q und R und eine Gerade g.

(1) Wir können beliebig große Abstände erzeugen:

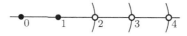

(2) Wir können das Lot von P und die Senkrechte in Q auf g konstruieren:

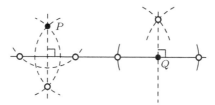

(3) Wir können den Mittelpunkt von P und Q konstruieren:

(4) Wir können mit (2) die Parallele zu g durch P erzeugen:

(5) Wir können Winkelhalbierende bilden:

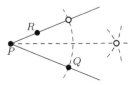

23.1.3 Die Menge der aus S kontruierbaren Punkte $\mathcal{K}(S)$ ist ein Körper

Zur Beschreibung von $\mathcal{K}(S)$ für $S \subseteq E$ mit $|S| \geq 2$ wählen wir zwei verschiedene Punkte A, $B \in S$ und ein kartesisches Koordinatensystem so, dass $A = (0\,|\,0)$, $B = (1\,|\,0)$. Wir identifizieren im Folgenden jedes $(x \mid y) \in \mathbb{R}^2$ mit $x + \mathrm{i}\, y \in \mathbb{C}$. Dann gilt:

Lemma 23.1 *Die Menge $\mathcal{K}(S)$ der aus S konstruierbaren Punkte ist der Durchschnitt aller Teilkörper K von $\mathbb{C}$ mit den Eigenschaften:*

  (I) $S \subseteq K$;
 (II) $z \in K \;\Rightarrow\; \sqrt{z} \in K$, *wobei $\sqrt{z}$ ein Element aus $\mathbb{C}$ mit $\sqrt{z}^2 = z$ ist;*
(III) $z \in K \;\Rightarrow\; \overline{z} \in K$.

Beweis Wir zeigen die Behauptung in mehreren Schritten.

(1) $\mathcal{K}(S)$ ist ein Teilkörper von $\mathbb{C}$ mit den Eigenschaften (I), (II), (III).

Es seien z, $z' \in \mathcal{K}(S)$, $z \neq 0$. Dann existiert wegen $S_0 \subseteq S_1 \subseteq S_2 \subseteq \cdots$ ein $n \in \mathbb{N}$ mit z, $z' \in S_n$. Die folgenden beiden Figuren zeigen, dass die Elemente $-z$, $\overline{z}$ und $z + z'$ konstruierbar sind, d. h. in $\mathcal{K}(S)$ liegen.

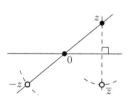
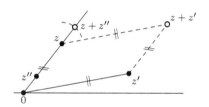

Die folgenden drei Figuren zeigen, dass für $z = r\,\mathrm{e}^{\mathrm{i}\varphi}$, $z' = r'\,\mathrm{e}^{\mathrm{i}\varphi'} \in S_n$ auch $z\,z' = r\,r'\,\mathrm{e}^{\mathrm{i}(\varphi+\varphi')}$, $z^{-1} = \frac{1}{r}\,\mathrm{e}^{-\mathrm{i}\varphi}$ und $\sqrt{z} = \sqrt{r}\,\mathrm{e}^{\mathrm{i}\frac{\varphi}{2}}$ konstruierbar sind, d.h. in $\mathcal{K}(S)$ liegen:

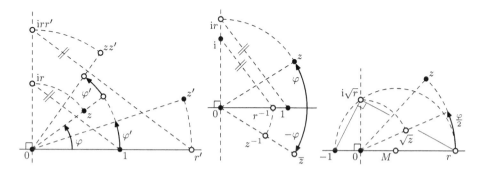

Dabei wurde der Strahlensatz in der Form $\frac{r\,r'}{r} = \frac{r'}{1}$ bzw. $\frac{r}{1} = \frac{1}{r^{-1}}$ bei der Konstruktion von $z\,z'$ bzw. z^{-1} und der Satz von Thales sowie der Höhensatz in der Form $\sqrt{r}^2 = 1 \cdot r$ bei der Konstruktion von $\sqrt{z}$ benutzt. Damit ist (1) begründet.

Nun sei K ein beliebiger Teilkörper von $\mathbb{C}$ mit den Eigenschaften (I), (II), (III). Den Nachweis $\mathcal{K}(S) \subseteq K$ beginnen wir mit zwei Vorbereitungen:

Wegen (II) ist die imaginäre Einheit $\mathrm{i} = \sqrt{-1}$ in K und wegen (III) liegt mit jedem $z \in K$ auch $\bar{z}$ in K. Für $z = x + \mathrm{i}\,y \in \mathbb{C}$ ($x,\,y \in \mathbb{R}$) gilt demnach die Äquivalenz:

(2) $x + \mathrm{i}\,y \in K \Leftrightarrow x,\,y \in K$.

Die andere Vorbereitung betrifft die Gleichungen der Geraden und Kreise, die durch Punkte aus K bestimmt sind.

Die Gleichung der Geraden durch die Punkte $a_1 + \mathrm{i}\,a_2$, $b_1 + \mathrm{i}\,b_2$ aus K hat gemäß der bekannten 2-*Punkte-Formel* $(b_2 - a_2)(x - a_1) - (b_1 - a_1)(y - a_2) = 0$ die Form

(3a) $a\,x + b\,y + c = 0$ mit $a,\,b,\,c \in \mathbb{R} \cap K$;

denn gemäß (2) sind a_1, a_2, b_1, b_2 in K.

Der Kreis mit Mittelpunkt $s + \mathrm{i}\,t \in K$ ($s, t \in K$) und Radius $r \in K$ hat bekanntlich die Gleichung $(x - s)^2 + (y - t)^2 = r^2$, sie ist von der Form

$$(3b) \quad x^2 + y^2 + d\,x + e\,y + f = 0 \quad \text{mit} \quad d, e, f \in \mathbb{R} \cap K.$$

Nun zeigen wir $S_n \subseteq K$ für alle $n \in \mathbb{N}_0$ mit vollständiger Induktion.

Wegen (I) gilt $S_0 = S \subseteq K$. Wir setzen nun $S_n \subseteq K$ für ein beliebiges $n \geq 0$ voraus. Wir gelangen zu $S_{n+1} = S_n^+$ mittels Berechnung der diversen Schnittpunkte $S_n(g, g)$, $S_n(g, k)$, $S_n(k, k)$.

$S_n(g, g)$: Der Schnittpunkt z zweier nichtparalleler Geraden durch Punkte aus S_n ist durch ein System zweier linearer Gleichungen der Form (3a) mit Koeffizienten aus $\mathbb{R} \cap K$ gegeben. Anwenden der Cramer'schen Regel zeigt, dass Real- und Imaginärteil von z in K liegen. Nach (2) liegt somit auch der Schnittpunkt z in K.

$S_n(g, k)$: Der Realteil u eines Schnittpunkts $z = u + \mathrm{i}\,v$ einer Geraden der Form $a\,x + b\,y + c = 0$ mit $a, b, c \in \mathbb{R} \cap K$, $b \neq 0$, mit einem Kreis der Form (3b) ist Lösung einer quadratischen Gleichung mit Koeffizienten in K. Wegen (II) liegt jede solche Lösung in K. Mit u liegt wegen $a\,u + b\,v + c = 0$ auch v in K und mit (2) ergibt sich wieder $z \in K$. Im Fall $b = 0$, $a \neq 0$ folgt analog $z \in K$.

$S_n(k, k)$: Jeder Schnittpunkt (sofern vorhanden) zweier durch (3b) gegebenen Kreise $x^2 + y^2 + d\,x + e\,y + f = 0$, $x^2 + y^2 + d'\,x + e'\,y + f' = 0$ liegt auf der Geraden $(d - d')\,x + (e - e')\,y + (f - f') = 0$. Und die Schnittpunkte dieser Geraden mit Koeffizienten in K mit jedem der gegebenen Kreise liegen, wie wir zuvor gesehen haben, ebenfalls in K.

Also gilt $S_{n+1} = S_n^+ \subseteq K$ und somit $S_n \subseteq K$ für alle $n \in \mathbb{N}_0$, d. h. $\mathcal{K}(S) \subseteq K$. $\qquad\square$

Bemerkung Lemma 23.1 besagt, dass $\mathcal{K}(S)$ der kleinste Teilkörper von $\mathbb{C}$ mit den Eigenschaften (I), (II), (III) ist.

23.1.4 Eine Kennzeichnung der konstruierbaren Elemente

Wir geben eine Beschreibung der Elemente von $\mathcal{K}(S)$ an: Es sind dies die Elemente a aus $\mathbb{C}$, zu denen es einen Körperturm $K_0 \subseteq K_1 \subseteq \cdots \subseteq K_n$ quadratischer Körpererweiterungen K_j / K_{j-1} mit $a \in K_n$ gibt, genauer:

Lemma 23.2 *Es sei $S \subseteq \mathbb{C}$ mit 0, $1 \in S$ gegeben. Genau dann liegt $a \in \mathbb{C}$ in $\mathcal{K}(S)$, wenn es Teilkörper $K_1, \ldots, K_n$ von $\mathbb{C}$ mit den folgenden Eigenschaften gibt:*

(I') $\mathbb{Q}(S \cup \overline{S}) =: K_0 \subseteq K_1 \subseteq \cdots \subseteq K_n$, $(\overline{S} = \{\overline{s} \mid s \in S\})$.
(II') $[K_j : K_{j-1}] = 2$ *für* $j = 1, \ldots, n$.
(III') $a \in K_n$.

Beweis Wir zeigen die Behauptung in einzelnen Schritten.

(1) Ist M/L eine Körpererweiterung vom Grad 2 und gilt Char $L \neq 2$, *so existiert* $c \in M$
mit $M = L(c)$ *und* $c^2 \in L$.

Denn: Zu beliebigem $v \in M \setminus L$ existieren α, $\beta \in L$ mit $v^2 + \alpha\, v + \beta = 0$. Für $c := v + \frac{\alpha}{2}$
gilt $c^2 \in L$ und $M = L(c)$, denn $c \notin L$. Damit ist (1) begründet.

Nun seien Teilkörper $K_1, \ldots, K_n$ von $\mathbb{C}$ mit (I'), (II'), (III') gegeben. Es gilt $K_0 \subseteq$
$\mathcal{K}(S)$ wegen Lemma 23.1. Es sei schon $K_j \subseteq \mathcal{K}(S)$ gezeigt. Wegen (1) existiert $c \in K_{j+1}$
mit $K_{j+1} = K_j(c)$ und $c^2 \in K_j$. Wegen Lemma 23.1 folgt $c \in \mathcal{K}(S)$ und damit $K_{j+1} =$
$K_j(c) \subseteq \mathcal{K}(S)$. Das beweist die Richtung $\Leftarrow$.

Zum Beweis von $\Rightarrow$ sei Ω die Menge aller $a \in \mathbb{C}$, zu denen es Teilkörper $K_1, \ldots, K_n$
von $\mathbb{C}$ mit (I'), (II'), (III') gibt. Wir begründen nun:

(2) Ω ist ein Teilkörper von $\mathbb{C}$ mit den Eigenschaften (I), (II), (III) *aus Lemma* 23.1.

Denn: Es seien a, $b \in \Omega$, $a \neq 0$, und etwa (vgl. (1)):

$$K_0 \subseteq K_0(a_1) \subseteq K_0(a_1, a_2) \subseteq \cdots \subseteq K_0(a_1, \ldots, a_r) \ni a\,,$$

$$K_0 \subseteq K_0(b_1) \subseteq K_0(b_1, b_2) \subseteq \cdots \subseteq K_0(b_1, \ldots, b_s) \ni b\,,$$

wobei $a_{j+1}^2 \in K_0(a_1, \ldots, a_j), b_{j+1}^2 \in K_0(b_1, \ldots, b_j)$. Es folgt

$$K_0 \subseteq K_0(a_1) \subseteq \cdots \subseteq K_0(a_1, \ldots, a_r) \subseteq K_0(a_1, \ldots, a_r, b_1) \subseteq \cdots$$

$$\cdots \subseteq K_0(a_1, \ldots, a_r, b_1, \ldots, b_s) =: M\,,$$

und a, $b \in M$. Für aufeinanderfolgende Körper $E \subseteq F$ dieses Körperturms gilt $E = F$
oder $[F : E] = 2$.

Nun ziehen wir Folgerungen: Es gilt $a \pm b$, $a\,b$, $a^{-1} \in M \subseteq \Omega$. Somit ist Ω ein
Teilkörper von $\mathbb{C}$. Wegen (I') gilt (I): $S \subseteq \Omega$. Und Ω erfüllt (II): Aus $z \in K_n$ ($K_1, \ldots, K_n$
wie oben) folgt $[K_n(\sqrt{z}) : K_n] \leq 2$, sodass $\sqrt{z} \in \Omega$. Zum Beweis von (III) seien $a \in \Omega$
und $K_1, \ldots, K_n$ wie im Satz formuliert. Da $\tau : z \mapsto \overline{z}$ ein Automorphismus von $\mathbb{C}$
ist, ist $\overline{K}_j := \tau(K_j)$ ein Teilkörper von $\mathbb{C}$ für alle $j = 1, \ldots, n$. Wegen $\tau(\mathbb{Q}) = \mathbb{Q}$,
$\tau(S \cup \overline{S}) = S \cup \overline{S}$ gilt $K_0 \subseteq \tau(K_0)$, also auch $\tau(K_0) \subseteq \tau^2(K_0) = K_0$, d.h. $\tau(K_0) = K_0$.
Aus $K_{j+1} = K_j + K_j a_j$ und $a_j^2 \in K_j$ (vgl. (1)) folgt

$$\overline{K}_{j+1} = \overline{K}_j + \overline{K}_j\,\overline{a}_j\,, \quad \overline{a}_j^2 \in \overline{K}_j\,,$$

also $[\overline{K}_{j+1} : \overline{K}_j] \leq 2$ nach Lemma 22.1. Das impliziert $\overline{a} \in \overline{K}_n \subseteq \Omega$. Damit gilt (2).

Aus (2) folgt mit Lemma 23.1 die Inklusion $\mathcal{K}(S) \subseteq \Omega$, womit $\Rightarrow$ bestätigt ist. $\square$

23.1.5 Die Grade der konstruierbaren Elemente

Für den Nachweis der Unlösbarkeit der klassischen Probleme nutzen wir das folgende Korollar aus:

Korollar 23.3 *Es sei $S \subseteq \mathbb{C}$ mit 0, $1 \in S$ gegeben. Ist $a \in \mathbb{C}$ aus S mit Zirkel und Lineal konstruierbar, so ist $[K_0(a) : K_0]$ eine Potenz von 2 (wobei $K_0 := \mathbb{Q}(S \cup \overline{S})$).* $\square$

Beweis Wegen Lemma 23.2 und dem Gradsatz 21.3 gilt $a \in L$ für einen Erweiterungskörper $L \subseteq \mathbb{C}$ von K_0, der $[L : K_0] = 2^n$ für ein $n \in \mathbb{N}_0$ erfüllt. Damit ist der Grad des Zwischenkörpers $K_0(a)$ von L/K über K ebenfalls eine Potenz von 2 (siehe Korollar 21.4). $\square$

Vorsicht Die Umkehrung von Korollar 23.3 gilt nicht!

23.2 Die drei klassischen Probleme

Wir können nun mit den entwickelten Methoden die Unlösbarkeit dreier klassischer Probleme begründen.

23.2.1 Verdopplung des Würfels

Der Sage nach hat das Orakel von Delos gefordert, einen Apoll geweihten Altarwürfel zu verdoppeln.

*Das **delische Problem**, aus einem Würfel einen solchen mit doppeltem Volumen zu konstruieren, ist nicht lösbar:*

Gegeben sind zwei Punkte aus E, deren Abstand die Kantenlänge a des gegebenen Würfels ist. Zu konstruieren sind hieraus Punkte mit Abstand $a \sqrt[3]{2}$. Nach der Identifikation von E mit $\mathbb{C}$ wie vor Lemma 23.1 ist also $S = \{0, 1\}$; und zu konstruieren ist $z = \sqrt[3]{2}$. Wegen $K_0 = \mathbb{Q}$ und $[\mathbb{Q}(\sqrt[3]{2}) : \mathbb{Q}] = 3$ (nach dem Eisenstein-Kriterium 19.9 ist $X^3 - 2$ irreduzibel) ist das nach Korollar 23.3 nicht möglich.

23.2.2 Winkeldreiteilung

Ein Winkel vom Maß $60°$ kann nicht mit Zirkel und Lineal gedrittelt werden:

Da sich der Winkel $\varphi = 60°$ bzw. $z = \cos 60° + i \sin 60°$ leicht aus $\{0, 1\}$ konstruieren lässt (z ist die Spitze des gleichseitigen Dreiecks der Seitenlänge 1) können wir von $S = \{0, 1\}$ ausgehen, sodass $K_0 = \mathbb{Q}(S \cup \overline{S}) = \mathbb{Q}$. Der $60°$-Winkel kann genau dann gedrittelt werden, wenn $a = \cos 20°$ konstruierbar ist (vgl. die Abbildung).

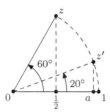

Durch Vergleich von Real- und Imaginärteil von $\cos 3\alpha + \mathrm{i}\,\sin 3\alpha = \mathrm{e}^{3\,\mathrm{i}\,\alpha} = (\mathrm{e}^{\mathrm{i}\,\alpha})^3 = (\cos\alpha + \mathrm{i}\,\sin\alpha)^3$ erhält man die trigonometrische Identität $\cos 3\alpha = 4\cos^3\alpha - 3\cos\alpha$, die für $\alpha = 20°$ und $a = \cos 20°$ die Gleichung $\frac{1}{2} = 4\,a^3 - 3\,a$ ergibt. Somit ist a Wurzel des Polynoms $P = 8\,X^3 - 6\,X - 1$. Wegen $P\left(\frac{X+1}{2}\right) = X^3 + 3\,X^2 - 3$ ist P irreduzibel (Eisenstein-Kriterium mit $p = 3$), und es folgt $[\mathbb{Q}(a) : \mathbb{Q}] = 3$ (also keine Zweierpotenz). Somit ist a nach Korollar 23.3 nicht konstruierbar.

23.2.3 Die Quadratur des Kreises

Ein Quadrat, dessen Fläche mit der eines gegebenen Kreises übereinstimmt, ist nicht konstruierbar:

Gegeben sind Punkte in E, deren Abstand der Radius r des vorgegebenen Kreises ist. Zu konstruieren sind Punkte, deren Abstand a die Gleichung $a^2 = \pi\,r^2$ erfüllt. Nach Identifikation von E mit $\mathbb{C}$ wie vor Lemma 23.1 ist $S = \{0, 1\}$ und damit $K_0 = \mathbb{Q}$. Im Fall der Konstruierbarkeit existieren $z, z' \in \mathcal{K}(S)$ mit $|z - z'|^2 = \pi$. Es folgte $\pi \in \mathcal{K}(S)$, sodass $[\mathbb{Q}(\pi) : \mathbb{Q}]$ nach Korollar 23.3 endlich wäre. Da Lindemann 1882 zeigte, dass π über $\mathbb{Q}$ transzendent ist, also $[\mathbb{Q}(\pi) : \mathbb{Q}] = \infty$ gilt, ist diese Konstruktion nicht möglich.

Bemerkung

(1) Die ersten einwandfreien Beweise dafür, dass Würfelverdoppelung und (generelle) Winkeldreiteilung mit Zirkel und Lineal nicht möglich sind, stammen von L. P. Wantzel 1837.

(2) Wir werden später die Frage beantworten, welche regulären Vielecke mit Zirkel und Lineal konstruierbar sind.

(3) 1672 zeigte der Däne G. Mohr, dass jeder mit Zirkel und Lineal aus $S \subseteq \mathbb{C}$ konstruierbare Punkt mit dem Zirkel allein konstruiert werden kann. Dieses Ergebnis wird meistens L. Mascheroni 1797 zugesprochen.

Aufgaben

23.1 •• Man zeige, dass $a = 2\cos\frac{2\pi}{7}$ Wurzel des Polynoms $X^3 + X^2 - 2X - 1 \in \mathbb{Q}[X]$ ist und folgere, dass das reguläre 7-Eck nicht mit Zirkel und Lineal konstruierbar ist.

23.2 ••• Man zeige:

(a) Ein Winkel α kann genau dann mit Zirkel und Lineal gedrittelt werden, wenn das Polynom $4\,X^3 - 3\,X - \cos\alpha$ über $\mathbb{Q}(\cos\alpha)$ zerlegbar ist.

(b) Für jedes $n \in \mathbb{N}$ mit $3 \nmid n$ ist die Dreiteilung von $\alpha = \frac{2\pi}{n}$ mit Zirkel und Lineal möglich.

23.3 •   Ist die Zahl $\zeta = e^{2\pi\, i/13}$ mit Zirkel und Lineal konstruierbar?

Übersicht

Ist L/K eine Körpererweiterung, so ist ein Element a in L entweder *algebraisch* oder *transzendent* über K. Die Körpererweiterung L/K selbst nannten wir *algebraisch*, wenn jedes Element $a \in L$ algebraisch über K ist. Eine nichtalgebraische Körpererweiterung heißt *transzendent* – bei einer solchen Körpererweiterung gibt es also in L über K transzendente Elemente. Es muss aber keineswegs jedes Element aus $L \setminus K$ transzendent über K sein.

Wir zeigen, dass es zu jeder Körpererweiterung L/K eine sogenannte *Transzendenzbasis* $B \subseteq L$ gibt. Diese Menge B hat die Eigenschaft, dass $K(B)/K$ *rein transzendent* und $L/K(B)$ algebraisch ist. Und wir führen den *Transzendenzgrad* ein – er ist die Mächtigkeit einer (und damit jeder) Transzendenzbasis; also ein Analogon zum Dimensionsbegriff für Vektorräume.

Voraussetzung Es sei L/K eine Körpererweiterung.

24.1 Transzendenzbasen

In der linearen Algebra beweist man, dass jeder Vektorraum eine Basis besitzt. Wir zeigen nun analog dazu, dass jede Körpererweiterung eine sogenannte *Transzendenzbasis* enthält. Im Fall einer algebraischen Körpererweiterung ist eine solche Basis die leere Menge.

© Der/die Autor(en), exklusiv lizenziert an Springer-Verlag GmbH, DE,
ein Teil von Springer Nature 2024
C. Karpfinger, *Algebra*, https://doi.org/10.1007/978-3-662-68656-0_24

24.1.1 Algebraisch unabhängige Elemente

Elemente $a_1, \ldots, a_n \in L$ heißen **algebraisch unabhängig** über K, falls

$$P(a_1, \ldots, a_n) \neq 0 \quad \text{für jedes Polynom } P \in K[X_1, \ldots, X_n] \setminus \{0\},$$

andernfalls heißen sie **algebraisch abhängig** über K.

Die algebraische Unabhängigkeit kann auch mit dem Einsetzhomomorphismus ausgedrückt werden: Die Elemente $a_1, \ldots, a_n$ sind genau dann algebraisch unabhängig, wenn der Einsetzhomomorphismus $P \mapsto P(a_1, \ldots, a_n)$ injektiv ist (vgl. das Monomorphiekriterium 13.3).

Sind $a_1, \ldots, a_n$ algebraisch unabhängig über K, so folgt demnach $K[a_1, \ldots, a_n] \cong K[X_1, \ldots, X_n]$ und damit $K(a_1, \ldots, a_n) \cong K(X_1, \ldots, X_n)$.

Eine Teilmenge $T \subseteq L$ heißt **transzendent**, falls jede endliche Teilmenge von T algebraisch unabhängig ist.

Bemerkung Dass ein Element $a \in L$ algebraisch unabhängig über K ist (das ist der Fall $n = 1$), heißt gerade, dass a über K transzendent ist; es gilt $K(a) \cong K(X)$.

24.1.2 Transzendenzbasis

Die Körpererweiterung L/K heißt **rein transzendent**, falls es eine transzendente Menge $T \subseteq L$ gibt mit $L = K(T)$. Eine Menge $B \subseteq L$ heißt **Transzendenzbasis** von L/K, falls B transzendent ist und $L/K(B)$ algebraisch ist.

Beispiel 24.1

- Im rationalen Funktionenkörper $L = K(X_1, \ldots, X_n)$ in den Unbestimmten $X_1, \ldots, X_n$ sind $X_1, \ldots, X_n$ algebraisch unabhängig über K, ebenfalls die Elemente $X_1^2, \ldots, X_n^2$, aber nicht $X_1, X_1^2, X_2, X_2^2, \ldots, X_n, X_n^2$.
- Für jede algebraische Erweiterung L/K ist $\emptyset$ eine Transzendenzbasis.
- $\{X\}$ ist eine Transzendenzbasis von $K(X)/K$, eine andere Transzendenzbasis ist $\{X^2\}$. Man beachte in diesem Beispiel $K(X^2) \neq K(X)$. Jedoch ist X algebraisch über $K(X^2)$ (mit Minimalpolynom $Y^2 - X^2$), somit ist $K(X)/K(X^2)$ algebraisch. ∎

Bemerkung Besitzt die Körpererweiterung L/K eine Transzendenzbasis B, so setzt sich die Erweiterung L/K zusammen aus einer rein transzendenten Erweiterung $K(B)/K$ und einer algebraischen Erweiterung $L/K(B)$.

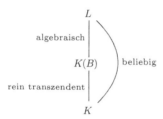

24.1.3 Kennzeichnung einer Transzendenzbasis

Die Transzendenzbasen von L/K sind genau die bzgl. der Inklusion maximalen transzendenten Teilmengen von L:

Lemma 24.1 *Eine Teilmenge $B \subseteq L$ ist genau dann eine Transzendenzbasis von L/K, wenn gilt:*

(1) B ist transzendent über K.

(2) B ist ein maximales Element (bzgl. der Inklusion) in der Menge aller über K transzendenten Mengen aus L, d.h.: Ist $C \subseteq L$ transzendent über K und $B \subseteq C$, dann gilt bereits $B = C$.

Beweis Es sei B eine Transzendenzbasis von L/K. Die Aussage in (1) ist dann erfüllt. Wir begründen (2). Dazu sei $C \subseteq L$ eine über K transzendente Menge mit $B \subseteq C$. Es sei $c \in C \setminus B$. Per Definition ist c algebraisch über $K(B)$. Somit gilt

$$(*) \quad a_0 + a_1 c + \cdots + a_r c^r = 0$$

mit gewissen $a_0, \ldots, a_r \in K(B)$, die nicht alle gleich 0 sind. Die Elemente a_i aus $K(B)$ sind von der Form $a_i = \frac{f_i(b_1, \ldots, b_m)}{g_i(b_1, \ldots, b_m)}$ mit paarweise verschiedenen $b_k \in B$ und $f_i, g_i \in K[X_1, \ldots, X_m], g_i \neq 0$.

Wir multiplizieren die Gleichung $(*)$ mit dem Produkt aller Nenner der a_i. Dazu setzen wir $d_i := g_0 \cdots g_{i-1} g_{i+1} \cdots g_r \in K[X_1, \ldots, X_m]$ für $i = 0, \ldots, r$ und $P(X_1, \ldots, X_m, X) := \sum f_i d_i X^i \in K[X_1, \ldots, X_m, X]$. Dann gilt $P \neq 0$ und $P(b_1, \ldots, b_m, c) = 0$ (dies ist die mit $g_0 \cdots g_r(b_1, \ldots, b_m)$ multiplizierte Gleichung $(*)$). Dies besagt, dass $b_1, \ldots, b_m, c$ algebraisch abhängig sind. Wegen $\{b_1, \ldots, b_m, c\} \subseteq C$ widerspricht das der Transzendenz von C; somit gilt $C \setminus B = \emptyset$ bzw. $C = B$. Das ist die Maximalität von B.

Umgekehrt sei B eine maximale transzendente Menge und $a \in L$ transzendent über $K(B)$. Dann ist sicher a nicht in B und $B \cup \{a\}$ wegen der Maximalität von B auch nicht transzendent. Folglich gibt es $b_1, \ldots, b_r \in B$, sodass $b_1, \ldots, b_r, a$ algebraisch abhängig sind. Daher gibt es ein Polynom $P \in K[X_1, \ldots, X_r, X], P \neq 0$, mit $P(b_1, \ldots, b_r, a) = 0$. Wir ordnen nach Potenzen von a:

$$0 = P(b_1, \ldots, b_r, a) = \sum f_i(b_1, \ldots, b_r) \, a^i \, .$$

Aus der Transzendenz von a über $K(B)$ folgt $f_i(b_1, \ldots, b_r) = 0$ für alle i. Da wenigstens eines der Polynome $f_i \in K[X_1, \ldots, X_r]$ von null verschieden ist, gibt das einen Widerspruch zur Transzendenz von B. Also ist $L/K(B)$ algebraisch.   □

Die Existenz von Transzendenzbasen begründen wir mit dem Zorn'schen Lemma (vgl. Abschn. A.2.3). Es sei L/K eine Körpererweiterung und $\mathcal{T} := \{A \subseteq L \mid A \text{ transzendent}$ über $K\}$. Die Menge $\mathcal{T}$ ist nicht leer (wenn L/K algebraisch ist, enthält $\mathcal{T}$ die leere Menge) und bzgl. der Inklusion induktiv geordnet. Nach dem Zorn'schen Lemma gibt es ein maximales Element in $\mathcal{T}$, welches nach Lemma 24.1 eine Transzendenzbasis ist. Damit ist gezeigt (für den Teil (b) beachte man die Bemerkung in Abschn. 24.1.2):

Satz 24.2

(a) *In jeder Körpererweiterung L/K gibt es eine Transzendenzbasis B.*
(b) *In jeder Körpererweiterung L/K gibt es einen Zwischenkörper M, sodass L/M algebraisch und M/K rein transzendent ist.*

Bemerkung Obiger Beweis ist sofort modifizierbar, um zu zeigen, dass es zu jeder über K tranzendenten Menge A eine Transzendenzbasis B von L über K gibt mit $A \subseteq B$.

Lemma 24.3 *Gibt es in einer Körpererweiterung L/K eine endliche Transzendenzbasis $B = \{b_1, \ldots, b_n\}$, dann hat jede andere Transzendenzbasis ebenfalls n Elemente.*

Beweis Wir führen das aus der linearen Algebra bekannte *Steinitz'sche Austauschverfahren* durch und zeigen:
Sind $a_1, \ldots, a_r$ algebraisch unabhängig, dann ist $r \leq n$, und wir können die a_j gegen gewisse b_i austauschen, nach eventueller Umnummerierung gegen $b_1, \ldots, b_r$, sodass $\{a_1, \ldots, a_r, b_{r+1}, \ldots, b_n\}$ eine Transzendenzbasis ist.
Wir beginnen mit der Menge $\{a_1, b_1, \ldots, b_n\}$, die wegen der Maximalität von B algebraisch abhängig ist. Es sei $P \in K[X, X_1, \ldots, X_n]$ ein von null verschiedenes Polynom mit $P(a_1, b_1, \ldots, b_n) = 0$. In $P(a_1, b_1, \ldots, b_n)$ kommt a_1 echt vor und auch wenigstens ein b_i (weil a_1 transzendent ist über K); nach eventueller Umnummerierung sei dies b_1. Also ist b_1 algebraisch über $K(a_1, b_2, \ldots, b_n)$. Es ist L algebraisch über $K(b_1, \ldots, b_n)$ (Definition von Transzendenzbasis), somit erst recht algebraisch über $K(a_1, b_2, \ldots, b_n)(b_1)$. Dieser Körper ist algebraisch über $K(a_1, b_2, \ldots, b_n)$ (vgl. Lemma 22.4). Folglich ist $L/K(a_1, b_2, \ldots, b_n)$ algebraisch nach Lemma 22.6.
Wir zeigen nun, dass $\{a_1, b_2, \ldots, b_n\}$ auch algebraisch unabhängig ist.
Falls $Q(a_1, b_2, \ldots, b_n) = 0$ mit $Q \in K[X, X_2, \ldots, X_n]$ und $Q \neq 0$, so muss wegen der algebraischen Unabhängigkeit der b_i das Element a_1 auf der linken Seite echt vorkommen; d. h., a_1 ist algebraisch über $K(b_2, \ldots, b_n)$. Dann sind $L/K(b_2, \ldots, b_n)(a_1)$

und $K(b_2, \ldots, b_n)(a_1)/K(b_2, \ldots, b_n)$ algebraisch, also ist auch L über $K(b_2, \ldots, b_n)$ algebraisch. Widerspruch – b_1 ist nämlich nicht algebraisch über $K(b_2, \ldots, b_n)$. Damit ist auch $\{a_1, b_2, \ldots, b_n\}$ eine Transzendenzbasis. Mit dieser Transzendenzbasis und dem Element a_2 wird das Verfahren wiederholt, und wir gelangen nach eventueller weiterer Umnummerierung zu einer Transzendenzbasis $\{a_1, a_2, b_3, \ldots, b_n\}$. Solange der Vorrat der a_i reicht, wird ausgetauscht. Wäre $r > n$, dann wäre $\{a_1, \ldots, a_n\}$ eine Transzendenzbasis, die in einer größeren transzendenten Menge enthalten ist, das widerspricht Lemma 24.1. Sind nun $A = \{a_1, \ldots, a_r\}$ und $B = \{b_1, \ldots, b_n\}$ Transzendenzbasen, so gilt nach obigen Überlegungen $r \leq n$ und $n \leq r$. $\qquad\square$

24.2 Der Transzendenzgrad

Es sei L/K eine Körpererweiterung mit einer Transzendenzbasis B. Die Mächtigkeit von B wird als **Transzendenzgrad** $\mathrm{trg}(L/K)$ bezeichnet:

$$\mathrm{trg}(L/K) := |B|\,.$$

Bemerkung Man kann mit dem Austauschverfahren auch zeigen, dass beliebige Transzendenzbasen einer Körpererweiterung gleiche Mächtigkeit haben.

Beispiel 24.2

- Der Körper der rationalen Funktionen $K(X)$ über K hat $\{X\}$ als Transzendenzbasis und damit den Transzendenzgrad 1. Die Erweiterung $K(X)/K$ ist rein transzendent. Jede algebraische Erweiterung L von $K(X)$ hat den Transzendenzgrad 1 über K.
- Da die Euler'sche Zahl e transzendent über $\mathbb{Q}$ ist, hat die Erweiterung $\mathbb{Q}(\mathrm{e}, \sqrt{2})/\mathbb{Q}$ den Transzendenzgrad 1.
- Sind X_1, X_2 Unbestimmte über $\mathbb{Q}$, dann hat $\mathbb{Q}(X_1, X_2, \sqrt{X_1}, \sqrt{2}, \sqrt[3]{5})/\mathbb{Q}$ den Transzendenzgrad 2.
- Die Körpererweiterung $\mathbb{C}/\mathbb{Q}$ hat unendlichen Transzendenzgrad, genauer $\mathrm{trg}(\mathbb{C}/\mathbb{Q}) = |\mathbb{R}|$ (vgl. Aufgabe 24.2).
- Jede algebraische Erweiterung hat den Transzendenzgrad 0. $\qquad\blacksquare$

Uns interessiert nun die Frage (analog zum Gradsatz), wie wir bei gegebenem Körperturm $K \subseteq M \subseteq L$ aus Transzendenzbasen A von L/M und B von M/K eine solche von L/K finden. Die Antwort ist einfach (vgl. den Beweis zum nächsten Lemma): Man wähle $A \cup B$, diese Vereinigung ist sogar disjunkt. Damit erhalten wir den Satz:

Satz 24.4 *Für jeden Körperturm $K \subset M \subset L$ gilt:*

$$\mathrm{trg}(L/K) = \mathrm{trg}(L/M) + \mathrm{trg}(M/K)\,.$$

Beweis Es seien A eine Transzendenzbasis von L/M und B eine solche von M/K. Wir begründen, dass $A \cup B$ eine Transzendenzbasis von L/K ist sowie $A \cap B = \emptyset$.

Die Menge $A \cup B$ ist transzendent über K: Es seien $\{a_1, \ldots, a_n, b_1, \ldots, b_m\}$ eine endliche Teilmenge von $A \cup B$ und P ein Polynom in $n + m$ Unbestimmten mit $P(a_1, \ldots, a_n, b_1, \ldots, b_m) = 0$. Wir betrachten $P(a_1, \ldots, a_n, b_1, \ldots, b_m)$ als Polynom in $a_1, \ldots, a_n$ mit Koeffizienten $Q_i(b_1, \ldots, b_m)$ mit $Q_i \in K[X_1, \ldots, X_m]$. Da A transzendent über M ist, gilt $Q_i(b_1, \ldots, b_m) = 0$. Da B transzendent über K ist, zeigt dies $Q_i = 0$. Es folgt $P = 0$.

Die Erweiterung $L/K(A \cup B)$ ist algebraisch: Nach Voraussetzung sind die Erweiterungen $L/M(A)$ und $M/K(B)$ algebraisch. Dann ist jedes Element aus M erst recht algebraisch über $K(A \cup B)$. Und $M(A) = K(A \cup B)(M)$ ist algebraisch über $K(A \cup B)$ – denn zu $x \in M(A)$ gibt es eine endliche Teilmenge $\{m_1, \ldots, m_r\} \subseteq M$, sodass $x \in K(A \cup B)(m_1, \ldots, m_r)$; nun beachte Lemma 22.4. Nach Lemma 22.6 ist dann auch $L/K(A \cup B)$ algebraisch.

Damit ist gezeigt, dass $A \cup B$ eine Transzendenzbasis von L/K ist. Die Aussage $A \cap B = \emptyset$ ist klar: $A \cap B \subseteq A \cap M = \emptyset$. Insbesondere gilt

$$\mathrm{trg}(L/K) = |A \cup B| = |A| + |B| = \mathrm{trg}(L/M) + \mathrm{trg}(M/K)\,.$$

$\square$

Beispiel 24.3 Es gilt $\mathrm{trg}(\mathbb{R}/\mathbb{Q}) = \mathrm{trg}(\mathbb{C}/\mathbb{Q})$, denn es ist $\mathrm{trg}(\mathbb{C}/\mathbb{R}) = 0$. Nach Aufgabe 24.2 gilt damit $\mathrm{trg}(\mathbb{R}/\mathbb{Q}) = |\mathbb{R}|$. ◼

Aufgaben

24.1 ••   Zeigen Sie, dass $B = \{\pi\}$ eine Transzendenzbasis von $\mathbb{Q}(\pi, \mathrm{i})/\mathbb{Q}$ ist. Geben Sie eine weitere Transzendenzbasis C von $\mathbb{Q}(\pi, \mathrm{i})/\mathbb{Q}$ an, sodass $\mathbb{Q}(B) \neq \mathbb{Q}(C)$ gilt.

24.2 •••   Zeigen Sie: $\mathrm{trg}(\mathbb{C}/\mathbb{Q}) = |\mathbb{R}|$.

Algebraischer Abschluss. Zerfällungskörper

25

Übersicht

Ein Großteil des Erfolgs der modernen Algebra beruht auf der Idee der *Körpererweiterung*. Erst die Erweiterung der reellen Zahlen $\mathbb{R}$ zum Körper $\mathbb{C}$ der komplexen Zahlen ermöglichte etwa die einheitliche Behandlung quadratischer Gleichungen $a\,X^2 + b\,X + c = 0$ mit a, b, $c \in \mathbb{R}$, $a \neq 0$. Der (klassische) *Fundamentalsatz der Algebra* besagt, dass nicht nur quadratische Polynome, sondern jedes Polynom aus $\mathbb{C}[X]$ vom Grad ≥ 1 in $\mathbb{C}$ eine Wurzel hat und somit über $\mathbb{C}$ vollständig in Linearfaktoren zerfällt. Einen (jetzt beliebigen) Körper K mit dieser Eigenschaft nennt man *algebraisch abgeschlossen*. Ist ein Körper K nicht algebraisch abgeschlossen, so werden wir eine algebraische Erweiterung $\overline{K}/K$ konstruieren, wobei $\overline{K}$ algebraisch abgeschlossen ist. Das heißt, wir begründen einen fundamentalen Satz der Algebra: *Jeder Körper hat einen algebraischen Erweiterungskörper, der algebraisch abgeschlossen ist – dieser ist im Wesentlichen eindeutig bestimmt*. So ist beispielsweise $\mathbb{C}$ dieser bis auf Isomorphie eindeutig bestimmte *algebraische Abschluss* von $\mathbb{R}$.

Wir beschäftigen uns auch mit der Frage, ob es zu einem vorgegebenen nichtlinearen Polynom über einem Körper K überhaupt einen Erweiterungskörper L von K gibt, über dem das Polynom in Linearfaktoren zerfällt. Auch diese Frage lässt sich positiv beantworten: *Zu jedem nichtkonstanten Polynom P über K gibt es einen im Wesentlichen eindeutig bestimmten Körper L (den Zerfällungskörper von P über K), über dem dieses Polynom in Linearfaktoren zerfällt.*

© Der/die Autor(en), exklusiv lizenziert an Springer-Verlag GmbH, DE,
ein Teil von Springer Nature 2024
C. Karpfinger, *Algebra*, https://doi.org/10.1007/978-3-662-68656-0_25

25.1   Der algebraische Abschluss eines Körpers

Im Folgenden ist ein Körper K gegeben. Wir befassen uns mit der Frage, ob es Erweiterungskörper von K gibt, in denen vorgegebene Polynome aus $K[X]$ Wurzeln haben.

Beispiel 25.1

*   In $\mathbb{R}$ hat das Polynom $X^2 + 1$ keine Wurzel, in $\mathbb{C}$ hingegen die beiden Wurzeln $\pm\,\mathrm{i}$.
*   In $\mathbb{Q}$ hat das Polynom $X^3 - 2$ keine Wurzel, in $\mathbb{Q}(\sqrt[3]{2})$ hingegen die Wurzel $\sqrt[3]{2}$. Genauer: Über $\mathbb{Q}(\sqrt[3]{2})$ gilt $X^3 - 2 = (X - \sqrt[3]{2})(X^2 + \sqrt[3]{2}\,X + \sqrt[3]{4})$ mit einem über $\mathbb{Q}(\sqrt[3]{2})$ irreduziblen Polynom $X^2 + \sqrt[3]{2}\,X + \sqrt[3]{4} \in \mathbb{Q}(\sqrt[3]{2})[X]$. Nach dem Beispiel 22.1 wissen wir, dass $X^3 - 2$ über $\mathbb{Q}(\sqrt[3]{2},\,\mathrm{e}^{\frac{2\pi\,\mathrm{i}}{3}})$ in Polynome vom Grad 1, d. h. in Linearfaktoren zerfällt. ∎

Bei den Beispielen war es nicht schwer, einen gewünschten *Zerfällungskörper* anzugeben: Wir haben einfach die aus $\mathbb{C}$ bekannten Wurzeln des gegebenen Polynoms an den Körper $\mathbb{R}$ bzw. $\mathbb{Q}$ adjungiert. Im allgemeinen Fall muss man aber erst mal zeigen, dass ein Körper einen Erweiterungskörper hat, in dem man Wurzeln beliebiger nichtkonstanter Polynome findet – einen solchen (algebraischen) Erweiterungskörper werden wir nun zu jedem beliebigen Körper angeben.

25.1.1 Der Satz von Kronecker

Ausgangspunkt ist die (mit Beweis) wichtige Aussage:

Satz 25.1 (L. Kronecker 1882) *Ist $P \in K[X]$ irreduzibel, so existiert ein Erweiterungskörper L von K mit $[L : K] = \deg P$, der eine Wurzel von P enthält, d. h., es gibt ein $a \in L$ mit $P(a) = 0$.*

Beweis Die Begründung wird durch Lemma 22.1 (b) nahegelegt: Wenn ein Erweiterungskörper von K eine Wurzel a von P enthält, so existiert ein Isomorphismus $\psi : K(a) \to L := K[X]/(P)$ mit $\psi(a) = X + (P)$.

Es sei $P \in K[X]$ irreduzibel. Das Ideal (P) in dem Hauptidealring $K[X]$ ist maximal (beachte Lemma 16.5 (d)). Damit ist $L := K[X]/(P)$ ein Körper (vgl. Korollar 15.17). Und die Restriktion τ des kanonischen Epimorphismus

$$\pi : \begin{cases} K[X] \to & L \\ Q & \mapsto Q + (P) \end{cases}$$

auf K, d. h. $\tau = \pi|_K$ ist nach Korollar 15.7 injektiv, weil $\tau(1) = 1 + (P) \neq (P)$. Daher können wir jedes $\alpha \in K$ mit $\tau(\alpha) = \alpha + (P)$ aus L identifizieren, also K als Teilkörper von L ansehen. Für $a := X + (P) \in L$ und $P = \sum_{i=0}^{n} \gamma_i X^i \in K[X]$ gilt dann

$$P(a) = \sum_{i=0}^{n} \gamma_i\, a^i = \sum_{i=0}^{n} \gamma_i\, (X + (P))^i = \sum_{i=0}^{n} \gamma_i\, X^i + (P) = P + (P) = (P) = 0_L\,.$$

Wegen $\sum_{i=0}^{k} \alpha_i X^i + (P) = \sum_{i=0}^{k} \alpha_i\, a^i$ gilt $L = K(a)$. Mit Lemma 22.1 (b) folgt daher $[L : K] = \deg P$. $\square$

Ist P ein beliebiges Polynom vom Grad ≥ 1, so zerlege man dieses in irreduzible Faktoren. Man erhält dann unmittelbar aus dem Satz von Kronecker:

Korollar 25.2 *Ist $P \in K[X]$ nicht konstant, so existiert ein Erweiterungskörper L von K mit $[L : K] \leq \deg P$, der eine Wurzel von P enthält.* $\square$

Man sagt, ein Polynom $P \in K[X]$ **zerfällt** über dem Erweiterungskörper L, wenn es Elemente $c, a_1, \ldots, a_n \in L$ derart gibt, dass $P = c\,(X - a_1) \cdots (X - a_n)$, d. h. wenn P sich über L in ein Produkt von Linearfaktoren zerlegen lässt.

Beispiel 25.2

- $X^3 - 2$ zerfällt über $\mathbb{Q}(\sqrt[3]{2},\ e^{\frac{2\pi i}{3}})$.
- $X^3 - 2$ zerfällt nicht über $\mathbb{Q}(\sqrt[3]{2})$.   ∎

25.1.2 Algebraisch abgeschlossene Körper

Der Körper K heißt **algebraisch abgeschlossen**, wenn *jedes* nichtkonstante Polynom aus $K[X]$ eine Wurzel in K hat.

Beispiel 25.3 Das klassische Beispiel ist $K = \mathbb{C}$ – der *Fundamentalsatz der Algebra*. Wir werden diesen Satz 28.15 beweisen.   ∎

Weitere Kennzeichnungen algebraisch abgeschlossener Körper sind nützlich:

Lemma 25.3 (Kennzeichnungen algebraisch abgeschlossener Körper) *Die folgenden Aussagen sind äquivalent:*

(1) K ist algebraisch abgeschlossen.
(2) Jedes Polynom aus $K[X]$ zerfällt über K.
(3) Jedes irreduzible Polynom aus $K[X]$ ist linear, d. h. hat Grad 1.

(4) Es gibt keinen über K algebraischen Erweiterungskörper $\neq K$ von K.

(5) Es gibt keinen Erweiterungskörper $L \neq K$ von K mit $[L : K] \in \mathbb{N}$.

Beweis (1) $\Rightarrow$ (2): Es sei $P \in K[X]$ nicht konstant. Da K algebraisch abgeschlossen ist, existiert eine Wurzel $a \in K$ von P. Nach Korollar 14.7 gilt $P = (X - a)\,Q$ für ein $Q \in K[X]$. Wegen $\deg Q = (\deg P) - 1$ führt vollständige Induktion nach dem Grad zur Behauptung (2).

(2) $\Rightarrow$ (3) ist klar.

(3) $\Rightarrow$ (4): Es sei L algebraischer Erweiterungskörper von K und $a \in L$. Nach Voraussetzung gilt $m_{a,K} = X - a$, sodass $a \in K$. Es folgt $L = K$.

(4) $\Rightarrow$ (5) ist klar, weil endliche Körpererweiterungen algebraisch sind.

(5) $\Rightarrow$ (1): Es sei $P \in K[X]$ nicht konstant. Nach Korollar 25.2 hat P eine Wurzel in einem geeigneten Erweiterungskörper von K. Da $K(a)/K$ nach Lemma 22.1 (b) endlich ist, folgt mit der Voraussetzung $K(a) = K$ und damit $a \in K$. Folglich ist K algebraisch abgeschlossen. $\square$

25.1.3 Algebraischer Abschluss

Ein Erweiterungskörper von K wird **algebraischer Abschluss** von K genannt, wenn er algebraisch über K und algebraisch abgeschlossen ist.

Wir erinnern an den Begriff *algebraischer Abschluss von K in L* von Abschn. 22.3.2: Ist L/K eine Körpererweiterung, so nennt man den Körper $A(L/K) = \{a \in L \,|\, a$ ist algebraisch über $K\}$ den **algebraischen Abschluss von K in** L. Der Zwischenkörper $A(L/K)$ ist stets algebraisch über K, aber im Allgemeinen *kein* algebraischer Abschluss von K.

Beispiel 25.4 Das Polynom $X^2 + 1 \in \mathbb{Q}[X]$ hat im algebraischen Abschluss $A(\mathbb{R}/\mathbb{Q})$ von $\mathbb{Q}$ in $\mathbb{R}$ keine Wurzel. Die beiden Wurzeln $\pm\,\mathrm{i}$ von $X^2 + 1 \in \mathbb{Q}[X]$ liegen aber im algebraischen Abschluss $A(\mathbb{C}/\mathbb{Q})$ von $\mathbb{Q}$ in $\mathbb{C}$. ∎

Ist der Erweiterungskörper L von K algebraisch abgeschlossen, so ist der Zwischenkörper $A(L/K)$ ein algebraischer Abschluss von K:

Lemma 25.4 *Es sei L ein algebraisch abgeschlossener Erweiterungskörper von K. Dann ist der algebraische Abschluss $A(L/K)$ von K in L algebraisch abgeschlossen (und algebraisch über K) – es ist also $A(L/K)$ ein algebraischer Abschluss von K.*

Beweis Ist $P \in A(L/K)[X]$ nicht konstant, so hat P eine Wurzel $a \in L$, da L algebraisch abgeschlossen ist und P ein Polynom aus $L[X]$ ist. Es sind a algebraisch über $A(L/K)$ und $A(L/K)$ algebraisch über K. Aufgrund der Transitivität der Eigenschaft *algebraisch* ist a algebraisch über K (vgl. Lemma 22.6), sodass $a \in A(L/K)$. Somit hat jedes nichtkonstante Polynom $P \in A(L/K)[X]$ eine Wurzel in $A(L/K)$. $\qquad\square$

Vorsicht In Lemma 25.4 ist L im Allgemeinen kein algebraischer Abschluss von K; die Erweiterung L/K muss keineswegs algebraisch sein. Ist die Erweiterung L/K jedoch algebraisch, so ist $L = A(L/K)$ natürlich ein algebraischer Abschluss von K.

Beispiel 25.5 Da $\mathbb{C}/\mathbb{Q}$ nach Lemma 22.9 keine algebraische Erweiterung ist, ist der algebraisch abgeschlossene Körper $\mathbb{C}$ kein algebraischer Abschluss von $\mathbb{Q}$. Aber der algebraische Abschluss $\mathbb{A} := A(\mathbb{C}/\mathbb{Q})$ von $\mathbb{Q}$ in $\mathbb{C}$ ist wegen Lemma 25.4 ein algebraischer Abschluss von $\mathbb{Q}$. Seine Elemente sind die sogenannten **algebraischen Zahlen**. $\qquad\blacksquare$

Bemerkung Ist L/K algebraisch, so folgt mit Lemma 22.6 (b): Jeder algebraische Abschluss von L ist auch ein solcher von K.

25.1.4 Existenz eines algebraischen Abschlusses

Wir zeigen, dass jeder Körper einen algebraisch abgeschlossenen algebraischen Erweiterungskörper besitzt:

Satz 25.5 (E. Steinitz 1910) *Jeder Körper K besitzt einen algebraischen Abschluss.*

Beweis Wir begründen die Existenz mit dem Zorn'schen Lemma (vgl. Abschn. A.2.3). Es existiert eine K umfassende überabzählbare Menge S mit $|K| < |S|$ (vgl. Abschn. A.3). Es sei $\mathfrak{X}$ die Menge aller Erweiterungskörper L von K, die in S liegen und über K algebraisch sind. Wegen $K \in \mathfrak{X}$ ist $\mathfrak{X}$ nicht leer. Wir ordnen $\mathfrak{X}$ durch die Vorschrift:

$$L \le L' :\Leftrightarrow L \quad \text{ist ein Teilkörper von } L'.$$

Offenbar ist $\le$ eine Ordnungsrelation. Wir zeigen:

(1) $(\mathfrak{X}, \le)$ ist induktiv geordnet.
 Es sei $\mathfrak{K} \ne \emptyset$ eine Kette in $(\mathfrak{X}, \le)$ und $T := \bigcup_{L \in \mathfrak{K}} L$. Zu beliebigen $a, b \in T$ existiert $L = (L, +, \cdot) \in \mathfrak{K}$ mit $a, b \in L$. Wir definieren $a \oplus b := a + b$, $a \odot b := a \cdot b$, wobei $+$ und $\cdot$ der rechten Seiten die Verknüpfungen aus L sind. Diese Definition ist unabhängig von der Wahl von L. Einfache Überlegungen zeigen, dass $(T, \oplus, \odot)$ ein Körper ist (z. B.: Zu $a, b, c \in T$ existiert $E \in \mathfrak{K}$ mit $a, b, c \in E$, sodass $a \odot (b \odot c) = a \cdot (b \cdot c) = (a \cdot b) \cdot c = (a \odot b) \odot c$). Nach Definition ist $T \subseteq S$ Erweiterungskörper von L für jedes $L \in \mathfrak{K}$. Da jedes $L \in \mathfrak{K}$ algebraisch über K ist, ist auch T/K algebraisch, d. h. $T \in \mathfrak{X}$. Und T ist eine obere Schranke von $\mathfrak{K}$. Also gilt (1).

Aus (1) folgt mit dem Zorn'schen Lemma: $(\mathfrak{X}, \leq)$ besitzt ein maximales Element M. Wir zeigen nun für ein solches M:

(2) *M ist algebraisch abgeschlossen.*

Angenommen, M ist nicht algebraisch abgeschlossen. Dann existiert nach der Kennzeichnung (4) algebraisch abgeschlossener Körper in Lemma 25.3 ein algebraischer Erweiterungskörper $M' \neq M$ von M. Der Körper M' muss aber nicht in $\mathfrak{X}$ liegen, da er nicht notwendig Teilmenge von S ist. Daher ist es nun unser Ziel, ein isomorphes Bild von M' in S zu finden.

Da nach Voraussetzung die Menge S überabzählbar ist und $|K| < |S|$ gilt, folgt mit Lemma 22.9:

$$|M' \setminus M| \leq |M'| < |S| = |S \setminus M|$$

(für die Gleichheit $|S| = |S \setminus M|$ siehe Abschn. A.3.2: Aus $|S \setminus M| < |S|$ folgte nämlich der Widerspruch $|S| = |(S \setminus M) \cup M| = |S \setminus M| + |M| = \max\{|S \setminus M|, |M|\} < |S|$). Daher existiert eine injektive Abbildung $\varphi : M' \to S$ mit $\varphi|_M = \mathrm{Id}_M$. Wir übertragen die Operationen $+', \cdot'$ von M' auf $\varphi(M')$:

$$\varphi(a) + \varphi(b) := \varphi(a +' b), \quad \varphi(a) \cdot \varphi(b) := \varphi(a \cdot' b) \quad \text{für} \quad a, b \in M'.$$

Dann ist φ ein M-Isomorphismus von M' auf $\varphi(M')$; und $\varphi(M')$ ein algebraischer Erweiterungskörper $\neq M$ von M:

$$a \in M', \ m_{a,M} = \sum_{i=0}^{n} m_i X^i \Rightarrow 0 = \varphi\left(\sum_{i=0}^{n} m_i a^i\right) = \sum_{i=0}^{n} m_i \varphi(a)^i.$$

Nach Lemma 22.6 (b) ist $\varphi(M')$ über K algebraisch, d. h. $\varphi(M') \in \mathfrak{X}$. Das widerspricht der Maximalität von M. Also gilt (2).

Da M/K algebraisch ist, gilt die Behauptung des Satzes.   □

Beispiel 25.6 Für jede Primzahl p besitzt der Körper $\mathbb{Z}/p$ einen algebraischen Abschluss $\overline{\mathbb{Z}/p}$. Angenommen, $\overline{\mathbb{Z}/p}$ ist endlich, etwa $|\overline{\mathbb{Z}/p}| = n$. Dann ist auch die multiplikative Gruppe $\overline{\mathbb{Z}/p}^{\times}$ endlich, es gilt $|\overline{\mathbb{Z}/p}^{\times}| = n - 1$. Nach dem kleinen Satz 3.11 von Fermat gilt $a^{n-1} = 1$ für jedes $a \in \overline{\mathbb{Z}/p}^{\times}$, d. h. $a^n - a = 0$ für jedes $a \in \overline{\mathbb{Z}/p}$. Damit hat das Polynom $X^n - X + 1 \in \overline{\mathbb{Z}/p}\,[X]$ keine Nullstelle in $\overline{\mathbb{Z}/p}$. Folglich ist $\overline{\mathbb{Z}/p}$ nicht algebraisch abgeschlossen – ein Widerspruch.

Fazit: Der algebraische Abschluss von $\mathbb{Z}/p$ ist nicht endlich.   ■

Bemerkungen

(1) Gezeigt ist: *Jeder Körper K* **besitzt einen algebraischen Abschluss** $\overline{K}$. Eines unserer nächsten Ziele ist der Beweis dafür, dass $\overline{K}$ bis auf K-Isomorphie eindeutig bestimmt ist. Wir werden dies aus den Ergebnissen des nächsten Abschnitts zu den *Zerfällungskörpern* folgern.

(2) Steinitz hat diesen Satz zuerst mit dem Wohlordnungssatz bewiesen. Die Verwendung des Zorn'schen Lemmas scheint irgendwie *natürlicher* zu sein. Dennoch, jeder Beweis dieses Satzes verwendet eine sogenannte transfinite Methode: transfinite Induktion, Wohlordnungssatz, Zorn'sches Lemma, die wohlbegründet auf der heutzutage akzeptierten axiomatischen Mengenlehre beruhen. Dennoch bleiben sie immer noch ein wenig *mysteriös*. Es gibt wichtige Sätze der Algebra, die man ohne diese transfiniten Methoden (also ohne Zorn'schen Lemma oder dazu äquivalente Aussagen) nicht beweisen kann.

25.1.5 Kennzeichnung mancher Koeffizienten eines Polynoms durch die Wurzeln des Polynoms

In der linearen Algebra begründet man gelegentlich den folgenden Satz: *Für eine Matrix $A \in \mathbb{C}^{n \times n}$ gilt:*

- *Die Spur von A ist die Summe der Eigenwerte von A.*
- *Die Determinante von A ist das Produkt der Eigenwerte von A.*

Dieser Satz beruht auf den folgenden Überlegungen, die wir für einen beliebigen Körper K mit algebraischen Abschluss $\overline{K}$ durchführen: Ein (normiertes) Polynom $P = X^n + c_{n-1} X^{n-1} + \cdots + c_1 X + c_0 \in K[X]$ mit einem Grad ≥ 1 hat im algebraischen Abschluss $\overline{K}$ nicht notwendig verschiedene Wurzeln $a_1, \ldots, a_n$ und besitzt demnach über $\overline{K}$ die Faktorisierung

$$P = (X - a_1)(X - a_2) \cdots (X - a_n).$$

Wird die rechte Seite ausmultipliziert, ergibt das

$$P = X^n - (a_1 + a_2 + \cdots + a_n) X^{n-1} + \cdots + (-1)^n a_1 a_2 \cdots a_n.$$

Ein Koeffizientenvergleich liefert die folgenden oft nützlichen Beziehungen zwischen den Koeffizienten von P und den Wurzeln von P:

$$c_{n-1} = -(a_1 + a_2 + \cdots + a_n) \quad \text{und} \quad c_0 = (-1)^n a_1 a_2 \cdots a_n.$$

25.2   Zerfällungskörper

Über dem algebraischen Abschluss $\overline{K}$ von K zerfällt *jedes* Polynom aus $K[X]$. Damit könnte man zufrieden sein. Haben wir es aber nur mit einer gewissen, evtl. auch einelementigen Teilmenge $A \subseteq K[X]$ von Polynomen zu tun, dann zerfallen zwar alle $P \in A$ über $\overline{K}$, für verfeinerte Untersuchungen, die nur mit A zu tun haben, ist $\overline{K}$ evtl. zu groß. Wir suchen eine Erweiterung L/K, in der alle $P \in A$ zerfallen, die also alle Wurzeln aller $P \in A$ enthält, aber ansonsten nichts *Überflüssiges* leistet. Das sind die *Zerfällungskörper*.

Ein Erweiterungskörper L von K wird ein **Zerfällungskörper von $A \subseteq K[X]$ über** K genannt, wenn die folgenden beiden Bedingungen erfüllt sind:

- Jedes $P \in A$ zerfällt über L, d. h. ist ein Produkt von Linearfaktoren aus $L[X]$.
- $L = K\left(\bigcup_{P \in A} W(P)\right)$, wobei $W(P) := \{a \in L \mid P(a) = 0\}$.

Diese zweite Bedingung besagt in Worten, dass L aus K durch Adjunktion aller Wurzeln aller Polynome aus A entsteht. Ist A einelementig, d. h. $A = \{P\}$, so nennt man L auch **Zerfällungskörper von $P \in K[X]$ über** K.

Beispiel 25.7

- Es ist $\mathbb{C} = \mathbb{R}(\mathrm{i}) = \mathbb{R}(\mathrm{i}, -\mathrm{i})$ ein Zerfällungskörper von $X^2 + 1 \in \mathbb{R}[X]$.
- Beachte das Beispiel 25.1: Es sei $P = X^3 - 2$ und $K = \mathbb{Q}$. Dann ist $L = \mathbb{Q}(\sqrt[3]{2}, \mathrm{e}^{\frac{2\pi \mathrm{i}}{3}})$ ein Zerfällungskörper von P über K.
- Ist $u \in L$ Wurzel des über K irreduziblen Polynoms $P = X^2 + aX + b \in K[X]$, dann liegt die Wurzel u bereits in $K(u)$ und über $K(u)$ lässt sich der Linearfaktor $X - u$ abspalten. Der andere Faktor ist aus Gradgründen auch linear, d. h., P zerfällt über $K(u)$. Also ist $K(u)$ ein Zerfällungskörper von P, und es gilt $[K(u) : K] = 2$.
- Wir bestimmen einen Zerfällungskörper von $X^6 + 1$ über $\mathbb{Z}/3$: Über $\mathbb{Z}/3$ gilt nach dem Lemma 13.5 zum Frobeniusmonomorphismus

$$X^6 + 1 = (X^2 + 1)^3 .$$

Wir brauchen somit nur *eine* Wurzel u des über $\mathbb{Z}/3$ irreduziblen Polynoms $X^2 + 1$ zu adjungieren (vgl. vorstehendes Beispiel): $\mathbb{Z}/3\,(u)$ ist ein Zerfällungskörper von $X^6 + 1$ über $\mathbb{Z}/3$, und es gilt $[\mathbb{Z}/3\,(u) : \mathbb{Z}/3] = 2$. ∎

25.2.1 Einfache Tatsachen

Aus der Definition folgt für einen Zerfällungskörper L von $A \subseteq K[X]$ über K:

- Kein Zwischenkörper $\neq L$ von L/K ist ein Zerfällungskörper von A über K.
- L/K ist algebraisch (vgl. Lemma 22.5 (a)).

- Ist A endlich, also $A = \{P_1, \ldots, P_n\}$, so kann A durch $\{P\}$, wobei $P := P_1 \cdots P_n$, ersetzt werden.

Ein Zerfällungskörper ist also ein *kleinster* Körper, über dem jedes der Polynome aus A zerfällt. Wir geben eine Abschätzung für den Grad eines Zerfällungskörpers eines einzelnen Polynoms P an:

Lemma 25.6 *Es sei L ein Zerfällungskörper von $P \in K[X]$ über K, und $n := \deg_K P$. Dann gilt $[L : K] \leq n\,!$.*

Beweis Es hat P eine Wurzel $a \in L$. Nach Korollar 14.7 gilt $P = (X - a)\,Q$ mit $Q \in K(a)[X]$; und L ist Zerfällungskörper von Q über $K(a)$. Mit vollständiger Induktion nach dem Grad können wir $[L : K(a)] \leq (n - 1)\,!$ voraussetzen. Wegen $[K(a) : K] \leq n$ (vgl. Lemma 22.1 (b)) folgt $[L : K] \leq n\,!$ mit dem Gradsatz 21.3. $\qquad\square$

Bemerkung Es gilt sogar $[L : K] \mid n\,!$ (siehe Aufgabe 25.11); und die obere Schranke kann nicht verkleinert werden, wie das folgende Beispiel zeigt.

Beispiel 25.8 Die Wurzeln von $X^3 - 2 \in \mathbb{Q}[X]$ aus $\mathbb{C}$ sind $\sqrt[3]{2}$, $\varepsilon\,\sqrt[3]{2}$, $\varepsilon^2\,\sqrt[3]{2}$ mit $\varepsilon := \mathrm{e}^{\frac{2\pi\mathrm{i}}{3}}$. Der Zerfällungskörper in $\mathbb{C}$ von $X^3 - 2$ ist daher $\mathbb{Q}(\sqrt[3]{2}, \varepsilon)$ und hat (vgl. Beispiel 22.1) den Grad $6 = 3\,!$ über $\mathbb{Q}$. $\qquad\blacksquare$

25.2.2 Existenz von Zerfällungskörpern

Wir begründen, dass es zu jeder Menge A von Polynomen über K einen Zerfällungskörper von A über K gibt:

Satz 25.7 *Es sei $A \subseteq K[X]$ eine Menge von Polynomen.*

(a) Jeder Erweiterungskörper L von K, über dem jedes $P \in A$ zerfällt, enthält (genau einen) Zerfällungskörper von A über K.

(b) Zu A existiert ein Zerfällungskörper über K.

Beweis

(a) Ist L ein solcher Erweiterungskörper, so ist $K(W) \subseteq L$, wobei $W \subseteq L$ die Menge aller Wurzeln aus L aller Polynome von A ist, ein in L eindeutig bestimmter Zerfällungskörper von A über K.

(b) Nach dem Satz 25.5 von Steinitz besitzt K einen algebraischen Abschluss $\overline{K}$. Über $\overline{K}$ zerfällt jedes Polynom $P \in A$. Nach der Aussage in (a) enthält $\overline{K}$ einen Zerfällungskörper von A über K. $\qquad\square$

Beispiel 25.9 Für den Zerfällungskörper L von $X^4 + 1$ über $\mathbb{Q}$ gilt $L \supseteq \mathbb{Q}(\mathrm{i})$, da $X^4 + 1 = (X^2 - \mathrm{i})(X^2 + \mathrm{i})$. Weiter gilt $L \supseteq \mathbb{Q}(\mathrm{i}, \sqrt{\mathrm{i}})$. Aber über $\mathbb{Q}(\mathrm{i}, \sqrt{\mathrm{i}}) = \mathbb{Q}(\sqrt{\mathrm{i}})$ zerfällt $X^4 + 1$ bereits, sodass $L = \mathbb{Q}(\sqrt{\mathrm{i}})$, und es gilt $[L : \mathbb{Q}] = 4$.   ∎

25.2.3 Fortsetzung von Isomorphismen auf Zerfällungskörper

Mithilfe des folgenden Fortsetzungssatzes werden wir zeigen, dass jeder Zerfällungskörper über K wie auch jeder algebraische Abschluss von K bis auf K-Isomorphie eindeutig bestimmt ist. Der Satz ist eine starke Verallgemeinerung von Satz 22.2.

Satz 25.8 *Es seien φ ein Isomorphismus von K auf einen Körper K', $A \subseteq K[X]$ und $A' := \{\tilde{\varphi}(P) \mid P \in A\}$, wobei $\tilde{\varphi}\left(\sum_{i=0}^{n} a_i X^i\right) := \sum_{i=0}^{n} \varphi(a_i) X^i$.*

Sind L ein Zerfällungskörper von A über K und L' ein solcher von A' über K', so kann φ zu einem Isomorphismus von L auf L' fortgesetzt werden.

Beweis Wir begründen die Behauptung mit dem Zorn'schen Lemma. Es sei $\mathfrak{X}$ die Menge aller Fortsetzungen von φ zu Monomorphismen von Zwischenkörpern von L/K in L'. Wir definieren in $\mathfrak{X}$ eine Ordnungsrelation $\leq$ durch

$$\sigma \leq \tau \;\Leftrightarrow\; \tau \quad \text{ist Fortsetzung von} \quad \sigma\,.$$

(1) $(\mathfrak{X}, \leq)$ ist induktiv geordnet.

Wegen $\varphi \in \mathfrak{X}$ ist $\mathfrak{X}$ nicht leer. Es sei $\mathfrak{K}$ eine Kette in $(\mathfrak{X}, \leq)$. Der Definitionsbereich von $\sigma \in \mathfrak{X}$ sei E_σ. Dann ist $E := \bigcup_{\sigma \in \mathfrak{K}} E_\sigma$ ein Zwischenkörper von L/K. Wir definieren $\chi : E \to L'$ folgendermaßen: Zu $a \in E$ existiert $\sigma \in \mathfrak{K}$ mit $a \in E_\sigma$. Dann ist die Definition $\chi(a) := \sigma(a)$ unabhängig von σ, da nämlich im Fall $a \in E_\sigma$, $a \in E_\tau$ und o. E. $\sigma \leq \tau$ folgt $\sigma(a) = \tau(a)$.

Zu $a, b \in E$ existiert $\tau \in \mathfrak{K}$ mit $a, b \in E_\tau$ wegen der Ketteneigenschaft von $\mathfrak{K}$, sodass $\chi(a + b) = \tau(a + b) = \tau(a) + \tau(b) = \chi(a) + \chi(b)$, analog $\chi(ab) = \chi(a)\chi(b)$. Es ist demnach χ ein Monomorphismus von E in L'. Offenbar setzt χ jedes $\sigma \in \mathfrak{K}$ fort, sodass $\chi \in \mathfrak{X}$ eine obere Schranke von $\mathfrak{K}$ ist. Somit ist $(\mathfrak{X}, \leq)$ induktiv geordnet und besitzt nach dem Zorn'schen Lemma ein maximales Element $\psi : F \to L'$ mit einem Zwischenkörper F von L/K. Wir zeigen:

(2) $F = L$.

Es sei $P \in A$ und $a \in L$ mit $P(a) = 0$ gegeben. Es zerfällt $\tilde{P} \in A'$ in L', sodass $\tilde{m}_{a,K} \mid \tilde{P}$ eine Wurzel in L' hat. Nach Satz 22.2 ist ψ daher zu einem Monomorphismus von $F(a)$ in L' fortsetzbar. Wegen der Maximalität von ψ folgt $F(a) = F$ und somit $a \in F$. Das impliziert $F = L$. Also gilt (2). Wir zeigen nun, dass ψ surjektiv ist:

(3) $\psi(F) = L'$.

Für $P = c(X - a_1) \cdots (X - a_n) \in A$ mit $c, a_1, \ldots, a_n \in L$ gilt $\tilde{P} = \psi(c)(X - \psi(a_1)) \cdots (X - \psi(a_n))$ nach dem Satz 14.3 zur universellen Eigenschaft. Daher enthält $\psi(F) = \psi(L)$ einen Zerfällungskörper von A' über K', sodass $\psi(F) = L'$. Also gilt (3).

Nach (2) und (3) ist ψ ein φ fortsetzender Isomorphismus von L auf L'. □

Zwei Erweiterungskörper L, L' von K heißen K**-isomorph**, in Zeichen $L \cong_K L'$, wenn ein K-Isomorphismus von L auf L' existiert (zur Erinnerung: φ ist ein K-Isomorphismus von L auf L', wenn φ ein Isomorphismus von L auf L' ist und $\varphi(k) = k$ für alle $k \in K$ erfüllt ist; kurz: $\varphi|_K = \mathrm{Id}_K$).

25.2.4 Eindeutigkeit des Zerfällungskörpers und des algebraischen Abschlusses

Der Sonderfall $K = K', \varphi = \mathrm{Id}_K$ in Satz 25.8 liefert:

Korollar 25.9 (E. Steinitz 1910) *Je zwei Zerfällungskörper einer Teilmenge von $K[X]$ über K sind K-isomorph.* □

Beispiel 25.10

* Es ist $\mathbb{C}$ ein Zerfällungskörper von $X^2 + 1$ über $\mathbb{R}$. Es ist aber auch $\mathbb{R}[X]/(X^2 + 1)$ ein Zerfällungskörper von $X^2 + 1$ über $\mathbb{R}$. Folglich gilt $\mathbb{C} \cong_{\mathbb{R}} \mathbb{R}[X]/(X^2 + 1)$.
* Es hat $P = X^4 + X^2 + 1 = (X^2 + X + 1)(X^2 - X + 1)$ in $\mathbb{C}$ die Wurzeln $\pm\varepsilon, \pm\varepsilon^2$ mit $\varepsilon = \exp(\frac{2\pi i}{3})$. Also ist $L = \mathbb{Q}(\varepsilon)$ *der* Zerfällungskörper, und es gilt $[L : \mathbb{Q}] = 2$, denn $X^2 + X + 1$ ist das Minimalpolynom von ε über $\mathbb{Q}$. ∎

Wir untersuchen den Fall $A = K[X]$:

Lemma 25.10 *Für einen Erweiterungskörper L von K sind äquivalent:*

(1) L ist ein algebraischer Abschluss von K.
(2) L ist ein Zerfällungskörper von $K[X]$ über K.

Beweis (1) $\Rightarrow$ (2): Es sei L algebraischer Abschluss von K. Nach Satz 25.7 (a) enthält L einen Zerfällungskörper E von $K[X]$. Für jedes $a \in L$ zerfällt das Minimalpolynom $m_{a,K}$ über E, sodass $a \in E$. Das zeigt $L = E$.

(2) $\Rightarrow$ (1): Es sei L Zerfällungskörper von $K[X]$; und $\overline{L}$ sei ein algebraischer Abschluss von L. Wegen Lemma 22.6 (b) ist $\overline{L}$ algebraischer Abschluss von K, also nach dem ersten Teil ein Zerfällungskörper von $K[X]$ über K. Es folgt $\overline{L} = L$. □

Für den algebraischen Abschluss implizieren Korollar 25.9 und Lemma 25.10:

Korollar 25.11 (E. Steinitz) *Je zwei algebraische Abschlüsse von K sind K-isomorph.*

$\square$

Bemerkung Satz 25.5 und Korollar 25.11 besagen zusammengefasst: *Jeder Körper K* **besitzt bis auf K-Isomorphie genau einen algebraischen Abschluss $\overline{K}$.**

25.2.5 Fortsetzung eines Monomorphismus auf eine algebraische Erweiterung

Wie bereits mehrfach erwähnt, spiegelt sich die Struktur einer Körpererweiterung L/K in ihren K-Monomorphismen wider. Wir werden uns später im Rahmen der *Galoistheorie* damit noch eingehender befassen (vgl. Kap. 28). An dieser Stelle, weil er gerade hierher passt, begründen wir einen für verschiedene Anwendungen nützlichen Fortsetzungssatz:

Satz 25.12 *Es sei L/K eine algebraische Körpererweiterung. Jeder Monomorphismus von K in einen über K algebraisch abgeschlossenen Körper M ist zu einem Monomorphismus von L in M fortsetzbar.*

Beweis Es seien $\varphi : K \to M$ ein Monomorphismus und $\overline{L}$ ein algebraischer Abschluss von L, also auch von K. Wegen Lemma 25.10 ist $\overline{L}$ Zerfällungskörper von $K[X]$ über K; und nach Satz 25.7 (a) enthält M einen Zerfällungskörper E von $\varphi(K)[X]$ über $\varphi(K)$. Wegen Satz 25.8 zur Fortsetzung von Isomorphismen auf Zerfällungskörper ist φ zu einem Isomorphismus ψ von $\overline{L}$ auf E fortsetzbar. Die Einschränkung $\psi|_L$ ist dann ein φ fortsetzender Monomorphismus von L in M.

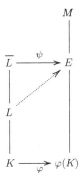

$\square$

25.3 Normale Körpererweiterungen

Wir betrachten in diesem Abschnitt spezielle algebraische Körpererweiterungen.

25.3.1 Kennzeichnungen normaler Körpererweiterungen

Ein Zerfällungskörper L von A über K ist stets ein algebraischer Erweiterungskörper von K. Wir geben zwei nützliche Charakterisierungen von Zerfällungskörpern:

Satz 25.13 (Kennzeichnungen normaler Körpererweiterungen) *Es seien L/K eine algebraische Körpererweiterung und $\overline{L}$ ein algebraischer Abschluss von L. Dann sind äquivalent:*

(1) L ist ein Zerfällungskörper einer Teilmenge A von $K[X]$ über K.
(2) Für jeden K-Monomorphismus $\varphi : L \to \overline{L}$ gilt $\varphi(L) = L$.
(3) Jedes irreduzible Polynom aus $K[X]$ mit einer Wurzel in L zerfällt über L.

Beweis (1) $\Rightarrow$ (2): Es seien $\varphi : L \to \overline{L}$ ein K-Monomorphismus und $a \in L$ eine Wurzel von $P = \sum_{i=0}^{n} c_i X^i \in A$. Wegen

$$0 = \varphi\left(\sum_{i=0}^{n} c_i a^i\right) = \sum_{i=0}^{n} c_i \varphi(a)^i$$

ist $\varphi(a)$ ebenfalls Wurzel von P. Da P nach Voraussetzung alle Wurzeln in L hat, folgt $\varphi(a) \in L$. Es permutiert φ also die (in L liegenden) Wurzeln von P. Bezeichnet W die Menge aller Wurzeln aller Elemente aus A, so gilt also $\varphi(W) = W$, und da auch $L = K(W)$ gilt, folgt:

$$\varphi(L) = \varphi(K(W)) = K(\varphi(W)) = K(W) = L .$$

(2) $\Rightarrow$ (3): Es sei $a \in L$ eine Wurzel des irreduziblen Polynoms $P \in K[X]$. Und $b \in \overline{L}$ sei eine beliebige Wurzel von P. Nach Korollar 22.3 existiert ein K-Monomorphismus $\varphi : K(a) \to K(b)$ mit $\varphi(a) = b$, und dieser ist nach dem Fortsetzungssatz 25.12 zu einem Monomorphismus $\psi : L \to \overline{L}$ fortsetzbar. Mit der Voraussetzung folgt $b = \psi(a) \in \psi(L) = L$. Daher zerfällt P über L in Linearfaktoren.

(3) $\Rightarrow$ (1): Für jedes $a \in L$ zerfällt das Minimalpolynom $m_{a, K}$ nach Voraussetzung über L. Daher ist L Zerfällungskörper von $\{m_{a, K} \mid a \in L\}$ über K. □

Man nennt eine algebraische Körpererweiterung L/K **normal**, wenn sie eine (und damit alle) der Eigenschaften (1), (2), (3) aus Satz 25.13 hat. Die Charakterisierung (3) in Satz 25.13 besagt in Worten: *Eine algebraische Körpererweiterung L/K ist normal, wenn mit jedem Element $a \in L$ auch alle zu a konjugierten Elemente (das sind die anderen Wurzeln von $m_{a,K}$) in L liegen.*

Vorsicht Wenn M/L und L/K normal sind, ist M/K nicht notwendig normal.

Beispiel 25.11

*   Jede quadratische Körpererweiterung ist normal: Ist nämlich $a \in L \setminus K$ Wurzel des irreduziblen Polynoms $P \in K[X]$, so gilt $\deg P = 2$. Aus Gradgründen zerfällt P daher über L (siehe auch Korollar 14.7) in ein Produkt zweier linearer Polynome. Also ist L Zerfällungskörper von $A = \{P\}$ über K.
*   Es sind $\mathbb{Q}(\sqrt{2})/\mathbb{Q}$ und $\mathbb{Q}(\sqrt[4]{2})/\mathbb{Q}(\sqrt{2})$ normal, da beide Körpererweiterungen quadratisch sind (vgl. erstes Beispiel). Dagegen ist die Erweiterung $\mathbb{Q}(\sqrt[4]{2})/\mathbb{Q}$ nicht normal: Das Minimalpolynom $m_{\sqrt[4]{2},\mathbb{Q}} = X^4 - 2$ zerfällt nicht über $\mathbb{Q}(\sqrt[4]{2})$, weil die Wurzel $i\sqrt[4]{2}$ von $m_{\sqrt[4]{2},\mathbb{Q}}$ nicht in $\mathbb{Q}(\sqrt[4]{2})$ liegt.

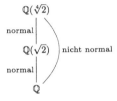

*   Ist $\overline{K}$ ein algebraischer Abschluss von K, so ist $\overline{K}/K$ normal, da $\overline{K}$ Zerfällungskörper von $A = K[X]$ über K ist. ∎

25.3.2 Normale Hüllen

Wir begründen, dass es zu jeder algebraischen Körpererweiterung L/K einen *kleinsten* im Wesentlichen eindeutig bestimmten Erweiterungskörper N von L gibt, sodass N/K normal ist – eine sogenannte *normale Hülle*:

Lemma 25.14 *Es sei L/K eine algebraische Körpererweiterung. Dann gilt:*

(a) Es existiert ein Erweiterungskörper N von L mit den Eigenschaften:
   (1) N/K ist normal.
   (2) Für keinen Zwischenkörper $E \neq N$ von N/L ist E/K normal.
   *Man nennt N eine **normale Hülle** von L/K.*

(b) Sind N und N' normale Hüllen von L/K, so existiert ein K-Isomorphismus von N auf N'.

Beweis

(a) Wähle für N einen Zerfällungskörper der Menge aller irreduziblen Polynome aus $K[X]$, die eine Wurzel in L haben. Nach der Kennzeichnung (1) in Satz 25.13 ist dann N/K normal. Und jeder Zwischenkörper E von N/L, für den E/K normal ist, enthält wegen der Kennzeichnung (3) in Satz 25.13 bereits N, sodass $E = N$ gilt.

(b) folgt unmittelbar aus Korollar 25.9.   □

Beispiel 25.12 Für $L = \mathbb{Q}(\sqrt[4]{2})$ und $K = \mathbb{Q}$ ist die algebraische Erweiterung L/K nicht normal. Es ist $N = \mathbb{Q}(i, \sqrt[4]{2})$ eine normale Hülle von L/K.   ∎

Bemerkung In der *Galoistheorie* werden wir uns mit speziellen normalen Körpererweiterungen auseinandersetzen. Daher haben wir die eindringliche Bitte an den Leser, dass er sich mit diesem kurzen Abschn. 25.3 zu den normalen Erweiterungen intensiv auseinandersetzt.

Aufgaben

25.1 •• Bestimmen Sie für die folgenden Polynome aus $\mathbb{Q}[X]$ jeweils einen Zerfällungskörper in $\mathbb{C}$ und den Grad dieses Zerfällungskörpers über $\mathbb{Q}$:

(a) $X^2 - 3$,   (c) $X^4 - 2X^2 - 2$,   (e) $X^6 + 1$,

(b) $X^4 - 7$,   (d) $X^4 + 1$,   (f) $X^5 - 1$.

25.2 • Man gebe Wurzeln a_1, a_2, a_3 des Polynoms $X^4 - 2 \in \mathbb{Q}[X]$ an, sodass $\mathbb{Q}(a_1, a_2)$ nicht isomorph zu $\mathbb{Q}(a_1, a_3)$ ist.

25.3 •• Für $a, b \in \mathbb{Q}$ seien $P = X^2 + a$, $Q = X^2 + b$ irreduzibel über $\mathbb{Q}$. Für welche a, b sind die Zerfällungskörper von P und Q isomorph? Wann sind sie gleich (als Teilkörper von $\mathbb{C}$)?

25.4 •• Man gebe den Zerfällungskörper L von $P = X^4 - 2X^2 + 2$ über $\mathbb{Q}$ an, zerlege P über L in Linearfaktoren und bestimme $[L : \mathbb{Q}]$.

25.5 •••

(a) Es sei L/K eine algebraische Erweiterung. Ist jeder algebraische Abschluss von L auch ein algebraischer Abschluss von K und umgekehrt?

(b) Existieren algebraische Abschlüsse E, F eines Körpers K derart, dass F zu einem echten Teilkörper von E isomorph ist?

25.6 ●   Es seien a_1, a_2, $a_3 \in \mathbb{C}$ die Wurzeln von $X^3 - 2 \in \mathbb{Q}[X]$. Man zeige, dass die Körper $\mathbb{Q}(a_i)$ für $i = 1$, 2, 3 paarweise verschieden sind.

25.7 ●●   Man zeige, dass je zwei irreduzible Polynome vom Grad 2 über $\mathbb{Z}/p$ (p eine Primzahl) isomorphe Zerfällungskörper mit p^2 Elementen besitzen.

25.8 ●●   Es sei $L = K(S)$ ein Erweiterungskörper von K und jedes Element $a \in S$ algebraisch vom Grad 2 über K. Begründen Sie, dass L/K normal ist.

25.9 ●●   Man zeige, dass die Erweiterungen $\mathbb{Q}(\mathrm{i}\sqrt{5})/\mathbb{Q}$, $\mathbb{Q}((1 + \mathrm{i})\sqrt[4]{5})/\mathbb{Q}(\mathrm{i}\sqrt{5})$ normal sind, jedoch nicht $\mathbb{Q}((1 + \mathrm{i})\sqrt[4]{5})/\mathbb{Q}$.

25.10 ●●   Man zeige:

(a) Ein algebraisch abgeschlossener Körper hat unendlich viele Elemente.

(b) Es sei $\overline{F}$ ein algebraischer Abschluss eines endlichen Körpers F. Dann gibt es für jedes $a \in \overline{F} \setminus \{0\}$ ein $q \in \mathbb{N}$ mit $a^q = 1$.

25.11 ●●   Es sei L ein Zerfällungskörper von $P \in K[X]$ über K, und $n := \deg_K P$.

(a) Zeigen Sie, dass $[L : K]$ ein Teiler von $n\,!$ ist.

(b) Geben Sie ein Beispiel mit $n \geq 3$ an, bei dem $[L : K] = n\,!$ gilt.

(c) Geben Sie ein Beispiel an, bei dem $n < [L : K] < n\,!$ gilt.

25.12 ●   Man bestimme den Zerfällungskörper von $X^6 + 1$ über $\mathbb{Z}/2$.

25.13 ●●●   Zeigen Sie: Die Körpererweiterung $\mathbb{Q}(\mathrm{e}^{\frac{2\pi\mathrm{i}}{n}} + \mathrm{e}^{-\frac{2\pi\mathrm{i}}{n}})/\mathbb{Q}$ ($n \in \mathbb{N}$) ist normal. *Hinweis:* Verwenden Sie die Kennzeichnung (2) aus Satz 25.13, und ermitteln Sie eine Rekursionsformel für $\alpha_k := \mathrm{e}^{\frac{2\pi\mathrm{i}k}{n}} + \mathrm{e}^{-\frac{2\pi\mathrm{i}k}{n}}$ mit $k \in \mathbb{N}$.

25.14 ●   Man überprüfe die folgenden Körpererweiterungen auf Normalität:
(a) $\mathbb{Q}(\sqrt{2 + \sqrt{2}})/\mathbb{Q}$,   (b) $\mathbb{Q}(\sqrt{1 + \sqrt{3}})/\mathbb{Q}$.

25.15 ●●   Es seien $\overline{K}$ ein algebraischer Abschluss des Körpers K und $K(X)$ bzw. $\overline{K}(X)$ der Körper der rationalen Funktionen in der Unbestimmten X über K bzw. $\overline{K}$. Zeigen Sie, dass $\overline{K}(X)/K(X)$ normal ist.

25.16 ●●   Es seien E, F, K, L Körper mit $K \subseteq E$, $F \subseteq L$ und $EF := E(F)$ das sogenannte *Kompositum* von E und F. Beweisen Sie: Sind die Erweiterungen E/K und F/K normal, so auch EF/K und $E \cap F/K$.

25.17 ●   Wir betrachten einen Körperturm $K \subseteq L \subseteq M$ mit endlichen Körpererweiterungen L/K und M/L. Welche der folgenden Aussagen ist richtig, welche falsch? Begründen Sie Ihre Antworten.

(a) Ist M/K normal, so ist auch M/L normal.

(b) Ist M/K normal, so ist auch L/K normal.

(c) Sind M/L und L/K normal, so ist auch M/K normal.

25.18 •• Wir betrachten das Polynom $P := X^4 - 10X^2 + 20 \in \mathbb{Q}[X]$. Zeigen Sie: Es ist $L := \mathbb{Q}[X]/(P)$ ein Körper, und die Körpererweiterung $L/\mathbb{Q}$ ist normal.

25.19 •• Welche der folgenden Körpererweiterungen sind normal? Begründen Sie Ihre Antworten!

(a) $\mathbb{Q}(\sqrt{5}, i)/\mathbb{Q}$.
(b) $\mathbb{Q}(i \sqrt[4]{5})/\mathbb{Q}$.
(c) $\mathbb{Q}(t)/\mathbb{Q}(t^4)$. (Hierbei ist t eine Transzendente.)

25.20 •• Gegeben sei das Polynom $P := X^4 - 3 \in \mathbb{Q}[X]$.

(a) Zeigen Sie, dass $L := \mathbb{Q}(\sqrt[4]{3}, i)$ der Zerfällungskörper von P ist.
(b) Bestimmen Sie den Grad der Körpererweiterung $L/\mathbb{Q}$.
(c) Begründen Sie, warum $a := \sqrt[4]{3} + i$ ein primitives Element von L über $\mathbb{Q}$ ist.

25.21 •• Es seien L/K eine endliche Körpererweiterung und $f \in K[X]$ ein irreduzibles Polynom. Begründen Sie, warum f auch über L irreduzibel ist, falls $\deg(f)$ und $[L : K]$ teilerfremd sind.

Separable Körpererweiterungen

26

Übersicht

Wir unterscheiden algebraische Körpererweiterungen in *separable* und *inseparable* Erweiterungen. *Separabilität* bedeutet dabei, dass die Wurzeln eines irreduziblen Polynoms in einem Erweiterungskörper *getrennt* voneinander liegen, also nicht mehrfach auftreten. Ob ein Polynom mehrfache Wurzeln hat, kann man mithilfe der aus der Analysis bekannten Ableitung entscheiden.

Tatsächlich sind nicht separable, d. h. inseparable Körpererweiterungen relativ selten – höchstens wenn K positive Charakteristik p hat, kann L/K inseparabel sein. Im separablen Fall einer endlichen algebraischen Körpererweiterung $L = K(a_1, \ldots, a_n)$ lässt sich der *Satz vom primitiven Element* beweisen: Es existiert ein $a \in L$ mit $L = K(a)$ – jede solche Erweiterung ist somit eine einfache Erweiterung, und diese kennen wir nach Kap. 22 sehr gut.

Voraussetzung Es ist ein Körper K gegeben.

© Der/die Autor(en), exklusiv lizenziert an Springer-Verlag GmbH, DE,
ein Teil von Springer Nature 2024
C. Karpfinger, *Algebra*, https://doi.org/10.1007/978-3-662-68656-0_26

26.1   Ableitung. Mehrfache Wurzeln

Wir benutzen die Ableitung, um zu entscheiden, ob ein Polynom über K mehrfache Wurzeln in einem Erweiterungskörper L hat.

26.1.1 Ableitung

In der Analysis definiert man die Ableitung einer Funktion als Grenzwert eines Differenzenquotienten. In der Algebra macht man sich das Leben deutlich einfacher. Wir definieren die *Ableitung* für Polynome so, wie sie aus der Analysis bekannt ist:

Für ein Polynom $P = \sum_{i=0}^{n} a_i X^i \in K[X]$ wird

$$P' := \sum_{i=1}^{n} i\, a_i\, X^{i-1} \in K[X]$$

die **Ableitung** von P genannt. Man bestätigt leicht, dass für $a \in K$ und $P,\ Q \in K[X]$ die üblichen Ableitungsregeln gelten:

* $(P + Q)' = P' + Q'$.
* $(a\,P)' = a\,P'$.
* $(P\,Q)' = P'\,Q + P\,Q'$.

Beispiel 26.1 $[(X-1)^2\,(X^5 + 2\,X^2)]' = 2\,(X-1)\,(X^5 + 2\,X^2) + (X-1)^2\,(5\,X^4 + 4\,X)$.   ∎

26.1.2 Mehrfache Wurzeln

Ein Element a eines Erweiterungskörpers L von K heißt r**-fache Wurzel** oder **Wurzel mit Vielfachheit** r von $P \in K[X] \setminus \{0\}$, wenn

$$P = (X - a)^r\, Q \quad \text{mit} \quad Q(a) \neq 0\,.$$

Anders ausgedrückt: $(X-a)^r \mid P$, $(X-a)^{r+1} \nmid P$ in $L[X]$. Im Fall $r = 1$ heißt a **einfache** Wurzel, sonst $(r > 1)$ **mehrfache** Wurzel.

Beispiel 26.2 Das Polynom $P = X^3 - 3\,X + 2 \in \mathbb{Q}[X]$ hat wegen $P = (X-1)^2\,(X+2)$ die zweifache Wurzel 1 und einfache Wurzel -2.   ∎

Ob ein Element a eine einfache oder mehrfache Wurzel eines Polynoms ist, lässt sich mit der Ableitung entscheiden:

Lemma 26.1 *Es sei L ein Zerfällungskörper von $P \in K[X]$.*

(a) *Genau dann ist $a \in L$ eine mehrfache Wurzel von P, wenn $P(a) = 0 = P'(a)$.*

(b) *Genau dann hat P mehrfache Wurzeln in L, wenn P und P' in $K[X]$ nicht teilerfremd sind, d. h. einen nichtkonstanten gemeinsamen Teiler haben.*

(c) *Ist P irreduzibel über K, so hat P genau dann mehrfache Wurzeln in L, wenn $P' = 0$.*

Beweis

(a) In $L[X]$ gelte $(X - a)^2 \mid P$, etwa $P = (X - a)^2\, Q$. Es folgt $P' = 2\,(X - a)\, Q + (X - a)^2\, Q'$, sodass $P'(a) = 0$.

   Ist a andererseits einfache Wurzel von P, d. h. $P = (X - a)\, Q$ mit $Q(a) \neq 0$, so gilt $P' = Q + (X - a)\, Q'$, sodass $P'(a) = Q(a) \neq 0$.

(b) Sind P und P' teilerfremd in $K[X]$, so existieren nach dem Hauptsatz 18.3 über den ggT Polynome $Q,\, R \in K[X]$ mit $Q\, P + R\, P' = 1$. Wegen (a) hat P keine mehrfache Wurzel in L.

   Haben P und P' dagegen einen gemeinsamen nichtkonstanten Teiler $D \in K[X]$, so existiert eine Wurzel $a \in L$ von D. Wegen (a) ist a mehrfache Wurzel von P.

(c) Es sei P irreduzibel über K. Ein nichtkonstanter gemeinsamer Teiler D von P und P' ist dann zu P assoziiert. Insbesondere gilt $\deg D = \deg P$. Wegen $\deg P' < \deg P$ und $D \mid P'$ heißt das $P' = 0$. Gezeigt ist: Es gibt genau dann einen nichtkonstanten gemeinsamen Teiler von P und P', wenn $P' = 0$. Nun beachte man (b).

$\square$

Vorsicht In (c) wird verlangt, dass das Polynom P' das Nullpolynom ist und nicht nur $P'(a) = 0$ für ein $a \in L$.

Beispiel 26.3

- Für $P = X^5 + 2\,X^4 + 2\,X^3 + 4\,X^2 + X + 2 \in \mathbb{Q}[X]$ berechnen wir $P' = 5\,X^4 + 8\,X^3 + 6\,X^2 + 8\,X + 1$. Der euklidische Algorithmus 18.7 liefert $\mathrm{ggT}(P, P') = X^2 + 1$. Also hat P mehrfache Wurzeln. Es gilt $P = (X^2 + 1)^2\,(X + 2)$.

- Das Polynom $P = X^3 + \overline{2}\,X^2 + X + \overline{2} \in \mathbb{Z}/3[X]$ erfüllt $P(\overline{1}) = \overline{0}$, man erhält $P = (X - \overline{1})\,(X^2 + \overline{1})$, wobei das Polynom $Q = X^2 + \overline{1}$ über $\mathbb{Z}/3$ irreduzibel ist und wegen $Q' = \overline{2}\,X \neq 0$ keine mehrfachen Wurzeln in einem Zerfällungskörper hat.

- Es sei $K := \mathbb{Z}/p(X)$ der Körper der rationalen Funktionen über dem Körper $\mathbb{Z}/p$ mit p Elementen (p eine Primzahl). Dann ist das Polynom $P = Y^p - X \in K[Y]$ in der Unbestimmten Y nach dem Eisenstein-Kriterium 19.9 irreduzibel (wähle das Primelement $X \in \mathbb{Z}/p[X]$ über K. Wegen $P' = p\,Y^{p-1} = 0$ hat das irreduzible Polynom P mehrfache Nullstellen in einem Zerfällungskörper L. ∎

26.2   Separabilität

Wenn ein Polynom nur einfache Wurzeln hat, sagt man, dass die Wurzeln des Polynoms *separiert*, d. h. *getrennt voneinander* sind.

26.2.1 Separable Polynome, Elemente und Körpererweiterungen

Ein Polynom $P \in K[X]$ heißt **separabel**, wenn jeder irreduzible Faktor von P in einem Zerfällungskörper von P über K nur einfache Wurzeln hat. Wegen des Korollars 25.9 von Steinitz hängt dies nicht von der Wahl des Zerfällungskörpers ab. Ein nichtseparables Polynom nennt man auch **inseparabel**.

Ein Element a eines Erweiterungskörpers L von K heißt **separabel** über K, wenn a über K algebraisch ist und sein Minimalpolynom $m_{a, K}$ separabel ist. Ist das Minimalpolynom von a über K nicht separabel, so nennt man a **inseparabel** über K.

Eine Körpererweiterung L/K heißt **separabel**, wenn jedes Element aus L separabel über K ist. Eine nichtseparable algebraische Körpererweiterung nennt man auch **inseparabel**.

Bemerkung Eine algebraische Körpererweiterung L/K ist genau dann separabel, wenn für alle $a \in L$ das Minimalpolynom $m_{a, K}$ in einem Zerfällungskörper nur einfache Wurzeln hat.

Beispiel 26.4

- Jedes Element $a \in K$ ist separabel über K, da $m_{a, K} = X - a$ separabel ist.
- Ein irreduzibles Polynom $P \in K[X]$ ist genau dann separabel, wenn P nur einfache Wurzeln in einem Zerfällungskörper hat. Das ist nach Lemma 26.1 genau dann der Fall, wenn $P' \neq 0$ ist.
- Das Polynom $(X^2 + 1)^2 (X - 1) (X^4 + X^3 + X^2 + X + 1)$ ist ein über $\mathbb{Q}$ separables Polynom, denn die irreduziblen Faktoren haben nur einfache Wurzeln.
- Sind P, Q separabel über K, so auch $P\, Q$.
- Das Polynom $P = Y^p - X \in K[Y]$ für $K = \mathbb{Z}/p\, (X)$ (p eine Primzahl) ist nicht separabel (beachte das Beispiel 26.3). ∎

26.2.2 Separabilität und Charakteristik

Inseparable Polynome findet man nur bei positiver Charakteristik:

Lemma 26.2

(a) Im Fall Char $K = 0$ *ist jedes Polynom aus $K[X]$ separabel.*

(b) *Im Fall $p := \text{Char } K > 0$ ist ein irreduzibles $P \in K[X]$ genau dann inseparabel,
wenn ein $Q \in K[X]$ mit $P(X) = Q(X^p)$ existiert (d. h. $P(X) = \sum_{i=0}^{d} b_i \, X^{i \, p}$ mit
$b_0, \dots, b_d \in K$).*

Beweis

(a) Für $P \in K[X] \setminus K$ gilt im Fall $\text{Char } K = 0$ stets $P' \neq 0$. Daher folgt die Behauptung
aus Lemma 26.1 (c).
(b) Ein irreduzibles $P = \sum_{i=0}^{n} a_i \, X^i$ ist nach Lemma 26.1 (c) genau dann inseparabel,
wenn $P' = \sum_{i=1}^{n} i \, a_i \, X^{i-1} = 0$, d. h. wenn $i \, a_i = 0$ für jedes $i = 1, \dots, n$. Und das
ist genau dann erfüllt, wenn $a_i = 0$ für jedes nicht durch p teilbare $i \in \{1, \dots, n\}$; für
die durch p teilbaren i gilt nämlich $i \, 1_K = 0$.

$\square$

Beispiel 26.5 Eine quadratische Körpererweiterung L/K ist genau dann inseparabel,
wenn $\text{Char } K = 2$ gilt und $a \in L \setminus K$ mit $a^2 \in K$ existiert.

Ist nämlich L/K inseparabel, so existiert ein $a \in L \setminus K$ mit $m_{a,K} = X^2 + b \, X + c \in$
$K[X]$ und $m'_{a,K} = 2 \, X + b = 0$. Somit gilt $\text{Char } K = 2$, $b = 0$ und $a^2 = -c \in K$ wegen
$m_{a,K}(a) = 0$. Es gebe umgekehrt ein $a \in L \setminus K$ mit $a^2 \in K$, und es sei $\text{Char } K = 2$. Dann
ist das Polynom $P = X^2 - a^2 \in K[X]$ irreduzibel. Wegen $P(a) = 0$ gilt $P = m_{a,K}$. Da
$m_{a,K} = (X - a)^2$ in $L[X]$, ist $a \in L$ inseparabel über K. ∎

26.2.3 Kennzeichnung separabler Elemente

Ein über K algebraisches Element a ist nur dann inseparabel über K, wenn $\text{Char } K = p > 0$ und $K(a) \neq K(a^p)$, genauer:

Lemma 26.3 *Es sei a ein über K algebraisches Element eines Erweiterungskörpers L
von K.*

(a) Im Fall $\text{Char } K = 0$ ist a separabel über K.
(b) Im Fall $p := \text{Char } K > 0$ ist a genau dann separabel über K, wenn $K(a^p) = K(a)$.

Beweis

(a) ist wegen Lemma 26.2 (a) klar.
(b) Es sei a separabel über K. Dann ist a auch separabel über $K(a^p) \subseteq K(a)$, denn
$m_{a,K(a^p)} \mid m_{a,K}$ nach Lemma 21.6 (d). Da a Wurzel von $(X - a)^p = X^p - a^p \in$
$K(a^p)[X]$ ist, folgt mit Lemma 21.6

$$m_{a,K(a^p)} = X - a$$

und damit $a \in K(a^p)$, d. h. $K(a) = K(a^p)$.

Es sei a inseparabel über K. Nach Lemma 26.2 (b) existiert $Q \in K[X]$ mit $m_{a,K}(X) = Q(X^p)$, sodass $Q(a^p) = 0$. Es folgt

$$[K(a) : K] = \deg m_{a,K} > \deg Q \geq [K(a^p) : K],$$

sodass $K(a) \neq K(a^p)$. □

26.2.4 Potenzen algebraischer Elemente

Ist ein Element a algebraisch über K, aber nicht separabel, so gibt es eine Potenz von a, die separabel über K ist:

Lemma 26.4 *Es gelte $p := \operatorname{Char} K > 0$, und das Element a eines Erweiterungskörpers von K sei algebraisch über K. Dann existiert $n \in \mathbb{N}_0$ derart, dass a^{p^n} separabel über K ist.*

Beweis Wir zeigen die Behauptung mit Induktion nach $\deg_K(a)$. Wenn a über K separabel ist, z. B. im Fall $\deg_K(a) = 1$, wähle man $n = 0$. Wenn a über K inseparabel ist, gilt $\deg_K(a^p) < \deg_K(a)$ nach Lemma 26.3 (b). Nach Induktionsvoraussetzung existiert ein $m \in \mathbb{N}_0$ so, dass $a^{p^{m+1}} = (a^p)^{p^m}$ separabel über K ist. □

26.3 Vollkommene Körper

Der Körper K heißt **vollkommen**, wenn jedes Polynom aus $K[X]$ (und damit auch jeder algebraische Erweiterungskörper von K) separabel über K ist.

Unvollkommene Körper sind durchaus selten. Nur unendliche Körper positiver Charakteristik können unvollkommen sein. Das folgt aus einem Ergebnis von Steinitz:

Satz 26.5 (E. Steinitz)

(a) Im Fall $\operatorname{Char} K = 0$ ist K vollkommen.

(b) Im Fall $p := \operatorname{Char} K > 0$ ist K genau dann vollkommen, wenn der Frobeniusmonomorphismus

$$\varphi : \begin{cases} K \to K \\ a \mapsto a^p \end{cases}$$

surjektiv ist (kurz: $K^p = K$).

(c) Jeder endliche Körper ist vollkommen.

Beweis

(a) wiederholt die Aussage in 26.2 (a).

(b) Es sei φ surjektiv; und $P \in K[X]$ sei irreduzibel. Angenommen, P ist inseparabel. Nach Lemma 26.2 (b) existiert ein Polynom $Q(X) = \sum_{i=0}^{n} a_i X^i$ in $K[X]$ mit $P(X) = Q(X^p)$; und es gilt $a_i = \varphi(b_i) = b_i^p$ für ein gewisses $b_i \in K$ für alle $i = 0, \dots, n$. Es folgt

$$P(X) = \sum_{i=0}^{n} b_i^p X^{i\,p} = \left(\sum_{i=0}^{n} b_i X^i \right)^p$$

im Widerspruch zur Unzerlegbarkeit von P.

Es sei φ nicht surjektiv, etwa $b \in K \setminus \varphi(K)$. Und $a^p = b$ für ein a aus einem Zerfällungskörper von $X^p - b \in K[X]$. Wegen $K = K(a^p) \subsetneq K(a)$ ist a nach Lemma 26.3 (b) inseparabel über K.

(c) folgt aus (b), da φ injektiv ist. □

Beispiel 26.6 Es folgt ein Beispiel eines nicht vollkommenen Körpers. Es sei K ein Körper mit positiver Charakteristik p, $L = K(X)$ der Körper der rationalen Funktionen in der Unbestimmten X. Es ist X nicht im Bild des Frobenius-Monomorphismus: Aus $X = \left(\frac{P}{Q} \right)^p$ für $P, Q \in K[X]$, $Q \neq 0$ folgt nämlich $Q^p X = P^p$. Schreiben wir $P = \sum_{i=0}^{n} a_i X^i$, $Q = \sum_{j=0}^{m} b_j X^j$, so liefert das $\sum_{j=0}^{m} b_j^p X^{j\,p+1} = \sum_{i=0}^{n} a_i^p X^{i\,p}$. Ein Koeffizientenvergleich bringt den Widerspruch $a_i = b_j = 0$ für alle i und j zu $Q \neq 0$. ∎

26.4 Der Satz vom primitiven Element

In vielen Fällen gilt $K(a_1, \dots, a_n) = K(a)$, wie etwa im folgenden Beispiel.

Beispiel 26.7 Für alle $a, b \in \mathbb{Q}$ gilt $\mathbb{Q}(\sqrt{a}, \sqrt{b}) = \mathbb{Q}(\sqrt{a} + \sqrt{b})$: Die Inklusion $\mathbb{Q}(\sqrt{a} + \sqrt{b}) \subseteq \mathbb{Q}(\sqrt{a}, \sqrt{b})$ ist klar.

Wir zeigen, dass $\sqrt{a}, \sqrt{b} \in \mathbb{Q}(\sqrt{a} + \sqrt{b})$ gilt; hieraus folgt die andere Inklusion.

Es sei o. E. $a \neq b$. Dann gilt $0 \neq a - b = (\sqrt{a} + \sqrt{b})(\sqrt{a} - \sqrt{b})$. Da $\sqrt{a} + \sqrt{b} \in \mathbb{Q}(\sqrt{a} + \sqrt{b})$, gilt auch

$$\frac{\sqrt{a} - \sqrt{b}}{a - b} = \frac{1}{\sqrt{a} + \sqrt{b}} \in \mathbb{Q}(\sqrt{a} + \sqrt{b}).$$

Somit ist auch $\sqrt{a} - \sqrt{b} \in \mathbb{Q}(\sqrt{a} + \sqrt{b})$, da $a - b \in \mathbb{Q}$. Damit sind $2\sqrt{a}$, $-2\sqrt{b}$ Elemente von $\mathbb{Q}(\sqrt{a} + \sqrt{b})$, folglich auch $\sqrt{a}, \sqrt{b}$. ∎

Wegen der Ergebnisse aus Kap. 22 über einfache Erweiterungen ist die folgende Aussage wichtig:

Satz 26.6 (Satz vom primitiven Element) *Es sei L ein Erweiterungskörper der Form $L = K(a, c_1, \ldots, c_n)$ von K mit einem über K algebraischen Element a und über K separablen Elementen $c_1, \ldots, c_n$. Dann ist L/K einfach, d. h., es gibt ein primitives Element $c \in L$ mit $L = K(c)$.*

Beweis Im Fall $|K| \in \mathbb{N}$ gilt auch $|L| \in \mathbb{N}$, da L ein endlichdimensionaler Vektorraum über K ist. Nach Korollar 14.9 ist die multiplikative Gruppe $L^\times$ zyklisch, d. h., es gibt ein $a \in L$ mit $L^\times = \langle a \rangle$, es folgt $L = K(a)$.

Daher gelte $|K| \notin \mathbb{N}$. Wegen $L = K(a, c_1, \ldots, c_{n-1})(c_n)$ dürfen wir mit einem Induktionsargument $n = 1$ voraussetzen. Es sei $b := c_1$, und es bezeichnen $P := m_{a,K}$, $Q := m_{b,K}$, M den Zerfällungskörper von PQ über L, $a = a_1, a_2, \ldots, a_r$ die verschiedenen Wurzeln von P und $b = b_1, b_2, \ldots, b_s$ die von Q in M.

Im Fall $s = 1$ gilt $\deg Q = 1$, weil b einfache Wurzel von Q ist, und damit $b \in K$, also $L = K(a)$. Daher sei jetzt $s \geq 2$.

Wir möchten $K(a, b) = K(c)$ zeigen. Dazu machen wir den nächstmöglichen Ansatz $c = \alpha a + \beta b, \alpha, \beta \in K^\times$, bzw. $c = a + \gamma b, \gamma \in K$, da ja $K(c) = K(\alpha c)$ für $\alpha \in K$. Im Verlauf der Überlegungen zeigt sich dann, dass dieses c von allen $a_j + \gamma b_i, 1 \leq j \leq r$, $2 \leq i \leq s$, verschieden sein muss. Nun, wegen $|K| \notin \mathbb{N}$ existiert ein solches $\gamma \in K$:

Wegen $|K| \notin \mathbb{N}$ existiert $\gamma \in K \setminus \{(a_j - a)(b - b_i)^{-1} \mid j = 1, \ldots, r; i = 2, \ldots, s\}$. Es folgt:

$$(*) \quad c := a + \gamma b \notin \{a_j + \gamma b_i \mid j = 1, \ldots, r; i = 2, \ldots, s\}.$$

Wir begründen nun $L = K(c)$. Dazu haben wir $a, b \in K(c)$ zu zeigen.

Offenbar liegt das Polynom $P(c - \gamma X)$ in $K(c)[X]$. Nach dem Hauptsatz 18.3 über den ggT existiert ein normiertes Polynom $D \in \text{ggT}(Q, P(c - \gamma X))$ sowie Polynome F, G in $K(c)[X]$ mit $F Q + G P(c - \gamma X) = D$. Wir zeigen $D = X - b$. Wegen $Q(b) = 0$ und $P(c - \gamma b) = P(a) = 0$ gilt $D(b) = 0$. Wegen $D \mid Q$ liegen alle Wurzeln aus M von D in $\{b_1, \ldots, b_s\}$. Für $i \geq 2$ gilt aber $c - \gamma b_i \neq a_j$ für jedes $j = 1, \ldots, r$ nach $(*)$, sodass $P(c - \gamma b_i) \neq 0$, infolge $D \mid P(c - \gamma X)$ also $D(b_i) \neq 0$. Folglich ist b die einzige Wurzel von D in M. Mit Q zerfällt auch D über M. Daher gilt $D = (X - b)^t$ für ein $t \geq 1$. Aus $D \mid Q$, d. h. $(X - b)^t \mid Q$, resultiert $t = 1$; denn $Q = m_{b,K}$ hat nur einfache Wurzeln, da b über K separabel ist. Das beweist $X - b = D \in K(c)[X]$, sodass $b \in K(c)$ und $a = c - \gamma b \in K(c)$. $\qquad \square$

Beispiel 26.8 Wir bestimmen mit dem konstruktiven Beweis zu Satz 26.6 ein primitives Element der Körpererweiterung $\mathbb{Q}(\sqrt[3]{2}, \sqrt{2})$. Es sind $P = X^3 - 2$ und $Q = X^2 - 2$ die Minimalpolynome von $\sqrt[3]{2}$ und $\sqrt{2}$ über $\mathbb{Q}$. Die Wurzeln von P sind $a = a_1 = \sqrt[3]{2}$, $a_2 =$

$\sqrt[3]{2}\,\varepsilon$, $a_3 = \sqrt[3]{2}\,\varepsilon^2$ mit der dritten Einheitswurzel $\varepsilon := \mathrm{e}^{\frac{2\pi\mathrm{i}}{3}}$. Die Wurzeln von Q sind $b = b_1 = \sqrt{2}$, $b_2 = -\sqrt{2}$. Die Menge

$$\{(a_j - a)\,(b - b_i)^{-1} \mid j = 1,\, 2,\, 3,\, i = 2\} = \left\{0,\, \frac{\sqrt[3]{2}(\varepsilon - 1)}{2\sqrt{2}},\, \frac{\sqrt[3]{2}(\varepsilon^2 - 1)}{2\sqrt{2}}\right\}$$

enthält nicht 1. Demnach ist $c = a + b = \sqrt[3]{2} + \sqrt{2}$ ein primitives Element, d.h. $\mathbb{Q}(\sqrt[3]{2},\, \sqrt{2}) = \mathbb{Q}(\sqrt[3]{2} + \sqrt{2})$. ∎

Eine direkte Folgerung aus Satz 26.6 ist die ebenfalls *Satz vom primitiven Element* genannte Aussage:

Korollar 26.7 (N. H. Abel, H. Weber 1895) *Jede endliche, separable Körpererweiterung ist einfach.* □

Weil Polynome über Körpern der Charakteristik Null stets separabel sind, gilt:

Korollar 26.8 *Jede endliche Erweiterung eines Körpers der Charakteristik Null ist einfach.* □

Bemerkung Es gibt endliche Körpererweiterungen, die nicht einfach sind. Beachte das folgende Beispiel.

Beispiel 26.9 Es sei E ein Körper mit $p := \mathrm{Char}\, E > 0$, $L := E(X, Y)$ der Körper der rationalen Funktionen in den Unbestimmten X, Y über E und $K := E(X^p, Y^p) \subseteq L$. Es gilt $z^p \in K$ und damit $[K(z) : K] \le p$ für jedes $z \in L$, aber $[L : K] = p^2$. Somit ist die endliche Körpererweiterung L/K nicht einfach. ∎

26.5 Der separable Abschluss

Wir beweisen die den Lemmata 22.5 und 22.6 entsprechenden Aussagen.

26.5.1 Der Zwischenkörper der separablen Elemente

Lemma 26.9 *Es sei L/K eine Körpererweiterung.*

(a) Gilt $L = K(T)$ und ist jedes Element aus T separabel über K, so ist L/K separabel.
(b) $S(L/K) := \{a \in L \mid a \text{ ist separabel über } K\}$ ist ein Teilkörper von L, und die Körpererweiterung $S(L/K)/K$ ist separabel.

Beweis

(a) Da im Fall Char $K = 0$ nach dem Satz 26.5 (a) von Steinitz die algebraische Erweiterung L/K separabel ist, können wir $p := \text{Char } K \neq 0$ voraussetzen; und infolge $K(T) = \bigcup_{\substack{V \subseteq T \\ V \text{ endlich}}} K(V)$ (beachte Lemma 21.5 (d)) dürfen wir $T = \{t_1, \ldots, t_r\}, r \in \mathbb{N}$, annehmen. Nach dem Satz 26.6 vom primitiven Element gilt dann $L = K(c)$ für ein $c \in L$. Wir begründen vorab:

(∗) $K(c) = K(c^p)$.

Jedes $t \in T$ hat nach Lemma 22.1 die Form $t = \sum_{j=0}^{s} a_j c^j$ mit $s \in \mathbb{N}$ und $a_0, \ldots, a_s \in K$, sodass mit dem Frobeniusmonomorphismus in Lemma 13.5 gilt:

$$t^p = \sum_{j=0}^{s} a_j^p (c^p)^j \in K(c^p).$$

Mit Lemma 26.3 (b) folgt

$$K(c) = K(T) = K(t_1) \cdots (t_r) = K(t_1^p) \cdots (t_r^p) = K(t_1^p, \ldots, t_r^p) \subseteq K(c^p).$$

Damit ist (∗) begründet.

Zu zeigen ist, dass jedes $a \in K(T) = K(c)$ separabel über K ist. Es sei $n := [K(c) : K]$ und $d := [K(a) : K]$. Wegen (∗) und Lemma 22.1 (b) sind $\{1, c, \ldots, c^{n-1}\}$, $\{1, c^p, \ldots, (c^p)^{n-1}\}$ K-Basen von $K(c)$ und $A := \{1, a, \ldots, a^{d-1}\}$ eine K-Basis von $K(a)$. Wir ergänzen A zu einer K-Basis $\{b_1, \ldots, b_n\}$ von $K(c)$. Jedes c^i hat die Form

$$c^i = \sum_{j=1}^{n} a_{i\,j} b_j \quad \text{mit} \quad a_{i\,j} \in K,$$

sodass wegen des Frobeniusmonomorphismus gilt $c^{i\,p} = \sum_{j=1}^{n} a_{i\,j}^p b_j^p$. Folglich ist auch $\{b_1^p, \ldots, b_n^p\}$ ein K-Erzeugendensystem und damit eine K-Basis von $K(c)$. Also ist die Menge $\{1, a^p, \ldots, (a^{d-1})^p\}$ linear unabhängig über K. Wegen $K(a^p) \subseteq K(a)$ folgt $K(a) = K(a^p)$. Nun folgt mit Lemma 26.3 (b), dass a separabel über K ist.

(b) Wegen (a) ist $K(S(L/K))$ separabel über K, sodass $S(L/K) = K(S(L/K))$ ein Teilkörper von L ist.   □

Man nennt $S(L/K)$ den **separablen Abschluss von K in** L und den Grad der Körpererweiterung $S(L/K)/K$ den **Separabilitätsgrad** von L/K. Man bezeichnet diesen mit $[L : K]_s := [S(L/K) : K]$.

Man beachte, dass im Fall Char $K = 0$ stets $[L : K]_s = [L : K]$ für jeden algebraischen Erweiterungskörper L von K gilt.

26.5.2 Die Transitivität von *separabel*

Wir begründen, dass die Eigenschaft *separabel* transitiv ist.

Lemma 26.10 *Wenn L/E und E/K separable Körpererweiterungen sind, ist auch L/K separabel.*

Beweis Da separable Erweiterungen insbesonders algebraisch sind, ist L/K algebraisch (vgl. Lemma 22.6 (b)). Ist die Charakteristik von K null, so ist die Erweiterung L/K nach dem Ergebnis 26.5 (a) von Steinitz separabel. Daher können wir $p := \operatorname{Char} K > 0$ voraussetzen. Es gilt $E \subseteq S := S(L/K)$ nach Voraussetzung. Zu jedem $a \in L$ existiert nach Lemma 26.4 ein $k \in \mathbb{N}_0$ mit $s := a^{p^k} \in S$. Es folgt mit dem Frobeniusmonomorphismus:

$$(X - a)^{p^k} = X^{p^k} - s \in S[X].$$

Folglich ist $P := m_{a,\,S}$ in $S[X]$ ein Teiler von $X^{p^k} - s$. Da a über E, also auch über S, separabel ist, hat P keine mehrfachen Wurzeln in L, sodass $P = X - a$. Das beweist $a \in S$. Somit ist $L = S$ separabel über K.

$$
\begin{array}{c}
L \\
| \\
S \\
| \\
E \\
| \\
K
\end{array}
$$

□

26.5.3 K-Monomorphismen und der Separabilitätsgrad

Der Separabilitätsgrad $[L : K]_s$ besitzt eine wichtige Eigenschaft:

Lemma 26.11 *Es seien L/K eine endliche Körpererweiterung und $\overline{K}$ ein algebraischer Abschluss von K. Dann gibt es genau $[L : K]_s$ K-Monomorphismen von L in $\overline{K}$.*

Beweis Es sei $S := S(L/K)$. Wir begründen:
(∗) *Es ist $\varphi : \tau \mapsto \tau|_S$ eine Bijektion von der Menge M aller K-Monomorphismen von L in $\overline{K}$ auf die Menge M_0 aller K-Monomorphismen von S in $\overline{K}$.*

Wegen dem Satz 26.5 von Steinitz können wir $p := \operatorname{Char} K > 0$ voraussetzen, da im Fall $\operatorname{Char} K = 0$ offenbar $L = S$ und damit $\varphi = \operatorname{Id}_L$ gilt.

φ *ist injektiv:* Es gelte $\sigma|_S = \tau|_S$ für $\sigma, \tau \in M$. Zu jedem $a \in L$ existiert nach Lemma 26.4 ein $n \in \mathbb{N}_0$ mit $a^{p^n} \in S$, sodass $\sigma(a)^{p^n} = \sigma(a^{p^n}) = \tau(a^{p^n}) = \tau(a)^{p^n}$, also $(\sigma(a) - \tau(a))^{p^n} = 0$ und somit $\sigma(a) = \tau(a)$. Es folgt $\sigma = \tau$.

φ *ist surjektiv:* Jedes $\alpha \in M_0$ kann nach dem Fortsetzungssatz 25.12 zu einem $\beta \in M$ fortgesetzt werden. Dann gilt $\varphi(\beta) = \alpha$. Damit gilt (∗).

Nach dem Satz 26.6 vom primitivem Element existiert $b \in L$ mit $S = K(b)$. Es hat $m_{b,K}$ als separables, irreduzibles Polynom in $K[X]$ genau $t := [K(b) : K] = [L : K]_s$ verschiedene Wurzeln $b = b_1, \ldots, b_t$ in $\overline{K}$. Nach Korollar 22.3 existiert zu jedem $i = 1, \ldots, t$ genau ein $\tau_i \in M_0$ mit $\tau_i(b) = b_i$. Und andere Elemente hat M_0 nicht. Die Behauptung folgt daher mit der Aussage in (∗). □

Mit der Kennzeichnung (2) normaler Körpererweiterungen im Satz 25.13 folgt:

Korollar 26.12 *Es sei L/K eine endliche, normale Körpererweiterung. Dann besitzt L genau $[L : K]_s$ K-Automorphismen. Insbesondere besitzt eine endliche, normale, separable Körpererweiterung genau $[L : K]$ K-Automorphismen.* □

Bemerkung Dieses Korollar ist von zentraler Bedeutung für die endliche Galoistheorie. Diese beschäftigt sich mit endlichen, normalen und separablen Körpererweiterungen L/K. Es wird dabei ein Zusammenhang zwischen den Untergruppen der K-Automorphismengruppe Γ von L und den Zwischenkörpern von L/K hergestellt. Nach obigem Korollar gilt $|\Gamma| = [L : K]$.

26.5.4 Rein inseparable Körpererweiterungen *

Man nennt eine algebraische Körpererweiterung L/K **rein inseparabel**, wenn jedes $a \in L \setminus K$ inseparabel über K ist. Ist L/K eine algebraische Körpererweiterung, so ist jedes $a \in L \setminus S(L/K)$ über $S(L/K)$ inseparabel. Damit ist $L/S(L/K)$ rein inseparabel.

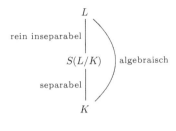

Lemma 26.13 *Es sei L/K eine echte, endliche, rein inseparable Körpererweiterung. Dann ist $[L : K]$ eine Potenz von $p := \operatorname{Char} K > 0$.*

Beweis Wegen Lemma 26.3 (a) gilt Char $K \neq 0$. Nach Lemma 22.4 (b) gibt es Elemente $a_1, \ldots, a_n \in L$ mit

$$K \subsetneq K(a_1) \subsetneq K(a_1, a_2) \subsetneq \cdots \subsetneq K(a_1, a_2, \ldots, a_n) = L.$$

Wir bezeichnen mit E einen dieser Zwischenkörper $K(a_1, a_2, \ldots, a_i)$ von L/K und mit a das Element $a_{i+1} \in L$.

Wegen Lemma 26.4 existiert $k \in \mathbb{N}_0$ mit $b := a^{p^k} \in K \subseteq E$, sodass $m_{a, E} \mid X^{p^k} - b = (X - a)^{p^k}$ (beachte Lemma 13.5). Somit gilt $m_{a, E} = (X - a)^s$ für ein $s = p^r t$ mit $r \le k - 1$ und $t \in \mathbb{N}$, wobei $p \nmid t$. Wegen

$$(X - a)^s = X^s - s a X^{s-1} + \cdots + (-1)^s a^s \in E[X]$$

ist neben $b = a^{p^k}$ auch a^s in E, und wegen $\mathrm{ggT}(p^k, s) = p^r$ existieren nach dem Hauptsatz 5.4 (a) über den ggT Zahlen $u, v \in \mathbb{Z}$ mit $p^r = u s + v p^k$, sodass

$$a^{p^r} = (a^s)^u (a^{p^k})^v \in E.$$

Es folgt $s = p^r$, also $t = 1$, da sonst $m_{a, E} = (X - a)^s = (X - a)^{p^r t} = (X^{p^r} - a^{p^r})^t$ nicht irreduzibel wäre über E. Also gilt $[E(a) : E] = p^r$ (beachte Lemma 22.1 (b)). Die Behauptung ergibt sich hieraus mit dem Gradsatz 21.3. $\square$

Aufgaben

26.1 •• Es sei K ein Körper der Charakteristik $p > 0$. Zeigen Sie: Ist L/K eine endliche Körpererweiterung mit $p \nmid [L : K]$, so ist L/K separabel.

26.2 • Man untersuche, ob die folgenden Polynome aus $\mathbb{Q}[X]$ mehrfache Wurzeln haben:

(a) $X^5 + 6 X^3 + 3 X + 4$.   (c) $X^5 + 5 X + 5$.
(b) $X^4 - 5 X^3 + 6 X^2 + 4 X - 8$.

26.3 •• Es seien K ein Körper der Charakteristik $p > 0$ und $P \in K[X]$ irreduzibel. Man zeige:

(a) Es gibt ein $n \in \mathbb{N}_0$ und ein separables Polynom $Q \in K[X]$ mit $P(X) = Q(X^{p^n})$.
(b) Jede Wurzel a von P in einem Zerfällungskörper L von P hat die Vielfachheit p^n.

26.4 ••• Es sei L/K eine algebraische Körpererweiterung. Zeigen Sie:

(a) Wenn K vollkommen ist, so ist auch L vollkommen.
(b) Wenn L vollkommen und separabel über K ist, so ist auch K vollkommen.

Begründen Sie, dass man in (b) auf die Separabilität von L/K nicht verzichten kann.

26.5 •• Welche der folgenden Körpererweiterungen besitzen ein primitives Element? Bestimmen Sie gegebenenfalls ein solches.

(a) $\mathbb{Q}(\sqrt{2}, \sqrt[3]{3})/\mathbb{Q}$.   (c) $K(X, Y)/K(X + Y, X Y)$.
(b) $\mathbb{Q}(\sqrt{-1}, \sqrt{-2}, \sqrt{-3})/\mathbb{Q}$.

26.6 •• Es seien E ein Körper der Charakteristik $p > 0$, $L := E(X, Y)$ der Körper der rationalen Funktionen in den Unbestimmten X, Y über E und $K := E(X^p, Y^p) \subseteq L$. Zeigen Sie:

(a) $[L : K] = p^2$.
(b) Für alle $a \in L$ gilt $a^p \in K$.
(c) L/K ist nicht einfach, d. h., es gibt kein primitives Element von L/K.

26.7 ••• Es seien K ein Körper der Charakteristik $p > 0$, L eine algebraische Erweiterung von K und $P := \{a \in L \mid a^{p^n} \in K$ für ein $n \in \mathbb{N}\}$. Zeigen Sie:

(a) Es ist P ein Zwischenkörper von L/K.
(b) Ein Zwischenkörper M von L/K ist genau dann rein inseparabel über K, wenn $M \subseteq P$. Man nennt P deshalb auch den *rein inseparablen Abschluss von K in L*.
(c) Ist L algebraisch abgeschlossen, so ist P der kleinste vollkommene Zwischenkörper von L/K; entweder gilt $P = K$ oder $[P : K] = \infty$.

Hinweis: Benutzen Sie in (b) und (c): Für jedes $n \in \mathbb{N}$ und jedes $b \in K \setminus K^p$ ist das Polynom $X^{p^n} - b \in K[X]$ irreduzibel über K – beweisen Sie dies.

26.8 ••• Es seien L/K eine endliche Körpererweiterung und S der separable Abschluss von K in L. Die Zahl $[L : K]_i := [L : S]$ heißt der *Inseparabilitätsgrad* von K über L. Zeigen Sie, dass für jeden Zwischenkörper M von L/K gilt:

$$[L : K]_s = [L : M]_s \, [M : K]_s \quad \text{und} \quad [L : K]_i = [L : M]_i \, [M : K]_i \,.$$

Hinweis: Es sei $\overline{K}$ ein algebraischer Abschluss von K mit $L \subset \overline{K}$. Jeder Monomorphismus $\varphi : M \to \overline{K}$ besitzt gleich viele Fortsetzungen (wie viele?) auf L.

26.9 •   Es sei $L := \mathbb{Q}(\sqrt{2}, \sqrt[3]{5}) \subseteq \mathbb{C}$.

(a) Bestimmen Sie den Grad $[L : \mathbb{Q}]$, und geben Sie den Separabilitätsgrad $[L : \mathbb{Q}]_s$ an.

(b) Geben Sie alle Homomorphismen $L \to \overline{\mathbb{Q}}$ an, wobei $\overline{\mathbb{Q}} \subseteq \mathbb{C}$ der algebraische Abschluss von $\mathbb{Q}$ ist.

26.10 •   Im Folgenden ist jeweils ein Körper $L = \mathbb{Q}(a, b)$ gegeben. Bestimmen Sie alle $\gamma \in \mathbb{Q}$, so dass $L = \mathbb{Q}(a + \gamma b)$ gilt, indem Sie die Methode aus dem Beweis des Satzes vom primitiven Element verwenden:

(a) $L = \mathbb{Q}(i, \sqrt{2})$.
(b) $L = \mathbb{Q}(\sqrt[3]{2}, i\sqrt{3})$.

26.11 ••   Der Teilkörper K von $\mathbb{C}$ habe einen ungeraden (endlichen) Grad über $\mathbb{Q}$. Begründen Sie: Ist $K/\mathbb{Q}$ normal, so gilt $K \subseteq \mathbb{R}$.

26.12 •   Im Folgenden ist jeweils ein Polynom $P \in K[X]$ über einem Körper K gegeben. Untersuchen Sie, ob P separabel ist.

(a) $P = X^3 - X^2 - X + 1 \in \mathbb{Q}[X]$.
(b) $P = X^{10} - 5X^7 + 30X^2 + 10 \in \mathbb{R}[X]$.
(c) $P = X^3 + X^2 + 1 \in \mathbb{F}_2[X]$.
(d) $P = Y^9 + XY^3 - X \in (\mathbb{F}_3[X])[Y]$.

26.13 ••   Es seien L/K eine endliche Körpererweiterung vom Grad $[L : K] = n$, $a \in L$ und $\sigma_i : L \to \overline{K}$ für $i = 1, \ldots, n$ Körperhomomorphismen von L in einen algebraischen Abschluss von K mit $\sigma_i|_K = \mathrm{Id}_K$ für alle $i = 1, \ldots, n$ und $\sigma_i(a) \neq \sigma_j(a)$ für alle $1 \leq i \neq j \leq n$. Zeigen Sie: $L = K(a)$.

Endliche Körper

27

Übersicht

Die endlichen Körper sind vollständig bekannt: *Zu jeder Primzahlpotenz p^n gibt es bis auf Isomorphie genau einen Körper mit p^n Elementen, weitere endliche Körper gibt es nicht.* Mit den endlichen Körpern sind auch alle Teilkörper endlicher Körper und auch die Automorphismengruppen der endlichen Körper angebbar.

Endliche Körper sind nicht nur von theoretischem Interesse, sie haben viele Anwendungen in modernen Gebieten, etwa in der Kryptologie und Codierungstheorie.

Voraussetzung Im Folgenden bezeichnet p stets eine Primzahl.

27.1 Existenz und Eindeutigkeit

Einen endlichen Körper nennt man auch **Galoisfeld**. Wir begründen, dass zu jeder Potenz $q = p^n$ von p bis auf Isomorphie genau ein Galoisfeld dieser Ordnung existiert. Für dieses Galoisfeld sind die Bezeichnungen $\mathrm{GF}(q)$ und $\mathbb{F}_q$ üblich.

© Der/die Autor(en), exklusiv lizenziert an Springer-Verlag GmbH, DE,
ein Teil von Springer Nature 2024
C. Karpfinger, *Algebra*, https://doi.org/10.1007/978-3-662-68656-0_27

27.1.1 Eigenschaften endlicher Körper

Wir untersuchen vorab, welche Eigenschaften ein endlicher Körper K hat. Es gilt:

* Er hat positive Charakteristik.
* Er ist ein Vektorraum über seinem Primkörper.
* Die multiplikative Gruppe $K^\times$ ist zyklisch.

Wir verschärfen diese Aussagen (man beachte auch Lemma 21.2):

Lemma 27.1 *Für einen endlichen Körper K der Charakteristik p gilt (man vgl. auch Lemma 21.2):*

(a) $|K| = p^n$, wenn n der Grad von K über dem nach Lemma 21.1 (b) zu $\mathbb{Z}/p$ isomorphen Primkörper ist.
(b) Die multiplikative Gruppe $(K^\times, \cdot)$ von K ist zyklisch.
(c) Es gilt $a^{p^n} = a$ für jedes $a \in K$.

Beweis

(a) Ein Vektorraum der Dimension n über einem Grundkörper mit p Elementen besitzt genau p^n Elemente (beachte Lemma 21.1).
(b) steht bereits in Korollar 14.9.
(c) Wegen $|K^\times| = p^n - 1$ gilt nach dem kleinen Satz 3.11 von Fermat $a^{p^n-1} = 1$ für jedes $a \in K^\times$, sodass $a^{p^n} = a$ für alle $a \in K$. □

27.1.2 Der Existenz- und Eindeutigkeitssatz

Die Aussagen in 27.1 (c) und 25.7 (b) liefern den entscheidenden Hinweis für die folgende Existenzaussage.

Satz 27.2 *Zu jeder Primzahlpotenz $q := p^n$ existiert bis auf Isomorphie genau ein Körper $\mathbb{F}_q$ mit q Elementen, nämlich der Zerfällungskörper von $X^q - X$ über $\mathbb{Z}/p$.*

Beweis Es seien K ein Zerfällungskörper von $P := X^q - X$ über $\mathbb{Z}/p$ und $W := \{a \in K \mid P(a) = 0\} = \{a \in K \mid a^q = a\}$ die Menge aller Wurzeln von P.

Wir zeigen $W = K$ und $|K| = q$: Wegen $a^p = a$ für alle $a \in \mathbb{Z}/p$ gilt $\mathbb{Z}/p \subseteq W$. Ferner gilt für beliebige $a, b \in W$, $b \neq 0$ (wiederholtes Anwenden des Frobeniusmonomorphismus):

$$(a - b)^q = a^q - b^q = a - b, \quad (a\,b^{-1})^q = a^q\,(b^q)^{-1} = a\,b^{-1}.$$

Folglich ist W ein Teilkörper von K, der $\mathbb{Z}/p$ und alle Wurzeln von P enthält. Da der Zerfällungskörper K ein kleinster Körper ist mit der Eigenschaft, $\mathbb{Z}/p$ und alle Wurzeln von P zu enthalten, gilt demnach $\mathbb{Z}/p\,(W) = W = K$.

Aus $P' = q\,X^{q-1} - 1 = -1 \neq 0$ folgt mit Lemma 26.1, dass P nur einfache Wurzeln in K hat. Somit gilt $|K| = |W| = q$.

Nach Lemma 27.1 (c) ist jeder Körper K' mit q Elementen Zerfällungskörper von $P = X^q - X$ über seinem Primkörper. Da die Primkörper von K und K' isomorph sind, sind wegen dem Satz 25.8 zur Fortsetzung von Isomorphismen auf Zerfällungskörper daher auch K und K' isomorph. $\qquad\square$

Bemerkungen

(1) Die Existenzaussage tauchte schon bei C. F. Gauß und E. Galois auf und wurde von R. Dedekind 1857 und C. Jordan 1870 streng bewiesen. Die Eindeutigkeit bewies E. H. Moore 1893.

(2) Der Beweis zeigt, dass $\mathbb{F}_q$ als die Menge aller Wurzeln des Polynoms $X^q - X$ über $\mathbb{Z}/p$ aufgefasst werden kann.

(3) Wir bevorzugen ab jetzt die Notation $\mathbb{F}_p$ für $\mathbb{Z}/p$. Laut Satz 27.2 ist $\mathbb{F}_p$ der bis auf Isomorphie eindeutig bestimmte Körper mit p Elementen.

Beispiel 27.1

- Es ist $\mathbb{F}_4$ Zerfällungskörper von $X^4 - X = X\,(X - \bar{1})\,(X^2 + X + \bar{1}) \in \mathbb{F}_2[X]$. Die ersten zwei Faktoren X und $X - \bar{1}$ liefern die beiden Wurzeln $\bar{0}$ und $\bar{1}$. Das Polynom $X^2 + X + \bar{1}$ ist irreduzibel über $\mathbb{F}_2$ und ist damit das Minimalpolynom seiner Wurzeln. Eine *abstrakte* Darstellung von $\mathbb{F}_4$ ist $\mathbb{F}_4 = \mathbb{F}_2[X]/(X^2 + X + \bar{1})$, eine *konkrete* Darstellung ist $\mathbb{F}_4 = \mathbb{F}_2(a) = \mathbb{F}_2[a] = \{u + v\,a \mid u,\ v \in \mathbb{F}_2\}$ mit einer Wurzel a von $X^2 + X + \bar{1}$ (d. h. $a^2 + a + \bar{1} = 0$): Jedes Element x aus $\mathbb{F}_4$ kann nämlich in der Form $x = u + v\,a$ mit $u,\ v \in \mathbb{F}_2$ geschrieben werden, da $\{\bar{1}, a\}$ eine $\mathbb{F}_2$-Basis von $\mathbb{F}_4$ ist. Es gilt also $\mathbb{F}_4 = \{\bar{0},\ \bar{1},\ a,\ \bar{1} + a\}$.

  Die Multiplikation zweier Elemente aus $\mathbb{F}_4$ ist durch $a^2 = a + \bar{1}$ festgelegt:

$$(u+v\,a)\,(u'+v'\,a) = u\,u'+(u'\,v+v'\,u)\,a+v\,v'\,a^2 = (u\,u'+v\,v')+(u'\,v+v'\,u+v\,v')\,a\,.$$

Wir erhalten die Additions- und Multiplikationstafeln (dabei schreiben wir kürzer $b := \bar{1} + a$):

$+$	$\bar{0}$	$\bar{1}$	a	b
$\bar{0}$	$\bar{0}$	$\bar{1}$	a	b
$\bar{1}$	$\bar{1}$	$\bar{0}$	b	a
a	a	b	0	$\bar{1}$
b	b	a	$\bar{1}$	$\bar{0}$

$\cdot$	$\bar{0}$	$\bar{1}$	a	b
$\bar{0}$	$\bar{0}$	$\bar{0}$	$\bar{0}$	$\bar{0}$
$\bar{1}$	$\bar{0}$	$\bar{1}$	a	b
a	0	a	b	$\bar{1}$
b	$\bar{0}$	b	$\bar{1}$	a

- Es ist $\mathbb{F}_9$ Zerfällungskörper von

$$X^9 - X = X\,(X - \overline{1})\,(X + \overline{1})\,(X^6 + X^4 + X^2 + \overline{1})$$
$$= X\,(X - \overline{1})\,(X + \overline{1})\,(X^2 + \overline{1})\,(X^2 + X - \overline{1})\,(X^2 - X - \overline{1}),$$

wobei die Polynome $X^2 + \overline{1}$, $X^2 + X - \overline{1}$, $X^2 - X - \overline{1}$ über $\mathbb{F}_3$ irreduzibel sind (beim ersten Schritt der Zerlegung wurde berücksichtigt, dass $\overline{0}$, $\overline{1}$, $-\overline{1} = \overline{2}$ Elemente des Primkörpers $\mathbb{F}_3$ von $\mathbb{F}_9$ sind).

Wir ermitteln nun alle Wurzeln: Ist a eine Wurzel von $X^2 + \overline{1}$, d. h. $a^2 = -\overline{1} = \overline{2}$, so erhält man durch Lösen quadratischer Gleichungen unter Berücksichtigung von $\sqrt{2} = a$ und $\overline{2}^{-1} = -\overline{1}$:

$$\mathbb{F}_9 = \{\overline{0},\ \overline{1},\ -\overline{1},\ a,\ -a,\ \overline{1} + a,\ \overline{1} - a,\ -\overline{1} + a,\ -\overline{1} - a\}.$$

Das hätten wir aber auch einfacher haben können: $\mathbb{F}_9$ ist eine quadratische Erweiterung von $\mathbb{F}_3$ (und dadurch nach Satz 27.2 *eindeutig* bestimmt, d. h. $\mathbb{F}_9 = \mathbb{F}_3[a] = \{u + v\,a \mid u,\ v \in \mathbb{F}_3\}$ mit einer Wurzel a eines über $\mathbb{F}_3$ irreduziblen quadratischen Polynoms. Wir nehmen das Nächstbeste, nämlich $X^2 + \overline{1} \in \mathbb{F}_3[X]$, also $a^2 = -\overline{1}$. ∎

27.2   Der Verband der Teilkörper

Im Allgemeinen ist es außerordentlich schwierig, einen Überblick über die Teilkörper eines gegebenen Körpers zu gewinnen. In der Galoistheorie werden raffinierte Methoden entwickelt, alle Zwischenkörper einer sogenannten endlichen *Galoiserweiterung L/K* zu bestimmen. Die Situation ist bei endlichen Körpern deutlich einfacher:

Lemma 27.3 *Der Körper $\mathbb{F}_{p^n}$ besitzt zu jedem Teiler $d \in \mathbb{N}$ von n genau einen Teilkörper mit p^d Elementen. Weitere Teilkörper existieren nicht.*

Beweis *Eindeutigkeit:* Der Körper $K := \mathbb{F}_{p^n}$ hat einen zu $\mathbb{F}_p$ isomorphen Primkörper E (beachte Lemma 21.1). Für jeden Teilkörper F von K ist der Grad $d := [F : E]$ ein Teiler von $n = [K : E]$ nach dem Korollar 21.4 zum Gradsatz; und es gilt $|F| = p^d$. Die Elemente von F sind nach dem Beweis zu Satz 27.2 Wurzeln von $P := X^{p^d} - X \in E[X]$. Da das Polynom P höchstens p^d Wurzeln in K hat, ist F der einzige Teilkörper mit p^d Elementen von K.

Existenz: Ist $d \in \mathbb{N}$ ein Teiler von n, dann ist das Polynom $P := X^{p^d} - X = X\,(X^{p^d-1} - 1)$ ein Teiler von $Q := X^{p^n} - X = X\,(X^{p^n-1} - 1)$, denn $p^d - 1 \mid p^n - 1$ (man beachte, dass für alle $a,\ b \in \mathbb{N}$ gilt: $X^{ab} - 1 = (X^a)^b - 1 = (X^a - 1)\,((X^a)^{b-1} + \cdots + X^a + 1))$. Da das Polynom Q über K zerfällt, K besteht ja gerade aus den Wurzeln von Q, zerfällt auch P über K. Die Menge der Wurzeln von P ist ein Teilkörper von K mit p^d Elementen (vgl. die Sätze 27.2 und 25.7 (a)).   □

Vorsicht Der Körper $\mathbb{F}_8$ enthält keinen Teilkörper mit vier Elementen: Es gilt zwar $4 \mid 8$, aber für die Exponenten von 2^2 und 2^3 gilt $2 \nmid 3$. Der Körper $\mathbb{F}_8$ enthält keine Teilkörper $\neq \mathbb{F}_2$, $\mathbb{F}_8$.

Beispiel 27.2 Der Körper $\mathbb{F}_{p^{36}}$ enthält die Teilkörper $\mathbb{F}_{p^{36}}$, $\mathbb{F}_{p^{18}}$, $\mathbb{F}_{p^{12}}$, $\mathbb{F}_{p^9}$, $\mathbb{F}_{p^6}$, $\mathbb{F}_{p^4}$, $\mathbb{F}_{p^3}$, $\mathbb{F}_{p^2}$, $\mathbb{F}_p$. Weitere Teilkörper besitzt $\mathbb{F}_{p^{36}}$ nicht. Dabei ist etwa $\mathbb{F}_{p^6}$ die Menge aller Wurzeln a des Polynoms $X^{p^{36}} - X$, für die bereits $a^{p^6} = a$ erfüllt ist.

Die Teilkörper bilden einen *Verband*, d. h., zu je zwei Teilkörpern F_1, F_2 kann man weitere Teilkörper F und F' angeben mit F_1, $F_2 \subseteq F$ und $F' \subseteq F_1$, F_2.

Die gültigen Inklusionen zwischen den Teilkörpern von $\mathbb{F}_{p^{36}}$ haben wir in der Abb. 27.1 dargestellt.   ■

27.2.1 Erweiterungen endlicher Körper

Endliche Körpererweiterungen endlicher Körper sind stets separabel und normal:

Korollar 27.4 *Jede endliche Erweiterung L/K eines endlichen Körpers K ist separabel und normal.*   □

Abb. 27.1 Der Zwischenkörperverband von $\mathbb{F}_{p^{36}}$

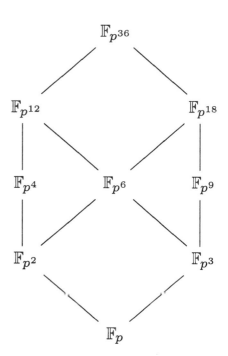

Beweis Nach dem Satz 26.5 von Steinitz ist der endliche Körper K vollkommen. Somit ist der algebraische Erweiterungskörper L über K separabel. Da L nach Satz 27.2 Zerfällungskörper eines Polynoms $X^q - X$ über K ist, ist die Erweiterung L/K auch normal. □

Enthält ein endlicher Körper eine Wurzel eines irreduziblen Polynoms, so enthält er demnach alle Wurzeln dieses Polynoms.

27.3   Automorphismen

Es ist oftmals nützlich, die Automorphismengruppe eines Körpers zu kennen. Bei einem endlichen Körper ist diese stets zyklisch, und ein erzeugendes Element ist bekannt.

Lemma 27.5 *Es sei L/K eine endliche Körpererweiterung des endlichen Körpers K mit $|K| = q$ und $n = [L : K]$. Dann ist die Gruppe Γ aller K-Automorphismen von L zyklisch von der Ordnung $n = [L : K]$ und wird erzeugt von $\psi : L \to L$, $a \mapsto a^q$.*

Beweis Offenbar ist Γ eine Gruppe. Für $a \in K$ gilt $\psi(a) = a^q = a$ nach Lemma 27.1 (c), sodass $\psi|_K = \mathrm{Id}_K$. Da L endlich ist, ist der Frobeniusmonomorphismus $\psi : L \to L$ ein K-Automorphismus. Es gilt somit $\langle \psi \rangle \subseteq \Gamma$.

Nun sei $\psi^k = \mathrm{Id}_L$, d. h. $a^{q^k} = a$ für alle $a \in L$. Wäre $k < n$, so hätte das Polynom $X^{q^k} - X$ mehr Wurzeln als zulässig, nämlich $q^n = |L|$ (vgl. Korollar 14.8). Es folgt $n \leq k$ und damit $|\langle \psi \rangle| \geq n$. Aus Korollar 26.12 folgt andererseits $|\Gamma| = n$, da L/K endlich, normal und separabel ist (vgl. Korollar 27.4). □

Wir haben eben gezeigt, dass die K-Automorphismengruppe eines endlichen Erweiterungskörpers L von K mit $|K| = q$ zyklisch ist und von $\psi : a \mapsto a^q$ erzeugt wird. Wir bestimmen nun die gesamte Automorphismengruppe eines endlichen Körpers.

Korollar 27.6 *Die Automorphismengruppe von $\mathbb{F}_{p^n}$ wird vom Frobeniusautomorphismus $\varphi : a \mapsto a^p$ erzeugt und hat die Ordnung n.* □

Beweis Es sei $K = \{k \, 1_K \mid k \in \mathbb{N}_0\}$ der Primkörper von $L := \mathbb{F}_{p^n}$. Es gilt $|K| = p$ (vgl. Lemma 21.1). Jedes $\tau \in \mathrm{Aut}\, L$ ist ein K-Automorphismus, da $\tau(1_K) = 1_K$ und $\tau(k \, 1_K) = \tau(1_K + \cdots + 1_K) = k \, 1_K$ gilt. Nun beachte Lemma 27.5. □

Beispiel 27.3 Die Automorphismengruppe von $\mathbb{F}_{16}$ ist nach Korollar 27.6 zyklisch von der Ordnung 4, d. h. $\mathrm{Aut}\, \mathbb{F}_{16} \cong \mathbb{Z}/4$, es gilt $\mathrm{Aut}\, \mathbb{F}_{16} = \{\varphi_i : a \mapsto a^{2^i} \mid i = 1, 2, 3, 4\}$. ∎

Aufgaben

27.1 ••   Man gebe alle erzeugenden Elemente der Gruppen $\mathbb{Z}/7^{\times}$, $\mathbb{Z}/17^{\times}$, $\mathbb{Z}/41^{\times}$ an.

27.2 •   Man gebe die Verknüpfungstafeln eines Körpers K mit 9 Elementen an.

27.3 ••   Es sei $K := \mathbb{F}_3$ der Körper mit 3 Elementen. Das irreduzible Polynom $P := X^3 - X + \overline{1} \in K[X]$ hat in dem Körper $L := K[X]/(P)$ ein Nullstelle.

    (a) Geben Sie eine K-Basis von L an und bestimmen Sie $|L|$.

    (b) Bestimmen Sie eine Zerlegung von P in $L[X]$ in irreduzible Faktoren.

    (c) Bestimmen Sie ein erzeugendes Element von $L^{\times}$.

27.4 •   Man gebe die Struktur der additiven Gruppe des Körpers $\mathbb{F}_{16}$ an.

27.5 •   Es sei $p > 2$ eine Primzahl. Zeigen Sie, dass es über $\mathbb{F}_p$ genau $\frac{p^2-p}{2}$ normierte irreduzible quadratische Polynome gibt.

27.6 ••   Zerlegen Sie alle über $\mathbb{F}_2$ irreduziblen Polynome vom Grad ≤ 3 in Produkte irreduzibler Polynome aus $\mathbb{F}_4[X]$.

27.7 ••   Es seien p eine Primzahl und $P \in \mathbb{F}_p[X]$ irreduzibel. Man zeige: P teilt $X^{p^n} - X$ genau dann, wenn $\deg P$ ein Teiler von n ist.

27.8 ••   Es seien p eine Primzahl und $I(d, p)$ die Menge der irreduziblen normierten Polynome aus $\mathbb{F}_p[X]$ vom Grad d.

    (a) Zeigen Sie: $X^{p^n} - X = \prod_{d|n}(\prod_{P \in I(d,p)} P)$.

    (b) Wie viele Elemente enthält $I(1, p)$, $I(2, p)$, $I(3, p)$?

27.9 •••   Es sei $\mathbb{F}$ ein algebraischer Abschluss des Körpers $\mathbb{F}_p$ (p eine Primzahl). Zu jedem $n \in \mathbb{N}$ enthält $\mathbb{F}$ genau einen Teilkörper $\mathbb{F}_{p^n}$ mit p^n Elementen. Es sei weiter $q \neq p$ eine Primzahl. Zeigen Sie:

    (a) $\mathbb{F} = \bigcup_{n \in \mathbb{N}} \mathbb{F}_{p^{n!}}$ (wie sind Addition und Multiplikation erklärt?).

    (b) $\mathbb{F}_{q^\infty} := \bigcup_{n \in \mathbb{N}} \mathbb{F}_{p^{q^n}}$ ist ein echter, unendlicher Teilkörper von $\mathbb{F}$.

    (c) Es ist $\Gamma := \langle \Phi \rangle \leq \operatorname{Aut} \mathbb{F}$ eine unendliche Gruppe; dabei sei $\Phi : \mathbb{F} \to \mathbb{F}$, $x \mapsto x^p$ der Frobeniusautomorphismus.

    (d) $\mathbb{F}_{q^\infty}$ ist ein vollkommener Körper.

    (e) Es gibt Automorphismen φ von $\mathbb{F}$ mit $\varphi \notin \Gamma$.

27.10 •••   Es sei $a \in \mathbb{F}_{p^r}$ ein Element der multiplikativen Ordnung n (d.h. $n \in \mathbb{N}$ minimal mit $a^n = 1$; solche Elemente heißen *primitive n-te Einheitswurzeln* in $\mathbb{F}_{p^r}$; sie existieren genau dann, wenn n ein Teiler von $p^r - 1$ ist). Zeigen Sie, dass das Minimalpolynom von a über $\mathbb{F}_p$ die Gestalt

$$m_{a, \mathbb{Z}/p} = (X - a)(X - a^p)(X - a^{p^2}) \cdots (X - a^{p^{s-1}})$$

hat, wobei s die Ordnung von p in $\mathbb{Z}/n^{\times}$ ist.

27.11 ••• Zeigen Sie: Das Polynom $X^q - XY^{q-1} \in \mathbb{F}_q[X, Y]$ hat die Primzerlegung

$$X^q - XY^{q-1} = \prod_{a \in \mathbb{F}_q} (X - aY).$$

27.12 •• Welche der folgenden Körpererweiterungen sind normal? Begründen Sie Ihre Antworten!

(a) $\mathbb{F}_{81}/\mathbb{F}_9$.
(b) $\mathbb{F}_{25}(t)/\mathbb{F}_{25}(t^8)$. (Hierbei ist t transzendent über $\mathbb{F}_{25}$)

27.13 •• Es seien p und q Primzahlen. Zeigen Sie, dass das Polynom $P = X^{p^q} - X \in \mathbb{F}_p[X]$ in p verschiedene Faktoren vom Grad 1 und in $\frac{p^q - p}{q}$ verschiedene Faktoren vom Grad q zerfällt.

27.14 •• Zeigen Sie, dass das Polynom $X^6 + 1 \in \mathbb{F}_p[X]$ über dem endlichen Körper $\mathbb{F}_p$ mit p Elementen für jede Primzahl p reduzibel ist. Gehen Sie dazu wie folgt vor:

(a) Im Fall $p = 2$ bzw. $p = 3$ ist $X^6 + 1 \in \mathbb{F}_p[X]$ reduzibel.
(b) Im Fall $p > 3$ hat $X^6 + 1 \in \mathbb{F}_p[X]$ eine Nullstelle $a \in \mathbb{F}_{p^2}$.
(c) Auch im Fall $p > 3$ ist $X^6 + 1 \in \mathbb{F}_p[X]$ reduzibel.

27.15 •• Es sei $\mathbb{F}_{81}$ der Körper mit 81 Elementen und dem Primkörper P. Bestimmen Sie

(a) den Körpergrad $[\mathbb{F}_{81} : P]$,
(b) sämtliche Zwischenkörper K von $\mathbb{F}_{81}/P$,
(c) die Anzahl der Elemente $a \in \mathbb{F}_{81}$ mit $P(\alpha) = \mathbb{F}_{81}$.

Die Galoiskorrespondenz

28

Übersicht

Die genaue Kenntnis der Zwischenkörper einer gegebenen Körpererweiterung L/K ist von entscheidender Bedeutung. Sind L und K endliche Körper, so haben wir dieses Problem in Kap. 27 erledigt. Im vorliegenden Kapitel untersuchen wir den Fall einer sogenannten *Galoiserweiterung*. Wir werden zeigen, dass im Falle einer *endlichen Galoiserweiterung* L/K, d. h., die Körpererweiterung L/K ist endlich, normal und separabel, der Zwischenkörperverband von L/K vollständig angegeben werden kann. Dabei wird das Problem des Auffindens aller Zwischenkörper reduziert auf das zum Teil erheblich leichtere Aufsuchen aller Untergruppen der sogenannten *Galoisgruppe* $\Gamma(L/K)$ der Erweiterung L/K. Dieses Zusammenspiel von Körpertheorie und Gruppentheorie ist das Charakteristische der Galoistheorie. Die Theorie hat Anwendungen für die Auflösung algebraischer Gleichungen und liefert Antworten auf Konstruierbarkeitsfragen. Auch die algebraische Abgeschlossenheit von $\mathbb{C}$ kann mit ihrer Hilfe begründet werden. Ausführliche Beispiele bringen wir im nächsten Kapitel.

Formuliert wurde die Theorie in der hier dargestellten Form erstmals von E. Artin.

Voraussetzung Es ist ein Körper K gegeben.

© Der/die Autor(en), exklusiv lizenziert an Springer-Verlag GmbH, DE,
ein Teil von Springer Nature 2024
C. Karpfinger, *Algebra*, https://doi.org/10.1007/978-3-662-68656-0_28

28.1 K-Automorphismen

Ist L/K eine Körpererweiterung, so nennt man einen Automorphismus σ von L, der die Elemente aus K festlässt, d. h. der $\sigma(a) = a$ für alle $a \in K$ erfüllt, einen K-**Automorphismus** von L (vgl. Abschn. 22.2.2).

Beispiel 28.1

- Jeder Automorphismus $\varphi : L \to L$ eines Körpers L mit Primkörper P ist ein P-Automorphismus, d. h. $\varphi(a) = a$ für alle $a \in P$. Denn aus $\varphi(1) = 1$ ergibt sich sofort $\varphi(n\,1) = n\,\varphi(1) = n\,1$ für alle $n \in \mathbb{Z}$, und für m, $n \in \mathbb{Z}$ gilt dann

$$m\,1 = \varphi(m) = \varphi\left(\frac{m}{n}\,n\right) = \varphi\left(\frac{m}{n}\right)\,\varphi(n) = (n\,1)\,\varphi\left(\frac{m}{n}\right),$$

  also $\varphi\left(\frac{m}{n}\right) = \frac{m\,1}{n\,1}$.
- Es gelte $L = K(a) = K(b)$ mit verschiedenen Wurzeln a, b eines irreduziblen Polynoms vom Grad n über K. Dann hat jedes $z \in L$ eine eindeutige Darstellung $z = \sum_{i=0}^{n-1} \alpha_i\, a^i$ und

$$\varphi : \begin{cases} \qquad L & \to & L \\ z = \displaystyle\sum_{i=0}^{n-1} \alpha_i\, a^i & \mapsto & \varphi(z) = \displaystyle\sum_{i=0}^{n-1} \alpha_i\, b^i \end{cases}$$

  ist ein K-Automorphismus (vgl. Korollar 22.3). ∎

28.1.1 Die Galoisgruppe von L/K

Die Menge $\Gamma(L/K)$ aller K-Automorphismen von L bildet offenbar eine Untergruppe von $\operatorname{Aut} L$. Man nennt $\Gamma(L/K)$ die **Galoisgruppe** der Körpererweiterung L/K. Jede Körpererweiterung L/K besitzt also eine Galoisgruppe $\Gamma(L/K)$:

$$\Gamma(L/K) = \{\sigma \in \operatorname{Aut} L \mid \sigma(a) = a \quad \text{für alle } a \in K\}.$$

Beispiel 28.2

- Nach Aufgabe 13.7 ist $\operatorname{Id}_{\mathbb{R}}$ der einzige Automorphismus von $\mathbb{R}$. Es gilt somit $\Gamma(\mathbb{R}/\mathbb{Q}) = \{\operatorname{Id}_{\mathbb{R}}\}$.
- Die komplexe Konjugation $\kappa : z \mapsto \bar{z}$ liegt in $\Gamma(\mathbb{C}/\mathbb{R})$. Wegen $[\mathbb{C} : \mathbb{R}] = 2$ gilt nach Korollar 26.12 somit $\Gamma(\mathbb{C}/\mathbb{R}) = \{\operatorname{Id}_{\mathbb{C}}, \kappa\}$.
- Für alle a, $b \in K$ mit $a \neq 0$ ist $\sigma : \frac{P}{Q} \mapsto \frac{P(aX+b)}{Q(aX+b)}$ ein K-Automorphismus von $K(X)$, demnach gilt $\sigma \in \Gamma(K(X)/K)$. ∎

28.1.2 Der Fixkörper einer Gruppe von Automorphismen

Jede Gruppe Δ von Automorphismen von K definiert einen Teilkörper von K – den *Fixkörper von* Δ.

Lemma 28.1

(a) *Für Monomorphismen* σ, τ *von* K *in einen Körper* K' *ist* $M := \{a \in K \mid \sigma(a) = \tau(a)\}$ *ein Teilkörper von* K.

(b) *Für jede Teilmenge* Δ *von* $\mathrm{Aut}\, K$ *ist*

$$\mathcal{F}(\Delta) := \{a \in K \mid \delta(a) = a \quad \text{für jedes } \delta \in \Delta\}$$

ein Teilkörper von K, *der* **Fixkörper** *von* Δ.

(c) *Es seien* $L = K(S)$ *ein Erweiterungskörper von* K *und* σ, τ *Monomorphismen von* L *in einen Körper* L' *mit* $\sigma|_K = \tau|_K$ *und* $\sigma|_S = \tau|_S$. *Dann gilt* $\sigma = \tau$.

(d) *Es seien* L *und* L' *Erweiterungskörper von* K, σ *ein* K-*Monomorphismus von* L *in* L' *und* $a \in L$ *Wurzel von* $P \in K[X]$. *Dann ist auch* $\sigma(a)$ *Wurzel von* P.

Beweis

(a) Es seien $a, b \in M$. Dann gilt $\sigma(a - b) = \sigma(a) - \sigma(b) = \tau(a) - \tau(b) = \tau(a - b)$, $\sigma(a\,b) = \sigma(a)\,\sigma(b) = \tau(a)\,\tau(b) = \tau(a\,b)$ und, falls $a \neq 0$, $\sigma(a^{-1}) = \sigma(a)^{-1} = \tau(a)^{-1} = \tau(a^{-1})$. Also gilt $a - b$, $a\,b$, $a^{-1} \in M$, sodass M ein Teilkörper von K ist.

(b) folgt mit (a), man setze dort $\tau = \mathrm{Id}$, oder man zeigt direkt: Für jedes $\delta \in \Delta$ gilt

$$a, b \in \mathcal{F}(\Delta) \;\Rightarrow\; \delta(a - b) = \delta(a) - \delta(b) = a - b\,, \;\; \delta(a\,b) = \delta(a)\,\delta(b) = a\,b\,,$$

und, falls $a \neq 0$, auch $\delta(a^{-1}) = \delta(a)^{-1} = a^{-1}$, sodass $a - b$, $a\,b$, $a^{-1} \in \mathcal{F}(\Delta)$.

(c) Die Menge $M := \{a \in L \mid \sigma(a) = \tau(a)\}$ ist nach (a) ein Teilkörper von L und umfasst K und S, also auch $L = K(S)$. Es folgt $\sigma = \tau$.

(d) Es gilt

$$P = \sum_{i=0}^{n} b_i\, X^i \;\Rightarrow\; P(\sigma(a)) = \sum_{i=0}^{n} b_i\, \sigma(a)^i = \sigma\left(\sum_{i=0}^{n} b_i\, a^i\right) = \sigma(0) = 0\,.$$

$\square$

Wir behalten die Bezeichnung $\mathcal{F}(\Delta)$ für den Fixkörper von Δ von nun an bei. Man merke sich: *Je größer* Δ, *desto kleiner* $\mathcal{F}(\Delta)$.

28.1.3 Galoissche Körpererweiterung

Eine Körpererweiterung L/K heißt **galoissch**, wenn K der Fixkörper der Galoisgruppe $\Gamma(L/K)$ ist, also wenn

$$\mathcal{F}(\Gamma(L/K)) = \{a \in L \mid \delta(a) = a \text{ für jedes } \delta \in \Gamma(L/K)\} = K \,.$$

Wir können dies auch wie folgt formulieren: L/K ist **galoissch**, wenn es zu jedem $a \in L \setminus K$ ein $\sigma \in \Gamma(L/K)$ mit $\sigma(a) \neq a$ gibt.

Beispiel 28.3

*   Für die Galoisgruppe von $\mathbb{C}/\mathbb{R}$ gilt, wie bereits gezeigt, $\Gamma(\mathbb{C}/\mathbb{R}) = \{\mathrm{Id}_{\mathbb{C}}, \kappa\}$ mit der komplexen Konjugation κ. Da $\mathbb{R} = \mathcal{F}(\Gamma(\mathbb{C}/\mathbb{R}))$ bzw. da $\kappa(z) \neq z$ für jedes $z \in \mathbb{C} \setminus \mathbb{R}$ gilt, ist die Körpererweiterung $\mathbb{C}/\mathbb{R}$ galoissch.
*   Da $\mathrm{Aut}\,\mathbb{R} = \{\mathrm{Id}_{\mathbb{R}}\}$, ist die Körpererweiterung $\mathbb{R}/K$ für keinen echten Teilkörper K von $\mathbb{R}$ galoissch.
*   Die Erweiterung $\mathbb{Q}(a)/\mathbb{Q}$ mit $a = \sqrt[3]{2}$ ist nicht galoissch, da $\Gamma(\mathbb{Q}(a)/\mathbb{Q}) = \{\mathrm{Id}_{\mathbb{Q}(a)}\}$ gilt: Ist σ ein $\mathbb{Q}$-Automorphismus von $\mathbb{Q}(a)$, so ist $\sigma(a) \in \mathbb{Q}(a)$ nach Lemma 28.1 (d) eine Wurzel von $X^3 - 2$, also $\sigma(a) = a$, da die anderen Wurzeln von $X^3 - 2$ imaginär sind; es folgt $\sigma = \mathrm{Id}_{\mathbb{Q}(a)}$. ∎

Man nennt die Körpererweiterung L/K **abelsch** bzw. **zyklisch**, wenn L/K galoissch mit abelscher bzw. zyklischer Galoisgruppe ist.

Beispiel 28.4 Die Körperweiterung $\mathbb{C}/\mathbb{R}$ ist zyklisch (also auch abelsch), es gilt $\Gamma(\mathbb{C}/\mathbb{R}) \cong \mathbb{Z}/2$. ∎

28.1.4 Die Ordnung der Galoisgruppe

Ist L/K eine endliche Erweiterung, so ist L/K insbesondere algebraisch. Damit erhalten wir für einen algebraischen Abschluss $\overline{K}$ von K den Körperturm $K \subseteq L \subseteq \overline{K}$. Jeder K-Automorphismus von L ist ein K-Monomorphismus von L in $\overline{K}$. Nach Lemma 26.11 gibt es genau $[L : K]_s$ K-Monomorphismen von L in $\overline{K}$ ($[L : K]_s$ ist dabei der Separabilitätsgrad von L/K). Es folgt $|\Gamma(L/K)| \leq [L : K]_s \leq [L : K]$.

Ist die endliche Körpererweiterung L/K darüber hinaus normal, so besagt dies nach der Kennzeichnung (2) normaler Erweiterungen im Satz 25.13, dass jeder K-Monomorphismus von L in $\overline{K}$ ein K-Automorphismus von L ist (es ist nämlich $\overline{K}$ auch ein algebraischer Abschluss von L). Somit gilt in dieser Situation einer endlichen normalen Erweiterung $|\Gamma(L/K)| = [L : K]_s \leq [L : K]$.

Ist schließlich die endliche Erweiterung L/K normal und separabel, so liefert das Korollar 26.12 $|\Gamma(L/K)| = [L : K]_s = [L : K]$. Wir fassen zusammen:

Lemma 28.2 *Für jede endliche Körpererweiterung L/K gilt:*

(a) $|\Gamma(L/K)| \leq [L : K]_s \leq [L : K]$.
(b) $|\Gamma(L/K)| = [L : K]_s \Leftrightarrow L/K$ *ist normal.*
(c) $|\Gamma(L/K)| = [L : K] \Leftrightarrow L/K$ *ist normal und separabel.*

Beispiel 28.5

- Da $L = \mathbb{Q}(\mathrm{i}, \sqrt[4]{2})$ eine normale und separable Körpererweiterung von $\mathbb{Q}$ ist, existieren wegen $[L : \mathbb{Q}] = 8$ somit genau 8 verschiedene $\mathbb{Q}$-Automorphismen von L. Wir werden diese im Beispiel 29.4 ermitteln; es gilt $\Gamma(L/\mathbb{Q}) \cong D_4$.
- *Quadratische Körpererweiterungen.* Jede quadratische Körpererweiterung L/K ist normal (siehe Beispiel 25.11). Es gilt genau dann $|\Gamma(L/K)| = 2$, wenn L/K separabel ist, d. h. nach Beispiel 26.4 und Lemma 26.9 (a), wenn Char $K \neq 2$ gilt oder wenn Char $K = 2$ und $a^2 \notin K$ für ein $a \in L$. ∎

Bemerkung Wir begründen später: Für eine endliche Körpererweiterung L/K gelten die Äquivalenzen

$$|\Gamma(L/K)| = [L : K] \Leftrightarrow L/K \text{ ist galoissch} \Leftrightarrow L/K \text{ ist normal und separabel}.$$

28.2 Die allgemeine Galoiskorrespondenz

In diesem Teil ist eine beliebige Körpererweiterung L/K mit Galoisgruppe $\Gamma := \Gamma(L/K)$ gegeben. Es bezeichnen

- $\mathcal{Z}(L/K)$ die Menge aller Zwischenkörper von L/K und
- $\mathcal{U}(\Gamma)$ die Menge aller Untergruppen von Γ.

Bemerkung Wir werden zeigen, dass es im Falle einer endlichen Galoiserweiterung L/K eine Bijektion von $\mathcal{U}(\Gamma)$ auf $\mathcal{Z}(L/K)$ gibt: *Zu jeder Untergruppe Δ von Γ gehört genau ein Zwischenkörper E von L/K.* Den Zwischenkörper E erhält man dann im Allgemeinen leicht als Fixkörper $E = \mathcal{F}(\Delta)$ mit der zugehörigen Untergruppe Δ.

28.2.1 Fixkörper und Fixgruppen

Wir führen (vorübergehend) eine Kurzschreibweise ein: Für jedes $\Delta \in \mathcal{U}(\Gamma)$ liegt

- $\Delta^\vdash := \mathcal{F}(\Delta) = \{a \in L \mid \delta(a) = a \text{ für alle } \delta \in \Delta\}$

nach Lemma 28.1 (b) in $\mathcal{Z}(L/K)$; und für jedes $E \in \mathcal{Z}(L/K)$ liegt

- $E^+ := \Gamma(L/E) = \{\sigma \in \Gamma(L/K) \mid \sigma(a) = a \text{ für alle } a \in E\}$

in $\mathcal{U}(\Gamma)$. Wir untersuchen die zwei Abbildungen:

$$\begin{cases} \mathcal{U}(\Gamma) \to \mathcal{Z}(L/K) \\ \Delta \mapsto \Delta^+ \end{cases} \quad \text{und} \quad \begin{cases} \mathcal{Z}(L/K) \to \mathcal{U}(\Gamma) \\ E \mapsto E^+ \end{cases}.$$

Offenbar gilt:

- $L^+ = \mathbf{1} := \{\mathrm{Id}_L\}$, $K^+ = \Gamma$, $\mathbf{1}^+ = L$.
- $\Gamma^+ = K \Leftrightarrow L/K$ ist galoissch.

28.2.2 Die $^+$-Abbildungen

Wir kürzen für $\Delta \in \mathcal{U}(\Gamma)$ und $E \in \mathcal{Z}(L/K)$ ab:

$$\Delta^{++} := (\Delta^+)^+, \ \Delta^{+++} := (\Delta^{++})^+, \ E^{++} := (E^+)^+, \ E^{+++} := (E^{++})^+.$$

Lemma 28.3 *Für beliebige Δ, Δ_1, $\Delta_2 \in \mathcal{U}(\Gamma)$ und E, E_1, $E_2 \in \mathcal{Z}(L/K)$ gilt:*

(a) $E_1 \subseteq E_2 \Rightarrow E_1^+ \supseteq E_2^+$; $\Delta_1 \subseteq \Delta_2 \Rightarrow \Delta_1^+ \supseteq \Delta_2^+$ (Antitonie)
(b) $E \subseteq E^{++}$, $\Delta \subseteq \Delta^{++}$.
(c) $E^{+++} = E^+$, $\Delta^{+++} = \Delta^+$.

Beweis (a) und (b) sind nach Definition der Abbildung $E \mapsto E^+$ und $\Delta \mapsto \Delta^+$ klar.
(c) Nach (b) gilt $E^+ \subseteq (E^+)^{++} = E^{+++}$ und $E \subseteq E^{++}$. Nun folgt mit (a) $E^+ \supseteq (E^{++})^+ = E^{+++}$, also $E^+ = E^{+++}$. Analog begründet man $\Delta^+ = \Delta^{+++}$. □

Man sollte sich Folgendes merken: *Je größer die Gruppe Δ ist, desto kleiner ist Δ^+; und je kleiner der Zwischenkörper E ist, desto größer ist die Gruppe E^+.*

Vorsicht Die Abbildungen $\Delta \mapsto \Delta^+$ von $\mathcal{U}(\Gamma)$ in $\mathcal{Z}(L/K)$ und $E \mapsto E^+$ von $\mathcal{Z}(L/K)$ in $\mathcal{U}(\Gamma)$ sind im Allgemeinen weder injektiv noch surjektiv, und im Allgemeinen gilt $E \neq E^{++}$, $\Delta \neq \Delta^{++}$ (vgl. Aufgabe 28.4).

Beispiel 28.6 Es seien $\mathbb{C}(X)$ der Körper der rationalen Funktionen über $\mathbb{C}$ und σ, $\tau \in \Gamma(\mathbb{C}(X)/\mathbb{C})$ durch $\sigma(X) = \mathrm{e}^{\frac{2\pi \mathrm{i}}{n}} X$ und $\tau(X) = \frac{1}{X}$ gegeben, wobei $3 \leq n \in \mathbb{N}$ gelte. Wir zeigen, dass $\Delta := \langle \sigma, \tau \rangle$ zur Diedergruppe D_n isomorph ist und $\Delta^+ = \mathbb{C}(X^n + X^{-n})$ gilt.

Wegen $\sigma^k(X) = e^{\frac{2\pi i k}{n}} X$ gilt $o(\sigma) = n$, und es ist $o(\tau) = 2$. Weiter gilt $\tau \sigma \tau^{-1} = \sigma^{-1}$:

$$\tau \sigma \tau^{-1}(X) = \tau \sigma \left(X^{-1}\right) = \tau \left(e^{-\frac{2\pi i}{n}} X^{-1}\right) = e^{-\frac{2\pi i}{n}} X = \sigma^{-1}(X).$$

Daraus erhalten wir $\Delta \cong D_n$ (beachte Abschn. 3.1.5), und es gilt $\Delta = \{\tau^i \sigma^j \mid i = 0, 1, \ j = 0, \ldots, n-1\}$. Wir bestimmen nun Δ^+.

Für alle $i = 0, 1$ und $j = 0, \ldots, n-1$ gilt:

$$\tau^i \sigma^j \left(X^n + X^{-n}\right) = \tau^i \left(\left(e^{\frac{2\pi i j}{n}} X\right)^n + \left(e^{\frac{2\pi i j}{n}} X\right)^{-n}\right) = \tau^i \left(X^n + X^{-n}\right) = X^{-n} + X^n,$$

sodass also $X^n + X^{-n} \in \Delta^+$. Wegen $\mathbb{C} \subseteq \Delta^+$ erhalten wir $\mathbb{C}(X^n + X^{-n}) \subseteq \Delta^+$. Wir begründen nun, dass diese Inklusion nicht echt sein kann.

Es ist X Wurzel des Polynoms $(Y^n - X^n)(Y^n - X^{-n}) = Y^{2n} - (X^n + X^{-n}) Y^n + 1$ über $\mathbb{C}(X^n + X^{-n})$. Folglich gilt $[\mathbb{C}(X) : \mathbb{C}(X^n + X^{-n})] \leq 2n \in \mathbb{N}$.

Andererseits gilt wegen $\mathbb{C}(X^n + X^{-n}) \subseteq \Delta^+ \subseteq \mathbb{C}(X)$, $\Delta \subseteq \Delta^{++}$ und Lemma 28.2 (a)

$$2n = |\Delta| \leq |\Gamma(\mathbb{C}(X)/\Delta^+)| \leq [\mathbb{C}(X) : \Delta^+] \leq 2n,$$

sodass $[\mathbb{C}(X) : \Delta^+] = 2n$. Hieraus folgt aber für den Körperturm $\mathbb{C}(X^n + X^{-n}) \subseteq \Delta^+ \subseteq \mathbb{C}(X)$, vgl. die rechtsstehende Skizze, $[\mathbb{C}(X) : \mathbb{C}(X^n + X^{-n})] = 2n$, also $\Delta^+ = \mathbb{C}(X^n + X^{-n})$.

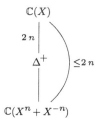

28.2.3 Abgeschlossene Zwischenkörper und Untergruppen

Es heißt $E \in \mathcal{Z}(L/K)$ bzw. $\Delta \in \mathcal{U}(\Gamma)$ **abgeschlossen**, wenn $E = E^{++}$ bzw. $\Delta = \Delta^{++}$. Wir bezeichnen die Menge der abgeschlossenen Elemente aus $\mathcal{Z}(L/K)$ bzw. $\mathcal{U}(\Gamma)$ mit $\mathcal{Z}_a(L/K)$ bzw. $\mathcal{U}_a(\Gamma)$.

Wenn man die $^+$-Abbildungen auf abgeschlossene Zwischenkörper bzw. Untergruppen beschränkt, so sind sie bijektiv, wie wir zeigen werden. Wir erhalten demnach eine eineindeutige Zuordnung zwischen den abgeschlossenen Zwischenkörpern und den abgeschlossenen Untergruppen. Das ist die *Galoiskorrespondenz.* Wir werden später begründen, dass bei endlichen Galoiserweiterungen jeder Zwischenkörper und jede Untergruppe abgeschlossen ist, womit wir dann durch die Galoiskorrespondenz bei solchen Erweiterungen L/K eine Bijektion zwischen $\mathcal{Z}(L/K)$ und $\mathcal{U}(\Gamma)$ erhalten, also eine eineindeutige Zuordnung *aller* Zwischenkörper von L/K zu *allen* Untergruppen von Γ erreichen.

Lemma 28.4

(a) *Für jedes $E \in \mathcal{Z}(L/K)$ sind äquivalent:*

    (1) E ist abgeschlossen.

    (2) $E = \Delta^+$ für ein $\Delta \in \mathcal{U}(\Gamma)$.

    (3) L/E ist galoissch.

(b) *Für jedes $\Delta \in \mathcal{U}(\Gamma)$ sind äquivalent:*

    (1') Δ ist abgeschlossen.

    (2') $\Delta = E^+$ für ein $E \in \mathcal{Z}(L/K)$.

(c) (**Galoiskorrespondenz**) *Die Abbildung*

$$\mathcal{F} : \begin{cases} \mathcal{U}_a(\Gamma) \to & \mathcal{Z}_a(L/K) \\ \Delta \mapsto & \Delta^+ = \mathcal{F}(\Delta) \end{cases}$$

ist eine Bijektion mit der Umkehrabbildung $\mathcal{G} : E \mapsto E^+ = \Gamma(L/E)$.

Beweis

(a) Es sei $E \in \mathcal{Z}(L/K)$ abgeschlossen. Dann gilt nach Definition $E = \Delta^+$ für $\Delta := E^+$. Also ist nach Definition L/E galoissch. Ist L/E galoissch, so gilt $E = \Delta^+$ für $\Delta := E^+$. Mit Lemma 28.3 folgt $E^{++} = \Delta^{+++} = \Delta^+ = E$.

(b) Es sei $\Delta \in \mathcal{U}(\Gamma)$ abgeschlossen. Nach Definition gilt $\Delta = E^+$ für $E := \Delta^+$. Mit Lemma 28.3 gilt $\Delta^{++} = E^{+++} = E^+ = \Delta$.

(c) Wegen (a), (b) gilt $\Delta^+ \in \mathcal{Z}_a(L/K)$ für jedes $\Delta \in \mathcal{U}_a(\Gamma)$ und $E^+ \in \mathcal{U}_a(\Gamma)$ für jedes $E \in \mathcal{Z}_a(L/K)$; und $\mathcal{G}\,\mathcal{F}(\Delta) = \Delta^{++} = \Delta$, $\mathcal{F}\,\mathcal{G}(E) = E^{++} = E$, d. h. $\mathcal{G}\,\mathcal{F} = \mathrm{Id}_{\mathcal{U}_a(\Gamma)}$, $\mathcal{F}\,\mathcal{G} = \mathrm{Id}_{\mathcal{Z}_a(L/K)}$. $\qquad\square$

28.2.4 Das Kompositum von Teilkörpern *

Für Teilkörper E, F eines Körpers M nennt man den kleinsten E und F umfassenden Teilkörper

$$E\,F := E(F) = F(E)$$

von M das **Kompositum** von E und F.

Lemma 28.5

(a) Für E_1, $E_2 \in \mathcal{Z}(L/K)$ gilt $(E_1\,E_2)^+ = E_1^+ \cap E_2^+$.
(b) Für Δ_1, $\Delta_2 \in \mathcal{U}(\Gamma)$ gilt $\langle \Delta_1 \cup \Delta_2 \rangle^+ = \Delta_1^+ \cap \Delta_2^+$.

Beweis

(a) Wir schließen mit Lemma 28.3 (a), (b):

$$(E_1\,E_2)^+ \subseteq E_1^+ \cap E_2^+ \quad \text{und} \quad E_i \subseteq E_i^{++} \subseteq (E_1^+ \cap E_2^+)^+ \quad \text{für } i = 1,\,2,$$

sodass $E_1\,E_2 \subseteq (E_1^+ \cap E_2^+)^+$, was

$$E_1^+ \cap E_2^+ \subseteq (E_1^+ \cap E_2^+)^{++} \subseteq (E_1\,E_2)^+$$

zur Folge hat.
(b) wird analog bewiesen. □

28.2.5 Galoisgruppen isomorpher Körpererweiterungen

Isomorphe Körpererweiterungen haben isomorphe Galoisgruppen:

Lemma 28.6 *Es seien L/K und L'/K' Körpererweiterungen und $\varphi : L \to L'$ ein Isomorphismus mit $\varphi(K) = K'$.*

(a) Es ist $\tau \mapsto \varphi\,\tau\,\varphi^{-1}$, $\tau \in \Gamma(L/K)$, ein Isomorphismus von $\Gamma(L/K)$ auf $\Gamma(L'/K')$.
(b) Wenn L/K galoissch ist, ist auch L'/K' galoissch.

Beweis

(a) Für jedes $\tau \in \Gamma(L/K)$ ist $\varphi\,\tau\,\varphi^{-1}$ ein K'-Automorphismus von L', da wegen $\varphi^{-1} \in K$ für $a \in K'$ gilt $\varphi\,\tau\,\varphi^{-1}(a) = \varphi\,\varphi^{-1}(a) = a$. Somit ist $\psi : \tau \mapsto \varphi\,\tau\,\varphi^{-1}$ ein Homomorphismus von $\Gamma(L/K)$ in $\Gamma(L'/K')$. Und es ist $\Phi : \tau' \mapsto \varphi^{-1}\,\tau'\,\varphi$ die Umkehrabbildung von ψ, sodass ψ ein Isomorphismus ist. Das beweist (a).
(b) Es seien L/K galoissch und $a' = \varphi(a) \in L' \setminus K'$. Es folgt $a \in L \setminus K$, sodass $\tau \in \Gamma(L/K)$ mit $\tau(a) \neq a$ existiert. Somit gilt $\varphi\,\tau\,\varphi^{-1}(a') = \varphi\,\tau(a) \neq \varphi(a) = a'$.

□

28.3   Algebraische Galoiserweiterungen

Wir begründen eine wichtige Kennzeichnung algebraischer galoisscher Körpererweiterungen. Man beachte, dass die Erweiterung nicht endlich zu sein braucht:

28.3.1 Normal plus separabel ist galoissch

Satz 28.7 (E. Artin) *Für eine algebraische Körpererweiterung L/K sind äquivalent:*

(1) L/K ist galoissch.
(2) L/K ist normal und separabel.
(3) L ist Zerfällungskörper einer Familie separabler Polynome aus $K[X]$.

Beweis (1) $\Rightarrow$ (2): Es sei $P \in K[X]$ irreduzibel und normiert und mit einer Wurzel $a \in L$. Jedes K-Konjugierte $b \in L$ (d. h. $b = \tau(a)$ für ein $\tau \in \Gamma(L/K)$) ist nach Lemma 28.1 (d) Wurzel von P. Daher hat a nur endlich viele verschiedene K-Konjugierte $a = a_1, a_2, \ldots, a_r \in L$. Wir betrachten

$$Q := \prod_{i=1}^{r} (X - a_i) = \sum_{i=0}^{r} c_i \, X^i \in L[X]$$

und begründen $P = Q$: Für jedes $\tau \in \Gamma(L/K)$ gilt nach dem Satz 14.3 zur universellen Eigenschaft (mit $v := X$):

$$\sum_{i=0}^{r} \tau(c_i) \, X^i = \prod_{i=1}^{r} (X - \tau(a_i)) = \prod_{i=1}^{r} (X - a_i) = \sum_{i=0}^{r} c_i \, X^i \, ,$$

denn τ permutiert $\{a_1, \ldots, a_r\}$. Es folgt $\tau(c_i) = c_i$ für alle $i = 0, \ldots, r$. Da L/K galoissch ist, gilt also $c_i \in K$ für alle $i = 0, \ldots, r$, d. h. $Q \in K[X]$. Wegen $Q(a) = 0$ hat dies nach Lemma 21.6 (b) $P \mid Q$ zur Folge. Da $a_1, \ldots, a_r$ verschiedene Wurzeln von P sind, gilt ferner $\deg P \geq \deg Q$. Es folgt $P = Q$, da P und Q normiert sind.

Wegen $P = Q$ zerfällt P über L in verschiedene Linearfaktoren. Es ist L/K demnach separabel und nach der Kennzeichnung (3) normaler Erweiterungen in Satz 25.13 normal.

Die Äquivalenz von (2) und (3) ist wegen der Aussagen in 25.13 und 26.9 klar.

(2) $\Rightarrow$ (1): Es sei $a \in L \setminus K$. Da a über K separabel ist, hat $m_{a, K}$ eine Wurzel $b \neq a$ in einem algebraischen Abschluss $\overline{K}$ von K. Nach Korollar 22.3 existiert ein K-Isomorphismus $\tau : K(a) \to K(b)$ mit $\tau(a) = b$. Dieser ist nach dem Fortsetzungssatz 25.12 von Monomorphismen auf algebraische Erweiterungen zu einem K-Monomorphismus $\overline{\tau} : L \to \overline{K}$ fortsetzbar. Da L/K normal ist, folgt $\overline{\tau}(L) = L$ nach der Kennzeichnung (2) normaler Körpererweiterungen im Satz 25.13, d. h. $\overline{\tau} \in \Gamma(L/K)$; und $\overline{\tau}(a) = \tau(a) = b \neq a$. Somit ist L/K galoissch. $\square$

Beispiel 28.7 Da jede Erweiterung L/K endlicher Körper L und K separabel und normal ist (siehe Korollar 27.4) und die K-Automorphismengruppe $\Gamma(L/K)$ nach Lemma 27.5 zyklisch ist, ist L/K eine zyklische Erweiterung, d. h. galoissch mit zyklischer Galoisgruppe (beachte den Satz 28.7 von Artin). ■

28.3.2 Normalteiler und galoissche Zwischenkörper

Ist E ein Zwischenkörper einer Galoiserweiterung L/K, so stellt sich natürlich die Frage, ob die Körpererweiterungen L/E und E/K Galoiserweiterungen sind. Während L/E bei algebraischer Galoiserweiterung L/K stets galoissch ist, ist E/K nur dann galoissch, wenn $\Gamma(L/E)$ ein Normalteiler in $\Gamma(L/K)$ ist. Das folgt aus:

Satz 28.8 (W. Krull) *Es sei L/K eine algebraische Galoiserweiterung mit Galoisgruppe Γ. Dann gilt für jeden Zwischenkörper E von L/K:*

(a) *Es sind L/E galoissch und E abgeschlossen.*
(b) *Jeder K-Monomorphismus von E in einen algebraischen Abschluss $\overline{L}$ von L kann zu einem Element aus Γ fortgesetzt werden.*
(c) *E/K ist genau dann galoissch, wenn $\Gamma(L/E)$ Normalteiler von Γ ist.*
  In diesem Fall ist $\tau \mapsto \tau|_E$ ein Epimorphismus von Γ auf $\Gamma(E/K)$ mit dem Kern $\Gamma(L/E)$, sodass $\Gamma(E/K) \cong \Gamma/\Gamma(L/E)$.

Beweis

(a) Nach dem Satz 28.7 von Artin ist L Zerfällungskörper einer Menge $A \subseteq K[X]$ über K separabler Polynome. Also ist L auch Zerfällungskörper von A über E; und die Elemente von A sind separabel über E. Nun folgt mit dem Satz 28.7 von Artin, dass L/E galoissch ist. Wegen Lemma 28.4 (a) ist E abgeschlossen.
(b) Nach dem Fortsetzungssatz 25.12 von Monomorphismen auf algebraische Erweiterungen kann jeder K-Monomorphismus $\tau : E \to \overline{L}$ zu einem Monomorphismus $\overline{\tau} : L \to \overline{L}$ fortgesetzt werden. Da die Erweiterung L/K normal ist, gilt $\overline{\tau}(L) = L$, d. h. $\overline{\tau} \in \Gamma$ wegen der Kennzeichnung (2) normaler Erweiterungen im Satz 25.13.
(c) Es sei E/K galoissch, also (vgl. den Satz 28.7 von Artin) normal. Für jedes $\tau \in \Gamma$ folgt $\tau(E) = E$, d. h. $\tau|_E \in \Gamma(E/K)$. Wegen (b) ist $\varphi : \tau \mapsto \tau|_E$ daher ein Epimorphismus von Γ auf $\Gamma(E/K)$; und es gilt

$$\tau \in \operatorname{Kern}\varphi \ \Leftrightarrow \ \tau|_E = \operatorname{Id}_E \ \Leftrightarrow \ \tau \in \Gamma(L/E).$$

Das liefert $\Gamma(L/E) = \operatorname{Kern}\varphi \trianglelefteq \Gamma$, und somit folgt mit dem Homomorphiesatz 4.11:

$$\Gamma(E/K) \cong \Gamma/\Gamma(L/E).$$

Es gelte $E^+ = \Gamma(L/E) \trianglelefteq \Gamma$. Für beliebige $\sigma \in \Gamma$, $\tau \in E^+$, $a \in E$ folgt $\sigma^{-1}\tau\sigma(a) = a$, d. h. $\tau(\sigma(a)) = \sigma(a)$, sodass $\sigma(a) \in E^{++} = E$. Das zeigt $\sigma(E) \subseteq E$. Wegen $\sigma^{-1} \in \Gamma$ gilt auch $\sigma^{-1}(E) \subseteq E$, d. h. $E \subseteq \sigma(E)$. Das begründet $\sigma|_E \in \Gamma(E/K)$.

Zu jedem $b \in E \setminus K$ existiert $\sigma \in \Gamma$ mit $\sigma(b) \neq b$, da L/K galoissch ist, d. h. $\sigma|_E(b) \neq b$. Folglich ist E/K galoissch. $\square$

Bemerkung Wegen Satz 28.8 (a) und Lemma 28.4 (a) ist $\Delta \mapsto \mathcal{F}(\Delta)$, $\Delta \in \mathcal{U}(\Gamma)$, eine surjektive Abbildung von $\mathcal{U}(\Gamma)$ auf $\mathcal{Z}(L/K)$. Und ist L/K abelsch, so ist E/K für jedes $E \in \mathcal{Z}(L/K)$ galoissch, da in diesem Fall jede Untergruppe von Γ ein Normalteiler ist.

Vorsicht Im Fall $[L : K] \notin \mathbb{N}$ hat $\Gamma(L/K)$ nach W. Krull Untergruppen, die nicht abgeschlossen sind: Er führte in $\Gamma(L/K)$ eine Topologie $\mathfrak{T}$ ein mit der Eigenschaft, dass $\Delta \leq \Gamma(L/K)$ genau dann im obigen Sinne abgeschlossen ist, wenn Δ bzgl. $\mathfrak{T}$ abgeschlossen ist.

28.4   Hauptsatz der endlichen Galoistheorie

Wir untersuchen nun den Fall einer endlichen Galoiserweiterung L/K.

28.4.1 Ein Satz von Dedekind

Eines unserer Ziele ist es, zu begründen, dass eine endliche Erweiterung L/K genau dann galoissch ist, wenn $[L : K] = |\Gamma(L/K)|$ gilt, d. h. wenn der Grad der Körpererweiterung L/K mit der Anzahl der K-Automorphismen von L übereinstimmt. Einen ersten Hinweis liefert:

Satz 28.9 (R. Dedekind) *Es seien L ein Körper und Γ eine endliche Untergruppe von* Aut L *mit Fixkörper K. Dann gilt $[L : K] = |\Gamma|$.*

Beweis Wir begründen vorab:
   (∗) L/K *ist separabel, und* $[K(a) : K] \leq |\Gamma|$ *für jedes* $a \in L$.
   Es sei $a \in L$ und $M := \{\varphi(a) \,|\, \varphi \in \Gamma\}$. Für

$$Q := \prod_{b \in M} (X - b) = \sum_{i=0}^{|M|} a_i X^i \in L[X]$$

folgt (vgl. den Beweis zum Satz 28.7 von Artin), da $\gamma(M) = M$ für jedes $\gamma \in \Gamma$ (beachte Satz 14.3 zur universellen Eigenschaft):

$$\sum_{i=0}^{|M|} \gamma(a_i) \, X^i = \prod_{b \in M} (X - \gamma(b)) = Q = \sum_{i=0}^{|M|} a_i \, X^i \,,$$

sodass $\gamma(a_i) = a_i$ für alle $i = 0, \ldots, |M|$. Wegen $K = \mathcal{F}(\Gamma)$ hat dies $a_i \in K$ für jedes i zur Folge, somit gilt $Q \in K[X]$. Da Q in L nur einfache Wurzeln hat, und $Q(a) = 0$ gilt, ist a separabel über K, und wegen Lemma 22.1 (b) gilt $[K(a) : K] \leq \deg Q = |M| \leq |\Gamma|$. Somit ist (∗) gültig.

Wegen (∗) und dem Korollar 26.7 zum Satz vom primitiven Element gilt $L = K(c)$ für ein $c \in L$ sowie $[L : K] = [K(c) : K] \leq |\Gamma|$. Nach Lemma 28.2 (a) wissen wir, dass $|\Gamma| \leq |\Gamma(L/K)| \leq [L : K]$. □

28.4.2 Der Hauptsatz

Aus den Sätzen 28.8 und 28.9 erhalten wir nun den Hauptsatz (E. Galois, R. Dedekind):

Satz 28.10 (Hauptsatz der endlichen Galoistheorie) *Es sei L/K eine endliche Galoiserweiterung mit Galoisgruppe Γ. Dann sind die folgenden Abbildung bijektiv und invers zueinander:*

$$\mathcal{F} : \begin{cases} \mathcal{U}(\Gamma) \to \mathcal{Z}(L/K) \\ \Delta \mapsto \mathcal{F}(\Delta) \end{cases} , \qquad \mathcal{G} : \begin{cases} \mathcal{Z}(L/K) \to \mathcal{U}(\Gamma) \\ E \mapsto \Gamma(L/E) \end{cases} ;$$

und es gilt $[L : E] = |\Gamma(L/E)|$ für jedes $E \in \mathcal{Z}(L/K)$ sowie:

(a) Es sind L/E galoissch und E abgeschlossen.
(b) Jeder K-Monomorphismus von E in einen algebraischen Abschluss $\overline{L}$ von L kann zu einem Element aus Γ fortgesetzt werden.
(c) E/K ist genau dann galoissch, wenn $\Gamma(L/E)$ Normalteiler von Γ ist.
In diesem Fall ist $\tau \mapsto \tau|_E$ ein Epimorphismus von Γ auf $\Gamma(E/K)$ mit dem Kern $\Gamma(L/E)$, sodass $\Gamma(E/K) \cong \Gamma/\Gamma(L/E)$.

Beweis Da die Gleichung $[L : E] = |\Gamma(L/E)|$ direkt aus dem Satz 28.9 von Dedekind folgt, hat man aufgrund vom Satz 28.8 von Krull und Lemma 28.4 (c) nur noch zu zeigen, dass $\Delta = \Delta^{++}$ für jedes $\Delta \in \mathcal{U}(\Gamma)$ gilt. Nach Lemma 28.2 ist Γ endlich, sodass mit dem Satz 28.9 von Dedekind $[L : \Delta^+] = |\Delta|$ gilt. Es ist $E := \Delta^+$ wegen $\Delta \subseteq \Delta^{++}$ auch Fixkörper von $E^+ = \Delta^{++}$, sodass aufgrund des Satzes 28.9 von Dedekind auch $[L : \Delta^+] = |\Delta^{++}|$. Es folgt $\Delta = \Delta^{++}$. □

Es sind also auch alle Untergruppen von Γ abgeschlossen.

Bemerkung Die Dualität im Hauptsatz 28.10 nahm erstmals bei Dedekind und Hilbert Gestalt an.

28.4.3 Zusammenfassung und Beispiel

Wir fassen die Aussagen in 28.7 und 28.2 (c) zusammen:

Korollar 28.11 *Für jede endliche Körpererweiterung L/K sind äquivalent:*

(1) L/K ist galoissch.
(2) L/K ist separabel und normal.
(3) L ist Zerfällungskörper eines separablen Polynoms P aus $K[X]$.
(4) L ist Zerfällungskörper eines irreduziblen, separablen Polynoms P aus $K[X]$.
(5) $[L : K] = |\Gamma(L/K)|$. $\qquad\qquad\qquad\qquad\qquad\qquad\qquad\qquad\qquad\qquad$ □

Aus (2) folgt nämlich mit dem Korollar 26.7 zum Satz vom primitiven Element und dem Satz 28.7 von Artin die Aussage (4).

Beispiel 28.8 Es sei $K := \mathbb{Q}$, $L := \mathbb{Q}(\sqrt{2}, \mathrm{i})$ und $\Gamma := \Gamma(L/K)$. Es ist L Zerfällungskörper über $\mathbb{Q}$ des separablen Polynoms $P = X^4 - X^2 - 2 = (X^2 + 1)(X^2 - 2)$.

Es sind $X^2 + 1$ irreduzibel über $\mathbb{Q}(\sqrt{2})$ mit den Wurzeln i, $-\mathrm{i}$ und $X^2 - 2$ irreduzibel über $\mathbb{Q}(\mathrm{i})$ mit den Wurzeln $\sqrt{2}$, $-\sqrt{2}$.

Weil L/K separabel und normal ist, ist die Körpererweiterung L/K vom Grad 4 galoissch, und nach Korollar 22.3 existiert ein $\mathbb{Q}(\sqrt{2})$-Automorphismus α von L mit $\alpha(\mathrm{i}) = -\mathrm{i}$ und ein $\mathbb{Q}(\mathrm{i})$-Automorphismus β von L mit $\beta(\sqrt{2}) = -\sqrt{2}$. Es folgt $\alpha^2 = \mathrm{Id}_L = \beta^2$ und $\alpha\beta \neq \mathrm{Id}_L$. Die Galoisgruppe $\Gamma = \Gamma(L/K) = \{\mathrm{Id}_L, \alpha, \beta, \alpha\beta\}$ ist eine Klein'sche Vierergruppe mit den Untergruppen

$$\{\mathrm{Id}_L\}, \ \langle\alpha\rangle, \ \langle\beta\rangle, \ \langle\alpha\beta\rangle, \ \Gamma .$$

Offenbar gilt $\mathcal{F}(\langle\alpha\rangle) = \mathbb{Q}(\sqrt{2})$, $\mathcal{F}(\langle\beta\rangle) = \mathbb{Q}(\mathrm{i})$ und wegen $\alpha\beta(\mathrm{i}\sqrt{2}) = \mathrm{i}\sqrt{2}$ ferner $\mathcal{F}(\langle\alpha\beta\rangle) = \mathbb{Q}(\mathrm{i}\sqrt{2})$. Mit dem Hauptsatz 28.10 erhalten wir aus dem Untergruppenverband den Verband aller Zwischenkörper von L/K (siehe Abb. 28.1).

Weil Γ abelsch ist, ist $E/\mathbb{Q}$ für jedes $E \in \mathcal{Z}(L/\mathbb{Q})$ nach dem Hauptsatz 28.10 (c) galoissch. ∎

Wir werden im nächsten Kapitel ausführlich kompliziertere Beispiele behandeln.

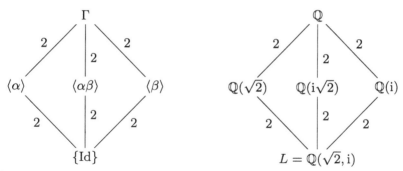

Abb. 28.1 Der Untergruppen- und dazugehörige Zwischenkörperverband

28.5 Ergänzungen

Wir beweisen in diesem Abschnitt drei wichtige Sätze: Den Satz über die Einbettung in Galoiserweiterungen, den Translationssatz und schließlich den Fundamentalsatz der Algebra.

28.5.1 Einbettung in eine Galoiserweiterung *

Der Hauptsatz 28.10 kann gelegentlich auch dann genutzt werden, wenn L/K nicht galoissch ist:

Satz 28.12 (Einbettung in Galoiserweiterungen) *Zu jeder endlichen, separablen Körpererweiterung L/K existiert eine endliche Galoiserweiterung M/K mit $L \subseteq M$.*

Beweis Nach dem Satz 26.6 vom primitiven Element gilt $L = K(a)$ für ein $a \in L$ mit separablen Minimalpolynom P. Der Zerfällungskörper M von P über L ist auch ein solcher von P über K. Nach Korollar 28.11 ist M/K galoissch (und endlich). $\qquad\square$

Hieraus erhalten wir für die Zwischenkörper einer endlichen separablen Erweiterung:

Korollar 28.13 *Jede endliche, separable Körpererweiterung besitzt nur endlich viele Zwischenkörper.* $\qquad\square$

Beweis Es sei L/K endlich und separabel. Nach dem Satz 28.12 zur Einbettung in Galoiserweiterungen existiert eine endliche Galoiserweiterung M/K mit $L \subseteq M$. Wegen des Hauptsatzes 28.10 hat M/K nur endlich viele Zwischenkörper. Demnach hat auch L/K nur endlich viele Zwischenkörper. $\qquad\square$

28.5.2 Der Translationssatz

Gelegentlich wird die folgende Aussage benötigt:

Satz 28.14 (Translationssatz) *Es seien L/K eine endliche Galoiserweiterung und M/K eine beliebige Körpererweiterung; und es existiere ein gemeinsamer Erweiterungskörper von L und M. Dann ist LM/M galoissch; und die Abbildung $\tau \mapsto \tau|_L$ ist ein Isomorphismus von $\Gamma(LM/M)$ auf $\Gamma(L/L \cap M)$.*

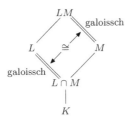

Beweis Nach Korollar 28.11 ist L Zerfällungskörper eines über K separablen Polynoms P. Offenbar ist LM Zerfällungskörper von P über M, sodass LM/M nach Korollar 28.11 galoissch ist.

Für jedes $\tau \in \Gamma := \Gamma(LM/M)$ gilt $\tau|_L \in \operatorname{Aut} L$ nach Korollar 28.11 und dem Satz 25.13 zu den Kennzeichnungen normaler Erweiterungen; wegen $\tau|_M = \operatorname{Id}_M$ gilt $\tau|_L \in \Gamma(L/L \cap M)$. Somit ist $\varphi : \tau \mapsto \tau|_L$ eine Abbildung von Γ in $\Gamma(L/L \cap M)$. Offenbar ist φ ein Homomorphismus.

Aus $\tau|_L = \operatorname{Id}_L$ folgt mit Lemma 28.1 (c) $\tau = \operatorname{Id}|_{LM}$, sodass φ injektiv ist.

Zu begründen bleibt die Surjektivität von φ, d. h. $\Delta := \varphi(\Gamma) = \Gamma(L/L \cap M)$. Dazu zeigen wir $\mathcal{F}(\Delta) = L \cap M$: Die Inklusion $L \cap M \subseteq \mathcal{F}(\Delta)$ ist wegen $\tau|_M = \operatorname{Id}_M$ für jedes $\tau \in \Gamma$ klar. Nun sei $a \in \mathcal{F}(\Delta) \subseteq L$. Angenommen, $a \notin M$. Da LM/M galoissch ist, existiert ein $\tau \in \Gamma$ mit $\tau(a) \neq a$. Dann gilt auch $\varphi(\tau)(a) = \tau|_L(a) \neq a$, sodass $a \notin \mathcal{F}(\Delta)$. Dies begründet $\mathcal{F}(\Delta) = L \cap M$. Nun folgt mit dem Hauptsatz 28.10 der endlichen Galoistheorie $\Delta = \Gamma(L/L \cap M)$. $\qquad\qquad\square$

28.5.3 Der Fundamentalsatz der Algebra *

Eine interessante Anwendung von Satz 28.10 und Korollar 28.13 ist der bekannte Satz:

Satz 28.15 (Fundamentalsatz der Algebra) *Der Körper $\mathbb{C}$ der komplexen Zahlen ist algebraisch abgeschlossen.*

Beweis Wir begründen zuerst:
(1) Zu jedem $a \in \mathbb{C}$ existiert ein $b \in \mathbb{C}$ mit $b^2 = a$.

Es sei $a = x + \mathrm{i}\, y$ mit $x,\ y \in \mathbb{R}$. Man setze $b := \sqrt{\frac{1}{2}\,(|a|+x)} + \mathrm{i}\, \eta\, \sqrt{\frac{1}{2}\,(|a|-x)}$, wobei $\eta \in \{\pm 1\}$ so gewählt wird, dass $y = \eta\,|y|$ erfüllt ist. Dann gilt, wie man direkt nachrechnet, $b^2 = a$. Somit gilt (1).

Nun sei K eine endliche Erweiterung von $\mathbb{C}$. Wir begründen:

(2) $K = \mathbb{C}$.

Nach dem Satz 28.12 zur Einbettung in Galoiserweiterungen und dem Satz 26.5 von Steinitz existiert eine endliche Galoiserweiterung $L/\mathbb{R}$ mit $K \subseteq L$. Es sei Δ eine 2-Sylowgruppe von $\Gamma := \Gamma(L/\mathbb{R})$ mit Fixkörper E. Dann ist $[E : \mathbb{R}]$ wegen des Hauptsatzes 28.10 der endlichen Galoistheorie ungerade. Jedes $a \in E$ hat dann nach dem Korollar 21.4 zum Gradsatz einen ungeraden Grad über $\mathbb{R}$ und somit auch das Minimalpolynom $m_{a,\,\mathbb{R}}$. Da bekanntlich jedes Polynom ungeraden Grades aus $\mathbb{R}[X]$ eine Wurzel in $\mathbb{R}$ hat, gilt $[\mathbb{R}(a) : \mathbb{R}] = 1$. Es folgt $a \in \mathbb{R}$, also $\mathcal{F}(\Delta) = E = \mathbb{R}$. Nach dem Hauptsatz 28.10 ist $\Gamma = \Delta$ daher eine 2-Gruppe. Folglich ist auch $\Gamma(L/\mathbb{C})$ eine 2-Gruppe; und $L/\mathbb{C}$ ist nach Satz 28.10 galoissch. Im Fall $|\Gamma(L/\mathbb{C})| \neq 1$ besäße $\Gamma(L/\mathbb{C})$ nach dem Satz 8.1 von Frobenius eine Untergruppe Δ_0 vom Index 2. Mit Satz 28.10 folgte $[\mathcal{F}(\Delta_0) : \mathbb{C}] = 2$. Das widerspricht (1), wonach jedes quadratische Polynom über $\mathbb{C}$ eine Wurzel in $\mathbb{C}$ hat (w ist Wurzel von $X^2 + 2\,p\,X + q \Leftrightarrow (w+p)^2 = p^2 - q$). Aus $|\Gamma(L/\mathbb{C})| = 1$ folgt $L = \mathbb{C}$ und damit $K = \mathbb{C}$.

Die Aussage (2) und Lemma 25.3 begründen den Satz.   □

Bemerkungen

(1) Erste Beweisversuche für den Fundamentalsatz 28.15 stammen von d'Alembert, Euler und Lagrange, waren aber nicht stichhaltig. Gauß gab dann insgesamt vier Beweise. Heute sind etwa hundert bekannt.

(2) Mit den Mitteln der Funktionentheorie kann der Fundamentalsatz einfach bewiesen werden; er ist dort eine Folgerung eines Satzes von Liouville.

28.5.4 Ein Überblick über die behandelten Körpererweiterungen

In der Abb. 28.2 geben wir einen Überblick über die verschiedenen Typen von Körpererweiterungen, die wir betrachtet haben. Aus jeder Klasse von Körpererweiterungen geben wir einen typischen Vertreter an. Man beachte, dass aufgrund des Satzes vom primitiven Element keine endliche nicht-einfache separable bzw. galoissche Körpererweiterung existiert.

Mit A bezeichnen wir den algebraischen Abschluss von $\mathbb{F}_p(X)$; es ist dann $A/\mathbb{F}_p(X)$ eine normale, aber nicht separable und nicht endliche Körpererweiterung (dieser Nachweis ist nicht ganz einfach); alle anderen Vertreter haben wir in unseren Beispielen behandelt bzw. können vom Leser schnell nachvollzogen werden.

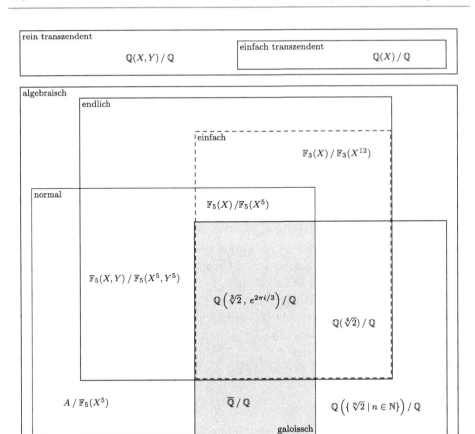

Abb. 28.2 Die Körpererweiterungen und Repräsentanten der verschiedenen Klassen

Aufgaben

28.1 • Es sei L ein Körper mit Primkörper P. Zeigen Sie: $\operatorname{Aut} L = \Gamma(L/P)$.

28.2 •• Bestimmen Sie die Galoisgruppe Γ von $\mathbb{Q}(\sqrt{2},\ \sqrt{3})/\mathbb{Q}$. Ist die Körpererweiterung galoissch? Geben Sie alle Untergruppen von Γ und alle Zwischenkörper von $\mathbb{Q}(\sqrt{2},\ \sqrt{3})/\mathbb{Q}$ an.

28.3 •• Man bestimme $\Gamma(L/\mathbb{Q})$ mit $L = \mathbb{Q}(\zeta)$ für $\zeta = \exp\left(\frac{2\pi\,\mathrm{i}}{5}\right)$, dazu alle Untergruppen U von $\Gamma(L/\mathbb{Q})$ und alle Fixkörper $\mathcal{F}(U)$.

28.4 ••• Es sei $L := \mathbb{Q}(X)$ der Körper der rationalen Funktionen über $\mathbb{Q}$. Für $a \neq 0$ bezeichne ε_{aX} den $\mathbb{Q}$-Automorphismus $\frac{P}{Q} \mapsto \frac{P(aX)}{Q(aX)}$ von L. Zeigen Sie:

(a) $L/\mathbb{Q}$ ist galoissch.
(b) Der Zwischenkörper $\mathbb{Q}(X^2)$ von $L/\mathbb{Q}$ ist abgeschlossen.
(c) Für $a \in \mathbb{Q} \setminus \{0, 1, -1\}$ gilt $\langle \varepsilon_{aX} \rangle^+ = \mathbb{Q}$, und $\mathbb{Q}(X^3)^+ = \{\mathrm{Id}_L\}$.

Folgern Sie: Die Abbildungen $E \mapsto E^+$ von $\mathcal{Z}(L/\mathbb{Q})$ in $\mathcal{U}(\Gamma(L/\mathbb{Q}))$ und $\Delta \mapsto \Delta^+$ von $\mathcal{U}(\Gamma(L/\mathbb{Q}))$ in $\mathcal{Z}(L/\mathbb{Q})$ sind weder injektiv noch surjektiv.

28.5 • Es sei K ein Körper mit p^n Elementen (p eine Primzahl) und L eine endliche Erweiterung von K vom Grad m. Zeigen Sie: $\Gamma(L/K) \cong \mathbb{Z}/m$.

28.6 •• Es seien $K/\mathbb{Q}$ eine Erweiterung vom Primzahlgrad $p > 2$. Für den normalen Abschluss N von K gelte $[N : K] = 2$. Zeigen Sie: $\Gamma(N/\mathbb{Q}) \cong D_p$.

28.7 ••• Es seien E, F, K, L Körper mit $K \subseteq E$, $F \subseteq L$ und $[L : K] < \infty$.

(a) Sind E/K und F/K galoissch, so auch EF/K, $E \cap F/K$, $EF/E \cap F$, $E/E \cap F$ und $F/E \cap F$, und es gilt $\Gamma(EF/E \cap F) \cong \Gamma(E/E \cap F) \times \Gamma(F/E \cap F)$.
(b) Ist E/K galoissch, so gilt $[EF : K] = [E : K][F : K] \Leftrightarrow E \cap F = K$.
(c) Die Aussage in (b) stimmt nicht für beliebige endliche Erweiterungen.

28.8 •• Es sei L/K eine Galoiserweiterung mit der Galoisgruppe $\Gamma(L/K)$ und $a \in L$ ein Element mit $\sigma(a) \neq a$ für alle $\sigma \in \Gamma(L/K)$, $\sigma \neq \mathrm{Id}$. Zeigen Sie: $L = K(a)$.

28.9 •• Bestimmen Sie möglichst explizit $\Delta \leq \mathrm{Aut}\, L$ mit $K = \mathcal{F}(\Delta)$ für

(a) $L = \mathbb{Q}(\sqrt{2}, \sqrt{3})$, $K = \mathbb{Q}(\sqrt{6})$;
(b) $L = \mathbb{Q}(\mathrm{i}, \sqrt[8]{2})$, $K = \mathbb{Q}((1 - \mathrm{i})/\sqrt{2})$;
(c) $L = \mathbb{Q}(\mathrm{e}^{2\pi \mathrm{i}/n})$, $K = \mathbb{Q}(\cos(2\pi/n))$;
(d) $L = \mathbb{Q}(\zeta)$, $K = \mathbb{Q}(\zeta + \zeta^4 + \zeta^{13} + \zeta^{16})$ mit $\zeta = \mathrm{e}^{2\pi \mathrm{i}/17}$.

28.10 •• Es sei $f \in \mathbb{Q}[X]$ irreduzibel mit Zerfällungskörper K über $\mathbb{Q}$. Die Galoisgruppe $\Gamma(K/\mathbb{Q})$ habe ungerade Ordnung. Zeigen Sie, dass f nur reelle Nullstellen hat.

28.11 • Es sei L/K eine Galoiserweiterung mit Galoisgruppe $\Gamma := \Gamma(L/K) \cong S_4$. Wieviele Zwischenkörper Z von L/K gibt es mit $[Z : K] = 8$?

Der Zwischenkörperverband einer Galoiserweiterung *

29

Übersicht

Mit dem Hauptsatz der endlichen Galoistheorie ist die Aufgabe, den Zwischenkörperverband einer endlichen Galoiserweiterung L/K zu bestimmen, auf die im Allgemeinen einfachere Aufgabe, den Untergruppenverband der Galoisgruppe $\Gamma(L/K)$ zu bestimmen, zurückgeführt. Außerdem besagt der Hauptsatz, dass ein Zwischenkörper E von L/K genau dann galoissch über K ist, wenn die zugehörige Untergruppe $E^+ = \Gamma(L/E)$ von $\Gamma(L/K)$ ein Normalteiler von $\Gamma(L/K)$ ist.

Wir verdeutlichen in diesem Kapitel diese starken Aussagen der Galoistheorie an Beispielen. *Norm* und *Spur* von Galoiserweiterungen sind dabei nützliche Hilfsmittel.

Voraussetzung Es ist ein Körper K gegeben.

© Der/die Autor(en), exklusiv lizenziert an Springer-Verlag GmbH, DE,
ein Teil von Springer Nature 2024
C. Karpfinger, *Algebra*, https://doi.org/10.1007/978-3-662-68656-0_29

29.1   Norm und Spur

Es sei L/K eine endliche Galoiserweiterung mit Galoisgruppe $\Gamma := \Gamma(L/K)$. Für jedes $a \in L$ heißen

- $N_{L/K}(a) := \prod_{\tau \in \Gamma} \tau(a)$ die **Norm** von a (bzgl. L/K) und
- $\mathrm{Sp}_{L/K}(a) := \sum_{\tau \in \Gamma} \tau(a)$ die **Spur** von a (bzgl. L/K).

Beispiel 29.1 Es gilt für jedes $a \in \mathbb{C}$: $N_{\mathbb{C}/\mathbb{R}}(a) = a\,\overline{a} = |a|^2$ und $\mathrm{Sp}_{\mathbb{C}/\mathbb{R}}(a) = a + \overline{a} = 2\,\mathrm{Re}\,a$. ∎

Lemma 29.1 (Rechenregeln für Norm und Spur) *Für beliebige $a, b \in L$ und $s \in K$ gilt:*

(a) $N_{L/K}(a) \in K$, $\mathrm{Sp}_{L/K}(a) \in K$;
(b) $N_{L/K}(a\,b) = N_{L/K}(a)\,N_{L/K}(b)$;
(c) $\mathrm{Sp}_{L/K}(a + b) = \mathrm{Sp}_{L/K}(a) + \mathrm{Sp}_{L/K}(b)$, $\mathrm{Sp}_{L/K}(s\,a) = s\,\mathrm{Sp}_{L/K}(a)$;
(d) $N_{L/K}(s) = s^{[L:K]}$, $\mathrm{Sp}_{L/K}(s) = [L : K]\,s$.

Beweis

(a) Für $\sigma \in \Gamma$ gilt:

$$\sigma(N_{L/K}(a)) = \sigma\left(\prod_{\tau \in \Gamma} \tau(a)\right) = \prod_{\tau \in \Gamma} \sigma\,\tau(a) = N_{L/K}(a),$$

$$\sigma(\mathrm{Sp}_{L/K}(a)) = \sigma\left(\sum_{\tau \in \Gamma} \tau(a)\right) = \sum_{\tau \in \Gamma} \sigma\,\tau(a) = \mathrm{Sp}_{L/K}(a),$$

da mit τ auch $\sigma\,\tau$ die ganze Gruppe Γ *durchläuft*. Also sind Norm und Spur von a im Fixkörper von Γ. Nun beachte man $K = \mathcal{F}(\Gamma)$, da L/K galoissch ist.
(b) Für alle $a, b \in L$ gilt $N_{L/K}(a\,b) = \prod_{\tau \in \Gamma} \tau(a\,b) = \prod_{\tau \in \Gamma} \tau(a) \prod_{\tau \in \Gamma} \tau(b) = N_{L/K}(a)\,N_{L/K}(b)$.
(c) Den ersten Teil zeigt man analog zu (b). Es seien $a \in L$ und $s \in K$. Dann gilt: $\mathrm{Sp}_{L/K}(s\,a) = \sum_{\tau \in \Gamma} \tau(s\,a) = \sum_{\tau \in \Gamma} s\,\tau(a) = s\,\mathrm{Sp}_{L/K}(a)$, da $\tau(s) = s$ für jedes $\tau \in \Gamma$.
(d) ist nach dem Beweis zu (c) klar.

$\square$

Für jedes $\Delta \leq \Gamma$ und $E := \mathcal{F}(\Delta)$ ist L/E nach dem Hauptsatz 28.10 der endlichen Galoistheorie galoissch mit Galoisgruppe Δ, wir setzen:

$$\mathrm{Sp}_\Delta(a) := \mathrm{Sp}_{L/E}(a) = \sum_{\tau \in \Delta} \tau(a).$$

29.2 Hinweise zur Ermittlung des Fixkörpers $\mathcal{F}(\Delta)$

Wir geben Hinweise, wie man für eine gegebene Untergruppe Δ der Galoisgruppe $\Gamma(L/K)$ den Fixkörper $\mathcal{F}(\Delta)$ bestimmt.

29.2.1 Das Dedekind'sche Lemma

Wir begründen, dass verschiedene Monomorphismen von K in L linear unabhängig sind.

Satz 29.2 (Dedekind'sches Lemma) *Es seien $\tau_1, \ldots, \tau_n$ verschiedene Monomorphismen von K in einen Körper L. Sind $c_1, \ldots, c_n$ Elemente aus L mit*

$$(*) \quad c_1\,\tau_1(x) + \cdots + c_n\,\tau_n(x) = 0 \quad \textit{für jedes} \quad x \in K\,,$$

so gilt $c_i = 0$ für $i = 1, \ldots, n$.

Beweis Wir zeigen die Behauptung durch vollständige Induktion nach der Anzahl n der Monomorphismen. Der Induktionsbeginn mit $n = 1$ ist klar. Die Aussage sei für $k \leq n - 1$ Monomorphismen bewiesen. Es seien $\tau_1, \ldots, \tau_n$ verschieden, und es gelte $\sum_{i=1}^n c_i\,\tau_i(x) = 0$ für alle $x \in K$. Da $\tau_1 \neq \tau_n$, gibt es ein $a \in K$ mit $\tau_1(a) \neq \tau_n(a)$. Wegen $\sum_{i=1}^n c_i\,\tau_i(a\,x) = 0$ und $\tau_i(a\,x) = \tau_i(a)\,\tau_i(x)$ für jedes $i = 1, \ldots, n$ gilt

$$0 = \sum_{i=1}^n c_i\,\tau_i(a)\,\tau_i(x) \quad \text{und} \quad 0 = \tau_1(a)\left(\sum_{i=1}^n c_i\,\tau_i(x)\right).$$

Subtraktion liefert

$$\sum_{i=2}^n c_i\,(\tau_i(a) - \tau_1(a))\,\tau_i(x) = 0\,.$$

Aus der Induktionsvoraussetzung folgt $c_i\,(\tau_i(a) - \tau_1(a)) = 0$ für alle $i = 2, \ldots, n$, woraus wir $c_n = 0$ wegen $\tau_1(a) \neq \tau_n(a)$ erhalten. Somit gilt $\sum_{i=1}^{n-1} c_i\,\tau_i(x) = 0$ für alle $x \in K$. Dies impliziert $c_1 = \cdots = c_{n-1} = 0$ nach der Induktionsvoraussetzung. $\qquad\square$

29.2.2 Die Methode mit der Spur

Mithilfe der Spur kann aus einem K-Erzeugendensystem von L ein solches von $\mathcal{F}(\Delta)$ bestimmt werden:

Lemma 29.3 *Es seien $B \subseteq L$ ein Erzeugendensystem des K-Vektorraums L und $\Delta \in \mathcal{U}(\Gamma)$. Dann ist*

$$\mathrm{Sp}_\Delta(B) = \{\mathrm{Sp}_\Delta(b) \mid b \in B\}$$

ein Erzeugendensystem des K-Vektorraums $\mathcal{F}(\Delta)$.

Beweis Nach dem Dedekind'schen Lemma 29.2 existiert ein $v \in L$ mit $\mathrm{Sp}_\Delta(v) \neq 0$. Es sei $c \in \mathcal{F}(\Delta)$ gegeben. Für $d := c \frac{v}{\mathrm{Sp}_\Delta(v)}$ folgt mit den Regeln Lemma 29.1 (a), (c) für Norm und Spur $\mathrm{Sp}_\Delta(d) = c$. Aus $d = \sum_{i=1}^{n} s_i\, b_i$ mit $s_i \in K$ und $b_i \in B$ resultiert daher (beachte die Regel Lemma 29.1 (c)):

$$c = \mathrm{Sp}_\Delta(d) = \sum_{i=1}^{n} s_i\, \mathrm{Sp}_\Delta(b_i)\,.$$

Nun beachte $\mathrm{Sp}_\Delta(b_i) \in \mathcal{F}(\Delta)$ für alle $i = 1, \ldots, n$ (vgl. Regel Lemma 29.1 (a)).   □

Lemma 29.3 bietet eine Methode, wie man zu einer Untergruppe Δ einer Galoisgruppe den Fixkörper $\mathcal{F}(\Delta)$ bestimmt. Bevor wir die Methode an einem Beispiel erproben, geben wir weitere Techniken an.

29.2.3 Die Methode mit dem Gleichungssystem

Neben der Methode mit der Spur (vgl. Lemma 29.3) benutzt man auch die folgende Methode, um den Fixkörper $\mathcal{F}(\Delta)$ einer Untergruppe Δ der Galoisgruppe Γ zu ermitteln:

- Bestimme eine K-Basis $\{a_1, \ldots, a_n\}$ von L (vgl. Lemma 22.1 (b)).
- Für $\tau \neq \mathrm{Id}$ aus Δ und $c = \sum_{i=1}^{n} k_i\, a_i \in L$ mit $k_i \in K$ gilt:

$$c \in \mathcal{F}(\Delta) \;\Leftrightarrow\; \sum_{i=1}^{n} k_i\, \tau(a_i) = \tau(c) = c = \sum_{i=1}^{n} k_i\, a_i\,.$$

- Aus diesem linearen Gleichungssystem mit $|\Delta \setminus \{\mathrm{Id}\}|$ Gleichungen für die n Koeffizienten k_i ermittle $\mathcal{F}(\Delta)$.

Beachte das Beispiel 29.4.

29.3 Hinweise zur Ermittlung von $\Gamma = \Gamma(L/K)$

Bei den bisherigen Beispielen war es stets einfach, die Galoisgruppe einer endlichen Galoiserweiterung L/K zu bestimmen. Das lag vor allem daran, dass der Körpergrad $[L : K] = |\Gamma(L/K)|$ *klein* war. Aber die Anzahl der Isomorphietypen von Gruppen wächst rasant mit der Ordnung der Gruppe. Man sollte daher dankbar jeden Hinweis zur Ermittlung der Galoisgruppe annehmen.

29.3.1 Der Fall $L = K(a_1, \ldots, a_k)$

Im Allgemeinen ist L in der Form $L = K(a_1, \ldots, a_k)$ gegeben. Eine Methode zur Ermittlung der K-Automorphismen von L geht wie folgt:

- Man bestimme die Minimalpolynome $m_{a_1, K}, \ldots, m_{a_k, K}$ und die Wurzeln

$$w_{11}, \ldots, w_{1r_1} \quad \text{von} \quad m_{a_1, K}, \ldots, w_{k1}, \ldots, w_{kr_k} \quad \text{von} \quad m_{a_k, K} \quad \text{in } L.$$

- Nach Lemma 28.1 (c) ist jedes $\tau \in \Gamma$ durch $\tau(a_1), \ldots, \tau(a_k)$ festgelegt; und nach Lemma 28.1 (d) gilt $\tau(a_i) = w_{ir(i)}$ für ein $r(i) \in \{1, \ldots, r_i\}$.

Dieser zweite Teil besagt, dass ein K-Automorphismus von L die Wurzeln eines Minimalpolynoms auf eine Wurzel desselben Minimalpolynoms abbildet: *Die Wurzeln der verschiedenen Polynome werden nicht vermischt.*

Vorsicht Im Allgemeinen gibt es nicht zu jeder Wahl von $r(i) \in \{1, \ldots, r_i\}$, $i = 1, \ldots, k$, ein $\tau \in \Gamma$ mit $\tau(a_i) = w_{i\, r(i)}$ für alle i.

29.3.2 Der Fall $L = K(a)$

Im Fall $k = 1$, d. h. $L = K(a)$, ist Γ nach Korollar 22.3 bekannt, sofern die Wurzeln $w_1, \ldots, w_n$ von $m_{a, K}$ bekannt sind: Es gilt $\Gamma = \{\tau_1, \ldots, \tau_n\}$, wobei $\tau_i(a) = w_i$.

29.4 Beispiele

Beispiel 29.2 Es sei $K := \mathbb{Q}$ und $L = \mathbb{Q}(\sqrt[3]{2}, \varepsilon)$ mit $\varepsilon := \mathrm{e}^{\frac{2\pi \mathrm{i}}{3}} \in \mathbb{C}$, $\varepsilon^3 = 1$. Da $P = X^3 - 2$ die Wurzeln $a := \sqrt[3]{2}$, $a\varepsilon$, $a\varepsilon^2 \in \mathbb{C}$ hat, ist L Zerfällungskörper von P, und P ist irreduzibel in $\mathbb{Q}[X]$. Es folgt $[\mathbb{Q}(a) : \mathbb{Q}] = 3$, sodass wegen $\varepsilon \notin \mathbb{Q}(a)$ und $\varepsilon^2 + \varepsilon + 1 = 0$ nach dem Gradsatz $[L : \mathbb{Q}] = 6$ gilt. Da $L/\mathbb{Q}$ endlich, normal und separabel ist, ist $L/\mathbb{Q}$ galoissch, also $|\Gamma| = 6$ für $\Gamma := \Gamma(L/\mathbb{Q})$ nach dem Hauptsatz 28.10

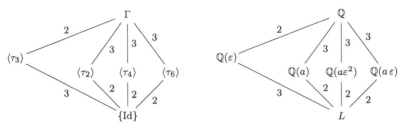

Abb. 29.1 Der Untergruppen- und dazugehörige Zwischenkörperverband

der endlichen Galoistheorie. Die Gruppen der Ordnung 6 sind nach Lemma 8.7 bekannt: Es gilt $\Gamma \cong \mathbb{Z}/6$ oder $\Gamma \cong S_3$. Infolge $\mathbb{Q}(a) \neq \mathbb{Q}(\varepsilon a)$ hat Γ mindestens 2 Untergruppen der Ordnung 2 (beachte den Hauptsatz 28.10). Da zyklische Gruppen zu jedem Teiler der Gruppenordnung nur eine Untergruppe haben (beachte Lemma 5.2), folgt $\Gamma \cong S_3$.

Für $\tau \in \Gamma$ gilt $\tau(a) \in \{a, a\varepsilon, a\varepsilon^2\}$ und $\tau(\varepsilon) \in \{\varepsilon, \varepsilon^2\}$ (die Wurzeln werden nicht vermischt), sodass nach Lemma 28.1 (c) die Elemente aus Γ durch

	τ_1	τ_2	τ_3	τ_4	τ_5	τ_6
$a \rightarrow$	a	a	$a\varepsilon$	$a\varepsilon$	$a\varepsilon^2$	$a\varepsilon^2$
$\varepsilon \rightarrow$	ε	ε^2	ε	ε^2	ε	ε^2

gegeben sind. Es gilt $\tau_1 = \mathrm{Id}$, $\tau_2^2 = \mathrm{Id}$, $\tau_4^2 = \mathrm{Id}$, $\tau_6^2 = \mathrm{Id}$, $\tau_3^2 = \tau_5$, $\tau_3^3 = \mathrm{Id}$.

Daher hat der Untergruppenverband $\mathcal{U}(\Gamma)$ die links in der Abb. 29.1 dargestellte Form (vgl. auch das Beispiel 3.7). Rechts in der Abbildung ist bereits der Zwischenkörperverband dargestellt, wir bestimmen nun im Folgenden diese Zwischenkörper.

Wegen $\tau_2(a) = a$, $a + \tau_4(a) = a + a\varepsilon = -a\varepsilon^2$, $a + \tau_6(a) = a + a\varepsilon^2 = -a\varepsilon$, $\tau_3(\varepsilon) = \varepsilon$ folgt:

$$\mathcal{F}(\langle\tau_2\rangle) = \mathbb{Q}(a)\,, \ \mathcal{F}(\langle\tau_4\rangle) = \mathbb{Q}(a\varepsilon^2)\,, \ \mathcal{F}(\langle\tau_6\rangle) = \mathbb{Q}(a\varepsilon)\,, \ \mathcal{F}(\langle\tau_3\rangle) = \mathbb{Q}(\varepsilon)\,.$$

Es gilt $\langle\tau_i\rangle \ntrianglelefteq \Gamma$ für $i = 2$, 4, 6, sodass $\mathbb{Q}(a)/\mathbb{Q}$, $\mathbb{Q}(a\varepsilon)/\mathbb{Q}$, $\mathbb{Q}(a^2\varepsilon)/\mathbb{Q}$ nicht galoissch sind. Es gilt $\langle\tau_3\rangle \trianglelefteq \Gamma$, d. h., $\mathbb{Q}(\varepsilon)/\mathbb{Q}$ ist galoissch. ∎

Beispiel 29.3 Wir bestimmen den Zwischenkörperverband des Zerfällungskörpers L des Polynoms $P = (X^2+1)(X^2-2)(X^2-3) \in \mathbb{Q}[X]$ über $\mathbb{Q}$. Wegen $\Gamma(L/\mathbb{Q}) \cong \mathbb{Z}/2 \times \mathbb{Z}/2 \times \mathbb{Z}/2$ gibt es genauso viele nichttriviale Zwischenkörper von L/Q wie der dreidimensionale $\mathbb{Z}/2$-Vektorraum $(\mathbb{Z}/2)^3$ ein- und zweidimensionale Untervektorräume hat, nämlich je sieben. Wegen $L = \mathbb{Q}(i, \sqrt{2}, \sqrt{3})$ sind die quadratischen unter ihnen $\mathbb{Q}(i)$, $\mathbb{Q}(\sqrt{2})$, $\mathbb{Q}(\sqrt{3})$, $\mathbb{Q}(i\sqrt{2})$, $\mathbb{Q}(i\sqrt{3})$, $\mathbb{Q}(\sqrt{6})$, $\mathbb{Q}(i\sqrt{6})$. Offenbar sind diese Körper paarweise verschieden. Die sieben biquadratischen Zwischenkörper sind Komposita von je einem

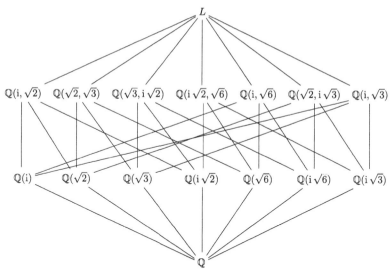

Abb. 29.2 Der Zwischenkörperverband von $L/\mathbb{Q}$

Dreierpack quadratischer Zwischenkörper, denn ihre Galoisgruppen sind Durchschnitt von jeweils drei Untergruppen der Ordnung 4. Damit erhalten wir den Zwischenkörperverband aus Abb. 29.2.   ∎

29.5 Die Galoisgruppe eines Polynoms

Es sei L ein Zerfällungskörper eines Polynoms $P \in K[X] \setminus \{0\}$ über K. Dann heißt $\Gamma_K(P) := \Gamma(L/K)$ die **Galoisgruppe von** P oder **der Gleichung** $P(X) = 0$ über K. Da ein Zerfällungskörper nach dem Ergebnis Korollar 25.9 von Steinitz bis auf Isomorphie eindeutig bestimmt ist und isomorphe Galoiserweiterungen auch isomorphe Galoisgruppen haben (vgl. Lemma 28.6), ist $\Gamma_K(P)$ bis auf Isomorphie eindeutig bestimmt. Für $\tau \in \Gamma_K(P)$ gilt: Aus $P(a) = 0$ folgt $0 = \tau(P(a)) = P(\tau(a))$ (vgl. Lemma 28.1 (d)), d. h., mit a ist auch $\tau(a)$ eine Wurzel von P. Folglich ist die Einschränkung von τ auf die Wurzelmenge W von P eine Permutation von W, $\tau|_W \in S_W$.

Lemma 29.4 *Es seien P ein Polynom aus $K[X] \setminus K$, L ein Zerfällungskörper von P über K und W die Menge der Wurzeln von P in L. Dann gilt:*

(a) Die Abbildung

$$\varphi : \begin{cases} \Gamma_K(P) \to S_W \\ \tau \mapsto \tau|_W \end{cases}$$

ist ein (Gruppen-)Monomorphismus.

(b) *Wenn P irreduzibel ist, operiert* $\Gamma_K(P)$ **transitiv** *auf W, d. h.: Zu beliebigen a, b $\in$ W existiert ein $\tau \in \Gamma_K(P)$ mit $\tau(a) = b$.*

(c) $|\Gamma_K(P)| \mid |W|!$, *d. h., die Gruppenordnung* $|\Gamma_K(P)|$ *ist ein Teiler von* $|W|!$.

Beweis

(a) Nach obiger Überlegung ist $\tau|_W$ für jedes $\tau \in \Gamma := \Gamma_K(P)$ ein Element aus S_W, sodass φ ein Homomorphismus von Γ in S_W ist. Wegen $L = K(W)$ folgt die Injektivität von φ aus Lemma 28.1 (c).

(b) Zu $a, b \in W$ existiert nach Korollar 22.3 ein K-Monomorphismus $\tau : K(a) \to K(b)$ mit $\tau(a) = b$. Und τ kann nach dem Fortsetzungssatz 25.12 zu einem Monomorphismus $\tilde\tau$ auf L fortgesetzt werden. Nach der Kennzeichnung (2) normaler Erweiterungen im Satz 25.13 ist $\tilde\tau$ ein Element aus Γ.

(c) Nach (a) ist $\Gamma_K(P)$ zu einer Untergruppe von S_W isomorph. Die Behauptung folgt daher aus dem Satz 3.9 von Lagrange. □

Bemerkung E. Galois betrachtete $\Gamma_K(P)$ als Permutationsgruppe, d. h. $\varphi(\Gamma_K(P)) = \{\tau|_W \mid \tau \in \Gamma_K(P)\}$. Den Übergang zu $\Gamma_K(P)$ nahm R. Dedekind vor. Die moderne Galoistheorie ist also eine auf dem Automorphismenbegriff aufbauende Formulierung der alten Theorie.

Beispiel 29.4 Es sei L der Zerfällungskörper von $P = X^4 - 2$ über $\mathbb{Q}$. Wir bestimmen $\Gamma := \Gamma_K(P) = \Gamma(L/\mathbb{Q})$ und alle Zwischenkörper von $L/\mathbb{Q}$.

Die Wurzeln von $X^4 - 2$ sind $a := \sqrt[4]{2}$, $-a$, $\mathrm{i}\,a$, $-\mathrm{i}\,a$, sodass $L = \mathbb{Q}(a, \mathrm{i})$. Da $X^4 - 2$ irreduzibel über $\mathbb{Q}$ ist, haben wir $[\mathbb{Q}(a) : \mathbb{Q}] = 4$, und wegen $\mathrm{i} \notin \mathbb{Q}(a)$ gilt dann $[L : \mathbb{Q}] = [L : \mathbb{Q}(a)]\,[\mathbb{Q}(a) : \mathbb{Q}] = 2 \cdot 4 = 8$.

Für jedes $\tau \in \Gamma$ gilt

$$\tau(a) \in \{a, -a, \mathrm{i}\,a, -\mathrm{i}\,a\} \quad \text{und} \quad \tau(\mathrm{i}) \in \{\mathrm{i}, -\mathrm{i}\}$$

(die Wurzeln werden nicht vermischt), und das liefert acht Möglichkeiten für τ. Wegen $|\Gamma| = 8$ führen diese acht Kombinationen zu den acht Elementen von Γ:

	τ_1	τ_2	τ_3	τ_4	τ_5	τ_6	τ_7	τ_8
$a \to$	a	$-a$	$\mathrm{i}\,a$	$-\mathrm{i}\,a$	a	$-a$	$\mathrm{i}\,a$	$-\mathrm{i}\,a$
$\mathrm{i} \to$	i	i	i	i	$-\mathrm{i}$	$-\mathrm{i}$	$-\mathrm{i}$	$-\mathrm{i}$

Es seien α, $\beta \in \Gamma$ gegeben durch

$$\alpha(a) = a\,, \quad \alpha(\mathrm{i}) = -\mathrm{i} \quad \text{und} \quad \beta(a) = \mathrm{i}\,a\,, \quad \beta(\mathrm{i}) = \mathrm{i}\,.$$

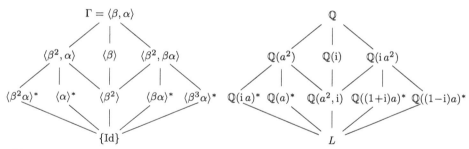

Abb. 29.3 Der Untergruppen- und dazugehörige Zwischenkörperverband

Es folgt $\alpha^2(a) = a$, $\alpha^2(\mathrm{i}) = \mathrm{i}$, also $\alpha^2 = \mathrm{Id}$. Und für β gilt: $\beta^2(a) = a$ i i $= -a$, also $\beta^3(a) = -a$ i, folglich $\beta^4(a) = a$ sowie $\beta^k(\mathrm{i}) = \mathrm{i}$. Hieraus folgt $\beta^2 \neq \mathrm{Id}$, $\beta^4 = \mathrm{Id}$.

Das zeigt $o(\alpha) = 2$, $o(\beta) = 4$; und $\alpha \notin \langle\beta\rangle$, sodass $\Gamma = \langle\alpha, \beta\rangle = \langle\beta\rangle \cup \alpha\,\langle\beta\rangle$.

Nun gilt $\alpha\,\beta\,\alpha^{-1}(a) = \alpha\,\beta(a) = \alpha(a\,\mathrm{i}) = -a\,\mathrm{i}$, $\alpha\,\beta\,\alpha^{-1}(\mathrm{i}) = \alpha\,\beta(-\mathrm{i}) = \alpha(-\mathrm{i}) = \mathrm{i}$, sodass $\alpha\,\beta\,\alpha^{-1} = \beta^3 = \beta^{-1}$. Folglich ist die Galoisgruppe Γ zur Diedergruppe D_4 isomorph, $\Gamma \cong D_4$ (vgl. Abschn. 3.1.5).

Die Elemente der Ordnung 2 sind α, β^2, $\beta\,\alpha$, $\beta^2\,\alpha$, $\beta^3\,\alpha$. Die Untergruppen der Ordnung 4 sind $\langle\beta\rangle$, $\langle\beta^2, \alpha\rangle$, $\langle\beta^2, \beta\,\alpha\rangle$. Damit ergibt sich das in der Abb. 29.3 links dargestellte Untergruppendiagramm – die nichtinvarianten Untergruppen (keine Normalteiler) sind mit einem Stern versehen. Wir geben rechts den zugehörigen Zwischenkörperverband an, wobei wir im Folgenden diese Zwischenkörper noch bestimmen werden.

Die Zwischenkörper von $L/\mathbb{Q}$ sind die Fixkörper der aufgezählten Untergruppen. Einige kann man erraten ($a := \sqrt[4]{2}$, $a^2 = \sqrt{2}$):

$$L, \ \mathbb{Q}, \ \mathbb{Q}(a), \ \mathbb{Q}(\mathrm{i}\,a), \ \mathbb{Q}(\mathrm{i}), \ \mathbb{Q}(a^2), \ \mathbb{Q}(\mathrm{i}\,a^2), \ \mathbb{Q}(a^2, \mathrm{i})$$

mit $[\mathbb{Q}(a) : \mathbb{Q}] = [\mathbb{Q}(\mathrm{i}\,a) : \mathbb{Q}] = [\mathbb{Q}(a^2, \mathrm{i}) : \mathbb{Q}] = 4$ und $[\mathbb{Q}(\mathrm{i}) : \mathbb{Q}] = [\mathbb{Q}(a^2) : \mathbb{Q}] = [\mathbb{Q}(\mathrm{i}\,a^2) : \mathbb{Q}] = 2$. Nun gilt $\alpha(a) = a$, $\beta^2(a^2) = a^2$, $\beta^2(\mathrm{i}) = \mathrm{i}$, $\beta^2\,\alpha(\mathrm{i}\,a) = \mathrm{i}\,a$, sodass

$$\mathcal{F}(\langle\alpha\rangle) = \mathbb{Q}(a)\,, \ \ \mathcal{F}(\langle\beta^2\rangle) = \mathbb{Q}(a^2, \mathrm{i})\,, \ \ \mathcal{F}(\langle\beta^2\,\alpha\rangle) = \mathbb{Q}(\mathrm{i}\,a)\,;$$

und $\beta(\mathrm{i}) = \mathrm{i}$, $\beta^2(a^2) = a^2$, $\alpha(a^2) = a^2$, $\beta^2(\mathrm{i}\,a^2) = \mathrm{i}\,a^2$, $\beta\,\alpha(\mathrm{i}\,a^2) = \mathrm{i}\,a^2$, sodass

$$\mathcal{F}(\langle\beta\rangle) = \mathbb{Q}(\mathrm{i})\,, \ \ \mathcal{F}(\langle\beta^2, \alpha\rangle) = \mathbb{Q}(a^2)\,, \ \ \mathcal{F}(\langle\beta^2, \beta\,\alpha\rangle) = \mathbb{Q}(\mathrm{i}\,a^2)\,.$$

Es fehlen uns $\mathcal{F}(\langle\beta\,\alpha\rangle)$ und $\mathcal{F}(\langle\beta^3\,\alpha\rangle)$. Wir bestimmen $\mathcal{F}(\langle\beta\,\alpha\rangle)$ mit der Methode aus Lemma 29.3: Eine Basis des K-Vektorraums L ist $\{1, a, a^2, a^3, \mathrm{i}, \mathrm{i}\,a, \mathrm{i}\,a^2, \mathrm{i}\,a^3\}$. Für $\Delta := \{\mathrm{Id}, \ \beta\,\alpha\}$ folgt:

a	1	a	a^2	a^3	i	i a	i a^2	i a^3
$\mathrm{Sp}_\Delta(a)$	2	$(1+\mathrm{i})\,a$	0	$(1-\mathrm{i})\,a^3$	0	$(1+\mathrm{i})\,a$	$2\,\mathrm{i}\,a^2$	$(\mathrm{i}-1)\,a^3$

Wegen $((1+\mathrm{i})\,a)^2 = 2\,\mathrm{i}\,a^2$ und $((1+\mathrm{i})\,a)^3 = 2\,(\mathrm{i}-1)\,a^3$ folgt $\mathcal{F}(\langle\beta\,\alpha\rangle) = \mathbb{Q}((1+\mathrm{i})\,a)$.
Wir bestimmen nun $\mathcal{F}(\langle\beta^3\,\alpha\rangle)$ mit der Methode aus Abschn. 29.2.3: Für

$$c = \lambda_1 + \lambda_2\,a + \lambda_3\,a^2 + \lambda_4\,a^3 + \lambda_5\,\mathrm{i} + \lambda_6\,\mathrm{i}\,a + \lambda_7\,\mathrm{i}\,a^2 + \lambda_8\,\mathrm{i}\,a^3$$

gilt

$$\beta^3\,\alpha(c) = \lambda_1 - \lambda_2\,\mathrm{i}\,a - \lambda_3\,a^2 + \lambda_4\,\mathrm{i}\,a^3 - \lambda_5\,\mathrm{i} - \lambda_6\,a + \lambda_7\,\mathrm{i}\,a^2 + \lambda_8\,a^3\,.$$

Daher ist $c \in \mathcal{F}(\langle\beta^3\,\alpha\rangle)$ mit

$$\lambda_1 = \lambda_1,\ -\lambda_6 = \lambda_2,\ -\lambda_3 = \lambda_3,\ \lambda_8 = \lambda_4,\ -\lambda_5 = \lambda_5,\ -\lambda_2 = \lambda_6,\ \lambda_7 = \lambda_7,\ \lambda_4 = \lambda_8\,,$$

d. h. mit $\lambda_3 = \lambda_5 = 0$, $\lambda_6 = -\lambda_2$, $\lambda_8 = \lambda_4$, gleichwertig, d. h.

$$c = \lambda_1 + \lambda_2\,(1-\mathrm{i})\,a + \lambda_4\,(1+\mathrm{i})\,a^3 + \lambda_7\,\mathrm{i}\,a^2\,.$$

Wegen $((1-\mathrm{i})\,a)^2 = -2\,\mathrm{i}\,a^2$ und $((1-\mathrm{i})\,a)^3 = -2\,(1+\mathrm{i})\,a^3$ folgt $\mathcal{F}(\langle\beta^3\,\alpha\rangle) = \mathbb{Q}((1-\mathrm{i})\,a)$.

Damit erhält man den oben dargestellten Zwischenkörperverband – die mit einem Stern versehenen Körpererweiterungen sind nicht galoissch über $\mathbb{Q}$. ∎

29.5.1 Polynome mit zu S_n isomorpher Galoisgruppe

Zum Abschluss dieses Kapitels zeigen wir, wie man oftmals leicht entscheiden kann, dass die Galoisgruppe eines Polynoms von Primzahlgrad p *maximal* ist, nämlich zur symmetrischen Gruppe S_p isomorph ist.

Lemma 29.5 *Das Polynom $P \in \mathbb{Q}[X]$ sei irreduzibel und habe Primzahlgrad p. Wenn P genau zwei nichtreelle Wurzeln in $\mathbb{C}$ hat, dann gilt $\Gamma_\mathbb{Q}(P) \cong S_p$.*

Beweis Das Polynom P hat genau p verschiedene Wurzeln $w_1, \ldots, w_p \in \mathbb{C}$ (beachte den Fundamentalsatz der Algebra 28.15 und Lemma 26.1 (c)). Dabei gelte $w_1,\, w_2 \notin \mathbb{R}$. Der Zerfällungskörper $L = \mathbb{Q}(w_1, \ldots, w_p)$ von P ist galoissch über $\mathbb{Q}$ mit Galoisgruppe $\Gamma := \Gamma(L/\mathbb{Q})$. Für jedes $\tau \in \Gamma$ wird wegen Lemma 28.1 (d) durch $\tau(w_i) = w_{\tilde\tau(i)}$ ein Element $\tilde\tau \in S_p$ gegeben. Die Restriktion ε von $\mathbb{C} \to \mathbb{C},\ z \mapsto \overline{z}$ auf L liegt wegen der Normalität von L über K in Γ (vgl. den Satz 25.13 zur Kennzeichnung normaler Erweiterungen), und es gilt $\tilde{\varepsilon} = (1\,2)$, weil $\overline{w}_1 = w_2$ und $\overline{w}_i = w_i$ für jedes $i \geq 3$.

Ferner gilt $[L : \mathbb{Q}] = [L : \mathbb{Q}(w_1)][\mathbb{Q}(w_1) : \mathbb{Q}] = [L : \mathbb{Q}(w_1)]\,p$, sodass Γ nach dem Satz 8.2 von Cauchy ein Element δ der Ordnung p besitzt. Da die Abbildung $\Gamma \to S_p$, $\tau \mapsto \tilde{\tau}$ offenbar ein Monomorphismus ist, ist $\tilde{\delta}$ ein p-Zyklus, also von der Form $(1\,k_2 \ldots k_p)$. Der Beweis ist daher mit der Begründung der folgenden Aussage abgeschlossen:

S_p *wird von* $(1\,2)$ *und* $\tilde{\delta}$ *erzeugt.*

O. E. sei $p \neq 2$. Es existiert $k \in \mathbb{N}_0$ mit $\pi := \tilde{\delta}^k = (1\,2\,l_3 \ldots l_p)$ mit $l_i \in \{3, \ldots, p\}$. Mit $l_1 := 1$, $l_2 := 2$ und Lemma 9.1 (d) folgt

$$\pi^r\,(1\,2)\pi^{-r} = (\pi^r(1)\,\pi^r(2)) = (l_{r+1}\,l_{r+2}) \quad \text{für} \quad r = 1, \ldots, p-2,$$

sodass $(l_j\,l_{j+1}) \in G := \langle (1\,2),\, \tilde{\delta} \rangle$ für $j = 1, \ldots, p-1$. Es gilt $(l_j\,l_{j+1})\,(l_i\,l_j)\,(l_j\,l_{j+1}) = (l_i\,l_{j+1})$ für $i < j \leq p-1$, sodass G alle Transpositionen enthält. Wegen Korollar 9.5 ist damit die Behauptung bewiesen. $\qquad\square$

Beispiel 29.5 Das schon mehrfach betrachtete Polynom $P := X^3 - 2 \in \mathbb{Q}[X]$ ist nach dem Eisenstein-Kriterium mit $p = 2$ irreduzibel und hat Primzahlgrad. Da P genau zwei nichtreelle Wurzeln in $\mathbb{C}$ hat, gilt $\Gamma_{\mathbb{Q}}(P) \cong S_3$. $\qquad\blacksquare$

Aufgaben

29.1 ••• Es sei K ein Körper mit q Elementen, und $K(X)$ sei der Körper der rationalen Funktionen in X über K. Ferner sei Γ die Gruppe der Automorphismen von $K(X)$, die aus den Abbildungen $\sigma : R \mapsto R\left(\frac{a\,X+b}{c\,X+d}\right)$, $a, b, c, d \in K$, $ad - bc \neq 0$ besteht.

(a) Zeigen Sie, dass Γ die Galoisgruppe von $K(X)/K$ ist.
(b) Man zeige $|\Gamma| = q^3 - q$.
(c) Es seien $R = \{X \mapsto a\,X \mid a \in K^\times\}$, $T = \{X \mapsto X + b \mid b \in K\}$, $A = \{X \mapsto a\,X + b \mid a \in K^\times,\, b \in K\}$, $S = \langle X \mapsto -1/(X+1) \rangle$. Bestimmen Sie jeweils den Fixkörper von R, T, A, S und Γ.

29.2 •• Man bestimme die Galoisgruppe des Polynoms $P = X^3 - 10$ über
   (a) $\mathbb{Q}$,   (b) $\mathbb{Q}(i\sqrt{3})$.
29.3 •• Man bestimme die Galoisgruppe von $P = X^4 - 5$ über
   (a) $\mathbb{Q}$,   (b) $\mathbb{Q}(\sqrt{5})$,   (c) $\mathbb{Q}(\sqrt{-5})$,   (d) $\mathbb{Q}(i)$.
29.4 • Man bestimme für $n \in \mathbb{N}$ die Galoisgruppe von $X^n - t$ über $\mathbb{C}(t)$.

29.5 •• Man bestimme die Galoisgruppen von $P = (X^2 - 5)(X^2 - 20)$ und $Q = (X^2 - 2)(X^2 - 5)(X^3 - X + 1)$ über $\mathbb{Q}$.

29.6 •• Es sei P ein irreduzibles Polynom aus $\mathbb{Q}[X]$ mit abelscher Galoisgruppe $\Gamma_{\mathbb{Q}}(P)$. Man zeige: $|\Gamma_{\mathbb{Q}}(P)| = \deg P$.

29.7 •• Es sei $P = X^3 + X + 1 \in \mathbb{Q}[X]$ und $L \subseteq \mathbb{C}$ ein Zerfällungskörper von P.

(a) Zeigen Sie, dass $P \in \mathbb{Q}[X]$ irreduzibel ist.
(b) Zeigen Sie, dass P in $\mathbb{C}$ genau eine reelle Nullstelle a sowie ein Paar konjugiert komplexer Nullstellen $b, \overline{b} \in \mathbb{C} \setminus \mathbb{R}$ besitzt.
(c) Folgern Sie $\Gamma(L/\mathbb{Q}) \cong S_3$.
(d) Zeigen Sie, dass durch die komplexe Konjugation $\tau : L \to L, z \mapsto \overline{z}$ ein nichttrivialer Automorphismus von L gegeben ist.
(e) Bestimmen Sie den Fixkörper $K := \mathcal{F}(\langle \tau \rangle)$. Ist $K/\mathbb{Q}$ galoissch? Was ist die Galoisgruppe von L/K? Berechnen Sie auch die Grade $[K : \mathbb{Q}]$ und $[L : K]$.
(f) Zeigen Sie: Es gibt genau einen Körper $K' \subseteq L$ mit $[K' : \mathbb{Q}] = 2$. Ist $K'/\mathbb{Q}$ galoissch?

29.8 •• Gegeben ist das Polynom $P = X^3 + X^2 - 2X - 1 \in \mathbb{Q}[X]$.

(a) Begründen Sie, warum P über $\mathbb{Q}$ irreduzibel ist.
(b) Begründen Sie, warum P eine reelle Nullstelle a im Intervall $]1, 2[$ besitzt.
(c) Begründen Sie, warum mit a auch $b = -\frac{1}{\alpha+1}$ eine Nullstelle von P ist.
(d) Begründen Sie, warum $\mathbb{Q}(a)$ ein Zerfällungskörper von P ist.
(e) Bestimmen Sie den Isomorphietyp der Galoisgruppe von P über $\mathbb{Q}$.

29.9 •• Es sei $P := X^4 + 1 \in \mathbb{Q}[X]$, und $K \subseteq \mathbb{C}$ sei der Zerfällungskörper von P über $\mathbb{Q}$.

(a) Bestimmen Sie ein $\zeta_1 \in \mathbb{C}$ mit positivem Real- und Imaginärteil, so dass die vier Nullstellen von P durch $\zeta_k := \zeta_1 i^{k-1}$, $k = 1, 2, 3, 4$ gegeben sind.
(b) Bestimmen Sie den Grad $[K : \mathbb{Q}]$ sowie die Galoisgruppe $\Gamma := \Gamma(K/\mathbb{Q})$, und zeigen Sie, dass P irreduzibel ist.
(c) Bestimmen Sie einen Homomorphismus $\phi : \Gamma \to S_4$ mit $\sigma(\zeta_k) = \zeta_{\phi(\sigma)(k)}$ für $\sigma \in \Gamma, k = 1, 2, 3, 4$.
(d) Bestimmen Sie alle Teilkörper von K sowie die gemäß der Galoiskorrespondenz zugehörigen Untergruppen von Γ.

29.10 •• Es seien $P := X^4 + 4X^2 + 2 \in \mathbb{Q}[X]$ und $L \subseteq \mathbb{C}$ Zerfällungskörper von P.

(a) Zeigen Sie, dass $P \in \mathbb{Q}[X]$ irreduzibel ist.
(b) Es sei $a \in L$ eine Nullstelle von P. Zeigen Sie, dass dann auch $a' := a^3 + 3a$ eine Nullstelle von P ist.

(c) Zeigen Sie, dass die Galoisgruppe $\Gamma(L/\mathbb{Q})$ isomorph zur zyklischen Gruppe $\mathbb{Z}/4$ ist.

(d) Bestimmen Sie alle Zwischenkörper von $L/\mathbb{Q}$.

29.11 • Geben Sie zwei irreduzible Polynome P, $Q \in \mathbb{Q}[X]$ an, deren Galoisgruppen gleich viele Elemente haben, aber nicht isomorph sind.

29.12 ••• Es sei $f := X^4 - X^2 + 1 \in \mathbb{Q}[X]$.

(a) Zeigen Sie, dass $f \in \mathbb{Q}[X]$ irreduzibel ist.

(b) Bestimmen Sie die Galoisgruppe $\Gamma_{\mathbb{Q}}(f)$ als Untergruppe der S_4.

(c) Bestimmen Sie alle Zwischenkörper zwischen $\mathbb{Q}$ und einem Zerfällungskörper $L \subseteq \mathbb{C}$ von f.

29.13 •• Es sei $K = \mathbb{F}_5\left(\sqrt[4]{3}\right)$.

(a) Zeigen Sie, dass $K/\mathbb{F}_5$ eine Galoiserweiterung ist und bestimmen Sie die zugehörige Galoisgruppe.

(b) Geben Sie den Verband der Zwischenkörper von K über $\mathbb{F}_5$ an.

(c) Wie viele verschiedene primitive Elemente hat die Erweiterung K über $\mathbb{F}_5$?

29.14 •• Es sei $K = \mathbb{Q}(i) \subseteq \mathbb{C}$ und $a = \sqrt[4]{7} \in \mathbb{C}$. Weiter sei $L \subseteq \mathbb{C}$ der Zerfällungskörper des Polynoms $P = X^4 - 7 \in K[X]$ über dem Grundkörper K.

(a) Zeigen Sie, dass $L = K(a)$ gilt.

(b) Bestimmen Sie die Grade der Körpererweiterungen $[L : \mathbb{Q}]$ und $[L : K]$.

(c) Zeigen Sie, dass die Körpererweiterung L/K galoissch ist.

(d) Es sei $\sigma \in \Gamma(L/K)$ mit $\sigma(a) = i\,a$. Bestimmen Sie $\sigma^2(a)$ und folgern Sie, dass $\Gamma(L/K) = \langle \sigma \rangle$ gilt.

29.15 •• Es sei L der Zerfällungskörper von $f = X^5 - 2$ über $\mathbb{Q}$. Zeigen Sie:

(a) $\cos(2\pi/5) = \frac{\sqrt{5}-1}{4}$.

(b) $[L : \mathbb{Q}] = 20$.

(c) Es gibt genau einen Zwischenkörper K von $L/\mathbb{Q}$ mit $[L : K] = 5$. Ist $K/\mathbb{Q}$ galoissch?

Kreisteilungskörper

30

Übersicht

Aus der Analysis ist bekannt, dass die n-ten (komplexen) Einheitswurzeln, das sind die Lösungen der Gleichung $X^n - 1 = 0$ in $\mathbb{C}$, die Ecken eines regulären n-Ecks in $\mathbb{C}$ bilden; es sind dies die n verschiedenen komplexen Zahlen $1,\ e^{\frac{2\pi\,\mathrm{i}}{n}},\ e^{\frac{4\pi\,\mathrm{i}}{n}}, \ldots, e^{\frac{2(n-1)\pi\,\mathrm{i}}{n}}$.

Diesem Umstand haben die Kreisteilungskörper ihren Namen zu verdanken: Ein Körper K_n heißt *Kreisteilungskörper*, wenn er Zerfällungskörper des Polynoms $X^n - 1 \in K[X]$ ist – ein Kreisteilungskörper ist also ein kleinster Erweiterungskörper, über dem das Polynom $X^n - 1$ zerfällt. Das wesentliche Ergebnis ist einfach zu formulieren: *Wenn die Charakteristik von K kein Teiler von n ist, so ist die Körpererweiterung K_n/K galoissch, und die Galoisgruppe ist zu einer Untergruppe von $\mathbb{Z}/n^{\times}$ isomorph.*

Als eine wesentliche Anwendung der erzielten Ergebnisse zeigen wir, welche regulären n-Ecke mit Zirkel und Lineal konstruiert werden können und führen die Konstruktion für das 17-Eck explizit durch.

Voraussetzungen Es ist ein Körper K mit algebraischem Abschluss $\overline{K}$ und Primkörper F gegeben (also $F \cong \mathbb{Q}$ bzw. $F \cong \mathbb{Z}/p$, falls Char $K = 0$ bzw. Char $K = p$). Weiter sei $n \in \mathbb{N}$.

© Der/die Autor(en), exklusiv lizenziert an Springer-Verlag GmbH, DE,
ein Teil von Springer Nature 2024
C. Karpfinger, *Algebra*, https://doi.org/10.1007/978-3-662-68656-0_30

30.1   Einheitswurzeln. Kreisteilungskörper

Es bezeichne

$$W_n(K) := \{w \in K \mid w^n = 1\}$$

die Menge der n-**ten Einheitswurzeln** aus K.

30.1.1 Die Gruppen der Einheitswurzeln

Lemma 30.1 $W_n(K)$ *ist eine Untergruppe von* $(K^\times, \cdot)$.

Beweis Es seien $a, b \in W_n(K)$. Dann gilt $a^n = 1$, $b^n = 1$. Es folgt $(a\,b^{-1})^n = a^n\,(b^n)^{-1} = 1$. Das besagt $a\,b^{-1} \in W_n(K)$. $\square$

Beispiel 30.1 Es gilt $W_n(\mathbb{C}) = \{e^{\frac{2k\pi\,i}{n}} \mid k = 0, \ldots, n-1\}$. Man beachte $|W_n(\mathbb{C})| = n$.   ∎

Das Polynom $P := X^n - 1 \in K[X]$ hat in $\overline{K}$ höchstens n Wurzeln (vgl. Korollar 14.8). Wir begründen nun, dass P nur dann weniger als n Wurzeln in $\overline{K}$ hat, wenn Char K ein Teiler von $n = \deg P$ ist, genauer:

Lemma 30.2

(a) *Falls* Char $K = p > 0$, *so gilt* $W_{p^r m}(K) = W_m(K)$ *für alle* $r, m \in \mathbb{N}$.

(b) *Falls* Char $K \nmid n$, *so gilt* $|W_n(\overline{K})| = n$.

(c) *Die Menge* $W_n(K)$ *ist eine endliche, zyklische Gruppe, deren Ordnung* n *teilt.*

Bemerkung Man beachte, dass in Char $K \nmid n$ der Fall Char $K = 0$ enthalten ist, da die 0 keine natürliche Zahl n teilt. $\square$

Beweis

(a) Es seien Char $K = p > 0$ und $r, m \in \mathbb{N}$. Für ein $a \in K^\times$ gilt (beachte Lemma 13.5 zur Frobeniusabbildung):

$$a^{p^r m} = 1 \;\Leftrightarrow\; 0 = (a^m)^{p^r} - 1 = (a^m - 1)^{p^r} \;\Leftrightarrow\; a^m - 1 = 0 \;\Leftrightarrow\; a^m = 1\,.$$

Damit ist a genau dann eine $p^r m$-te Einheitswurzel, wenn a m-te Einheitswurzel ist.

(b) Es sei $w \in W_n(\overline{K})$ eine Wurzel von $P := X^n - 1$ aus $\overline{K}$. Da Char $K \nmid n$ gilt $P'(w) = n\,w^{n-1} \neq 0$. Die Behauptung folgt daher aus Lemma 26.1.

(c) Die Gruppe $W_n(K)$ ist als endliche Untergruppe von $K^\times$ zyklisch (vgl. Korollar 14.9), d. h., es gibt ein $a \in W_n(K)$ mit $\langle a \rangle = W_n(K)$. Wegen $a^n = 1$ folgt aus Satz 3.5 $o(a) \mid n$, d. h. $|W_n(K)| \mid n$. □

Man beachte, dass nach der Aussage (c) dieses Lemmas auch $W_n(\overline{K})$ eine endliche zyklische Gruppe ist, deren Ordnung n teilt (man setze $K = \overline{K}$).

30.1.2 Primitive n-te Einheitswurzeln

Man nennt eine n-te Einheitswurzel $w \in W_n(\overline{K})$ eine **primitive n-te Einheitswurzel**, wenn $o(w) = n$. Wir erinnern daran, dass für ein Element w einer Gruppe mit neutralem Element 1 die *Ordnung* $o(w)$ die kleinste natürliche Zahl ist, für die $w^{o(w)} = 1$ gilt. Die Elemente $w^0, w^1, \ldots, w^{o(w)-1}$ sind dann verschieden voneinander. Jede primitive n-te Einheitswurzel ist also ein die Gruppe $W_n(\overline{K})$ erzeugendes Element. Wir fassen nun alle $W_n(\overline{K})$ erzeugenden Elemente zusammen in einer Menge, wir setzen:

$$W_n^*(\overline{K}) := \{w \in \overline{K}^\times \mid o(w) = n\} .$$

Beispiel 30.2 Es gilt $W_8^*(\mathbb{C}) = \left\{ e^{\frac{2\pi i}{8}}, e^{\frac{6\pi i}{8}}, e^{\frac{10\pi i}{8}}, e^{\frac{14\pi i}{8}} \right\}$ (beachte Korollar 5.11). ∎

30.1.3 Kreisteilungskörper

Der Zerfällungskörper $K_n \subseteq \overline{K}$ des Polynoms $X^n - 1$ über K heißt der n**-te Kreisteilungskörper** über K. Nach Lemma 30.2 hat die zyklische Gruppe $W_n(\overline{K})$ genau dann die Ordnung n, wenn Char $K \nmid n$, d. h.

$$W_n^*(\overline{K}) \neq \emptyset \Leftrightarrow \text{Char } K \nmid n .$$

Jede primitive n-te Einheitswurzel erzeugt im Fall Char $K \nmid n$ den n-ten Kreisteilungskörper, und die Anzahl der primitiven n-ten Einheitswurzeln ist durch $\varphi(n)$ gegeben, wobei φ die Euler'sche φ-Funktion ist:

Lemma 30.3 *Im Fall* Char $K \nmid n$ *gilt für jedes* $w \in W_n^*(\overline{K})$:

(a) $K_n = K(w)$.
(b) $W_n^*(\overline{K}) = \{w^k \mid \text{ggT}(n, k) = 1\}$, *und* $|W_n^*(\overline{K})| = \varphi(n)$.

Beweis

(a) Jedes $w \in W_n^*(\overline{K})$ erfüllt $\langle w \rangle = W_n(\overline{K})$. Somit gilt $K_n = K(W_n(\overline{K})) = K(\langle w \rangle) = K(w)$.

(b) Nach Korollar 5.11 gilt $\langle w^k \rangle = W_n(\overline{K}) \Leftrightarrow \mathrm{ggT}(n, k) = 1$. $\square$

30.2   Kreisteilungspolynome

Es sei $d := o(w)$ die Ordnung der n-ten Einheitswurzel $w \in W_n(\overline{K})$. Es ist dann w eine primitive d-te Einheitswurzel, d. h. $w \in W_d^*(\overline{K})$, und nach Lemma 30.2 (c) gilt $d \mid n$. Andererseits gilt $W_d^*(\overline{K}) \subseteq W_n(\overline{K})$ für jeden natürlichen Teiler d von n; und sind d, d' verschiedene natürliche Zahlen, so gilt $W_d^*(\overline{K}) \cap W_{d'}^*(\overline{K}) = \emptyset$. Damit ist begründet:

$$(*) \quad W_n(\overline{K}) = \bigcup_{0 < d \mid n} W_d^*(\overline{K}) \quad (\text{disjunkt}) \,.$$

Im letzten Abschnitt haben wir begründet, dass die zyklische Gruppe $W_n(\overline{K})$ genau dann die Ordnung n hat, wenn $\mathrm{Char}\, K \nmid n$. Im Fall $\mathrm{Char}\, K \nmid n$ nennt man

$$\Phi_{n,K} := \prod_{w \in W_n^*(\overline{K})} (X - w) \in K_n[X]$$

das n-**te Kreisteilungspolynom über** K und $\Phi_n := \Phi_{n,\mathbb{Q}}$ das n-**te Kreisteilungspolynom**. Im Fall $K = \mathbb{Q}$ lässt man also meistens den Zusatz „über $\mathbb{Q}$" weg.

Man merke sich: *Das n-te Kreisteilungspolynom hat genau die primitiven n-ten Einheitswurzeln als Nullstellen und damit den Grad $\varphi(n)$.*

Beispiel 30.3 Wir geben einige Kreisteilungspolynome an: $\Phi_1 = X - 1$, $\Phi_2 = X + 1$, $\Phi_3 = (X - \mathrm{e}^{\frac{2\pi\mathrm{i}}{3}})(X - \mathrm{e}^{\frac{4\pi\mathrm{i}}{3}})$, $\Phi_8 = (X - \mathrm{e}^{\frac{2\pi\mathrm{i}}{8}})(X - \mathrm{e}^{\frac{6\pi\mathrm{i}}{8}})(X - \mathrm{e}^{\frac{10\pi\mathrm{i}}{8}})(X - \mathrm{e}^{\frac{14\pi\mathrm{i}}{8}})$.   ∎

30.2.1 $X^n - 1$ ist Produkt von Kreisteilungspolynomen

Wir zerlegen nun das Polynom $X^n - 1$ in Kreisteilungspolynome. Im folgenden Abschnitt zeigen wir dann, dass dies im Fall $K = \mathbb{Q}$ eine Zerlegung in über $\mathbb{Q}$ irreduzible Faktoren liefert.

Lemma 30.4

(a) *Im Fall* $\operatorname{Char} K \nmid n$ *gilt* $X^n - 1_K = \prod_{0<d\mid n} \Phi_{d,K}$, *insbesondere (für* $K = \mathbb{Q}$*)*

$$X^n - 1 = \prod_{0<d\mid n} \Phi_d \,.$$

(b) *Das Polynom* Φ_n *ist normiert vom Grad* $\varphi(n)$ *und liegt in* $\mathbb{Z}[X]$.
(c) *Falls* $\Phi_n = \sum_{i=0}^{\varphi(n)} k_i X^i \in \mathbb{Z}[X]$, *so ist* $\Phi_{n,K} = \sum_{i=0}^{\varphi(n)} (k_i 1_K) X^i \in K[X]$.

Beweis

(a) Nach Lemma 30.2 (b) und (∗) zerfallen die beiden Polynome $X^n - 1_K$ und $\prod_{0<d\mid n} \Phi_{d,K}$ über $\overline{K}$ in n gleiche Linearfaktoren.

(b), (c) Offenbar ist Φ_n normiert, und $\deg \Phi_n = \varphi(n)$ nach Lemma 30.3. Die restlichen Aussagen stimmen für $n = 1$ ($\Phi_{1,K} = X - 1_K$) und seien für jedes $s < n$ aus $\mathbb{N}$ richtig, wobei $2 \le n \in \mathbb{N}$. Wegen (a) gilt

$$(**) \quad X^n - 1_K = \Phi_{n,K} \prod_{\substack{d\mid n \\ 0<d<n}} \Phi_{d,K} \,.$$

Nach Induktionsvoraussetzung ist $\Psi_n := \prod_{\substack{d\mid n \\ 0<d<n}} \Phi_{d,\mathbb{Q}}$ ein normiertes Polynom mit ganzzahligen Koeffizienten. Division mit Rest in $\mathbb{Z}[X]$ gibt Polynome $Q, R \in \mathbb{Z}[X]$ mit

$$X^n - 1 = Q\,\Psi_n + R \quad \text{mit} \quad R = 0 \quad \text{oder} \quad \deg R < \deg \Psi_n \,.$$

Mit (∗∗) ergibt sich dann $(\Phi_n - Q)\,\Psi_n = R$, was aus Gradgründen $\Phi_n = Q \in \mathbb{Z}[X]$ zur Folge hat. Damit ist (b) bewiesen. Die Abbildung

$$P = \sum_{i=0}^{r} k_i X^i \mapsto \tilde{P} := \sum_{i=0}^{r} (k_i 1_K) X^i$$

von $\mathbb{Z}[X]$ in $K[X]$ ist nach Satz 14.3 ein Homomorphismus. Nach Induktionsvoraussetzung gilt $\tilde{\Phi}_s = \Phi_{s,K}$ für alle $s < n$, sodass $\tilde{\Psi}_n = \Psi_{n,K}$. Es folgt

$$\Phi_{n,K}\,\Psi_{n,K} = X^n - 1_K = \widetilde{X^n - 1} = \widetilde{\Phi_n \Psi_n} = \tilde{\Phi}_n \tilde{\Psi}_n = \tilde{\Phi}_n \Psi_{n,K}$$

und damit $\Phi_{n,K} = \tilde{\Phi}_n$. $\qquad\qquad \square$

Nach der Aussage in (c) erhalten wir das Kreisteilungspolynom $\Phi_{n,K}$ über einem Körper K der Charakteristik $p > 0$ aus dem Kreisteilungspolynom Φ_n über $\mathbb{Q}$, indem wir die nach (b) ganzzahligen Koeffizienten von Φ_n modulo p *reduzieren*.

Bemerkung Einerseits gilt $n = |W_n(\mathbb{C})|$ nach Lemma 30.2, andererseits gilt wegen $(*)$ auch $n = \sum_{0<d|n} |W_d^*(\mathbb{C})|$. Das ergibt mit $|W_d^*(\mathbb{C})| = \varphi(d)$ eine wichtige Formel für die Euler'sche φ-Funktion:

$$n = \sum_{0<d|n} \varphi(d) \quad \text{für} \quad n \in \mathbb{N}.$$

Beispiel 30.4 Es gilt $12 = \varphi(1) + \varphi(2) + \varphi(3) + \varphi(4) + \varphi(6) + \varphi(12) = 1 + 1 + 2 + 2 + 2 + 4$. ∎

30.2.2 Rekursive Berechnung der Kreisteilungspolynome

Mit Lemma 30.4 (a) können die Φ_n rekursiv berechnet werden:

$$\Phi_1 = X - 1,$$

$$\Phi_2 = \frac{X^2 - 1}{X - 1} = X + 1,$$

$$\Phi_3 = \frac{X^3 - 1}{X - 1} = X^2 + X + 1,$$

$$\Phi_4 = \frac{X^4 - 1}{(X - 1)(X + 1)} = X^2 + 1,$$

$$\Phi_5 = \frac{X^5 - 1}{X - 1} = X^4 + X^3 + X^2 + X + 1,$$

$$\Phi_6 = \frac{X^6 - 1}{(X - 1)(X + 1)(X^2 + X + 1)} = X^2 - X + 1 \quad \text{usw}.$$

Beispiel 30.5 Wir erhalten hieraus auch Beispiele für Zerlegungen von $X^n - 1$ in Kreisteilungspolynome, z. B.:

$$X^6 - 1 = (X - 1)(X + 1)(X^2 + X + 1)(X^2 - X + 1),$$

$$X^5 - 1 = (X - 1)(X^4 + X^3 + X^2 + X + 1).$$

∎

30.2.3 Kreisteilungspolynome sind irreduzibel über $\mathbb{Q}$

Die Kreisteilungspolynome haben die folgende wichtige Eigenschaft:

Satz 30.5 *Für jedes $n \in \mathbb{N}$ ist Φ_n über $\mathbb{Q}$ irreduzibel.*

Beweis (R. Dedekind) Da $\Phi_n \in \mathbb{Z}[X]$ normiert ist (vgl. Lemma 30.4), hat Φ_n nach Lemma 19.4 (a) einen normierten, über $\mathbb{Q}$ irreduziblen Faktor G aus $\mathbb{Z}[X]$. Wir haben $\Phi_n = G$ zu zeigen. Dazu begründen wir vorab:

(∗) *Für jede Wurzel $a \in \mathbb{Q}_n$ von G und jede Primzahl p mit $p \nmid n$ gilt $G(a^p) = 0$.*
Da $G \mid \Phi_n$ und $\Phi_n \mid X^n - 1$ gilt

$$X^n - 1 = P\,G \quad \text{mit} \quad P \in \mathbb{Z}[X]\,.$$

Es sei $G(a^p) \neq 0$ angenommen. Da a^p Wurzel von $X^n - 1$ ist, folgt $P(a^p) = 0$, d. h., a ist Wurzel von $P(X^p)$. Als normiertes irreduzibles Polynom ist G das Minimalpolynom aller seiner Wurzeln, somit gilt $G = m_{a,\,\mathbb{Q}}$ und folglich $G \mid P(X^p)$ in $\mathbb{Q}[X]$, etwa

$$P(X^p) = R\,G\,.$$

Mit Lemma 19.4 (c) folgt $R \in \mathbb{Z}[X]$.
Wir setzen $\overline{k} := k + p\,\mathbb{Z} \in \mathbb{Z}/p$ für $k \in \mathbb{Z}$ und betrachten den Homomorphismus

$$T = \sum_{i=0}^{r} k_i\,X^i \mapsto \tilde{T} := \sum_{i=0}^{r} \overline{k}_i\,X^i$$

von $\mathbb{Z}[X]$ in $\mathbb{Z}/p\,[X]$ (vgl. Satz 14.3). Wegen (man beachte Lemmata 13.5 und 27.1)

$$\tilde{T}^p = \left(\sum_{i=0}^{r} \overline{k}_i\,X^i\right)^p = \sum_{i=0}^{r} \overline{k}_i^{\,p}\,X^{i\,p} = \sum_{i=0}^{r} \overline{k}_i\,(X^p)^i = \tilde{T}(X^p)$$

folgt mit obiger Gleichung:

$$\tilde{R}\,\tilde{G} = \tilde{P}^p\,.$$

Nun sei S ein irreduzibler Faktor von $\tilde{G}$ in $\mathbb{Z}/p[X]$. Wegen $\tilde{R}\,\tilde{G} = \tilde{P}^p$, Satz 17.1 und Korollar 18.5 folgt $S \mid \tilde{P}$, sodass $S^2 \mid \tilde{P}\,\tilde{G} = X^n - 1$. Folglich hat $H := X^n - \overline{1}$ eine mehrfache Wurzel w in $\overline{\mathbb{Z}/p}$ (algebraischer Abschluss von $\mathbb{Z}/p$). Wegen $H'(w) = \overline{n}\,w^{n-1}$ und $\overline{n} \neq 0$, $w \neq 0$ widerspricht dies Lemma 26.1 (a). Das beweist (∗).

Nun sei $k \in \mathbb{N}$ teilerfremd zu n und $k = p_1 \cdots p_r$ mit Primzahlen $p_1, \ldots, p_r$. Und $a \in \mathbb{Q}_n$ sei Wurzel von G, wegen $G \mid \Phi_n$ also primitive n-te Einheitswurzel. Ein r-faches Anwenden von $(*)$ liefert $G(a^k) = 0$, d. h. G hat mindestens $\varphi(n)$ Wurzeln; somit gilt $\deg G \geq \varphi(n) = \deg \Phi_n$, sodass $G = \Phi_n$.

Vorsicht Der Satz 30.5 wird falsch für Char $K \neq 0$. Über $K = \mathbb{Z}/5$ gilt z. B.

$$\Phi_{12,K} = X^4 - X^2 + \overline{1} = (X^2 - \overline{2}\,X - \overline{1})\,(X^2 + \overline{2}\,X - \overline{1}).$$

Korollar 30.6 *Das n-te Kreisteilungspolynom Φ_n ist das Minimalpolynom über $\mathbb{Q}$ jeder primitiven n-ten Einheitswurzel $w \in W_n^*(\mathbb{C})$.* $\square$

Hiermit folgt ebenfalls $[\mathbb{Q}_n : \mathbb{Q}] = [\mathbb{Q}(w) : \mathbb{Q}] = \varphi(n)$.

Bemerkung Satz 30.5 wurde für Primzahlen n von C. F. Gauß 1800, für Primzahlpotenzen von J. A. Serret 1850 und für beliebiges $n \in \mathbb{N}$ von L. Kronecker 1854 bewiesen.

30.2.4 Der Satz von Wedderburn *

Mithilfe von Kreisteilungspolynomen können wir einen für die Geometrie sehr wichtigen Satz beweisen.

Bei den endlichen Körpern haben wir uns von Anfang an auf die Untersuchung kommutativer Körper beschränkt. Die Theorie der Schiefkörper (hier wird die Kommutativität der Multiplikation nicht verlangt) ist deutlich komplizierter. Wir wollen in diesem Abschnitt zeigen, dass im endlichen Fall zwischen Körpern und Schiefkörpern nicht unterschieden werden muss, dies besagt der *Satz von Wedderburn*.

Satz 30.7 (Wedderburn 1905) *Jeder endliche Schiefkörper ist kommutativ.*

Beweis Es sei K ein endlicher Schiefkörper, und es sei $Z := \{x \in K \mid x\,y = y\,x$ für alle $y \in K\}$ das Zentrum von K. Offensichtlich ist Z ein Körper. Der Schiefkörper K ist ein endlichdimensionaler Vektorraum über Z und hat q^n Elemente mit $q := |Z|$ und $n := \dim_Z K$. Zu $a \in K$ betrachten wir $N(a) = \{x \in K \mid x\,a = a\,x\}$ und erkennen, dass $N(a)$ ein Teilschiefkörper von K ist, der Z enthält. $N(a)$ hat dann $q^{n(a)}$ Elemente, wobei $n(a)$ eine natürliche Zahl ist. Da $N(a)^\times = N(a) \setminus \{0\}$ eine Untergruppe von $K^\times = K \setminus \{0\}$ ist, haben wir nach dem Satz 3.9 von Lagrange $q^{n(a)} - 1 \mid q^n - 1$, woraus man $n(a) \mid n$ folgert. In der Gruppe $K^\times$ betrachten wir nun die Klassengleichung in Satz 7.6:

$$q^n - 1 = q - 1 + \sum [K^\times : N(a)] = q - 1 + \sum \frac{q^n - 1}{q^{n(a)} - 1},$$

wobei rechts summiert wird über ein Vertretersystem von Klassen konjugierter Elemente, für die $[K^\times : N(a)^\times] > 1$, d. h. für die $n(a) \neq n$ gilt.

Es sei $\Phi_n \in \mathbb{Z}[X]$ (siehe Lemma 30.4 (b)) das n-te Kreisteilungspolynom über $\mathbb{Q}$. Wir zeigen, dass $\Phi_n(q)$ jeden Summanden $\frac{q^n-1}{q^{n(a)}-1}$ mit $n(a) \mid n$ und $n(a) \neq n$ teilt. Das sehen wir aber leicht mit Lemma 30.4 (a), denn für $n(a) \mid n$ und $n \neq n(a)$ haben wir

$$\frac{X^n - 1}{X^{n(a)} - 1} = \frac{\prod_{d|n} \Phi_d}{\prod_{t|n(a)} \Phi_t} = \Phi_n\, P$$

mit $P \in \mathbb{Z}[X]$, weil im Nenner nur Faktoren des Zählers stehen. Weil nach Lemma 30.4 (a) $\Phi_n(q)$ auch ein Teiler von $q^n - 1$ ist, zeigt die angegebene Klassengleichung $\Phi_n(q) \mid (q - 1)$, insbesondere $\Phi_n(q) \leq q - 1$. Andererseits gilt aber für jede Einheitswurzel $\zeta \neq 1$ und jede ganze Zahl $q \geq 2$ die Ungleichung $|q - \zeta| > q - 1$ (Dreiecksungleichung).

Aus $n > 1$ folgte $|\Phi_n(q)| = \prod |q - \zeta| > (q-1)^{\varphi(n)} \geq q - 1$. Das ist ein Widerspruch zu $\Phi_n(q) \leq q - 1$. Folglich muss $n = 1$ gelten, d. h. $|K| = |Z|$ bzw. $K = Z$. □

Bemerkung Der Satz von Wedderburn hat eine wichtige Anwendung in der Geometrie. Für endliche affine Ebenen folgt der Satz von Pappus aus dem Satz von Desargues. Für diesen rein geometrischen Sachverhalt kennt man keinen geometrischen Beweis. Die Aussage muss erst nach Einführung von Koordinaten in ein algebraisches Problem umformuliert werden. Es gilt allgemein, dass man der Koordinatenmenge bei Gültigkeit des Satzes von Desargues in natürlicher Weise die Struktur eines Schiefkörpers aufprägen kann, und es gilt der Satz von Pappus genau dann, wenn dieser Schiefkörper kommutativ ist. Nun sieht man, wo Wedderburn ins Spiel kommt.

30.3 Die Galoisgruppe von K_n/K

Wir bestimmen die Galoisgruppen in den Fällen, in denen K_n/K galoissch ist, wobei K_n den n-ten Kreisteilungskörper bezeichnet, d. h. den Zerfällungskörper von $X^n - 1$ über K. Mit der Galoisgruppe ist der Zwischenkörperverband von K_n/K bekannt.

30.3.1 Wann ist K_n/K galoissch?

Die Körpererweiterung K_n/K ist im Fall Char $K \nmid n$ galoissch.

Lemma 30.8 *Für jedes $n \in \mathbb{N}$ mit* Char $K \nmid n$ *gilt:*

(a) *Es ist K_n/K galoissch, und $\Gamma := \Gamma(K_n/K)$ ist zu einer Untergruppe der primen Restklassengruppe $\mathbb{Z}/n^\times$ isomorph.*

*Genauer: Ist $w \in K_n$ primitive n-te Einheitswurzel, so existiert zu jedem $\tau \in \Gamma$
genau ein Element $i(\tau) \in \mathbb{Z}/n^\times$ derart, dass $\tau(w) = w^k$ für jedes $k \in i(\tau)$, und
$\tau \mapsto i(\tau)$ ist ein Monomorphismus von Γ in $\mathbb{Z}/n^\times$.*
(b) *Genau dann gilt $\Gamma \cong \mathbb{Z}/n^\times$, wenn $\Phi_{n,K}$ über K irreduzibel ist.*

Beweis

(a) Wegen Lemma 30.2 (b) ist $X^n - 1$ separabel über K. Als Zerfällungskörper von $X^n - 1$
über K ist K_n normal über K. Nach Satz 28.11 ist K_n/K somit galoissch; und $K_n =$
$K(w)$ mit einer primitiven n-ten Einheitswurzel w. Für jedes $\tau \in \Gamma$ ist $\tau(w)$ wegen
$o(\tau(w)) = o(w)$ ebenfalls eine primitive n-te Einheitswurzel, sodass $\tau(w) = w^r$ für
ein $r \in \mathbb{Z}$ mit $\mathrm{ggT}(r,n) = 1$ (vgl. Lemma 30.3 (b)). Nun gilt für $k \in \mathbb{Z}$

$$\tau(w) = w^k \Leftrightarrow w^r = w^k \Leftrightarrow n \mid r - k \Leftrightarrow \bar{k} = \bar{r} \quad \text{in } \mathbb{Z}/n.$$

Daher ist $i(\tau) := \bar{r}$ durch τ und $\tau(w) = w^r$ eindeutig festgelegt und $\tau(w) = w^k$ für
jedes $k \in i(\tau)$. Für σ, $\tau \in \Gamma$ und $k \in i(\sigma)$, $k' \in i(\tau)$ gilt

$$w^{k k'} = \sigma(w)^{k'} = \sigma(w^{k'}) = \sigma\,\tau(w),$$

sodass $k\,k' \in i(\sigma\,\tau)$. Somit ist $\varphi : \tau \mapsto i(\tau)$ ein Homomorphismus von Γ in $\mathbb{Z}/n^\times$.
Aus $i(\tau) = \bar{1}$ folgt $\tau(w) = w^1 = w$, was wegen $K_n = K(w)$ zu $\tau = \mathrm{Id}_{K_n}$ führt.
Somit ist φ injektiv, also ein Monomorphismus.
(b) folgt aus (a), weil $|\Gamma| = [K_n : K]$ und $\deg \Phi_{n,K} = \varphi(n) = |\mathbb{Z}/n^\times|$.   □

Beispiel 30.6 Da die Kreisteilungspolynome Φ_n über $\mathbb{Q}$ nach Satz 30.5 stets irreduzibel
sind, folgt mit dem eben bewiesenen Lemma 30.8:

- $\Gamma(\mathbb{Q}_n/\mathbb{Q}) \cong \mathbb{Z}/n^\times$, z. B. $\Gamma(\mathbb{Q}_9/\mathbb{Q}) \cong \mathbb{Z}/6$, sodass es genau zwei echte Zwischenkörper
  K_1 und K_2 von $\mathbb{Q}_9/\mathbb{Q}$ mit $[K_1 : \mathbb{Q}] = 2$ und $[K_2 : \mathbb{Q}] = 3$ gibt (siehe Aufgabe 30.4).
- K_n/K ist im Fall Char $K \nmid n$ abelsch, d. h. galoissch mit abelscher Galoisgruppe.   ∎

Bemerkung

(1) Im Fall Char $K \neq 0$ ist K_n/K sogar zyklisch (siehe Aufgabe 30.8).
(2) Das zweite Beispiel besitzt für $K := \mathbb{Q}$ eine tief liegende Umkehrung: *Zu jeder endli-
    chen abelschen Körpererweiterung $L/\mathbb{Q}$ existiert ein $n \in \mathbb{N}$ und ein Monomorphismus
    $\psi : L \to \mathbb{Q}_n$. Das ist der Satz von Kronecker/Weber.*

30.3.2 Kreisteilungskörper über endlichen Körpern *

Wir bestimmen zum Abschluss K_n für endliche Körper K.

Lemma 30.9 *Für $K := \mathbb{F}_q$ und $n \in \mathbb{N}$ mit* Char $K \nmid n$ *gilt* $[K_n : K] = o(\overline{q})$, *wobei* $o(\overline{q})$ *die Ordnung von $\overline{q} = q + n\mathbb{Z}$ in $(\mathbb{Z}/n^{\times}, \cdot)$ bezeichnet, folglich gilt $K_n \cong \mathbb{F}_{q^{o(\overline{q})}}$.*

Beweis Die Erweiterung K_n/K ist galoissch. Nach dem Hauptsatz 28.10 der endlichen Galoistheorie hat die K-Automorphismengruppe von K_n genau $[K_n : K]$ Elemente. Nach Lemma 27.5 ist diese Automorphismengruppe zyklisch und wird von $\varphi : a \mapsto a^q$ erzeugt. Somit hat φ die Ordnung $[K_n : K]$. Für jede primitive n-te Einheitswurzel $w \in K_n$ gilt $K_n = K(w)$, sodass für $k \in \mathbb{N}$ folgt:

$$\varphi^k = \mathrm{Id}_{K_n} \Leftrightarrow w = \varphi^k(w) = w^{q^k} \Leftrightarrow n \mid q^k - 1 \Leftrightarrow \overline{q}^k = \overline{1}.$$

Somit gilt $[K_n : K] = o(\overline{q})$ in $\mathbb{Z}/n^{\times}$. $\qquad\square$

Beispiel 30.7 Für $n = 10$ gilt $o(\overline{1}) = 1$, $o(\overline{3}) = 4 = o(\overline{7})$, $o(\overline{9}) = 2$. Also gilt $K_{10} = \mathbb{F}_q$ für $\overline{q} = 1$, $K_{10} = \mathbb{F}_{q^4}$ für $\overline{q} = \pm\overline{3}$, $K_{10} = \mathbb{F}_{q^2}$ für $\overline{q} = \overline{9}$. $\qquad\blacksquare$

30.4 Konstruktion regulärer Vielecke *

Die n-ten Einheitswurzeln $w_k = \mathrm{e}^{\frac{2k\pi\mathrm{i}}{n}}$, $k = 0, 1, \ldots, n - 1$, über $\mathbb{Q}$ teilen den Einheitskreis in n gleiche Sektoren (daher die Bezeichnung *Kreisteilung*). Sie sind die Eckpunkte eines regulären n-Ecks. Die Aufgabe, ein reguläres n-Eck zu konstruieren, wird folglich gelöst durch die Konstruktion einer primitiven n-ten Einheitswurzel, etwa $w_1 = \mathrm{e}^{\frac{2\pi\mathrm{i}}{n}}$.

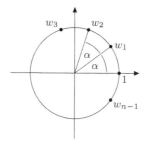

Seit jeher bekannt sind die Konstruktionen regulärer Dreiecke, Vierecke (Quadrate), Fünfecke und Sechsecke. Es ist aber nicht jedes reguläre n-Eck mit Zirkel und Lineal konstruierbar. Es war ein bedeutendes klassisches Problem der Geometrie, die n zu bestimmen, für die ein reguläres n-Eck konstruierbar ist und gegebenenfalls auch eine explizite Konstruktion anzugeben. Eine vollständige Lösung dieses Problems wurde zuerst von C. F. Gauß in seinen *Disquisitiones arithmeticae* 1801 veröffentlicht. Wir werden sehen, dass nur solche regulären n-Ecke (mit Zirkel und Lineal und der Startmenge $S = \{0, 1\}$ bzw. $S = \mathbb{Q}$) konstruierbar sind, bei denen n ein Produkt einer Zweierpotenz mit verschiedenen *Fermat'schen Primzahlen* ist.

30.4.1 Fermatsche Primzahlen

Eine Primzahl der Form $2^s + 1$ mit $s \in \mathbb{N}$ heißt **fermatsch**. Für ungerades $u \neq 1$ und beliebiges v aus $\mathbb{N}$ ist

$$2^{u\,v} + 1 = (2^v + 1)\,(2^{v\,(u-1)} - 2^{v\,(u-2)} + - \cdots - 2^v + 1)$$

keine Primzahl. Eine fermatsche Primzahl hat also die Form

$$f_k = 2^{2^k} + 1 \quad \text{mit} \quad k \in \mathbb{N}_0\,.$$

Für $k = 0,\ 1,\ 2,\ 3,\ 4$ sind

$$f_0 = 3,\ f_1 = 5,\ f_2 = 17,\ f_3 = 257,\ f_4 = 65537$$

Primzahlen. Weitere fermatsche Primzahlen sind bisher nicht bekannt.

30.4.2 Kennzeichnungen der Konstruierbarkeit regulärer Vielecke

Wir zeigen nun, welche regulären n-Ecke konstruierbar sind:

Satz 30.10 (C. F. Gauß) *Für $3 \leq n \in \mathbb{N}$ sind äquivalent:*

(1) Ein reguläres n-Eck ist mit Zirkel und Lineal konstruierbar.

(2) $\varphi(n)$ ist eine Potenz von 2.

(3) $n = 2^j\, p_1 \cdots p_r$ mit $j \in \mathbb{N}_0$ und verschiedenen fermatschen Primzahlen $p_1, \ldots, p_r$, $0 \leq r$.

Beweis Offenbar ist ein reguläres n-Eck genau dann mit Zirkel und Lineal konstruierbar, wenn eine primitive n-te Einheitswurzel $\varepsilon \in \mathbb{C}$ konstruierbar ist.

(1) $\Rightarrow$ (2): Wenn ε aus $\{0,\ 1\}$ konstruierbar ist, gilt nach Korollar 23.3:

$$\varphi(n) = [\mathbb{Q}(\varepsilon) : \mathbb{Q}] = 2^k \quad \text{für ein} \quad k \in \mathbb{N}.$$

(2) $\Rightarrow$ (1): Es gelte (beachte Lemma 30.8)

$$|\Gamma(\mathbb{Q}(\varepsilon)/\mathbb{Q})| = [\mathbb{Q}(\varepsilon) : \mathbb{Q}] = \varphi(n) = 2^k \quad \text{für ein} \quad k \in \mathbb{N}_0.$$

Durch wiederholtes Anwenden des Satzes 8.1 von Frobenius erhalten wir Untergruppen $\Delta_0, \ldots, \Delta_k$ von $\Gamma(\mathbb{Q}(\varepsilon)/\mathbb{Q})$ mit $\Gamma(\mathbb{Q}(\varepsilon)/\mathbb{Q}) = \Delta_0 \supseteq \Delta_1 \supseteq \cdots \supseteq \Delta_k = \{\mathrm{Id}\}$ mit $|\Delta_i| = 2^{k-i}$ und damit $[\Delta_i : \Delta_{i-1}] = 2$ für $i = 1, \ldots, k$. Gemäß dem Hauptsatz 28.10 der endlichen Galoistheorie entsprechen ihnen Zwischenkörper $E_i := \mathcal{F}(\Delta_i)$, $i = 0, \ldots, k$ mit $\mathbb{Q} = E_0 \subseteq E_1 \subseteq \cdots \subseteq E_k = \mathbb{Q}(\varepsilon)$ und $[E_i : E_{i-1}] = 2$ für $i = 1, \ldots, k$. Wegen Lemma 23.2 ist ε daher aus $\{0,\ 1\}$ konstruierbar.

(2) $\Leftrightarrow$ (3): Es sei $n = 2^j\, p_1^{\nu_1} \cdots p_r^{\nu_r}$ die kanonische Primfaktorzerlegung von n. Genau dann ist (beachte Lemma 6.10)

$$\varphi(n) = 2^{j-1}\, (p_1 - 1)\, p_1^{\nu_1 - 1} \cdots (p_r - 1)\, p_r^{\nu_r - 1}$$

eine Potenz von 2, wenn $\nu_1 = 1, \ldots, \nu_r = 1$ und wenn $p_i - 1$ eine Potenz von 2, d. h. p_i eine fermatsche Primzahl ist, $i = 1, \ldots, r$. $\qquad\square$

Bemerkung Explizit wurde der Körperturm $E_0 \subseteq E_1 \subseteq \cdots \subseteq E_k$ (vgl. die Beweisrichtung (2) $\Rightarrow$ (1)) und damit eine Konstruktion von $\varepsilon = \mathrm{e}^{\frac{2\pi\,\mathrm{i}}{n}}$ für $n = f_2 = 17$ von Gauß 1796, $n = f_3 = 257$ von Richelot und Schwendenwein 1832, $n = f_4 = 65537$ von J. Hermes 1889 angegeben.

30.4.3 Die Konstruktion des regulären 17-Ecks

Wir führen die Konstruktion des regulären 17-Ecks durch. Es ist $\mathbb{Q}_{17} = \mathbb{Q}(\varepsilon)$ mit $\varepsilon = \mathrm{e}^{\frac{2\pi\,\mathrm{i}}{17}}$, $\varepsilon^{17} = 1$.

Ein erzeugendes Element von $\Gamma = \Gamma(\mathbb{Q}_{17}/\mathbb{Q})$ ist der durch $\tau(\varepsilon) = \varepsilon^3$ gegebene Automorphismus τ von $\mathbb{Q}_{17}$, denn $\overline{3} := 3 + 17\,\mathbb{Z}$ erzeugt $\mathbb{Z}/17^\times$ (man sagt, 3 ist eine **Primitivwurzel modulo 17**). Es gilt:

k	1	2	3	4	5	6	7	8	9	10	11	12	13	14	15	16
$\tau^k(\varepsilon)$	ε^3	ε^{-8}	ε^{-7}	ε^{-4}	ε^5	ε^{-2}	ε^{-6}	ε^{-1}	ε^{-3}	ε^8	ε^7	ε^4	ε^{-5}	ε^2	ε^6	ε

Die Untergruppen von Γ sind:

$$\Delta_0 = \Gamma = \langle \tau \rangle, \ \Delta_1 = \langle \tau^2 \rangle, \ \Delta_2 = \langle \tau^4 \rangle, \ \Delta_3 = \langle \tau^8 \rangle, \ \Delta_4 = \mathbf{1}.$$

Damit erhalten wir die beiden Inklusionsketten (wie üblich bezeichnet $E_i := \mathcal{F}(\Delta_i)$):

$$\Gamma = \Delta_0 \supseteq \Delta_1 \supseteq \Delta_2 \supseteq \Delta_3 \supseteq \Delta_4 = \mathbf{1} \quad \text{und} \quad \mathbb{Q} = E_0 \subseteq E_1 \subseteq E_2 \subseteq E_3 \subseteq E_4 = \mathbb{Q}(\varepsilon).$$

Es ist $\{\varepsilon^j \mid j = 1, \dots, 16\}$ eine $\mathbb{Q}$-Basis von $\mathbb{Q}(\varepsilon)$. Nach Lemma 29.3 ist daher $\{\mathrm{Sp}_{\Delta_i}(\varepsilon^j) \mid j = 1, \dots, 16\}$ ein Erzeugendensystem von E_i, wobei $\mathrm{Sp}_{\Delta_i}(\varepsilon^j) = \sum_{\sigma \in \Delta_i} \sigma(\varepsilon^j)$.

1. Schritt: Bestimmung von E_1 Es ist $\omega_1 := \mathrm{Sp}_{\Delta_1}(\varepsilon) = \varepsilon^{-8} + \varepsilon^{-4} + \varepsilon^{-2} + \varepsilon^{-1} + \varepsilon^8 + \varepsilon^4 + \varepsilon^2 + \varepsilon \in E_1$ und $\omega_1' := \tau(\omega_1) = \varepsilon^{-7} + \varepsilon^5 + \varepsilon^{-6} + \varepsilon^{-3} + \varepsilon^7 + \varepsilon^{-5} + \varepsilon^6 + \varepsilon^3 \neq \omega_1$, sodass $\omega_1 \notin \mathbb{Q}$. Das zeigt $E_1 = \mathbb{Q}(\omega_1)$ und

$$m_{\omega_1, \mathbb{Q}} = (X - \omega_1)(X - \omega_1') = X^2 - (\omega_1 + \omega_1') X + \omega_1 \omega_1'.$$

Nun ist $\omega_1 + \omega_1' = \sum_{i=1}^{16} \varepsilon^i = -1$, denn $a := \sum_{i=0}^{16} \varepsilon^i = 0$, weil $\varepsilon a = a$. Hiermit berechnet man – mit etwas Aufwand – $\omega_1 \omega_1' = -4$, sodass

$$m_{\omega_1, \mathbb{Q}} = X^2 + X - 4.$$

Wegen $\omega_1 = (\varepsilon + \varepsilon^{-1}) + (\varepsilon^2 + \varepsilon^{-2}) + (\varepsilon^4 + \varepsilon^{-4}) + (\varepsilon^8 + \varepsilon^{-8}) > 0$ folgt

$$\omega_1 = \frac{1}{2}(\sqrt{17} - 1), \ \omega_1' = -\frac{1}{2}(\sqrt{17} + 1).$$

2. Schritt: Bestimmung von E_2 Es ist $\omega_2 := \mathrm{Sp}_{\Delta_2}(\varepsilon) = \varepsilon^{-4} + \varepsilon^{-1} + \varepsilon^4 + \varepsilon \in E_2$ und $\omega_2' := \tau^2(\omega_2) = \varepsilon^{-2} + \varepsilon^8 + \varepsilon^2 + \varepsilon^{-8} \neq \omega_2$, sodass $\omega_2 \notin E_1$. Es folgt $E_2 = E_1(\omega_2)$ und

$$m_{\omega_2, E_1} = (X - \omega_2)(X - \omega_2') = X^2 - (\omega_2 + \omega_2') X + \omega_2 \omega_2',$$

sodass $m_{\omega_2, E_1} = X^2 - \omega_1 X - 1$. Es gilt $\omega_2 = (\varepsilon + \varepsilon^{-1}) + (\varepsilon^4 + \varepsilon^{-4}) > 0$ (reell) und daher $\omega_2' = -\omega_2^{-1} < 0$ (reell), sodass

$$\omega_2 = \frac{1}{2}(\sqrt{\omega_1^2 + 4} + \omega_1), \ \omega_2' = -\frac{1}{2}(\sqrt{\omega_1^2 + 4} - \omega_1).$$

3. Schritt: Bestimmung von E_3 Es ist $\omega_3 := \mathrm{Sp}_{\Delta_3}(\varepsilon) = \varepsilon + \varepsilon^{-1} \in E_3$ und $\omega_3' := \tau^4(\omega_3) = \varepsilon^4 + \varepsilon^{-4} \neq \omega_3$, sodass $\omega_3 \notin E_2$. Es folgt $E_3 = E_2(\omega_3)$ und

$$m_{\omega_3, E_2} = (X - \omega_3)(X - \omega_3') = X^2 - (\omega_3 + \omega_3') X + \omega_3 \omega_3'.$$

Es ist $\omega_3 + \omega_3' = \omega_2$ und $\omega_3 \omega_3' = \varepsilon^3 + \varepsilon^5 + \varepsilon^{-3} + \varepsilon^{-5} = \frac{1}{2}(\omega_2^2 - \omega_1 + \omega_2 - 4) =: \alpha$, sodass

$$m_{\omega_3, E_2} = X^2 - \omega_2 X + \alpha.$$

Offenbar gilt $0 < \omega_3' < \omega_3$ (reell). Wegen $\omega_3 = \varepsilon + \varepsilon^{-1} = 2 \cos \frac{2\pi}{17}$ kann hiermit das reguläre 17-Eck konstruiert werden. Es ist

$$\omega_3 = \frac{1}{2}\left(\sqrt{\omega_2^2 - 4\alpha} + \omega_2\right), \ \omega_3' = -\frac{1}{2}\left(\sqrt{\omega_2^2 - 4\alpha} - \omega_2\right).$$

4. Schritt: Bestimmung von ε Es ist

$$m_{\varepsilon, E_3} = (X-\varepsilon)(X-\tau^8(\varepsilon)) = (X-\varepsilon)(X-\varepsilon^{-1}) = X^2-(\varepsilon+\varepsilon^{-1}) X+1 = X^2-\omega_3 X+1.$$

Zusammenfassung Man konstruiere zunächst $\omega_1 = \frac{1}{2}(\sqrt{17} - 1)$ (die positive Wurzel von $X^2 + X - 4$), dann $\omega_2 = \frac{1}{2}(\sqrt{\omega_1^2 + 4} + \omega_1)$ (die positive Wurzel von $X^2 - \omega_1 X - 1$), dann $\alpha = \frac{1}{2}(\omega_2^2 - \omega_1 + \omega_2 - 4)$ und schließlich $2 \cos \frac{2\pi}{17} = \omega_3 = \frac{1}{2}(\sqrt{\omega_2^2 - 4\alpha} + \omega_2)$ (die größere Wurzel von $X^2 - \omega_2 X + \alpha$).

30.5 Ein kurzer Beweis des quadratischen Reziprozitätsgesetz *

Der folgende Beweis des quadratischen Reziprozitätsgesetzes geht auf B. W. Brewer zurück: *On the quadratic reciprocity law*, Amer. Math. Monthly 58 (1951), 177–179. Wir erläutern ausführlich die einzelnen Schritte dieses kurzen Beweises. Dabei benutzen wir wiederholt die folgende Schreibweise: Für eine p-te Einheitswurzel ζ und ein $k \in \mathbb{Z}$, $\overline{k} = k + p\mathbb{Z} \in \mathbb{Z}/p$, setzen wir $\zeta^{\overline{k}} := \zeta^k$. Wegen $\zeta^{k+lp} = \zeta^k(\zeta^p)^l = \zeta^k$ für jedes $l \in \mathbb{Z}$ ist das wohldefiniert. Wir lassen aber im folgenden Beweis die Querstriche über den Restklassen weg, um die Darstellung übersichtlicher zu halten:

Satz 30.11 (Quadratisches Reziprozitätsgesetz) *Für verschiedene ungerade Primzahlen p und q gilt:*

$$\left(\frac{p}{q}\right)\left(\frac{q}{p}\right) = (-1)^{\frac{p-1}{2}\frac{q-1}{2}}.$$

Beweis Wie üblich bezeichnen wir mit $\mathbb{Z}/p^{\times}$ die multiplikative Einheitengruppe des Körpers $\mathbb{Z}/p = \{0, 1, \ldots, p-1\}$ und mit $Q := \{a^2 \mid a \in \mathbb{Z}/p^{\times}\}$ die multiplikative Gruppe der $\frac{p-1}{2}$ quadratischen Reste modulo p und mit $N := (\mathbb{Z}/p^{\times}) \setminus Q$ die Menge der quadratischen Nichtreste. Weiterhin sei K der Zerfällungskörper des Polynoms $X^p - 1$ über dem Primkörper $\mathbb{Z}/q$ der Ordnung q und $\zeta \in K$ eine primitive p-te Einheitswurzel. Wir betrachten in K die sogenannten *Gaußschen Summen*:

$$\alpha := \sum_{i \in Q} \zeta^i \quad \text{und} \quad \beta := \sum_{j \in N} \zeta^j.$$

Wegen $0 = \zeta^p - 1 = (\zeta - 1)(\zeta^{p-1} + \zeta^{p-2} + \ldots + \zeta + 1)$ gilt $1 + \alpha + \beta = 0$. Mit $\beta = -1 - \alpha$ erhalten wir

$$-\alpha^2 - \alpha = \alpha\beta = \sum_{(i,j) \in Q \times N} \zeta^{i+j}. \tag{30.1}$$

Für $k \in \mathbb{Z}/p$ seien $M_k := \{(i, j) \in Q \times N \mid i + j = k\}$ und $c_k = |M_k|$ die Anzahl der Möglichkeiten, die Restklasse k als Summe eines Quadrates und eines Nichtquadrates in $\mathbb{Z}/p$ darzustellen. Für $k \in Q$ bzw. $k \in N$ ist die Abbildung

$$M_1 \to M_k, \ (i, j) \mapsto (k\,i, k\,j) \quad \text{bzw.} \quad (i, j) \mapsto (k\,j, k\,i)$$

bijektiv. Es folgt $c_1 = c_2 = \cdots = c_{p-1}$. Damit gilt:

$$c_1 = \frac{|Q \times N| - c_0}{p - 1} = \frac{p-1}{4} - \frac{c_0}{p-1}. \tag{30.2}$$

Nach dem 1. Ergänzungssatz 20.5 zum Quadratischen Reziprozitätsgesetz ist -1 im Fall $p \equiv 1 \,(\mathrm{mod}\,4)$ ein Quadrat, sodass $Q = -Q$ in diesem Fall gilt, während im Fall $p \equiv 3\,(\mathrm{mod}\,4)$ stets $N = -Q$ gilt, da in diesem Fall -1 kein Quadrat ist. Damit gilt:

$$c_0 = \begin{cases} 0, & \text{falls } p \equiv 1 \,(\mathrm{mod}\,4), \\ \frac{p-1}{2}, & \text{falls } p \equiv 3\,(\mathrm{mod}\,4). \end{cases} \tag{30.3}$$

Wir schreiben jetzt Gl. (30.1) um als

$$-\alpha^2 - \alpha = c_0\zeta^0 + \sum_{k \in \mathbb{Z}/p^{\times}} c_k\zeta^k = c_0 - c_1,$$

da $1 + \zeta + \zeta^2 + \ldots + \zeta^{p-1} = -1$. Unter Verwendung vom (30.2) und (30.3) führt uns das zu der quadratischen Gleichung

$$(2\alpha + 1)^2 = \begin{cases} p, & \text{falls } p \equiv 1 \,(\bmod\,4), \\ -p, & \text{falls } p \equiv 3 \,(\bmod\,4). \end{cases} \tag{30.4}$$

Wäre $\alpha = \beta$, also $\alpha = -2^{-1}$, so ergäbe sich aus (30.4) der Widerspruch $p \equiv 0 \,(\bmod\,q)$. Aus $\alpha \neq \beta$ folgern wir

$$\alpha^q = \sum_{i \in Q} \zeta^{iq} = \begin{cases} \alpha, & \text{falls } q \in Q, \\ \beta, & \text{falls } q \in N; \end{cases}$$

also

$$\alpha \in \mathbb{Z}/q \;\Leftrightarrow\; q \in Q. \tag{30.5}$$

Im Fall $p \equiv 1 \,(\bmod\,4)$ ist die quadratische Gleichung (30.4) in $\mathbb{Z}/q$ genau dann nach α auflösbar, wenn p in $\mathbb{Z}/q$ ein Quadrat ist. Mit (30.5) folgt daraus

$$\left(\frac{p}{q}\right) = \left(\frac{q}{p}\right), \quad \text{falls } p \equiv 1 \,(\bmod\,4). \tag{30.6}$$

Die Aussage (30.6) bleibt auch dann richtig, wenn wir die Rollen von p und q vertauschen.

Es verbleibt der Fall $p,\,q \equiv 3 \,(\bmod\,4)$. Die Gl. (30.4) ist hier in $\mathbb{Z}/q$ genau dann nach α auflösbar, wenn $-p$ in $\mathbb{Z}/q$ ein Quadrat ist. Wegen $q \equiv 3 \,(\bmod\,4)$ gilt $\left(\frac{-1}{q}\right) = -1$ nach dem 1. Ergänzungssatz 20.5 zum Quadratischen Reziprozitätsgesetz, dies liefert $\left(\frac{p}{q}\right) = -1$. Wir erhalten

$$\left(\frac{q}{p}\right) = -\left(\frac{p}{q}\right), \quad \text{falls } p,\,q \equiv 3 \,(\bmod\,4)$$

$\square$

Aufgaben

30.1 •• Man bestimme die n-ten Kreisteilungspolynome Φ_n für $1 \leq n \leq 24$.

30.2 •• Man zeige:

(a) Für jede ungerade natürliche Zahl $m > 1$ gilt $\Phi_{2m}(X) = \Phi_m(-X)$.

(b) Für natürliche Zahlen n und Primzahlen p ist

$$\Phi_{np}(X) = \begin{cases} \Phi_n(X^p), & \text{falls } p \mid n, \\ \Phi_n(X^p)/\Phi_n(X), & \text{falls } p \nmid n. \end{cases}$$

30.3 •• Man zerlege $\Phi_{12,\,\mathbb{F}_{11}}$ über $\mathbb{F}_{11}$.

30.4 •• Man bestimme alle Zwischenkörper von $\mathbb{Q}_n/\mathbb{Q}$ für $n = 5,\,7,\,9$.

30.5 •• Man gebe das Minimalpolynom einer primitiven siebten Einheitswurzel über $\mathbb{F}_2$ an.

30.6 • Es sei $\zeta \neq 1$ eine n-te Einheitswurzel. Man zeige $1 + \zeta + \cdots + \zeta^{n-1} = 0$.

30.7 •• Es seien $\zeta_1, \ldots, \zeta_n$ die n-ten Einheitswurzeln. Man zeige $\zeta_1^k + \zeta_2^k + \cdots + \zeta_n^k = 0$ für jedes k mit $1 \leq k \leq n - 1$.

30.8 •• Es gelte $0 < p = \operatorname{Char} K$, und es $n \in \mathbb{N}$ mit $p \nmid n$. Zeigen Sie: K_n/K ist galoissch mit zyklischer Galoisgruppe.

30.9 •• Man gebe ein Verfahren zur Konstruktion des regulären 5-Ecks an.

30.10 • Für welche $n \in \{1, \ldots, 100\}$ ist ein reguläres n-Eck konstruierbar?

30.11 •• Es seien m, n natürliche Zahlen mit $\operatorname{ggT}(m, n) = 1$ und ζ_m eine primitive m-te Einheitswurzel über $\mathbb{Q}$. Zeigen Sie: Das n-te Kreisteilungspolynom $\Phi_n(x) \in \mathbb{Q}[x]$ ist sogar über $\mathbb{Q}(\zeta_m)$ irreduzibel.

30.12 •• Bestimmen Sie den Isomorphietyp der Galoisgruppe des Polynoms $P = X^4 + X^3 + X^2 + X + 1 \in \mathbb{F}_2[X]$ über $\mathbb{F}_2$.

30.13 •• Es sei ζ eine primitive n-te Einheitswurzel über $\mathbb{Q}$, wobei $n \geq 2$ gelte. Begründen Sie, warum

$$[\mathbb{Q}(\zeta + \zeta^{-1}) : \mathbb{Q}] = \tfrac{1}{2}\varphi(n)$$

gilt (φ bezeichne die Euler'sche φ-Funktion).

Auflösung algebraischer Gleichungen durch Radikale

31

Übersicht

Unter einer *algebraischen Gleichung* versteht man eine Gleichung der Form $P(X) = 0$ mit einem Polynom P über einem Körper K. Die Lösungen dieser Gleichung sind nichts anderes als die Wurzeln des Polynoms P. Die Wurzeln von $X^2 + p\,X + q \in \mathbb{R}[X]$ in $\mathbb{C}$ haben bekanntlich die Form $-\frac{p}{2} \pm \sqrt{d}$ mit $d := \left(\frac{p}{2}\right)^2 - q$. Dabei bezeichnet $\sqrt{d}$ ein Element aus $\mathbb{C}$ mit $(\sqrt{d})^2 = d$. Wie Tartaglia und del Ferro im 16. Jahrhundert zeigten, haben die Wurzeln von $X^3 + p\,X + q \in \mathbb{R}[X]$ in $\mathbb{C}$ die Form

$$\sqrt[3]{-\frac{q}{2} + \sqrt{\left(\frac{q}{2}\right)^2 + \left(\frac{p}{3}\right)^3}} + \sqrt[3]{-\frac{q}{2} - \sqrt{\left(\frac{q}{2}\right)^2 + \left(\frac{p}{3}\right)^3}}$$

bei geeigneter Interpretation der auftretenden Kubikwurzeln. Bei diesem *Auflösen* des Polynoms P entstehen durch das sukzessive Ziehen der Wurzeln *Radikalerweiterungen*. Wir untersuchen im vorliegenden Kapitel das Zusammenspiel eines *auflösbaren* Polynoms P mit der Galoisgruppe des Polynoms P. Der wesentliche Zusammenhang ist dabei: *Auflösbare Polynome haben auflösbare Galoisgruppen.*

Wir untersuchen vorab *zyklische* Erweiterungen, das sind Galoiserweiterungen mit zyklischer Galoisgruppe. Etwas ungenau ausgedrückt, sind die zyklischen Erweiterungen genau diejenigen Erweiterungen L/K, bei denen L Zerfällungskörper eines sogenannten *reinen Polynoms*, d. h. eines Polynoms der speziellen Bauart $X^n - a \in K[X]$, ist.

© Der/die Autor(en), exklusiv lizenziert an Springer-Verlag GmbH, DE, ein Teil von Springer Nature 2024

C. Karpfinger, *Algebra*, https://doi.org/10.1007/978-3-662-68656-0_31

Voraussetzung Es ist ein Körper K mit algebraischem Abschluss $\overline{K}$ gegeben.

31.1   Zyklische Körpererweiterungen

Eine Erweiterung L/K heißt **zyklisch**, wenn L/K galoissch ist und die Galoisgruppe von L/K zyklisch ist. Z. B. ist K_n/K mit Char $K \neq 0$ zyklisch (vgl. Aufgabe 30.8).

Tatsächlich kann man die zyklischen Erweiterungen L/K vom Grad n vollständig ermitteln, wenn K eine primitive n-te Einheitswurzel enthält.

31.1.1 Kennzeichnung zyklischer Erweiterungen

Man könnte erwarten, dass eine Erweiterung L/K, wobei L Zerfällungskörper eines Polynoms der Form $X^n - a \in K[X]$ ist, zyklisch ist. Das folgende einfache Beispiel zeigt, dass dies alleine nicht ausreicht, der Grundkörper K muss auch eine primitive n-te Einheitswurzel enthalten:

Beispiel 31.1 Nach dem Beispiel 29.4 ist die Galoisgruppe von $X^4 - 2$ über $\mathbb{Q}$ zu D_4 isomorph, also nicht zyklisch. Aber über $K := \mathbb{Q}(i)$ ist der Zerfällungskörper $L = K(\sqrt[4]{2})$ von $X^4 - 2$ zyklisch vom Grad 4, d. h. $\Gamma(L/K) \cong \mathbb{Z}/4$ (man beachte, dass i $\in K$ eine primitive 4-te Einheitswurzel ist). Und L ist über $K' := \mathbb{Q}(i, \sqrt{2})$ zyklisch vom Grad 2, d. h. $\Gamma(L/K') \cong \mathbb{Z}/2$ (es ist $-1 \in K'$ eine primitive 2-te Einheitswurzel). ∎

31.1.2 Eine hinreichende Bedingung

Wir geben eine hinreichende Bedingung dafür an, dass L/K zyklisch ist.

Lemma 31.1 *Wenn K eine primitive n-te Einheitswurzel ε enthält, gilt für jedes $a \in K$ und den Körper $L = K(b)$ für eine Wurzel b von $X^n - a \in K[X]$:*

(a) L/K ist zyklisch, und $d := [L : K] \mid n$.
(b) Für jede Wurzel b von $X^n - a$ gilt $L = K(b)$ und $b^d \in K$ (d. h. $m_{b, K} = X^d - b^d$).

Beweis

(a) Es sei $b \in L$ Wurzel von $P := X^n - a$. Wegen $(\varepsilon^k b)^n = b^n = a$ für $k = 0, \ldots, n-1$ sind die verschiedenen Elemente $b, \varepsilon b, \varepsilon^2 b, \ldots, \varepsilon^{n-1} b \in K(b)$ Wurzeln von P, sodass P über $K(b)$ zerfällt und über K separabel ist. Nach Korollar 28.11 ist $K(b)/K$ daher galoissch, und $L = K(b)$.

Zu jedem $\tau \in \Gamma := \Gamma(L/K)$ existiert nach Lemma 28.1 (d) ein $k = k(\tau)$ in $\mathbb{Z}$ mit $\tau(b) = \varepsilon^k b$, und es gilt

$$\varepsilon^k b = \varepsilon^{k'} b \ \Leftrightarrow \ k \equiv k' \ (\mathrm{mod}\ n)\,.$$

Daher wird durch

$$\varphi(\tau) = \overline{k} := k + n\,\mathbb{Z} \ \Leftrightarrow \ \tau(b) = \varepsilon^k b$$

eine Abbildung $\varphi : \Gamma \to \mathbb{Z}/n$ erklärt.

Es ist φ ein Homomorphismus von Γ in $(\mathbb{Z}/n, +)$:

$$\varphi(\sigma) = \overline{k}, \ \varphi(\tau) = \overline{l} \ \Rightarrow \ (\sigma\,\tau)(b) = \sigma(\varepsilon^l b) = \varepsilon^l\,(\varepsilon^k b) = \varepsilon^{l+k} b$$

$$\Rightarrow \ \varphi(\sigma\,\tau) = \overline{k+l} = \overline{k} + \overline{l} = \varphi(\sigma) + \varphi(\tau)\,.$$

Es ist φ injektiv, da aus $\varphi(\tau) = \overline{0}$ folgt $\tau(b) = b$. Dies wiederum liefert $\tau = \mathrm{Id}_L$, weil $L = K(b)$. Da $\mathbb{Z}/n$ zyklisch ist, ist auch Γ zyklisch, und $d = [L : K] = |\Gamma| \mid n$.

(b) Die erste Behauptung wurde bereits in (a) mitbewiesen. Wir zeigen $b^d \in K$: Es sei $\tau \in \Gamma$, und $\tau(b) = \varepsilon^k b$. Wegen $\tau^d = \mathrm{Id}_L$ folgt

$$b = \tau^d(b) = \varepsilon^{kd} b \ \Rightarrow \ \varepsilon^{kd} = 1 \ \Rightarrow \ \tau(b^d) = (\varepsilon^k b)^d = b^d\,.$$

Somit liegt $b^d \in \mathcal{F}(\Gamma) = K$. □

Bemerkung Auf die Existenz einer primitiven n-ten Einheitswurzel in K kann nach obigem Beispiel 31.1 nicht verzichtet werden.

31.1.3 Reine Polynome

Man nennt $X^n - a \in K[X]$ für jedes $a \in K$ ein **reines Polynom** über K und $X^n - a = 0$ eine **reine Gleichung** über K sowie jede Wurzel $b \in \overline{K}$ von $X^n - a$ ein **Radikal** über K und $K(b)$ eine **einfache Radikalerweiterung** von K.

Beispiel 31.2 Es sind alle Körpererweiterungen L/K, wobei L aus K durch Adjunktion einer n-ten Wurzel $\sqrt[n]{a}$ eines Elements $a \in K$ entsteht, d.h. $L = K(\sqrt[n]{a})$, einfache Radikalerweiterungen. ∎

Bemerkung Wir werden im nächsten Kapitel die Auflösung *allgemeiner* Gleichungen in Angriff nehmen, dabei kommen dann *allgemeine* Radikalerweiterungen ins Spiel.

31.1.4 Eine notwendige Bedingung

Wir begründen nun, dass L im Falle einer zyklischen Erweiterung L/K Zerfällungskörper eines reinen Polynoms ist – sofern K eine primitive n-te Einheitswurzel enthält.

Lemma 31.2 *Es sei L/K eine zyklische Körpererweiterung vom Grad n. Wenn K eine primitive n-te Einheitswurzel ε enthält, ist L der Zerfällungskörper eines reinen Polynoms $X^n - a \in K[X]$ über K, d. h. $L = K(b)$ für jede Wurzel b von $X^n - a$.*

Beweis Es gelte $\Gamma := \Gamma(L/K) = \langle \sigma \rangle$. Nach dem Dedekind'schen Lemma 29.2 existiert ein $x \in L$ mit

$$b := x + \varepsilon\, \sigma(x) + \varepsilon^2 \sigma^2(x) + \cdots + \varepsilon^{n-1} \sigma^{n-1}(x) \neq 0\,.$$

(Das Heranziehen dieser sogenannten **Lagrange'schen Resolvente** ist der Trick.) Wegen $\varepsilon^n = 1$ und $\sigma^n = \mathrm{Id}$ gilt

$$\sigma(b) = \sigma(x) + \varepsilon\, \sigma^2(x) + \varepsilon^2 \sigma^3(x) + \cdots + \varepsilon^{n-1} x = \varepsilon^{-1} b\,.$$

Es folgt $a := b^n \in K$, weil $\sigma(a) = \sigma(b^n) = (\varepsilon^{-1} b)^n = a$. Somit ist b Wurzel von $X^n - a \in K[X]$. Aus obiger Gleichung entsteht durch Wiederholung $\sigma^k(b) = \varepsilon^{-k} b$ für $k \in \mathbb{N}$. Nach Lemma 28.1 (d) hat $m_{b,K}$ daher die verschiedenen Wurzeln $b, \varepsilon^{-1} b, \ldots, \varepsilon^{-(n-1)} b$, sodass $\deg m_{b,K} \geq n$, d. h. $[K(b) : K] \geq n$. Das beweist $L = K(b)$. $\square$

Beispiel 31.3 Es sei $K = \mathbb{Q}(\varepsilon)$ für eine primitive 6-te Einheitswurzel ε. Wir setzen $b := \sqrt[6]{4}$. Die Wurzeln des Polynoms $P = X^6 - 4$ sind $b, \varepsilon\, b, \varepsilon^2 b, \varepsilon^3 b, \varepsilon^4 b, \varepsilon^5 b$. Der Körper $L = K(b)$ ist Zerfällungskörper von $X^6 - 4$ über K. Das Polynom $X^6 - 4$ ist aber nicht irreduzibel: $X^6 - 4 = (X^3 + 2)(X^3 - 2)$, und $b = \sqrt[3]{2}$ ist Wurzel des irreduziblen Polynoms $X^3 - 2$. Somit gilt $[K(b) : K] = 3$ und $\Gamma(L/K) \cong \mathbb{Z}/3$. ∎

Mit den Lemmata 31.1 und 31.2 haben wir die zyklischen Erweiterungen L/K, wobei K eine primitive Einheitswurzel enthält, gekennzeichnet. Wir wollen uns von dieser Forderung nach der Existenz einer primitiven Einheitswurzel lösen, das gelingt im Fall Char $K = p > 0$. Dazu benötigen wir einen berühmten Satz von Hilbert.

31.1.5 Hilberts Satz 90 *

Ist L/K eine endliche Galoiserweiterung, so gilt für beliebige $b \in L^\times$ und $\sigma \in \Gamma := \Gamma(L/K)$:

- $N_{L/K}\left(\frac{b}{\sigma(b)}\right) = \prod_{\tau \in \Gamma} \frac{\tau(b)}{\tau\sigma(b)} = 1.$
- $\mathrm{Sp}_{L/K}(b - \sigma(b)) = \sum_{\tau \in \Gamma}(\tau(b) - \tau\sigma(b)) = 0.$

Für eine zyklische Erweiterung L/K ist die folgende nützliche Umkehrung gültig:

Satz 31.3 (Hilberts Satz 90) *Es seien L/K eine zyklische Erweiterung vom Grad n und σ ein erzeugendes Element von $\Gamma := \Gamma(L/K)$. Dann gilt:*

(a) *(Multiplikative Form.) Zu jedem $a \in L$ mit $N_{L/K}(a) = 1$ existiert ein $b \in L^{\times}$ mit $a = \frac{b}{\sigma(b)}$.*
(b) *(Additive Form.) Zu jedem $a \in L$ mit $\mathrm{Sp}_{L/K}(a) = 0$ existiert ein $b \in L$ mit $a = b - \sigma(b)$.*

Beweis

(a) Nach dem Dedekind'schen Lemma 29.2 existiert ein $x \in L$ mit

$$b := a\,x + (a\,\sigma(a))\,\sigma(x) + (a\,\sigma(a)\,\sigma^2(a))\,\sigma^2(x) + \cdots + \underbrace{\left(\prod_{i=0}^{n-1}\sigma^i(a)\right)}_{=1}\sigma^{n-1}(x) \neq 0\,.$$

Es folgt $\sigma(b) = a^{-1}(b - a\,x) + \sigma^n(x) = a^{-1}b - x + x = a^{-1}b$, sodass $a = \frac{b}{\sigma(b)}$.

(b) Nach dem Dedekind'schen Lemma 29.2 existiert ein $x \in L$ mit $\mathrm{Sp}_{L/K}(x) \neq 0$. Für

$$b := \mathrm{Sp}_{L/K}(x)^{-1}[a\,\sigma(x) + (a + \sigma(a))\,\sigma^2(x) + \cdots + \underbrace{\left(\sum_{i=0}^{n-1}\sigma^i(a)\right)}_{=0}\sigma^{n-1}(x)]$$

folgt $\sigma(b) = b - \mathrm{Sp}_{L/K}(x)^{-1}\left(a\sum_{i=0}^{n-1}\sigma^i(x)\right) = b - a$, d. h. $a = b - \sigma(a)$. $\qquad\square$

31.1.6 Zyklische Erweiterungen vom Primzahlgrad *

Mit dem Satz 31.3 (b) von Hilbert kann man im Fall Char $K = p > 0$ zyklische Erweiterungen vom Grad p behandeln.

Lemma 31.4 (Artin/Schreier) *Es sei L/K eine Körpererweiterung und Char $K = p > 0$.*

(a) *Ist L/K zyklisch vom Grad p, so gilt $L = K(b)$ für ein Element $b \in L$, dessen Minimalpolynom über K von der Form $X^p - X - a$ ist.*

(b) *Gilt $L = K(b)$ für ein Element $b \in L$, das Wurzel eines Polynoms $X^p - X - a \in K[X]$ ist, so ist L/K eine zyklische Erweiterung. Entweder zerfällt $X^p - X - a$ über K vollständig oder $X^p - X - a$ ist irreduzibel über K.*

Beweis

(a) Es sei L/K zyklisch vom Grad p, und $\Gamma(L/K) = \langle\sigma\rangle$. Wegen $\mathrm{Sp}_{L/K}(1) = p = 0$ (vgl. Lemma 29.1 (d)) gibt es nach dem Teil (b) des Satzes 31.3 von Hilbert ein $b \in L$ mit $1 = b - \sigma(b)$. Es folgt $\sigma^i(b) = b - i$ für $i = 0, \dots, p - 1$. Folglich sind $\sigma^0(b), \dots, \sigma^{p-1}(b)$ verschieden, sodass $[K(b) : K] \geq p$, also $L = K(b)$. Ferner gilt

$$\sigma(b^p - b) = \sigma(b)^p - \sigma(b) = (b-1)^p - (b-1) = b^p - b$$

und daher $a := b^p - b \in K$. Es ist b also Wurzel von $X^p - X - a$, und dieses Polynom ist aus Gradgründen das Minimalpolynom $m_{b,K}$ von b.

(b) Für $a \in K$, $b \in L$ seien die Voraussetzungen aus Teil (b) erfüllt. Aus $c^p - c - a = 0$ folgt $(c+1)^p - (c+1) - a = 0$, sodass $b, b+1, \dots, b+(p-1) \in L$ die verschiedenen Nullstellen von $P := X^p - X - a$ sind. Hat also P eine Wurzel in K, so zerfällt P über K. Ferner zeigt dies, dass P separabel ist und dass L der Zerfällungskörper von P über K ist. Somit ist L/K galoissch. Nun habe P keine Wurzel in K. Wir begründen:

(∗) *P ist irreduzibel über K.*

Andernfalls wäre $P = QR$ mit nichtkonstanten, normierten Polynomen $Q, R \in K[X]$. Wegen $P = \prod_{i=0}^{p-1}(X - b - i)$ ist Q das Produkt von $d := \deg Q$ solcher Polynome $X - b - i$. Der Koeffizient von X^{d-1} in Q hat also die Gestalt $-db + j$ mit einem $j \in \mathbb{Z}1_K$. Das hat $-db + j \in K$ und damit wegen $p \nmid d$ den Widerspruch $b \in K$ zur Folge. Damit ist (∗) bewiesen.

Wegen (∗) und Korollar 22.3 existiert $\sigma \in \Gamma(L/K)$ mit $\sigma(b) = b + 1$. Es folgt $\sigma^i(b) = b + i$, sodass σ eine Ordnung $\geq p = |\Gamma(L/K)|$ hat. Das beweist $\Gamma(L/K) = \langle\sigma\rangle$. □

31.2 Auflösbarkeit

Um die Begriffe etwas plausibler zu machen, greifen wir voraus: Wir werden ein Polynom $P \in K[X]$ *auflösbar* nennen, wenn es einen Körperturm der Art

$$K \subseteq K(\sqrt[n_1]{a_1}) \subseteq K(\sqrt[n_1]{a_1}, \sqrt[n_2]{a_2}) \subseteq \cdots \subseteq K(\sqrt[n_1]{a_1}, \sqrt[n_2]{a_2}, \dots, \sqrt[n_r]{a_r}) \subseteq \overline{K}$$

gibt, sodass P über $K(\sqrt[n_1]{a_1}, \sqrt[n_2]{a_2}, \dots, \sqrt[n_r]{a_r})$ zerfällt.

31.2.1 Radikalerweiterungen

Eine Körpererweiterung E/K heißt eine **Radikalerweiterung**, wenn es einen Körperturm

$$K = K_0 \subseteq K_1 \subseteq \cdots \subseteq K_r = E$$

gibt, in dem K_i aus K_{i-1} durch Adjunktion einer n-ten Wurzel entsteht, d. h. $K_i = K_{i-1}(b)$ für eine Wurzel b von $X^n - a \in K_{i-1}[X]$.

Die Körpererweiterung L/K heißt **durch Radikale auflösbar**, wenn es eine Radikalerweiterung E/K mit $L \subseteq E$ gibt. Ein Polynom $P \in K[X]$ mit Zerfällungskörper L über K heißt **durch Radikale auflösbar**, wenn L/K durch Radikale auflösbar ist.

Wegen Satz 25.8 dürfen wir hierbei o. E. $E \subseteq \overline{K}$ bzw. $L \subseteq \overline{K}$ annehmen.

Beispiel 31.4 Die Polynome $X^2 + p\,X + q$ und $X^3 + p\,X + q$ aus $\mathbb{R}[X]$ sind durch Radikale auflösbar. Weiter ist jedes reine Polynom $X^n - a \in K[X]$ durch Radikale auflösbar. ∎

31.3 Das Auflösbarkeitskriterium

Wir leiten im Folgenden das von E. Galois stammende Auflösbarkeitskriterium her.

31.3.1 Eine hinreichende Bedingung

Satz 31.5 *Es sei $P \in K[X]$ separabel über K. Wenn die Galoisgruppe Γ von P über K auflösbar ist und $\operatorname{Char} K \nmid |\Gamma|$ gilt, dann ist P durch Radikale auflösbar.*

Beweis Es sei $n := |\Gamma|$, und $L \subseteq \overline{K}$ sei ein Zerfällungskörper von P über K. Nach Korollar 28.11 ist L/K galoissch. Und $M := K_n$ (der n-te Kreisteilungskörper über K) enthält wegen $\operatorname{Char} K \nmid n$ eine primitive n-te Einheitswurzel ε (siehe Lemma 30.3). Wegen $M = K(\varepsilon)$ ist M/K eine einfache Radikalerweiterung. Nach dem Translationssatz 28.14 sind $L\,M/M$ galoissch und $\Gamma(L\,M/M)$ zu einer Untergruppe von Γ isomorph, wegen Lemma 11.10 also auflösbar. Es existiert somit nach Korollar 11.15 ein Untergruppenturm

$$1 = \Delta_0 \trianglelefteq \Delta_1 \trianglelefteq \cdots \trianglelefteq \Delta_s = \Gamma(L\,M/M)$$

mit zyklischen Faktorgruppen Δ_i/Δ_{i-1} $(i = 1, \ldots, s)$. Dazu gehört nach dem Hauptsatz 28.10 der endlichen Galoistheorie ein Körperturm

$$M - M_s \subset M_{s-1} \subseteq \quad \subseteq M_1 \subseteq M_0 - L\,M.$$

Nach dem Hauptsatz 28.10 ist $L\,M/M_i$ für $i = 1, \ldots, s$ galoissch mit Galoisgruppe Δ_i, und wegen $\Delta_{i-1} \trianglelefteq \Delta_i$ ist M_{i-1}/M_i galoissch mit zu Δ_i/Δ_{i-1} isomorpher Galoisgruppe, also zyklisch; und $[M_{i-1} : M] \mid [L\,M : M] \mid n$. Da M die primitive n-te Einheitswurzel ε enthält, ist M_{i-1}/M_i daher nach Lemma 31.2 eine einfache Radikalerweiterung. Folglich ist $L\,M/K$ eine Radikalerweiterung; und $L \subseteq L\,M$. $\square$

Bemerkung Die Bedingung Char $K \nmid |\Gamma|$ ist nach Lemma 25.6 z. B. dann erfüllt, wenn Char $K > \deg P$. Man muss also nicht unbedingt die Ordnung von Γ kennen, um entscheiden zu können, ob ein Polynom auflösbar ist.

Falls Char $K = 0$, so ist $P \in K[X]$ separabel, und es gilt Char $K \nmid |\Gamma_K(P)|$:

Korollar 31.6 *Es gelte* Char $K = 0$. *Ist* $P \in K[X]$ *ein Polynom mit auflösbarer Galoisgruppe, so ist* P *durch Radikale auflösbar.* $\square$

Bemerkung

(1) Die Voraussetzung Char $K \nmid |\Gamma|$ in Satz 31.5 ist nicht entbehrlich: Es sei $K := \mathbb{F}_p(t)$ der Körper der rationalen Funktionen in der Unbestimmten t über $\mathbb{F}_p$, p prim. Dann hat $X^p - X - t \in K[X]$ eine zyklische Galoisgruppe, ist aber nicht durch Radikale auflösbar (vgl. Lemma 31.4).

(2) Es hat $P \in K[X] \setminus K$ im Fall $\deg P \le 4$ nach Lemma 29.4 eine auflösbare Galoisgruppe, weil S_n für $n \le 4$ auflösbar ist (vgl. Beispiel 11.8). Im Fall Char $K \ne 2, 3$ ist P nach Satz 31.5 durch Radikale auflösbar.

(3) Für Polynome mit *abelscher* Galoisgruppe und Char $K = 0$ wurde die Auflösbarkeit mit Radikalen schon von N. H. *Abel* 1829 bewiesen.

31.3.2 Zwei Hilfssätze

Für die Umkehrung von Satz 31.5 benötigen wir eine Verallgemeinerung der Aussage (c) des Hauptsatzes 28.10 der endlichen Galoistheorie:

Lemma 31.7 *Es seien* E/K *und* L/K *normale Körpererweiterungen mit* $E \subseteq L$. *Dann ist* $\varphi : \tau \mapsto \tau|_E$ *ein Epimorphismus von* $\Gamma(L/K)$ *auf* $\Gamma(E/K)$, *und es gilt* $\Gamma(L/E) \trianglelefteq \Gamma(L/K)$ *sowie* $\Gamma(E/K) \cong \Gamma(L/K)/\Gamma(L/E)$.

Beweis Da E/K normal ist, gilt $\tau|_E \in \Gamma(E/K)$ für jedes $\tau \in \Gamma(L/K)$ der Kennzeichnung (2) normaler Körpererweiterungen in Satz 25.13. Da L/K algebraisch ist, kann jedes $\sigma \in \Gamma(E/K)$ nach dem Fortsetzungssatz 25.12 zu einem Monomorphismus auf L fortgesetzt werden. Da L/K normal ist, ist diese Fortsetzung von σ nach der eben schon benutzten Kennzeichnung (2) im Satz 25.13 ein K-Automorphismus von L. Damit ist gezeigt, dass jedes $\sigma \in \Gamma(E/K)$ zu einem Element von $\Gamma(L/K)$ fortsetzbar ist. Somit ist φ surjektiv. Es gilt

$$\tau \in \operatorname{Kern} \varphi \;\Leftrightarrow\; \tau|_E = \operatorname{Id}_E \;\Leftrightarrow\; \tau \in \Gamma(L/E)\,,$$

sodass die letzten Behauptungen mit dem Homomorphiesatz 4.11 folgen.   □

Weiter benötigen wir noch die Aussage:

Lemma 31.8 *Sind L/K eine Radikalerweiterung und N eine normale Hülle von L/K, so ist auch N/K eine Radikalerweiterung.*

Beweis Wir begründen vorab:

(∗) *Sind F_1/K und F_2/K Radikalerweiterungen (wobei $F_1, F_2 \subseteq \overline{K}$) und $F :=$ $F_1 F_2 := F_1(F_2)$, so ist auch F/K eine Radikalerweiterung.*

Da $F = F_1(F_2) = F_2(F_1)$ aus F_2 durch sukzessive Adjunktion n-ter Wurzeln entsteht, ist F/F_2 eine Radikalerweiterung. Da auch F_2/K eine Radikalerweiterung ist, ist somit auch F/K eine solche. Damit ist (∗) begründet.

Es seien nun N die normale Hülle von L/K in $\overline{K}$ und $\operatorname{Id} = \sigma_1, \sigma_2, \ldots, \sigma_r$ die verschiedenen K-Automorphismen von N (vgl. Lemma 28.2). Wir setzen $F_i := \sigma_i(L)$ für $i = 1, \ldots, r$ und $E := F_1 \cdots F_r = F_1(\ldots(F_{r-1}(F_r))\ldots) \subseteq N$. Es sei σ ein K-Monomorphismus von E in $\overline{K}$. Nach dem Fortsetzungssatz 25.12 lässt sich σ zu einem K-Automorphismus $\tilde{\sigma}$ von N fortsetzen. Es gilt dann $\tilde{\sigma} = \sigma_i$ für ein $i \in \{1, \ldots, r\}$, sodass $\sigma(E) = E$ gilt. Nach der Kennzeichnung (2) normaler Körpererweiterungen im Satz 25.13 ist E/K normal, d.h. $E = N$. Somit ist N das *Kompositum* der Radikalerweiterungen $L = \sigma_1(L), \sigma_2(L), \ldots, \sigma_r(L)$. Nun beachte (∗).   □

Bemerkung Der Beweis dieser Aussage ist einfacher, falls $\operatorname{Char} K = 0$: Nach dem Satz 26.6 vom primitiven Element existiert ein $c \in L$ mit $L = K(c)$. Sind $a_1, \ldots, a_n$ die Wurzeln des Minimalpolynoms $m_{c,K}$ von c über K, so ist für jedes $i = 1, \ldots, n$ auch die Erweiterung $K(a_i)/K$ wegen $K(a_i) \cong K(c)$ (beachte Korollar 22.3) eine Radikalerweiterung. Folglich ist auch $K(a_1, \ldots, a_n)/K$ eine Radikalerweiterung, und $K(a_1, \ldots, a_n)$ ist eine normale Hülle von L/K.

31.3.3 Eine notwendige Bedingung

Nun können wir die folgende Umkehrung von Satz 31.5 zeigen:

Satz 31.9 *Es sei L/K eine (endliche) durch Radikale auflösbare Körpererweiterung mit $L \subseteq \overline{K}$ und N die normale Hülle von L/K in $\overline{K}$. Dann ist $\Gamma(N/K)$ auflösbar.*

Beweis Nach Voraussetzung existiert eine Radikalerweiterung E/K mit $L \subseteq E$. Und nach Lemma 31.8 ist N'/K für die normale Hülle N' von E/K in $\overline{K}$ eine Radikalerweiterung. Die Abbildung

$$
\begin{cases}
\Gamma(N'/K) \to \Gamma(N/K) \\
\quad\ \tau \quad\ \mapsto \quad \overline{\tau}
\end{cases}
$$

ist nach den Aussagen 25.12 und 25.13 (2) ein Epimorphismus. Wenn $\Gamma(N'/K)$ auflösbar ist, ist demnach auch das epimorphe Bild $\Gamma(N/K)$ nach Lemma 11.10 auflösbar. Wir dürfen (und werden) daher voraussetzen:

(1) L/K sei normal und eine Radikalerweiterung.

Dann existiert offenbar ein Körperturm

(i) $K = K_0 \subseteq K_1 \subseteq \cdots \subseteq K_r = L$ mit $K_i = K_{i-1}(a_i)$ und $a_i^{p_i} \in K_{i-1}$,

wobei o. E. p_i eine Primzahl ist, $i = 1, \ldots, r$ (man beachte $\sqrt[rs]{\cdot} = \sqrt[r]{\sqrt[s]{\cdot}}$). Es sei n das Produkt der Primzahlen $p_i \neq \operatorname{Char} K$. Dann enthält $\overline{K}$ nach Lemma 30.2 eine primitive n-te Einheitswurzel ε. Nach (1), Lemma 30.3 (a) und der Kennzeichnung (1) normaler Körpererweiterungen in Satz 25.13 ist $L(\varepsilon)$ Zerfällungskörper einer Familie von Polynomen aus $K[X]$, sodass erneut nach Satz 25.13 (1) die Erweiterung $L(\varepsilon)/K$ normal ist; und es gilt

(ii) $K(\varepsilon) = K_0(\varepsilon) \subseteq K_1(\varepsilon) \subseteq \cdots \subseteq K_r(\varepsilon)$

mit $K_i(\varepsilon) = K_{i-1}(\varepsilon)(a_i)$ und $a_i^{p_i} \in K_{i-1}(\varepsilon)$.

(2) Wenn $\Gamma(L(\varepsilon)/K(\varepsilon))$ auflösbar ist, ist auch $\Gamma(L/K)$ auflösbar.

Denn: Die Gruppe $\Gamma(K(\varepsilon)/K)$ ist nach Lemma 30.8 abelsch, also auflösbar. Nach Voraussetzung ist $\Gamma(L(\varepsilon)/K(\varepsilon))$ auflösbar. Und nach Lemma 31.7 gilt $\Gamma(K(\varepsilon)/K) \cong \Gamma(L(\varepsilon)/K)/\Gamma(L(\varepsilon)/K(\varepsilon))$. Mit Satz 11.11 folgt nun, dass $\Gamma(L(\varepsilon)/K)$ auflösbar ist. Nach Lemma 31.7 ist $\Gamma(L/K)$ epimorphes Bild von $\Gamma(L(\varepsilon)/K)$ und daher nach Lemma 11.10 auflösbar. Folglich gilt (2).

Wegen (2) und (ii) dürfen (und werden) wir voraussetzen:

(3) Es gelte $\varepsilon \in K$ und (i).

Den Beweis, dass $\Gamma(L/K)$ auflösbar ist, führen wir nun mit vollständiger Induktion nach der *Höhe r* des Körperturms in (i). Es sei o. E. $r > 0$ und $K_1 \neq K$. Im Fall $p_1 = \operatorname{Char} K$ ist K_1/K rein inseparabel, da $(X^{p_1} - a_1)' = 0$. Es folgt $\Gamma(K_1/K) = \mathbf{1}$, da der Separabilitätsgrad von K_1/K gleich 1 ist und es somit nach Korollar 26.12 genau einen K-Automorphismus von K_1 gibt. Im Fall $p_1 \neq \operatorname{Char} K$ ist die Galoisgruppe $\Gamma(K_1/K)$ wegen (3) und Lemma 31.1 zyklisch. In jedem Fall sind K_1/K normal und $\Gamma(K_1/K)$ auflösbar. Eine Anwendung der Induktionsvoraussetzung auf die normale Radikalerweiterung L/K_1

garantiert die Auflösbarkeit von $\Gamma(L/K_1)$. Mit Lemma 31.7 erhält man hieraus die Auflösbarkeit von $\Gamma(L/K)$ (beachte Satz 11.11). $\qquad\square$

Bemerkung Der Beweis von Satz 31.9 wird einfacher, wenn Char $K = 0$ gilt.

Korollar 31.10 *Wenn das Polynom $P \in K[X]$ durch Radikale auflösbar ist, ist seine Galoisgruppe $\Gamma_K(P)$ auflösbar.* $\qquad\square$

Hieraus erhalten wir mit dem Korollar 31.6

Korollar 31.11 *Es gelte* Char $K = 0$. *Dann ist ein Polynom $P \in K[X]$ genau dann durch Radikale auflösbar, wenn seine Galoisgruppe $\Gamma_K(P)$ auflösbar ist.* $\qquad\square$

Beispiel 31.5

- Polynome vom Grad ≤ 4 sind über einem Körper K mit Char $K \neq 2, 3$ stets auflösbar.
- Es gibt Polynome in $\mathbb{Q}[X]$ vom Grad 5, die nicht durch Radikale auflösbar sind: Das Polynom $P := X^5 - 4X + 2 \in \mathbb{Q}[X]$ ist nach dem Eisenstein-Kriterium 19.9 mit $p = 2$ irreduzibel. Wegen $P' = 5X^4 - 4$ ist P auf $]-\infty, -\sqrt[4]{4/5}[$ und $]\sqrt[4]{4/5}, +\infty[$ streng monoton wachsend und auf $[-\sqrt[4]{4/5}, \sqrt[4]{4/5}]$ streng monoton fallend. Infolge $P(-2) < 0$, $P(-1) > 0$, $P(1) < 0$, $P(2) > 0$ hat P daher genau drei reelle Nullstellen. Mit Lemma 29.5 folgt $\Gamma_{\mathbb{Q}}(P) \cong S_5$. Und S_5 ist nach Lemma 11.9 nicht auflösbar. Wegen Korollar 31.10 ist P daher nicht durch Radikale auflösbar. $\qquad\blacksquare$

Aufgaben

31.1 ●   Man zeige: Liegt eine Wurzel eines über $\mathbb{Q}$ irreduziblen Polynoms P in einer Radikalerweiterung von $\mathbb{Q}$, so liegt auch jede andere Wurzel von P in einer Radikalerweiterung.

31.2 ●   Man zeige, dass ein Polynom P über $\mathbb{Q}$ mit der Diedergruppe D_n als Galoisgruppe durch Radikale auflösbar ist.

31.3 ●●   Geben Sie alle Teilkörper des Zerfällungskörpers von $X^{15} - 1 \in \mathbb{Q}[X]$ als Radikalerweiterungen von $\mathbb{Q}$ an.

31.4 ●●   Es sei L Zerfällungskörper von $X^7 - 1 \in \mathbb{Q}[X]$. Geben Sie einen Unterkörper von L an, der keine Radikalerweiterung von $\mathbb{Q}$ ist.

31.5 ●●●   Zeigen Sie: Es sei $p \geq 5$ eine Primzahl. Für das Polynom $P_p = X^3 (X - 2)(X - 4) \cdots (X - 2(p-3)) - 2$ gilt $\Gamma_{\mathbb{Q}}(P_p) \cong S_p$.

Die allgemeine Gleichung

32

Übersicht

Wir beenden nun diesen einführenden Kurs in die Algebra mit dem bedeutenden und berühmten Ergebnis von P. Ruffini und N. H. Abel. Salopp ausgedrückt besagt dieses Ergebnis: *Es gibt keine allgemeine Lösungsformel mit den Operationen $+$, $-$, $\cdot$, $\sqrt{\cdot}$, mit der man aus den Koeffizienten eines Polynoms vom Grad ≥ 5 die Wurzeln dieses Polynoms ermitteln kann.*

Mit dem Beweis dieses Satzes endete eine etwa 200-jährige Suche nach einer solchen Formel, nachdem entsprechende Formeln für Polynome vom Grad 3 und 4 gefunden worden sind – wir leiten diese abschließend her.

Der eigentliche Grund dafür, dass es solche Auflösungsformeln für Polynome vom Grad 2, 3 oder 4 gibt, für Polynome vom Grad 5 und höher aber nicht, liegt darin, dass die symmetrischen Gruppen S_2, S_3 und S_4 auflösbar sind, S_n für $n \geq 5$ jedoch nicht.

Voraussetzung   Im Folgenden sind ein Körper K sowie $n \in \mathbb{N}$ gegeben.

© Der/die Autor(en), exklusiv lizenziert an Springer-Verlag GmbH, DE,
ein Teil von Springer Nature 2024
C. Karpfinger, *Algebra*, https://doi.org/10.1007/978-3-662-68656-0_32

32.1 Symmetrische Funktionen

Unter einer *symmetrischen Funktion* werden wir – etwas salopp ausgedrückt – eine rationale Funktion in n Unbestimmten verstehen, die sich nach beliebiger Umnummerierung der Unbestimmten nicht ändert – klingt kompliziert, ist aber ganz einfach:

Beispiel 32.1 Es ist $P = X_1 X_2$ eine symmetrische Funktion in zwei Variablen, da auch $P = X_2 X_1$ gilt. Es ist P aber keine symmetrische Funktion in drei Variablen X_1, X_2, X_3, da $P = X_1 X_2 + 0 X_3$ aber $P \neq X_3 X_2 + 0 X_1$. ∎

Weitere Beispiele folgen, aber zuerst eine strenge Definition.

32.1.1 Der Körper der symmetrischen Funktionen

Es sei $L := K(X_1, \ldots, X_n)$ der Quotientenkörper des Polynomrings $K[X_1, \ldots, X_n]$ über K in den Unbestimmten $X_1, \ldots, X_n$, der sogenannte **Körper der rationalen Funktionen** in den Unbestimmten $X_1, \ldots, X_n$ über K.

Jede Permutation π von $\{X_1, \ldots, X_n\}$ lässt sich nach den in den Sätzen 14.13 (b) und 13.9 geschilderten universellen Eigenschaften auf genau eine Weise zu einem K-Automorphismus fortsetzen, nämlich zu

$$\overline{\pi} : \frac{P(X_1, \ldots, X_n)}{Q(X_1, \ldots, X_n)} \mapsto \frac{P(\pi(X_1), \ldots, \pi(X_n))}{Q(\pi(X_1), \ldots, \pi(X_n))}$$

für $P, Q \in K[X_1, \ldots, X_n]$, $Q \neq 0$. Offenbar sind $\Delta := \{\overline{\pi} \mid \pi \in S_{\{X_1, \ldots, X_n\}}\}$ eine Untergruppe von $\Gamma(L/K)$ und $\pi \mapsto \overline{\pi}$ ein Isomorphismus von $S_{\{X_1, \ldots, X_n\}}$ auf Δ, sodass also $\Delta \cong S_n$ wegen $S_{\{X_1, \ldots, X_n\}} \cong S_n$.

Der Fixkörper $S := \mathcal{F}(\Delta)$ heißt der **Körper der symmetrischen Funktionen** in $X_1, \ldots, X_n$ über K. Es gilt für $P \in K[X_1, \ldots, X_n]$:

$$P \in S \;\Leftrightarrow\; P(X_1, \ldots, X_n) = P(\pi(X_1), \ldots, \pi(X_n)) \quad \text{für jedes } \pi \in S_{\{X_1, \ldots, X_n\}}.$$

Demnach ist ein Polynom P genau dann eine symmetrische Funktion, wenn sich P nach beliebiger Umnummerierung der Unbestimmten nicht ändert.

32.1.2 Die elementarsymmetrischen Funktionen

Zur konkreten Beschreibung des Körpers S der symmetrischen Funktionen wählt man zu $X_1, \ldots, X_n$ eine weitere Unbestimmte X und betrachtet

$$Q := \prod_{i=1}^{n} (X - X_i) = \sum_{i=0}^{n} (-1)^i \, s_i \, X^{n-i} \in K(X_1, \ldots, X_n)[X] = L[X]$$

mit noch durch Ausmultiplizieren und Koeffizientenvergleich zu bestimmenden $s_i = s_i(X_1, \ldots, X_n) \in L = K(X_1, \ldots, X_n)$. Man achte auf die Nummerierung! Nun multiplizieren wir $\prod_{i=1}^{n}(X - X_i)$ aus und vergleichen die Koeffizienten. Wir erhalten dabei:

$$s_k = \sum_{1 \le i_1 < \cdots < i_k = n} X_{i_1} \cdots X_{i_k} \, .$$

Das heißt,

$$s_0 = 1 \, ,$$

$$s_1 = X_1 + \cdots + X_n \, ,$$

$$s_2 = X_1 X_2 + \cdots + X_1 X_n + X_2 X_3 + \cdots + X_{n-1} X_n \, ,$$

$$\vdots \qquad \vdots$$

$$s_n = X_1 \cdots X_n \, .$$

Wegen $\prod_{i=1}^{n}(X - X_i) = \prod_{i=1}^{n}(X - X_{\pi(i)})$ für alle $\pi \in S_n$ erkennt man mittels Koeffizientenvergleich $s_i(X_1, \ldots, X_n) = s_i(X_{\pi(1)}, \ldots, X_{\pi(n)})$. Somit sind die Funktionen $s_1, \ldots, s_n$ in den Unbestimmten $X_1, \ldots, X_n$ symmetrische Funktionen, d. h.:

Lemma 32.1 *Es gilt* $s_i \in S$ *für* $i = 1, \ldots, n$, *also* $K(s_1, \ldots, s_n) \subseteq S$.

Man nennt die Funktionen $s_1, \ldots, s_n$ die **elementarsymmetrischen Funktionen** in $X_1, \ldots, X_n$. Sie erzeugen den Körper der symmetrischen Funktionen S über K, d. h., es gilt $K(s_1, \ldots, s_n) = S$ – das ist Inhalt des Hauptsatzes über symmetrische Funktionen, den wir nach den folgenden Beispielen beweisen.

Beispiel 32.2

- Im Fall $n = 1$ ist $s_1 = X_1$ die einzige elementarsymmetrische Funktion.
- Im Fall $n = 2$ sind $s_1 = X_1 + X_2$ und $s_2 = X_1 X_2$ sämtliche elementarsymmetrische Funktionen.
- Im Fall $n = 3$ sind $s_1 = X_1 + X_2 + X_3$, $s_2 = X_1 X_2 + X_1 X_3 + X_2 X_3$ und $s_3 = X_1 X_2 X_3$ sämtliche elementarsymmetrische Funktionen. ∎

32.1.3 Der Hauptsatz über symmetrische Funktionen

Die elementarsymmetrischen Funktionen $s_1, \ldots, s_n$ bilden ein algebraisch unabhängiges Erzeugendensystem von S/K; und L/S ist galoissch mit einer zu S_n isomorphen Galoisgruppe:

Satz 32.2 (Hauptsatz über symmetrische Funktionen)

(a) *Es gilt* $S = K(s_1, \ldots, s_n)$, *d. h., jedes Element aus S ist von der Form* $\frac{P(s_1, \ldots, s_n)}{Q(s_1, \ldots, s_n)}$ *mit*
   $P, Q \in K[X_1, \ldots, X_n]$, $Q \neq 0$.
(b) *Es sind* $s_1, \ldots, s_n$ *algebraisch unabhängig über K, d. h.*

$$P \in K[X_1, \ldots, X_n] \quad und \quad P(s_1, \ldots, s_n) = 0 \Rightarrow P = 0.$$

(c) L/S *ist galoissch, und* $\Gamma(L/S) \cong S_n$.

Beweis

(a) Nach obiger Betrachtung ist L der Zerfällungskörper von $Q = \sum_{i=0}^{n}(-1)^i\, s_i\, X^{n-i} \in K(s_1, \ldots, s_n)[X]$, sodass $[L : K(s_1, \ldots, s_n)] \leq n\,!$ nach Lemma 25.6. Andererseits gilt $[L : S] = |\Delta| = n\,!$ (beachte den Satz 28.9 von Dedekind und die Isomorphie $\Delta \cong S_n$). Nun liefert der Gradsatz 21.3 $[S : K(s_1, \ldots, s_n)] = 1$.
(b) Diese Aussage wird in (1) im Beweis zu Lemma 32.3 mitbegründet.
(c) Die Galoisgruppe von L/S ist Δ, und es gilt $\mathcal{F}(\Delta) = S$ und $\Delta \cong S_n$. $\square$

Bemerkung Es gilt auch $S \cap K[X_1, \ldots, X_n] = K[s_1, \ldots, s_n]$.

Beispiel 32.3 Wir stellen die symmetrische Funktion $X_1 X_2^3 + X_1^3 X_2$ im Fall $n = 2$ durch elementarsymmetrische Funktionen dar: $X_1 X_2^3 + X_1^3 X_2 = X_1 X_2 (X_1^2 + X_2^2) = X_1 X_2 (X_1 + X_2)^2 - 2\,(X_1 X_2)^3 = s_1^2 s_2 - 2\, s_2^3$.   ∎

32.2 Das allgemeine Polynom

Wir führen das *allgemeine* Polynom ein, wir suchen ja auch nach einer *allgemeinen* Formel für die Wurzeln eines Polynoms.

32.2.1 Motivation

Es gelte Char $K \neq 2$, und es seien t_1, t_2 Unbestimmte über K und $P := X^2 + t_1 X + t_2 \in K(t_1, t_2)[X]$. Die Wurzeln von P in einem Zerfällungskörper L über $K(t_1, t_2)$ sind

$$(*) \quad v_{1,2} = \frac{1}{2} \left(-t_1 \pm \sqrt{t_1^2 - 4\,t_2} \right).$$

Die Wurzeln eines beliebigen normierten quadratischen Polynoms $X^2 + a_1\,X + a_2 \in K[X]$ sind

$$b_{1,2} = \frac{1}{2} \left(-a_1 \pm \sqrt{a_1^2 - 4\,a_2} \right),$$

und diese entstehen aus $v_{1,2}$ durch Einsetzen von a_i für t_i, $i = 1,\,2$. Man kann also $(*)$ als die *allgemeine Lösung* für normierte quadratische Polynome aus $K[X]$ bezeichnen. Nach entsprechenden allgemeinen Lösungen für normierte Polynome höheren Grades n in *Radikalform* hat man lange gesucht und für $n = 3$, 4 auch gefunden.

32.2.2 Das allgemeine Polynom vom Grad n

Es seien $t_1, \dots, t_n$ Unbestimmte über K. Dann heißt

$$P := X^n + t_1\,X^{n-1} + \dots + t_{n-1}\,X + t_n \in K(t_1, \dots, t_n)[X]$$

das **allgemeine Polynom** vom Grad n über K. Es sei

$$(*) \qquad P = (X - v_1) \cdots (X - v_n)$$

die Zerlegung von P über dem Zerfällungskörper M von P über $K(t_1, \dots, t_n)$, d. h. $M = K(t_1, \dots, t_n)(v_1, \dots, v_n)$. Ausmultiplizieren von $(*)$ führt mit den in Abschn. 32.1.2 eingeführten elementarsymmetrischen Polynomen $s_1, \dots, s_n$ zu

$$t_1 = (-1)^1 s_1(v_1, \dots, v_n), \dots, t_n = (-1)^n s_n(v_1, \dots, v_n).$$

Somit gilt $M = K(v_1, \dots, v_n)$. Mit den Voraussetzungen und Bezeichnungen aus dem Abschn. 32.1 folgt:

Lemma 32.3 *Es existiert ein K-Isomorphismus $\omega : M = K(v_1, \dots, v_n) \rightarrow L = K(X_1, \dots, X_n)$ mit $\omega(t_i) = (-1)^i s_i$ für $i = 1, \dots, n$ und $\omega(\{v_1, \dots, v_n\}) = \{X_1, \dots, X_n\}$.*

Beweis Wir begründen, dass wir, wie in der folgenden Skizze dargestellt, ω durch eine schrittweise Fortsetzung von Id erhalten.

$$M = K(v_1, \ldots, v_n) \xrightarrow{\omega} L = K(X_1, \ldots, X_n)$$

$$K(t_1, \ldots, t_n) \xrightarrow{\omega_1} S = K(s_1, \ldots, s_n)$$

$$K[t_1, \ldots, t_n] \xrightarrow{\omega_0} K[s_1, \ldots, s_n]$$

$$K \xrightarrow{\text{Id}} K$$

Nach Satz 14.13 (c) gibt es einen Epimorphismus $\omega_0 : K[t_1, \ldots, t_n] \to K[s_1, \ldots, s_n]$ mit $\omega_0|_K = \text{Id}$ und $(*) \; \omega_0(t_i) = (-1)^i s_i$ für alle i.

(1) ω_0 ist ein Isomorphismus.
   Es gelte $\omega_0(R) = 0$ für $R \in K[t_1, \ldots, t_n]$, d. h. $R((-1)^1 s_1, \ldots, (-1)^n s_n) = 0$. Wegen $s_i \in K[X_1, \ldots, X_n]$ liegt $R((-1)^1 s_1, \ldots, (-1)^n s_n)$ in $K[X_1, \ldots, X_n]$. Nach Satz 14.13 (c) erhält man durch Einsetzen von v_i für X_i:

$$0 = R((-1)^1 s_1(v_1, \ldots, v_n), \ldots, (-1)^n s_n(v_1, \ldots, v_n)) = R(t_1, \ldots, t_n) = R.$$

Folglich ist ω_0 auch injektiv. Es gilt also (1) (und damit auch Satz 32.2 (b)).
   Nach der universellen Eigenschaft in Satz 13.9 ist ω_0 zu einem Isomorphismus ω_1 von $K(t_1, \ldots, t_n)$ auf S fortsetzbar. Es sind M ein Zerfällungskörper von $P = \sum_{i=0}^{n} t_i X^{n-i}$ über $K(t_1, \ldots, t_n)$ und L ein Zerfällungskörper von $Q = \sum_{i=0}^{n} (-1)^i \cdot s_i X^{n-i}$ über S. Nach dem Fortsetzungssatz 25.8 ist ω_1 daher zu einem Isomorphismus $\omega : M \to L$ fortsetzbar.
   Wegen $0 = Q(X_k) = \sum_{i=0}^{n} (-1)^k s_i X_k^{n-i}$, $k = 1, \ldots, n$, gilt $0 = \omega^{-1}(Q(X_k)) = \sum_{i=0}^{n} t_i \, \omega^{-1}(X_k)^{n-i} = P(\omega^{-1}(X_k))$, d. h. $\omega^{-1}(X_k) \in \{v_1, \ldots, v_n\}$. □

32.2.3 Die Galoisgruppe des allgemeinen Polynoms

Nach dem Hauptsatz 32.2 zu den symmetrischen Funktionen ist L/S galoissch mit $\Gamma(L/S) \cong S_n$. Wegen Lemma 28.6 ist daher auch $M/K(t_1, \ldots, t_n)$ galoissch, und $\Gamma(M/K(t_1, \ldots, t_n)) \cong S_n$, d. h.:

Lemma 32.4 *Das allgemeine Polynom vom Grad n über K ist separabel und hat eine zu S_n isomorphe Galoisgruppe.*

32.2.4 Der Satz von Ruffini-Abel

Da S_n für $n \geq 5$ nach dem Satz 9.10 von Jordan nicht auflösbar ist, erhält man aus Korollar 31.10 das berühmte Resultat:

Korollar 32.5 (P. Ruffini, N. H. Abel) *Das allgemeine Polynom vom Grad $n \geq 5$ über K ist nicht durch Radikale auflösbar.* $\qquad\square$

Eine weitere Anwendung von Lemma 32.4 ist:

Korollar 32.6 *Zu jeder endlichen Gruppe G gibt es eine Galoiserweiterung mit einer zu G isomorphen Galoisgruppe.* $\qquad\square$

Beweis Nach dem Satz 2.15 von Cayley ist G zu einer Untergruppe H von S_n isomorph, wobei $n := |G|$. Wegen Lemma 32.4 existiert eine Galoiserweiterung M/E, deren Galoisgruppe Γ zu S_n isomorph ist. Es ist dann H zu einer Untergruppe Δ von Γ isomorph. Nach dem Hauptsatz 28.10 der endlichen Galoistheorie ist $M/\mathcal{F}(\Delta)$ galoissch, und $\Delta = \Gamma(M/\mathcal{F}(\Delta)) \cong H \cong G$. $\qquad\square$

32.3 Die Diskriminante eines Polynoms *

Wir benutzen die *Diskriminante eines Polynoms* als Hilfsmittel für die Ermittlung der Auflösungsformeln allgemeiner Gleichungen vom Grad 3 und 4.

32.3.1 Die Diskriminante liegt in K

Es seien $P \in K[X]$ normiert und L ein Zerfällungskörper von P über K, etwa $P = (X - w_1) \cdots (X - w_n)$ mit $w_1, \ldots, w_n \in L$. Dann heißt

$$D_P := \prod_{1 \leq i < j \leq n} (w_i - w_j)^2$$

die **Diskriminante** von P. Es gilt $D_P = 0$ genau dann, wenn P mehrfache Wurzeln hat. Andernfalls ist L/K als separable und normale Erweiterung galoissch (beachte Korollar 28.11), und für jedes $\tau \in \Gamma_K(P) = \Gamma(L/K)$ gilt $\tau(D_P) = D_P$, weil τ nach Lemma 28.1 (d) die Wurzeln $w_1, \ldots, w_n$ permutiert und D_P in den $w_1, \ldots, w_n$ symmetrisch ist. Es folgt: $D_P \in \mathcal{F}(\Gamma) = K$.

Beispiel 32.4 Als Diskriminante D_P des Polynoms $P = X^3 - 3X^2 + 2X - 6 = (X^2 + 2)(X - 3) \in \mathbb{Q}[X]$ erhalten wir

$$D_P = (\sqrt{2}\,\mathrm{i} - (-\sqrt{2})\,\mathrm{i})^2 (\sqrt{2}\,\mathrm{i} - 3)^2 (-\sqrt{2}\,\mathrm{i} - 3)^2 = (2\sqrt{2}\,\mathrm{i})^2 (2 + 9)^2 = -8 \cdot 11^2 .$$

32.3.2 Die Wurzel der Diskriminante

Es sei $W := \{w_1, \ldots, w_n\}$. Dann ist die durch $\varphi(\tau) : w_i \mapsto w_{\tau(i)}$, $\tau \in S_n$, gegebene Abbildung φ ein Isomorphismus von S_n auf S_W. Mit der Bijektion $\pi : i \mapsto w_i$ von $\{1, \ldots, n\}$ auf W gilt nämlich $\varphi(\tau) = \pi \tau \pi^{-1}$. Man nennt $A_W := \varphi(A_n)$ auch die *alternierende Gruppe von* W. Mit diesen Bezeichnungen gilt:

Lemma 32.7 *Es sei* Char $K \neq 2$, *und* $P \in K[X]$ *habe nur einfache Wurzeln* $w_1, \ldots, w_n$ *im Zerfällungskörper* L. *Dann gilt für* $d_P := \prod_{1 \leq i < j \leq n}(w_i - w_j)$, *wenn* $\Gamma_K(P)$ *gemäß Lemma 29.4 als Untergruppe von* S_W *aufgefasst wird:*

(a) $\varphi(\tau)(d_P) = \operatorname{sgn} \tau \, d_P \; (\varphi(\tau) \in \Gamma_K(P))$.
(b) $d_P \in K \Leftrightarrow \Gamma_K(P) \subseteq A_W$.
(c) Es ist $K(d_P) = K(\sqrt{D_P})$ *der Fixkörper von* $\Gamma_K(P) \cap A_W$.

Beweis

(a) Wegen Char $K \neq 2$ gilt für $\tau \in \Gamma_K(P)$:

$$\varphi(\tau)(d_P) = \prod_{1 \leq i < j \leq n} (w_{\tau(i)} - w_{\tau(j)}) = \operatorname{sgn} \tau \prod_{1 \leq i < j \leq n} (w_i - w_j) = \operatorname{sgn} \tau \, d_P \,.$$

(b) folgt aus (a), da $d_P \in K$ mit $\varphi(d_P) = d_P$ für alle $\varphi \in \Gamma_K(P)$ gleichwertig ist.
(c) Im Fall $d_P \in K$ folgt die Behauptung aus (b), weil L/K galoissch ist. Im Fall $d_P \notin K$ gilt $[K(d_P) : K] = 2$, denn $d_P^2 = D_P \in K$; und (a) impliziert $K(d_P) \subseteq \mathcal{F}(\Delta)$ für $\Delta := \Gamma_K(P) \cap A_W$. Aus dem ersten Isomorphiesatz 4.13 folgt:

$$\Gamma_K(P)/\Delta = \Gamma_K(P)/\Gamma_K(P) \cap A_W \cong \Gamma_K(P) A_W/A_W = S_W/A_W \,,$$

also $[\Gamma_K(P) : \Delta] = 2$, sodass $[\mathcal{F}(\Delta) : K] = 2$ nach dem Hauptsatz 28.10 der endlichen Galoistheorie. Das begründet $K(d_P) = \mathcal{F}(\Delta)$. $\qquad\square$

Beispiel 32.5 (Kubische Polynome) Es sei Char $K \neq 2$, und $P = X^3 + pX + q \in K[X]$ habe die Wurzeln $v_1, v_2, v_3 \in L$, d. h. $P = (X - v_1)(X - v_2)(X - v_3)$ in $L[X]$. Für $\{1, 2, 3\} = \{i, j, k\}$ folgt mit der Produktregel

$$(v_i - v_j)(v_i - v_k) = P'(v_i) = 3v_i^2 + p = \frac{1}{v_i}\left(3v_i^3 + pv_i\right)$$

$$= \frac{1}{v_i}(-3pv_i - 3q + pv_i) = \frac{2p}{v_i}\left(-\frac{3q}{2p} - v_i\right),$$

sodass

$$D_P = (v_1 - v_2)^2 (v_2 - v_3)^2 (v_3 - v_1)^2 = (-1)^3 P'(v_1) P'(v_2) P'(v_3)$$

$$= \frac{-8\,p^3}{v_1 v_2 v_3} P\left(\frac{-3q}{2p}\right) = \frac{-8p^3}{-q} \left(-\left(\frac{3q}{2p}\right)^3 - p\,\frac{3q}{2p} + q\right),$$

d. h. $D_P = -27q^2 - 4\,p^3$. Für a, b, $c \in K$ ist

$$Q := X^3 + a\,X^2 + b\,X + c = \left(X + \frac{a}{3}\right)^3 + \left(b - \frac{a^2}{3}\right)\left(X + \frac{a}{3}\right) + \left(c - \frac{a^3}{27} + \frac{a^3}{9} - \frac{a\,b}{3}\right).$$

Wenn v_1, v_2, v_3 die Wurzeln von $P := X^3 + \left(b - \frac{a^2}{3}\right) X + \left(c - \frac{ab}{3} + \frac{2a^3}{27}\right)$ sind, sind $w_1 = v_1 - \frac{a}{3}$, $w_2 = v_2 - \frac{a}{3}$, $w_3 = v_3 - \frac{a}{3}$ die Wurzeln von Q.

Wegen $w_i - w_j = v_i - v_j$ folgt $D_Q = D_P = -27\left(c - \frac{ab}{3} + \frac{2a^3}{27}\right)^2 - 4\left(b - \frac{a^2}{3}\right)^3$,
d. h.

$$D_Q = -27\,c^2 - 4\,b^3 + a^2 b^2 - 4\,a^3 c + 18\,a\,b\,c.$$

∎

32.4 Die allgemeine Gleichung vom Grad 3 *

Wir lösen das allgemeine Polynom vom Grad 3 durch Radikale auf. Im Folgenden gelte Char $K \neq 2, 3$; und K besitze eine primitive dritte Einheitswurzel ε (andernfalls adjungiere man sie zu K).

32.4.1 Reduktion auf spezielle kubische Polynome

Nach Lemma 32.4 und Satz 31.5 ist das allgemeine Polynom

$$Q = X^3 + t_1 X^2 + t_2 X + t_3 \in E := K(t_1, t_2, t_3)[X]$$

vom Grad 3 über K durch Radikale auflösbar mit Galoisgruppe $\Gamma \cong S_3$ nach Lemma 32.4. Es sei M ein Zerfällungskörper über K des separablen Polynoms Q mit den verschiedenen Wurzeln w_1, w_2, w_3 von Q. Es hat Γ einen zu $A_3 = \langle (1\,2\,3) \rangle$ isomorphen Normalteiler Δ. Wegen Lemma 32.7 gilt $L := \mathcal{F}(\Delta) = K(t_1, t_2, t_3)(d_Q)$, wobei

$$d_Q^2 = D_Q = -27\,t_3^2 - 4\,t_2^3 + t_1^2 t_2^2 - 4\,t_1^3 t_3 + 18\,t_1 t_2 t_3.$$

Zur Vereinfachung der Rechnungen betrachten wir wie im obigen Beispiel (mit t_1 statt a, t_2 statt b, t_3 statt c) neben Q das Polynom $P := X^3 + p\,X + q$ mit

$$p := t_2 - \frac{1}{3}\,t_1^2\,,\ \ q := t_3 - \frac{1}{3}\,t_1 t_2 + \frac{2}{27}\,t_1^3$$

und den Wurzeln

$$v_1 = w_1 + \frac{1}{3}\,t_1\,,\ \ v_2 = w_2 + \frac{1}{3}\,t_1\,,\ \ v_3 = w_3 + \frac{1}{3}\,t_1\,.$$

Nach dem eben erwähnten Beispiel gilt

$$D_Q = D_P = -27\,q^2 - 4\,p^3\,,$$

und Δ wird (da L auch der Zerfällungskörper von P über $K(t_1, t_2, t_3)$ ist) von dem durch

$$\sigma(v_1) = v_2\,,\ \ \sigma(v_2) = v_3\,,\ \ \sigma(v_3) = v_1$$

gegebenen Element $\sigma \in \Gamma$ erzeugt. Wir setzen:

$$a := v_1 + \varepsilon\,\sigma(v_1) + \varepsilon^2\,\sigma^2(v_1) = v_1 + \varepsilon\,v_2 + \varepsilon^2\,v_3\,.$$

Anwenden des durch $\tau(v_1) = v_1$, $\tau(v_2) = v_3$, $\tau(v_3) = v_2$ gegebenen Elements $\tau \in \Gamma$ liefert die *2. Lagrange'sche Resolvente*

$$b := v_1 + \varepsilon\,v_3 + \varepsilon^2\,v_2\,.$$

Nach dem Beweis zu Lemma 31.2 gilt a^3, $b^3 \in L$. Wegen $v_1 + v_2 + v_3 = 0$ und $1 + \varepsilon + \varepsilon^2 = 0$ folgt:

$$a + b = 3\,v_1\,,\ \ \varepsilon^2 a + \varepsilon\,b = 3\,v_2\,,\ \ \varepsilon\,a + \varepsilon^2 b = 3\,v_3\,.$$

Dies impliziert auch a, $b \neq 0$. Somit bleiben a^3, $b^3 \in L$ zu bestimmen. Wegen $\tau(a) = b$ und $\tau^2 = \mathrm{Id}$ sowie $\Gamma = \langle \sigma, \tau \rangle$ sind a^3, b^3 die Wurzeln des Polynoms

$$R := (X - a^3)\,(X - b^3) = X^2 - (a^3 + b^3)\,X + a^3\,b^3 \in K[X]\,,$$

denn $\tau\,(a^3 + b^3) = \tau\,(a^3 + \tau(a^3)) = a^3 + b^3$, analog $\tau\,(a^3\,b^3) = a^3\,b^3$. Nun gilt

$$a\,b = (v_1 + \varepsilon\,v_2 + \varepsilon^2\,v_3)\,(v_1 + \varepsilon\,v_3 + \varepsilon^2\,v_2)$$

$$= v_1^2 + v_2^2 + v_3^2 + (\varepsilon + \varepsilon^2)\,(v_1 v_2 + v_2 v_3 + v_3 v_1)$$

$$= (v_1 + v_2 + v_3)^2 - 3\,(v_1 v_2 + v_2 v_3 + v_3 v_1) = -3\,p\,.$$

Die Wurzeln von $X^3 + 1$ sind $-1, -\varepsilon, -\varepsilon^2$, sodass $X^3 + 1 = (X + 1)(X + \varepsilon)(X + \varepsilon^2)$. Einsetzen von $\frac{a}{b}$ und Multiplikation mit b^3 liefert

$$a^3 + b^3 = (a + b)(a + \varepsilon b)(a + \varepsilon^2 b) = 3 v_1 \, 3 v_2 \, 3 v_3 = -27q \, .$$

Es folgt $R = X^2 + 27 q\, X - 27\, p^3$ und damit

$$a^3, \, b^3 = -\frac{27}{2} q \pm \sqrt{\left(\frac{27}{2}\right)^2 q^2 + 27\, p^3} \, ,$$

also etwa

$$\left(\frac{a}{3}\right)^3, \, \left(\frac{b}{3}\right)^3 = -\frac{q}{2} \pm \sqrt{\left(\frac{q}{2}\right)^2 + \left(\frac{p}{3}\right)^3} = -\frac{q}{2} \pm \frac{1}{2 \cdot 3 \sqrt{3}} \sqrt{-D_Q} \, .$$

Wir fassen diese Überlegungen zusammen:

32.4.2 Cardanosche Formeln

Die cardanoschen Formeln liefern die Wurzeln des allgemeinen Polynoms vom Grad 3.

Satz 32.8 *Es gelte* Char $K \neq 2, 3$.

(a) Die Wurzeln des allgemeinen Polynoms $Q = X^3 + t_1 X^2 + t_2 X + t_3$ sind

$$v_1 = -\frac{t_1}{3} + a' + b', \quad v_2 = -\frac{t_1}{3} + \varepsilon^2 a' + \varepsilon\, b', \quad v_3 = -\frac{t_1}{3} + \varepsilon\, a' + \varepsilon^2 b',$$

wobei

$$a' = \sqrt[3]{-\frac{q}{2} + \frac{1}{6\sqrt{3}} \sqrt{-D_Q}}, \quad b' = \sqrt[3]{-\frac{q}{2} - \frac{1}{6\sqrt{3}} \sqrt{-D_Q}} \, .$$

Dabei ist $D_Q = -27\, t_3^2 - 4\, t_2^3 + t_1^2 t_2^2 - 4\, t_1^3 t_3 + 18\, t_1 t_2 t_3$ und $q = t_3 - \frac{1}{3} t_1 t_2 + \frac{2}{27} t_1^3$; die 3-te Wurzel a' ist beliebig wählbar, während b' dann so zu wählen ist, dass

$$(*) \quad 3 a' b' = \frac{1}{3} t_1^2 - t_2 \, .$$

(b) Die Wurzeln eines Polynoms $P = X^3 + a_1 X^2 + a_2 X + a_3 \in K[X]$ erhält man aus v_1, v_2, v_3 in (a), indem man a_i für t_i einsetzt, $i = 1, 2, 3$ (und damit D_Q durch D_P ersetzt) und die $(*)$ entsprechende Aussage beachtet.

Beweis

(a) Gezeigt wurde $9\,a'\,b' = a\,b = -3\,p = t_1^2 - 3\,t_2$.

(b) Es seien b_1, b_2, b_3 die Wurzeln von P in $\overline{K}$. Nach Lemma 32.4 und Satz 14.13 (b) existiert ein K-Monomorphismus φ von $K[v_1, v_2, v_3]$ auf $K[b_1, b_2, b_3]$ mit $\varphi(v_i) = b_i$, für $i = 1, 2, 3$. Es folgt $\varphi(t_i) = a_i$ für $i = 1, 2, 3$ (z. B. $\varphi(t_1) = \varphi(-(v_1 + v_2 + v_3)) = -(b_1 + b_2 + b_3) = a_1$) und damit

$$\varphi(D_Q) = \varphi((t_1 - t_2)^2(t_2 - t_3)^2(t_3 - t_1)^2) = (a_1 - a_2)^2(a_2 - a_3)^2(a_3 - a_1)^2 = D_P\,.$$

Wegen $b_i = \varphi(v_i)$ für $i = 1, 2, 3$ folgt die Behauptung.   □

Bemerkung Die Lösungsformeln aus Satz 32.8 (a) wurden von Tartaglia, der eigentlich N. Fontana hieß, und S. del Ferro ca. 1515 gefunden. L. Ferrari entdeckte 1545 die Lösungen der allgemeinen Gleichung 4. Grades (vgl. Abschn. 32.5).

32.4.3 Der klassische Fall

Es sei $K := \mathbb{R}$. Wir begründen, dass für jedes normierte kubische Polynom P genau dann alle Wurzeln von P reell sind, wenn $D_P \geq 0$.

Nach dem Zwischenwertsatz hat P eine reelle Wurzel b_1. Wenn alle Wurzeln b_1, b_2, b_3 von P reell sind, gilt

$$d_P = (b_1 - b_2)\,(b_2 - b_3)\,(b_3 - b_1) \in \mathbb{R}\,, \quad \text{also} \quad D_P = d_P^2 \geq 0\,.$$

Wenn b_2 nicht reell ist, gilt $b_3 = \overline{b}_2$, sodass $d_P = (b_1 - b_2)\,(b_2 - \overline{b}_2)\,(\overline{b}_2 - b_1) \neq 0$ rein imaginär ist und daher $D_P = d_P^2 < 0$ gilt. Mit Satz 32.8 (a) folgt daher:

Für separables P (d. h. $D_P \neq 0$) liefern die cardanoschen Formeln genau dann nur reelle Nullstellen, wenn die in ihnen vorkommende Quadratwurzel $\sqrt{-D_P}$ nicht reell ist (*casus irreducibilis*).

So hat z. B. das Polynom $P = X^3 - 2\,X + 1$ wegen $D_P > 0$ nur reelle Wurzeln.

32.5   Die allgemeine Gleichung vom Grad 4 *

Gegeben sei die allgemeine Gleichung 4. Grades über K:

$$Q = X^4 + t_1 X^3 + t_2 X^2 + t_3 X + t_4\,.$$

Mit der Abkürzung $Y := X + \frac{t_1}{4}$ lässt sich Q in der transformierten Form

$$R = Y^4 + p\,Y^2 + q\,Y + r$$

schreiben. Sind v_1, v_2, v_3, v_4 die Wurzeln von R in einem Zerfällungskörper M, so sind $w_i = v_i - \frac{t_1}{4}$ für $i = 1, 2, 3, 4$ die Wurzeln von Q; und $M = K(v_1, v_2, v_3, v_4)$. Nach dem Translationssatz 28.14 und Lemma 32.4 ist die Galoisgruppe von R (über $K(p, q, r)$) zu S_4 isomorph. Zu dem Untergruppenturm $\mathbf{1} \trianglelefteq V_4 \trianglelefteq A_4 \trianglelefteq S_4$ mit $V_4 = \{\mathrm{Id}, (1\,2)\,(3\,4), (1\,3)\,(2\,4), (1\,4)\,(2\,3)\}$ gehört ein Körperturm $K(p, q, r) = L_0 \subseteq L_1 \subseteq L_2 \subseteq L_3 = M$. Die Elemente

$$z_1 := (v_1 + v_2)\,(v_3 + v_4)\,, \quad z_2 := (v_1 + v_3)\,(v_2 + v_4)\,, \quad z_3 := (v_1 + v_4)\,(v_2 + v_3)$$

bleiben fest bei der Klein'schen Vierergruppe $V_4 \subseteq S_4$, liegen also in L_2. Da z_1, z_2, z_3 bei keinem weiteren Element von S_4 sämtlich festbleiben, folgt $L_2 = L_0(z_1, z_2, z_3)$. Das Polynom

$$S := (X - z_1)\,(X - z_2)\,(X - z_3)$$

wird eine *kubische Resolvente* von R genannt und ist (offenbar) symmetrisch in v_1, v_2, v_3, v_4, liegt also in $L_0[X]$. Eine elementare Rechnung zeigt:

$$\text{(i)} \quad S = X^3 - 2\,p\,X^2 + (p^2 - 4\,r)\,X + q^2\,.$$

Hieraus gewinnt man z_1, z_2, z_3 mithilfe der cardanoschen Formeln in Satz 32.8.

Wegen $z_1 - z_2 = (v_4 - v_1)\,(v_2 - v_3)$, $z_1 - z_3 = (v_3 - v_1)\,(v_2 - v_4)$, $z_2 - z_3 = (v_2 - v_1)\,(v_3 - v_4)$ haben S und R dieselbe Diskriminante.

Die Klein'sche Vierergruppe V_4 hat die nichttrivialen Untergruppen $\langle (1\,2)\,(3\,4) \rangle$, $\langle (1\,3)\,(2\,4) \rangle$, $\langle (1\,4)\,(2\,3) \rangle$. Die zugehörigen Zwischenkörper werden über L_2 erzeugt von

$$u_1 := v_1 + v_2\,, \quad u_2 := v_1 + v_3\,, \quad u_3 := v_1 + v_4\,.$$

Wegen $v_1 + v_2 + v_3 + v_4 = 0$ gilt

$$\begin{aligned} u_1^2 &= (v_1 + v_2)\,(v_1 + v_2) = -(v_1 + v_2)\,(v_3 + v_4) = -z_1\,, \\ \text{(ii)} \quad u_2^2 &= (v_1 + v_3)\,(v_1 + v_3) = -(v_1 + v_3)\,(v_2 + v_4) = -z_2\,, \\ u_3^2 &= (v_1 + v_4)\,(v_1 + v_4) = -(v_1 + v_4)\,(v_2 + v_3) = -z_3\,. \end{aligned}$$

und

$$\text{(iii)} \quad v_1 = \frac{1}{2}\,(u_1 + u_2 + u_3)\,, \quad v_2 = \frac{1}{2}\,(u_1 - u_2 - u_3)\,, \quad v_3 = \frac{1}{2}\,(-u_1 - u_2 + u_3)\,.$$

Dabei sind die Wurzeln u_1, u_2, u_3 so zu wählen, dass

$$u_1\,u_2\,u_3 = -q\,,$$

denn $u_1 u_2 u_3 = (v_1 + v_2)(v_1 + v_3)(v_1 + v_4) = v_1^3 + v_1^2 v_2 + v_1^2 v_3 + v_1 v_2 v_3 + v_1^2 v_4 + v_1 v_3 v_4 + v_1 v_2 v_4 + v_2 v_3 v_4 = v_1^2(v_1 + v_2 + v_3 + v_4) - q = -q$.

Berücksichtigt man $u_1 u_2 u_3 = -q$, so gewinnt man die Wurzeln von R (und damit von Q) aus (i), (ii) und (iii).

Aufgaben

32.1 • Stellen Sie die folgenden symmetrischen Funktionen jeweils explizit durch elementarsymmetrische Funktionen dar.

(a) $X_1^2 + X_2^2 + X_3^2 \in \mathbb{Q}[X_1, X_2, X_3]$.
(b) $X_1^4 + X_1^3 X_2 + X_1^2 X_2^2 + X_1 X_2^3 + X_2^4 \in \mathbb{Q}[X_1, X_2]$.
(c) $X_1^3 + X_2^3 + X_3^3 \in \mathbb{Q}[X_1, X_2, X_3]$.

32.2 •• Bestimmen Sie jeweils die Diskriminante des Polynoms P und entscheiden Sie, ob P eine doppelte Nullstelle in $\mathbb{C}$ hat:

(a) $P = X^4 + 1 \in \mathbb{R}[X]$.
(b) $P = X^3 - 6X + 2\sqrt{2} \in \mathbb{R}[X]$.
(c) $P = (X^7 - 2X^3 + X - 1)^3 \in \mathbb{R}[X]$.

32.3 •• Es sei $P \in \mathbb{R}[X]$ ein normiertes Polynom, welches in Linearfaktoren zerfällt. Zeigen Sie: $D_{XP} = D_P \cdot P(0)^2$.

32.4 • Es sei K ein Körper mit Char $K \notin \{2, 3\}$. Bringen Sie die Gleichung $ax^3 + bx^2 + cx + d = 0$ mit $a, b, c, d \in K$, $a \neq 0$, durch eine geeignete Substitution auf die Form $x'^3 + px' + q = 0$.

32.5 •• Bestimmen Sie mit den cardanoschen Formeln die Wurzeln des Polynoms $P = X^3 - 6X + 2 \in \mathbb{Q}[X]$.

Teil IV

Moduln

Moduln *

33

Übersicht

Neben den Gruppen, Ringen und Körpern gehören auch die Moduln zu den wichtigsten algebraischen Strukturen. Die Theorie der Moduln hat sich als Erweiterung der Ringtheorie aus der Darstellungstheorie von Gruppen, Ringen und Algebren entwickelt. In ihr finden die Methoden der Ringtheorie und der linearen Algebra Anwendung. An den Beispielen werden wir sehen, dass der Begriff des Moduls über einem Ring viele der bisher behandelten algebraischen Strukturen verallgemeinert.

33.1   Links- und Rechtsmoduln

Wenn man bei der Definition eines K-Vektorraums M über einem Körper K den Körper K durch einen Ring R ersetzt, erhält man den Begriff eines R-Moduls M. Stehen die Skalare links, so spricht man von einem Linksmodul, stehen sie rechts, so von einem Rechtsmodul.

Es seien $R = (R, +, \cdot)$ ein Ring und $M = (M, +)$ eine abelsche Gruppe. Weiterhin sei

$$
\cdot : \begin{cases} R \times M & \to M \\ (r, x) & \mapsto r \cdot x \end{cases} \qquad \text{bzw.} \qquad \cdot : \begin{cases} M \times R & \to M \\ (x, r) & \mapsto x \cdot r \end{cases}
$$

© Der/die Autor(en), exklusiv lizenziert an Springer-Verlag GmbH, DE,
ein Teil von Springer Nature 2024
C. Karpfinger, *Algebra*, https://doi.org/10.1007/978-3-662-68656-0_33

eine äußere Verknüpfung, wir sprechen von einer **Skalarmultiplikation**. Man nennt M einen R-**Linksmodul** bzw. R-**Rechtsmodul**, wenn für alle r, $s \in R$ und x, $y \in M$ gilt:

$$(M_1) \quad (r + s) \cdot x = r \cdot x + s \cdot x \qquad \text{bzw.} \qquad x \cdot (r + s) = x \cdot r + x \cdot s,$$

$$(M_2) \quad r \cdot (x + y) = r \cdot x + r \cdot y \qquad \text{bzw.} \qquad (x + y) \cdot r = x \cdot r + y \cdot r,$$

$$(M_3) \quad (r\,s) \cdot x = r \cdot (s \cdot x) \qquad \text{bzw.} \qquad x \cdot (r\,s) = (x \cdot r) \cdot s.$$

Hat R ein Einselement 1 und gilt zusätzlich

$$(M_4) \quad 1 \cdot x = x \qquad\qquad\qquad \text{bzw.} \quad x \cdot 1 = x \quad \text{für alle } x \in M,$$

so nennt man M **unitär**.

In den Distributivgesetzen (M_1) und (M_2) wird die Verträglichkeit von $\cdot$ mit der Addition in R und in M verlangt. Das Assoziativgesetz (M_3) verbindet $\cdot$ mit der Multiplikation in R auf einfachste Weise.

Ist M ein R-Linksmodul bzw. ein R-Rechtsmodul, so drücken wir dies gelegentlich aus, indem wir den Ring R links bzw. rechts von M als Index notieren, wir schreiben also in diesem Fall $_R M$ für einen R-Linksmodul und M_R für einen R-Rechtsmodul.

Bezeichnet $R^{\mathrm{opp}} := (R, +, *)$ den zu $R = (R, +, \cdot)$ **oppositionellen Ring**, d. h.

$$r * s := s \cdot r \quad \text{für alle} \quad r, s \in R,$$

so wird jeder R-Linksmodul bzw. R-Rechtsmodul M durch die Vorschrift

$$x \cdot r := r \cdot x \quad \text{bzw.} \quad r \cdot x := x \cdot r$$

zu einem R^{opp}-Rechtsmodul bzw. R^{opp}-Linksmodul, denn:

$$x \cdot (r * s) = (r * s) \cdot x = (s \cdot r) \cdot x = s \cdot (r \cdot x) = (x \cdot r) \cdot s \quad \text{bzw.}$$

$$(r * s) \cdot x = x \cdot (r * s) = x \cdot (s \cdot r) = (x \cdot s) \cdot r = r \cdot (s \cdot x).$$

Ist der Ring R kommutativ, so gilt $R = R^{\mathrm{opp}}$, sodass man zwischen Links- und Rechtsmoduln nicht zu unterscheiden braucht.

Wir formulieren Begriffe und Aussagen nur für Linksmoduln und nennen sie kurz **Moduln**. Wie bei Ringen gilt:

Lemma 33.1 *In jedem R-Modul M gilt für alle $r \in R$ und $x \in M$:*

$$r \cdot 0 = 0 = 0 \cdot x \quad und \quad r \cdot (-x) = -(r \cdot x) = (-r) \cdot x.$$

Wir betrachten einige Beispiele von Moduln.

Beispiel 33.1

- Es sei $G = (G, +)$ eine abelsche Gruppe. Für $n \in \mathbb{N}_0$ und $x \in G$ wird $n \cdot x$ induktiv durch

$$0 \cdot x := 0 \,, \ n \cdot x := (n - 1) \cdot x + x$$

definiert. Für eine negative ganze Zahl $n \in \mathbb{Z}$, $n < 0$, setzt man $n \cdot x = (-n) \cdot (-x)$. Mit der Skalarmultiplikation

$$\cdot : \mathbb{Z} \times G \to G \,, \ (n, x) \mapsto n \cdot x$$

ist G ein $\mathbb{Z}$-Modul. Da $1 \cdot x = x$ gilt für alle $x \in G$, ist G sogar unitär.

Somit ist jede abelsche Gruppe G ein unitärer $\mathbb{Z}$-Modul. Das bedeutet, dass die Theorie der abelschen Gruppen in der Theorie der Moduln enthalten ist. Diese Beobachtung ist für uns sehr wichtig, dann wenn wir etwas später Struktursätze für Moduln über Hauptidealringen herleiten, haben wir damit sogleich für den Hauptidealring $\mathbb{Z}$ Struktursätze für abelsche Gruppen.

- Ist R ein Ring und betrachten wir die Ringmultiplikation als eine äußere Verknüpfung der Skalare aus R mit den Elementen der abelschen Gruppe $(R, +)$,

$$\cdot : R \times R \to R \,, \ (r, x) \mapsto r \cdot x \,,$$

dann sind natürlich die Axiome (M_1), (M_2), (M_3) erfüllt und damit ist R auch ein R-(Links-)Modul. Wir kennzeichnen das oft durch $_R R$. Fasst man hingegen die Multiplikation von rechts $(s, r) \mapsto s \cdot r$ als äußere Verknüpfung des Skalars r aus R mit dem Gruppenelement s aus R auf, dann erhalten wir R als R-Rechtsmodul, den wir mit R_R bezeichnen.

  Der Modul $_R R$ bzw. R_R ist genau dann unitär, wenn R ein Einselement hat.

- Ist K ein Schiefkörper, dann zeigt ein Vergleich der Definitionen, dass die unitären K-(Links-)Moduln genau die K-(Links-)Vektorräume sind.

- Ist M eine abelsche Guppe, R ein Ring und definiert man $R \times M \to M$ durch $(r, x) \mapsto 0$ für alle $r \in R$, $x \in M$, dann wird M ein R-Modul. Moduln dieser Art heißen **trivial**.

- Ist G eine abelsche Gruppe und $R = \mathrm{End}(G)$ der Ring aller Endomorphismen von G, dann ist G zusammen mit der natürlichen Operation von R auf G, $(\varphi, x) \mapsto \varphi(x)$, ein R-Modul.

- Es seien K ein Körper, V ein K-Vektorraum und $\varphi : V \to V$ eine K-lineare Abbildung von V in sich. Ist $p = \sum r_i X^i$ ein Polynom aus $K[X]$, dann ist die Abbildung $p(\varphi)$ durch $p(\varphi) = \sum r_i \varphi^i$ definiert. Man verifiziert leicht, dass V zusammen mit der Skalarmultiplikation

$$\cdot : K[X] \times V \to V \,, \ (p, v) \mapsto p \cdot v := p(\varphi)(v)$$

ein unitärer $K[X]$-Modul ist. Man beachte, dass die Struktur dieses Moduls durch die lineare Abbildung φ bestimmt wird. Zur Untersuchung der Abbildung φ kann also auch die Theorie der Moduln über Hauptidealringen herangezogen werden – man beachte, dass $K[X]$ ein Hauptidealring ist. ∎

33.2   Untermoduln

Wir gehen vor wie bei Gruppen, Ringen und Körpern: Wir betrachten Teilmengen von Moduln, die für sich wieder Moduln bilden und nennen solche Teilmengen *Untermoduln*, genauer: Es sei M ein R-Modul. Eine nichtleere Menge $U \subseteq M$ heißt **Untermodul** von M, wenn gilt:

(UM_1) U ist eine Untergruppe von M,
(UM_2) $u \in U, r \in R \Rightarrow r \cdot u \in U$.

Die Bedingung (UM_1) bedeutet bekanntlich $U + U \subseteq U$ und $-U \subseteq U$. Für (UM_2) schreibt man oft auch kürzer $R \cdot U \subseteq U$.

Beispiel 33.2

- Ist $G = {}_{\mathbb{Z}}G$ eine abelsche Gruppe, aufgefasst als $\mathbb{Z}$-Modul, dann sind die Untermoduln hiervon genau die Untergruppen.
- Ist R ein Ring, dann sind die Untermoduln von ${}_R R$ bzw. von R_R genau die Linksideale bzw. die Rechtsideale von R.
- Ist K ein Körper und V ein unitärer K-Modul, also ein K-Vektorraum, dann sind die Untermoduln hiervon genau die Untervektorräume von V.
- Es sei K ein Körper, V ein K-Vektorraum und $\varphi : V \to V$ eine K-lineare Abbildung. Es sei U ein Untermodul des in Beispiel 33.1 betrachteten $K[X]$-Moduls V. Es gilt:
  - U ist eine Untergruppe von V,
  - $p \cdot U = p(\varphi) U \subseteq U$ für alle $p \in K[X]$.
  Insbesondere für $p = a \in K$ und $p = X$ erhalten wir $a U \subseteq U$ und $X \cdot U = \varphi(U) \subseteq U$; d. h., U ist ein φ-invarianter Untervektorraum. Umgekehrt sieht man sofort, dass für einen φ-invarianten Untervektorraum U auch $p(\varphi) U \subseteq U$ gilt für alle $p \in K[X]$.
- Ist M ein Modul, dann ist für jedes $a \in M$

$$R a = \{r \cdot a \mid r \in R\}$$

  ein Untermodul von M. ∎

Völlig analog wie die entsprechende Aussage bei Gruppen zeigt man:

Lemma 33.2 *Ist M ein R-Modul und $\{U_i \mid i \in I\}$ eine Familie von Untermoduln, dann ist $\bigcap_{i \in I} U_i$ ein Untermodul von M.*

Nach diesem Lemma ist für jede beliebige Teilmenge A eines R-Moduls M

$$\langle A \rangle := \bigcap \{U \mid U \text{ Untermodul von } M \text{ mit } A \subseteq U\}$$

der kleinste A enthaltende Untermodul von M, der **von A erzeugte** Untermodul. Im Falle $M = \langle A \rangle$ heißt A ein **Erzeugendensystem** von U. Der Modul M heißt **endlich erzeugt**, wenn es endlich viele $a_1, \ldots, a_n \in M$ gibt mit $\langle a_1, \ldots, a_n \rangle = M$. Wird ein Modul M von nur einem Element erzeugt, $M = \langle a \rangle$, so nennt man M **zyklisch**.

Man bestätigt analog wie im Fall einer Gruppe:

Lemma 33.3 *Ist M ein unitärer R-Modul, so gilt für $A \subseteq M$, $a_1, \ldots, a_n, a \in M$:*

(a) $\langle A \rangle = \{\sum_{i=1}^{n} r_i \cdot a_i \mid n \in \mathbb{N}, r_i \in R, a_i \in A\}$.
(b) $\langle a_1, \ldots, a_n \rangle = R a_1 + \cdots + R a_n$.
(c) $\langle a \rangle = R a$.

In einem unitären Modul M besteht $\langle A \rangle$ also aus allen (endlichen) **Linearkombinationen** $\sum r_i \cdot a_i, r_i \in R, a_i \in A$. Im Allgemeinen ist die Darstellung von Teilmengen erzeugter Moduln komplizierter, im zyklischen Fall hat man beispielsweise:

$$\langle a \rangle = \mathbb{Z} a + R a = \{n a + r \cdot a \mid n \in \mathbb{Z}, r \in R\}.$$

Man beachte, dass a nicht notwendig in $R a$ liegt.

33.3 Direkte Produkte und direkte Summen von Moduln

Ist $(M_i)_{i \in I}$ eine Familie von R-Moduln, so ist das kartesische Produkt $\prod_{i \in I} M_i$ mit den Verknüpfungen

$$(x_i)_{i \in I} + (y_i)_{i \in I} = (x_i + y_i)_{i \in I} \quad \text{und} \quad r \cdot (x_i)_{i \in I} = (r \cdot x_i)_{i \in I}$$

ein R-Modul, das **direkte Produkt** $\bigotimes_{i \in I} M_i$. Und die Teilmenge

$$\bigoplus_{i \in I} M_i = \{(x_i)_{i \in I} \mid x_i = 0 \quad \text{für fast alle } i \in I\} \subseteq \bigotimes_{i \in I} M_i$$

ist ein Untermodul, die **direkte Summe** der Moduln M_i. Für eine endliche Indexmenge I gilt somit

$$\bigotimes_{i \in I} M_i = \bigoplus_{i \in I} M_i \,.$$

Im Fall $M_i = M$ für alle $i \in \{1, \dots, n\}$ mit $n \in \mathbb{N}$ setzt man üblicherweise

$$M^n = \bigoplus_{i=1}^{n} M_i = M \oplus \cdots \oplus M \,, \quad \text{insbesondere} \quad R^n = {_R}R \oplus \cdots \oplus {_R}R$$

Neben dieser (äußeren) Summe von Moduln, betrachtet man auch die *innere Summe* von Untermoduln. Dabei sagt man, der R-Modul M ist die **innere Summe** der Untermoduln $U_i, i \in I$, wenn

$$M = \sum_{i \in I} U_i := \{ u_{i_1} + \cdots + u_{i_n} \mid u_{i_j} \in U_{i_j} \} \,.$$

Man nennt die innere Summe **direkt**, wenn die surjektive Abbildung

$$\bigoplus_{i \in I} U_i \to \sum_{i \in I} U_i \,, \ (u_i)_{i \in I} \mapsto \sum_{i \in I} u_i$$

eine Bijektion ist oder, was äquivalent dazu ist, wenn

$$U_k \cap \left(\sum_{i \neq k} U_i \right) = \{0\} \quad \text{für alle } k \in I \,.$$

Auch für diese innere direkte Summe verwenden wir das Symbol $\bigoplus$. Im endlichen Fall schreiben wir somit $M = U_1 \oplus \cdots \oplus U_n$ und beachten, dass nach Abschn. 6.2.3 innere und äußere direkte Summen isomorph sind.

33.4   Faktormoduln

Ist U ein Untermodul von M, dann wird auf der Faktorgruppe M/U eine skalare Multiplikation durch

$$\cdot : R \times M/U \to M/U \,, \ (r, x + U) \mapsto r \cdot x + U$$

definiert. Wegen $r \cdot U \subseteq U$ ist dies wohldefiniert. Und hiermit ist M/U ebenfalls ein R-Modul, der **Faktormodul** von M nach U. In M/U haben wir also die folgenden beiden Verknüpfungen:

$$(x + U) + (y + U) = (x + y) + U \quad \text{und} \quad r \cdot (x + U) = r \cdot x + U \,.$$

Ist L ein Untermodul von $_R R$, also ein Linksideal von R, dann kann man zwar R/L noch nicht wieder (kanonisch) zu einem Ring machen, denn dazu müsste L Ideal sein. Nach der vorhergehenden Konstruktion wird R/L jedoch mit der Skalarmultiplikation $r \cdot (x + L) = r \cdot x + L$ zu einem R-(Links-)Modul.

Es seien M und N zwei Moduln über demselben Ring R. Eine Abbildung $\varphi : M \to N$ heißt ein R-**Modulhomomorphismus** oder R-**linear**, wenn für alle x, $y \in M$ und alle $r \in R$ gilt

$$\varphi(x + y) = \varphi(x) + \varphi(y) \quad \text{und} \quad \varphi(r \cdot x) = r \cdot \varphi(x) \,.$$

Es sind Endomorphismen, Epimorphismen, Monomorphismen, Isomorphismen und Automorphismen in üblicher Weise erklärt. Man spricht oft nur von den *Morphismen*, wenn die zugrunde liegende Struktur klar ist.

Wie im bekannten Fall von Gruppen oder Ringen gilt bzw. erklärt man:

Lemma 33.4 *Es seien M, N und P Moduln über demselben Ring R, und $\varphi : M \to N$ und $\psi : N \to P$ seien Modulhomomorphismen. Dann gilt:*

(a) Das Kompositum $\psi \circ \varphi : M \to P$, erklärt durch $\psi \circ \varphi(x) = \psi(\varphi(x))$, ist ein Modulhomomorphismus.
(b) Ist φ bijektiv, dann ist auch $\varphi^{-1} : N \to M$ ein (bijektiver) Modulhomomorphismus.
*(c) Der **Kern***

$$\operatorname{Kern}(\varphi) := \{x \in M \mid \varphi(x) = 0\}$$

   ist ein Untermodul von M.
*(d) Das **Bild***

$$\operatorname{Bild}(\varphi) := \{\varphi(x) \in N \mid x \in M\}$$

   ist ein Untermodul von N.
(e) φ ist genau dann injektiv, wenn $\operatorname{Kern}(\varphi) = \{0\}$.

Auch die bei Gruppen und Ringen bekannten Homomorphie- und Isomorphiesätze gelten entsprechend für Moduln – die Beweise können fast wörtlich übernommen werden:

Satz 33.5

(a) (Der Homomorphiesatz) Für einen Modulhomomorphismus $\varphi : M \to N$ gilt

$$\varphi(M) \cong M / \operatorname{Kern}(\varphi) \,.$$

(b) (Der 1. Isomorphiesatz) Für Untermoduln U, V eines R-Moduls M gilt

$$(U + V)/V \cong U/U \cap V \, .$$

(c) (Der 2. Isomorphiesatz) Für Untermoduln U, V eines R-Moduls M mit $U \subseteq V \subseteq M$ gilt

$$(M/U)/(V/U) \cong M/V \, .$$

Beispiel 33.3

- Es sei φ ein Endomorphismus des R-Moduls $_R R$. Also gilt

$$\varphi(r + s) = \varphi(r) + \varphi(s) \quad \text{und} \quad \varphi(r \cdot s) = r \cdot \varphi(s) \quad \text{für alle} \quad r, s \in R \, .$$

Hat R ein Einselement 1, so setzen wir $\varphi(1) = e$ und sehen mit $s = 1$ aus obiger Gleichung $\varphi(r) = r \cdot e$. Ist umgekehrt $e \in R$, dann sieht man sofort, dass $r \mapsto r \cdot e$ ein Modulhomomorphismus von $_R R$ ist.

Ebenso sieht man, dass es sich bei den Endomorphismen des Rechtsmoduls R_R um die Linksmultiplikationen $r \mapsto e \cdot r$ in R handelt.
- Es sei M ein R-Modul. Zu einem festen $x \in M$ betrachten wir die Abbildung

$$\lambda_x : R \to M \, , \, r \mapsto r \cdot x \, .$$

Aufgrund der Axiome (M_1) und (M_3) handelt es sich um einen Homomorphismus. Der Kern von λ_x wird mit $\mathrm{Ann}(x)$ bezeichnet und heißt **Annullator** von x, also

$$\mathrm{Ann}(x) = \{r \in R \mid r \cdot x = 0\} \, .$$

Als Kern eines Homomorphismus ist $\mathrm{Ann}(x)$ ein Untermodul von $_R R$, also ein Linksideal in R, aber im Allgemeinen kein Ideal. Der Homomorphiesatz liefert:

$$R/\mathrm{Ann}(x) \cong R\,x \, .$$

Gilt etwa $r \cdot x \neq 0$ für alle $r \neq 0$ aus R und ein $x \in M$, so besagt das $R/\{0\} \cong R\,x$. ∎

Neben dem Annullator $\mathrm{Ann}(x)$ eines Elementes $x \in M$ wird auch für Untermoduln U des R-Moduls M der Annullator $\mathrm{Ann}(U)$ definiert durch

$$\mathrm{Ann}(U) = \{r \in R \mid r \cdot u = 0 \quad \text{für alle} \ u \in U\} \, .$$

Wegen $\text{Ann}(U) = \bigcap_{u \in U} \text{Ann}(u)$ ist auch $\text{Ann}(U)$ ein Untermodul in $_R R$ – also ein Linksideal. Da mit $r \in R$ und $u \in U$ auch $r \cdot u \in U$ liegt, gilt für $a \in \text{Ann}(U)$ auch $(a\,r) \cdot u = a \cdot (r \cdot u) = 0$, also $a\,r \in \text{Ann}(U)$. Folglich ist $\text{Ann}(U)$ ein Ideal in R. Ein R-Modul M heißt **treu**, wenn $\text{Ann}(M) = \{0\}$ gilt.

Ein Element $x \in M$ heißt **Torsionselement** oder ein **Element endlicher Ordnung**, wenn $\text{Ann}(x) \neq \{0\}$, d. h., wenn es ein Element $r \in R$, $r \neq 0$, gibt mit $r \cdot x = 0$. Ein Modul ohne Torsionselemente $\neq 0$ heißt **torsionsfrei**. Ist ein Modul torsionsfrei, dann hat der Grundring keine Nullteiler.

Beispiel 33.4

- In einer abelschen Gruppe G ist jedes Element mit endlicher Ordnung (in der Gruppe) ein Torsionselement im $\mathbb{Z}$-Modul $_{\mathbb{Z}} G$. Insbesondere ist in einer endlichen Gruppe jedes Element ein Torsionselement.
- Es sei V ein Vektorraum über dem Körper K mit $\dim_K(V) = n$, $\varphi : V \to V$ linear und $_{K[X]} V$ der bezüglich φ gebildete $K[X]$-Modul. Zu jedem $v \in V$ sind die $n + 1$ Vektoren $v, \varphi(v), \varphi^2(v), \ldots, \varphi^n(v)$ im n-dimensionalen Vektorraum linear abhängig. Folglich gibt es eine nichttriviale Linearkombination $\sum_{i=0}^{n} r_i \varphi^i(v) = 0$ und für $p = \sum_{i=0}^{n} r_i X^i \in K[X]$ gilt $p \neq 0$ und $p \cdot v = 0$. Also ist jedes Element von $_{K[X]} V$ Torsionselement.
- Das Nullelement 0 ist stets Torsionselement. Der $\mathbb{Z}$-Modul $\mathbb{Z}$ hat außer 0 kein Torsionselement, ist also torsionsfrei.
- Ist R ein Ring, dann sind die Torsionselemente von $_R R$ genau die Nullteiler und 0. Wir betrachten nun den Ring $R = K \times K$ mit einem Körper K, wobei die Multiplikation wie die Addition komponentenweise erklärt ist. Dann ist die Menge aller Nullteiler inklusive 0 von R offensichtlich $(K \times \{0\}) \cup (\{0\} \times K)$. Hieraus erkennt man, dass die Menge der Torsionselemente in $_R R$ keinen Untermodul bildet. ∎

Satz 33.6 *In einem R-Modul $_R M$ über einem Integritätsbereich R ist* $\text{Tor}(M)$, *die Menge der Torsionselemente von M, ein Untermodul und $M / \text{Tor}(M)$ torsionsfrei.*

Beweis Mit $x \in \text{Tor}(M)$, $r \in \text{Ann}(x)$, $r \neq 0$, und $s \in R$ gilt

$$r \cdot (s \cdot x) = (r\,s) \cdot x = (s\,r) \cdot x = s \cdot (r \cdot x) = 0\,,$$

d. h. $s \cdot x \in \text{Tor}(M)$. Ist x' ein weiteres Element aus $\text{Tor}(M)$ und $r' \neq 0$ aus $\text{Ann}(x')$, dann folgt

$$(r\,r') \cdot (x + x') = r' \cdot (r \cdot x) + r \cdot (r' \cdot x') = 0\,.$$

Da R ein Integritätsbereich ist, gilt $r\,r' \neq 0$, somit ist $x + x' \in \text{Tor}(M)$. Folglich ist $\text{Tor}(M)$ ein Untermodul von M.

Nun sei $x + \mathrm{Tor}(M)$ ein Torsionselement in $M/\mathrm{Tor}(M)$. Es sei z. B.

$$r \cdot (x + \mathrm{Tor}(M)) = r \cdot x + \mathrm{Tor}(M) = \mathrm{Tor}(M)$$

für $r \neq 0$ aus R. Das bedeutet $r \cdot x \in \mathrm{Tor}(M)$, folglich gibt es ein $s \neq 0$ mit

$$0 = s \cdot (r \cdot x) = (s\, r) \cdot x\,.$$

Da $s\, r \neq 0$ (R ist ein Integritätsbereich), folgt $x \in \mathrm{Tor}(M)$. Somit ist das Torsionselement $x + \mathrm{Tor}(M) = \mathrm{Tor}(M)$ das Nullelement des Faktormoduls.   □

33.5   Freie Moduln

Da die Axiome für Moduln formal die gleichen wie für Vektorräume sind (nur der Skalarbereich kann ein beliebiger Ring sein, weshalb man im allgemeinen Fall auch auf $1 \cdot x = x$ für alle $x \in M$ verzichten muss), ist es naheliegend, die für Vektorräume als nützlich erkannte Begriffsbildung für Moduln zu übertragen.

Im Folgenden sei stets R ein Ring mit 1 und alle vorkommenden R-Moduln seien unitär. Außerdem lassen wir meist, wie dies bei Vektorräumen auch üblich ist, den Malpunkt der Skalarmultiplikation weg.

Eine endliche Teilmenge $\{s_1, \dots, s_n\} \subseteq M$ heißt über R **linear unabhängig**, wenn $\sum_{i=1}^{n} r_i\, s_i = 0$ nur trivial, d. h. nur für $r_i = 0$ für alle $i = 1, \dots, n$ möglich ist. Hierbei wird stets $s_i \neq s_j$ für $i \neq j$ angenommen. Eine Teilmenge $S \subseteq M$ heißt **linear unabhängig** über R, wenn jede endliche Teilmenge linear unabhängig ist.

Beispiel 33.5

- $\emptyset$ ist linear unabhängig – bei entsprechender Interpretation; sonst als Vereinbarung zu verstehen.
- Jede Teilmenge, die das Nullelement 0 enthält, ist nicht linear unabhängig, also linear abhängig, da $r \cdot 0 = 0$ auch für $r \neq 0$ gilt. Etwas allgemeiner ist jede Teilmenge von M, die ein Torsionselement enthält, linear unabhängig. Somit gibt es für endliche abelsche Gruppen (als $\mathbb{Z}$-Modul betrachtet) außer $\emptyset$ keine linear unabhängigen Teilmengen. Dasselbe gilt für jeden Modul, der nur aus Torsionselementen besteht.
- Ist R ein Integritätsbereich, so ist $\{(1, 0), (0, 1)\} \subseteq {}_R R \times {}_R R$ linear unabhängig über R.   ■

Es sei M ein R-Modul. Eine Teilmenge S von M heißt eine **Basis** von M, wenn gilt:

- S erzeugt M, d. h. $\langle S \rangle = M$,
- S ist linear unabhängig über R.

Ein R-Modul M, der eine Basis besitzt, heißt ein **freier R-Modul**. Ist S eine Basis, so sagt man auch M ist **frei über** S.

Beispiel 33.6

- Es ist $\emptyset$ Basis des Moduls $\{0\}$.
- In $_RR \times {}_RR$ als R-Modul ist $\{(1,0),\ (0,1)\}$ eine Basis.
- Im Gegensatz zu Vektorräumen besitzt nicht jeder Modul eine Basis: Ein endlicher $\mathbb{Z}$-Modul besitzt z. B. keine linear unabhängige Teilmenge $\neq \emptyset$.
- Ist $I \neq \emptyset$ eine Indexmenge, dann ist $\bigoplus_{i \in I} R_i$, $R_i = R$ für alle $i \in I$, frei mit der Basis

$$\{e_i : I \to R,\ e_i(j) = \delta_{ij},\ i,\ j \in I\}.$$

Für den Spezialfall $I = \{1, \ldots, n\}$ erkennen wir das sofort wieder: Es ist $R^n = \{(a_1, \ldots, a_n) \mid a_i \in R\}$ frei mit der Basis $\{e_1 = (1, 0, \ldots, 0), \ldots, e_n = (0,\ , \ldots, 0, 1)\}$. ∎

Der folgende Satz bringt eine Charakterisierung freier Teilmengen und freier Moduln, die zeigt, dass die freien Moduln den Vektorräumen außerordentlich ähnlich sind.

Satz 33.7 *Der R-Modul M ist frei über S genau dann, wenn jedes $x \in M$ sich eindeutig darstellen lässt in der Form $\sum_{i=0}^{n} r_i s_i$, $n \in \mathbb{N}$, $r_i \in R$ und $s_i \in S$.*

Dieses ist genau dann der Fall, wenn $M = \bigoplus_{s \in S} R\,s$ die direkte Summe der zyklischen Untermoduln $R\,s$ ist, welche sämtlich isomorph zu $_RR$ sind.

Beweis Ist S eine Basis, so ist wegen $\langle S \rangle = M$ jedes Element $x \in M$ darstellbar in der Form $x = \sum r_i s_i, r_i \in R, s_i \in S$. Diese Darstellung ist eindeutig, denn $\sum r_i s_i = \sum r_i' s_i$ ist äquivalent zu $\sum (r_i - r_i')\, s_i = 0$, woraus wiederum $r_i = r_i'$ folgt, denn S ist linear unabhängig. Wird umgekehrt die Eindeutigkeit der Darstellung vorausgesetzt, so folgt aus $x = \sum r_i s_i = 0 = \sum 0\, s_i$ sofort $r_i = 0$, also S linear unabhängig.

Auch der weitere Teil des Satzes ist lediglich eine Interpretation der Definitionen. Dass jedes Element von M in der Form $x = \sum r_i s_i$ geschrieben werden kann, bedeutet $M = \sum_{s \in S} R\,s$. Für $x \in R\,s' \cap \sum_{s \neq s'} R\,s$ haben wir $x = r'\,s' = \sum_{s_i \neq s'} r_i s_i$, also $0 = r'\,s' - \sum r_i s_i$, woraus $r' = r_i = 0$ und damit $x = 0$ folgt. Das ergibt $M = \bigoplus_{s \in S} R\,s$. Die zyklischen Moduln $R\,s$ sind nach Beispiel 33.3 isomorph zu $R/\mathrm{Ann}(s)$, wobei nun aber der Annullator des freien Elementes s trivial ist. Insgesamt folgt $M \cong \bigoplus_{s \in S} R_s$, $R_s = R$. Dass umgekehrt ein solcher Modul frei ist, wurde bereits in Beispiel 33.6 angegeben. □

Wir erhalten nun eine vollständige Beschreibung der freien und der endlich erzeugten freien R-Moduln:

Korollar 33.8 *Ein R-Modul M ist genau dann frei über S, wenn $M \cong \bigoplus_{s \in S} R_s$ mit $R_s = R$ gilt.*   □

Korollar 33.9 *Ist M endlich erzeugt und frei, dann gibt es ein $n \in \mathbb{N}$ mit $M \cong R^n = R \oplus \cdots \oplus R$ (n Summanden).*   □

Beweis Es sei $M = \langle x_1, \ldots, x_r \rangle$, und S sei eine Basis von M. Jedes x_i ist eindeutig darstellbar als $x_i = \sum r_{ij} s_j$ mit $s_j \in S$. Da die x_i den Modul M erzeugen, haben wir für ein beliebiges $x \in M$, $x = \sum b_i x_i = \sum b_i r_{ij} s_j$, wobei nur endlich viele verschiedene s_j beteiligt sind. Also ist S endlich.   □

Bemerkung Ein freier $\mathbb{Z}$-Modul ist nichts anderes als eine freie abelsche Gruppe. Wie man sieht, ist die Konstruktion einer freien abelschen Gruppe sehr leicht, man nehme die direkte Summe der jeweils gewünschten Anzahl Kopien des $\mathbb{Z}$-Moduls $\mathbb{Z}$.

Im Gegensatz zu Vektorraumbasen können Modulbasen durchaus verschiedene Mächtigkeiten haben.

Beispiel 33.7 Es sei V ein Vektorraum über dem Körper K mit abzählbar unendlicher Basis $\{x_1, x_2, \ldots\}$. Der Vektorraum $W = V \oplus V$ hat dann auch eine abzählbare Basis. Folglich gibt es eine bijektive Abbildung φ von der Basis von V auf jene von W. Diese Abbildung wird zu einer linearen Abbildung, die wir wieder φ nennen, fortgesetzt durch $\varphi : V \to W$, $\varphi(\sum r_i x_i) = \sum r_i \varphi(x_i)$.

Wir setzen $R := \mathrm{End}_K V$ und betrachten die Abbildung $\tilde{\varphi} : R \oplus R \to R$ definiert durch $\tilde{\varphi}(u \oplus v)(x) = u(\varphi_1(x)) + v(\varphi_2(x))$ mit $\varphi(x) = \varphi_1(x) \oplus \varphi_2(x)$. Wir zeigen, dass $\tilde{\varphi}$ ein Isomorphismus der freien Moduln $R \oplus R$ und R ist. Offensichtlich ist $\tilde{\varphi}$ ein Homomorphismus der zugrunde liegenden abelschen Gruppen. Es gilt aber auch für $r \in R$:

$$\tilde{\varphi}(r(u \oplus v))(x) = r u(\varphi_1(x)) + r v(\varphi_2(x)) = r \tilde{\varphi}(u \oplus v)(x).$$

Nun sei $u \oplus v \in \mathrm{Kern}(\tilde{\varphi})$, dann folgt $u(x) + v(y) = 0$ für alle $x \oplus y \in V \oplus V$, denn φ ist ja bijektiv; das geht nur für $u = 0 = v$. Somit ist $\tilde{\varphi}$ injektiv.

Dass $\tilde{\varphi}$ auch surjektiv ist, sehen wir folgendermaßen: Zu $r \in R$ betrachten wir

$$g = r\,\varphi^{-1} : V \oplus V \xrightarrow{\varphi^{-1}} V \xrightarrow{r} V \quad \text{sowie} \quad g_1 = g|_{V \oplus \{0\}} \text{ und } g_2 = g|_{\{0\} \oplus V}.$$

Wir ermitteln:

$$\begin{aligned}
\tilde{\varphi}(g_1 \oplus g_2)(x) &= g_1(\varphi_1(x)) + g_2(\varphi_2(x)) \\
&= r\,\varphi^{-1}(\varphi_1(x) \oplus 0) + r\,\varphi^{-1}(0 \oplus \varphi_2(x)) = r(x).
\end{aligned}$$

Somit ist $R \cong R \oplus R$ (als R-Modul) und folglich $R^n \cong R^m$ für alle $m, n \in \mathbb{N}$.

Im Gegensatz zu diesem Beispiel steht das folgende Ergebnis:

Satz 33.10 *Sind R ein kommutativer Ring mit 1 und M ein freier R-Modul, dann haben je zwei Basen von M die gleiche Mächtigkeit.*

Beweis Nach dem Satz 15.19 von Krull enthält R ein maximales Ideal I und nach Korollar 15.17 ist R/I ein Körper. Wir bezeichnen mit $I\,M$ den Untermodul von M, der aus allen (endlichen) Summen der Form $\sum r_i\, a_i$ mit $r_i \in I$ und $a_i \in M$ besteht. Für diesen Untermodul wird die Faktorgruppe $M/I\,M$ zu einem R/I-Modul durch die Definition

$$(r + I) \cdot (x + I\,M) := r \cdot x + I\,M\,.$$

Es ist somit $M/I\,M$ ein Vektorraum über dem Körper R/I. Aus $M = \bigoplus_{s \in S} R\,s$ mit einer Basis S folgt $I\,M \cong \bigoplus_{s \in S} I\,s$ und damit die Isomorphie:

$$M/I\,M = \left(\bigoplus_{s \in S} R\,s \right) \bigg/ \left(\bigoplus_{s \in S} I\,s \right) \cong \bigoplus_{s \in S} (R\,s / I\,s) \cong \bigoplus_{s \in S} R/I\,.$$

Somit hat $M/I\,M$ als R/I-Vektorraum eine Basis der Mächtigkeit von S. Aus der Invarianz der Mächtigkeit von Vektorraumbasen folgt nun die Behauptung. $\square$

Die Mächtigkeit einer Basis eines freien R-Moduls M ist demnach bei kommutativem R mit 1 eine Invariante des Moduls, man nennt sie den **Rang** von M und schreibt dafür $\mathrm{Rang}(M)$. Man beachte, $\mathrm{Rang}(M) = n$ bedeutet $M \cong R^n$.

Völlig analog wie für Gruppen zeigen wir nun:

Satz 33.11 *Jeder unitäre R-Modul ist homomorphes Bild eines freien R-Moduls.*

Beweis Es sei M ein (unitärer) R-Modul. Wir betrachten *den* freien R-Modul über M, $F = \bigoplus_{x \in M} R_x$ mit $R_x = R$ für alle $x \in M$. Die Abbildung $\varphi : F \to M$ sei definiert durch $\varphi((r_x)_{x \in M}) = \sum r_x\, x$. (Auf der rechten Seite steht eine Linearkombination in M.) Offensichtlich ist φ ein surjektiver R-Homomorphismus. $\square$

Satz 33.12 *Es seien F und M (unitäre) R-Moduln, und F sei frei. Dann gibt es zu jedem Epimorphismus $\varphi : M \to F$ einen Homomorphismus $\psi : F \to M$ mit $\varphi \circ \psi = \mathrm{Id}_F$, und es gilt $M = \mathrm{Kern}(\varphi) \oplus \psi(F)$.*

Beweis Es sei S eine Basis von F. Nach dem Auswahlaxiom gibt es dann zu jedem $s \in S$ ein $x_s \in M$ mit $\varphi(x_s) = s$. Man setze nun die Abbildung $\psi : s \mapsto x_s$ linear fort, d. h. $\psi(\sum r_i\, s_i) = \sum r_i\, x_{s_i}$. Da F frei ist, ist ψ wohldefiniert, $\psi : F \to M$. Offensichtlich gilt

$\varphi(\psi(s)) = \varphi(x_s) = s$ für die Elemente der Basis und damit $\varphi \circ \psi = \mathrm{Id}_F$. Nun gilt für jedes $x \in M$:

$$x = \psi(\varphi(x)) + (x - \psi(\varphi(x))),$$

wobei $\psi(\varphi(x)) \in \psi(F)$ und wegen $\varphi \circ \psi = \mathrm{Id}$ die Elemente der Form $x - \psi(\varphi(x))$ in $\mathrm{Kern}(\varphi)$ sind. Damit haben wir erst einmal $M = \psi(F) + \mathrm{Kern}(\varphi)$. Für $x \in \mathrm{Kern}(\varphi) \cap \psi(F)$ folgt $x = \psi(y)$ mit $y \in F$ und $0 = \varphi(x) = \varphi(\psi(y)) = y$, also $x = 0$ und die Summe ist direkt, $M = \mathrm{Kern}(\varphi) \oplus \psi(F)$.   □

Korollar 33.13 *Ist N ein Untermodul eines R-Moduls M, sodass der Faktormodul M/N frei ist, dann gibt es einen Untermodul N' von M mit $M = N \oplus N'$.*   □

Beweis Wir wenden den Satz an auf den kanonischen Epimorphismus $\pi : M \to M/N$ mit $\mathrm{Kern}(\pi) = N$.   □

Bemerkung Für viele Untersuchungen kommt man mit den im Satz 33.12 angegebenen Eigenschaften aus. Der Satz gilt jedoch nicht nur für freie Moduln. Die Charakterisierung der R-Moduln, für die der Satz gilt, führt zum Begriff des *projektiven* Moduls. Man nennt einen R-Modul P **projektiv**, wenn für jeden Epimorphismus $\psi : M \to P$, der Kern von ψ ein direkter Summand von M ist. Die freien Moduln sind demnach projektiv.

33.6 Moduln über Hauptidealringen

In diesem letzten Abschnitt wollen wir einige Struktursätze für Moduln über Hauptideal-ringen herleiten. Insbesondere ergibt das für den Hauptidealring $\mathbb{Z}$ Aussagen über abelsche Gruppen.

Im Folgenden sei stets R ein Hauptidealring, also ein kommutativer Ring mit $1 \neq 0$ ohne Nullteiler, in dem jedes Ideal ein Hauptideal ist. Alle vorkommenden Moduln seien unitär.

Einer der wesentlichen Gründe, warum man für Moduln über Hauptidealringen so starke Struktursätze gewinnt, liegt an dem folgenden Resultat.

Satz 33.14 *Ist M ein freier R-Modul von endlichem Rang über dem Hauptidealring R, dann ist jeder Untermodul U von M ebenfalls frei und es gilt $\mathrm{Rang}(U) \leq \mathrm{Rang}(M)$.*

Beweis Wir beweisen die Aussage per Induktion nach $n = \mathrm{Rang}(M)$. Für $n = 0$ ist nichts zu beweisen: $M = \{0\}$ mit Basis $\emptyset$. Die Behauptung sei richtig für alle freien R-Moduln vom Rang $< n$. Nun sei M ein R-Modul vom Rang n mit Basis $\{x_1, \ldots, x_n\}$, und es sei U ein Untermodul von M. Wir stellen die Elemente aus U als Linearkombinationen der Basiselemente dar und betrachten dann die Menge der Koeffizienten von x_1. Offensichtlich ist

$$A_x = \{b \in R \mid b\,x_1 + \sum_{i=2}^{n} b_i\,x_i \in U\}$$

ein Ideal in R, das nach Voraussetzung von einem Element, sagen wir a_1, erzeugt wird, $A_x = (a_1)$. Ein Element aus U, das den ersten Koeffizienten a_1 besitzt, sei u, $u = a_1\,x_1 + \sum_{i=2}^{n} a_i\,x_i$. Ein beliebiges Element $v \in U$ ist dann darstellbar als

$$v = r\,(a_1\,x_1) + \sum_{i=2}^{n} r_i\,x_i \,.$$

Also liegt $v - r\,u$ in $U' = U \cap M'$, wobei wir mit M' den freien R-Modul vom Rang $n-1$ mit Basis $\{x_2, \ldots, x_n\}$ bezeichnen. Nach Induktionsvoraussetzung ist der Untermodul U' von M' frei mit einer Basis $\{y_1, \ldots, y_t\}$, $t \le n-1$.

Im Fall $a_1 = 0$, d. h. $A_x = (0)$, haben wir $U = U'$, also U frei vom Rang $\le n$. Daher sei nun $a_1 \ne 0$.

Wir zeigen, dass $\{u, y_1, \ldots, y_t\}$ eine Basis von U ist. Das Element $v - r\,u$ aus U' ist Linearkombination der Basiselemente von U', also $v - r\,u = \sum r_i\,y_i$ bzw. $v = r\,u + \sum r_i\,y_i$. Das bedeutet $U = \langle u, y_1, \ldots, y_t \rangle$. Wenn wir in $0 = s\,u + \sum s_i\,y_i$ die Elemente u und y_i durch ihre jeweilige Darstellung als Linearkombination der x_i ersetzen, erhalten wir nur einen x_1-Anteil vom Summanden $s\,u$ (denn $y_i \in M'$), $0 = s\,a_1\,x_1 + \sum_{i=2}^{n} s_i'\,x_i$. Es folgt $s\,a_1 = 0$ und wegen $a_1 \ne 0$ und der Nullteilerfreiheit von R erhalten wir $s = 0$. Es bleibt $0 = \sum s_i\,y_i$, was wegen der linearen Unabhängigkeit auch nur für $s_i = 0$ für $i = 1, \ldots, t$ möglich ist. Also ist $\{u, y_1, \ldots, y_t\}$ linear unabhängig und damit eine Basis von U. Außerdem folgt $\mathrm{Rang}(U) = t + 1 \le n$. $\qquad\square$

Nun können wir bereits die torsionsfreien endlich erzeugten Moduln über Hauptideal-ringen vollständig beschreiben:

Satz 33.15 *Ein endlich erzeugter torsionsfreier Modul über einem Hauptidealring ist frei.*

Beweis Es sei $_RM = {}_R\langle x_1, \ldots, x_n \rangle$ torsionsfrei, R ein Hauptidealring. Jedes x_i ist linear unabhängig. Aus allen linear unabhängigen Teilmengen von $\{x_1, \ldots, x_n\}$ wähle man eine mit der größten Anzahl von Elementen aus. Nach eventueller Umbenennung sei das $\{x_1, \ldots, x_s\}$ für ein $s \in \{1, \ldots, n\}$. Im Fall $s = n$ sind wir fertig. Im anderen Fall sind nach Wahl von s die Mengen $\{x_1, \ldots, x_s, x_j\}$ für $j \in \{s+1, \ldots, n\}$ nicht frei. Also gibt es $a_i \in R$, nicht alle null, mit $a_j\,x_j = \sum_{i=1}^{s} a_i\,x_i$ und $a_j \ne 0$. Für das Produkt $a := a_{s+1}a_{s+2}\cdots a_n \ne 0$ erhalten wir dann:

$$a\,x_j \in R\,x_1 \oplus R\,x_2 \oplus \cdots \oplus R\,x_s =: F \,.$$

Für $i = 1, \ldots, s$ liegt aber trivialerweise $a x_i$ in F, also gilt $a x_i \in F$ für alle Erzeugenden x_i für $i = 1, \ldots, n$ und damit $a x \in F$ für alle $x \in M$, d. h. $a M \subseteq F$. Der Untermodul $a M$ des freien Moduls F vom Rang s ist auch frei, siehe Satz 33.14. Wegen der Torsionsfreiheit von M und $a \neq 0$ ist die Abbildung $M \rightarrow a M$, $x \mapsto a x$, ein Isomorphismus, also $M \cong a M$. Insbesondere ist dann auch M frei. □

Wir erhalten nun in drei Schritten den Hauptsatz für endlich erzeugte Moduln über Hauptidealringen:

1. Schritt: Zerlegung des Moduls in Torsionsanteil und freien Anteil.
2. Schritt: Zerlegung des Torsionsanteils in seine p-Primärkomponenten.
3. Schritt: Zerlegung der Primärkomponenten in zyklische Summanden.

Wir beginnen mit dem ersten Schritt.

1. Schritt: Zerlegung des Moduls in Torsionsanteil und freien Anteil Bevor wir die wichtigste Anwendung von Satz 33.15 angeben, erinnern wir daran, dass für einen Integritätsbereich R die Menge der Torsionselemente eines Moduls M,

$$\operatorname{Tor}(M) := \{x \in M \mid \text{es gibt } r \in R,\ r \neq 0 \text{ mit } r x = 0\}$$

ein Untermodul von M ist. Der Faktormodul $M/\operatorname{Tor}(M)$ ist torsionsfrei, vgl. Satz 33.6.

Satz 33.16 *Ist R ein Hauptidealring und M ein endlich erzeugter R-Modul, dann gilt*

$$M = \operatorname{Tor}(M) \oplus F$$

mit einem freien Untermodul $F \cong M/\operatorname{Tor}(M)$.

Beweis Es ist $M/\operatorname{Tor}(M)$ ein endlich erzeugter torsionsfreier R-Modul und somit frei nach Satz 33.15. Aus dem Korollar 33.13 folgt sofort $M = \operatorname{Tor}(M) \oplus F$ und nach dem ersten Isomorphiesatz $F \cong M/\operatorname{Tor}(M)$. □

Da wir in Abschn. 33.5 die Struktur der freien Moduln genau beschrieben haben, brauchen wir von nun an, dank des letzten Satzes, nur noch Torsionsmoduln (jedes Element hat endliche Ordnung) zu betrachten. Die freien R-Moduln vom Rang n sind isomorph zu $R \oplus \cdots \oplus R$ (n Summanden). Für $\mathbb{Z}$-Moduln bedeutet der letzte Satz, dass eine endlich erzeugte abelsche Gruppe G isomorph ist zu $G_T \oplus \mathbb{Z} \oplus \cdots \oplus \mathbb{Z}$, wobei G_T die Menge der Elemente aus G mit endlicher Ordnung bedeutet. Die Zahl der Summanden $\mathbb{Z}$ hängt natürlich nur von G ab.

Uns interessiert also weiter nur noch der Torsionsanteil $\operatorname{Tor}(M)$. Dieser bildet nach Satz 33.6 einen Modul. Daher betrachten wir nun einen Torsionsmodul M über einem Hauptidealring R.

2. Schritt: Zerlegung des Torsionsanteils in seine p-Primärkomponenten Ist p ein Primelement in R, so nennen wir den Untermodul

$$M_p := \{x \in M \mid p^n x = 0 \quad \text{für ein } n \in \mathbb{N}\}$$

die p-**Primärkomponente** von M. Falls $M = M_p$, so nennt man M auch p-**Modul**. Beachte: Die p-Moduln entsprechen den p-Gruppen in der Gruppentheorie.

Satz 33.17 *Ist M ein Torsionsmodul über dem Hauptidealring R, so ist M die direkte Summe seiner Primärkomponenten.*

Beweis Es sei P ein Repräsentantensystem für die Klassen assoziierter Primelemente aus R. Wir zeigen

$$M = \bigoplus_{p \in P} M_p \,.$$

Es sei $x \in M$ beliebig. Es gibt ein $r \in R$ mit $r\,x = 0$. Da R faktoriell ist, gibt es bis auf Assoziiertheit eine eindeutige Primzerlegung $r = p_1^{v_1} \cdots p_k^{v_k}$ mit $v_i \in \mathbb{N}$. Wir dürfen $p_i \in P$ annehmen. Wir setzen nun $r_i = r\, p_i^{-v_i}$. Die Elemente $r_1, \ldots, r_k$ sind teilerfremd. Somit gibt es Elemente $s_1, \ldots, s_k \in R$ mit $s_1 r_1 + \cdots + s_k r_k = 1$. Multiplikation dieser Gleichung mit x liefert

$$s_1\, r_1\, x + \cdots + s_k\, r_k\, x = x \,.$$

Wegen $s_i\, r_i\, x \in M_{p_i}$ hat also jedes $x \in M$ eine Darstellung der Form $x = \sum x_i$ mit $x_i \in M_{p_i}$, das bedeutet $M = \sum_{p \in P} M_p$, sodass also M die innere Summe seiner p-Primärkomponenten ist.

Wir zeigen nun, dass diese innere Summe direkt ist. Dazu gelte

$$x_1 + \cdots + x_n = 0 \,,$$

wobei $x_i \in M_{p_i}$ mit verschiedenen $p_i \in P$. Wir wählen zu jedem x_i ein $v_i \in \mathbb{N}$ mit $p_i^{v_i} x_i = 0$ und setzen $r := p_1^{v_1} \cdots p_n^{v_n}$ und $r_i := r\, p_i^{-v_i}$. Multiplikation der Gleichung $x_1 + \cdots + x_n = 0$ mit r_i liefert $r_i\, x_i = 0$ für jedes $i = 1, \ldots, n$. Wegen der Teilerfremdheit von $p_i^{v_i}$ und r_i gibt es Elemente $s, t \in R$ mit $s\, p_i^{v_i} + t\, r_i = 1$. Damit erhalten wir

$$x_i = (s\, p_i^{v_i} + t\, r_i)\, x_i = s\, p_i^{v_i} x_i + t\, r_i\, x_i = 0 + 0 = 0 \,,$$

sodass also $x_1 = \cdots = x_n = 0$ folgt. Die innere Summe ist somit direkt. $\qquad\square$

Nun sei $M = \langle x_1, \dots, x_n \rangle$ ein endlich erzeugter Torsionsmodul über dem Haupt-idealring R und $a_i x_i = 0$ für $0 \neq a_i \in R$. Jedes $x \in M$ hat eine Darstellung der Form $x = \sum r_i x_i$ mit $r_i \in R$ und deshalb gilt $a x = 0$ für alle $x \in M$ und $0 \neq a := a_1 a_2 \cdots a_n \in R$. Kurz: es gibt $a \in R$, $a \neq 0$, mit $a M = \{0\}$. Zu dem Primelement $p \in R$ sei M_p die p-Primärkomponente von M. Für jedes $x \in M_p$ mit $x \neq 0$ und $p^k x = 0$ sei

$$A := \{r \in R \mid r x = 0\}.$$

Nach Voraussetzung hat das Ideal A die Form $A = (d)$ und wegen $p^k \in A$ ist auch d abgesehen von einer Einheit ε eine p-Potenz, $d = \varepsilon\, p^s$ (R ist faktoriell!). Auch das Elemente $a \neq 0$ liegt in A, hat also die Form $a = r\, p^s$. Es folgt $p \mid a$. Da R faktoriell ist, gibt es demnach nur endlich viele Primelemente $p \in R$ mit $M_p \neq \{0\}$. Wir erhalten daher für endlich erzeugte Torsionsmoduln:

Korollar 33.18 *Ist M ein endlich erzeugter Torsionsmodul über dem Hauptidealring R, dann besitzt M nur endlich viele Primärkomponenten $M_{p_1}, \dots, M_{p_n}$, und es gilt:*

$$M = \bigoplus_{i=1}^{n} M_{p_i} .$$

□

Wir haben damit eine Reduktion bis zu den Primärkomponenten geschafft. Wir brauchen also nur noch die Struktur der p-Primärkomponenten zu bestimmen.

3. Schritt: Zerlegung der Primärkomponenten in zyklische Summanden Das folgen-de Ergebnis besagt, dass man von gewissen p-Moduln gewisse zyklische Untermoduln als direkte Summanden abspalten kann.

Lemma 33.19 *Es sei p ein Primelement eines Hauptidealrings R und $M \neq \{0\}$ ein R-Modul mit $p^k M = \{0\}$, wobei $k \in \mathbb{N}$ mit dieser Eigenschaft minimal gewählt sei. Dann gibt es ein $m \in M$ mit $p^k m = 0$ und $p^l m \neq 0$ für $l = 0, \dots, k-1$ und einen Untermodul N von M mit*

$$M = R\, m \oplus N .$$

Beweis Da $k \in \mathbb{N}$ minimal mit der Eigenschaft $p^k x = 0$ für jedes $x \in M$ gewählt wurde, existiert natürlich ein $m \in M$ mit $p^l x \neq 0$ für $l = 0, \dots, k-1$. Nach dem Zorn'schen Lemma enthält die Menge

$$\{U \subseteq M \mid U \text{ ist ein Untermodul von } M \text{ mit } U \cap R\, m = \{0\}\}$$

ein maximales Element N. Wir betrachten nun den Untermodul $M' = R\, m \oplus N$ von M und zeigen $M = M'$.

Angenommen, $M \neq M'$. Wir zeigen zuerst:

(∗) *Zu $x \in M \setminus M'$ gibt es $0 \neq a \in R \setminus R^{\times}$ und $r \in R$ mit $r\,m \neq 0$ und ein $n \in N$, sodass gilt:*

$$a\,x = r\,m + n\,.$$

Es sei $x \in M$ mit $x \notin M'$, insbesondere gilt $x \notin N$. Es folgt $N \subsetneq R\,x + N = \langle x, N \rangle$. Nach Wahl von N folgt

$$A := (R\,x + N) \cap R\,m \neq \{0\}\,.$$

Es sei $z \in A$, $z \neq 0$. Dann gilt $z = r\,m = a\,x + n$ mit $r, a \in R, n \in N$. Es gilt $r\,m \neq 0$, und es ist auch $a \neq 0$, da sonst $z \in R\,m \cap N = \{0\}$. Es ist a auch keine Einheit, da sonst $x = a^{-1}\,(r\,m - n) \in M'$. Damit ist (∗) begründet.

Nun zerlegen wir $a = \varepsilon\,p_1\,p_2 \cdots p_s$ in ein Produkt von Primelementen und betrachten nacheinander die Elemente

$$x\,,\; p_s\,x\,,\; p_{s-1}\,p_s\,x\,,\; p_{s-2}\,p_{s-1}\,p_s\,x\,,\; \ldots\,,\; a\,x\,.$$

Es ist x nicht in M', aber $a\,x$ liegt schon in M'. Der Übergang geschieht irgendwo unterwegs, d. h., es gibt $y \notin M'$, aber $p_i\,y \in M'$ für ein Primelement p_i.

Als nächstes zeigen wir:

$$(∗∗) \qquad p_i\,y \in p_i\,R\,m + N\,.$$

1. *Fall:* Ist $p_i \neq p$ (p ist das Primelement aus der Voraussetzung), so gibt es wegen der Teilerfremdheit von p_i und p^k Elemente $s,\, t \in R$ mit $s\,p_i + t\,p^k = 1$. Wir erhalten

$$R\,m = (R\,p_i + R\,p^k)\,m = p_i\,R\,m\,,$$

denn $p^k\,m = 0$. Damit ist $p_i\,y \in M' = R\,m \oplus N = p_i\,R\,m + N$.

2. *Fall:* Ist $p_i = p$, so schreiben wir $p\,y \in M'$ in der Form $p\,y = l\,m + n$. Wegen $p^k\,M = \{0\}$ folgt

$$0 = p^{k-1}\,p\,y = p^{k-1}\,l\,m + p^{k-1}\,n\,, \quad \text{also} \quad p^{k-1}\,l\,m = p^{k-1}\,n = 0\,,$$

da die Summe $R\,m \oplus N$ direkt ist. Insbesondere erkennen wir wegen der Wahl von m:

$$p^k \mid p^{k-1}\,l \quad \text{bzw.} \quad p \mid l\,.$$

Also haben wir auch in diesem Fall die Beziehung in (∗∗):

$$p\,y = l\,m + n = p\,l'm + n \in p\,R\,m + N\,.$$

In jedem Fall haben wir erst einmal $p_i\,y = p_i\,z + n$, $z \in R\,m$, bzw. $p_i\,(y - z) = n$. Mit y liegt auch $y - z$ nicht in M' und nach (∗) gibt es $0 \neq b \in R \setminus R^\times$ und $z' \in R\,m$, $z' \neq 0$, mit $b\,(y - z) = n' + z'$. Damit haben wir die beiden Beziehungen:

$$(\ast\ast\ast) \quad b\,(y - z) = n' + z',\ z' \neq 0 \quad \text{und} \quad p_i\,(y - z) = n\,.$$

Im Fall $p_i \mid b$ würde $(y - z) \in N$ und dann $z' = 0$ folgen; also sind p_i und b teilerfremd und es gibt $c, c' \in R$ mit $c\,p_i + c'\,b = 1$. Die erste Gleichung in (∗∗∗) wird mit c' multipliziert, die andere mit c, nach Addition folgt $y - z \in N \oplus R\,m = M'$, also $y \in M'$. Das ist ein Widerspruch zu $y \notin M'$. Somit gilt $M = M'$.   □

Nun haben wir das Schlimmste überstanden. Als unmittelbare Anwendung des Satzes erhalten wir die Struktur der endlich erzeugten p-primären Moduln:

Satz 33.20 *Ist p ein Primelement eines Hauptidealrings R, und ist M ein endlich erzeugter p-Modul, so ist M direkte Summe von zyklischen Moduln, genauer: Es gibt endlich viele $x_1, \ldots, x_n \in M$ und natürliche Zahlen $k_1 \geq \ldots \geq k_n$, sodass gilt:*

$$M = \bigoplus_{i=1}^{n} R\,x_i \cong \bigoplus_{i=1}^{n} R/(p^{k_i})\,.$$

Beweis Es sei $M = \langle x_1, \ldots, x_n \rangle$. Zu jedem x_i gibt es ein minimales $k_i \in \mathbb{N}$ mit $p^{k_i} x_i = 0$. Nach eventueller Umbenennung sei $k_1 = \max\{k_1, \ldots, k_n\}$. Dann gilt $p^{k_1} x_i = 0$ für alle i, also $p^{k_1} M = \{0\}$. Nach Lemma 33.19 ist $R\,x_1$ ein direkter Summand in M, $M = R\,x_1 \oplus N$. Da $N \cong M/R\,x_1$ und $M/R\,x_1$ von den Elementen $x_2 + R\,x_1, \ldots, x_n + R\,x_1$ erzeugt wird, ist auch N endlich erzeugt und zwar von $n - 1$ Elementen. Natürlich ist N auch ein p-Modul. Nun gibt ein offensichtliches Induktionsargument die erste Behauptung $M = \bigoplus_{i=1}^{n} R\,x_i$.

Wegen $R\,x_i \cong R/\operatorname{Ann}(x_i)$ und $\operatorname{Ann}(x_i) = (p^{k_i})$ erhalten wir für jedes i die Isomorphie $R\,x_i \cong R/(p^{k_i})$ und damit auch die zweite Behauptung $\bigoplus_{i=1}^{n} R\,x_i \cong \bigoplus_{i=1}^{n} R/(p^{k_i})$.   □

Zusammenfassung Wenn wir nun die bisherigen Teilergebnisse zusammenfügen, erhalten wir den ersten Teil einer erfreulich präzisen Aussage über endlich erzeugte Moduln über Hauptidealringen:

Satz 33.21 (Hauptsatz für endlich erzeugte Moduln über Hauptidealringen) *Zu einem endlich erzeugten unitären Modul M über einem Hauptidealring R gibt es Primelemente $p_1, \ldots, p_n \in R$ und natürliche Zahlen $k_1, \ldots, k_n$ und t, sodass gilt:*

$$M \cong R/(p_1^{k_1}) \oplus R/(p_2^{k_2}) \oplus \cdots \oplus R/(p_n^{k_n}) \oplus R^t \,.$$

Hierbei ist M bis auf Isomorphie eindeutig durch das Tupel $(p_1^{k_1}, \ldots, p_n^{k_n}, t)$ bestimmt.

Beweis Der erste Teil des Satzes stellt eine Zusammenfassung der Sätze bzw. Korollare 33.9, 33.16, 33.18, 33.20 dar.

Es bleibt die Aussage über die Eindeutigkeit zu beweisen. Der freie Anteil von M ist isomorph zu $M/\mathrm{Tor}(M)$, dessen Rang t nach Satz 33.10 eindeutig bestimmt ist. Wir brauchen uns also nur noch mit der Zerlegung von Torsionsmoduln zu befassen. Aber auch hier haben wir eine leichte Reduktion auf die p-primären Moduln, denn in einer Zerlegung $M = \bigoplus_i R/(p_i^{k_i})$ bildet $M_p = \bigoplus_{p_i = p} R/(p_i^{k_i})$ die p-Primärkomponente von M. Unter Isomorphie wird natürlich p-Primärkomponente auf p-Primärkomponente abgebildet. Es sei also M ein p-primärer Modul und

$$M \cong \bigoplus_{i=1}^{n} R/(p^{k_i}) \cong \bigoplus_{i=1}^{m} R/(p^{l_i}) \,,$$

wobei wir $k_1 \geq k_2 \geq \cdots \geq k_n > 0$ und $l_1 \geq l_2 \geq \cdots \geq l_m > 0$ annehmen. Wir müssen $n = m$ und $k_i = l_i$ für $i = 1, \ldots, n$ nachweisen. Dazu betrachten wir zuerst

$$N := \{x \in M \mid p\,x = 0\} \,.$$

Für $x = \sum (r_i + (p^{k_i}))$ haben wir $p\,x = 0$ genau dann, wenn r_i im Ideal (p^{k_i-1}) liegt, d. h.

$$N \cong \bigoplus_{i=1}^{n} (p^{k_i-1})/(p^{k_i}) \cong \bigoplus_{i=1}^{n} R/(p) \,,$$

denn es gilt $p^{k-1}R/p^k R \cong R/p\,R$. Es ist N mit $(a + (p)) \cdot x = a\,x$ ein $R/(p)$-Modul, also ein Vektorraum über dem Körper $R/(p)$ (beachte, dass (p) als Primideal im Hauptidealring R ein maximales Ideal ist). Aus der vorstehenden Zerlegung $N \cong \bigoplus_{i=1}^{n} R/(p)$ und analog $N \cong \bigoplus_{i=1}^{m} R/(p)$ erhalten wir $n = \dim_{R/(p)} N = m$.

Nun sei j der kleinste Index, für den $k_j < l_j$ gilt. Dann wird wegen der Anordnung der k_i

$$M' := p^{k_j} M \cong \bigoplus_{i=1}^{n} p^{k_j} R/p^{k_i} R \cong \bigoplus_{i=1}^{j-1} R/p^{k_i-k_j} R \,,$$

denn für $i \geq j$ haben wir ja $p^{k_j} R/p^{k_i} R = 0$. Aus der anderen Zerlegung finden wir genau wie oben $M' \cong \bigoplus_{i=1}^{n} p^{k_j} R/p^{l_i} R$. Da $k_j < l_j \leq l_i$ für $1 \leq j \leq i$ nach Wahl von j gilt, sind in dieser zweiten Zerlegung die ersten j Summanden $p^{k_j} R/p^{l_i} R \cong R/p^{l_i - k_j} R \neq 0$.

Die restlichen Summanden sind null oder auch von der Form $R/p^s R$. Der Modul M' besitzt also direkte Summenzerlegungen in zyklische Untermoduln mit $j - 1$ und mit $s \geq j$ Summanden. Das ist aber ein Widerspruch zu dem zuvor bewiesenen Teil, nach dem für p-primäre Moduln (mit M ist auch M' p-primär) solche Zerlegungen die gleiche Anzahl von Summanden enthalten. Also sind $k_i = l_i$ für alle $i = 1, \ldots, n$.   □

Man beachte, dass die Primelemente p_i aus dem Satz nicht notwendig verschieden sind. Ganz im Gegenteil, meistens werden gleiche Primelemente vorkommen, denn dem Beweis entnimmt man, dass $M_p = \bigoplus_{p_i=p} R/(p_i^{k_i})$ mit der p-Primärkomponente von M übereinstimmt.

Für $\mathbb{Z}$-Moduln erhalten wir aus dem Hauptsatz für endlich erzeugte Moduln über Hauptidealringen das Ergebnis:

Korollar 33.22 *Zu jeder endlich erzeugten abelschen Gruppe G gibt es Primzahlen $p_1, \ldots, p_n$ und natürliche Zahlen $k_1, \ldots, k_n$ und ein t, sodass*

$$G \cong \mathbb{Z}/(p_1^{k_1}) \oplus \mathbb{Z}/(p_2^{k_2}) \oplus \cdots \oplus \mathbb{Z}/(p_n^{k_n}) \oplus \mathbb{Z}^t \, .$$

□

Die Gruppe G ist hierbei bis auf Isomorphie eindeutig durch das Tupel $(p_1^{k_1}, \ldots, p_n^{k_n}, t)$ bestimmt.

Aufgaben

33.1 ●●   Wir betrachten die Untermoduln $U = (3+5\,\mathrm{i})$ und $V = (2-4\,\mathrm{i})$ des $\mathbb{Z}$-Moduls $\mathbb{Z}[\mathrm{i}]$.

(a) Zeigen Sie, dass der $\mathbb{Z}$-Modul $\mathbb{Z}[\mathrm{i}]/U$ frei ist, der $\mathbb{Z}$-Modul $\mathbb{Z}[\mathrm{i}]/V$ jedoch nicht.
(b) Bestimmen Sie einen Untermodul U' von $\mathbb{Z}[\mathrm{i}]$ mit $\mathbb{Z}[\mathrm{i}] = U \oplus U'$ und zeigen Sie, dass es zu V keinen solchen zu V *komplementären* Untermodul von $\mathbb{Z}[\mathrm{i}]$ gibt.

33.2 ●   Es seien R ein Hauptidealring, $a \in R$ und M ein Untermodul von $R/(a)$. Zeigen Sie:

(a) Es gibt ein $b \in R$ mit $M = \{x + (a) \in R/(a) \mid b \mid x\}$ und $b \mid a$.
(b) Für das Element b aus dem Teil (a) gilt $M \cong R/(\frac{a}{b})$.

33.3 ●   Es sei M ein Torsionsmodul über dem Hauptidealring R. Für ein Primelement $p \in R$ sei $S_p(M) = \{x \in M \mid p\,x = 0\}$. Zeigen Sie:

(a) $S_p(M)$ ist ein Untermodul von M.
(b) Durch $(r + (p)) \cdot x := r\,x$ wird $S_p(M)$ zu einem $R/(p)$-Vektorraum.

33.4 •   Bestimmen Sie die p-Primärkomponenten

(a) der $\mathbb{Z}$-Moduln $\mathbb{Z}/8$ und $\mathbb{Z}/12$.

(b) der $\mathbb{R}[X]$-Moduln $\mathbb{R}[X]/(X^3)$ und $\mathbb{R}[X]/(X^3 - 1)$.

33.5 ••   Es sei M ein endlich erzeugter Modul über einem Hauptidealring R. Zeigen Sie: Der Modul M ist genau dann frei, wenn M torsionsfrei ist.

Wir stellen wesentliche Hilfsmittel zu Äquivalenzrelationen, transfiniten Beweismethoden und Kardinalzahlen zusammen. Im letzten Abschnitt dieses Anhangs fassen wir die Axiome der in diesem Buch betrachteten algebraischen Strukturen übersichtlich zusammen.

A.1 Äquivalenzrelationen

Es sei X eine Menge. Eine Teilmenge R von $X \times X$ heißt eine **Äquivalenzrelation** auf X, wenn gilt

- $(x, x) \in R$ für alle $x \in X$ (R ist *reflexiv*),
- aus $(x, y) \in R$ folgt $(y, x) \in R$ (R ist *symmetrisch*),
- aus (x, y), $(y, z) \in R$ folgt $(x, z) \in R$ (R ist *transitiv*).

Ist R eine Äquivalenzrelation auf einer Menge X, so schreibt man anstelle von $(x, y) \in R$ oft $x \sim y$ (*x äquivalent y*). In dieser Schreibweise bedeuten die obigen Axiome:

- $x \sim x$ für alle $x \in X$ (R ist *reflexiv*),
- aus $x \sim y$ folgt $y \sim x$ (R ist *symmetrisch*),
- aus $x \sim y$, $y \sim z$ folgt $x \sim z$ (R ist *transitiv*).

Zu $x \in X$ heißt die Teilmenge

$$[x]_\sim := \{y \in X \mid x \sim y\} \subseteq X$$

© Der/die Herausgeber bzw. der/die Autor(en), exklusiv lizenziert an Springer-Verlag GmbH, DE, ein Teil von Springer Nature 2024
C. Karpfinger, *Algebra*, https://doi.org/10.1007/978-3-662-68656-0

die **Äquivalenzklasse** von x bezüglich $\sim$. Die Menge aller Äquivalenzklassen wird mit $X/\sim$ bezeichnet:

$$X/\sim := \{[x]_\sim \mid x \in X\}\,.$$

Die Bedeutung einer Äquivalenzrelation auf einer Menge X liegt darin, dass man die Menge X mit der Äquivalenzrelation in die disjunkten nichtleeren Äquivalenzklassen zerlegen kann und ferner, dass Äquivalenz auf X, d. h. $x \sim y$, zur Gleichheit in $X/\sim$, d. h. $[x]_\sim = [y]_\sim$, führt. Es gilt nämlich:

Satz A.1 *Ist X eine nichtleere Menge und $\sim$ eine Äquivalenzrelation auf X, so gilt:*

- $X = \bigcup_{x \in X} [x]_\sim$.
- $[x]_\sim \neq \emptyset$ *für alle $x \in X$.*
- $[x]_\sim \cap [y]_\sim \neq \emptyset \;\Leftrightarrow\; x \sim y \;\Leftrightarrow\; [x]_\sim = [y]_\sim$.

Beweis Aufgrund der Reflexivität gilt $x \in [x]_\sim$. Somit ist jede Äquivalenzklasse nicht leer. Außerdem ist jedes Element von X in einer Äquivalenzklasse enthalten. Das begründet bereits die ersten beiden Aussagen.

Es sei $u \in [x]_\sim \cap [y]_\sim$. Dann gilt $x \sim u$, $y \sim u$. Wegen der Symmetrie und der Transitivität von $\sim$ folgt $x \sim y$.

Es gelte $x \sim y$, und es sei $u \in [x]_\sim$. Wegen $x \sim u$ und $x \sim y$ folgt mit der Symmetrie und Transitivität $y \sim u$, d. h. $u \in [y]_\sim$ bzw. $[x]_\sim \subseteq [y]_\sim$. Analog zeigt man $[y]_\sim \subseteq [x]_\sim$, sodass $[x]_\sim = [y]_\sim$.

Wenn die Klassen gleich sind, ist ihr Durchschnitt natürlich nicht leer.

Damit sind die drei Äquivalenzen in der dritten Aussage bewiesen.   □

Bemerkung Man beachte: $x \sim y \;\Leftrightarrow\; [x]_\sim = [y]_\sim$.

Nach obigem Satz liefern die Äquivalenzklassen von X eine **Partition** von X, d. h., X ist disjunkte Vereinigung nichtleerer Teilmengen, nämlich der Äquivalenzklassen.

A.2   Transfinite Beweismethoden

Jeder Vektorraum besitzt eine Basis. Dieser grundlegende Satz der Linearen Algebra wird üblicherweise mit dem *Zorn'schen Lemma* bewiesen. Es garantiert die Existenz maximaler Elemente unter bestimmten Bedingungen.

Das Zorn'sche Lemma liefert in der (nichtlinearen) Algebra eine ganz wesentliche Beweismethode für die Existenz maximaler Elemente in algebraischen Strukturen.

In diesem Abschnitt führen wir das Zorn'sche Lemma ein und zeigen seine Zusammenhänge zum Fundament der Mathematik auf.

A.2.1 Das Auswahlaxiom

Das **Auswahlaxiom** ist ein Axiom der Mengenlehre. Es wurde von E. Zermelo formuliert:

Auswahlaxiom Es sei $(A_i)_{i \in I}$ eine nichtleere Familie nichtleerer Mengen. Dann existiert eine Abbildung

$$f : I \to \bigcup_{i \in I} A_i \quad \text{mit} \quad f(i) \in A_i \quad \text{für alle} \quad i \in I \,.$$

Ein solches f heißt **Auswahlfunktion**.

Das Auswahlaxiom garantiert die Existenz einer Auswahlfunktion. Solange I eine endliche Menge ist, ist das kein Axiom, sondern eine mit den übrigen Axiomen der Mengenlehre leicht zu beweisende Aussage. Problematisch ist also nur der Fall einer unendlichen Indexmenge I.

Beispiel A.8 Man stelle sich unendlich viele Schuhpaare vor: Für jedes $i \in I$, I unendlich, sei A_i ein Paar Schuhe. Hier lässt sich leicht eine Auswahlfunktion angeben:
Es sei f die Funktion, die aus jedem Schuhpaar A_i den linken Schuh auswählt.

Wählt man nun Socken anstatt Schuhe, so taucht ein Problem auf. Das Auswahlaxiom garantiert aber, dass es eine Auswahlfunktion gibt. ∎

A.2.2 Der Wohlordnungssatz

Es sei M eine Menge. Bekanntlich nennt man eine Relation $\leq$ auf M eine **Ordnung** und $(M, \leq)$ dann eine **geordnete Menge**, wenn $\leq$ reflexiv, antisymmetrisch und transitiv ist, d. h. wenn für alle x, y, $z \in M$ gilt:

$$x \leq x \quad (\text{reflexiv})\,,$$

$$x \leq y \quad \text{und} \quad y \leq x \Rightarrow x = y \quad (\text{antisymmetrisch})\,,$$

$$x \leq y \quad \text{und} \quad y \leq z \Rightarrow x \leq z \quad (\text{transitiv})\,.$$

Wir führen weitere Begriffe ein: Eine geordnete Menge $(M, \leq)$ heißt **linear geordnet** oder eine **Kette**, wenn für alle x, $y \in M$ gilt:

$$x \leq y \quad \text{oder} \quad y \leq x \,,$$

d. h. wenn je zwei Elemente von M (bzgl. $\leq$) *vergleichbar* sind.

Eine geordnete Menge $(M, \leq)$ heißt **wohlgeordnet**, wenn jede nichtleere Teilmenge T von M ein kleinstes Element besitzt, also ein $m \in T$ mit $m \leq x$ für alle $x \in T$.

Jede wohlgeordnete Menge M ist linear geordnet.

Sind nämlich $x, y \in M$, so besitzt die nichtleere Teilmenge $\{x, y\}$ von M nach Voraussetzung ein kleinstes Element. Es folgt $x \leq y$ oder $y \leq x$.

Beispiel A.9

- Jede endliche linear geordnete Menge M ist wohlgeordnet.
- Die Menge $\mathbb{N}$ der natürlichen Zahlen ist wohlgeordnet – das besagt das *Induktionsprinzip*.
- Für jedes $n \in \mathbb{Z}$ ist $\{z \in \mathbb{Z} \mid z \geq n\}$ (bzgl. der gewöhnlichen Ordnung der ganzen Zahlen) wohlgeordnet.
- Die Mengen $\mathbb{Z}$, $\mathbb{Q}$ und $\mathbb{R}$ sind bzgl. ihrer gewöhnlichen Ordnungen nicht wohlgeordnet, da etwa die Teilmenge $2\mathbb{Z} = \{2\,z \mid z \in \mathbb{Z}\}$ von $\mathbb{Z}$ kein kleinstes Element besitzt. ∎

Ein erstaunliches Ergebnis birgt der **Wohlordnungssatz** von E. Zermelo:

Wohlordnungssatz: Jede Menge kann wohlgeordnet werden.

Also können auch die Mengen $\mathbb{R}$ der reellen und $\mathbb{C}$ der komplexen Zahlen wohlgeordnet werden. Man beachte: Das widerspricht nicht der Erfahrung aus den Anfängervorlesungen, nach der man den Körper $\mathbb{C}$ der komplexen Zahlen nicht anordnen kann, weil $i^2 = -1$ ist. Beim Wohlordnungssatz ist eine Ordnung der Menge und nicht der algebraischen Struktur gemeint!

A.2.3   Das Zorn'sche Lemma

Eine geordnete Menge $(M, \leq)$ heißt **induktiv geordnet**, wenn jede Kette $\mathfrak{K} \subseteq M$ eine obere Schranke in $(M, \leq)$ besitzt, d. h. wenn ein $S \in M$ existiert mit $K \leq S$ für alle $K \in \mathfrak{K}$.

Bemerkung Will man von einer geordneten Menge $(M, \leq)$ nachweisen, dass sie induktiv geordnet ist, so wählt man in den meisten Fällen zu einer Kette $\mathfrak{K}$ in M die obere Schranke $S = \bigcup_{K \in \mathfrak{K}} K$ (also die Vereinigung aller Mengen der Kette $\mathfrak{K}$). Man muss dann aber nachweisen, dass diese obere Schranke S von $\mathfrak{K}$ in M liegt. Das ist nicht immer ganz einfach (und auch nicht immer richtig).

Ist $(M, \leq)$ eine geordnete Menge, so heißt ein $m \in M$ **maximales Element** von M, wenn aus $a \in M$ und $m \leq a$ stets $m = a$ folgt. Das **Zorn'sche Lemma** besagt:

Zorn'sches Lemma: Jede induktiv geordnete nichtleere Menge $(M, \leq)$ besitzt ein maximales Element.

Wir geben zum Schluss ein für die Mathematik zentrales Ergebnis an, das wir hier nicht begründen, weil es in die Mengenlehre gehört:

Das Auswahlaxiom, der Wohlordnungssatz und das Zorn'sche Lemma sind äquivalent.

A.3 Kardinalzahlen

Endliche Mengen können leicht mit den natürlichen Zahlen in ihrer *Mächtigkeit* unterschieden werden. Mithilfe der *Kardinalzahlen* werden wir auch eine Einteilung der unendlichen Mengen nach ihrer *Anzahl der Elemente* vornehmen.

A.3.1 Was sind Kardinalzahlen?

Besteht eine Menge X aus n verschiedenen Elementen, dann schreibt man $|X| = n$ für die Anzahl der Elemente von X. Ist jedoch X eine unendliche Menge, dann schreibt man oft $|X| = \infty$. Doch das ist zu grob. Die Menge $\mathbb{R}$ der reellen Zahlen ist bekanntlich wesentlich größer als die Menge $\mathbb{N}$ der natürlichen Zahlen; und noch größer als $\mathbb{R}$ ist die Potenzmenge $\mathcal{P}(\mathbb{R})$. Diese quantitativen Unterschiede erfasst man wie folgt: Man nennt zwei Mengen X und Y **gleichmächtig** (und schreibt dafür $|X| = |Y|$), wenn es eine bijektive Abbildung von X auf Y gibt. Man schreibt $|X| \leq |Y|$, wenn es eine injektive Abbildung von X in Y gibt. Nach einem grundlegenden Satz der Mengenlehre (der *Satz von Schröder-Bernstein*) gilt $|X| \leq |Y|$ und $|Y| \leq |X|$ genau dann, wenn $|X| = |Y|$. Und $|X| < |Y|$ bedeutet $|X| \leq |Y|$, jedoch $|X| \neq |Y|$; d. h., es gibt eine injektive Abbildung von X in Y, aber keine bijektive. Im Fall $|X| = |\{1, 2, \ldots, n\}|$ schreibt man $|X| = n$ und nennt X **endlich**, wenn es ein $n \in \mathbb{N}_0$ gibt mit $|X| = n$ (zur Vermeidung von Fallunterscheidungen setzt man $|\emptyset| = 0$).

Im Fall $|X| = |\mathbb{N}|$ heißt X **abzählbar**; es gibt dann eine bijektive Abbildung $i \mapsto x_i$ von $\mathbb{N}$ auf X (man kann also die Elemente von X *abzählen*: x_1, x_2, $x_3 \ldots$). Die unendlichen Mengen X kann man durch $|\mathbb{N}| \leq |X|$ charakterisieren. Wohlbekannt ist $|\mathbb{Q}| = |\mathbb{N} \times \mathbb{N}| = |\mathbb{N}|$ (*abzählbar mal abzählbar bleibt abzählbar*).

Mit dem Intervallschachtelungsprinzip oder dem berühmten Cantor'schen Diagonaltrick zeigt man $|\mathbb{N}| < |\mathbb{R}|$. Somit ist $\mathbb{R}$ nicht abzählbar, d. h., $\mathbb{R}$ ist **überabzählbar**. Außerdem hat Cantor bereits $|X| < |\mathcal{P}(X)|$ für alle Mengen X gezeigt, wobei $\mathcal{P}(X)$ die Potenzmenge von X bezeichnet.

Satz A.2 *Für jede Menge X gilt $|X| < |\mathcal{P}(X)|$.*

Beweis Die Abbildung $\iota : X \to \mathcal{P}(X)$, $x \mapsto \{x\}$ ist injektiv, sodass $|X| \leq |\mathcal{P}(X)|$ gilt. Wir begründen, dass keine surjektive Abbildung von X auf $\mathcal{P}(X)$ existiert.

Angenommen, es gibt eine surjektive Abbildung $f : X \to \mathcal{P}(X)$. Für jedes $x \in X$ ist dann $f(x) \subseteq X$. Wir betrachten die Menge $B := \{x \in X \mid x \notin f(x)\} \in \mathcal{P}(X)$. Weil f surjektiv ist, gibt es ein $x \in X$ mit $f(x) = B$.

1. Fall: $x \in B$. Dann ist $x \in X$ und $x \notin f(x) = B$, ein Widerspruch.

2. Fall: $x \notin B$. Dann ist $x \in X$ und $x \notin B = f(x)$, also doch $x \in B$, ein Widerspruch.

Da in beiden Fällen ein Widerspruch eintritt, muss die Annahme falsch sein. $\qquad \square$

Diese Beobachtung besagt insbesondere, dass es zu jeder Menge X eine noch *wesentlich größere* Menge Y gibt mit $|X| < |Y|$. Man kann o. E. $X \subseteq Y$ annehmen, hat aber wegen $|X| < |Y|$ noch viel Platz zwischen X und Y für allerlei weitere Manipulationen.

Das Symbol $|X|$ allein bezeichnet die Äquivalenzklasse aller zu X gleichmächtigen Mengen; man nennt es die **Mächtigkeit** oder **Kardinalität** von X und geht damit um wie mit gewöhnlichen Zahlen. Für endliche Mengen $X = \{x_1, \ldots, x_n\}$ mit $|X| = n$ ist das ohnehin klar. Die erste unendliche *Kardinalzahl* ist $\aleph_0 := |\mathbb{N}|$ wegen $|\mathbb{N}| \leq |X|$ für alle unendlichen Mengen X. Wir kennen auch die unendliche Kardinalzahl $\aleph :=$ $|\mathbb{R}|$; es gilt $\aleph_0 < \aleph$ (man kann sogar zeigen, dass $\aleph = |\mathcal{P}(\mathbb{N})|$ gilt). Die berühmte *Kontinuumshypothese* besagt, dass es zwischen $\aleph_0$ und $\aleph$ keine weitere Kardinalzahl gibt; d. h., für alle $X \subseteq \mathbb{R}$ mit $\mathbb{N} \subseteq X \subseteq \mathbb{R}$ gilt entweder $|X| = |\mathbb{N}|$ oder $|X| = |\mathbb{R}|$.

Bemerkung Die bisher üblichen Axiome der Mengenlehre (aus den Grundlagen der Mathematik) reichen nicht aus, diese Hypothese zu beweisen oder zu widerlegen (Gödel 1938, Cohen 1963).

A.3.2   Kardinalzahlarithmetik

Für die hier kurz vorgestellten Kardinalzahlen (Mächtigkeiten) $|X|$ führt man eine Addition und Multiplikation so ein, dass sie im Spezialfall endlicher Mengen mit den Operationen aus $\mathbb{N}$ übereinstimmen. Jedoch treten ein paar ungewohnte Rechenregeln auf: Zu zwei Kardinalzahlen α und β wählt man zunächst Mengen X und Y mit $X \cap Y = \emptyset$ und $\alpha = |X|, \beta = |Y|$. Dann definiert man Summe und Produkt durch

$$\alpha + \beta := |X \cup Y|, \quad \alpha \cdot \beta := |X \times Y|.$$

Diese Operationen sind kommutativ ($\alpha + \beta = \beta + \alpha, \alpha \cdot \beta = \beta \cdot \alpha$), assoziativ ($\alpha + (\beta + \gamma) = (\alpha + \beta) + \gamma, \alpha \cdot (\beta \cdot \gamma) = (\alpha \cdot \beta) \cdot \gamma$), und es gilt das Distributivgesetz ($\alpha \cdot (\beta + \gamma) = \alpha \cdot \beta + \alpha \cdot \gamma$). Doch anders als für endliche Kardinalzahlen hat man hier:

- Für unendliche Kardinalzahlen α, β (d. h. $|\mathbb{N}| \leq \alpha$, $|\mathbb{N}| \leq \beta$) gilt $\alpha + \beta = \alpha \cdot \beta$.
- Ist eine der beiden Kardinalzahlen α, β unendlich, so gilt

$$\alpha + \beta = \max\{\alpha, \beta\} \quad \text{und} \quad \alpha \cdot \beta = \max\{\alpha, \beta\}, \quad \text{falls} \quad \alpha, \beta \neq 0.$$

A.3.3   Die Mächtigkeit von $\mathcal{P}(X)$

Für Mengen X, Y wird die Menge aller Abbildungen von X in Y gelegentlich mit Abb(X, Y), meistens jedoch mit Y^X bezeichnet. Im Sonderfall $X = \{1, \ldots, n\}$ wird die

Abbildung $i \mapsto y_i$ als n-Tupel $(y_1, \ldots, y_n)$ geschrieben und statt $Y^{\{1,\ldots,n\}}$ schreibt man Y^n. Enthält Y genau $k \in \mathbb{N}$ Elemente, dann gilt bekanntlich $|Y^n| = k^n = |Y|^n$. Diese Bezeichnung wird für unendliche Kardinalzahlen übernommen: Mit $\alpha = |X|$ und $\beta = |Y|$ setzt man $\beta^\alpha := |Y^X|$. Ist nun X eine beliebige Menge, $A \subseteq X$ eine Teilmenge, dann gibt es dazu in natürlicher Weise die Abbildung $\sigma_A : X \to \{0, 1\}$ mit $\sigma_A(x) = 1$, falls $x \in A$ und $\sigma_A(x) = 0$ sonst. Man sieht sofort, dass $A \to \sigma_A$ eine bijektive Abbildung von $\mathcal{P}(X)$ auf $\{0, 1\}^X$ definiert. Also gilt $|\mathcal{P}(X)| = |\{0, 1\}^X| = 2^{|X|}$.

A.4 Zusammenfassung der Axiome

Halbgruppe Es sei H eine Menge mit einer inneren Verknüpfung $\cdot : H \times H \to H$. Es heißt $(H, \cdot)$ eine **Halbgruppe**, wenn für alle a, b, $c \in H$ gilt:

$$(a \cdot b) \cdot c = a \cdot (b \cdot c).$$

Gruppe Es sei G eine nichtleere Menge mit einer inneren Verknüpfung $\cdot : G \times G \to G$. Es heißt $(G, \cdot)$ eine **Gruppe**, wenn für alle a, b, $c \in G$ gilt:

(1) $(a \cdot b) \cdot c = a \cdot (b \cdot c)$.
(2) Es existiert ein Element $e \in G$ mit $e \cdot a = a = a \cdot e$.
(3) Zu jedem $a \in G$ existiert ein $a' \in G$ mit $a' \cdot a = e = a \cdot a'$.

Ring Es sei R eine Menge mit den inneren Verknüpfungen $+ : R \times R \to R$ und $\cdot : R \times R \to R$. Es heißt $(R, +, \cdot)$ ein **Ring**, wenn für alle a, b, $c \in R$ gilt:

(1) $a + b = b + a$.
(2) $a + (b + c) = (a + b) + c$.
(3) Es gibt ein Element 0 (Nullelement) in R: $0 + a = a$ (für alle $a \in R$).
(4) Zu jedem $a \in R$ gibt es $-a \in R$ (inverses Element): $a + (-a) = 0$.
(5) $a(bc) = (ab)c$.
(6) $a(b + c) = ab + ac$ und $(a + b)c = ac + bc$.

Körper Es sei K eine Menge mit den inneren Verknüpfungen $+ : K \times K \to K$ und $\cdot : K \times K \to K$. Es heißt $(K, +, \cdot)$ ein **Körper**, wenn für alle a, b, $c \in K$ gilt:

(1) $a + b = b + a$.
(2) $a + (b + c) = (a + b) + c$.
(3) Es gibt ein Element 0 (Nullelement) in K: $0 + a = a$ (für alle $a \in K$).
(4) Zu jedem $a \in K$ gibt es $-a \in K$ (inverses Element): $a + (-a) = 0$.
(5) $ab = ba$.

(6) $a\,(b\,c) = (a\,b)\,c$.

(7) Es gibt ein Element $1 \neq 0$ (Einselement) in K: $1\,a = a$ (für alle $a \in K$).

(8) Zu jedem $a \in K \setminus \{0\}$ gibt es $a^{-1} \in K$ (inverses Element): $a\,a^{-1} = 1$.

(9) $a\,(b+c) = a\,b + a\,c$ und $(a+b)\,c = a\,c + b\,c$.

Literaturverzeichnis

1. Artin, E. Galoissche Theorie, Harri Deutsch 1965
2. Bosch, S. Algebra, Springer 1999
3. Bourbaki, N. Algèbre, Hermann 1970
4. Chevalley, Cl. Fundamental Concepts of Algebra, Academic Press 1956
5. Cohn, P. M. Algebra, Wiley 1974
6. Herstein, I. N. Topics in Algebra, Blaisdell Publ. Comp. Waltham 1964
7. Jacobson, N. Lectures on Abstract Algebra I, II, III, Springer 1951–1964
8. Karpfinger, Ch./Kiechle H. Kryptologie – Algebraische Methoden und Algorithmen, Vieweg, 2009
9. Lang, S. Algebra, Addison-Wesley 1965
10. Leutbecher, A. Zahlentheorie, Springer 1996
11. Lorenz, F./Lemmermeyer, F. Algebra 1, Spektrum Akademischer Verlag 2007
12. Meyberg, K. Algebra Teil 1, Teil 2, Hanser 1980, 1976
13. Rotmann, J. J. The Theory of Groups, Springer 1995
14. van der Waerden, B. L. Algebra 1, Algebra 2, Springer 1993

© Der/die Herausgeber bzw. der/die Autor(en), exklusiv lizenziert an Springer-Verlag GmbH, DE, ein Teil von Springer Nature 2024
C. Karpfinger, *Algebra*, https://doi.org/10.1007/978-3-662-68656-0

Stichwortverzeichnis

© Der/die Herausgeber bzw. der/die Autor(en), exklusiv lizenziert an Springer-Verlag
GmbH, DE, ein Teil von Springer Nature 2024
C. Karpfinger, *Algebra*, https://doi.org/10.1007/978-3-662-68656-0

Printed in the United States
by Baker & Taylor Publisher Services